차별없는
평등의료를
지향하며

이 책의 북펀딩에 참여해 주신 분들입니다.

김나리, 김명숙, 김미정, 김은미, 김정은, 김정희, 김종필, 김종희, 김지현, 남명희, 박상원, 박선미, 박지선, 박재만, 박찬호, 박혜경, 배순영, 배형기, 백재중, 송홍석, 유은경, 유진경, 이종훈, 이해, 이해령, 임상혁, 정선화, 정일용, 조규석, 최유선, 홍정민, 공의사모(공익의료를 지향하는 사람들의 모임)

공의사모(cafe.daum.net/medicommunity)는 의료현장의 공공성 강화에 관심을 갖고 활동하는 사람들의 모임입니다.

차별 없는 **평등의료**를 지향하며

전일본민주의료기관연합회 50년의 역사

초판 1쇄 발행 2014년 9월 20일

지은이 전일본민주의료기관연합회
옮긴이 박찬호
펴낸이 백재중
디자인 임인환
펴낸곳 건강미디어협동조합

등록 2014년 3월 7일 제2014-23호
주소 서울시 광진구 동일로 18길 118
전화 010-4749-4511
팩스 02-6974-1026
전자우편 healthmediacoop@gmail.com

값 30,000원
ISBN : 979-11-952499-0-9 03470

차별없는
평등의료를
지향하며

전일본민주의료기관연합회 50년의 역사

〈차별 없는 평등의료를 지향하며〉한국어판 서문

전일본민주의료기관연합회 회장 후지쓰에 마모루(藤末 衛)

전일본민의련은 작년 2013년에 창립 60주년을 맞이하였습니다. 민의련의 뿌리는 84년 전에 탄생한 무산자진료소입니다. 침략전쟁에 반대하고 인권확립을 위해 지속적으로 노력한 노농당 국회의원인 야마모토 센지가 1929년 3월 5일, 우익인사에 의해 학살되었습니다. 그분의 죽음을 애도하고, "노동자, 농민을 위한 병원을 건설하자!"라는 호소를 이어받아 무산자진료소가 탄생하였습니다. 이 운동은 절대주의적 천황제 정부로부터 탄압을 받아 11년간의 역사를 끝으로 막을 내렸습니다만, 1946년 5월 1일에 최초의 민주진료소가 설립되었습니다. 민의련은 무산자진료소의 역사와 전통을 이어받아, 일관되게 차별 없는 평등 의료와 복지실현을 지향하는 활동을 수행하여 왔습니다.

현재는 세계에 신자유주의로 인한 해악이 만연해 있고, 이것에 대항하는 국제연대가 필요한 시기입니다. 이렇게 중차대한 시기에 일본의 민주적 의료운동인 민의련의 역사를 알 수 있는 책 [차별 없는 평등의료를 지향하며](한국어판)가 발간되어 감개무량합니다. 발간을 위해 애쓰신 모든 분께 진심으로 감사드립니다.

저는 한국어판 발간의 의미를 세 가지로 말씀드리고 싶습니다.

첫째는 일본의 메이지 이후 의료정책은 부국강병정책 때문에 사회적 의의가 미미했지만, 1930년대에 조선에 대한 식민지 지배와 침략전쟁을 추진한 일본제국주의에 단호하게 반대한 의료집단이 존재했고, 정부의 탄압을 받아 투옥되었던 활동 자체가 민의련의 전신이자 뿌리이고, 우리들의 긍지라는 점을 한국의 모든 분에게 알려드릴 수 있게 된 것입니다. 일본의 위정자들이 아직도 잘못된 역사인식을 피력하는 상황에서 한국과 일본의 참된 우호와 사람들의 연대에 미력하나마 기여할 수 있을 것으로 생각합니다. 민의련은 청년 직원들이 일본이 자행한 가해의 역사를 올바르게 배울 수 있도록 한국평화여행 등을 기획하고 수요집회에도 참가하여 왔습니다.

둘째는 역사적으로 민의련의 사업소 창립에 일본의 민중과 함께 많은 재일한국(조선)인들이 관여하였으며, 현재도 협력해서 건강권 실현과 생존권 보장을 위해 분투하는 점을 분명하게 드러낸 점에 있습니다. 민의련의 사업이나 운동이 발전하면서 얻은 교훈으로는, 사업소를 협동조합 등 다수의 사람들이 참가하는 비영리조직이 소유 운영하고 있고, 운동과 사업을 민주적으로 통일시켜 추진해 왔다는 점을 제시하였습니다. 그러나 급속한 사업발전 시기에 경영파탄에 빠지는 곳도 나타났습니다. 이를 통해 자본주의사회에서 사업을 추진하기 위해서는 과학적이고 민주적인 운영에 익숙할 필요성을 통감하였으며, 전국적인 연대의 힘으로 극복하여 왔습니다.

셋째는 현재의 민의련이 대치하고 있는 상황이 의료나 개호를 '상품'으로 다루려는 신자유주의 시대이고, 그것은 한국의 민주적인 의료운동이 직면한 상황과 같다는 점을 밝힌 것에 있습니다. 예전부터 복지국가로 알려진 유럽에서도 크건 작건 신자유주의적인 의료개혁이 진행되고 있습니다. 이런 흐름에 대항하기 위해서는 다국적기업의 국제규제 등을 요구하는 운동세력의 국제연대가 중요합니다. 재작년부터 추진해온 TPP문제에 대한 운동에서 한미FTA를 둘러싼 투쟁의 교훈이 아주 많이 참고가 되었습니다. 저출산, 고령화, 빈곤과 격차 확대, 비정규직 노동 문제 등 일본과 한국에는 상당히 많은 공통의 문제가 있으며, 이러한 상황들을 분석하고 협력해서 대항하여 가는 것이 필요합니다.

2014년 1월 민의련은 '권리로서의 의료·개호를 지향하는 민의련의 제언'을 발표하였습니다. 지금 일본은 동일본 대지진과 후쿠시마 원전사고라는 미증유의 고난에 직면하여 사회보장 축소, '외국에서 전쟁할 수 있는 나라'를 강력하게 지향하는 정권이 폭주하는 중입니다. 이런 와중에 발표한 제언은 인권과 복지를 중심으로 새로운 나라에 대한 전망과 민의련의 결의를 드러낸 내용이기 때문에, 이 책과 함께 읽어주시기를 부탁드립니다. 같은 시대를 살아가는 한국의 모든 분과 우정이 보다 깊어지길 기원합니다.

발간사

전일본민주의료기관연합회 회장 후지쓰에 마모루(藤末 衛)

이번에 민의련의 [차별 없는 평등의료를 지향하며](상·하권)를 간행할 수 있게 되었습니다. 전일본민의련은 1953년 6월 7일에 도쿄 나카노구(中野区)의 하시바(橋場) 공회당에서 결성되었습니다. 금년에 창립 58년이 됩니다. 본 통사는 메이지(明治) 이후 국민의 의료를 둘러싼 상황이나 무산자진료소운동을 전사(前史)로 하고, 2010년에 새롭게 개정된 현재의 강령에 이르는 기간에 대해 서술하고 있습니다. 지금까지 집필한 여러 글을 비롯해 자료수집이나 인터뷰 협조 등 간행을 위해 노력해주신 모든 분께 마음으로부터 감사드립니다. 일본과 세계의 평화와 인권 확립, 권리로서의 사회보장을 지향하는 많은 단체, 개인 모두로부터 기탄없는 의견을 받게 된다면 행복하겠습니다.

'현 시기를 놓치면 민의련 통사를 남길 수 있는 시간을 확보할 수 없다.'는 위기감에 떠밀려 편찬했습니다. 민의련의 전신이라고 말할 수 있는 무산자진료소를 잘 알고 있는 분의 수가 점점 적어지고, 제2차 세계대전 후부터 1961년 강령제정 전후 시기, 그 후 전국조직으로서 겪은 시련이나 이론과 조직의 발전을 연속적으로 체험한 분들의 기억도 희미해지고 있기 때문입니다. 그리고 전후 반세기에 걸쳐 지속된 자민당 중심의 정권이 교체될 수밖에 없었던 역사적 전환기를 맞아 민의련 스스로 2010년에 강령을 개정해 새로운 세대를 향한 세대교체 시기를 맞이하고 있다는 점도 통사를 완성해야 하는 중요한 동기였다고 생각합니다.

민의련이라는 조직은 누가 만들었고, 무엇을 위해, 누구를 위해 존재하는가? 그 의식을 드러내고 새로운 세대에게 전달하는 데 지금이 바로 적기이며, 전달하고 싶은 내용이 많은 것도 우리의 자랑입니다.

민의련 혹은 그 전사인 무산자진료소 시대로부터 지속되어온 역사를 돌아볼 때, 시대를 여는 적극적인 측면과 함께 뼈아픈 경험도 있었습니다. 그런 경험을 빼놓지 않고 기술하고 교훈으로 삼는 것이 이 통사의 가장 큰 특징입니다. 우리 조직이 왜 태어났고, 사회에 어떤 일을 했으며, 사회가 어떻게 변화했는지 혹은 어떤 경우 왜 어려움에 빠져 실패했는지를 성찰해보는 데 50년이라는 세월은 적당하다고 생각합니다.

제2차 세계대전 후 수십 년 동안 인권은 획기적으로 반전했습니다. 국민의 기본적 인권이 헌법에 규정되었고, 의료현장에서도 자기 결정이 기본이 되는 거대한 변화가 있었습니다. 그것은 평탄하게 이루어진 것이 아니라 노력과 투쟁의 결과였습니다. 이 책을 다 읽고 새롭게 느낀 점이 있습니다. 민의련의 사업과 운동이 크게 발전한 때에는 지역의 실태와 요구로부터 출발했거나 여타 조직이나 단체, 개인과의 협동이 진행되었다는 점 등 몇 가지 조건과 결부되어 있었습니다. 반대로 통한의 시기 때에는 의료와 경영의 분리, 지역과 사업소의 괴리, 관리와 현장 부서의 괴리라는 조직운영의 문제가 내재되어 있었습니다. 그리고 민의련의 58년 역사는 전진할 때보다도 후퇴할 때 혹은 통한의 국면일 때 논의와 인식이 깊어지고 많은 교훈을 남겼다고 생각합니다.

책이 완성된 때는 '3·11'이라는 미증유의 재난이 덮친 해이고, 그로 인해 향후 한동안 말이 많을 것으로 생각됩니다. 대재해 시에는 여러 상황이 발생할 수 있고 특정에 의해 피해상황이나 복구, 부흥에 필요한 자세가 변할 수 있지만, 동일본대지진·후쿠시마 제1원자력발전소 사고 같은 충격을 받은 재해는 아직 경험해보지 못한 것이었습니다. 1,000년에 한 번 있을까 말까 한 거대한 지진과 쓰나미, 오염여부를 알 수 없는 방사능물질이 추가되어 사태가 복잡하고 심각합니다. 사회적으로는 신자유주의에 기반한 구조개혁과 다국적기업의 이윤추구 일변도 경제운영이 지속되고 있으며, 국민생활을 지켜야 할 공공부문을 포기하는 과정에서 대재해가 발생했기 때문에 피해가 더한층 확대되었던 것입니다. 피해자와 피해 자치단체의 분투와는 대조적으로 중앙정부는 기능부전에 빠졌고, 숨기는 체질을 여실히 드러냈습니다.

민의련 동지들은 지진발생 직후에 피해지역을 찾아가 사상 최대규모의 지진재해 지원활동을 진행한 바 있습니다. 그리고 피해가 확대되어갔기 때문에 JMAT(의사회의 재해구원팀) 등 다른 단체와의 연대활동도 추진했습니다.

동일본대지진이 묻고 있는 것은 무엇인가를 생각하고, 스스로 씨름하여 가는 것이 일본의 평화와 인권의 미래를 좌우할 것으로 생각합니다. 2011년은 '3·11'을 통해 일본이 새로운 복지사회로 방향을 잡은 해라고 생각합니다. 우리들 민의련은 피해를 입은 모든 사람의 고통을 가능한 한 공유하고, 사람들의 행복을 주안점으로 하여 지속 가능한 경제사회와 '권리로서의 사회보장' 확립을 요구하는 발걸음을 추구해가야 한다고 생각합니다.

2011년 12월

목차

제1편 전전(戰前) 사회와 무산자의료운동

제1편은 민의련의 전신이라고 해야 할 무산자진료소의 탄생 (1930년)에서부터 천황제정부의 탄압으로 문을 닫기까지 (1941년) 11년간을 중심으로 한다. 정부의 부국강병·식산흥업(殖産興業)의 정책과, 극단적인 전제정치하 국민생활의 실태, 빈약한 사회보장에 대한 국민 각 계층의 투쟁이나 국민본위에 입각하여 의료의 내용을 모색한 여러 세력의 동향도 언급한다.

천황제 정부는 중국과의 '15년 전쟁'과 제2차 세계대전에서 패배했고, 전후 일본은 완전히 새로운 조건하에서 의료민주화운동이 발전한다. 그 전사로서 전전의 무산자의료운동을 비롯한 '의료사회화=의료민주화'와 평화와 민주주의를 위해 여러 운동이 있었던 것을 잊어서는 안 된다. 현재의 전일본민주의료기관연합회(이하 전일본민의련)는 전전에는 상상할 수 없을 만큼 규모와 내용이 발전했다. 그것은 무산자진료소의 역사와 전통을 이어받았기 때문이다. 전전의 운동이 달성한 점이나 교훈에서 배운 것은 대단히 크다.

제1장 무산자진료소설립에 이르는 사회배경

　메이지유신(明治維新)으로 시작한 일본의 근대화, 자본주의 체제의 발전 속에서 유신 후 약 60년이 경과한 쇼와(昭和)시대 초기인 1930년 1월 무산자진료소가 도쿄·오사카에 탄생했다.

　민의련운동의 전신인 무산자의료운동의 탄생배경에는 메이지 이후 일본자본주의의 급속한 발달에 따른 노동자·농민·시민의 건강과 생활의 파괴, 고용살이 등 극심한 궁핍이 있었다. 저임금 장시간 노동과 무권리, 중과세로 고통받는 노동자 농민에게 질병은 더욱 빈곤으로 내몰리는 원인이 되었고, 상당한 빈도로 사망에 직결하는 중대사였다. 그러나 천황제 국가와 기업은 일부의 시혜적인 조치 외에 건실한 사회정책을 시행하지 않았고, 의료를 개인개업의에게 맡겨버려 통치 안정을 위해 필요한 최저한도의 시혜의료(자혜의료)만 추진했다.

전전의 무산자진료소로서 가혹한 탄압을 받으면서도 최후까지 남았던 니가타 고센진료소
(1935년 4월 21일 촬영)

이에 대해 국민의 입장에 기초한 의료요구 운동으로, 실비진료소나 의료이용조합 등이 태어났다. 이런 흐름 속에서 무산자진료소는 독자적인 위치를 확보했다. 무산자진료소의 의료이념은 의료혜택을 받지 못하는 다양한 사람들에게 차별 없는 평등한 의료를 제공하는 것이었다. 자신들의 의료실천을 통해 의료의 본질을 나타내면서 동시에 의료와 사회제도의 민주적인 변혁, 평화와 인권이 존중받는 사회실현도 필수적인 사명이었다.

메이지 이후 일본근대화 중에서 무산자의료운동이 등장하는 시대배경과 의료를 둘러싼 동향을 되돌아보며, 무산자의료운동의 성립요인을 분명하게 밝혀두는 것은 현재의 민의련운동과 무관하지 않다.

제1절 일본의 근대화

1868년 성립한 메이지정부는 내전으로 바쿠후(幕府)세력을 제거하고, '부국강병'의 자본주의 국가 확립을 목적으로 지조개정(1873년)·징병령(1872년) 등으로 농민에게 많은 희생을 강요했다. 또한 민권과 국회개설을 요구하는 자유민권운동을 탄압하고 천황 중심의 대일본제국헌법(1889년)을 국민에게 강요하면서 강제로 근대화를 추진했다.

정부는 청일(1894년)·러일(1904년) 전쟁으로 조선과 중국의 일부를 식민지·세력권에 편입하면서, 19세기 말부터 20세기 초반에 걸쳐 처음에는 제사·방적 등의 경공업 위주로, 계속해서 군수 부문을 중심으로 하는 중공업으로 산업혁명을 달성했다. 그러나 국민의 궁핍에 의한 국내시장의 협소함을 배경으로 아시아에서 유일한 제국주의 국가로서 조선이나 중국에 대한 침략확대 기회를 도모하는 부국강병 정책을 채택했다. 일본은 메이지유신 후 서남전쟁(西南戰爭)*, 청일전쟁, 러일전쟁, 제1차 세계대전, 중일전쟁, 태평양전쟁으로 거의 10년에 1회 꼴로 전쟁을 치렀다. 일본 정부가 전쟁을 위해 사용한 비용은 예산 비중으로 본다면 청일전쟁 시 66~69%, 중일전쟁 시 69%였고 태평양전쟁 말기에는 86%에 달했다.

이 과정에서 농민은 대부분 가혹한 세금으로 소작농·도시노동자·빈곤

소작쟁의로 진정하기 위해 상경하는 농촌여성들(1926년, 마이니치신문사 제공)

층으로 몰락했다. 노동자는 무제한 노동과 심야근무 강제, 극단적인 저임금, 여성·아동노동자에 대한 착취, 도망방지를 겸한 기숙제도, 공장징벌 등으로 방치되었다. 19세기 말에는 노동쟁의나 소작쟁의가 빈발했지만, 천황제 정부는 치안경찰법(1900년) 등으로 탄압했다.

러일전쟁 후 공황(1907년)을 넘기고 다시 노동쟁의와 소작쟁의가 크게 증가했으며, 사회주의 사상도 확산되어 갔다. 1910년에는 고토쿠 슈스이(辛德秋水) 등이 '주권재민', '침략전쟁반대', '남녀평등' 등을 내걸고 운동을 확산시켰지만, 당시 정부는 '대역사건'으로 날조했다. 결국 '천황에 대한 반역죄'를 뒤집어쓰면서 재판도 하지 않고 12명이 사형을 당했다. 이후 민주화운동이나 사회주의사상에 대한 탄압이 더욱 심해져 민중운동은 침묵할 수밖에 없었다.

그러나 노동운동 분야에서는 노사협조를 표방한 유아이카이(友愛會, 1912년, 창시자 스즈키 분지(鈴木文治))가 결성되어 단기간에 전국조직으로 확대되었고, 차차 자본가에 대항하기 시작했다. 또한 신중간층이라고 말할 수 있는 중소기업가·회사원·교직원·기술자·변호사·의사·언론인·지식인 계층 등이 도시만이 아니라 농촌의 부유층에서도 형성되어, 민주주의적 개혁세력으로 성장해 가부장제나 봉건적 도덕에서 개인의 해방을

지향하는 문학이나 언론도 활발하게 등장했다.[주1]

제1차 세계대전(1914~18년)을 계기로 일본은 공업화가 이루어져 공업생산액이 농업생산액을 넘어서고, 중화학공업이 급속한 발달을 이루면서 노동자인구가 증가했다. 빈부의 격차가 두드러지고, 1917년에는 노동쟁의와 소작쟁의가 대폭 증가했으며, 유아이카이의 조합원은 3만 명에 달했다.

1917년 러시아혁명 직후, 쌀 폭동(1918년)이 전국적으로 확산되었고, 1920년대에는 보통선거운동, 노동·농민운동, 부락해방운동, 여성운동, 학생운동, 사회주의운동 등 많은 분야에서 새로운 사회운동이 발생해 민주주의의 고양기를 맞았다.[주2] 무산자진료소에서 활약한 의사나 의료종사자들은 이 시기에 청소년기를 보냈으며, 노동자·농민·시민의 빈곤과 질병의 심각성을 실감하는 과정에서 의료사회화(민주화)의 길을 추구하게 되었다.

* 역자주: 서남전쟁은 1877년에 현재의 구마모토 현, 미야기 현, 오이타 현, 가고시마 현에서 사이고 다카모리(西鄕隆盛)를 중심으로 무사들이 일으킨 무력 반란이다.

주1) 신중간층이나 특권적 대자본에 대립한 산업자본가를 기반으로, 1910년대는 민주적인 개량을 지향하는 미노베 다쓰키치(美濃部達吉)의 천황기관설이나, 요시노 사쿠조(吉野作造)의 민본주의가 지지를 받았으며, 러일전쟁 후에도 군비확장과 과중한 세금부과를 지속한 군벌정부에 반대하는 여론이 높아져, 남자보통선거·의회정치·군벌반대를 내건 국민적인 반정부운동으로 발전했다. 1913년 2월 국회를 수만 명의 민중들이 둘러싸자 가쓰라(桂) 내각은 총사퇴했다.(제1차 헌정옹호운동)

나쓰메 소세키(夏目漱石)는 러일전쟁 후의 일본에 대해 "일본만큼 빚을 내면서, 빈곤학질을 안고 사는 나라가 있을까 생각할 정도다.(중략) 무리를 해서라도 일등국대열에 들어가려 한다. 따라서 모든 방면에 걸쳐 깊이는 없애고, 일등국민의 폭을 확장하려 한다. 어설프게 확장하면 역시 비참한 것이다. 소와 경쟁을 하는 개구리와 마찬가지로 머지않아 배가 터져버릴 것이다.((지금부터) 1909년)"라고 서술했다.

봉건도덕에 반대하며 개인의 자유를 지향했던 시마사키 후지무라(島岐藤村) 등의 자연주의, 개인주의·인도주의의 '시라카바하(白樺派)', 질식할 것 같은 현상 속에서 권력과 대결을 추구했던 니시가와 다쿠보쿠(石川啄木), 여성 해방과 자립을 추구한 히라스카 라이테우(平塚 らいてう) 등의 '세이토후(靑鞜)' 등 문학계나 언론계, 학회 등이 메이지 말기부터 다이쇼(大正) 시대에 걸쳐 활약했다.

주2) 제1차 세계대전 후부터 1920년 말까지는 메이지 헌법체제하에서 민주화운동이 비교적 넓게 확산되어갔고, 정당내각이라는 관행 성립, 남자보통선거 실현, 워싱턴 해군 군축조약(1922년)에 의한 국제협조 같은 진전이 있었으며, 쇼와기의 파시즘과 비교하여 다이쇼 민주주의라고 통칭한다. 그러나 1920년대 후반은 치안유지법(1925년), 특별고등경찰의 전국배치(1928년), 산동출병(1927~28년) 등 강경외교, 군사팽창, 파시즘으로 이행하는 시기였다.

제2절 메이지·다이쇼 시기의 의료제도와 국민의 건강

(1) 의료제도 제정과 공중위생

메이지의 위생·의료행정은 1874년 이세(医制)76조의 제정으로 시작했다. 이세에는 사회보장적인 정책은 전혀 없고, 주로 위생행정 및 의학교육, 의사개업면허제도 등을 규정했다. 국가시책이라 할 수 있는 부국강병·식산흥업을 바탕으로 등장한 의료정책으로 국민 입장에선 지극히 불충분하거나 왜곡된 내용이었다.

위생행정의 중심은 이질·콜레라·천연두·티푸스 등의 전염병대책이었으며, 특히 콜레라의 대유행(1879년 환자수 16만 2천 명, 사망자 10만 5천 명)에 대해선 항만검역, 소독격리로 일정한 개선을 보았지만, 의식주환경·상하수도공사 개선은 거의 이루어지지 못했고 장티푸스·이질 등은 꽤 오랜 기간 국민을 괴롭혔다.

당시 서양의는 압도적으로 부족했으며, 기존의 마치이샤(町医者: 일종의 민간개업의)·한의사가 다수를 점유했다.[주3] 정부는 독일의학 채용을 결정하고, 1874년에 의술개업시험을 제정, 마치이샤에게도 의사가 될 수 있는 이행조치를 시행했으며, 치과도 정식시험과목으로 넣고, 국가적인 의과·치과의 개업허가제도를 확립했다. 이런 조치로 의료는 전통적인 인술로서가 아니라 자본주의적인 경제행위로 확립되었다. 의약분업도 결정되었지만, 일본의 실정에 맞지 않아 나중에 취소했다.

(2) 서양의학채택과 의학교육

바쿠후시대 말 서양의학교육은 1823년 나가사키를 방문한 지볼트(Siebold, Philipp Franz von)로부터 시작되어 많은 문하생을 배출했지

주3) 1890년대 전반, 의사 수는 대략 2만 8천 명으로 이중 한의사 2만 3천 명, 양의사 5천 명의 비중이었다. 이카이 슈헤이(猪飼周平), 〔메이지시기 일본의 개업의 집단의 성립〕
oohara.mt.tama.hosei.ac.jp 39쪽 그림 3 인용

만, [란보(蘭方, 네덜란드의학)금지령](1849)에 의해 보급은 제약을 받았다. 그 후 바쿠후(幕府)는 1857년 네덜란드 해군 군의관 폼페(Pompe van Meerdervoort, Johannes Lydius Catherinus)에게 의학교육을 의뢰했고, 나가사키 부교쇼(奉行所)* 내의 의학전습소에서 교육을 시작했다. 일본에서는 최초로 본격적인 병원이라고 할 수 있는 '고시마(小島: 요양소)'가 개설되었다.

서양의학 채택으로 도바후시미(鳥羽伏見)전투** 등을 통해 군사의학이나 천연두·전염병에서 실적이 나타나 서양의학의 우위성은 분명해졌고, 특히 윌리스(William Willis)에 의해 영국의학이 유력해졌다. 그러나 최종적인 선택에 이르러서는 '국체'의 유사성을 이유로 독일의학을 채용해, 프러시아 군의관 뮐러(Benjamin Carl Leopold Müller), 호프만(Theodor Eduard Hoffmann)이 동경의학교의 교수로 초청되었다. 그 후 의학계의 권위주의적인 체질이 굳어졌다.

1877년에 설립된 도쿄대학 의학부는 외국인교수 채용에 의한 엘리트 교육이 진행되었고, 유일한 의학사의 공급원이었으며, 졸업생은 연구직 외 공립병원의 원장 등으로 파견되었다.

교토, 오사카, 요코하마의 군사병원에 이어 계속해서 의학교에 속한 국공립병원 등이 설립되었다. 1881년 병원 총수는 510개소(국립 29개소, 공립 306개소, 사립 175개소)로, 거의 지방의 주요도시에 만들어졌으며, 의학교는 47개교(국립 2, 공립 30, 사립 15)로 증가했다.(출처: 가와카미 다케시(川上武) [현재의 일본의료사]) 그러나 1887년에 재정을 이유로 많은 지방도시에서 지방세를 병원에 충당하는 것이 금지되자, 민간에 이양 또는 폐지되었다. 이로 인해 1893년 병원 총수는 580개(국립 2, 공립 196, 사립 382)였으며, 국공립이 대폭 감소하고 민간병원이 증가하여 의학교도 같은 해 13개교(국6, 공3, 사립4)까지 축소되었다. 의학사의 개업과 사립병원 근무가 증가했으며, 개업의의 전체적인 수준도 상승했다. 서구의 여러 국가에서 시행한 일반의와 전문의로 구별된 의사의 이중구조와는 달리 일본 특색에 맞는 개업의제도가 형성되어갔다.

* 역자주: 부교는 에도시대 상급관리의 명을 집행하는 하급관리를 지칭한다. 부교쇼는 하급관리자들이 집

행하는 일종의 하급관청이다.

** 역자주: 도바후시미 전투는 1868년 1월 27일부터 30일까지 현재의 교토 남쪽 지역에서 벌어졌는데, 구막부군과 메이지 신정부군의 결전이었다. 구막부군이 패배했다. 도쿠카와 요시노부는 오사카 성을 포기하고 에도로 탈출했다.

(3) 병원과 개업의의 역할

당초 서구에서 유행한 시혜의료(지배층에 의한 자혜의료)를 공적인 의료기관에서 담당하게 한다는 구상이 있었지만, 부국강병·식산흥업(殖産興業)의 정책하에서 개업의와 민간병원에 의존하는 의료공급체제가 형성되는 바람에 대학이나 관공립 병원은 사실상 부유층을 대상으로 하는 고액의 자유진료를 시행했고, 빈곤층 진료는 방치되었다.[주4]

서남전쟁 후에 만들어진 하쿠아이샤(博愛社)는 육군의 후원으로 일본적십자병원(1889년)이 되었으며, 군사의학의 중심역할을 담당하고 간호사양성을 시행하면서 시혜의료의 역할도 했다. 하지만 공공병원은 예산축소로 시혜의 역할이 약해지고, 사이세카이(濟生會, 후술함)도 1924년에는 유상진료(실비진료)로 변해 시혜적 의료조차 나라의 재정사정으로 축소되었다.

메이지·다이쇼기에는 전염병원이나 매독병원, 기생충병원이 많았고, 쇼와기에는 결핵병원이 증가했다. 총 병상 수는 다이쇼기에는 4만 병상 미만, 쇼와기에는 10만 병상으로 증가했고, 가장 많았을 때가 18만 병상이었다.

개업의는 중류 이상 계층의 의료를 담당했고, 하층민은 자유진료에 대한 지불능력이 없어 진료받기가 곤란했다. 서양의는 의사법으로 법제화되었고(1906년), 대일본의사회(1916년)가 설립돼 개업의 단체로 일반의료를 담당했다. 계속해서 약사, 조산사, 보건사의 자격제도가 제정되었다.

주4) 1887년, 준텐도(順天堂) 입원비는 특별 1엔, 중등 50전, 하등 45전이었다. 왕진료는 5엔 이상, 약값은 5~6전(대개 쌀 1되), 수술료는 1~25엔 이상 다양했다. 당시 교사초임은 5엔, 목수는 일당 50전이었으며, 당시 의사의 반 정도는 연간 500엔 이상의 소득을 올렸다. (가와카미 다케시(川上武), (현재의 일본의료사), 아사히신문사, (가격의 풍속사) 참조)

구빈제도로서 1874년 구휼(救恤)규칙을 제정했지만, 대상은 몸을 기탁할 곳조차 없는 극빈자·폐질환자, 70세 이상의 노약자, 13세 미만의 고아 등으로 한정했다. 환자들은 하등미 1일 2~3홉 상당의 현금지급이라는 동물과 비슷한 취급을 받았다. 구휼규칙은 1932년 구호법시행까지 존속했다.

(4) 의료의 상호부조와 시혜의료

19세기부터 20세기 초에 걸쳐 자본주의의 발전에 따라 노동자계급과 농민의 생활은 호소이 와키조(細井和喜藏)의 [여공애사](1924년), 요코야마 겐노스케(橫山源之助)의 [일본 하층계급](1899년), 농상무성 [직공사정](1903년), 이시하라 오사무(石原修)의 [여공과 결핵](1913) 등에 나타난 바와 같이 비참한 상태였다.

특히 농촌에서는 예를 들면 후쿠오카 현 무나카타 군(宗像郡)의 주레이[定礼(常礼)]와 같은 에도시대 이후 자연발생적인 의료공제조직 등이 일부 있었지만, 대다수 농촌에서 근대화된 의료는 존재하지 않았다.

노동자 영역에서는 산업혁명에 의한 노사분쟁이 격화하는 과정에서 정부가 치안경찰법(1900년)을 제정하고 노동조합운동을 탄압했다. 또한 같은 해 산업조합법이 만들어졌다. 1897년에 다카노 후사타로(高野房太郎), 가타야마 센(片山潛) 등이 '노동조합기성회'를 결성, 질병공제를 시작했다. 노동자를 기업에 종속시키고, 체제 내로 수렴하려는 의도를 갖고 기업의 시혜적인 유인책이 만들어져, 민간에 공제조합이 설립되어 갔다. 1900년대에 가네보(鐘紡)공제[주5] 미쓰비시 조선소 구호기금, 야와타(八幡)제철과 국철의 직공공제조합 등이 나타났다. 그 후 행정기관에서 운영하는 공제조합도 설립돼 주로 산업재해를 대상으로 활동했다.

정부는 사회주의사상을 철저하게 탄압했다. [헤민(平民)신문]에 의한 사카이 도시히코(堺利彦) 등의 활동으로 사회주의사상이 확산되기 시작

주5) 1905년 가네보공제가 민간기업공제로는 처음이다. 이것은 기업부조에 의한 강제적인 보험제도이고, 질병과 연금을 목적으로 했다. 러일전쟁 후 노동쟁의가 빈발하는 중에 많은 기업이 유사한 제도를 택했다. 1907년에는 철도종업원에 대해 공제설치의 훈령이 나왔다. 이것은 청일전쟁 후 가타야마센이나 다카노후사타로 등에 의한 자주적인 공제운동과는 성격이 다른 것이다.

했지만, 치안경찰법을 동원하여 탄압했고 사회민주당(가타야마 센, 고토쿠 슈스이)은 결성과 동시에 금지시켰다.

러일전쟁 후인 1905년에는 본격적인 파업이 급증했고, 공황에 의한 기업 도산, 해고에 의한 실업이 증가했다. '일본사회당'(사카이 도시히코)이 결성되었지만 1년 후에 금지되었으며, 앞에서 서술한 바와 같이 정부는 고토쿠 슈스이 등에 대한 '반란사건'을 날조했다.[주6] 사건 직후 천황은 시혜의료의 칙어(勅語)를 내고 150만 엔을 하사하여 빈곤자에 대한 의료보호사업을 지시했다. 가쓰라(桂) 수상은 '사회에 대한 불평'이 국가에 대한 불만으로 발전하지 않도록 전국에서 기부금을 모집하고, 은사재단 사이세카이(済生会)를 설립하여 시혜의료병원의 개설과 시혜권의 발생을 결정했으며, 치안대책에 시혜의료를 포함시켜 내무성이 실권을 갖고 지방자치단체에 사이세카이의 의료사업을 위임했다.

천황의 칙어를 전후하여 1907년부터 1911년에 걸쳐, 정부는 공황으로 인한 노동자농민의 생활고에 대해 민간 자선사업으로 시혜의료시설을 장려하고, 미쓰비시 자선병원, 도쿄 자혜회의 사업확대 등을 시행했다. 1911년에는 의사 가토 도키지로(加藤時次郎)의 제안으로 사업가 스즈키 시로(鈴木四郎)가 실비진료소의 개설을 신청했고, 처음으로 의사 이외의 사람이 개설한 사단법인·실비진료소를 인가했다.

(5) 사회정책

메이지정부의 최초 사회정책인 공장법은 1880년대 후반부터 검토해왔지만, 1911년에 제정되어 1916년부터 시행했다. 그러나 12시간 노동제(시행 후 15년은 14시간)와 같이 내용은 극히 불충분했다.

건강보험법 제정은 1922년(실시는 1927년), 국민건강보험법 제정은 1938년이며, 대개 지배층이 마련한 노무 대책의 한 방편이었다.

주6) 요시노 사쿠조(吉野作造)는 1928년에 "근년에 민주적 정치사상의 개척자는 누가 뭐래도 사회주의 단체이다."라고 서술했다. 니시가와 다쿠보쿠(石川啄木)는 고토쿠 사건의 진상을 알고 사회주의에 접근했듯이, 사회주의 사상은 자본주의의 모순이 본격화하기 전이라고 할 수 있는 전전의 사회에서 사회운동의 발전에 중요한 역할을 했다.(이노우에 기요시(井上清) 〈일본의 역사〉에서 인용)

제3절 의료사회화를 향한 운동

제1차 세계대전이 발발한 뒤 일본 자본주의는 급속하게 발전해 갔지만, 노동자·농민의 생활은 궁핍해져 갔다. 대전 후에는 쌀폭동(1918년 70만 명이 참가), 노동쟁의 빈발(1919년 2,300건, 33만 명), 공황에 의한 해고·실업(1920년), 소작쟁의(1920년 480건, 14만 명) 등이 계속해서 발생했다. 1919년에는 보통선거 기성동맹주최 5만 명 집회와 노동자·학생의 국회 데모, 1920년에는 일본 최초의 메이데이 행사가 15개 단체 1만 명이 참가해 열렸다.

언론계에서는 정치적·경제적인 민주주의를 요구하는 요시노 사쿠조, 가와카미 하지메(川上肇), 오야마 이쿠오(大山郁夫) 등이 활발하게 활동했고, 도쿄제대·신진카이(新人會) 결성(1918년)이나 일본노동총동맹결성(1921년, 유아이카이가 전신), 일본농민조합결성(1922년), 일본공산당창립(1922년) 등이 이어졌다.

1910년대 이후 질병과 실업·빈곤의 악순환에 대해 의료상의 구제와 개혁을 요구하는 의료운동이 몇 차례 일어났다. 이런 것을 '의료사회화'운동이라고 말할 수 있지만, 정부의 대응책도 나왔다. 이와 같이 전전의 '의료사회화론'은 지배층에서도, 재야에서도, 영리주의적인 '개업의제도'를 비판하고 사회문제화했다. 정부 사회정책의 무대책이야말로 중요한 문제였지만, 의사회 간부는 높은 협정요금으로 특권지위를 유지하는 입장을 고수했고 국민의 참상에 대해선 냉담했기 때문에 의사에 대한 여론의 반발은 컸다.[주7]

주7) "의료비를 지불할 수 없는 계층이 증가하면서 의사의 돈벌이가 공공연한 화제가 되었다. 정부는 이런 상황에 직면하여 소위 '의료사회화'로 대응했다. 국민 중에서도 사회주의·러시아 혁명 등의 영향으로 자신들의 손으로 의료를 사회화하려는 운동이 나타났다. 양자의 목표는 모두 의료사회화였지만, 본질적인 면에서 결정적인 차이가 있었다. 사구치 다쿠(佐口卓)가 언급한 것처럼 위에서 시작하는 의료사회화 운동과 밑에서부터 시작하는 의료사회화운동을 구별하여 부르는 것도 가능하다. (위로부터의)의료사회화는 의료비의 부담해결책으로 대두했다. '의료 사회화'라는 말의 실체는 의료비의 과중한 부담을 의사에게 돌려 인민의 불만을 완화하려는 것이다. 따라서 의료사회화가 사회문제가 된 것은 메이지 말기부터 쇼와 첫해까지 여러 차례 있었지만, 이때는 실제로 공황 후의 인민의 생활이 황폐해진 시기였다. 의료사회화라는 이름 아래 새로운 의료불안이 발생해온 것으로 봐야 할 것이다."(가와카미 다케시, [현대일본의료사]에서 인용)

'의료사회화'의 직접적인 계기는 고액 의료비부담으로 의료기관을 이용할 수 없다는 문제와 농촌지역 의료기관의 부재(무의촌)였다. 이에 대해 실비진료소, 의료이용조합, 무산자진료소가 각각의 입장에서 국민의 요구에 부응했던 것이고, 정부차원의 대책요구도 고조되었다.

정부시책은 노동자에 대한 탄압정책만으로는 사회주의사상이나 노동운동을 억누를 수 없다는 판단 아래 사회보장제도*(겐포(健保)나 고쿠호(国保))를 도입했다. 이것은 노동자·농민의 생산력 증대를 목적으로 국민들에게는 최저한도로 의료보장을 해주고, 의료는 개업의에게 싸게 맡기는 내용(저수가 진료)이었다. 즉 개업의와 노동자 쌍방의 희생으로 의료에 대한 불만을 막아보자는 것이었다.

정부의 사회정책에는 국민의 건강개선을 중심에 놓는 발상은 없고, 국가목적을 수행하기 위한 수단 및 치안대책으로서 사회보험제도를 도입했다. 그래서 부분적으로는 국민생활 개선에 이바지한 측면도 있었지만, 최종적으로는 침략전쟁이라는 국가목적을 위해 국민의료법·일본의료단령(1942년)[주8]의 제정을 계기로 의료에 대한 전면적인 국가통제에까지 이르렀고, 1945년 패전으로 파국을 맞는다.

한편 1910년대부터 1920년대에 걸쳐 민간의 의료사회화 운동은 몇 가지 사상적·정치적 조류로부터 형성되었지만, 여기에서도 영리중심적인 개업의제도에 대한 비판이 기본이었다. 비판의 대상이 된 의사회는 배타적인 동업자단체로 실비진료소, 의료이용조합, 무산자진료소 등과 격렬하게 대립했고 각지에서 소송을 진행했다.

실비진료소와 의료이용조합의 상당수는 지배층의 의료정책과 침략전쟁에 대한 비판적인 시각이 선명하지는 않았기 때문에 정부정책의 틀 내에서 운동하는 사회개량주의라고 평가할 수 있다 하지만 영리주의적인 개업

주8) 국민의료법: 1874년에 현재의 '의료법'과 '의사법'의 성격을 띤 '이세(医制)'가 제정되었으며, 그 후 장기간에 걸쳐 일본의 의료는 자유 개업제를 기본으로 발전해 왔다. 그러나 1941년 태평양전쟁에 돌입한 이후 의료분야에서 전쟁수행체제 확립을 위해 의사·의료의 국가통제를 목적으로 1942년 '이세(医制)'를 폐지했고, '국민의료법'을 제정했다.
일본의료단령: 국민의료법 제29조에서 '일본의료단' 설치를 규정하고, 1942년 4월 17일에 훈령 제427호로서 공포했다. '일본의료단령'으로 구체적인 내용을 정한 것이다. 기존 의사회를 해산하고, 의사를 관변기구라 할 수 있는 일본의료단에 강제 가입시켜 전시체제협력 의료대원으로 배치했다.

의제도에 대한 비판자로서 중요한 역할을 수행하면서 의료활동을 통해 절박한 주민요구에 응답했고, 의료이용조합은 정부가 국민건강보험제도를 도입하려 할 때 중요한 역할을 했다.[주9] 실비진료소는 싼 비용, 실비진료를 내무성에 인가받고 전국에 이 방식을 보급했으며, 무산자진료소, 의료이용조합, 일반개업의가 실비진료에 참여하기 쉬운 환경을 만들어갔다. 의료이용조합에서는 농민이나 노동자·시민의 조합원을 다수 결집하여, 주민이 출자·운영·이용하는 협동조합 의료기관(전후의 의료생협과 고세렌(厚生連))의 출발점을 만들었다.

* 역자주: 겐포(健保)는 앞에서 서술한 1922년 제정된 '건강보험법'의 줄임말이며, 고쿠호(国保)는 1938년 제정된 '국민건강보험법'의 줄임말이다. 지금까지 지속되고 있는 일본의 의료보험제도이며, 겐포(健保)는 통상 직장의료보험으로, 고쿠호(国保)는 지역의료보험을 지칭하는 용어로 이해하는 것이 편리하다.

도호쿠지방의 냉해흉작으로 무를 베어먹는 아이들(1934년 마이니치신문사 제공)

주9) 의료이용조합운동의 지도자였던 가가와 도요히코(賀川豊彦)는 국민의 의료비부담에 대해 자선병원경영보다 상호부조, 의료조합 사업의 우위성을 서술하고, 나아가 건강보험조합의 필요성을 설명했다.(《농촌사회사업》 1933년 발행) 의료이용조합은 1933년 논문 이전부터 의료이용조합과 고쿠호제도와의 상호보완 필요성을 운동목표로 내걸었다. 정부는 1934년에 '국민건강보험제도요강 시안'을 발표했지만, 전국 의료이용조합협회는 고쿠호(国保)제도 즉시실현과 의료이용조합에 대한 의료사업위임을 결정하고, 실시 촉진을 향한 운동을 개시했다. 정부는 사이타마 현(埼玉県) 고시가야마치(越ヶ谷町)에 모델사업을 발족시키고, 1935년에 '고쿠호(国保)제도안 요강'을 발표하고 사회국이 법안작성에 착수했지만, 의사회가 고쿠호(国保)제도에 대해 강하게 반대했다. 의사회에 가까운 내무성과 산업조합을 지원하는 농림성 사이에서 줄다리기가 있었지만, 의료이용조합에 의한 고쿠호(国保)제도 대행론은 의료이용조합측이 고쿠호 제도의 담당자가 된다는 적극성도 있고, 최종적으로는 고쿠호제도의 성립과 기존 의료이용조합의 고쿠호사업대행을 인식하는 형태로 1938년 법안이 성립했다.(전국고세렌(厚生連) 《일본농민의료운동사》 229쪽, 329~331쪽에서 인용)

(1) 건강보험법(겐포: 健保) 제정

1922년 정부는 노동자의 요구가 나오기에 앞서 공장법에 연이은 사회정책으로 건강보험법의 입법화를 진행했다. 건강보험법 입법화에 대해선 다음과 같은 배경이 있다. 첫째, 제1차 세계대전 후 노동쟁의 급증에 대한 치안대책, 둘째, 일본의 국제적인 역할향상에 따르는 국제노동기구(ILO)의 압력, 나아가 러시아 혁명(1917년) 등도 영향을 주었다.(소련의 사회보장정책이 분명하게 대두된 상황에서 대전 후에 교전 각국은 차차 사회보험의 실시로 방향을 잡아, 대전 전에는 수십 개국에 불가했던 것이 단숨에 3배가 되었다.)

관동대지진으로 인해 건강보험법은 5년 후인 1927년에 시행되었지만, 겐포(健保)가 적용된 노동자는 불과 200만 명에 불과해 많은 문제점을 안고 있었다. 이에 대해 1926~27년에 걸쳐 전국 각지에서 노동조합의 겐포(健保)반대 파업이 진행되었다.[주10] 개업의는 메이지부터 자유진료가 중심이었고, 저가 진료보수로 제한이 많은 겐포(健保) 진료를 싫어하여 겐포(健保) 환자에게 차별대우를 하는 경우가 많았다. 게다가 의사회의 자유진료·협정진료금액이 고액이었기 때문에 대다수의 노동자에게 의료기관은 그림의 떡에 불과했다. 개업의나 건강보험제도에 대한 국민의 불만은 대단히 컸다고 할 수 있다.

1927년 금융공황으로 중소기업 도산과 대기업의 독점이 진행되었고, 1929년 세계경제공황, 1930년 농업공황 과정에서 대규모 해고·임금삭감이 실시되었다. 300만 명의 실업자, 인신매매, 학생들의 결식 등 도시·농촌이 모두 참상을 나타내 노동·농민 쟁의가 빈발했다.

정부는 심각한 경제위기를 타개하기 위해, 중국동북지방(만주)에 대한

주10) 1925년 일본노동조합회평의회는 건강보험법을 노동자 기만정책으로 비판하고, (1) 정부자본가에 의한 보험료전액 부담, (2) 보험보장범위의 확대(노동자 가족을 수급대상에서 제외했으며, 중소기업노동자나 임시직도 제외), (3) 보험조합의 노동자관리를 통일적으로 요구하여 각지에서 겐포(健保)파업을 진행했다. 공장법·광업법에서 규정한 산업재해에 대한 사업주배상책임을 겐포 제도에 포함시켜 노동자의 불만이 컸으며, 1926년부터 1927년에 걸쳐 67건의 파업이 벌어졌고, 고베에서는 2만 6천 명이 참가하는 대규모 파업이 있었다. "따라서 동일한 지도에 따라 투쟁한 경험이 전무했던 일본노동자대중에게 실로 역사적인 신국면이었던 것이다."(다니구치 센타로(谷口善太郎) (일본노동조합평의회사·하권)에서 인용)

침략을 목적으로 산동출병을 강행(1927~28년)했다. 중국인민의 분노가 일본을 향하던 중 정부는 1931년 만주사변을 일으켜 중국을 침략, 15년 전쟁에 돌입했다. 뒤이어 5·15사건(1932년)*, 2·26사건(1936년)*을 거쳐 군부독재를 강화하고, 반정부사상을 엄격하게 탄압했다. 무산자진료소는 이런 상황에서 설립되었다.

* 역자주: 5·15사건은 1932년 5월 15일에 발생한 반란사건이다. 무장한 일본해군 청년장교들이 총리관저에 난입하여 총리 이누카이 쓰요시를 살해했다. 2·26사건은 1936년 2월 26일부터 29일까지 일본육군의 청년장교들이 1483명의 병력을 이끌고 일으킨 쿠데타이다.

(2) 실비진료소

1910년대 사회보장제도가 전무한 상태에서 의료에 대한 국민의 강한 요구에 부응하려는 시도가 몇 번 있었는데, 대표적인 것이 도시지역의 실비진료소와 농촌중심의 산업조합(의료이용조합)병원이었다.

실비진료소(1911년)는 의사인 가토 도키지로(加藤時次郎)와 실업가인 스즈키 우매시로(鈴木梅四郎)가 사단법인으로 도쿄 교하(京橋) 시에 가토병원이라는 명칭으로 개설했다. 그 후 오사카 미나미쿠(南区)를 포함하는 5개소에서 진료하고, 1919년에는 하루 3,200명의 환자를 진료했다. 설립취지문에서 진료의 대상을 '하급공무원, 사무원, 점원, 교원, 순경, 직공, 장인, 노동자'로 하고, "이들 계급은 병을 얻어도 생활고로 인해 바로 병원에서 치료를 받기가 어려운 사람들이며, 경미한 질병을 방치하여 중증질병으로 악화시켜 생명을 잃는 경우가 많으니, 실로 한 가정의 가장이 병에 걸리면 가족이 망하는 것은 물론이요, 처나 자식들이 3개월 정도의 병에 걸리기라도 하면 돈을 빌리게 되고 노비로 전락한다.(중략)"고 했으며, 빈곤에 대한 원조가 아니라 빈곤 방지를 위한 국가정책이 필요하다는 입장을 밝혔다.

정부는 사이세카이(済生会)나 자선사업만으로는 사회불안을 해소할 수 없다고 생각하고, 사단법인설립과 실비진료를 인가했다. 중하류층(월수입 1.5엔 이하)을 대상으로 의사회 협정요금의 4분의 1 비용으로 진료해 의사회와 격렬한 대립이 발생했지만, 여론의 지지를 받고 지방자치단체·공사립 자선병원·사이세카이·일본적십자·일부의 개인개업의도 실비진료를 표방 했으며, 1929년까지 153개소에서 진료했다.

이처럼 가토 등에 의한 실비진료소와는 설립모체가 각기 다른 것이 많 았지만, 실비진료소는 일반적으로 저렴한 진료비, 실비진료의 의료기관임 을 표방했다.[주11]

각지의 실비진료소는 1927년 건강보험 시행과 의사 이외의 개설금지 조치로 1930년대에는 차츰 쇠퇴했다.

실비진료를 시행한 개인개업의 진료소에는 무산자진료소 설립과 관계 가 깊은 '노동자진료소'(도쿄 1924년 마시마 와타루(馬島僩))와, '고슈(公 衆)병원'(오사카 1929년, 이와이 히쓰지(岩井弼次)) 등이 있어서, 도쿄· 오사카의 무산자진료소 설립에 커다란 영향을 주었다. 이와테 현 하치노헤 (八戸) 무산자진료소도 실비진료소로 출발했다.

(3) 농촌의료와 의료이용조합

농촌의 의료문제는 1929년 세계공황에 이어 일본의 농업공황(1930 년), 1931년 도호쿠(東北)·홋카이도의 대흉작으로 무의촌이 급증해 심각 한 사회문제가 되었다. 무의촌은 메이지 이후 소작농을 비롯해 농민이 겪 은 가혹한 경제사정으로 농촌에서 의료경영이 이루어지지 않아 발생한 것 으로 각 지역에서 나타났다. 비싼 의료비는 농민에게 부담이 되고, 의사는 사망진단서 발급 이외에 빈농과는 무관한 존재였다.

제1차 세계대전 후의 불황기인 1919년 시마네 현 가노아시 군(鹿足郡) 아오하라 촌(靑原村) 신용구매판매이용조합(조합장 오니와 마사요(大庭 政世), 조합원 549명)은 무의촌이 되어버린 아오하라 촌에 이웃 지역 개업 의를 위탁의로 계약하고, 의사회 협정요금보다 싼 가격으로 진료를 시행

주11) 실비진료소의 의료비는 대수술 3엔 이상 10엔 이하, 중규모 수술 50전 이상 3엔 이하, 내복약·외용약 1일분 1종 6전 이하, 안약(点眼)·종두(種痘) 5전 이하, 피하주사·관장(浣腸) 10전 이하였다. 당시 교원초 임은 13엔, 목수 하루 일당은 1엔 18전, 쌀 1되는 28전이었다.(아사히신문사 (가격의 풍속사)에서 인용)

해 산업조합이 의료사업을 함께 운영하는 최초의 진료소(1900년 산업조합법에 기반)를 창설했다. 그 후 쇼와 시대에 걸쳐 이런 방식으로 각지에서 수십 개소가 설립되었지만, 소규모 사업의 진료소였기 때문에 거의 전부가 경영난으로 운영을 지속할 수 없었다.

히카시아오(東靑) 신용구매이용조합(아오모리시)은 1928년 출발 당시 출자자 705명, 출자액 1만 3,300엔, 불입액 1구좌당 10엔[주12]이었다. 자금 모집은 어려웠지만 히카시아오병원 의료소로 출발했으며, 도호쿠제대(東北帝大)·야마카와(山川) 내과에서 의사가 부임했다. 아오모리 현은 인구 10만 명 정도에 의사 수 33명(전국평균 74명, 1935년)이라는 심각한 의사 부족 지역이었고, 의료부족을 광역구 지역 의료조합으로 타개하려 했다. 의사협정요금보다 싸게 진료해 농민의 부담을 덜어주는 것을 목표로 했다. 처음에는 소규모경영으로 경영상의 어려움을 겪었지만, 오카모토(岡本)조합장은 사재를 담보로 대규모 종합병원을 설립(1931년)해 운동의 새로운 전기를 마련했다. 먼저 설립한 고우치 현(高知) 수사키마치(須崎町)의 고료(高陵)이용조합 쇼와병원(29년), 돗토리(島取) 현 구라요시(倉吉)마치의 의료이용조합후생병원(30년) 등 두 병원과 함께 종합병원방식 조합병원을 전국에 보급하기 시작했다.

1931년에는 니도베 이나조(新渡戶稻造), 가가와 도요히코(賀川豊彦), 마시마 와타루(馬島 僴) 등에 의한 도쿄의료이용조합 병원(나카노 조합병원)[주13]이 설립인가 운동을 시작했고, 의사회의 강한 반대에 직면했다. 1년 후에 도쿄도가 인가한 의료이용조합이 전국적으로 크게 보급되는 것을 계기로, 1933년에는 전국의료조합협의회가 결성되었다. 1936년 의료이용조합의 분포는 이와테 113, 아오모리·아키타 8, 니가타 7, 아이치 6, 나가노·미에·시마네·군마 4 등 30개 도도부현으로 확대되었다.

주12) 교원초임은 50엔, 목수일당은 2엔 80전(아사히신문사 위의 책) 시대에 10엔을 부담할 수 있는 계층은 농촌에서는 자영농, 도시에서는 중간층이었고, 하층민은 이용할 수 없었다.

주13) 도쿄의료이용조합의 나카노 조합병원은 21병상으로 출발했다. 약값은 개업의의 절반으로 아동건강상담, 방문간호사의 가정순회상담 등 사회적 활동을 수행하면서, 나카노구나 스기나미구(杉並区)에서 2,000명의 조합원을 확보하고, 1구좌당 10엔을 10개월에 분할 납부하는 조직활동을 전개했다.

1930년경에 무의촌은 전국적으로 3,200여 개소(1927년은 2,900개소, 모든 기초단위지역은 12,000개)로 급증하고, 저소득 농민은 의료비의 부담을 감내할 수 없어 무의촌은 더욱 증가했다. 또한 기초단위지역(田町村)의 3분의 1에서 의사 1인이 근무했다. 공황하의 농촌은 말로 표현할 수 없을 정도로 궁핍한 상태였고, 정부는 군사 식민정책으로도 근본적인 대책이 필요했다. 이에 따라 의료이용조합의 국민의료보험제도가 검토되었다.

농촌에서는 자작농을 중심으로 도시에서는 중류층 주민의 자주적인 운동으로 1928년부터 1934년에 이르기까지 37개 의료이용조합이 설립되었으며, 도호쿠·간토(関東)·신에츠(信越)·도카이(東海) 등으로 확산되었다. 이상주의적·사회운동적인 성격[주14]을 띠었지만, 조합병원을 이용할 수 있는 계층은 기본적으로 중간층 이상이었고 빈곤층은 이용하기 어려운 측면이 있었다.

농림성은 의료이용조합에 대한 상황조사를 1936년에 시행하고 마치무라(町村) 산업조합을 기초로 연합회로 변경하면서, 위로부터의 조직화를 적극적으로 진행하여 관료가 통제하는 방향을 지향했다. 이것은 농촌에서 징병검사 갑종 합격률의 저하를 방지하고, 부국강병정책을 촉진하기 위한 측면도 갖고 있었다. 그 결과 의료이용조합은 국책사업으로서 농촌 경제정책의 한 단면을 갖게 되었고, 자주적·민주적인 조직으로서 성격을 상실하는 계기가 되었지만, 무의촌에서 자발적인 의료대책으로 많은 출자자가 참여했던 의의는 대단히 크다고 할 수 있다.

1940년에는 의료이용조합 수가 165개, 연합회소속 조합 수는 2,892, 조합원 149만 명, 출자금 1,557만 엔, 146개 병원, 병상 수 5,400, 진료소 175개소, 의사 수 678명에 달했다. 농촌에서 국민의료보험 보급을 주관하면서 전국 시정촌의 20% 지역을 대상으로 하여 국가총동원체제하에서 행정의 한 역할을 담당했다.

주14) 〔아키타현의료조합운동사료〕(아키타현후생농업협동조합연합회 발간)에 의하면 쇼와의 대흉작, 공황 시 기타토호구(北東北)의 의료이용조합 운동은 수년에 걸쳐 전 현으로 확산되었고, 운동의 리더는 빈농가, 마르크스주의자, 무정부주의자, 교원, 기독교신자 등이 담당했다. 아키타 오가치(秋田雄勝)의료이용조합은 사카 나오노리(坂猶興, 후에 사카병원원장), 스즈키 다모쓰(鈴木保, 전후·미야기후생협회초대이사장) 등 민의련 창설에 참가한 의사들이 청년의사로 시작한 조직이었다.

전후 산업조합·의료이용조합은 연합국 군총사령부(GHQ)에 의하여 농업협동조합으로 재편되었고, 조합병원의 대다수는 전국후생농업협동조합연합회(厚生連)의 병원으로 이행했으며, 일부는 일본생활협동조합연합회의 의료생협으로 변했다. 민의련에 가맹한 의료생협의 상당수는 1950년대 이후에 결성했다.

아키타 현(秋田県) 의료조합연합회(아키타후생연의 전신) 회장 스즈키 마쓰오(鈴木真洲雄)는 〔아키타이용조합의 탄생〕에서 의사파견 등으로 사카 나오노리(坂猶興)에게 많은 지원을 받은 것에 감사하면서, 조합의 역할에 대해 '협동조합은 늘 정치적 기반으로서 민중과 함께해야 하며, 비참함에 근거하여 – 공포, 어려움, 고통 – 으로 표현되는 일상생활을 – 원조, 신뢰, 희망 – 이라는 형태가 될 수 있도록 도와주는' 것이라고 서술했다.

스즈키 마쓰오(鈴木真洲雄)는 전후 일본협동조합동맹(일본생활협동조합연합회의 전신)을 창립했다.

(4) 세틀먼트, 사회의학연구회, 신흥의사연맹

제1차 세계대전(1914~1918년)으로 중공업의 급속한 발달, 러시아혁명(1917년), 쌀폭동(1918년), 노동자·학생의 보통선거운동(1919년), 대전 후의 공황(1920년)과 노동쟁의·소작쟁의의 급증이라는 시대상황에서 사회주의·민주주의 사상이 의사·의학생에게 커다란 영향을 주었다. 1920년대에는 세틀먼트 활동주15) 사회의학연구회, 산아제한운동주16) 등의 의료사회화 운동이 확산되었고, 의료의 민주적인 개혁을 목표로 하는 의사·의학생·의료종사자가 전국 각지에서 생겨나 1930년대 무산자의료운동을 담당했다.

주15) 세틀먼트 활동은 생활극빈자가 많은 지역에 학생이나 지식인이 들어가 생활개선을 위해 의료, 보육, 노동자교육 같은 활동을 하는 것을 말한다. 19세기 후반 영국에서 런던의 슬럼가에 세틀먼트 회관이 설립되었다. 일본에서는 가타야마 센(片山潜)이 도쿄 신덴(神田)에 '킹슬레이회관'(1987년)을 개설하고 유치원 설립, 노동자교육 같은 사업을 수행했고, 진보적 자유주의자, 기독교 자유주의자와 함께 사회운동의 한 영역을 담당했다. 학생 세틀먼트 운동은 다이쇼 데모크라시 중에 확산되어 전후에도 각 지역의 대학이 참여했다.

간토 대지진(1923년)은 사망자·행방불명자 10만 5천 명, 주택전부파손 10만 9천여동, 반파 10만 2천 동, 전소 21만 2천여 동이라는 대재해였으며, 도쿄에 계엄령이 선포되었다. 조선인이 약탈한다는 흑색선전이 나돌아, 6천여 명의 조선인이 군부나 주민에게 살해되었으며, 관헌은 무정부주의자였던 오스기 사가에라(大杉栄ら)나 노동조합활동가인 히라사와 게시치(平沢計七) 등을 학살했다. 가옥 소실이나 파손으로 난민이 우에노공원 주변으로 모여들었고, 시민생활의 혼란상태가 지속되어 도쿄대 학생들은 식품배급이나 행방불명자 대책을 담당했다. 도쿄대의 쓰에히로 이주타로(末広巖太郎), 호즈미 시게토(穂積重遠) 교수 등의 지원으로 이러한 활동을 일시적인 것으로 한정하지 않고 세틀먼트 활동으로 지속해 야나기시마(柳島)에 건물을 세우고, 도쿄 대학생을 중심으로 의료활동, 탁아소, 아동교육, 법률상담 등을 진행했다. 의료부는 도쿄대 병원장 등의 협력으로 지역에서 야간진료와 함께 의학생에 의한 건강조사, 무료건강상담을 했고, 1938년에 당국에 의하여 해산될 때까지 12년간 지속했다. 전후 민의련에 참가한 시가 히데토시(滋賀秀俊), 오쿠 야스오(奥保雄), 마시코 요시노리(益子義教), 쓰가와 다케카주(津川武一) 등이 이 활동에 참가했다.

세틀먼트 활동과 병행하여 대지진 직후부터 사회의학연구회가 도쿄대 의학생이었던 고미야 요시타카(小宮義孝), 소다 다케무네(曽田長宗) 등이 개최하고 이시하라 오사무(石原修), 데루오카 기토(暉岡義等), 구니자키 데도(国崎定洞) 등이 의학상의 문제를 사회적 관점에서 해설하여 학생들에게 영향을 주었다. 사회의학연구회에서 다룬 주제는 1924년 발간한 〔의료의 사회화〕(도쿄대 샤이켄(社医研))에 정리되어 있다.

발간 배경에 대해 집필자의 한 사람인 소다 다케무네(曽田長宗)는 (1) 민중을 위한 의학이 현 상태로 좋은가, 의학계와 의료제도의 현상은 어떤

주16) 메이지시대 초기에 3500만 명에 이른 인구는 1920년에 5800만 명까지 증가했다. 정부는 과잉인구문제로 이주를 장려하는 입장이었고, 서민의 입장에서는 생활난 타개를 위해 산아제한에 관심이 높았다. 사회운동으로서는 야마모토 센지(山本宣治)가 삼가(Samgha) 여사의 일본방문을 계기로 무산자운동과의 연계를 중시하는 입장에서 산아제한, 여성해방의 계몽활동을 진행했고, 노동조합이나 농민조합을 통해 전국적으로 확대했다. 자식이 많아 근심하는 서민이나 여성노동자가 진출하자 산아제한운동을 하던 젊은 의학자들은 과학적인 피임연구를 지향했다.

가? (2) 공장법, 보건법, 실비진료소 등 사회제도의 개혁방향, (3) 역사적 유물론에 의한 이론적인 해명 등을 거론하고 예를 들면 건강보험법에 대해서는 의료사회화의 바탕에서 커다란 의미를 갖는다고 인식하면서 개업의와 의료기관에 대해 민중의 편에 설 수 있는 방책이 필요하다고 주장했다.

도호쿠·니가타·교토·오카야마 등의 대학에서도 사회의학연구회가 발족하여, 현장조사 활동을 진행하는 등 의료의 민주화·사회화에 기여하는 의학생이 나타났다.

다카하시 미노루(高橋実)의 [도호쿠 지역 농촌의 의학적 분석](1940년), 하야시 슌이치(林俊一)의 [농촌의학서설](1944년) 등은 이러한 운동에 영향을 받은 것으로 다카하시는 이와테 현 의약구매판매이용조합연합회 모리오카(盛岡)병원 시와(志和)진료소, 하야시는 아키타조합병원 와키모토(脇本)진료소에서 근무하면서 이러한 노작을 작성했으며, 두 사람은 전후 민의련 소속 의사로서 큰 역할을 했다.

그 외 신흥의사연맹 등이 국민의 의료부족을 배경으로 사회제도에 문제가 있다는 점을 이해하여 운동을 진행했다.

1931년 1월에 발족한 '신흥의사연맹'은 오사키(大崎)진료소에서 준비모임을 열고, 무산자진료소에 대한 의사공급이나 직접 협력은 하지 못하는 양심적인 의사, 의학생을 결합하기 위해 결성했다. 시가 히데토시(滋賀秀俊), 이구치 마사오(井口昌男), 우에야마 료지(上山良治) 등이 중심이 되어 도쿄의 극작가 무라야마 도모요시(村山知義) 집에서 전국의 의학생이 다수 모여 제1회 전국대회를 열었다. 연맹은 무산자진료소의 지원이나 파업지원 진료, 탄압희생자 지원진료, 메이데이 지원진료 등을 실행하고 독자사업으로 [무산자의료필독서]를 발행했으나, 1932년에는 무산자의료동맹이 신흥의사연맹을 의료연맹으로 해소시키자고 주장하여 소멸했다.

제2장 무산자의료운동

현재의 전일본민의련은 1953년에 발족했지만, 1930년에 창립한 오사키 무산자진료소로부터 1941년에 폐쇄된 니가타의 고센(伍泉), 구즈쓰카(葛塚)의 무산자진료소에 이르는 무산자의료운동까지 소급한다.

무산자진료소 활동은 일본제국주의가 중국침략과 미·영 등의 아시아 태평양전쟁에 돌입하기 직전 11년간에 한정되었다. 가장 큰 이유는 노동자·농민·시민의 기아와 질병에 대한 의료활동, 노동·농민운동에 대한 지원활동이나 반전활동을 치안유지법으로 엄격하게 탄압하여 운동 담당자들이 계속해서 체포 구속되거나 처벌받았기 때문이다.

1925년에 공포한 치안유지법은 당초 사회주의자 검거로부터 시작했으나, 1928년과 1941년의 개정으로 전쟁에 회의적이었던 시민이나 종교인들까지 대상을 확대했다. 최고형을 사형으로 높여 모든 사회운동을 침묵에 빠져들게 했다. 이러한 시대에 무산자의료운동은 헌신적으로 투쟁했다.

제1절 무산자진료소와 무산자의료동맹

(1) 오사키(大崎) 무산자진료소

무산자진료소는 치안유지법 개악으로 당초 국회에서 반대한 유일한 사람인 야마모토 센지(山本宣治) 의원[주1]의 암살을 계기로 1930년 도쿄·오사키에 설립되었다.

주1) 야마모토 센지(山本宣治): 1889년 교토에서 출생. 생물학자. 도쿄대 졸업 후 교토대학 도지샤(同志社) 대학의 강사로 근무했다. 산아제한, 여성해방운동을 추진하고, 노농당에서 중의원에 입후보해 1928년에 국회의원이 되었다. 치안유지법 개악에 대해 국회에서 반대하여 파시스트 청년에게 암살당했다.

야마모토 센지(1889년~1929년)

야마모토 센지(통칭 야마센)는 도쿄대를 고학으로 졸업하고 도지샤(同志社) 대학에서 강사로 일한 생물학자이다. 1928년 2월 20일 일본에서 처음으로 남자보통선거[주2]를 시행했고, 무산정당에서는 8명이 당선했다. 그러나 당시 일본정부는 1개월도 채 되지 않은 3월 15일에 일본공산당원과 지지자를 1,600명 이상 검거하여 485명 이상을 치안유지법으로 기소했다. 야마센은 이러한 폭압실태를 자세히 조사해 1929년 2월 제국의회에서 부당성을 엄중하게 폭로했다. 이에 대해 천황제 정부는 최고형을 사형으로 높인 치안유지법 개악안을 냈으며, 심의완료가 되지 않자 천황의 긴급명령을 발표하고 1929년 3월 5일에 개회한 의회에 사후 승인안을 제출하기에 이르렀다. 개악안에 대해 국회의원 중에서 오직 한 사람 야마센만이 반대했다. 그는 3월 4일 오사카 · 덴노지(天王寺) 공회당에서 개최한 전국농민조합대회에서 "야마센 한 사람만이 고독하게 싸운다. 그러나 나는 외롭지 않다. 내 뒤에는 대중의 지지가 있기 때문이다."라고 발언한 후, 의회 발언에 대해 준비해 상경했다. 그리고 의회개최일인 3월 5일 밤묵고 있던 여관에서 우익단체회원 구로다 호쿠지(黒田保久二)에게 암살당했다.

야마센의 장례식장에서 그의 사망을 애도하던 사람들이 '야마센 기념병원'을 만들자고 제안해 1929년 3월 15일 "3월 15일 기념사업회 노동자 농민 병원을 만들자!"라는 호소문을 해방운동희생자후원회(후술)와 병원설립기금모집위원회 명의로 잡지〔센키(戰旗)〕에 발표했다. 호소문을 작성

주2) 25세 이상의 남자에 대해 납세정책과 관계없는 중의원선거권을 부여해 유권자는 이전보다 약 4배가 많은 1200만 명(인구의 21%)으로 증가했다. 1924년 당시에 이치가와 후사에(市川房枝) 등의 여성참정권 획득 기성동맹회 같은 운동이 있었지만 무시되었다.

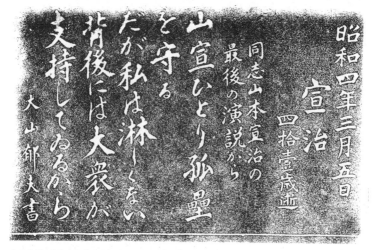

야마센의 최후연설을 조각한 묘비

한 사람은 의사 오구리 기요미(大栗清実)였다.[주3]

　호소문은 다음과 같이 서술했다.

　"부르주아와 지주가 지배하는 사회에서는 '인술'이어야 할 의술조차 완전하게 독점하여, 노동자농민무산시민 앞에서 모든 병원은 문을 닫아 걸고 있다. 우리들은 질병에 걸려도 돈이 없기 때문에 의사 진찰받기를 몇 번이나 주저해 가벼운 질병을 위독한 상태로 만든다. 치명적인 질병에 걸려도 보증금이 없기 때문에 입원을 거절당한다. 약값이 밀려 죽음이 닥쳐와도 왕진을 중단한다. (중략) 이리하여 우리들의 건강은 누구도 지켜주지 않는다. 우리들의 질병을 치료하기 위해서는 우리들 자신의 병원을 만들어야만 한다. (중략) 후원회가 지원하는 젊은 의사, 약사, 간호사 등은 건강을 빼앗긴 노동자 농민을 위해 앞장서 전문적 기술을 제공하게 되었다. (중략) 공장, 농촌, 직장, 학교 등 어디에서나 1전, 2전의 작은 기금을 모아 보내 대중적 지지를 받는 우리들의 병원을 건설하자."

주3) 오구리 기요미(大栗清実): 1901년 도쿠시마 현의 자영농 집안에서 태어났다. 고 고등학교(伍高)와 오카야마 의대에 입학해 사회과학연구회에 참가. 1928년 3·15사건으로 검거되어 7개월간 투옥생활 후, 마시마 와타루의 노동자진료소에서 이즈미 에이노신(泉盈之進)과 알게 되면서 무산자진료소에 대한 구상을 하고, 오사키 무산자진료소의 초대 소장이 되었다.

다음 해 일본에서 처음으로 무산자진료소인 오사키 무산자진료소가 현재의 JR 고탄타 역(伍反田驛) 부근에 탄생했다.

개설에 참여한 발기인은 해방운동희생자후원회, 관동소비조합 같은 단체 외에도 아키타 우자쿠(秋田雨雀), 후세 다쓰지(布施辰治), 후카오 쓰마코(深尾須磨子), 미키 기요시(三木清), 오야 소이치(大宅壯一), 주조 무리코(中條百合子) 등 많은 저명인이 참가했다. 1930년 1월 26일에 진료소를 개설하고 오구리 기요미(大栗清実)가 소장, 간호사 스나마 아키, 이주미 사쿠에(砂間あき, 泉咲江)와 서기 오코우치 노부토시(大河内信敏) 등으로 출발했다.

노동자, 무산시민 등의 지지로 개설한 오사키진료소는 도쿄, 교하마(京浜)의 각지에서 환자가 몰려들어 하루 100명을 넘어섰으며, 접수는 아침 9시부터 밤 9시까지 진료는 한밤중까지 밀렸다. 도쿄대학이나 일반병원에서 근무하는 많은 의사와 개업의가 진료를 지원했다. 상근의사로 하시주메 렌조(橋爪廉三), 가네타카 마쓰에(金高ㅋする), 구보타 가주(久保田佳寿), 吳新榮(중국계인 것으로 추정), 하야시(林), 스즈키 사다코(鈴木貞子), 오바타케 기미오(大畑仁男), 가나이 히로(金井広), 히로이와 신이치로(平岩新一郎) 등이 3년 9개월의 개원기간 중에 참가했다. 간호사는 이토 사쿠(伊藤サク), 가사이 쓰미에(笠井寿江), 가나이 다쓰(金井たつ) 등 30

일본최초의 무산자진료소인 오사키무산자진료소에 참여했던 사람들

명 정도가 오사키를 비롯해 간토의 무산자진료소에서 활동했다. 서기(사무장 역할)는 오코우치(大河內) 이후 마스이 가쓰토시(松井勝利), 나카가와 신지(中川信次)가 맡아보았다.

건강보험의 진료는 오구리(大栗)의 개인진료소라는 형태로 구역의 의사회가 인가했지만, 비보험 환자가 많아 초진료는 무료, 내복약은 1일 1제 10전, 피하주사 50전, 정맥주사 80전(개업의의 약제비는 하루 1제 40전, 피하주사는 3엔, 링거 10~18엔. 이상은 야마나시(山梨)의 사례), 건강 친구회 회원은 2할 할인, 월급은 의사는 당초 60~100엔, 간호사는 15~20엔이었다. 그러나 지불이 연체되고 환자도 많아 급여 체불, 감액 등이 발생했다. 지원한 의사들은 무상으로 대응했지만, 임대료 지불이 밀려 경영이 어려웠다.

해방운동희생자후원회로부터 환자를 소개받아 탄압사건의 보석출소자로 질병을 갖고 있는 사람, 비합법적인 활동가 등에 대한 무료진료를 진행했다. 대병원의 협력의사나 전문개업의에게도 무료로 진료를 의뢰하여 치과는 이주미 에이노신(泉盈之進)의 진료소에 무료환자가 집중했다.

매주 정기적으로 후원한 의사로는 이구치 마사오(井口昌雄, 同愛병원), 야스다 도쿠타로(安田德太郎, 일본적십자), 미야자키 사토루(宮崎達, 일본적십자), 가미야마 료지(上山良治, 일본적십자), 쇼부자와 노보루(菖蒲沢昇, 養育會), 혼마 히로요시(本間博吉, 順天堂), 시가 히데토시(滋賀秀俊, 伝研) 등이 있었다.

의학생들의 후원은 쓰카다 류지(塚田龍爾, 홋카이도근로자의료회·초대이사장), 나카가와 시마(中川志摩, 전도쿄민의련회장), 오쿠 야스오(奧保雄, 기시모진(鬼子母神)병원) 등에 의해 파업후원진료, 메이데이 구호반활동 등을 수행했다.

'겐코도모노카이(建康友の会, 건강친구들의 모임)'는 진료소의 재정을 후원하는 모임으로 발족했지만, 소식지 발행 등으로 계몽활동을 하거나 모임을 통해 '부르주아의료제도반대' 조직을 만들어가는 등 진료소 운영에 환자참여를 위해 노력했다.

1930년에서 1931년에 걸쳐 아오토(青砥, 도쿄, 나중에 가메아리(亀有)

로 이전), 가쿠호쿠(岳北, 야마나시, 山梨), 지바(千葉) 북부에 무산자진
료소가 설립되었고, 오사키진료소는 이들 진료소에 의사와 간호사 같은
인력파견에 큰 역할을 담당했다. 또한 1931년 10월의 일본무산자의료동맹
결성에서 중심적 역할을 담당했지만, 1933년 8월에 오구리(大栗) 등 간부
가 검거된 뒤 남은 직원도 10월 11일 구속되어 폐쇄되었다.

1932년은 상해사변, 도쿄 시 전력회사의 해고반대 파업, 결식아동 20
만 명을 초래한 농업공황과 1,600여 건의 소작쟁의, 1933년 2월에는 고바
야시 다키지*(小林多喜二)의 학살 등 군부에 의한 파시즘과 중국침략으로
인해 국민생활의 어려움은 더욱 증가하고 국민의 의료실태는 점점 힘들어
졌다.

* 역자주: 일본프롤레타리아 문학의 대표적인 작가, 소설가이다. 대표작으로 최근 한국어로 번역된 '게공
선'(蟹工船)이 있다.

(2) 일본무산자의료동맹

1931년 가을에는 전국에서 6개소의 무산자진료소가 설립되었으며,
중앙조직에 의한 통일적인 지도를 위해 일본무산자의료동맹을 결성했
다.(1931년 10월) 오사키, 가메아리, 오사카(니시노다), 야마나시 가쿠호
쿠, 지바 북부, 고토(江東, 도쿄)의 진료소 대표 30명이 결성총회에 모여
위원장에 오구리 기요미(大栗淸実), 부위원장에 이와이 히쓰지(岩井弼次,
오사카)를 선출하고, 다음과 같은 슬로건을 채택했다.
    1. 부르주아 독점 의료제도 절대반대!
    2. 노동자 농민의 질병은 노동자 농민 자신의 손으로 치료하자!
    3. 무산자진료소의 전국확립과 확대 강화!
    4. 전노동자 농민 학생 무산시민은 일본무산자의료동맹에 가입하자!

오사키진료소 발족 후 무산자 의료동맹은 2년 남짓 전국적으로 파급
되어 가나가와, 니가타, 아이치, 나가노, 군마, 센다이, 도쿠시마 등에서 진
료소 준비활동을 펼칠 정도로 확대되었다. 1932년 가을에는 전국에서

2,000명(경찰정보국자료에는 1,290명. 내역은 도쿄 300, 오사카 180, 니가타 450, 지바 120, 아이치 25, 야마나시 150, 나가노 30, 센다이 30)이 동맹원으로 가입했다.

1932년 10월 제2차 대회를 앞두고 의료동맹본부서기장 후지시마 료스케(藤島良輔)를 비롯, 미네야마 다다오(峯山忠男), 이치무라 요네코(市村米子), 가나오카 다케시(金岡武), 혼다 사쿠조(本田作造), 다나카 신스케(田中進介), 야지마 쓰기오(失島次夫) 등 서기들이 차례로 구속수감되었다. 이로 인해 제2차 대회 준비가 큰 제약을 받았다. 1932년 12월에 개최된 제2차 대회의 상세한 내용은 알 수 없으나, 중앙병원설립과 무산자의료동맹을 일본노농후원회로 발전적인 해산(후술)을 결의하여 운동의 발전을 도모했다.

그러나 중국에 대한 침략체제강화가 시급했던 천황제 정부는 탄압을 더욱 강화해 1933년 8월부터 10월에 걸쳐 오구리 등 후원회간부를 검거했다. 지바 북부, 가메아리, 오사키, 조토(城東, 도쿄)의 무산자진료소는 차츰 폐쇄되었고, 중앙조직은 소멸했다. 그 후 오사카(히가시나리, 東成), 니가타(구즈쓰카(葛塚), 고센)의 의료동맹지부 활동도 상당한 제한을 받았다.

(3) 해방운동희생자후원회

1928년 초 남자보통선거가 실시된 직후인 3월 15일 공산당과 동조자 1,500명이 전국에서 일제히 검거된[주4] 사실은 앞에서도 설명했다. 희생자는 고문 등으로 건강을 잃었고, 가족들은 비참한 상황에 직면했다. 해방운동희생자후원회는 이들을 지원할 목적으로 같은 해 4월 발족했다.

해방운동희생자후원회는 뒷날 일본적색후원회, 일본노농후원회로 조직을 개편했지만(1931년 8월), 그즈음 비합법 활동을 강화했다.

일본무산자의료동맹은 1932년 12월 제2차 대회에서 일본노농후원회

주4) 정부는 중국에서 제국주의적 권익을 확보하기 위해 산동출병(1927~28년)을 감행했다. 무산정당과 사회주의운동을 분쇄하기 위해 일본공산당과 일본노동조합평의회 활동가를 대량으로 검거하고, 같은 해 치안유지법의 최고형을 사형으로 높이고 특별고등경찰의 전국배치와 강화를 단행하는 한편, 1929년에는 4·16사건으로 활동가를 거의 다 검거하는 등 파시즘으로 치달았다.

와의 조직합동을 결의하고 의료동맹은 노농후원회의 의료부로 재편했지만, 실제로는 노농후원회와 함께 무산자의료동맹이라는 명칭을 계속해서 사용했다.

탄압희생자를 후원하는 조직과 무산자의료동맹의 합동(노농후원회로 의료동맹 해소)은 현재의 관점에서는 이해하기 어렵지만, 각 조직의 성격상 차이보다도 양자의 연대강화와 프롤레타리아해방을 지향하는 모든 조직을 통일한다는 입장을 우선하여 산아제한운동, 탁아소운동도 노농후원회로 해소하는 등 무산자의료운동의 독자성은 약해졌다고 생각할 수 있다.

그 후 1933년 8~12월에 걸쳐 노농후원회는 탄압을 받아, 무산자의료동맹간부도 동시에 검거되고, 간토(関東) 지방의 무산자진료소도 동시에 소멸하는 결과를 초래했다.

제2절 전국의 무산자진료소

전국의 무산자진료소는 1개 병원 23개 진료소가 있었고, 준비모임은 20개 현을 넘었다.(마스오카 도시카쓰, 増岡敏和 〔민주의료운동의 선구자들〕) 설립한 진료소의 개요는 다음과 같다. 준비모임의 대다수는 의사부족과 탄압으로 개설하지 못했지만, 단기간에 운동이 확대된 것은 사람들의 의료요구가 절실했다는 점을 보여준다.

1. 아오토(靑砥)무산자진료소(1930년 8월~1933년 9월, 도쿄, 뒤에 가메아리(亀有)로 이전)

1930년 8월 전국농민조합전국회의파의 농민운동을 배경으로 아오토 무산자진료소(의사는 후지와라 도요지로(藤原豊次郎), 센바(泉橋)자선병원과 겸임근무)를 개설했고 주변의 무의촌 등에서 싼 비용으로 야간순회진료를 시행하여 농민조합의 확대에 기여했지만, 1931년 3월 가메아리(亀有)로 이전하여 가메아리 무산자진료소로 개칭했다. 8월에는 후지와라 등이 나카지마 다쓰이(中島辰猪, 도아이(同愛)기념병원이비인후과)를 소장으로 설득해 상근소장으로 나카지마가 부임했다.

진료소의 관리위원회는 농민조합, 노동조합의 대표와 소장, 오사키의 지원의사 등으로 구성하고, 소작쟁의나 공장파업에 대한 의료반 지원활동을 적극적으로 수행했다.

그 후 나카지마는 지바 북부진료소로 옮겨가고(1931년 가을), 후임에 미야사키테루(宮崎 テル)가 소장으로 부임한 직후 사임하여 소장 자리가 공석이다가 1933년 1월 와타나베 무네하루(渡辺宗治)가 소장으로 부임하기까지 의사충원이 불안정했다. 와타나베의 회상에 의하면 간호사 2명, 서기 1명에 진료는 아침 9시부터 밤 9시까지였고, 환자는 40~50명으로 왕진 50건, 조합원 집에서 간담회를 열었고, 의국 회의는 주1회 오사키진료소에서 열었다.

가메아리는 아오토 당시부터 의사회가 보험자격을 인정하지 않았지만, 와타나베는 의사회장과 직접 담판해 허가를 받았기 때문에 뒤에 의사회에서 문제가 되었다고 회상했다.

다른 무산자진료소에서도 보험 자격을 둘러싸고 의사회가 인가를 방해하는 일이 많았지만, 무산자의료동맹은 개업의제도를 영리주의이며 '부르주아의료제도'로 강력히 비판했기 때문에 의사회와의 관계는 좋지 않았다.

1933년 9월 소장 이외의 직원들이 검거되어 관리위원회가 폐쇄를 결정했으며, 와타나베는 가메아리 지역에서 개업했다. 전후 보험의협회 활동에 참가하면서 1960년대에 도쿄 민의련에 가입했다.

2. 하치노헤(八戶)무산자진료소

실비진료소로 출발한 하치노헤무산자진료소는 전국노농대중당의 지도하에 진료하는 형식을 취했지만, 소장 이와부치 겐이치(岩淵謙一)가 주간에는 자신의 진료소에서 진료하고 밤에는 무산자진료소에서 환자를 진료해 개인 보수는 받지 않고 의료기기 구입에 써 정당 방침과의 대립을 극복하고 종일 진료를 하는 등 환자 위주의 활동을 지속했다. 진료소는 1935년 11월 이와부치(岩淵)의 체포 때까지 존속했다.

1933년 산리쿠(三陸)해안의 대쓰나미와 1934년 대흉작에 대한 지원진료, 순회진료, 무료진료, 정부미무상배급운동, 산아제한운동 등을 지속했으나, 흥작지역 구제운동을 좌익사건으로 날조하는 바람에 진료소는 폐쇄되었다. 하치노헤는 무산자의료동맹 보고에서 오사와 히사아키(大沢久明), 후나미즈 기요시(船水清) 등이 이와부치의 샤리키무라(車力村)나 하치노헤에서의 활동을 소개하고 하치노헤는 훌륭한 무산자진료소였다고 규정했다.

3. 오사카무산자진료소(1931년 2월~31년 12월)

1931년 2월 오사카무산자진료소(고노하나쿠 하나조노마치(此花区 花園町), 니시노다(西野田)무산자진료소라고 부름)를 개설했다. 이와이 히쓰지(岩井弼次)는 실비진료 고슈(公衆)병원을 오사카 히가시노다(東野田)에서 1925년에 개설한 상태였으나, 도쿄에서 무산자병원설립을 제창하면서 해방운동희생자후원회 오사카지부와 협력하여 오사카 무산자병원설립실행위원회를 결성하고 노조나 문화단체와 함께 반년 정도 준비한 후 오사카무산자진료소를 개설했다. 설립실행위원에는 고이와이 기요시(小岩井淨, 후원회 책임자, 변호사), 모리토 다쓰오(森戶辰男) 등이 이름을 올렸고, 소장에 시노하라 가즈오(篠原一夫), 사무장에 오타 히로시(大田博), 간호사 사이죠(西条)로 출발했다. 환자는 많았고 파업응원, 농촌출장진료를 했지만, 직원이 구속되는 경우가 많아 1년 정도밖에 유지할 수 없었으며 소장은 질병을 이유로 고향으로 돌아갔다.

고슈(公衆)병원도 일시 무산자의료동맹에 가입(1932년 8월~1932년 11월)했으나, 내부 통제가 가능하지 않아 이와이는 경영을 위해 출자자에게 양도했으며, 고슈(公衆)병원은 의료동맹을 탈퇴했다.

4. 가쿠호쿠(岳北)무산자진료소(1931년 6월~1932년 5월)

가쿠호쿠무산자진료소(야마나시·후지요시다(山梨·富士吉田) 부근)는 전국농민조합 전국회의파의 농민이나 간토소비조합연맹에 가입한 가쿠호쿠 협동사(岳北協同社) 사람들이 주도하여 개설했다. 상근의는 구보타 가즈(久保田佳寿), 오구리 기요미(大栗清実, 오사키에서 질병으로 휴양

미시마무산자진료소

을 겸하여 야마나시를 지원)였다. 의료동맹가입회원은 150명을 조직하고, 사쿠(佐久)철도쟁의에 대한 후원진료나 여러 지역에 대한 출장진료, 만주 사변반대를 위한 반전활동 등을 했다.

환자는 많았지만, 구보타 가즈(久保田佳寿, 여의사)가 결혼하여 퇴직하고 오쿠리(大栗)는 무산자의료동맹 발족으로 오사키로 돌아간 뒤 의사확보가 어려워져 1932년 5월 폐쇄했다.

5. 미시마(三島)무산자진료소(1931년 8월~1938년)

미시마무산자진료소(오사카, 미시마군 쓰이타초(三島郡 吹田町))는 염색공장(友禅工)노조나 농민조합과 연대하여 개설했으며, 교토 대학출신 의사 가토 도라노스케(加藤虎乃助)가 26세의 젊은 나이에 소장을 맡았다. 1932년 가토가 입영 소집되자 휴진됐지만, 시노하라 가즈오(篠原一夫)가 중심이 되어 재개했다. 치과부(쓰지모토 하루오, 辻本春男), 산과를 병설했고 의료동맹회원은 1932년 8월에 300명을 넘었다. 가토는 1933년 12월에 복귀한 이후에도 헌신적으로 활동했으나, 자전거로 왕진 가다 넘어지는 사고와 함께 1934년 1월에 충수염이 악화되어 31세로 사망했다. 가토의 헌신적인 활동으로 크게 발전한 무산자의료동맹은 2차 확대중앙위원회에서 가토에게 감사장을 수여했다. 이후 탄압 과정에서 의사 시노하라 가즈오(篠原一夫)가 후임을 맡아 진료활동을 속개했다. 몇 차례 재건을 위

해 시도했으나, 치과의사 이케자와 가즈오(池沢一夫)가 검거되어 1938년
9월 폐쇄했다.

6. 니시하마(西浜)민중진료소(또는 니시하마무산자진료소)

미시마(三島)무산자진료소와 동일한 시기에 오사카 나니와쿠(浪速区)
니시하마의 재일조선인조직을 주체로 운영한 진료소였지만, 오래가지 못
했다.

7. 지바(千葉)북부진료소(1931년 9월~1933년 9월)

현재의 나리타(成田) 시 인바군(印旛郡) 도요쓰미무라(豊住村)에서
전국농민조합 전국회의파가 관리하는 야시키(屋敷)에 오사키무산자진료
소로부터 간호사이며 조산사 면허도 갖고 있던 고토다 미사오(小藤田操)
와 사사이 도시에(笹井寿江)가 파견 나와 출장진료소에서 진료를 개시했
다. '겐코카이(健康会)' 7반과 준비회 4반 합계 194명이 조직되었다.

가메아리(亀有)의 나가지마 다쓰이(中島辰緒)가 상근의로 부임했지만,
1931년 11월 부당한 검거로 구속된 후, 충수염이 발병해 도아이(同愛)기념
병원에서 수술 후 발열이 지속되었지만 퇴원했다가, 다음 해인 1932년 1월
하순에 재입원하여 다발성 간농양으로 판명돼 2월 12일에 29세로 사망했
다. 가메아리(亀有)무산자진료소에서 의료동맹장으로 장례를 거행했다.
오구리(大栗)가 조사를 읽고, 다수의 참석자가 나가지마의 사망을 애도했
다. 1933년에는 모바라시(茂原市)에 지바남부진료소를 개설했다. 그러나
의사파견이 불규칙해서, 산과 설치나 후임의사 초빙 운동을 정력적으로 펼
쳤지만 1933년 9월 고토다(小藤田)와 사사이(笹井)가 검거되자 폐쇄했다.

8. 고토(江東)무산자진료소(1932년 6~7월)

도쿄, 긴시초(錦絲町)에 동맹회원 250명(오사키는 240명, 가메아리는
115명), 설비비용 1,000엔, 약품대 500엔을 바탕으로 개설했다. 의사인 오
사키의 스즈키 사다코(鈴木貞子), 하시즈메 렌조(橋爪廉三)가 중심이 되
어 진료했지만, 1932년 7월 스즈키 등이 직원 체포로 휴진한 후 폐쇄했다.

9. 다카사키(高岐)민중진료소(1932년 8~9월)

군마 현 다카사키 시, 다카하시 미쓰오(高橋三男)가 소장. 동년 9월 탄압으로 폐쇄. 동맹회원은 100명에 달했다.

10. 하마마쓰(浜松)시민진료소(1932~33년 여름)

시즈오카 현(靜岡県) 하마마쓰 시, 가토 기요시(加藤淸) 소장. 하마마쓰 위생조합이 조직되어 실비진료를 했지만, '건강회'로 재편하고 반 활동에 참여한 회원은 150명이었다. 1933년 여름에 폐쇄.

11. 가타마치(片町)무산자진료소(1932년 11월~1933년)

이와이(岩井)의 퇴직금 등을 기금으로 하여 오사카에서 개설함. 소장은 가시와기 세이고(柏木淸悟), 의사로는 미즈노 스스무(水野進), 나카노 노부(中野信夫)가 있었다. 전 오사카노동조합의 지지를 받아 전농과도 연대했지만, 이와이, 가시와기(柏木)가 구속된 1933년 폐쇄했다. 미즈노는 경찰에 쫓겨 도쿄로 갔다가 니가타로 갔다.

12. 후쿠치야마(福知山)대중진료소(1933년 3~8월)

교토부 후쿠치야마시(福知山市)에 개설하고, 이다 미요시(飯田三美)가 소장에 취임하여 매일 100여 명의 환자를 만났다. 그러나 소장이 질병에 걸리고 도쿄나 오사카에서 의사가 지원되지 않아 동년 8월에 폐쇄했다. 의사 이다(飯田)는 1937년 10월 병사했지만, 관계한 의사들이 유족에 대한 후원을 전후까지 계속했다.

13. 라쿠호쿠(洛北)진료소(1933년?)

라쿠호쿠(洛北)진료소(교토)는 1931년[주5] 4월경 개설, 의사 쓰기야마

주5) [민주의료운동의 선구자들]에서는 개설시기가 1931년 4월~1932년 12월로 기재되었으나 의문이다. 의료동맹의 결성대회는 1931년 10월이었지만, 그때의 기록에 라쿠호쿠의 이름은 포함되지 않았다. 같은 책에 의하면 그 시기에 후쿠치야마대중진료소가 개설했고, 지원을 받았다는 내용이 있기 때문에, 1933년 4월 이후 개설은 사실이 아닐 것으로 추정된다.

히가시나리진료소의 직원과 시전(市電)노동자, 노농구원회 사람들

시게루(杉山茂)가 부락의료를 내걸고 야간에만 진료를 했다. 하루 50명 정도 내원했고, 오다 덴레(大田典札), 마쓰다 미치오(松田道雄) 등의 협력으로 산아제한운동도 진행했다. 저액의 자비진료를 행하느라 적자가 나 의사나 직원에게 월급을 지불하지 못했지만, 지원을 포함 의사의 열의로 1932년 12월 탄압폐쇄 때까지 진료했다.

14. 조토(城東)진료소(1933년 6월)

도쿄 가메아리(亀有)에 개설함. 1932년 11월 오사카로부터 상경한 미즈노 쓰쓰무(水野進)가 담당했지만, 검거로 폐쇄.

15. 히가시나리(東成)진료소(1933년 7월~ 1938년경)

오사카 시 히가시나리 구(東成区)에 개설함. 소장은 구와바라 야스노리(桑原康則), 사무장은 오구라 온지(小倉温自)였다. 오사카시전(市電) 자조회 이마자토(今里)지부, 이카이노(猪飼野)지구의 조선인 등 주민들로부터 자금을 받아 개설했다. 오사카 시의 의사회가 건강보험 인가를 거부해 처음에는 자비진료로 개시했지만, 후에 보험의가 되어 환자가 100명

고센진료소의 조합원들

에 달했다. 1935년 8월 개축공사를 진행했다. 의료활동으로는 사이군무라(西郡村)에 대한 정기적 출장진료, 1934년 무로토(室戸)태풍 피해지원, 빈발한 쟁의지원 등의 활동을 펼쳤다.

상근의사로는 시마 유조(志馬雄三), 야마모토 스구루(山本卓), 나가노 노부(中野信夫)가 참가했고, 많은 의사가 무급으로 지원했다. 시전(市電) 자조회, 지역의 가정보건회, 노농구원회도 지원했다. 지원한 의사의 대다수는 전후에도 민의련이나 보험의협회 활동에 참가했다.

1936년 여름, 의사회는 진료기록부에 연필로 기재하는 기관이 1개소라는 것을 이유로 부정청구가 의심된다며 의사회 제명과 보험의자격 취소를 시도했지만, 노동자의 강한 반대로 의사회가 단념했다.

'가테호켄카이(家庭保健会)'는 히가시나리진료소를 중심으로 하는 건강을 지키는 모임으로, 1935년 8월 발족해 300명이 참가해 무산자진료소 이외의 복수의 병원·진료소·조산소와 계약하고, 회원이 싼 진료를 받을 수 있게 했다. 예방주사, 소비물자 취급, 강연회 등을 행하고 기관지 〔가정과 보건〕을 발행하여 독자적인 무산자진료소 설립을 추구했지만, 히가시나리진료소가 폐쇄되면서 자연스럽게 소멸했다. 당시 서기였던 아오키 고지(青木康次)는 후일 니가타 대학의학부에 입학해 전후 나라(奈良)의 요시다(吉田) 병원을 경영했다.

또한 나가노 노부(中野信夫), 야마모토 쓰쓰무(山本漸), 하야시 요시히코(林喜彦) 등은 가와카미 간이치(川上貫一, 전후 공산당 국회의원)의 지도하에 진료소에서 학습회를 진행하면서 '청년의사그룹'을 결성, 의학생들을 대상으로 잡지 [의료와 사회][주6]를 발행하고, '신흥의사그룹'의 발족을 지향한 제4호까지 발행(1936년 3월부터 12월까지)했지만, 새로운 조직은 실현하지 못했다.

1936년 말, 노농후원회 오사카지부는 탄압으로 괴멸했고, 시전(市電)의 자조회가 진료소를 운영했지만 경영주의에 빠져 구와바라(桑原)가 그만두었다. 1937년에 경찰의 압력으로 폐쇄되어 무산자진료소 운동은 니가타 2개 진료소만 운영했다.

16. 나고야 무산자중앙의원(1933년~1934년 5월)

대학 파견으로 아키다 조합병원으로 갈 예정이었던 요네자와 쓰쓰무(米沢進)와 아오키 분지(青木文次)는 1933년 졸업 동기로 같은 의국소속이었는데, 무산자진료소를 만들기로 의견 일치를 보았다. 요네자와(米沢)는 아키타행을 중단하고 준비활동에 참가했다. 직원은 마쓰다이라 마쓰코(松平マツ子, 간호) 외 1명, 사무원은 쓰게 기요시(柘植清) 등 2명이었고, 1933년 8월부터 오후진료를 개시하여 20~30명의 환자를 만났다. 10월부터 하루 종일 진료했다.

개원과 함께 건강보험 자격신청을 의사회에 제출했지만 묵살당했고, 월급을 마련할 수 없어 생활비만 지급하는 상태에서 요네자와(米沢)가 진료, 아오키(青木)가 의료동맹 조직을 담당했다. 소비조합, 쓰이헤샤(水平社), 노조 등이 협력했고, 월1회 뉴스발행과 환자간담회를 진행했으며, 출장진료나 강연회도 마련했다. 요네자와(米沢)는 건강보험 자격문제로 연설회를 개최하는 등 나름대로 분투했지만, 1934년 2월 탄압으로 직원들이 전원 구속되고 1934년 5월에 요네자와(米沢)의 질병 문제도 있어 폐쇄했다.

의료동맹의 조직화를 담당한 아오키(青木)는 1934년 1월 소집을 받아 입대했고, 그후 군법회의에서 5년형을 받아 중국으로 파병되었으며, 전선

주6) 이 책의 복각판이 [의료와 사회] 복각판(전일본민주의료기관연합회 출판부 1990년 4월)으로 출판되었다. 제3절 (4) 무산자진료소의 문제점을 참조.

에 배치된 1938년 9월 총탄을 맞고 전사했다. 아오키(青木)는 무산자의료동맹 중앙과 접촉했고, 나고야 협력자를 모집한 조직자였다. 또한 독실한 크리스천이었다.

17. 고센(伍泉)진료소(1933년 8월~1941년 4월)

고센진료소는 니가타 현 나가칸바라 군(中蒲原郡) 고센에서 1933년 8월 임시진료소로 출발했다. 일본무산자의료동맹에서 파견된 의사 구보타 다카시(久保田隆)가 1936년 4월까지 소장으로 근무하고 퇴임한 뒤 니가타 의대를 졸업한 사카이 기요시(酒井澄)가 소장이 되었다. 그 후 혼다진료소(요네자와 쓰쓰무, 米沢進, 전술함)를 고센진료소에 통합해 요네자와(米沢)와 함께 2인 상근의사체제로 운영했다.

진료소의 설립준비는 1931년 10월 전국농민조합전국회의파[주7], 남부향농민조합(郷農民組合) 대회에서 진료소설립을 결정하고, 구즈쓰카(葛塚)의료동맹진료소(후술)의 개설과 병행해 준비를 진행했다. 1932년 8월 동맹원 400명, 기금응모예약 400엔을 만들어 분반활동을 활발하게 하면서 1년 후에 개설했다.

이 지역의 농민조합은 기사키무라(木崎村)소작쟁의[주8] 이후 활동가였던 사토-사토지(佐藤佐藤治) 등이 중심이 된 조합으로, 왕성한 활동력을 바탕으로 무산자의료동맹 회비완납 900가구라는 강력한 조직이 진료소

주7) 일본농민조합은 일본 최초로 농민이 꾸린 전국조직으로, 1922년 4월 9일 고베 시에서 결성했다. 약칭 '일농'. 노동운동의 발전도 촉발시킨 쌀소동 이후 소작인 운동은 빈발했다. 일본노농당결성을 둘러싸고 1927년 2월 전일본농민조합이 분리했다. 1923년의 3·15사건후 일농과 전일농이 통일하여 전국농민조합을 결성했지만, 1931년의 제4차 대회에서 좌우대립이 심해져 좌파가 전농전국회의파를 결성했다.

주8) 1926년 니가타 현의 소작쟁의 건수·참가인 수는 전국최대규모였고, 가출하지 않으면 생활할 수 없는 전국의 첫 번째 가출 지역이었다. 기사키무라에서는 소작료가 6할을 넘었다. 기타간바라 군(北蒲原郡) 구즈쓰카에서 1924년 이후 쟁의중인 소작인에 대해 토지를 몰수하는 소송이 1926년 지주 측의 승소로 끝나, 니가타 현 최초의 진입금지 가처분이 시행되었다. 이에 대항하여 소작인조합과 경관이 크게 충돌해 28명이 기소되었다. 일본농민조합의 니가타연맹은 기사키무라 소작쟁의를 강력하게 후원했는데, 소학교의 동맹휴교, 여성들의 행상이나 상경단 파견 등으로 장기간에 걸쳐 투쟁했다. 1933년 눈이 녹아 불어난 물로 인해 대홍수가 발생하여 설립한 치수동맹결성을 계기로, 전국농민조합전국회의파의 지도하에 무산자진료소를 만드는 의료사회화 운동을 시작했으며 1933년 12월에 구즈쓰카의료동맹을 결성했다. [일본농민의료운동사)(전국코세렌(厚生連))는 이 운동을 포함, 무산자의료운동에 대해 관헌의 탄압 외에 내부적인 약점도 있었지만, 진정한 의료사회화운동에 접근한 운동이었다고 평가했다.

를 지원했다.

요네자와 쓰쓰무(米沢進)는 주로 출장진료소를 담당해 동맹원을 늘리고, 사카이(酒井)는 산부인과, 외과수술 등을 시행했다. 1938년에 요네자와(米沢)가 그만둔 뒤 사카이(酒井)가 질병으로 퇴직했다. 1939년에는 구즈쓰카의료동맹진료소의 미즈노 쓰쓰무(水野進)를 소장으로 하고, 1940년 10월 가네타카 마스에(金高ます゛ゑ)를 영입했다. 1941년 4월 경찰의 습격으로 두 의사 등이 검거되어 8년간에 걸친 활동을 접고, 구즈쓰카도 동시에 폐쇄되었기 때문에 전전의 무산자의료운동은 끝이 났다.

〔가와히가시손(川東村)의 출장진료는 주3회였다. 가네타카(金高)가 걸음걸이가 좋지 않아 미끄러지거나 넘어지면서 1리 반이나 2리 정도의 길을 걸어 다녔다. 왕진은 먼 곳에서는 하코소리(箱そり ; 일종의 썰매)에 닻을 달아 마중을 나왔지만, 가는 도중에 구토가 심해서 환자의 집에 도착했을 때는 의사의 상태도 거의 환자 같았다. 농한기에는 여러 부락의 요청으로 좌담회, 집단검진 등을 활발하게 시행했다. 조합만이 아니라 촌장, 소학교, 면장, 청년단 등의 지지를 받기 위해 노력했다.〕(가네타카마쓰에 〔뿌리는 시들지 않는다〕)

18. 난카쓰(南葛)무산자진료소(1934년)

도쿄, 혼다다테이시마치(本田立石町)에 개설. 미즈노 쓰쓰무(水野進)가 소장. 동년 9월경 탄압으로 폐쇄되고, 미즈노(水野)는 니가타로 갔다.

19. 구즈쓰카(葛塚)의료동맹진료소(1934년 11월~1941년 4월)

의사충원은 의료동맹의 중앙조직이 탄압을 받아 어려웠지만, 오사카노농후원회에서 사카마키 이치오(坂巻市雄)를 소장으로, 아오키 치에코(青木天惠子, 간호사)를 파견해 니가타 현 기타칸바라 군(北蒲原郡) 구즈쓰카에 부임했다.

1931년 10월부터 시작한 니가타 무산자의료운동은 강력한 농민조합의 지지가 큰 힘이 되었다. 1933년 12월 구즈쓰카 의료동맹 창립대회에는 638명의 동맹원이 참가해 니가타 의과대생의 후원을 받아 활발한 분반활동을 전개하고 건강좌담회, 위생강좌, 구급상자 설치좌담회 등을 반복해서 개설했다.

의사 미즈노 쓰쓰무(水野進)는 도쿄의 난카쓰(南葛) 무산자진료소가 탄압으로 폐쇄된 후, 간호사 이와나(岩名) 리치와 함께 구즈쓰카로 이사와 2인 체제를 구축했다. 진료는 9시부터 밤 8시까지, 오후에는 왕진, 9시 이후에는 좌담회를 열었고 유아검진이나 티푸스예방주사도 시행했다.

3개소의 출장진료소를 만들고 그중 혼다출장진료소는 요네자와 쓰쓰무(米沢進)의 부임으로 1935년 9월에 독립시켜 진료소로 운영했다. 그러나 의료동맹이 강화되지 않아 1936년 5월 혼다진료소를 폐쇄하고 요네자와(米沢)는 의사 구보타(久保田)가 퇴직한 후에 고센진료소로 이전했다.

사카미(坂券) 소장이 1936년에 퇴직한 뒤, 1937년부터 후임의사는 미쓰마 히로시(三間博, 사카이 기요시(酒井澄)와 동기), 소장은 미즈노(水野)가 계속 맡았다. 니가타의 의학생이나 의사 등의 후원을 받아 건강좌담회, 반모임 등을 지속했다. 의료활동으로는 100명을 넘는 외래, 자전거를 이용한 왕진이 매일 30건 이상으로 매일 밤 12시가 넘어야 하루 일과가 끝났지만, 1937년경부터 경영난을 겪었다. 1939년 의사 미쓰마(三間)의 퇴

구즈쓰카의료동맹진료소의 스태프

직 후에 의사충원이 어려웠고, 1941년 4월 3일 고센진료소와 함께 탄압으로 폐쇄되었다.

20. 지쿠코(築港)진료소(1935년~36년)

오사카시전(市電)자조회 지쿠코(築港)지부 등이 운영했으나, 야마다 겐키치(山田謙吉) 소장이 10개월 만에 질병으로 사직하고, 후임자가 없어 1936년에 탄압으로 폐쇄되었다.

21. 기타

센다이에서는 1932년 7월 무산자의료동맹센다이지부 준비회를 50명이 결성했지만, 독자적인 진료소는 설립하지 못했고 주로 강연회, 문화계몽활동을 펼쳤다.

가나가와의 히라쓰카(平塚)무산자진료소는 쇼난(湘南)소비조합 운동의 일부로 계획했지만, 기록은 남아 있지 않다. 요코하마 무산자진료소 준비회도 있었지만, 상세한 것은 알 수 없다.

무산자진료소가 폐쇄된 이후에도 예전 학제의 고등학교나 대학에서 반전활동이나 사회의학적인 활동을 지속하여 퇴학처분을 받고 다른 대학에 입학하여 의사자격을 획득한 사람들이나, 검거구류처분을 받은 후에 전후의 민진에 참가한 의사들로는 쓰다 슈하치로(須田朱八郎), 오시마 게이치로(大島慶一郎), 구와바라 야스노리(桑原英武), 모리야 시게요시(守屋茂義), 다카하시 미노루(高橋実), 사카 나오노리(坂猶興), 이로베 하루오(色部春夫), 하야시 슌이치(林俊一), 히라다 무네오(平田宗雄), 가네모리 히로타카(金森熙隆), 이마무라 유이치(今村雄一) 등이 있다.

제3절 무산자진료소의 특징

(1) 무차별평등의료와 노동자농민의 의료참가

무산자진료소 운동은 사회보장이 전무할 정도에 가까운 영리성격이 지배했던 개업의 중심의 의료제도로 인하여, 치료를 받지 못하는 국민들의 강한 요구에 따라, 개업의 협정요금보다 훨씬 싸고 좋은 양질의 의료를 제공했고 무차별평등의료를 지향했다. 겐포(健保)환자를 차별하지 않고 '부르주아독점의 의료제도절대반대'='프롤레타리아의료제도 확립'을 내걸고, 노동자나 농민을 무산자의료동맹이나 동료모임으로 조직하여 여러 사람이 운영에 참가하는 무산자진료소를 각지에 설립해 개업의제도=영리주의로 강하게 반대하여 대결했다. '무산자진료소'라는 명칭에는 노동자·농민 등 충실한 의료를 받을 수 없는 '무산자'에게도 평등한 의료를 제공한다는 사상이 포함되어 있다.

격차사회라고 불리는 21세기 초기인 현재, '무산자의료'가 지향하는 '생명의 평등'은 전후 민의련이 지역 사람들, 여러 단체와 함께 추구한 사회적 사명에도 드러나 있다.

(2) 노동쟁의·해방운동을 향한 후원과 반전활동

노동자 농민의 생활고와 질병의 원인이라고 할 수 있는 저임금·중노동·무권리를 타파하기 위해 노동쟁의나 소작쟁의를 지원하고, 운동으로 탄압받은 질병자나 치안유지법 등에 의한 탄압희생자를 후원하고 무료진료를 시행했다. 또 산리쿠초(三陸)대지진과 쓰나미피해, 무로토(室戶)태풍 등에 대한 재해지원활동을 벌였다.

야만적인 군사독재체제하에서 특별고등경찰의 일상적인 감시와 탄압을 받으면서도 침략전쟁에 반대하고 헌신적인 의료활동을 수행했다. 하지만 천황제 정부가 아시아에 대한 침략전쟁을 본격화한 1931년 이후 탄압·폐쇄를 반복해 국민 속에 뿌리를 깊게 내릴 수 없었다. 최후에는 태평양전쟁이 시작된 해인 1941년 4월에 탄압으로 소멸된 것은 상징적이다.

(3) 역사적 의의

무산자진료소 운동은 국민들에게 현저했던 의료부족상태와 사회보장제도의 빈곤, 영리주의적인 개업의제도에 대한 민주적 개혁 운동이었다. 실비진료소가 개척한 내용을 더 발전시키고 의료이용조합운동의 대중적인 자금결집 실적 등을 더욱 증가시킨 것으로, 진보적인 의사·의료종사자와 노동자·농민 공동의 힘으로 성립했다.

무산자의료운동에 참가한 의사들은 자유개업의제도하에서 의사자격을 활용해 노동자나 농민·시민의 힘으로 자금을 모집하고, 같은 뜻을 가지고 있는 의료인의 참가·협력을 얻어 진료소를 만들었다. 또한 저렴한 비용으로 양심적인 의료를 제공해 의료변혁과 사회진보를 추구했으며, 노동자·농민 조직과 결합하여 국민 속으로 파고들었다.

메이지 이후 천황제 정부의 강권지배에 대해 자유와 민주주의, 평화와 인권 옹호, 생활개선의 투쟁이 국민 가 계층에 의해 증가하던 중 무산자의료운동은 이러한 사회운동의 한 영역을 담당했다. 노동자·농민·시민이 똑같이 의료를 받을 수 있는 의료활동에 참가해 의료민주화 운동으로서 커다란 역할을 수행했던 것이다. 더욱이 모든 조직이 침략전쟁에 동원되는 상황에서 극심한 탄압에도 불구하고 일관되게 전쟁에 반대했다. 이러한 전통은 전후 민의련이 계승하고 있다.

(4) 무산자진료소운동의 교훈

운동의 선구적 성격과 진보적 내용에 의해 전후 민주진료소는 무산자진료소를 민의련의 전신으로 삼고, 전통을 계승하기로 했다. 그러나 무산자진료소는 적극성에도 불구하고 시대의 제약으로부터 파생된 몇 가지 과제를 갖고 있다. 1936년 발행한 [의료와 사회]라는 잡지에서 변호사 도모토 요시아키(堂本義明)는 무산자진료소 운동에 대해 당시의 '과제'를 제기했다. 취지는 무산자의료동맹이 '프롤레타리아 의료제도확립'이라는 슬로건을 내건 것은 오류이며, '진보적인 의료를 각 사람에게 균등하게 전달한다는 희망을 갖고 생겨난 것으로 하나의 민주주의적인 활동이다.', '노농후원회 활동으로 시행하려 했기 때문에 오히려 대중화가 현저하게 방해받았다.'라고 서술했다.[주9]

1957년 도게 가즈오(峠一夫, 1962~72년 전일본민의련사무국장)는 전전의 무산자진료소를 포함하는 자주적 의료운동에 대해 회고하면서, 노동자·농민의 조직이 약해 탄압을 받았으며 그로 인해 정치편향적 활동의 진행으로 의료목적이 약했다는 점, 무산정당이 분열했던 영향으로 분파적 경향이 있었고, 정당과의 자주적 관계정립이 불충분했다는 점 등을 지적했다.[주10]

그럼에도 불구하고 침략전쟁으로 향한 파시즘 시대에 무산자진료소운동 11년의 역사는 영리주의적인 개업의제도와 부유층중심의 의료제도를 비판하고, 노동자·농민과 함께 실제 진료와 조직활동을 통해 '의료의 사회화', 즉 국민본위의 의료, 국민과 함께 발전하는 의료, 국가제도 개혁, 평화·민주주의·인권옹호를 지향했던 사회의료운동이었기 때문에 역사적 의의는 참으로 크다.

치안유지법 등에 의한 극심한 탄압으로 인하여 국민 속에 뿌리내리지 못하고[주11] 중요한 역할을 단기간에 끝낼 수밖에 없었지만, 사회적 의료운동으로서의 모습은 오늘날 지역의 의료복지 요구에 따라 일상활동을 쌓아가는 300만 공동조직과 함께 헌법 9조를 지키고, 사회보장법 개악에 반대하여 활동하는 민의련이 긍지를 갖고 지켜야 할 소중한 경험이다.

주9) 〔의료와 사회〕복각판(전일본민주의료기관연합회출판부, 1990년 4월)

주10) 〔민주의료기관에 대한 메모〕(전일본민의련 경영위원회편 〔민주의료기관과 경영〕 1권 2에서 인용)

주11) 무산자진료소의 평균활동기간은 알려진 것에 의하면 1년 11개월이고, 최단기간은 2개월이다. 같은 해에 존재했던 시설 수는 1932년과 1933년의 12개소가 가장 많다. 예외적으로 길게 활동한 八戸(60개월)와 고센(90개월)·구즈쓰카(87개월)가 어쨌든 농민조합이라는 대중조직과 결합해 있었다는 점은 교훈적이다.

제3장 국가총동원태세와 15년 전쟁의 패배

무산자진료소가 탄압으로 소멸한 1941년 천황제국가 일본은 태평양 전쟁에 돌입했으며, 1945년에 패배했다. 만주사변이 발발한 1931년부터의 전쟁을 지칭하는 15년 침략전쟁이 패배로 끝난 것이다. 전쟁으로 인하여 아시아 여러 국가에서 수천만 명이 피해·희생을 당했을 뿐만 아니라, 전쟁에 총동원된 국민도 심각한 피해를 보았다. 의료에서도 의사는 전쟁에 내몰렸고, 한센병, 정신병 등의 환자는 치료를 포기했고, 731부대와 같은 전쟁범죄가 발생했다. 전쟁과 의료의 문제를 올바르게 총괄하는 것은 헌법 9조*를 지키려는 입장에 서 있는 민의련운동에선 소홀하게 할 수 없는 것이다.

* 역자주: 일본의 헌법9조는 일본헌법 3대원칙의 하나인 평화주의를 규정하고 있으며, 이 소문반으로 헌법의 제2장(제목 ; 전쟁의 포기)을 구성한다. 제1항은 전쟁의 포기, 제2항은 전투력의 미보유가 기술되어 있으며, 제2항 후단에 교전권의 부정과 함께 3개의 규범적 요소로서 구성되어 있다. 조문은 다음과 같다.
1. 일본국민은 정의와 질서를 기조로 국제평화를 성실하게 추구하며, 국권을 발동하는 전쟁과, 국제분쟁을 해결하는 수단으로서 무력위협 또는 무력행사는 영구히 포기한다.
2. 전항의 목적을 달성하기 위하여 육해공군 기타 전투력은 보유하지 않는다. 국가의 교전권은 인정하지 않는다.

제1절 전시체제하의 의료통제

(1) 국민건강보험법제정과 후생성 설치

1930년대 농촌은 세계공황에 연이은 농업공황, 농산물가격 하락 등으로 괴멸적인 타격을 받았다. 소작쟁의가 급증하면서 의료비부담이 심각한 사회문제가 될 만큼 결핵·트라코마·기생충이 맹위를 떨쳤고, 농촌의 지불 능력 저하에 따라 무의촌이 급증했다.

정부는 부국강병의 정책하에 건강보험의 경험을 기초로 증가하는 소작쟁의에 대한 사상선도를 목적으로 국민건강보험(이하 고쿠호(国保))을 구상한 뒤 의사회의 반대를 조정해가면서 1934년 고쿠호(国保)제도 요강안을 마련했다. 그리고 고쿠호(国保)유사조합을 전국 12개소에 설치하고, 의료기관과 계약한 모델사업으로 진료를 개시했다. 1934년 전국의료이용조합협회는 고쿠호(国保)실시에 즈음하여 의료이용조합에 고쿠호(国保)사업을 위임할 것을 결의한 뒤에도 각지의 조합병원에 고쿠호(国保)법 촉진을 요청했다. 일본의사회는 1936년 고쿠호(国保)법에 따른 의료내용의 저하·저진료수가에 강하게 반대하고, 고쿠호(国保)조합에 의사회와 단체계약체결을 요구했으며, 의료이용조합에 의한 고쿠호(国保)조합 대행에 강하게 반대했다.

한편 2·26사건(1936년) 이후 군부가 주도한 정부는 중국침략·대소공격·남진정책을 결정했지만, 국방강화에 필수 불가결한 사병들의 체력은 농촌·도시 모두 저하했다. 이것을 타개하기 위해 1938년 1월 후생성을 설립했고, 산업·국방을 위한 건강증진을 주안점으로 기관의 역할을 규정하였다.

국민건강보험법은 후생성과 함께 신설한 보험조직(보험원이라 불림)의 최초법안으로 제출된 것이다. 의사회와 의료이용조합의 이해를 조정하고 실적을 쌓은 의료이용조합에게만 대행사업을 인정했으며, 이것을 고쿠호(国保)제도에 포함시켜 당초 안에서 4년을 넘겨 1938년에 시작했다.

1938년 3월에는 국가총동원법이 제정되자 모든 자원이 통제하에 놓였고, 의료는 미국과의 전쟁 발발 직후 국민의료법(1942년)에 의거 국가통제하에 놓였다.

(2) 국민의료법과 의료의 국가통제

국민건강보험법 입법 전에 이미 일본은 중일전쟁(1937년)에 돌입했고 준전시체제였으며 건민건병(健民健兵)의 입장에서 청년들의 체력이 문제가 되었다. 또한 농촌정책으로 의사를 대신한 보건부를 양성했으며, 당초 무의촌문제나 농촌 의료비문제보다도 결핵이나 유아사망 대책에 중점을 두는 것으로 변화했다.

　도시주민의 건강악화도 현저하게 증가해 1939년에는 도시상업종사자를 위한 직원건강보험법을 만들었다. 그 후 건강보험으로 통합해 5인 이상의 직장을 대상으로 가족을 포함하는 보장정책을 실시했다.

　1942년에는 겐포(健保)·피보험자 수가 615만 명으로 확대되었다. 종전 전에는 고쿠호(国保)를 포함 국민의 3분의 1이 사회보험에 가입했지만 전쟁국면의 악화와 함께 재원난, 의사의 소집·징용, 의료기관의 소실, 의약품 부족 등으로 의료체제는 붕괴상태였고 사회보험제도는 완전히 유명무실화했다.

　1941년 12월 미국이 태평양전쟁에 뛰어들자 1942년에 국민의료법과 일본의료단령을 제정해 의료기관·의사회·의료종사자는 일본의료단 총재(일본의사회장 겸임)하의 국가통제에 두었다. 개업제한, 의사에 대한 근무지 지정제도, 소집이 시행되어, 6만 7천 명이었던 의사가 1944년에 1만여 명으로 감소하고, 의료체제는 붕괴했다.

　일본의료단은 정부가 출자한 특별법인이다. 자치단체가 설립한 결핵요양소를 흡수 일원화했으며, 종합병원을 도도부현의 중심지나 지방도시에 설치하기 위한 계획하에 주요 의료기관을 의료단 통제 아래 두었다.

제2절 의사의 윤리

　전전의 의학계에서는 환자에 대한 권위주의적 인권무시 체제하에서 비인간적인 윤리관을 상징하는 사건이 발생했다. 전후에는 이러한 문제를 사실상 분명히 드러내면서 이것을 단지 일부 의사의 문제로서만이 아니라 의학계차원에서 반성해야 한다는 움직임이 국내의 의사들로부터 제기되었다. 다음에 보여주는 몇 가지 사례는 전전 의학계나 의사회의 지도부가 정부의 침략전쟁에 의한 전제지배에 무비판적으로 따르고, 국민이나 포로에 대한 기본적인 인권을 존중하는 입장이 희박했음을 나타낸다.

(1) 한센병 환자에 대한 인권침해

메이지정부의 나병대책은 '행려병자와 행려사망자 취급법'에 의한 노숙자 개념의 대처만 했을 뿐으로, 외국인 선교사 등의 자선에 의존했다. 최초의 한센병 대책법은 '나병예방에 관한 건'(1907년)이었으며, 이것은 의사 미쓰다 겐스케(光田健輔)가 노력해 제정한 것으로 국립 요양소 5개소를 설치했다. 그러나 예산이 적은 데다 부랑환자를 엄격하게 체포하고 강제로 수용해 시설에서 탈주하는 경우가 많이 발생했다. 미쓰다(光田)는 유전병이 아니라 감염증이라는 점을 알면서도 1915년 환자에 대한 단종(생식능력 제거)을 실시했고, 전국의 시설로 확대했다. 1931년에는 구 '나병예방법' 제정을 주도하고 환자를 강제로 평생 수용하여 절멸시키는 격리정책을 추진했고, '무나병 현운동' 등으로 사회적 편견을 확대·조장했다. 구리우 라쿠센엔(栗生樂泉園)에서는 도망자에 대한 집중감시방이 설치되어 22명이 동사하거나 자살했다.

전후 특효약 블로민 보급 이후에도 의사 미쓰다(光田)는 1953년 동법 개정에 반대하고, 격리수용을 강화하는 새로운 예방법제정을 촉진해 1996년 폐지될 때까지 동법을 이용해 단속한 환자가 많은 고통을 받았다. 미쓰다(光田)는 일본에서 나병구제로 일생을 바친 측면과 함께 퍼터널리즘(paternalism, 온정주의와 권위주의), 환자에 대한 인권침해, 전전 의학계의 부정적인 체질로 상징적이었다.

전일본민의련 이사회는 2001년 8월 평의원회결정으로 의료종사자로서 한센병 환자의 90년에 걸친 인권침해를 다시 개정해야 할 필요가 있다는 점과, 직접진료를 담당할 기회가 없지는 않았기 때문에 강제격리는 필요 없다는 점을 의학적으로 알려야 한다는 입장으로 인권침해에 대한 문제의식을 갖고 환자에 대해 사죄하고 반성의 뜻을 표명했다.

(2) 731부대와 생체실험

만주 하얼빈의 '관동군방역급수부'(731부대, 1936년 설치)에서 화학생

물병기제조, 다수의 중국인포로에 대한 생체실험과 살해, 규슈대학 의학부에서 포로미군병사에 대한 생체해부 등을 실행했다. 의사가 비인도적인 행위에 가담하고, 국가정책의 적극적인 추종, 식민지 국민에 대한 멸시와 학대 등에 해당하는 중대한 범죄행위를 저지른 것은 일본의 의사 윤리가 의문시되는 문제였다.

규슈대학 의학부의 미군포로에 대한 생체해부사건은 극동군 군사재판에서 유죄로 판결되었다. 731부대 문제는 미국에 대한 연구자료 제공과 교환으로 이시이 시로(石井四郎) 군의중장 이하 관계자가 면책받고, 이에 관여한 의사들은 공식적으로 의료기관의 요직을 차지한 경우가 적지 않았기 때문에 이 문제는 오랜 기간 의학계의 금기였다.

한편, 독일에서 나치 의사가 저지른 인체실험·안락사 등은 뉘른베르크 재판에서 16명이 유죄(그중 7인이 사형)판결을 받았다. 그 후 인체실험에 대한 '뉘른베르크코드'가 제정되어 이 정신을 1964년 세계의사회 총회에서 채택한 '헬싱키선언'으로 계승하는 등 일본과는 완전히 다른 경로를 거쳤다.

약해에이즈(오염된 혈액제재로부터 에이즈에 감염된 사건)의 구 '미도리주지(十字)(현재 미쓰비시웰파마)의 설립과 경영에는 731부대의 많은 의사와 부대원이 관계했고, 이시이(石井)

'마루타'로 731부대로이송되는 팔로군병사

이하 관계자의 면책에 중요한 역할을 했던 의사 나이토 료이치(內藤良一)는 이시이(石井)가 주관한 군의학교 '방역연구실'의 중심인물이었으며 미도리주지의 창설자였다. 약해에이즈에 의한 혈우병이나 약해간염은 미도리주지, 일부 의학자, 행정이 깊게 관여한 범죄행위였으나 이러한 사태를 초래한 배경에는 731부대의 범죄행위에 대한 애매한 태도가 크게 영향을 주었다.

2005년 10월, 전국보험의단체연합회

(호단렌(保団連))와 오사카보험의협회는 국제 심포지움 '의사 의학자의 전쟁책임을 생각한다 – 관동군 731부대를 중심으로'에서 현재에도 관련 있는 의사의 사상으로 사람을 물건으로 보는 사상이 반일투쟁의 포로를 '마루타'라고 부르며 우생사상의 입장에서 중국인을 멸시한 인체실험·생체해부를 정당화하고 있다면서, 대동아공영권이라는 목적을 위해 수단을 가리지 않는 입장에서 제네바협정으로 금지한 사항인 생물화학무기 개발을 염두에 두었다는 것을 거론했다. 관동군이 중국에서 포기한 독가스는 현재에도 피해를 주고 있고, 그것에 대해 제1차 소송은 2003년 동경지방법원에서 정부에게 배상하라고 판결했지만, 별도의 제2차 소송에서는 정부의 책임을 인정하지 않았다. 또한 2007년 4월에 시행한 제27회 의학회 총회에서 '전쟁과 의학' 전시 실행위원회가 발족했고, 731문제를 포함한 전쟁책임에 대해 일본의 의료계가 자금조달을 비롯해 총괄할 수 있도록 요구하고, 의학총회에서의 '전쟁과 의학' 비디오전시 및 판넬전시, 국제심포지움을 개최했다. 2009년 9월 '전쟁과 의료의 윤리 검증을 진행하는 모임'이 발족해, 전쟁중의 의학자·의사에 의한 비인도적 행위에 대해 진지하게 성찰하며 교훈을 살리기 위한 운동을 진행하고 있다. 운동은 히노하라 이게아사(日野原重明) 등 많은 의사와 학자, 연구자가 동조하며, 민의련은 호단렌(保団連) 등과 함께 참여해 적극적으로 역할을 담당하고 있다.

참고문헌
1) 〔민주의료운동의 선구자들〕마쓰오카 도시카쓰(增岡敏和) 전일본민의련출판부
2) 〔현대일본의료사〕가와카미 다케시(川上武) 勁草書房
3) 〔뿌리는 마르지 않는다〕가네타카 마쓰에(金高ます ゑ) 동경민의련
4) 〔의료사회화의 이정표〕가와카미 다케시(川上武) 의학사연구회편 勁草書房
5) 〔동경지역의료실천사〕도쿄민의련 50년사위원회, 大月書店
6) 〔내일을 향한 길〕오사카민의련 30년사 편찬위원회
7) 〔전후개업의운동의 역사〕전국보험의단체연합회, 勞動旬報社
8) 〔의료제도백년사〕후생성의무국 KK교세이
9) 〔일본근대의학의 전망〕가미야 아키노리(神谷昭典) 新協出版社
10) 〔민주의료기관에 대한 메모〕도게 가즈오(峠一夫)
11) 〔平田宗雄 선생 추모문집〕芳和会
12) 〔일본공산당의 80년〕일본공산당중앙위원회출판부
13) 〔일본의료보험제도사〕요시하라 겐지, 와다 마사루(吉原健二·和田勝) 동양경제신문사

14) 〔일본농민의료사〕겐세렌(厚生連)

15) 〔가나가와민의련 30년의 발걸음〕

16) 〔일본의료노동운동사〕도미오카 지로(富岡次郎)

17) 〔평화, 인권, 의료를 민중과 함께 걷는 의사〕사카 나오노리(坂猶興) 선생 기념지편찬위원회21)

18) 〔일본근대의학의 전망〕가미야 아키노리(神谷昭典)

19) 〔일본의 의료보장〕요시다 히데오(吉田秀夫)

20) 〔일본의역사〕이노우에 기요시(井上淸)

21) 〔일본사회정책사〕가자하야 야소지(風早八十二)

22) 〔"무산계급"의 시대〕하야시 유이치(林宥一)

23) 〔대일본제국의시대〕유이 마사오미(由井正臣)

24) 〔의료와사회〕의료와사회복각판간행위원회

25) 〔대정기의 권력과 민중〕고야마 히토시(小山仁志)

26) 〔월간보단련 2006년 12월호〕"인권과 의사 – 과거 현재 미래"

27) 〔일본의 의료는 어디로 가는가〕가쿠라이 야스오(角瀨保雄) 감수 신일본출판

1953년 6월 7일, 전일본민의련결성. 가맹은 22개도도부현 117병원·진료소

제2편 민주진료소의 설립과 초창기의 민의련

제2편은 전후 민주진료소의 탄생으로부터 1961년의 강령결정까지를 서술한다.

1945년 8월 일본제국주의는 연합국에 무조건 항복하고, 미국 점령군 직접 지배하에서 천황제 전제정치의 해체와 민주화를 이행하고 10월에는 치안유지법도 폐지했다. 혁신정당이나 노동운동의 급속한 발전 속에서 1947년 5월에 신헌법을 시행했고, 민주진료소는 무산자진료소와는 근본적으로 다른 조건에서 활동을 개시했다.

1946년 지유(自由)병원(도쿄)을 시초로 민주진료소를 설립하고, 동서냉전이라는 정세 변화와 '레드퍼지(red-purge)'라는 커다란 전환점을 거쳐 1953년에 전일본민주의료기관연합회를 결성했다. 그리고 수많은 어려움을 극복하고 1961년 강령을 확정하기에 이르렀다.

제1장 전후의 일본과 각지의 민주진료소

전쟁 말기와 패전 후의 혼란 속에서 많은 의료기관이 붕괴해 의료에 대한 주민의 요구는 절실했다. 민주진료소는 무엇보다도 주민들의 의료요구에 부응하기 위해 설립되었다. 일본을 점령한 미국의 정책은 당초 민주화로부터 1948년 이후 동서냉전구조가 선명하게 부각되는 과정에서 반공정책과 미일군사동맹강화의 길로 크게 바뀌었다. 일본 민주화운동은 이런 과정에서 레드퍼지(좌파소탕)라는 큰 곤경에 직면했다. 전일본민의련은 그 직후 정세가 엄중한 가운데 결성되었다.

그리고 샌프란시스코 강화조약·미일안보조약으로 미국이 일본에 기지를 건설하고 군사적으로 일본을 종속시킨 체제가 구축되었으며, 1950년대 중반까지 전후 일본의 지배구조와 대립축의 큰 틀을 형성했다. 이 장에서는 1945년 패전부터 전일본민의련이 결성된 시기에 대해 서술한다.

제1절 패전부터 1950년대까지의 일본

(1) 천황제 해체와 신헌법 제정

패전 후 일본은 연합국 사령관 맥아더의 지배하에 놓였으며, 천황제 전제정치의 해체와 민주화로 이행되었다. GHQ(연합국 군총사령부)에 의한 군부·전범정치가·경찰간부를 공직에서 추방하고, 치안유지법·특수고등경찰 폐지, 재벌해체·농지개혁·노동조합법제정 등 예전에 볼 수 없었던 민주개혁을 시행했다. 한편 기아·집과 일자리 상실·물자부족 등 국민의 궁핍은 감당하기 어려운 상태였다.

1945년 가을 일본사회당 설립, 일본공산당 간부 석방, 노동조합법 제정 등을 계기로 혁신운동이 급속하게 확산되었다. 노동조합은 1946년 말에 1만 2,000개 조합에 368만 명에 달했으며, 의료분야에서는 일본적십자·국립요양소·국립병원 등의 노동조합이 전국조직을 결성했다.

1946년 4월 전후 최초의 총선거를 실시했다.[주1] 동년 11월 국회에서 국민 운동을 배경으로 천황 주권론을 배척하고 국민주권을 명기한 일본국 헌법을 제정해, 9조를 비롯한 평화·인권·민주주의 원칙을 규정했다. 의료·복지 분야에서도 25조의* 규정을 근거로 국민생존권을 지키는 운동이 발전할 수 있는 큰 조건을 획득했다.

* 역자주: 일본의 헌법제25조는 제3장에 있으며, 사회권의 하나인 생존권과 국가의 사회적 사명에 대해 규정하고 있다. 조문은 다음과 같다.
모든 국민은 건강하게 문화적 최저한도의 생활을 영위할 권리를 갖는다. 국가는 생활의 모든 측면에 대하여 사회복지, 사회보장 및 공중위생의 향상과 증진을 위해 노력하여야 한다.

(2) 전후 초기의 의료·복지

1. 국민 건강

해외 철수와 군인의 귀국으로 인한 인구증가(710만 명), 군수공장 등에서 해고당한 실업자(400만 명), 일본 내륙 부대의 소집해제(345만 명) 같은 큰 혼란을 배경으로 콜레라·이질·발진티푸스·두창·디프테리아·천연두·장티푸스 등이 유행했다. 1945년 감염증 환자는 25만 명에 달해 메이지 시기로 역행했으며, 식량부족으로 영양실조, 아사자 등이 속출했고 결핵·성병도 만연했다.[주2]

1946년에 일본제 페니실린이 시판되고, 1950년에는 국산 스트렙토마이신 파스(PAS)를 제조해 감염증이 차츰 감소했다. 당시에는 약들이 고가여서 암시장을 통해야만 손에 넣을 수 있었다.

전쟁의 여파로 의료기관이 남아 있지 않았고, 위생상태는 열악했다. 의약품의 부족으로 인해 의료기관은 약을 뒷거래로 구입했다. 급격한 인플레

주1) 최초의 여성참정권과 20세 이상 성인에게 선거권이 부여된 보통선거로, 결과는 자유당 141, 진보당 94, 사회당 94, 공산당 5 등으로 구정우회, 민정당 등 예전 지배세력의 계보 의원이 다수를 차지했다. 전전의 무산정당계 의원은 1937년에 39명이 최고였다. 사회당, 공산당이 100석 가까이 약진했지만, 무소속을 포함 보수계 의원은 350여 명이었다.

이션으로 보험수가는 타산이 맞지 않아 본인부담에 의한 진료가 일반화되었으며, 사회보험제도는 완전히 무너졌다. 1948년에 사회보험 진료수가 지불기금을 설립할 때까지 유명무실했다.

2. 의료제도

GHQ는 1945년 11월 일본군관할 병원(172시설)을 후생성 산하의 국립병원·요양소로 이관했다. 일본의료단도 해산해 93개소의 결핵요양시설은 국가로, 일반시설은 도도부현이나 대도시로 이관했다. 1948년 10월에 국민의료법을 폐지하고 새로운 의료법을 제정했다. 의료기관을 구분해 종합병원제도를 마련하고, 병원의 최저병상 수를 20병상으로 하면서 직원·설비의 기준을 정했다.

또한 공공의료기관을 제도화하고 진료수가 심의회를 설치했지만, 전전부터 있어온 자유개업의 제도는 유지했다. 일본의사회와 지방의사회는 의사회령의 개정(1945년 11월)으로 관선 임원이 공식선출로 변했지만, 전전부터 있어온 간부들이 다수 선출되면서 구태의연한 모습은 변하지 않았다. 1942년 이후 '의사회'가 국가기구로서 일부를 담당하고 전쟁에 협력한 것에 대해선 반성하지 않았다. 그 후 1947년 GHQ는 의사회를 해산하고 강제가입 조건을 임의가입으로 변경했으며, 전전 임원은 사실상 추방해 새로운 의사회를 결성했다.

주2) 당시의 식량과 의료 사정에 대해서 민의련·구마모토 요양원을 개설한 히라다 무네오(平田宗男, 고인)는 '패전 당시의 일'이라는 메모를 남겼다. 1945년 9월에 제대해 구루메(久留米)대학의 정신과병동 환자를 분산 수용하던 사라야마(皿山) 병원에서의 체험이다. "패전하기 전에도 그랬지만, 전후 수년간 식량 부족은 무서운 것이었다. (중략) 입원환자에게는 배급미 말고는 얻을 게 없었다. 환자는 급속하게 쇠약해졌다. 여위어가는 동안에는 사망하기 전에도 말기가 되면 부종이 발생한다. 뒤에 부종이 가라앉아도 오래된 나무가 부서지는 것처럼 조용히 죽음을 향해 간다. 혹시 죽지 않았나 생각하면서 진찰을 해보면 맥박이 희미하게 뛰고, 호흡도 약하다. 환자는 대부분 이렇게 죽어갔다. (사라야마뿐만 아니라 마쓰사와(松沢)병원을 비롯해 많은 정신병원에서도 환자는 아사했다.) 사라야마에서의 체험은 내가 전쟁터에서 겪은 경험보다 훨씬 가혹했다. 1946년 1월 4세 된 내 딸을 폐렴으로 잃었다. 최후에는 급격하게 치아노제(Zyanose: 혈액 중의 산소가 감소해 호흡곤란이나 혈류장애가 발생한다. 청색증) 상태가 되었고 경련을 일으키며 숨을 거두었다. 설파제(미국의 다이아진)가 있다면 도움이 됐을 테지만(같은 해 여름 구마군 멘다마치(球磨郡兔田町)에서 개업한 이후 5년간 영유아의 폐렴에 사용해 대부분 도움이 되었다.) 큰딸 사망 후 일정 기간 대학에서 다이아진이 있다고 들었기에 나는 발을 동동 구르며 후회했다. 딸자식을 안고 화장터에 갔을 때의 정경이 지금도 눈에 선하다. 너무나 애달픈 나머지 눈물도 나오지 않았다."

전전에는 의사회가 사회보험의 보험자와 계약을 체결하는 직접 당사자였으며 각 의료기관에 대한 진료보수지불 업무를 맡았지만, 사회보험 진료보수 지불기금이 신설(1948)되면서 자유진료를 대체하는 보험진료가 중심이 되었기 때문에 의사의 사회적 위치는 크게 변했다. 저가진료보수나 제한진료에 맞서 양질의 의료와 경영을 지키기 위한 요구를 내걸고 투쟁할 수밖에 없었고, 1950년대에는 의노(医労) 연대가 탄생할 수 있는 조건이 형성되었다.

1946년 9월 국민의료법 시행령을 개정하고 인턴제도와 의사·치과의사 국가시험제도를 채용했다. 1948년에 보건부조산사간호사법(保助看法)을 제정해, 간호업무를 진료보조와 요양상의 돌봄 업무로 규정했다.

패전 후에 일본 사회보험·사회보장제도의 내용을 검토하던 GHQ는 1947년 8월에 미국의 사회보장제도 조사단의 방일을 요청했다. 조사단은 보고서(완델권고*)를 GHQ에 제출했고, 1948년 7월에 공표했다. 권고안에 의해 정부는 사회보장제도심의회를 설치하고(1949년 5월), 동 심의회는 1950년 10월 '사회보장제도에 대한 권고'를 제출해 새로운 사회보장, 의료제도의 골격을 만들었다. 그러나 정부는 이 '권고'와 1951년 권고를 거의 무시했다. 미국도 냉전과 한국전쟁으로 국방예산증액과 대기업강화정책을 강력하게 추진했기 때문에 사회보장제도는 '권고'의 내용과 크게 달라져 갔다. 또한 국민·의료종사자와의 사이에 강한 모순을 발생시켜 노동조합, 의사회, 민주단체는 투쟁에 돌입했다.

* 역자주: 1947년 8월에 사회보장조사단 단장으로 일본을 방문한 완델(William H.Wandel)의 이름을 차용한 권고안이다. 보고서는 1947년 12월 1일에 GHQ에 제출되었고, 일본정부에는 1948년 7월 15일에 전달되었다. 제1부에서는 현재의 사회보장제도를 개괄하고, 제2부에서는 사회보장제도, 공중위생, 병원과 진료시설로 분류하여 권고하는 내용으로 구성되었다.

3. 생활보호

천만 명을 넘는 실업자를 포함한 극빈자대책으로 1945년 12월에 긴급구호조치가 결정되었고, 나아가 생활보호법(1946년 9월)을 제정했다. 구 생활보호법 제정에 대해 정부는 실시 책임을 민간단체에 위임하려 했지만, GHQ의 지시로 국가책임과 무차별평등의 입장에 입각해 전전의 구빈제도를 통폐합하고 보호비 전액을 국가·지방공공단체가 부담하게 하는, 나름 불충분하지만 종합적인 지원제도(생활지원·의료·조산·실업지원·장례지원)가 되었다. 그러나 내용은 최저 생활보장에도 모자랐으며, 개선 운동이 확산되었다.

1948년 2월에 9개 단체가 '생활보호법개선 기성동맹'을 결성하고, 운동의 발전을 배경으로 신헌법 25조의 생존권이념에 근거해 1950년에 신생활보호법(현행법)으로 전면 개정했다. 최저생활보장, 국민의 보호청구권과 재심청구를 인정하고, 시혜적 성격을 배제한 국민의 권리로서의 내용이 분명해진 점은 획기적이었다. 그러나 정부는 이것을 구체화하는 것에 소극적 태도로 일관했으며, 냉전구조가 정착되면서 사실상 무력화를 의도해 최저생활보장으로 규정할 수 있는 수준이 되기 위해선 '아사히(朝日)소송'(후술)을 기다려야만 했다.

(3) 의료민주화를 향한 실천

1. 의료노동운동

패전 후 노동운동은 노동조합이 없는 상태에서 출발했지만 국민생활의 핍박으로 임금인상, 해고자의 재고용과 생산재가동, 8시간노동제를 요구하면서 급속하게 확산되었다.

1945년 12월에 제정된 노동조합법에서 단결권을 인정해 1946년 1월에는 925개 조합·49만 명, 동년 6월에는 1만 2천 개 조합·368만 명에 달했다. 동년 8월 '일본노동조합총연맹' 85만 명, '전일본산업별노동조합회의' 163만 명의 전국조직이 결성되어 각각 사회보장요구를 내걸고 투쟁했다. 1947년에는 노동기준법 및 노동자재해보상보험법을 시행해 기존에 업무상 상병을 포함한 겐포(健保) 제도를 대폭 개정할 수밖에 없었다.

의료노동운동에서는 1945년 10월에 도쿄 이치가야(市ヶ谷)의 경찰병원 간호사 130명이 병원의 민주화와 조합결성요구를 내걸고 파업에 돌입해 요구사항을 쟁취했다. 12월에는 닛세키(日赤) 중앙병원이 조리원 전원 해고반대와 월동자금지급을 요구했고, 동월에 의료단 나가노요양소 직원

조합이 결성되었다. 1946년 3월에는 전일본 의료단 종업원조합(젠이주(全医從), 위원장·고토레이조(後藤励蔵), 부위원장·하야시 요시히코(林喜彦), 이케우치 다쓰로(池內達郎), 서기장·쓰다 슈하치로(須田朱八郎))^{주3)}이 결성되어, 이것을 중심으로 4월에는 일적중앙, 결핵예방회병원 등과 함께 전국 의료종업원 조합협의회(젠이쿄, 全医協)가 조직되었다. 젠이쿄의 지도하에 많은 조합이 생존을 위한 임금인상, 병원민주화를 요구하는 투쟁에 돌입했다.

또한 구육해군병원이나 상이군인 요양소 등에서 전환된 국립병원이나 국립요양소가 있는 가나가와(神奈川), 니가타(新潟), 교토, 센다이(仙台), 오사카, 나고야의 각 요양소에서 조합이 결성되었다. 1946년 8월에는 전일본국립요양소 직원조합(젠료, 全療)이 결성되어, 즉시 젠이쿄(全医協)에 가맹했다.

젠이쿄, 젠료(全療), 결핵예방회 종업원조합 등의 전국조직이 결성되고, 이들 전국조직은 1948년 10월 '의료민주화전국회의'를 신일본의사연맹, 간사이(関西)의료민주화동맹, 환자동맹 등과 함께 결성해 사회보장제도의 확립 등을 위해 정력적으로 활동했다.

1949년 이후 시행된 레드퍼지(후술)로 운동은 탄압을 받았지만, 추방된 수십 명의 의사와 다수의 의료종사자는 전국각지에서 민주진료소(民診)설립에 가담해 민진의사는 대폭 증가했다.

2. 민주적 의사조직

전후 처음으로 발족한 의사의 민주적인 조직은 간사이 의료민주화 동맹(1946년 1월)으로 회장은 이와이 히츠지(岩井弥次), 간사장은 구와바라 야스노리(桑原康則)였다. 두 사람은 전전에 오사카에서 무산자진료소에

주3) 레드퍼지 이후, 고토 레이조는 도쿄민의련의 조사이(城西)진료소에 근무하고, 쓰다 슈하치로는 아카바네(赤羽)진료소에서 전일본민의련회장으로 선출되었다. 하야시 요시히코는 전전, 히가시나리(東成)진료소에서 [의료와 사회]지의 보급을 담당, 니시요도(西淀)병원의 제3대 원장, 이케우치 다치로는 일본적십자 종업원조합의 임원으로, 전전은 하야시 요시히코, 메카루 스스무(銘苅進) 등과 함께 도호쿠 농촌의 의학생 조사활동에 참가, 레드퍼지 후에는 산겐자야(三軒茶屋)진료소, 오카다 히사시(岡田久)는 가나가와의 다이시(大師)진료소를 설립했다. 의사 이외의 의료종사자나 타산업에서 레드퍼지 된 사람들도 이 시기에 다수가 민주진료소에 참가했다.

깊게 관여한 의사로, 의사를 중심으로 120명(1948년) 정도 되는 조직이었다. 운동이 발전하는 과정에서 간사이 민주병원진료소 연합회를 1950년에 결성했고, 긴키(近畿) 6개 현 50개 병원진료소가 참가해 '전국민의련' 조직결성의 계기를 만들었다.

신일본의사연맹은 1947년 2월 도쿄를 중심으로 발족했으며, 마시마 와타루(馬島 僩)를 책임자로 선임했다. 의노 연대를 위해 의료노동조합 등과 의료민주화협의회(1946년 10월)를 결성하고 교하마(京浜)지방 민주진료소연합회(1949년 1월 회장 우에야마 요시하루(上山良治))의 결성을 추진했는데 이것은 후일 간토병원진료소연합회(1952년 2월)로 되었다.

이러한 운동은 얼마 안 있어 봉직의, 개업의, 민진(民診)의 세 분야로 나뉘고, 각기 전국조직이라 할 수 있는 신일본의사협회, 보험의협회, 민의련으로 발전해 갔다.

3. 환자조직과 생활과 건강을 지키는 모임

환자조직은 1945년 교토부 우타노(宇多野)요양소의 결핵환자 자치회에서 출발했다고 알려져 있지만[주4], 같은 시기에 도쿄, 오카야마(岡山), 지바(千葉), 에히메(愛媛)에서도 환자자치회를 결성하여 노조와 공동 투쟁하면서 사회보장개선 운동에 참여했다. 1947년 1월 일본의료단 관계 병원·진료소의 환자들이 '전일본 환자생활옹호동맹'(젠칸, 全患동맹)을, 1948년 3월에는 '일본국립 사립요양소 환자동맹'(닛칸, 日患동맹)을 결성하고, 결핵신약(파스, 스트렙토마이신)*을 의료보장에 적용하자는 운동과 국립병원·요양소의 통폐합 반대운동 등을 주도했다.

'생활과 건강을 지키는 모임'은 재가 결핵환자, 생활보호 수급자, 실업자 등으로 구성해 각지에서 민주진료소와 협력하면서 지역에 뿌리내린 사회보장실현 운동에 참가했다. 1953년에 전국조직을 만들었고, 1958년에는 '전국생활과 건강을 지키는 전국회의'(젠세렌, 全生連)가 되었다. 1949년 12월 이때까지 니시요도(西淀)병원(1947년 2월 개원)에 통원하던 오사카시 니시요도가와 구(西淀川区), 가시와사토(柏里), 하나가와초(花川町)의

주4) 기록이나 등기를 한 조직은 아니었기 때문에, 어디가 최초였는지는 분명하지 않다.

주민이 '우리 지역에도 의료기관을 바란다.'며 니시요도 병원과 연대해 '가시와사토 건강을 지키는 모임'을 조직하고 건설자금을 모아 진료소를 건설했다. 건설운동은 전국 최초 방식이었고, '생활과 건강을 지키는 모임'을 토대로 한 민진 건설 운동은 이후 오사카의 각 지역으로 확산되어 갔다. 젠세렌(全生連) 초대회장에는 후지모토 히데오(藤本英夫, 후에 요도가와(淀川) 근로자후생협회 이사장)가 취임했다.

* 역자주: 파스는 PAS 즉 para-aminosalicylic acid를 말한다.

4. 의학생 운동

GHQ의 지도하에 1946년 9월에 제정된 인턴제도에 대한 문제의식이나 요구는 차츰 많아졌다. 신분과 경제보장, 연수내용 향상을 요구하는 운동이 의학생 내에서도 확산되어 1950년 '인턴연합' 결성, 1954년 '의학연' 결성으로 이어져 각 대학의 자치회활동이나 의학세미나 등 민주적인 의학생 운동이 발전하는 계기가 되었다. 의학생 운동의 활동가 중에서 민진에 참가한 의사는 다수였다.

1948년 간사이 사회의학연구회는 오사카대, 교토대의 샤이렌(社医連)을 중심으로 오사카시립대, 고베의대, 나라의대, 오사카여자의과전문대 등이 참가해 히가시요도가와(東淀川)의 공장검진 등을 수행했다.

나고야에서는 1950년경 나고야대, 나고야시립대 의학부 학생이 사회과학 학습회를 결성하고, 가토 쇼지(加藤昭治) 등이 의학부 민주화나 세틀먼트 활동을 진행했다.

지바대에서는 사회의학연구회가 1946년에 결성되었고, 이마이초(今井町) 등에서 세틀먼트 활동이나 젠니치지로(全日自労)와 협력한 검진 등을 실시했다. 그 활동은 이마이초(今井町)진료소의 건설로 이어졌다. 그 후 많은 대학에 사회의학연구회(샤이렌, 社医連)가 만들어졌다.

(4) 의료보험제도의 동향

건강보험제도는 전후의 폐허 속에서 설립된 기업이 활동을 재개하는 과정에서 서서히 부활했다. 1947년 4월에 겐포법(健保法) 개정이 이루어졌고, 1948년에 사회보험진료수가지불기금이 설립되었다. 기금 설립으로 수가지급이 신속해져 보험의로 등록하는 의사가 증가했고, 수진율도 급증해 급기야 1948년도 말에는 정부가 관장하는 겐포(健保) 재정이 위기를 맞는 사태가 발생했다. 그러나 정부는 의료기관에 대한 엄격한 감사, 보험료체납처분 강화, 본인부담금 부활, 보험료 수차례 인상(1948년 1000분의 36에서, 1951년 1000분의 60까지 5회 인상) 등을 강행했다. 게다가 수가비용에 대한 국고부담은 없었기 때문에 의료기관과 국민의 반발이 커져갔다.

진료수가는 전전이었던 1943년에 1점당 20전이었으나, 초인플레이션으로 1948년에는 갑지 11엔, 을지 10엔*이었고, 수가인상을 요구하는 개업의 운동은 노동운동과 결합해 상당한 여론을 형성했다. 민진은 이 시기 각 지방에서 계속해서 결성되었고, 간사이나 간토(関東)에서는 연락회도 만들어져 연대를 강화했다.

1951년부터 1970년대 초반에 걸쳐 사회보험의 개선이나 진료수가인상 등의 요구를 내건 일본의사회의 보험의총사퇴 운동이 5회에 걸쳐 시행되었다.

1951년 10월에 일의(日医)·일치(日歯)·소효(総評)·총동맹 등이 공동으로 '① 제한진료반대[주5] ② 보험의 감세[주6] ③ 보험료율 인상반대 ④ 국고부담에 의한 단가인상 ⑤ 건강보험의료비에 대한 국고보조 확대 ⑥ 고쿠호(国保)제도의 확충 ⑦ 결핵의료비 전액국고부담 ⑧ 일일고용 노무자에 대한 보험제도 신설 ⑨ 생활보호(生保)의 확충' 등의 요구를 내걸고 '사회보험의료강화국민대회'를 개최했으며, 요구사항 실현을 위해 운동의 전국적 추진을 확인했다.(제1차 의노연대)

이것을 받아 일본 의사회는 1951년 12월 1일 보험의총사퇴를 결정하는

주5) 제한진료란 정부가 보험진료에 대해 아주 엄격한 감사·심사를 실시하고, 진료내용에 제한을 가해 의료비를 억제하는 것을 말한다. 1961년 7월 보험의 총사퇴 타협 성립 후에, 1963년까지 항생물질이나 부신피질 호르몬 등 치료지침을 개정했고, 제한진료는 완화해 갔지만 1950년대는 제한진료의 철폐를 요구하는 의사회, 보험의의 투쟁이 지속되었다.

주6) 이후의 운동으로 1954년 12월에 의사수입의 28%를 소득으로 보는 '조세특별조치법 제26조'가 제정되었다.

운동은 실현했지만, 의사회 회장과 요시다 수상의 만남으로 진료단가 1.5엔 인상(갑지 12.5엔, 을지 11.5엔)과 구두로 보험의에 대한 감세(보험수입의 25~30% 과세)를 약속하고 타결했다. 그로 인해 일반회원들로 부터 강한 불만이 터져 나왔고 노동운동 등에서도 호된 비판을 받아 일본 의사회 집행부가 총사퇴했다.

한편 고쿠호(国保)제도를 재건하기 위해 1948년에 법개정이 이루어져, 시정촌 공영원칙·강제가입 조치가 취해졌다. 그러나 여전히 재정난은 개선되지 않았고 국고부담도입의 여론이 높아져, 1953년에 수가비용의 20%에 불과했지만 국고부담이 실현되었다.

* 역자주: 갑지(甲地), 을지(乙地)는 인건비의 지역차를 반영하기 위해 지역을 구분한 것이다. 갑지는 도쿄도 특별구를 포함한 47개 지역이며, 주로 도시지역을 의미한다. 을지는 갑지 이외의 지역으로 보면 된다.

(5) 점령정책의 전환과 미일안전보장조약·샌프란시스코 체제

1947년 5월에 일본국 헌법이 시행되었으나, 미소냉전구조의 진행 특히 중국인민해방군이 장개석을 상대로 한 내전에서 승리하면서 미국의 대일정책은 크게 변했다. 기존 일본의 민주화와 비군사화의 기조에서 대기업의 경제부흥을 최우선으로 하여 일본을 극동의 공장으로 삼고, 사회주의 진영과 대결의 한 축을 담당하게 하는 것으로 수정되었다.

철도 및 공무원의 파업권이나 단체교섭권의 박탈(1948년)에 이어 같은 해 말에 GHQ는 경제안정 9원칙을 일본정부에 지시하고, 임금안정과 노동쟁의의 억제, 긴축재정 정책을 수립했다. 노동법규 개악과 노동자 56만 명 해고, 시모야마(下山)·미타카(三鷹)·마쓰가와(松川)사건*의 날조(1949년), 레드퍼지(1949~50년) 등을 강행했고, 대기업의 급속한 부활과 구지배세력의 공직복귀 등 일본을 '반공의 보루'로 조성하는 정책을 진행했다. 한국전쟁(1950년 6월)이 터진 후에는 경찰예비대라는 명칭으로 재군사화를 진행했으며, 일본은 한국전쟁을 위한 미군병참기지로 변했다.

제2차 세계대전의 강화 조건을 둘러싸고 미국을 비롯한 서방진영국가의 단독강화승인 또는 중·소를 포함한 전면강화승인에 대한 논쟁이 일어났다. 1950년에는 전면강화·재군비반대·미군기지철수·중립을 요구하는 노동조합·지식인들의 운동이 크게 일어났지만, GHQ는 공산당중앙위원회 해산(1950년 6월)[주7), 모든 시위·집회 금지, 보도기관의 레드퍼지 등을 강행하고 탄압했다. 이러한 상황에서 요시다 내각은 1951년 9월 샌프란시스코 강화조약(서방진영과의 단독강화)으로 미일안보조약을 체결했다.

1952년 4월에 일본은 형식적으로 독립했지만, 오키나와(沖繩)는 계속해서 미군지배하에 있었다. 일본에 미군기지가 다수 설치된 상태였기 때문에 일본국민은 재군비와 헌법개악, 전후 달성한 민주주의 위기에 직면했다.

강화조약은 체결되었지만 1953년 3월 총선거에서는 재군비를 반대하는 좌파사회당이 약진했다. 1955년 총선거에서는 개헌저지세력이 사회당을 중심으로 3분의 1을 점유해 하토야마(鳩山) 내각의 재군비를 위한 헌법개악 움직임에 대한 강력한 제동장치가 되었다.

이런 과정에서 1953년 6월 전일본민주의료기관 연합회(이때의 약칭은 젠이렌(全医連))가 결성되어, 지역주민과 함께 의료활동과 의료변혁, 평화와 민주주의 운동에 참여했다.

* 역자주: 시모야마 사건은 1949년 7월 5일 아침 일본 국철 총재 시모야마 사다노리가 출근 도중 실종된 사건이다. 미타카 사건은 1949년 7월 15일에 도쿄도 기타타카군 미타카 역에서 무인열차가 폭주한 사건을 말한다. 마쓰가와 사건은 1949년 8월 17일에 국철 도호쿠혼센(東北本線)에서 발생한 열차운행방해 사건을 말한다. 세 사건을 일본의 국철 '3대 미스터리사건'이라고도 한다.

제2절 민주진료소 설립

(1) 민주진료소 설립 배경

패전으로 국토는 초토화되었고 국민들은 말할 수 없는 식량난, 주택난, 비위생과 질병의 만연으로 고생했다. 의료가 절대적으로 부족한 상태에서 절박한 의료요구를 충족하기 위해 주민이나 민주단체, 공산당이나 노동조

주7) 레드퍼지는 일본공산당중앙위원회의 해산을 포함해 전년도의 공산당원이나 노동조합활동가를 표적으로 내건 공공기관 노동자들에 대한 해고를 말한다. 노동법 등을 완전히 무시한 노골적인 권력조치였다.

합의 진료소설립 운동이 거세졌다. 국민들의 요청에 부응한 의사·의료종사자가 운동에 적극적으로 참여해 사람들의 푼돈을 모아 민주진료소(민진(民診))를 전국에 설립했다. 1949년 레드퍼지 이후 국립병원 등에서 해고된 의사 등이 참가해 민진 설립은 급속히 확대되었다.

모든 의료기관을 국가통제하(개업의 제한과 허가제, 의사 근무지 지정제)에 둔 전전의 국민의료법(1942년)은 GHQ에 의해 폐지되었고, 각 지역에 탄생한 민주적 의사조직은 민진의 의사확보에 큰 역할을 했다.

1947년 겐포(健保)법 개정, 1948년 지불기금제도 발족, 고쿠호법(国保法) 개정, 의료법 제정 등도 영향이 있었으며, 1948년까지 8개 기관[주8]이었던 민주진료소는 1949년 말에는 22개 기관, 1950년에는 54개 기관으로 급속히 확대되었다.[주9]

주8) 당시는 병원급도 포함해서 '민진'으로 불렀다.

주9)
■ 전일본민의련의 설립 시 가맹의료기관
22개 도도부현, 117기관(명부가 없기 때문에, 초기 가맹의료기관 명칭은 정확히 알 수 없다.)
　ㅇ 도호쿠 홋카이도: 홋카이도 9개 진료소, 아오모리(青森) 1개 병원, 미야기(宮城) 1개병원 2개 진료소, 야마가타(山形) 1개 진료소. 합계 14개 기관
　ㅇ 간토 고신에쓰(甲信越): 군마(群馬) 5개 진료소, 사이타마(埼玉) 5개 진료소, 지바 1개 진료소, 도쿄 32개 기관, 가나가와 3개 진료소, 니가타 2개 진료소. 합계 48개 기관
　ㅇ 호쿠리쿠(北陸): 이시가와(石川) 2개 진료소, 후지야마(富山) 1개 진료소. 합계 3개 진료소
　ㅇ 간사이: 교토 9개 진료소, 오사카 21개 기관, 효고(兵庫) 5개 진료소, 나라(奈良) 3개 진료소. 합계 38개 기관
　ㅇ 주시(中四·中国四国 지방): 시마네(島根) 2개 진료소, 돗토리(鳥取) 2개 진료소, 오카야마(岡本) 1개 진료소, 히로시마(広島) 1개 진료소, 가가와(香川) 1개 병원, 에히메(愛媛) 1개 병원 2개 진료소. 합계 10개 기관
　ㅇ 규슈(九州) 오키나와(沖縄): 구마모토 4개 진료소

■ 연도별 민주진료소·개설 누적 수
　ㅇ 1946년 말: 3개 기관(도쿄·삿포로)
　ㅇ 1947년 말: 5개 기관(오사카)
　ㅇ 1948년 말: 8개 기관(효고·아오모리)
　ㅇ 1949년 말: 22개 기관(미야기·야마가타·군마·이시가와·교토·가가와)
　ㅇ 1950년 말: 54개 기관(사이타마·니가타·후지야마·시마네)
　ㅇ 1951년 말: 75개 기관(가나가와·나라·히로시마)
　ㅇ 1952년 말: 91개 기관(오카야마)
　ㅇ 1953년 말: 121개 기관(지바·아이치·돗토리)

1. 민주진료소의 다양한 형태

1953년 전일본민주의료기관연합회(당시에는 젠이렌(全医連)) 창립대회까지 117개 병원·진료소가 설립돼 젠이렌에 가맹했지만, 각 지역 민주진료소의 형태는 다양했다. 1946년 지유(自由)병원과 같이 노동조합을 경영모체로 출발한 후에 법인설립을 하거나 의료생활협동조합으로 추진하기도 하고, 생활과 건강을 지키는 모임이나 민주단체를 모체로 독립한 기관, 개업의 생활을 하다가 민진으로 이행한 의료기관, 일본 공산당이 설립한 진료소로부터 독립한 기관 등 각 지역별 특징에 따라 다양했다.

그러나 출발 시의 건물이나 설비는 "10평의 가건물 진료소를 개설하면서, 낡은 책상에 하얀 천을 씌워 진료책상으로 사용하고, 낡은 장에 의약품을 넣었으며, 갱지로 약을 포장하고, 전기 곤로와 냄비를 이용해 주사기를 소독하곤 했다."(요요기병원 35년 기념지 [한 점의 불꽃으로])는 말처럼, 열악한 집기를 한데 모아 진료소를 운영했다는 점은 어디나 공통된 특징이었다.

1948년에 의료법이 제정되고 1950년에는 의료법인 제도가 설립했다. 민법에 의한 공익법인, 생협법인 등의 제도를 활용해 개인 소유가 아닌 의료기관의 설립도 가능했지만, 법인 등기를 하지 않은 법인도 많아 개인 소유 진료소도 당시에는 가맹을 인정했다.

2. 창립 당시의 의사

전술한 간사이 의료민주화동맹과 신일본 의사연맹은 미야기 의료간담회, 홋카이도민주의료협회, 가나가와 의료간담회, 나라민주보건연맹, 교토 의료사회화연맹 등 각지의 민주적 의사조직을 설득해 전국 조직인 신일본 의사협회를 1948년 10월에 결성했다. 간사이, 간토와 전국의 민주진료소 결성은 이들 의사조직이 큰 역할을 했다.

민의련의 의사는 전전의 무산자진료소나 '의료 사회화'운동에 관여한 사람, 노동운동 활동가, 전후의 의학생 운동이나 세틀먼트 활동가, 중국에서 귀환한 자(특히 1953년 이후) 등이 참가했다.

1953년 6월 7일 민의련 창립대회 당시, 22개 현 117개 의료기관이 결집했으며, 상근 의사 수는 300명 전후였고 직원 수도 천 명 이하로 추정된다.

3. '민진' 설립과 발전요인

민진은 전후의 혼란기에 일본 각지에 단기간에 보급되었으며, 전후 8년에 걸쳐 전국조직결성으로 발전했다. 이것이 가능한 데에는 몇 가지 이유가 있다고 생각한다.

무엇보다도 전전의 천황제 전제정치와 침략전쟁이 국민의 극심한 희생을 초래했고, 패전에 따른 기아와 질병의 만연 및 의료체제의 붕괴로 인해 빈곤층을 비롯한 국민들의 의료요구가 대단히 절박했다.

또한 이러한 고통을 초래한 지배층에 대한 분노는 노동운동, 민주화운동, 생활과 생명을 지키는 운동 등으로 역사상 비교할 수 없는 규모로 발전했다. 민주화운동은 주민의 의료요구와 의료변혁을 지향하는 민주적인 의료인의 참여를 촉진하는 것으로 작용했다. 이에 따라 의사나 의료종사자가 전전의 무산자진료소운동이니 의료사회화 운동에서 새롭게 부활했다. 나아가 전후의 노동운동, 민주화운동도 많은 민주 의료인을 육성했다. 민진은 이러한 세 가지 힘에 의존해 설립되었다.

그리고 전전과 마찬가지로 공공 의료기관이 적고 민간의료기관의 역할이 컸던 일본에서 민진은 환자와 지역주민의 신뢰를 바탕으로 헌신적인 의료활동을 수행해 지역주민의 강력한 지지를 받았다. 또한 의료보험제도가 기능마비에 빠져 있을 때, 전전의 경험을 살려 싼 가격으로 지역주민에게 양질의 의료를 제공한 것도 큰 의미가 있다.

제3절 전일본민의련 결성까지의 민진 설립(1946~53년)

민의련 결성까지 민진에 대한 상세한 내용은 〔민의련운동의 궤적〕에 상술돼 있어 여기에서는 주로 이 책의 내용에 의거해 1953년 6월 민의련 결성 시까지 개설한 주요 민진을 간단하게 소개한다. 다만 '민진'이란 무엇인가에 대해선 반드시 분명한 기준이 있는 것은 아니라는 점을 밝혀둔다. 여기에서는 우선 개업의 형태로 출발한 의료기관의 경우, 민의련 가맹이 늦었어도 발족 당시의 민진으로 포함시켰다.

(1) 전후 최초의 민진, 도쿄지유(自由)병원

패전 다음 해인 1946년 5월 1일에 최초의 민주진료소가 도쿄에서 탄생했다. 당시 '민진' 또는 '민주진료소'로 불렀던 민의련의 첫 의료기관은 도쿄지유병원(1946년)이다. 미국 점령군 기지 내의 공장시설에서 일하던 도쿄 일반 자유노동조합이 보험이 없는 일용 노동자를 위해 조합차원에서 의료시설을 만들고 신일본의사연맹에서 의사를 파견해 설립되었다.

뒷날 노조에서 분리해 지유생활협동조합으로 경영이 이관되었고, 1950년에는 50병상의 병원으로 발전했지만, 냉전이 진행 중인 같은 해 6월 24일 한국전쟁 발발 전날 미군이 아무런 정당한 이유도 없이 폐쇄명령을 내리고 강제로 기지에서 철거했다. 이 사건은 한국전쟁 전후에 맹위를 떨친 노동자에 대한 레드퍼지와 동일한 것으로, 일본을 반공국가로 만들

도쿄지유병원 스케치

기 위한 정치적 탄압이었다.

직원들은 항의행동을 40일간 지속했지만 쫓겨났고, 후지미(富士見)거리에 진료소를 신설한 그룹과 일본공산당 아주사와(小豆沢)진료소(건강문화회·아주사와병원의 전신)에 합류한 그룹으로 나뉘어 그 후 도쿄 민의련 민진 건설의 거점이 되었다.

(2) 각 지역의 민진

1. 홋카이도·도호쿠

①홋카이도

1946년 9월 전 주둔군 노동조합(젠추로-全駐労) 홋카이도 지방 본부 진료소는 조합원의 건강을 지키기 위해 진료소를 설립해 신일본의사연맹과 상담, 쓰카다 료지(塚田龍爾)가 승낙해 삿포로 시에 개설하고 2년간은 순조롭게 발전했다. 그러나 점령군의 대일정책이 변하는 과정에서 조합의 방침이 진료소를 부정하는 경향으로 변했기 때문에, 다음 해인 1949년 1월(근로자삿포로진료소) 명칭을 변경하고 동일한 장소에서 진료했다.[주10] 그러나 실제 개설자는 공산당이었기 때문에 법적인 규제로 사업지속이 어려울 것이라고 예상하고, 같은 해 6월 지역 민주단체와 공산당의 협력으로 사단법인 '홋카이도근로자의료협회'를 설립해 주오구(中央区) 호니조(北2条)로 이전하고 '긴이쿄(勤医協)·삿포로진료소'로 새롭게 출발했다. 이때 요이치(余市), 우라카와(浦河, 개인 개업의인 가토 규다(加藤久太)가 자재를 기부함)의 공산당 진료소도 합병했다. 이사장 쓰카다(塚田)는 학생 시절 당시 오사키(大岐)무산자진료소에 출입한 경력이 있어서, 전후 민주화운동 과정에서 그 전통을 홋카이도에서 계승해 발전시켰다.

홋카이도 긴이쿄(勤医協)가 전국 민의련 결성까지 설립한 진료소는 아

주10) 〔민의련운동의 궤적〕에 의료활동에 대한 소개가 있어, 이하에서 인용한다.(23쪽)
"처음에는 쓰카다 한 사람의 청진기 1개만 있는 진료소였습니다. 의료기기도 약품도 없었습니다. 환자는 하루 30~50명이 왔습니다. 발진티푸스나 이질이 많았습니다. 괴저 수술도 잘했습니다. 쓰카다는 본래 산부인과 의사였지만, 무엇이든 잘했습니다. 왕진도 많았습니다. (중략) 이런 활동 과정에서 설비를 개선했습니다."

쓰가(厚賀, 1949년 8월), 가미쓰나가와(上砂川, 1949년 8월), 시로이시(白石, 1949년 11월 삿포로병원의 전신), 쓰키사무(月寒, 1950년 12월), 구루마쓰나이(黑松內, 1950년 12월), 무로란(室蘭, 1949년 12월) 등 총 9개소였다.[주11]

② 미야기(宮城)

전전 신흥의사연맹(1931년 결성)을 1945년에 재건해 민주의료인협회를 결성하고, 여기에 참가한 의사들이 중심이 되어 전후 의료민주화를 위한 운동에 각 노조, 일농 등과 함께 참여했다. 사카(坂)병원은 1912년 사립 시오가마(塩釜)병원으로 개원해 1937년 사카 나오키(坂猶興)가 원장으로 취임, 전전의 일본공산당 재건이나 민주화운동의 중심역할을 담당했다. 사카병원을 중심으로 민주의료인협회의 스즈키 다모쓰(鈴木保), 와타나베 마사히코(渡辺正彦), 사토 마사오(佐藤正雄) 등과 일본공산당의 센다이 우에쓰기(上杉)진료소(후의 나가마치(長町)병원)의 참가로 1949년(재)미야기 후생협회를 결성했다. 설립 당초부터 보육사업이나 연구소 설립에도 참여했다. 그 후 쓰가와라(菅原)의원(후의 구리코마 클리닉), 사토(佐藤)의원(1968년 탈퇴), 이시가키(石垣)병원(1971년 탈퇴)과 함께 1955년에 미야기 민의련을 결성했다. 사카는 전국민의련결성준비에 도호쿠 지방의 담당으로서 야마가타(山形), 이와테, 후쿠시마 등도 방문했다.

전전부터 전후 1955년까지 도호쿠대학 샤이렌(社医連, 전후 사회위생부)에서는 와타나베 무네하루(渡辺宗治), 다카하시 무로(高橋室), 마에다 히데오(前田秀雄), 세토 다이시(瀬戸泰士), 미나카와 구니오(皆川国雄), 구마가이 다마오(熊谷玉於), 나카타니 도시타로(中谷敏太郎), 가와노 효우에(河野兵衛), 히로다 기요타카(広田清隆) 등이 민의련에서 활약했다.

주11) 아쓰가진료소는 메이지정부가 아이누계 주민에 대해 시행한 토지몰수와 관련해아이누계 주민의 토지반환 요구 소송을 제기하는 운동을 지원하면서 우라카와 진료소와 주민의 협력으로 설립했다.
가미쓰나가와진료소는 미쓰가(三井) 탄광촌에서 개업의원이 폐쇄되던 중에 탄광병원 이외에는 갈 수 없었던 노동자와, 탄광병원에도 갈 수 없었던 마을주민들이 협력해 설립했다. 회사가 관리하는 건강보험증을 노동자에게 반환시켜 가미쓰나가와 진료소를 이용하자는 운동이 성공해 광산노동자와 함께 규폐증을 탄광의 직업병으로 처음 인정시켰다.

1949년 개설 당시의 아마가타·사카다시의 혼마진료소. 왼쪽이 혼마 소장

③ 아오모리(靑森)

전전 도쿄대의 세틀먼트 활동을 경험한 쓰가와 다케이치(津川武一)는 1947년 히로다시(弘田市)에 개인이 운영하는 진료소를 열고, 오전에는 진료하고 오후에는 공산당 활동을 했다. 환자가 늘어 시설을 이전하고 개인 운영을 폐지했으며, 1952년 2월 쓰가루(津輕)의료생활협동조합을 설립하고 겐세(健生)의원으로 시작해 1953년 6월에 겐세병원으로 확장했다.[주12] 아오모리 민의련의 결성은 1955년 7월이며, 나가지마(長島)진료소(1953년 설립)와 쓰가루 보건생협의 병원·진료소(오시미즈(大淸水)진료소 등)를 결성했고 보건 생협의 조합원은 1,636명이었다.

④ 야마가타(山形)

혼마(本間)진료소는 1949년에 야마가타 현 사카다시(酒田市)에 개업해 결핵환자를 조직했고, 농촌의료에 참여해 전국 민의련 결성 시에 직접 가맹했으며 1957년에 의료법인으로 등록했다.

2. 간토(關東)

① 사이타마(埼玉)

1946년 9월 사이타마 현 이루마 군(入間郡) 다이이무라(大井村)에 다

주12) "나는 내가 운영하던 작은 진료소를 쓰가루의 일하는 사람들에게 돌려주기로 결정했다. 개인 개업의에게 그것은 일종의 휴머니즘으로 충만해 시행한 것이지만, 아직 한계가 있었다. 대중과 함께 의료업무를 발전시키기 위해선 대중적인 운영이 가능한 조직이 안 된다면"([의료를 민중의 손에]에서 인용함.)

이이진료소가 건강보험조합연합회를 설립자로 하여 개설되었다. 직원은 노조를 결성하고 건강보험조합연합회 이사장과 단체교섭을 했으며 업무 관리를 수행했지만, 1949년 여름 이사장은 연합회의 경영권을 확립하기 위해 의원 폐쇄와 직원 해고(鹹首)를 선언했다.

오시마(大島) 등은 진료를 계속하면서 주민과 함께 법정투쟁에 돌입했다. 300세대가 참여하는 건강을 지키는 모임을 만들어 승소했으며, 1954년에 의료생활협동조합으로 발전시켰다.

1950년 10월 가와고에(川越)중앙진료소, 1951년 5월 후지오카(富岡)진료소를 다이이의원의 분원으로 개설했고, 그 후 독립된 진료소로 운영했다. 1953년 4월 교다(行田)진료소, 6월 가와구치(川口)진료소를 설립해 1953년 7월 사이타마민의련을 결성했다. 사이타마민의련은 청년의사의 참가를 배경으로 전진했다.

② 군마(群馬)

군마 현 마에바시 시(前橋市)에 1949년 4월 신일본의사연맹 군마지부와 조선인총연합 등의 요청으로 노농후원회 마에바시진료소(오쿠 야스오(娛保雄)·전 군마대학 교수, 전전의 샤이렌 활동가)를 설립했다.

사토 쇼지(佐藤正二)는 1949년 11월 노농후원회 사와(佐波)진료소 주13)를 사와군 도요케무라(豊受村)(이세사키 시(伊勢埼市))에 개설했는데, 1952년 5월 두 진료소는 마에바시 생활협동조합과 합동하여 노농후원회는 해산했다. 그때 교리쓰(協立)진료소(구다카키(高木)의원)가 가맹했다.

같은 시기에 다카사키(高崎) 시에 다카사키진료소, 시부카와(渋川) 시에 시부카와진료소를 개설하고, 1953년 10월 군마민의련을 결성했다.

주13) 사와진료소의 농촌의료에 대해 사토 쇼지는 다음과 같이 서술했다.
"그때는 전쟁으로 황폐해진 후여서 회충이나 결핵이 많았고, 전염병도 널리 퍼졌으며, 이질, 역리(疫痢), 파상풍, 와일씨병, 일본뇌염, 성병, 늑막염(膿胸) 등으로 지독한 시대였습니다. 낮이나 밤이나 잠잘 새도 없이 일을 해야 했습니다. 왕진을 가면, 내 자전거 뒤에 다음에 왕진해야 할 사람이 계속해서 따라왔습니다. 집에도 입원환자가 가득해서 가족과 약국에서 자야 했고, 결국 가까운 농가의 2층으로 이사했습니다.)((내가 걸어온 길)에서 인용)

사이타마·다이이 의원

③지바(千葉)

　지바 시의 오쿠야마 순조(奧山順三)는 마쿠하리(幕張)에 개업했지만, 전일본민의련 결성대회에 참가해 가입하고, 지바의대 사회의학연구회 학생이나 젠니치지로(全日自労)의 회원들, 공산당 활동가 등과 함께 1953년 7월 이마이초(今井町)진료소 개설에 협력하고 1954년 9월에 지바민의련을 결성했다.

　미나미하마(南浜)진료소는 1948년에 도쿄에서 쫓겨난 사람들이 모여 살던 도하마초나이카이(都疎浜町內会)를 모체로 미나미하마진료소 운영위원회를 대중들의 참여로 설립했다. 처음에는 의사 진료는 야간에만 했고, 대개는 간호사를 중심으로 활동했다. 1956년에 지바민의련에 가입했다.

④도쿄

　1946년 5월 일본공산당본부는 진료소 설립을 결정하고 신일본의사연맹에 의사를 요청해 사토 다케오(佐藤猛夫)가 소장으로 취임, 9월부터 일본공산당진료소로 진료를 개시했다. 1947년 모리다 시게노(森田シケノ)가 사무장으로 근무하면서 당초 10평짜리 가건물을 같은 해 12월에는 24평 장소로 확장했고, 1948년 8월 재단법인 요요기(代々木)진료소, 1952년

도쿄요요기진료소

요요기 병원으로 변경했다.

1947년 11월에 일본 교이쿠(敎具) 진료소가 같은 회사 경영자와 노조, 지역의 힘으로 설립되었다. 고바야시 사다코(小林貞子), 고지마 이치로(子島一郎), 이로베 하루오(色部春夫) 등이 참여해 1949년 8월 독립, 오다(大田)진료소를 개설했으며 지역의 신뢰를 얻었다.

1948년 8월 항구에 '노농운동후원회 일하는 사람들의 시바(芝)진료소'가 초당파 혁신계로 설립되어 노농운동후원회의 의무실을 겸한 진료소(시바병원의 전신)가 되었으며, 쟁의나 탄압 등으로 건강을 잃은 사람들을 진료하고 후원했다.

1948년 12월 노동자 클럽 부속진료소(아우지(王子)생협 병원의 전신)가 노동자 협동조합인 노동자클럽에 의해 결성되었다. 이것은 1949년에 노동자클럽 생협으로 인가받았다. 그 후 이토 슌지(伊藤秀二)나 하야시 슌이치(林俊一)가 결합하고, 왕진이나 생활보호신청에 노력하여 지역에서 신뢰를 받았다. 아주사와 병원의 전신인 일본공산당 아주사와진료소는 1948년에 설립됐지만, 도쿄 지유병원이 탄압으로 폐쇄된 뒤 철거되어 그곳에서 일하던 의료종사자가 참가해 환자가 늘자 병상을 늘려 1950년 8월 의료법인 건강문화회 아주사와 병원이 되었다.

레드퍼지로 해고당한 고토 레조(後藤励蔵)는 1949년 나카노구에서 조사이(城西)진료소를 개설하고, 아내 만과 함께 진료소 2층에 거주하면서 분투했다. 1952년 고노마타 가쓰오(木俣克郎), 아베 고헤이(阿部幸平), 가지와라 나가오(梶原長雄)가 힘을 합쳐 도켄(土建)조합과 젠니치지로(全

한국전쟁 발발 당시(요요기진료소 앞)

日自労)와 협력해 일하는 사람의 진료소, 세이부(西部)진료소를 만들고 몇 개의 민진에 진료지원을 했다.

주민운동이 모체로 될 수 있었던 것은 다음과 같다.

1950년 4월 히노다이(日野台) 공립진료소는 히노디젤의 노동자주택 집단검진을 시작으로, 주민운동으로 기초의회에 진료소 건설자금을 충당하게 하고, 가미후타(上二)병원(오사카)의 후루카와 겐조(古河健三)가 소장이 되었다.

1950년 4월 니시오기쿠보(西荻窪)진료소는 공산당 쓰기나미(杉並)지구위원회가 제창하고 문화인, 노동조합, 쓰기나미 건강을 지키는 모임 등에서 자금을 모아 개설했다. 각 지역에서 건강을 지키는 모임의 환자회가 1,000명 넘게 조직되어 무료 집단검진을 실시하고, 1953년 7월에 가미이쿠사(上井草)진료소, 동년 6월에 쓰기나미 중앙진료소를 만드는 데 기여했다.

1951년 5월 시모카와(下川)병원의 왕진에 앞서 건강을 지키는 모임이 의료 상담회를 진행했다. 이것을 계기로 자신들의 진료소를 만들자는 운동이 일어나, 야나기하라(柳原)진료소를 개설해 아다치구(足立区)의 호켄카이(保健会)진료소(현재의 시카하마(鹿浜)진료소)도 같은 경로로 설립했다.

1950년 3월에 개업한 나카가와 시마(中川志摩)와 치과의사 이마무라 구니토시(今村國利), 고니시 추이치(小西忠一)는 에코다마치(江古田町)와 누마부쿠로마치(沼袋町)의 주민이나 공산당의 후원으로 에코다 누마부쿠로진료소를 설립하고 민주진료소와 같은 활동을 수행했다. 1964년에 나가노 근로자의료협회에 건물설비 일체를 기부하여 민의련에 가맹했다.

개설당시 니시오기쿠보진료소(1950년)

1953년 5월 도쿄민의
련을 결성했다.

⑤ 가나가와(神奈川)

1949년 1월 가타세
(片瀬)조합병원(후지사
와 시(藤沢市)), 이와사
키(岩埼)진료소(가와사
키 시(川埼)) 등 몇 곳에
서 민주적 의도를 갖고 진료소가 만들어졌는데 비교적 단기간에 폐쇄되었
다. 가나가와 현 연합 결성에 참가한 최초의 진료소는 노농후원회의 고야
쓰(子安)진료소(요코하마시)로 1949년 가을에 개설했다.

1951년 3월 이케가이(池貝)자동차에서 레드퍼지를 당한 노동자들은
자신들의 진료소를 만들기 위해 퇴직금 등을 적립하고 지역 집단검진을 시
작해 결핵연구소에서 해고당한 의사·간호사 등과 다이시(大師)진료소를
설립했으며, 월급이 나오지 않아 실업보험금으로 생활하면서 진료했다.

1951년 11월 가와사키 도쿄대 세틀먼트진료소(가와사키세틀먼트진료
소의 전신)를 도쿄대 세틀먼트 의사들과 일본강관에서 레드퍼지된 노동자
가 공동으로 설립했다.

1953년 7월 요코하마 시 도쓰카구(戶塚区)에 도쓰카진료소와 나가타
(中田)진료소, 12월 쓰루미구(鶴見区)에 우시오다(汐田)진료소를 개설하
고, 1953년 9월 가나가와민의련을 결성했다.

3. 호쿠리쿠(北陸)·도-카이(東海)

① 니가타(新潟)

니가타 시 하쿠산(白山)진료소는 1950년 6월 공산당 니가타 현 위원회
가 건물을 양도하는 형태로 하야시(林)의원으로 출발했지만, 실제로는 민
진이 운영하다가 하야시가 개업한 후에 시보타니세이(坪谷誠)가 인수해
하쿠산 의원이 되었다.[주14] 동양합성노조는 민진을 확장하기 위해 니가타

근로자의료협회 준비회를 만들어, 눗타리(沼垂)진료소를 1952년 7월에 개설했다. 1953년 8월에 의료법인 신청을 하고 양 진료소를 합쳤으며, 하쿠산진료소로 명칭을 변경했다. 동양합성노조에는 구즈쓰카(葛塚)무산자진료소의 운동에 참가한 조합원이 많았으며, 눗타리진료소는 조합사무실로 사용하던 건물을 현물로 출자 받아 출발했다.

이시가와·우치나타 진료소. 눈이 쌓인 날,
왕진을 시작하는 의사 아자미 쇼조(1953년)

② 이시가와(石川)

1949년 8월 이시가와 현에 시로가네진료소를 개설했지만 1950년 말 소장이 퇴직해 가미후타(上二)병원의 호시노 가즈오(星野和夫)가 부임했다. 데라이노마치(寺井野町)에서는 1951년에 농민조합이 데라이노(寺井野)진료소를 설립했고, 1953년 2월 사단법인 이시가와 후생협회를 결성해 두 진료소를 합쳤으며, 이 힘을 배경으로 1953년 10월 우치나다(內灘)진료소를 설립하고 미군들이 만들려고 했던 우치나다 포 연습장 설치반대의 거점역할을 했다. 전국 민의련 결성에는 후지야마진료소와 함께 호쿠리쿠민의련에 가입했다.

주14) 〔민의련운동의 궤적〕 사이토(斉藤) 스미이 간호사의 진술에서 인용(100쪽)
"해외 귀환자들은 쇼와바시(昭和橋) 밑에서 가건물을 짓고, 한 곳에 여러 세대가 함께 살거나 식량부족으로 영양실조에 걸린 사람이 많았습니다. 결핵환자도 많고 식료품이나 약 조달도 생각처럼 쉽지 않아서, 무언가 살길을 찾고 투병 의욕을 살리기 위해 콘서트를 개최하거나 하면서 상호 격려했습니다. 그러던 중에 니가타대 의학부 학생들이 하쿠산진료소를 본부로 세틀먼트 활동을 시작했고, 귀환자나 막노동하는 사람들의 의료상담을 했습니다. (중략) 왕진을 갈 땐 가방이 없어서 과일봉지에 청진기나 혈압계를 넣어 나막신을 신고 자전거를 타고 갔습니다. 그래도 환자들은 '보험진료를 하며 차별하지 않는 진료소'로 부르며 좋아했습니다."

③ 후지야마(富山)

후지야마 고쿠민(国民))진료소는 1950년 7월 후지야마 노동회관에서 치과진료소로 개설했지만, 내과의사는 불안정해 이시가와에서 구로베 신야(黒部信也)가 와서 안정될 수 있었다.

④ 아이치(愛知)

일하는 사람들의 쇼와진료소(현재 메이난(名南)진료소)가 1947년 7월에 개업했고, 다부치 히로유키(田渕裕之)는 나고야대와 나고야시립대의 의학생과 함께 세틀먼트 활동을 하면서 몇 개의 과정을 거쳐 1974년에 메이난카이(名南会)와 합동했다. 또한 다부치 등이나 나고야대학, 나고야시립대학 세틀먼트 활동을 통해 나고야 시 교외의 미나미구(南区) 호시자키(星崎)진료소를 1953년 9월에 개소했다.

4. 간사이(関西)

① 오사카

니시요도가와(西淀川)노동회관 부속병원(니시요도병원)은 1947년 2월에 40병상으로 출발했다.

1946년 6월에 한신(阪神)의 41개 노조가 결성한 니시요도가와 노동조합협의회는 기업단체였던 니시요도가와 공업회와 함께 니시요도가와 산업협회를 설립했다. 노동자들이 병원 개설을 요구했지만, 자본가 쪽에서 동의하지 않아 니시요도 노동조합협의회의 책임으로 노동회관에 병원을 건설하게 되었으며 후일 기업측은 퇴진했다. 건물은 니시요도가와 노동회관으로 명칭을 변경했다. 당시의 선데이 매일 4월 20·27일 합본호에는 '병원도 우리들의 손으로 - 오사카에 설립된 노동자의 병원'이라는 제목으로 '근로자의 건강증진, (중략) 공장과 가정을 직접 연결하고, 노동자 자신의 손으로 경영하는 병원으로 일본 최초의 민주적인 노동자병원이 오사카 니시요도가와의 공장지역 중앙에 탄생했다.'고 보도했다.

병원사무장에는 구와바라 야스노리(桑原康則, 전전의 히가시나리 무산자진료소 소장)가 간사이 의료민주화동맹의 대표로서 취임하고, 의사

1951년 4월 설립된
오사카·가미후타 병원

등 전문가 확보에 노력했다. 병원운영에는 지역 노조를 비롯해 많은 단체가 관여했고, 특히 구성원 1,200명인 요도가와 제강노조가 중심적인 역할을 했다.[주15] 니시요도 병원과 동시기에 13개 진료소를 개업했지만 1968년에 민의련을 탈퇴했다.

1948년 6월 후쿠이(福井)대지진 지원활동, 1950년 9월 셴 태풍으로 인한 수해지원, 1953년 와카야마(和歌山)수해지원 등에 적극적으로 참여했고, 1950년에 히메시마(姬島)진료소나 오와다(大和田)진료소, 가시하나(柏花)진료소, 가시마(加島)병원의 건설 등을 지원하고 간사이를 비롯한 각 지역에 의사를 파견했다.

1920년에 오사카시 미나미쿠에 개업한 다카스(高洲)병원(현재의 쿱 오사카병원)은 소아과전문 병원으로 유명했지만, 2대인 다카스 모토(高洲基)는 건물의 일부만을 의원으로 활용하고 나머지 공간은 공산당에 위탁해 간사이 민주회관으로 변경했다. 1949년 4월에 가미후타(上二)진료소가 다카스의원을 인수해 민진으로 출발했고, 1950년 3월 가미후타병원을 설립해 동년 9월 셴 태풍피해 지원활동, 가을에는 경찰예비대에 의한 탄압사건과의 투쟁, 나아가 각 지역의 민진에 대한 의사를 지원하거나 파견하고, 의료활동으로는 무통분만, 폐엽절제, 흉곽성형 등도 했다.

주15) 병원운영에는 니시요도가와노협, 한신전철노조, 일본전기산업노조, 간사이의료민주화동맹, 니시요도가와생활옹호동맹, 니시오도병원종업원조합, 오사카부립 산업의학연구소 등의 단체가 참여했다.

1949년 7월에 고쿠사이헤와(國際平和)병원이 히가시나리구(東成区)에서 개설했다. 중소기업이나 조선인거주자가 많아서 환자는 많았지만 시설의 개인소유권을 남겨두고 있었기 때문에, 뒤에 직원들은 다른 병원으로 이전하게 되었다.

　　1949년 10월 니시요도가와구에 '가시하나(柏花)건강을 지키는 모임'을 결성해 주민들로부터 소액의 건설자금을 모아 가시하나진료소를 설립했고, 니시요도 병원에서 직원을 파견 받았다. 그 후 이런 방식으로 오사카 각지에서 민진이 만들어지고, 1950년 5월 오와다(大和田)진료소, 1950년 6월 히메시마(姫島)진료소를 설립했다. 동일한 시기에 쓰이다닛쿄(吹田日共, 뒤에 쓰이다민주진료소, 아이카와(相川)병원)진료소를 설립했다.

　　1950년 2월 미미하라(耳原) 실비진료소는 부락해방운동과의 협력으로 건설운동을 진행해 1구좌당 100엔으로 300세대 정도를 모아, '미미하라 건강을 지키는 모임'을 기반으로 사카이 시(堺市)에 설립했다. 1951년 3월에는 야오 시(八尾市) 니시 군(西郡)의 미해방부락에 니시 군 헤와(平和)진료소를 개설했다.

　　1950년 가시마(加島)병원(니시요도구·다케시마 지역), 1951년 아와지(淡路)헤와진료소(아와지진료소), 1951년 다시마진료소, 1953년 9월 고노하나(此花)진료소, 1953년 조토(城東)진료소, 도요나카(豊中)진료소 등을 설립하고, 이와이의원(가모(蒲生) 후생진료소)이 민의련에 가입했다.

　　오사카 민주적 병원진료소 연락회(오사카민병련)는 1949년 여름 주소

셴 태풍 구호활동
(1950년 9월 3일 오사카에 상륙)

(十三), 니시요도, 가미후타(上二), 고쿠사이헤와의 대표들이 모여 다음 해인 1950년에 간사이 민주병원진료소연합회(효고, 나라, 교토, 오사카), 1953년 2월에 오사카민주병원진료소연합회, 다음 해 오사카민의련으로 변경했다.

②교토(京都)

1949년 10월 조쿄(上京)인민진료소를 개설했다. 설립운동의 중심은 레드퍼지를 당한 교통국노조, 섬유산업노조, 재일조선인 등 7,500명이 가입한 '조쿄 생활을 지키는 모임'이었지만, 의사의 퇴직으로 1950년 6월에 폐쇄했다.

니시진(西陣)의 노동자들은 건강보험이 없었기 때문에 의료의 필요성이 절박해 설립운동을 지속했으며, 교토부립 의대의 의사협력으로 1950년 5월에 닌와(仁和)진료소, 다이호(待鳳)진료소(1950년 9월), 시라미네(白峯)진료소(같은 해 9월), 가시노(柏野)진료소(같은 해 12월) 등 4개의 진료소를 설립했다. 이런 흐름 속에 간사이 민주병원진료소 교토지부가 결성되었다. 또한 무라사키노(紫野)진료소, 기치조우인(吉祥院)진료소, 히가시야마(東山)진료소, 히가시야마 제2진료소(출장진료소), 구조(九条)진료소, 아야베진료소, 교토헤와진료소, 가와바타(川端)진료소, 후시미(伏見)진료소, 조쿄진료소, 모리바야시(盛林)진료소, 다나카진료소, 가

1954년에 개설한 교토·조쿄병원

모가와진료소, 가미가모(上賀茂)진료소가 전일본민의련 결성까지 차례로 탄생했다. 1955년에는 개업의였던 야쓰이(安井)병원도 합세해 19개 병원진료소로 발전했고, 1955년 7월 교토민의련을 결성했다. 교토에서 민진 설립이 갖는 한 특징은, 교토부립 대학과 교토대학 의학부의 선진적인 의사들과 지역의 생활과 건강을 지키는 사람들, 노동자, 레드퍼지를 당한 사람들의 결합으로 가능했다는 점이다.

③ 효고(兵庫)

1948년 5월에 고베 근로자 생활옹호협회는 고베(神戶)협동진료소를 설립했다. 협회는 전쟁부상자, 귀환자, 생활 빈곤자 등을 위해 활동했지만, 현이나 시로부터 물자를 방출받아 수수료를 얻었다. 잉여금의 처리에 대해 공산당과 상담해 일하는 사람들의 진료소 설치를 결정했으며, 진료소는 지역의 중소기업주민들의 지원으로 발전했다.

1949년 10월 젠로쿄(全労協) 나니와진료소는 아마가사키(尼岐)지구 전노동조합협의회를 중심으로 민주상공회나 혁신정당, 주민 지원으로 설립했지만, 원인 모를 화재로 전소했다. 5월에 재출발해 한신칸(阪神間: 오사카와 고베 사이 지역)의 중심기관으로 자리 잡았다. 1950~52년에 걸쳐 일용노동자의 일일적금보험을 만들어(하루 10엔) 건강관리, 치료에 포함시켰다. 젠니치지로와 함께 아마가사키(尼岐) 시가 치료비를 전액 부담하는 일일고용 겐포(健保)설립 운동을 추진해 1953년 국가제도로 실현시켰다.

1951년 6월 혼다(本田)진료소(아마가사키), 1951년 11월 다카마쓰(高松)진료소(현 다카라쓰카 시(宝塚市)), 1951년 10월 나카야(仲谷)진료소(뒤에 쓰마구(須磨区)로 이전), 1953년 3월 이타야도(板宿)진료소를 개설했고, 1952년 11월 효고 현 민의련을 결성했다. 히가시고베진료소는 1954년에 개설했다.

④ 나라(奈良)

1928년에 정신병원으로 출발한 요시다병원은 1945년 아오키코지(青木康次)가 원장에 취임하고, 1949년 10월에는 민주병원으로 전환하기 위해 병원을 노조가 관리하게 하고 무의촌 지구에 대한 이동진료도 병행하기로 결정하면서 오후쿠가쿠야마(大福香具山)진료소를 1951년 3월에 설립, 1951년 1월에는 노조관리를 이사회관리로 바꾸고 법인명을 헤이와카이(平和会)로 했다.

오카타니 무로(岡谷室)는 1946년 4월에 개업하고 1951년 의료법인재단 오카타니카이를 설립해 오카타니진료소를 민주의료기관으로 발전시키고, 1953년 6월에는 나라민의련을 발족시켰다.

5. 주고쿠시고쿠(中国四国)

① 시마네(島根)

1948년 10월 신일본의사협회를 결성한 후 10여 명의 의사들이 같은 조직 시마네지부를 만들고, 1950년 8월에 마쓰에 근로자건강관리협회가 마쓰에(松江)대중진료소(마쓰에생협병원의 전신)를 설립했으며, 노사카 고지(野坂広二)가 개업의를 그만두고 소장이 되었다. 노사카는 1년 후 과로로 병을 얻어 교토 등에서 의사지원을 받았으며 개업의 마쓰이히데에(松井秀枝)가 소장으로 부임해 발전시켰다.

1950년 10월에 개업의 가네모리 히로타카(金森熙隆)는 이즈모(出雲)근로자건강관리협회를 결성해 700명의 회원을 조직하고 이즈모대중진료소(이즈모시민병원의 전신)를 개설했다.

② 돗토리(鳥取)

1951년 8월 돗토리의료생협은 돗토리 시에 돗토리진료소(돗토리생협병원의 전신), 1953년 4월에 요나고(米子)진료소를 설립하고, 1952년에 산인(山陰)민주병원진료소연합회를 결성해 1954년에 산인민의련이 되었다.

③ 히로시마(広島)

1951년 3월 히로시마 현 가이타이치초(海田市町)에 가이타이치진료소를 설립하고 이즈모(出雲)대중진료소에서 오카 히데야(岡秀哉)가 소장으로 부임했다. 경찰예비대 바로 앞에다 민가를 빌려 개설했지만, 오카가 이즈모로 돌아간 후 후임의사가 개업했다 1959년에 폐쇄했다.

④ 가가와(香川)

1949년 12월 다카마쓰진료소가 시고쿠 최초의 민진으로 개설했다. 국립 젠쓰지(善通寺)병원에서 레드퍼지당한 미야노와키(宮脇)는 기흉이나 흉곽성형술에 참여했고, 1951년에 병원으로 변한 다카마쓰헤와(高松平和)병원에서 민의련에 가맹했으며, 규슈(九州)나 와카야마(和歌山)의 수해지원에 의료반을 파견하기도 했다.

⑤ 에히메(愛媛)

에히메에서는 가네타카마쓰에가 다지바나(立花)진료소를 1950년 5월에 마쓰야마(松山)에 개설했지만 바로 병을 얻어 퇴직했다. 니이하마 시(新居浜市)에 건강생활협동조합 결성운동으로 헤와진료소를 설립했으며, 의사는 가미후타(上二)병원에서 파견을 받아 젠니치지로(全日自労)가 지원해 발전했다.

6. 규슈(九州)

① 구마모토(熊本)

개업의 히라타 무네오(平田宗男)는 1951년 5월 의료법인 호와카이(芳和会)를 결성하고, 정신병원인 구마모토 보양원(구와미주병원과 기쿠요(菊陽) 병원의 전신)을 개설했으며, 개인병원에 머무르지 않고 일하는 사람들을 위한 진료를 지향하면서 민의련에 가맹했다. 당시 규슈민의련으로 불렀지만, 보양원의 경우는 개업의였기 때문에 그 후 탈퇴했다.

제2장 초창기의 모색과 민의련강령

결성 직후 전일본민주의료기관연합회는 헌신적인 의료활동을 진행하면서 동시에 긴박했던 미·소 냉전과 한국전쟁이라는 정세 속에서 반전평화 등을 위한 투쟁에 총력을 기울였다. 이런 방침은 물론 당시의 정세를 반영한 것이지만 정치적 편향이 컸고, 결과적으로 민의련운동은 중대한 어려움에 직면했다.

2년 후인 제3회 대회에서 결성 당시의 강령과 이후 활동에 대한 정치적 편향을 반성하고 강령을 개정해 의료활동을 중심으로 하는 재건활동에 지속적인 노력을 기울였다. 고쿠호(国保)제도의 확충운동, 소아마비투쟁, 아사히(朝日) 소송 등 전후 사회운동사에 기록될 여러 활동에 참가했다.

활동과 함께 민의련의 성격에 대한 탐구논의를 계속했다. 민의련의 역할을 보다 선명하게 하기 위한 강령의 재개정 토론을 시작하고, 1960년 안보투쟁을 거쳐 1961년 임시총회에서 새로운 강령을 결정했다.

제1절 격동의 시대

(1) 반동전환과 정치체제 확립

1950년 일본경제는 불황에 허덕였지만, 한국전쟁 특수로 인해 1951년에는 전전의 생산수준을 회복하고, 1955년 국민소득은 전전과 비교해 50%가 증가했다. 그러나 생활보호 대상자나 그와 비슷한 저소득 계층은 천만 명에 달했으며, 대기업과 중소기업의 격차도 확대되었다.

1952년 4월 샌프란시스코 강화조약과 미일안전보장조약의 발효로 일본은 서방측 자유진영에 편입했고, 미국에 정치적·군사적으로 종속되었다.

점령지배로부터 독립한 요시다 내각은 전후 시행한 민주화 정책을 '전환'하고, 독점금지법 개정, 파괴활동방지법 공포, 경찰예비대의 보안대 개편, 경찰법 개정에 의한 중앙집권화 등 '역코스'로 불리는 복고적 정책을 추진했다. 한편에서는 농지개혁으로 발생한 다수의 자작농에 대한 보호육성책을 시행해 보수기반의 안정화를 도모했다.

1953년 7월에 한국전쟁의 당사자 간에 휴전협정이 체결되었지만, 일련의 역코스정책은 국민의 경계심을 강화시켰다. 1953년과 1955년 선거에서 좌파사회당을 중심으로 혁신정당이 개헌저지선을 확보해 하토야마 내각은 헌법개악을 포기할 수밖에 없었다.

1955년 가을에는 양파 사회당의 통일과 보수정당의 통일에 의한 자유민주당 결성으로, 1955년 체제라고 불리는 전후 정치의 틀이 만들어졌다. 1950년 이후 분열상태에 있던 일본공산당도 1955년 7월에는 통합했고, 극좌모험주의와 결별했다.

(2) 전일본민주의료기관연합회의 결성과 의의

1950년대 초까지 각 지역의 민진 설립과 지방연합조직의 결성이 지속되었다. 상호간에 활동교류와 전국조직의 결성에 대한 준비를 진행해, 1953년 6월 7일 22개 현 117개 기관이 가맹한 전일본민주의료기관연합회[주1]를 결성하고 '젠이렌(全医連)강령'을 채택했다.

제1회 대회는 1953년 6월 7일 도쿄도 나카노 (中野)구의 하시바(橋場)공회당에서 거행했다. 각지의 민진 활동에 대해 열정적으로 교류하면서 운동방침과 강령, 규약을 채택했다. 회장에는 전일본의료종업원조합 서기장이며 국립요양소에서 레드퍼지된 후 아카바네(赤羽)진료소에서 활동하던 쓰다 슈하치로(須田朱八郎)가 취임했다. 쓰다 이하 임원은 다음과 같다.

주1) 약칭: 젠이렌(全医連). 약칭은 제2회 대회에서 '전국민의련'으로, 1967년 제15회 총회에서 '민의련(미니렌)', 1970년 제18회 총회에서 '전일본민의련(젠니혼미니렌)'으로 결정했다. 이하 기본적으로는 '전일본민의련'이다.

회장	쓰다 슈하치로(須田朱八郎, 도쿄 아카바네진료소)
부회장	오시마 게이치로(大島慶一郎, 사이타마·다이이의원),
	구와바라 히데타케(桑原英武, 오사카·가미후타병원)
사무국장	모리야 시게요시(守屋茂義, 도쿄 아주사와진료소)
이사	고토 레조(後藤励蔵, 도쿄 조사이(城西)진료소),
	다카쿠라 렌(高倉廉, 도쿄 기시모신(鬼子母神)진료소),
	사카 나오키(坂猶興, 미야기 사카병원),
	쓰보 미쓰루(坪満, 홋카이도 긴이쿄(勤医協)),
	오카다 히사시(岡田久, 가나가와·다이시 진료소),
	아사이 시게토(浅井茂人, 이시가와 후생협회),
	하야시 요시히코(林喜彦, 오사카·니시요도병원),
	도게 가즈오(峠一夫, 오사카·고쿠사이헤이와 병원),
	아오키 고지(青木康次, 나라·요시다 병원),
	노나카 야이쿠(野中弥一, 교토·닌나(仁和)진료소),
	가네모리 히로다카(金森熙隆, 시마네·이즈모(出雲)시민병원)
명예회장	이와이 히쓰지(岩井弼次)가 추대되었다.

회장 쓰다는 잡지 〔전국민의련〕 제1호에서 다음과 같이 주장했다. "우리들은 새로운 의료활동의 틀을 만들고 있다고 확신합니다. 병든 폐, 병든 신장만을 진료하는 것이 아니라 병들어 있는 환부, 환자 본인, 환자의 생활 전체를 진단하고 의사, 간호사, 사무원, 진료소 전체의 힘으로 환자와 가족, 아니 가장 많은 시간을 같이 생활하고 투쟁하는 사람들과 모두 힘을 합해 한 사람의 환자를 치료하고 건강과 건강을 유지할 수 있는 생활을 지키려고 합니다. 대중 속에서 태어나고 대중 속에서 자라고 발전해 온 우리들, 전국의 민주적 병원, 진료소의 본질은 이것이라고 생각합니다."

전일본민의련의 결성은 일본의 민주 의료운동에서 늘 함께 일하는 사람들·환자 입장에 서 있는 의료기관의 전국조직이 확립된 것을 의미한다. 또한 주민·환자의 요구를 실현하는 운동과 의사를 비롯한 의료종사자의 주체적인 의료변혁 운동이 결합한 것으로, 일본 민주화운동의 일부로 자각하는 의료기관의 전국조직이 출발했음을 의미하는 것이다.

결성대회가 개최된 도쿄·나카노구의 하시바공회당

　개업의로 출발했지만 민의련에 참가한 많은 의사들이 결성대회에 참가했으며, 이에 대해 지바 현의 오쿠야마(奧山)는 다음과 같이 서술했다.

　"북으로는 홋카이도, 남으로는 가고시마로부터 많은 병원·진료소가 모였고, 대단한 총회였습니다. 비가 내려 약간은 쌀쌀한 날씨였지만, 대회장은 열기로 가득 찼습니다. 각 지역마다 뛰어난 활동보고가 있어서 신선했으며, 큰 감명을 받았습니다. 홋카이도의 탄광마을에서 벌인 의료활동, 도호쿠의 농촌에서 진행한 결핵박멸운동, 도쿄의 생활보호자나 근로자에 대한 건강검진활동, 간사이의 공해대책운동 등 하나하나 생생하고 싱싱한 말이었으며, 진료뿐만 아니라 의료의 본질을 포함하는 내용이었습니다. 대회에서 '민의련강령'을 채택해 향후 의료의 방향이나 의료종사자의 기본적인 태도 등을 확실하게 드러냈으며, 나에게는 어두운 밤에 등불을 보는 것 같은 느낌이었고 의료에 대한 확신을 갖게 해주었습니다."([해변의 의사들] 지바 겐세(健生)병원 친구모임 펴냄)

　민의련 결성 시 일본의 의사 수는 9만 명에 달했지만, 민의련의 상근 의사 수는 300~400명 정도로 추정된다. 전국과 비교해 1% 이상을 점유하는 현재의 민의련과 비교하면 소수에 불과했지만, 전전의 무산자진료소 활동 혹은 치안유지법에 저항한 의사, 전후 사회운동의 성장으로 합류한 의사, 1950년 전후에 레드퍼지된 의사, 학원민주화를 위해 투쟁한 의학생들이 민의련에 참가했고, 같은 경력을 갖고 있던 기사, 사무직원도 참가했다. 또 하나, 민의련 창설의 주요 인적 특징으로 중국에서 귀환한 사람들이었다. 1957년까지 이런 간호사들은 300명에 달하는 것으로 추정된다.

민의련 창설 시기의 제1세대는 높은 정치의식과 의료활동에 헌신적인 참여라는 공통된 특징을 갖는 집단이었다.

(3) 정세인식의 오류와 혼란

1. 제1회와 제2회 대회 노선

제1회 창립대회에서 결정한 강령은 다음과 같았다.

> 젠이렌(全医連) 강령
>
> 1. 우리들의 임무는 국민의 건강을 지키는 것이다.
> 1. 각종 의료제도를 개선하고, 국가와 자본가 부담으로 완전한 사회보장 확립을 추구한다.
> 1. 의료종업원의 노동조건을 개선을 개선하고, 의료통일전선의 핵심이 된다.
> 1. 의료내용을 지속적으로 향상하고 국민의학의 발전을 확립한다.
> 1. 국민의료를 지키는 통일전선의 결성을 추진한다.
> 1. 여러 국가와 연대를 강화하고, 의학의료의 국제적 교류에 이바지한다.
> 1. 국민건강을 파괴하고 의학의 진보를 방해하는 모든 전쟁정책에 반대하며, 평화와 독립을 지향하는 국민정부를 수립한다.
> 1. 강령을 실천하는 우리들은 국민에 복무하는 의학을 통해 국민에게 헌신한다.

전일본민의련 결성 당시 한국전쟁은 아직 진행 중이었다. 현재는 북한이 한반도를 적화통일하기 위해 남한을 공격했다는 점이 분명해졌지만, 레드퍼지는 한국전쟁에 참여하기 위한 미국의 탄압정책이었다. 더욱이 1950년 이후 일본공산당은 스탈린과 모택동의 간섭을 받아 분열상태에 놓였고, 일부는 극좌 모험주의 방침을 관철하기 위해 활동했기 때문에 민의련도 영향을 많이 받았다. 결정한 강령에서도 '의료전선의 핵심이 된다.'라는 내용이나 '국민정부를 수립한다.'는 등 대중의료단체의 강령으로 보기에는 부적절한 내용이 포함되었다.

제1회 대회의 운동방침으로 "민주진료소가 의료전선에서 핵심역할을 했던 것은 국민의 건강투쟁과 의료관계자 노동조건 개선, 사회보장투쟁과의 결합점 ....을 지닐수 있는 조건을 갖고 있었기 때문이다."라고 서술한 것에서 알 수 있듯이, '결합점'이라는 자기인식은 의료활동을 기본으로 해서 사회보장·평화활동 등에 참여한다는 입장이 어쨌든 분명하지 않았던 점을 나타낸 것일 뿐만 아니라 '핵심'이라는 표현은 대등한 통일전선을 구축하기 위한 대중단체의 자세는 아니라고 할 수 있다. 한마디로 말해 정치주의적 편향의 오류라고 말할 수 있다.

그러나 당시에는 "탄압으로 격렬하게 투쟁하던 시대였고, '국민정부수립' 등의 강령을 결정한 것에 대해 누구도 이상하다고 느끼지 못했던 분위기였다."(10주년 기념 쓰다 회장 강연, 제11회 총회)라는 상황에 있었다.

1954년 제2회 대회에서는 한국전쟁이 이미 휴전(사실상의 전쟁종결)을 했고, 민의련의 정세인식은 또다시 첨예한 상황이었다. "지배층은 파시즘을 채택하고 국민의 요구를 억압하며, 재군비·군국주의 부활을 향해 몰아갈 수 있는 수단은 모두 동원하고 있다.", "임박한 전쟁을 방지하고 평화를 지키는 노력이 없는 한 국민건강을 지키는 우리의 모든 운동은 무의미하게 될 것이다."라고 강조했다. 결론적으로 "현 정세의 발전은 투쟁계획을 1년 단위로 조직하고, 우선 시간단위로 조직하지 않으면 안 될 만큼 긴박하다."라고 서술했다.

결국 "혁명적인 정세이기 때문에 적극적인 지역활동과 투쟁을 진행하지 않으면 안 된다. 일상진료에 매몰될 때는 아니다."라고 주장했던 것이다.

2. 오류가 불러낸 모순과 혼란

제1회, 제2회 대회의 정치주의 오류는 어떤 사태를 초래했는가?

구체적인 실천에서 볼 때, 기본이 되어야 할 의료활동이 정치수단으로 전락해버리는 경향이 발생했다. 경영면에서는 "지역대중은 즉시 반응해준다."라는 주관주의에 입각한 모험적 진료소 신설이나 대규모 투자를 진행했다. 경영조직의 운영은 투명하지 않았고 정규 이사회를 열지도 않은 채 일부 지도부가 독단적으로 결정해 위기상황에 빠진 적도 있었다. 하나의 사례로 홋카이도의 경우는 다음과 같았다.

홋카이도는 2개의 대규모 병원 건설을 계획하고, 자금모금 운동을 진행했는데 차질을 빚었다.

"기업경영을 무시한 것이 문제였다. 1953년에 5개소 건설을 진행했지만, 과학성 없이 무계획적이고 정치중심의 인재 배치로 여러 상황을 고려하지도 않은 상태에서 실무능력이 없는 사람들을 배치했다. 다시 1954년 말부터 1955년에 걸쳐 1억 2천만 엔으로 센터병원을 건립하자는 제안이 있었고 운동에 참여했다. 자금이 없었기 때문에 대중자금(=인민금고)에서 충당하기로 했다. 금리가 높았으나 무제한 빌려 썼으며, 진료소에서 차입하고 본부에서 돈을 모았다. 본부에서는 센터병원 건설이나 연설회로 많은 자금을 소비했다. 1955년 중반 이후 진료소에 자금반환 요구가 있었으나, 상환해야 할 대출금이 4천만 엔이나 있어 파산할 수밖에 없다고 이사회는 선언했다. 당시(전일본민의련) 제3회 대회에 참석한 이사를 소환했다. 차입금 삭감을 진료소에서 담당하게 하자는 이사회의 방침에 대해 종업원들은 철저하게 반대했다. 파산하면 사단법인의 재산은 지사가 몰수하게 되고 환자들은 불안해했으며, 진료소가 아니면 환자의 생명을 지킬 수 없었다. 협회이사회와 투쟁하고 책임자가 그만둔 후에 막대한 차입금과 진료소, 종업원이 남았다. 220명의 종업원 중 70여 명을 정리해고의 희생자로 삼았지만, 떠나간 사람이나 남은 사람 모두 대중의 건강과 의료협회를 지키자는 입장에서 분발했다. 이사회를 해산하고 각 진료소 소장을 중심으로 상환금을 모아갔으며, 지금은 작은 희망을 보고 있다. 이후에도 모든 사람과 함께 투쟁할 수 있겠다는 확신을 갖고 있다."(1956년 제4회 전일본민의련 대회·홋카이도 대의원 발언 회의록의 요약)

'산손코사쿠'(山村工作)*방침을 내걸었던 1954년 제2회 대회에서는 '농촌분과회'를 설치해 농민의 건강조사, 무료진료, 위생활동을 보고했다.

그러나 많은 내용이 계획성 없는 캠페인에 불과해 "농촌에 들어가 활동하는 경우에 어떻게 해야 농촌문제를 다룰 수 있을 것인가, 일의 진척이 잘되지 않았다."(제2회 대회 농촌분과회)라고 보고하는 상황에서 알 수 있듯 많은 문제가 있었다. 진료소를 만들기도 했지만, 오랜 기간 존속하는 경우가 많지 않았다. 정치적인 투쟁은 중시하는 한편 의료기술은 경시하여 경영상황이 올바르게 자리 잡지 못해 각 지역에서 경영문제가 발생했다.

제2회 대회 내부문제 분과모임이나 제3회 대회의 "집회, 지역선전을 중시하고 남는 인력으로 진료활동을 지원한다.", "기관운영은 공산당을 중심으로 한다."라는 발언은 당시의 상황을 드러낸 것이어서 무엇보다도 민의련의 성격, 역할 등에 대한 기본노선이 아직 분명하게 수립되어 있지 못했던 점이 오류를 발생시킨 원인이었다. 당시의 활동에 대해 뒷날 민의련 사무국장을 역임한 도게 가즈오(峠一夫)는 민주진료소와 전전의 무산자진료소를 대비하면서, "커다란 발전이 있었지만, 의료기관의 기본적인 방향에서는 아직 정치주의의 전통을 버리지 못했으며, 대중단체경영이라는 점에서도 자주적, 민주적인 운영은 대단히 불충분하거나 형식적이었고, 정당에 끌려 다니거나 압력이 강했다."라고 서술했다.('민주의료기관에 대한 메모', 〔민주의료기관과 경영〕 제1권 인용)

* 역자주: 산손코사쿠(山村工作)방침은 1950년대 전반 일본공산당 임시중앙지도부의 지휘하에 무장투쟁을 지향한 비합법활동을 의미한다. 모택동의 중국공산당이 농촌을 거점으로 삼은 것을 본받은 것이지만, 효과는 거의 없었다.

제2절 '두 개 항목 강령'과 '민의련은 무엇인가'에 대한 탐구

(1) 제3회 대회의 의의

1. 정치주의에 대한 반성

잘못된 노선은 시정해야만 한다. 일본자본주의는 이미 1951년 한국전쟁 특수에 의해 전전의 광공업생산 수준을 넘어섰고, 1954년에는 '전국민의료보장'을 주창한 하토야마(鳩山) 내각이 등장했다. 1955년에 전술한

'55년 체제'가 발족했고, 나아가 춘투의 개시, 원수폭금지 세계대회, 어머니대회*가 시작되는 등 국민운동이 새롭게 성장하기 시작했다.

이때 전일본민의련은 제3회 대회를 통상 실시하던 6월보다 4개월 늦은 1955년 10월 22일, 23일에 개최했다. 7월에는 일본공산당의 제6회 전국협의회가 열렸는데, 분열상황에 종지부를 찍고 당의 통일을 회복해갔다.

제3회 대회는 민의련이 '의료기관으로서 원점'을 새롭게 확인하고, 민의련의 실천과 여러 운동을 통일하여 진행해 가는, 본래적인 의미에서 대중적인 의료운동의 노선을 마련하는 중요한 계기가 된 대회였다. 제3회 대회는 민의련 창립 이후 전체적인 활동을 통해 '우리의 결함은 무엇인가?'라고 제기하고, '의료기관이라는 점을 상실'했기 때문에 '정치주의적 편향'과 압력에 휘둘리거나 분파주의가 발생해 '의료전문성의 향상'을 결여했다고 반성했다. 또한 경영 측면에서는 '관리자의 태만과 무책임'이 있었고 '대중관리'에 대해선 '종업원조합'이 갖고 있는 문제에 대해서도 언급했다.

그리고 "민의련의 각 기관은 지역사람들의 지지를 받아 정부 사회보장의료의 문제점에 대해 투쟁하고, 개업의와 보험의로 확대해 통일행동을 하는 과정에서 발전하는 것 이외에 존재가치는 없다. 가장 기본적인 의료활동내용, 의료경영내용을 소홀히 한다면 지역주민의 충심 어린 지지와 공감은 얻을 수 없을 것이다. (중략) 지금이야말로 우리는 모든 조직을 이끌어 민의련의 근본목적으로 소급해 중대한 반성과 발전노선을 검토할 필요가 있다."라고 제기했다.

대중 토론에서는 의료활동의 부진과 환자주민과의 괴리, 관리부재 등의 활동결함과 함께 전일본민의련 이사회에 대한 비판이 솔직하게 이루어졌다. 구체적으로 "의사에 대해서 무언가 말을 하면 의료통일전선에 열심히 하지 않는다고 몰아갔다.", "의사는 의사로서 기본적인 활동이 있다. 민진에서는 의료전문성에 대해서도 멀리 내다봐야 한다."(제3회 대회 의사부보고) 등의 발언이 나왔다.

---

* 역자주: 1954년에 비키니환초에서 미국에 의한 수폭실험사건으로 전 세계가 충격을 받았다. 같은해에 여성운동가 히라츠카라이테우(平塚らいてう)등이 [원수폭금지]를 주장한 것을 계기로하여 "핵전쟁의 위기에서 아이들의 생명을 지키는 어머니 대회"를 선언하여 1955년 6월에 일본어머니대회가 탄생했다. 같은해 7월에 세계68개국이 참가한 세계어머니대회를 스위스에서 개최했다.

(의료기관으로서의 원점)을 새롭게 확인했던 1955년의 제3회대회

2. 의사는 의사답게

결론에서 "민의련을 구성하는 것은 의료기관이다. 따라서 보다 좋은 진료를 하지 않으면 안 된다. 그러나 잘못된 정치주의로 인해 의사가 아닌 의사, 간호사가 아닌 간호사, 관리자답지 않은 관리자 등이 나타났고, 본래의 활동에서는 후진적인 활동이 높은 평가를 받는 결과를 초래했다.", "본 대회는 이 점을 비판하고 의사는 의사답게, 간호사는 간호사답게, 관리자는 관리자답게 각각의 직무 수행을 기초로 활동하는 것에 의견의 일치를 보았다."고 방향전환을 확인했으며, "이러한 오류는 잘못된 강령과 민의련 상층부의 성급한 지도, 병원·진료소의 실정을 무시한 견인으로 한층 확대되었다."라고 반성했다.

그리고 "우선 민의련을 본래의 대중단체 운영으로 되돌리고 동시에 병원, 진료소를 철저하게 민주화하면서 직책을 분명히 하여 관리자와 종업원의 입장을 분명하게 인식하며 활동해야만 한다."라고 규정했다. '의사는 의사답게'와 같이 '무엇무엇 답게'는 그 뒤로 일정 기간 민의련 내에서 유행어가 되었다.

이와 같이 제3회 대회에서 그간의 활동에 대해 진지하게 평가하면서 새로운 방향을 선택한 것은 활동의 교착상태를 극복하지 못한다면 더 이상 꾸려가지 못하는 상황에 빠질 것이라는 위기의식이 있었기 때문이었다. 또 실망한 직원과 지역주민의 지지를 회복하고 의료에 대한 신뢰를 얻을 수 있는 조직으로 존속해야 한다는 것을 드러낸 것이다. 그리고 민의련이 이런 길을 선택하는 것은 "환자의 이익을 지키기 위해 헌신한다."라는 자세와 의도에서 특별히 빈곤자 등의 생활권리를 지키기 위한 참여에서 지역주민의 지지가 있어야만 존속할수록 의미가 있다고 민의련의 모든 직원이 생각했기 때문이다.

제3회 대회에서 전년 8월에 화재로 소실된 오사카부의 쓰이다(吹田)진료소가 진료소 재건을 위해 1개월에 걸쳐 토론한 결과, "많은 환자의 요구를 조직적으로 반영하기 위해 구체적으로 실행한다는 방침 아래 이용자, 환자 등의 모임을 주선해주고, 간담회를 하나하나 착실하게 진행해 의견을 듣는 과정에서······ 결론이 나왔다. 결과는 자주적으로 모두가 참여해 진료소 내의 통일적 기운을 가능하게 했다."(제3회 대회 회의록)라는 보고도 나왔다.

3. 의료를 중심으로 한 두 개 항목의 강령

1955년에 개최된 제3회 대회에서 결정한 강령은 다음 두 개 항목이었다.

전국민의련강령

1. 국민의 요망에 따라 친절하고 좋은 진료에 매진한다.
2. 국민과 손을 잡고 의료와 건강을 지킨다.

제1항은 의료기관이라는 원점을 분명하게 제시했다는 적극적인 의미를 갖고 있다. 이러한 관점은 1961년 강령에도 계승되었다.

새로운 강령에 대해 "먹구름이 사라지는 느낌이다."라는 의견이 있었지만 "무언가 핵심이 빠진 것 같다."면서 받아들일 수 없다는 사람도 있었다. 제4회 대회에서 이 강령에 대해 "최대공약수라는 특징을 갖고 있다."라고 서술한 바와 같이, 조직적 위기를 극복하고 새로운 운동의 출발점을 확인했다는 의미로 이해할 수 있다.

그러나 이 두 항목만으로는 '민의련은 무엇인가?'라는 가장 근본적인 핵심을 밝힐 수는 없었다. 따라서 그 후에 민의련의 성격에 대한 다양한 논의가 발생할 수밖에 없었다.

(2) 민진의 성격 논쟁과 대중운영론

1. 제4회 대회와 개업의 샘플론

제3회 대회 이후 민의련 또는 민주진료소(병원)의 성격을 둘러싼 논의가 본격화되었다. 제3회 대회부터 7개월가량 후에 열린 제4회 대회(1956년 6월 16~17일)에서 전국이사회는 향후 방침의 대부분을 '반성과 개선 방향'에 두고, '민주진료소는 어떤 곳인가?', '민의련은 무엇인가?'를 해명하려 했다.

제4회 대회의 정세는 제한진료 등으로 인해 많은 국민이 근대의료의 혜택을 받지 못했기 때문에 의료기관도 국민과의 결합을 요구할 수밖에 없는 상황이었다. 또 1956년 이후 건강보험제도가 개악되어 제2차 의노(医労)연대가 이루어진 조건도 반영한 것이다. 이런 과정에서 민주진료소·병원은 "보다 좋은 의료를 추구하고, 스스로의 힘으로 건강을 지켜야 한다."라는 인식하에 국민과 지역대중의 지지를 받아 조직적으로 유지해야 하며, 다만 아직 조직되지 못한 지역 대중들의 뜻도 반영해 운영해야 한다고 규정했다.

또한 의료위기 속에서 '개업의와 동일기반'에서 개업의 중에서도 국민과 결합해 함께 의료를 지키려는 움직임이 있었다. 민주진료소·병원은 그것을 선도적으로 실천하는 '샘플진료소(병원)이고, 방향을 의식적으로 강하게 관철하는 진료소(병원)이다.'[주2]라고 제기했다.

민의련은 민진이 상호 교류·협력해 '정부의 압박에 공동으로 대처한다.', 민진의 보급, '의사회의 민주적 심화'를 진행하기 위한 조직이라고 규정

주2) 샘플론은 '전형적인 사례'라는 의미로 사용한다.

했다.

또한 민의련의 구성에 대해서는 전 대회에서 확인한 바와 같이 민진도 '자본주의 경영체'이고 기업의 대표자를 두고 민의련을 구성해야 할 것이라는 견해가 제기되었다. 또 나라, 오사카, 시코쿠 등에서 이런 방향을 취해야 한다고 지적하는 주장과, "민의련의 구성은 각 기관이 종업원을 포함해 함께 만들어가야만 하고, 민주진료소는 전원이 힘을 결집하는 것 없이 진가를 발휘할 수 없다는 의견도 유력하게 존재한다."라는 주장도 있어서 전국 민의련 대회 등의 구성을 변경하는 것은 뒤로 미뤘다.

이것에 대해서는 제5회 대회에서 규약을 변경하고 전원구성의 대의제에 의한 대회에서 전국 민의련의 기초단위라고 할 수 있는 각 연합회 = 광역 지역별 연합의 대표자에 의한 협의기관으로서 총회를 자리매김하게 된다.

제4회 대회에서는 소위 민진샘플론에 대해 비판을 집중하고, 이 부분은 '삭제'했다.[주3] 규정의 전반 부분 즉 '지역대중과의 조직적 결합'은 본질적으로 중요한 내용이었지만, 민진은 '개업의와 동일 기반'이라는 표현을 사용한 것은 성립할 수 없는 내용을 포함한 것으로 판단했다. 민의련의 각 기관은 개업의와 동일 조건에 놓여 있지만, 개인경영은 아니라는 점에서 개업의와 기본적으로 다르다. 즉 민의련 회원 의료기관이 민주적 집단소유라는 개념에 도달하기 이전의 이론적 고민의 흔적을 엿볼 수 있다.

또한 개업의 샘플론은 제5회 대회와 제6회 총회 기간에 등장한 집단개업의론[주4]과 함께 민의련을 의료기관의 측면에서만 다루는 편향된 논리로 제3회 대회의 반성이 도를 넘는 것이라고 말할 수 있다. 그러나 샘플론의 전반 부분은 이후에도 발전해 갔다.

주3) 〔민의련의 40년〕에는 삭제한 예전 조항이 그대로 게재되어 있다.

주4) 집단개업의론은 1957년 가을에 전일본민의련이 확대 상임이사회를 미나카미(水上)에서 개최하고 대중운영문제와 장기전망을 논의할 예정이었는데, 이때 제3회 대회까지 사무국장으로 근무한 의사 모리야 시게요시(守屋茂義, 도쿄 아주사와병원장)가 집단개업의론에 대한 문제를 제기했다. 즉 전후 시기와는 달리 의료보험이 보급된 상태이고 의료기관도 많아졌으며 개업의도 생활보호환자를 다루고 있다. 이런 상황에서 민진이 존재하고 발전할 수 있는 객관적인 기초는 없어졌다. 민의련의 병원에서 본다면 집단적인 개업의이고 의사에게 모든 권한과 책임을 부여해 병원의 수익이 증대한다면, 의사의 소득도 증가할 수 있는 틀로 가야 한다는 내용이었다. 의사의 퇴직 등으로 의사부족문제가 대두된 배경도 있었지만, '개업의와 동일한 기반에 있다.'는 것을 논리적으로 확장한다면 민의련 해소론으로 이어질 수 있다는 점을 나타낸 것이다.

2. 제5회 대회와 대중운영론

제4회 대회 이후 전국이사회는 [민진성격논문집](2호까지 발간)을 발행하고, 간토(関東)지방 경영회의(1956년 10월), 간사이(関西) 경영관리회의(1957년 1월)를 개최, 민진과 민의련은 무엇인가라는 주제에 대해 논의를 지속했다. [민진성격논문집]에는 4인('민주진료소의 성격과 민의련 강령' 이시가와(石川) 민의련·아사이 시게토(浅井茂人), '민주의료기관에 대한 메모' 오사카민의련·도게 가즈오(峠一夫), '나는 민의련을 이렇게 생각한다' 요요기 병원·모리다 시게노(森田 しげ乃), '민의련강령에 대하여' 니시요도(西淀)병원·미야모토 가즈오(宮本和雄))의 논문이 실려 있는데, 그중에서 뒤에 전일본민의련의 사무국장으로 취임한 도게 가즈오의 '민주의료기관에 대한 메모'(전술)는 특히 커다란 영향을 미쳤다.

논문은 민주의료기관을 전전의 실비진료소나 노동조합이 수행한 의료사업, 의료이용조합, 무산자진료소 등 '자주적 의료기관'의 계보에 두고 민진이 무산자진료소의 전통을 이어받은 점을 분명히 하면서, 나아가 의료기관의 소유관계를 분석해 민의련 의료기관의 민주적 집단소유와 민주운영의 의의를 밝혀 놓는 등 중요한 내용을 포함하고 있다.

그리고 "소위 민주의료기관은 노동자조직을 중심에 놓는 대중조직이면서 자주적으로 운영하는 '자주적 의료기관'이어야 한다."라는 점을 주장했다. 노동자조직은 주로 노동조합을 지칭하지만, 그 후 도게 가즈오는 노동조합경영이라는 주장을 잘못된 점으로 철회했다. 민의련의 대중기반에 대해서는 그 후 더 많은 실천적 모색을 지속했다.

제5회 대회는 이들 논문에 근거해 '민주진료소의 본질에 대하여'라는 제목으로 다음과 같이 정리했다.

우선, 전후의 경제적 파국 속에서 근로자, 빈곤층 등이 저가로 좋은 의료를 제공하는 의료기관을 강력하게 요구했다. 국민의 의료요구는 노조 등 근로대중이 민주적인 세력으로 성장하면서 동시에 자신들의 의료기관을 설립하자는 운동으로 일어났다고 서술했다. 한편 의사의 사회적·경제적 지위 저하나 보험진료의 제한으로 의학적 양심이 흔들리는 상황이었고, 나아가 레드퍼지를 경험한 의사들이 합세해 스스로 "근로대중의 요구에

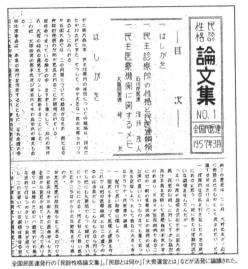

全国民医連発行の「民診性格論文集」。「民診とは何か」「大衆運営とは」などが活発に論議された。　민진성격논문집

부응하는 새로운 수단을 깊이 탐구하고……. 양자의 요구가 현실적으로 각 지역에서 결합해 민주진료소라는 새로운 형태가 나타난 것이다."라고 정리했다. 더욱이 대중의 요구는 수준 높은 의료에 있었고, 이것에 부응하기 위해선 지역대중, 노조 등의 지지와 대중자신이 의료기관 운영에 직접 참가하여 올바른 운영을 해야만 가능했다.

활동방침으로는 '특히 힘을 쏟아야 하는 활동에 대해서'의 서두를 '지역대중과의 결합을 보다 깊이 강화하는 대책에 대하여'로 서술했다. 여기에서 민주진료소는 "지역의 근로자와 기타 대중의 요구와 지지를 바탕으로 존립하고 발전해야 하고…… 존립기반을 상실하는 것은 예를 들어 기업으로 성립되었다 하더라도 민주진료소로서 참된 의미가 없는 것이다."라고 존립기반을 분명히 규정했다. 계속해서 법인화에 대해서는 '대중운영'을 강조했다. 이런 시점에서 민진을 '(1)노조 등이 중심으로 스스로가 의료기관을 만들어 운영하는 곳, (2)노조와 기타 대중이 운영에 참가하는 곳, (3)조직적인 형태를 채택하지 않았지만 지역대중의 의료요구와 지지 위에 운영하는 곳' 등 세 개의 형태로 분류했다. 이처럼 제5회 대회의 논의에서는 도게 논문의 영향이 크게 드러났다.

실제 대회에서는 논의가 '대중운영'에 집중되었다. 그리고 '대중운영 일변도'라든가 "대중운영을 하지 않으면 민진이라 볼 수 없다."는 인상을 부여했다. 특히 지역노동조합에 의한 운영을 중시하고, 예를 들면 후쿠오카(福岡) 지구 평의회를 중심으로 '후쿠오카 근로자의료단'[주5], '쓰루미(鶴見)지구 노동자가 운영하는 우시오다(汐田)진료소', '전 가와사키노동조합협의회를 중심으로 하는 다이시(大師)진료소와 욧쓰카도(四ッ角)진료소를 운영하는 전 가와사키근로자의료협회'를 거론했다.

그러나 이런 기관은 극히 소수였다. 1957년 당시 민의련 회원기관을 당시의 명부에서 법인형태별로 분류한 것이 다음의 표이다.

	민법법인	의료법인	생협법인	법인이 아닌 임의 협회	개인	합계
병원법인	7	6	3	3		19
진료소법인	34	20	29	52	46	181
합계	41	26	32	55	46	200
구성비	20.5	13.0	16.0	23.0	27.5	100%

민간협회와 개인이 과반수이다. 법인격이 있는 곳을 포함한 상황도 전체가 바로 '대중운영'을 시작할 수 있는 상황은 아니었다.

3. 대중운영론의 반성과 제6회 총회[주6] 이후의 민주화·대중화

제5회 대회 직후인 1957년 6월 전국상임이사회에서 총회의 논의가 편향적이었다고 반성했다. 즉 민의련 회원기관이 대중에 의거하고 대중과 조직적으로 결합해야 한다는 내용에 대해 지역노동조합을 중심으로 하는 '대중운영'으로 향해 가는 것이라고 받아들인 이사회의 문제제기와 논의가 일면적이었다는 평가였다.

전국적인 토론을 심화하기 위해 이사회의 논의를 거쳐 같은 해 12월에 오사카민의련 이사회가 정리한 '의료기관의 대중운영에 대하여(초안)'([민

주5) 규슈민의련의 활동중단으로 후쿠오카 근로자 의료단의 민의련 가맹은 제4회 대회와 제5회 대회 중간 시점이다.

주6) 제5회까지는 '대회'로 부르고, 제6회 이후는 '총회'로 명명하기로 했다.로 확장한다면 민의련 해소론으로 이어질 수 있다는 점을 나타낸 것이다.

주의료기관과 경영] 제1권 수록)를 전국회의에 제시했다. 이것은 민주의료기관을 구성하는 각종 사람들(이사회, 관리자, 노조 등) 간의 분쟁해결을 여러 번 촉구했고(전국적으로도 동일했다.), 원인의 상당 부분은 운영의 룰이 문제였기 때문에 오사카민의련의 경험을 총괄해 [대중운영의 첫걸음]과 같은 형태로 정리한 것이다. 내용은 의료의 사회성과 의료의 자본주의적 상품화의 모순이라는 관점에서 민주의료기관의 존재이유로 '무차별평등으로 좋은 의료를!'을 첫째로 내걸고, 영리주의에 빠지지 않고 인근지역 사람들에게 친절하게 치료와 상담을 하여 대중의 힘을 결집하기 좋도록 요구를 만족시키고, 대중의 의견을 직접운영에 반영하며, 의사나 종업원이 창의력을 발휘해 일할 수 있어야 한다고 서술했다. 또한 기관운영이나 이사회, 기관장과의 관계, 내부 노조와의 관계나 정당과의 관계 등에 대해서도 언급했다. '무차별·평등'은 1958년 제6회 총회에서 처음 전일본민의련의 방침으로 기록되었다. '의료기관의 대중운영에 대하여'라는 글에 당시 오사카민의련의 선진적인 내용이 나타나 있다.

제6회 총회는 이와 같은 전국적 논의와 실천으로부터 '대중운영'에 대해 보다 신중한 실천자세를 드러내고 있다.

'향후의 주요 활동 방향'에서 "우리들은 좋은 진료를 무차별·평등의 관점에서 환자의 질병 치료를 통해 실천하고, 건강을 지키는 활동을 우리들의 마음가짐에서 제일의 임무로 해야 합니다."라고 강조했으며, 그를 위해 사회보장·의료제도의 개선에 노력하는 활동을 제기했다. 다음으로 의료관리와 경영관리의 통일을 심화하고, 세 번째는 지역의 노동자 근로시민과의 결합을 강화하기 위해 각 기관에 대해 주민들의 바램을 듣는 모임 등을 운영해 참가할 수 있도록 노력하며, 대중적인 출자조직을 기획하고 "대중에 의한 대중을 위한 대중의 의료기관으로 성장하도록 진행해 가야 한다고 생각합니다."라고 서술했다.

대중운영의 문제는 총회방침상으로 1959년 제7회 총회에서도 규슈(九州)회의가 열려, 후쿠오카 긴로샤(勤労者)의료단의 현상파악에 노력한 것과 젠니치지로(全日自労)가 진료소건설을 계획, 마쓰에(松江)지협에서 자주적 진료소를 결의하는 등 활동 보고도 있었으며, 한편 건강과 생활을 지키는 모임에 의한 운영이나 "조건에 따라 생활협동조합을 조직한다."라는 등의 제기도 있었다. 그리고 1960년 제8회 총회 때는 대중화는 '조직노동자와 의료기관의 결합을 향상시키는 과정에서 협동조합화를 위한 활동이 특징적으로 나타나는 것은 아닌가'라고 하면서, 방침으로 "직원의 일치단결을 주축으로 더욱더 사원, 조합원, 건강을 지키는 모임의 확대강화, 대중적 출자모집, 특별히 지역에서 조직노동자들과의 결합에 의욕적으로 활동해 간다."라고 규정했다.

결국 노동조합을 중심으로 하는 대중조직으로 민의련 의료기관을 운영해야 한다는 의미에서 '대중운영론'은 방침상 이때까지 여파가 남아 있는 것으로 드러나지만, 실천적·이론적으로는 이미 1958년 단계에서 민주화·대중화, 즉 "민의련 각 기관이 주체적으로 지역사람들과 조직적 결합을 추구해 간다."라는 내용으로 되어 갔다.

4. 대중운영론에 대한 정리

'노동조합을 중심으로 하는 대중조직에 의한 운영'이라는 의미에서 제기한 대중운영론은 주된 임무가 노동자의 권리를 지키고 생활을 향상시킨다는 목적을 갖고 있는 노동조합이 의료기관의 경영을 지도한다는 것으로 원칙적으로 상정에 무리가 있었기 때문에, 지역노동조합을 중심으로 한 대중운영론은 조기에 중단되어 버렸다. 실제로 앞에서 열거한 세 곳도 후쿠오카는 1967년에 전일본민의련규약 개정을 이유의 하나로 민의련을 탈퇴하고, 가와사키, 우시오다도 지역 노동조직의 경영참가는 자연스럽게 해소되었다.

그러나 민의련 회원기관이 여타의 의료기관과 구별되는 이유로 지역사람들과 함께 조직적으로 결합하고자 했던 의미에서 대중운영론은 민의련의 가장 본질적인 요소 중 하나를 선명하게 드러냈다는 점에서 중요한 의미를 갖는다.

무엇보다 민의련 회원기관은 의사 등의 직원이 주체적·자발적으로 일을 하는 의료기관이고, 지역사람들의 것이면서 사회운동의 일정한 역할을 담당하기 때문이다. 이러한 세 가지 측면을 어떻게 이해하고 강조할 것인가에 대한 문제는 늘 존재해왔다. 1961년에 결정된 강령은 민주진료소의 성격을 둘러싼 논의를 매듭지었지만, 그 후에도 민의련을 형성하는 세 가지 측면에 대한 문제는 정세나 민의련의 여러 상황과 관련해 재차 등장했다. 민의련의 존재의의와 관련된 이 문제는 계속해서 1960년대에는 민주적 대중운영인가, 대중적 민주운영인가라는 문제나 조직기반의 문제로 논의가 지속되었다.

(3) 제8회 총회와 생활협동조합 적합론

제3회 대회 이후 민의련의 회원기관이 의료기관으로서 자리매김해 가는 과정에서 법인화의 문제가 대두되었다. 민진의 토지, 건물 등이 누구의 것인가, 등기명의(개인)와 실질(대중소유)이 다른가, 의사의 경영에 대한 공헌으로 자산이 증가한다면 증가분에 대한 귀속 문제를 어떻게 처리할 것인가 하는 문제가 나타났다.

제4회 대회의 결론에서는 "의료생협, 기타 법인화가 진행되는 것은 민주적 진료소, 병원의 민주화 과정의 한 단면을 드러낸 것이다."라고 서술했다. 당시는 종전 직후로, 다른 규제가 시행되어 민간법인을 만들기가 어려웠다. 의료법인화는 의사의 조직화와 자기자본비율의 문제가 있어, 극복해야 할 장애물이 더 높았다. 소비생활협동조합법에 기반한 의료생활협동조합은 지역 사람들과 민의련 자신이 출자자이고 대중적 소유라는 점에서 한층 더 알기 쉬웠고, 대중적인 출자를 운동으로 달성할 수 있다는 면에서 유리한 점이 더 많았다. 물론 대중운영론의 영향도 있었다.

제7회 총회는 '조건에 따라 생활협동조합을 조직하자'고 제기했고, 제8회 총회는 대중화의 문제에 대해 "협동조합화 과정에 참여하는 것이 특징적으로 나타나고 있다."라고 서술했으며, 이사회는 총회의 '민진의 성격 등에 대한 분과회'에 다음과 같은 자료를 제출했다.

먼저 민진의 성격에 대해 지금까지의 논의를 정리하고, '① 노동자, 농민, 근로시민 등과 의사, 의료노동자의 협력으로 유지하고 있다. ② 지역 사람들과 결합한 출자·운영에 대한 참가를 위해 노력한다. ③ 좋은 의료와

질병의 사회적 요인을 개선하고, 사회보장확충을 위해 투쟁하는 태도'라는
세 가지 점을 열거했다. 또한 법인형태는 다양하지만, "진료소의 시설이나
수익이 특정 개인에게 귀속하지 않는 대중적인 소유형태를 취한다는 점은
대다수 기관에 공통적이다."라고 서술한 후에, 향후 민주진료소의 조직형
태로서는 '협동조합이 가장 좋고 적합한 형태가 아니겠는가'라고 제기했다.

이러한 문제제기는 분과회에서 여러 이론이 계속해서 나왔기 때문에,
협동조합이 가장 적합하다는 주장은 인정받을 수 없었다. 동시에 '민의련
기관 중에서 생협 법인이 가장 훌륭한 민의련인가? 의료법인은 지금은 어
찌 되었든 향후 생협 법인으로 전환해야 하는가?' 등의 당연한 의문이 분
출되었다. 이후 민의련 이사회는 당분간 법인형태의 문제에 대해서는 언급
하지 않고, 경영문제의 일부로 통일경영과 대중화, 민주운영이라는 관점에
서 논의했다.

제3절 의료와 경영의 재건

(1) 경영불안에서 바로 서기·의료와 경영관리의 결합

1955년 제3회 대회는 '국민의 건강을 지키는 것은 일상진료가 중심'이
라고 했고, "싸고 친절하기만 하면 많은 사람의 신뢰를 받을 수 있다."는 점
이 어렵다고 판단하고 "의료내용·기술의 고도화가 달성되어야만 한다."고
규정해 의료수준의 문제는 '경영문제와 같다.'고 했다.

잘못된 정치주의는 지역 사람들과 민진에 대한 신뢰에 손상을 주었으며
환자 감소, 경영불안을 초래했다. 먼저 의료와 경영의 견실한 재건이 중심
과제가 될 수밖에 없었다. 당시 경영관리의 수준은 많은 면에서 복식부기
조차 확립되어 있지 않았고, 비민주적인 운영에 대한 부작용으로 노동규
율의 혼란이 발생했다.

또한 오사카·가미후타(上二)병원에서는 1955년 연말 상여금 투쟁, 도
쿄 요요기병원에서는 1957년 하절기 상여금 투쟁파업에 돌입했고, 병원

옥상에 노동조합의 적기가 세워졌다. 〔요요기병원 노동조합사〕는 "노동조합의 주도로 진행한 저임금 타파 투쟁은 극좌이론과 운동이 결합하기 시작한 것이다."라고 서술했다. 홋카이도, 미야기 등과 같이 임금삭감이나 정리해고로 갈 수밖에 없는 곳도 있었다.

제4회 대회는 "전 대회 이후 특히 경영의 과학적인 합리화, 진료사업체로서 조직개선에 많은 주의를 둬야 한다."고 서술하고, "경영사무회의, 사무장 연락회, 연구강습회, 세금·금융대책, 병원견학 등을 수행했다."는 점을 열거했다. 대회의 방침에서는 경영·관리 개선을 위해 지역대중의 조직적 원조, 이것과 결합한 경영형태의 개선(생협, 법인화 등), 금융상의 협력·계획화, 건설문제에 대한 토론과 계획화, 의약품공동구매에 대한 연구를 제기했다. 또한 기술향상에 대해선 의사 등 각 전문가 연구회와 학습모임의 체계화를 제기하고, 종업원 우대문제와 원내의 민주운영 등의 문제에 대해서는 임금이론 연구나 우대개선, 기관내의 민주운영에 힘을 합해야 한다고 서술했다. 불안을 바로잡기 위해서 내부 단결 강화를 요구했던 것이다.

1957년 제5회 대회에서는 제4회 대회 이후 '총체적으로 중점을 둬야 할 것은 경영관리 문제'로 규정하고, 간토, 간사이에서 진행한 경영관리회의 활동을 보고했다. "경영의 올바른 분석과 정비노력을 통해 단가문제를 비로소 스스로 실감할 수 있으며 기타 의료제도에 대한 활동을 해 갈 수 있다."고 서술하고, 제3회 대회 이후의 활동으로 경영관리에 대해서는 "어느 정도 성과를 내고 있다고 생각한다."고 평가했다. 한편, 의료관리에 대해서는 이사회가 계획한 '의료에 대한 조사'가 "진료기록부의 정리가 가능하다면 과중한 노력이 필요한 것은 아닐 것이다. (중략) 간단한 조사를 수행할 수 없었다."고 보이는 것처럼 지체되었다. 이런 차원에서 '의료관리와 경영관리의 결합·통일'을 제기한 것이다.(밑줄 친 부분은 "각 기관에서 일상적인 진료기록 정리가 깔끔하게 되어 있다면 간단하게 집약할 수 있는 조사였지만, 그렇지 못했다는 점에서 시행하지 못했다."는 의미이다. 인용문은 원문 그대로이다.)

1950년대 후반에는 병원으로 변경하는 기관이 많았기 때문에, 경영관리를 위해 복식부기를 도입했다.

제5회 대회에서 전술한 간토, 간사이에 이어 도호쿠(東北), 호쿠리쿠(北陸)에서도 경영관리회의가 열렸다.

호쿠리쿠 회의에서는 처음에 '통일경영'문제를 논의해, 통일경영을 향해 현재의 각 진료소별 독립채산제 적용을 서서히 조정해 간다는 방향을 도출했다. 또한 생협 문제를 주고쿠(中国)지방 회의와 간토지방 의료생협 연락회의에서 논의하고 조합이사회와 의료담당자 간의 모순, 아직 조합원 출자가 적어 차입금에 의존할 수밖에 없는 자금확보 문제, 다수 회원의 여러 기관 이용 등에 대한 문제가 부각되었다고 1958년 제6회 총회에서 보고했다.

그러나 전체적으로 경영개선을 향해 진행된 것은 아니었기 때문에 제6회 총회에서는 전 총회의 '견실화 방향'은 일면적이었다고 평가하고, "한편에서 경영난이 현저해진 기관도 있다."고 서술했다. 또 오사카민의련 총회의 논의를 인용하는 형식으로 '정체하강' 현상의 문제를 지적하고, 원인으로는 "의료보장이 확대되어 노동자, 빈곤층이 의사를 선택할 수 있는 폭이 넓어졌고, 초기와 같은 형태로 민주의료기관에 대한 요청도 감소했다."는 점에 대해 주목해야 할 것이라고 지적했다. 같은 해 12월에 국민개보험 제도를 의미하는 신국민의료보험법이 제정되었다.

다음 해인 1959년 6월 제7회 총회에서는 "단기간에 무리한 증·개축이라고 말할 수 있는 것은 거의 없다.", 전체적으로 경영은 '약간의 문제는 있으나 대체로 안정된 상태'라고 평가해 노사모순 등의 '내부문제'도 '전체적으로 점차 개선되고 있다.'고 서술했다. 그리고 통일경영을 진행한다는 점, 몇 개 기관에서 공통의 임금체계를 만들려는 노력이 있었다는 점, 의약품 문제에 대한 공동 검토, 도쿄민의련에서 '경영통신'을 발행한다는 점 등을 보고했다.

경영개선에 대해 1960년 제8회 총회의 경과보고를 보면, 경영에 대한 실천적인 활동대책이 더욱 발전했고, 도쿄민의련의 경영분석, 홋카이도긴이쿄(勤医協)의 원가계산 시도, 니가타(新潟), 사이타마(埼玉), 군마(群馬) 민의련의 경영연구회 등의 활동에 대해 보고했다. 1959년 11월 도쿄경영회의를 계기로 전국경영위원회를 설치했다. 경영상황은 계속해서 "상승안정의 방향에 있다."고 평가했지만, '각 지역에서 병원화 방향으로 이끌고 있고', "작년의 총회에서는 무리한 증개축 경향은 없다고 보고했지만, 금년도는 증개축 경향이 증가할 우려가 있다."고 걱정했다.

방침에서는 '의료활동(사회의학적 활동)을 더욱 힘있게 추진하고 사회보장, 의료제도 개선을 쟁취하기 위한 투쟁을 진행하기 위해 스스로 경영을 안정되게 지킬 수 있도록 해야 한다는 입장을 분명하게 관철할 것'이라는 관점을 드러내었다. 경영을 자기목적으로 하지 않고 의료와 투쟁을 지원하기 위한 것으로 설정하는 내용은 경영의 독자성에 대한 인식이 아직 불충분하다는 점을 드러낸 것이지만, 사회적 사명을 위한 경영, 영리주의가 아닌 경영이라는 입장을 분명하게 드러냈다는 점에서 뒤에 민의련의 경영원칙으로 발전해 갔다.

그리고 전국경영위원회는 '수입분석 산출표'를 작성하고 전국적인 경영통계를 수집했지만, 1960년 통계수집은 전국적으로 집계할 수 없어 전국이사회가 중단을 결정하고 의료조사와 함께 기초조사에 전력을 기울였다. 이것은 80% 수준에서 수집할 수 있었다.[주7] 또한 병원화 과정에 대해서는 '안이한 실행'은 경계하지만, 구체적인 규제는 없었다.

1961년 제9회 대회 보고에서 경영통일화의 지속, 계열화, 생협 법인화 등의 실천을 서술했다. 역시 '안정화'를 위한 노사문제, 특히 파업문제에 대해 검토가 필요했다. 방침에서는 경영의 과학적인 파악을 위해 계정과목의 통일 등을 과제로 제시했지만, 실제적인 실현은 1990년대에나 가능했다.

또한 '경영관리와 의료활동의 통일'이라는 관점에서 각 기관 건설과정에 대중출자 참여가 부족하다고 평가했다. 대중화의 문제에 대해 '대중화의 근본적인 문제는 경영주체 조직의 대중화이고, 기관운영에 대한 참가의 대중화이며, 출자 등 자금의 대중화를 중심'에 둬야 한다고 제기했다.

한편 '건강을 지키는 모임'이나 '생활을 지키는 모임'(뒤의 '생활과 건강을 지키는 모임')에 대해서는 단지 기관을 지키는 모임과 같은 협소한 내용이 아니라, 독자적인 대중조직으로 발전해 가야 할 것으로 서술했다.

주7) 그 후 오랫동안 경영조사는 구체화되지 못했다. 경영실태조사를 처음으로 정리한 것은 '경영분석의 첫걸음'을 제작해 통일적인 지표가 완성된 후이며, 1971년도에 통계에 대해1972년도에 조사를 실시해 1973년 5월 발표한 것이 최초이다.

1950년대 후반의 경영활동은 이전의 모험주의적인 오류를 극복하고, 지역에 뿌리내린 의료기관으로 존속해 갈 수 있는 기초를 구축했다. 각 기관·법인 차원에서는 점차 의료경영의 본질에 맞게 자리 잡아갔으며, 현(県) 연합회 차원의 교류는 현실적으로 상당한 개선을 이루어 일정한 역할을 했지만, 전일본민의련 차원에서 경영문제에 대한 파악과 지도는 아직 구체적인 내용이 없었다.

(2) 1961년 강령까지의 의료활동

1. 반성의 내용과 의료의 특징

1955년 제3회 대회 이전의 의료활동은 '정치주의'의 영향으로 헌신적으로 분투했음에도 불구하고 성과가 별로 없었고, 그나마 있는 성과도 축적하질 못했다. 도쿄민의련이 담당했던 아마미 오시마(奄美大島)진료소 건설과 같이 중요한 의미가 부여된 활동에서도 의사부족으로 인해 지속적인 지원이 어려웠다. 많은 신설 진료소가 후퇴하거나 병원건설을 중지했으며, 구입한 토지를 내놓는 방식으로 사업을 축소정리할 수밖에 없었다.

그래도 민의련의 의료활동에는 적극적인 측면이 많았다. 당시의 국민병이었던 결핵에 대해서 일용노동자의 결핵검진, 인공기흉뿐만 아니라 폐절제술 도입, 결핵병상 확보 등이 구체적 사례이다.

제4회 대회에서는 대학 의국과 함께 학습회를 진행한다고 보고했고, 지역에서 보건부활동과 생활상담활동을 강화하자는 문제제기가 있었다. 1957년 제5회 대회 때에는 아오모리 겐세이(青森健生), 구마모토 보양원(熊本保養院), 도쿄 요요기, 노동자 클럽, 아주사와(小豆沢), 나라 요시다(奈良吉田), 오사카 미미하라(大阪耳原) 등 병원에서 규모확장이 이루어지고 의료전문성 측면에서도 발전했다고 보고했다.

홋카이도의 인턴 장학금제도를 적극적인 경험으로 소개하며, 의국 진료방침의 '미통일 문제 해결', '진료행위 시 올바른 간호사의 역할', '진료기록부의 기록과 정비'를 제기했다.

2. 비키니 재해와 핵무기금지

1954년 3월 1일 미국 비키니 환초수폭실험에서 일본어선 다이고후쿠아마마루(第5福奄丸)호가 피폭을 당해 선원 1명이 급성 방사능증으로 사망했고 뒤에 네 명도 원폭증 증상으로 사망하는 사건이 발생했다. 미국은 2개월간 여섯 차례나 실험을 반복했다. 1954년 11월까지 일본어선 683척에서 방사능이 검출되어 히로시마·나가사키의 원수폭 투하로부터 10년이 채 지나지 않은 상태였던 국민들에게 커다란 충격을 주었다. 5월에는 '핵무기 실험금지서명운동 쓰기나미(杉並)협의회'를 발족했고, 핵무기 실험 금지를 요구하는 여론은 급속하게 높아졌다.

민의련은 4월에 신일본의사협회와 공동으로 현지조사단을 야이추(燒津)에 파견하고, 현지에서 건강검진·조사활동을 실시해〔핵무기피해 의심이 있는 사람에 대한 의학적 조사보고〕를 발행했으며, 손해배상과 핵실험금지 운동을 현지에서 크게 확산시킨 힘이 되었다.

나아가 1954년 당시 빈에 사무국이 있었던 '국제의사회의'로부터 일본의 핵무기피해에 대한 현장조사 의뢰가 '핵무기금지를 희망하는 의사회'로부터 왔다. 요청을 받아 시가-히데토시(滋賀秀俊, 국립공중위생원)' 등 저명한 의학자가 국제방사능회의를 일본에서 개최하는 계획을 수립했으며, 민의련은 이것을 지원하기 위해 준비회에 가입했다. 회의(방사선영향국제

학술간담회)는 5월 30일부터 2주간에 걸쳐 9개국 대표가 참가해 진행했고, 만장일치로 "우리는 더 이상의 원자폭탄·수소폭탄의 폭발을 없애고, 원자력의 사용은 지구 상의 모든 사람의 이익을 위해 평화적인 건설 목적에 제한하도록 여러 국민의 상호이해와 인류의 양식에 호소한다."라는 중간의견을 발표했다. 회의는 같은 해에 개최한 제1회 원수폭금지 세계대회에도 영향을 주는 등 귀중한 성과를 남겼다.

한편 이와 같은 성과에도 불구하고 집회의 운영비용을 둘러싸고 조직운영상에 어려움을 남겼다. 모금액도 상당했으나 목표에 도달하지 못했고, 부족분을 메우기 위해 도쿄의 진료소 병원건설자금을 일시 차입하는 조치를 취했다. 이것은 자금의 목적 외 사용이었지만, 어디서 책임지고 상환해야 할 것인가조차 결정하지 않은 상태여서 제3회 대회에서 큰 문제가 되었다. 기관결정을 거치지 않은 사무국의 독단적인 운영으로 대회에서 엄중하게 비판받았다.

3. 무차별·평등, 사회의학적 활동과 집단의료

전일본민의련은 1958년 제6회 총회 자료 '제3장 향후 주요 활동방향'의 서두에 "우리들은 양질의 진료를 무차별·평등하게 수행하고, 환자의 질병을 고쳐 건강을 지키는 활동을 우리의 가장 핵심적인 첫 번째 임무로 한다."고 드높이 선언하고, 일상진료활동 중에서 사회보장을 위한 투쟁과 결합해 가는 입장을 드러냈다. 이것은 총회방침상 처음으로 무차별·평등을 제기한 사례이다.

또한 의사의 연찬과 연구활동, 일상진료활동이나 집단검진에 대해 대학과는 다르게 연구방법을 만들기 위해 노력해야 한다고 주장하고, 질병의 사회성을 강조했다. 나아가 "우리들은 의사를 중심으로 전 직원이 환자의 질병을 고치기 위해 협력하는 체제를 조직적으로 구축한다."는 점을 제기했다. 의사와 여러 직종 간의 관계 문제를 지적하고, 사이타마의 '집단진료', 나라 요시다 병원의 '협력진료'라는 말을 소개했으며, 방침에서는 종합적인 진료체제의 운영문제로 이것을 심화시켜 가자고 제기했다. 민의련의 민주적 집단의료의 탐구가 시작된 것으로 봐도 좋을 것이다.

1959년 제7회 총회에서는 국민개보험 실시가 결정되어, 후생성의 의료보장위원회가 의료사회화(개보험에 의한 보장 측면에서 사회화는 달성했다고 보고 의료기관의 사회화를 내세웠다.)를 제언하는 과정에서 사회의학적 활동에 대한 방침으로 많은 부분을 할애했다.

'사회의학을 실천적인 것으로 이해하면 공중의 질병을 예방하고 치료하는 것이며, 개인의 질병에 대해서는 의학적인 조사와 마찬가지로 사회적인 기반에서 조사하고 해명하기 위한 것'으로 규정하고, 사회의학적 활동을 발전시키자고 제안했다. 즉 일상진료 중에서 환자의 사회적 배경을 이해할 것, 생활상담활동 등에 참여할 것, 진료통계를 정비할 것, 집단검진을 중시할 것 등이며, 경과보고에서는 전 총회 이후 1년간 "지역 직종의 건강검진은 상당한 진척을 보고 있다."고 서술했다. 의료의 사회성 중시는 이후 공해·직업병 참여로 연결되었으며, 민의련 의료가 갖고 있는 특징의 한 면을 나타낸 것이다.

또한 전 총회에서부터 제기된 진료방침에 대한 의국 내의 의사통일, 협력 집단진료를 의료활동 강화를 위한 조직적 문제로 강조했다. 나아가 의사부족문제 정면돌파, '일하는 보람'을 느끼는 직장 만들기, 민의련 회원기관 상호의 협력, 의학생에 대한 장학금 지급 등을 제안했다.

1960년 제8회 총회에서는 "우리의 의료에 대한 태도, 진료의 근본적인 입장은 소위 사회의학적인 것이다."라고 정식화했다. 1958년도 '기초조사'에 의해 215개 기관의 하루 평균 환자 수는 1만 6,373명, 병상 수는 2,879 베드로 환자는 증가경향을 나타냈다. 그리고 오사카 '생활보호자의료실태조사', 교토 '니시진(西陳)노동자질병중간보고', 도쿄·하시바진료소 '구두공장의 벤졸중독에 대한 보고'와 각 지역 집단검진 등의 사회의학적 활동을 소개했다.

방침에서는 이러한 활동 외에 진료의 질을 높이기 위한 것으로 시설개선, 관리조직 정비, 의학의 전문성향상, 민의련 기관 간의 협력체제 등을 열거하고, 도쿄에서의 내시경 공동구입, ECG, 전신마취기의 설치나 병상 증설 등 각 지역의 의료내용 향상에 대한 활동을 보고했다. 또한 '지역 블록에 센터역할을 갖는 병원(진료소) 만들기, 하나의 병원 주위에 위성 진료소 배치', 머지않은 시기에 '전국 센터의 역할을 할 수 있는 병원건설'을 제기했다.

센터병원은 '인턴수련 지정을 받을 수 있는 병원'으로, '인적 교류를 위한 기관'이라고 생각했다. 이런 관점은 1970년대에는 어느 정도 실현되었지만, 당시에는 시기상조라고 생각했다. 오히려 민의련에 접근하는 의학생·인턴 등에 대해 어떻게 활동해 갈 것인가를 문제제기하는 점이 눈에 띈다.

또한 총회에서 '전국적 학술집회 개최'가 제안되어, 다음 제9회 총회에서 네 번째를 맞는 긴키(近畿)학술집담회를 본받아 제1회 간토학술집담회(1961년 12월)를 기획하고 이후 학술 집담회는 얼마간 동, 서로 나뉘어 진행되었다.

1961년 제9회 총회에서는 사회의학적 활동으로 집단검진활동 외에 특별히 '미이케(三池) 의료활동', '니이지마(新島)기지반대투쟁 등을 향한 의료반', '부락의료활동'을 보고하고 방침은 이런 활동을 보다 체계적·계획적으로 진행하자고 제기했다.

(3) 재해지원 활동

풍수해나 대화재 시 민의련은 지원활동에 여러 차례 참여해 왔지만, 전일본민의련결성 이후 피해지역에 대해 여러 지역의 민의련이 협력해 활동한 최초의 사례는 1954년 9월에 발생한 홋카이도 이와나이(岩內)의 대화재였다.

"홋카이도를 강타한 태풍 15호는 세이칸(靑函)연락선 도야마루(洞爺丸)호를 침몰시키고, 이와나이초(岩內町)에 큰 불을 발생시켰다. 홋카이도긴이쿄(勤医協)는 즉시 의료반을 보냈고, 도쿄, 가나가와, 사이타마의 민의련에서도 의사, 간호사를 파견해 이와나이 진료를 지원했다."([별을 따라 걷는 발걸음-홋카이도긴이쿄의 역사]에서 인용)

1959년 9월에 발생한 이세완(伊勢湾) 태풍은 아이치(愛知), 나라, 효고(兵庫) 각 현을 습격했는데, 그중에서도 나고야(名古屋) 시는 가옥파손 14만 가구, 사망자 1,851명에 달하는 큰 피해를 입었다. 민의련은 오사카를 비롯해 11개 현에서 연인원 700명에 달하는 의료반을 파견하고, 49일에 걸쳐 2만 명을 진료했다.

"지원활동의 내용은 주로 왕진이었다. 아직 물이 빠지지 않은 상황이었기 때문에 고무장화가 무용지물이었고, 보트나 작은 배를 이용해 2층의 창문이나 전신주를 타고 옥상으로 올라가 지붕을 뜯어 작은 구멍을 내고 집 안으로 들어가 진찰을 했다. 또한 학교나 절로 피난한 피해자에 대해서도 진료활동을 했다."([민의련운동의 궤적] 259쪽)

이와 같은 재해지원활동은 피해지역의 주민에게 '강렬한 인상'을 주었다.(앞의 책) 나고야 시 항구에서는 민진 건설에 400~500세대가 찬성해 항구진료소를 건설했으며, 나아가 미나미, 구와나(桑名)에서 각각 민진을 설립했다. 재해지원활동을 하면서 [재해시의 의료지원에 대하여](오사카민의련)라는 보고서를 작성했다. 민의련 조직이 대규모 지원활동을 시행한 최초의 경험이었다.

또한 1960년대 이후 시기였지만, 전일본민의련에서 지원활동을 조직적으로 총괄한 최초의 경험은 니가타(新潟)지진이었다. 1964년 6월, 오카야

1959년 9월 도쿄 지방을 습격한 [이세완태풍]은 큰 피해를 초래하였다.
민의련은 전국각지에서 연인원 700명의 의료반을 파견, 의료지원을 시행했다. 이 활동을 근거로 아이치에 민주진료소가 탄생했다.

마(岡山) 시에서 개최예정이었던 제12회 총회 2일 전에 발생한 니가타지진
은 쓰나미까지 동반해 니가타 지방을 중심으로 피해가 확산되었다. 니가타
긴이쿄(勤医協)의 세 개 진료소를 거점으로 9개 현이 연대해 1,800명이 지
원활동에 참가했다. 전일본민의련은 현지와 협력해 1개월에 걸쳐 활동에
참여했다. 활동 결과 환자 수는 1만 명을 넘었고, 재해구조법에 의한 진료
비청구건수는 전체의 66%를 점유했다.

　이처럼 1950년대 후반의 의료활동은 인력부족으로 어려움을 겪었지만,
성의를 다한 진료나 집단검진에 대한 적극적인 참여, 재해지원, 쟁의지원
등을 통해 지역과 노동운동, 민주운동으로부터 신뢰를 회복하고, 경영측
면에서도 안정화를 달성해 사회의학적 활동이나 집단진료 등 후일로 이어
지는 민의련 의료활동의 기본관점을 만들었다. 또한 민의련이 전국조직으
로 활동할 수 있는 힘을 갖기 시작한 시기였다.

제4절 1950년대~1960년대 초반의 투쟁

(1) '의노(医労)연대'와 국민개보험

1. 제1차, 제2차 '의노연대'

　1950년대에 들어와 의료보험제도도 서서히 재건·정비되어 갔으나 극
히 불충분한 상태였다. 의사회도 붕괴한 의료제도의 재건과 개업의의 생활
을 지키기 위해 투쟁할 수밖에 없었다.

　1951년 5월 의사회가 주최한 '사회보험담당의사 전국대회'가 열려 제한
진료반대(당시 보험진료는 사용제한, 치료기간의 제한 등이 많았음), 진료
보수 인상, 의료비국고부담, 의사에 대한 감세를 요구했다. 대회에서는 의
사들이 노동자, 농민과 연대해야 한다는 주장이 강하게 제기되었고, 이런
흐름 속에 일본 의사회, 병원단체, 소효(総評)*, 생협, 농민조합, 환자동맹
등 17개 단체가 참여해 '사회보험의료강화기성동맹'을 만들었다. 제1차 의
노(医労)연대였다. 같은 해 10월 '사회보험의료강화 국민대회'가 열렸고,

다음 해 1월부터 보험의 총사퇴를 선언했다. 그렇지만 의사회는 12월에 정부와 밀실교섭을 해 단독으로 타결(의사우대 세(稅)와 진료보수는 정부안 대로)해 버렸고, 투쟁은 지지부진했다.

1954년에 발족한 하토야마(鳩山) 내각은 1956년 '전국민에 대한 의료보장'을 선언하고 국민개보험 시행에 착수했지만, 후생성은 개보험과 함께 보험의에 대한 규제, 표준진료, 공공병원 중심의 공급체제 정비 등을 검토했다. 의사회는 이런 통제강화 정책에 대한 우려로 인해 국민개보험 제도에 반대했다.

1955년 12월 정부는 의약분업 추진과 '사람과 기술을 분리한다.'고 지칭한 신의료비 체계를 주이쿄(中医協, 후생성의 중앙사회보험의료협의회의 약자)에 자문했다. 의사회는 이것에 대해 '겐포(健保)개악반대, 신의료비체계 반대, 진료보수단가인상'을 요구하고, 소효(総評) 등과 연대하는 운동을 추진했다. 제2차 의노연대였다. 그러나 또다시 의사회는 투쟁도중에 여러 단체를 배제하고 단독으로 정부와 타협하고 말았다. 신의료비체계는 갑, 을 두 개의 점수표 형태로 1957년부터 실시했다. 그로 인해 일본의사회 집행부가 총사퇴하고, 다케미 다로(武見太郎)가 일본의사회장으로 취임했다. 이후 일본의사회와 노동운동은 오히려 대립관계가 되었고, 일본의사회는 자민당과의 관계 강화를 통해 자신들의 요구를 실현해 가는 노선을 채택했다.

* 역자주: 1950년에 결성된 일본노동조합총평의회의 약칭이다.

2. 민의련의 사회보장 활동 강화

각 지역의 민진은 적극적으로 투쟁에 합세했다. 1952년 이후 항생물질 등의 점수인하, 제한진료 등의 압력이 강해졌지만 1954년 연좌농성 형태로 투쟁을 진행했다. 1월 일용노동자들이 사회보장 예산삭감에 반대하며 노동성 앞에서 2,000명이 연좌농성을 시작했다. 5월 오사카에서 보험의 세 명에 대한 지정취소 처분을 계기로 오사카부청 앞에서, 6월 도쿄 보험의협회와 도쿄, 사이타마 민의련 등의 항생물질점수인하문제를 항의하기 위해 후생성 앞에서, 같은 달에 일본환자동맹이 '입퇴소 기준·첨부제한'

에 항의하기 위해 도도부현청 앞에서 계속된 연좌농성을 벌였다.

오사카에서 연좌농성투쟁을 벌이게 된 계기는 그때까지 후생성이 각 지역에서 시행한 빈번한 감사와 처분 때문이었다. 오사카 보험의 15명에 대한 감사통지에 대해 보험의 사이에 불안과 항의가 확산되었고, 500명의 의사, 지원자가 감사회장에 모이기 시작하면서 오사카부는 가미후타(上二) 병원의 구와바라 히데타케(桑原英武) 외 두 명에 대한 보험의 취소처분을 부과했다. 세 명은 처분무효 행정소송을 제기했고, 정부당국의 감사가 갖는 부당성을 밝혀 1957년 소송은 구와바라 등의 승소 화해로 결정되었다.

제2차 의노연대 당시 민의련은 '의사회·의사들의 손이 되고 발이 되는 활동'하기, '노동자를 비롯한 지역대중과 의사 계층의 연대를 위해' 여론조성 활동에 참여했다.

1957년 제5회 대회는 정세평가를 통해 일본자본주의는 "부활했다기보다는 빠르게 발전했다. '대중을 속이려고 하는 외형만의 근대 정책(국민개보험, 노령연금)', 완전고용, 복지국가 등을 남발했다."고 서술했다. 또한 대회에서는 민의련 사회보장투쟁의 '지연'을 반성하고, 지역대중과 함께 투쟁하는 것과 의사회의 활동을 더욱 강하게 추진할 것을 강조했다.

1958년 제6회 총회가 되면 일본의사회 집행부와 자민당과의 대표교섭으로 말만 무성한 것에 대해 비판하고, 의노연대를 위해 각 의사회에 대한 참여를 진행했다고 서술했다.

3. 국민개보험제도 실현, 고쿠호(国保)확충 운동

1953년에 지자체의 고쿠호(国保)재정에 대한 국고부담을 실현해, 고쿠호(国保)가입자는 2,500만 명에서 1956년 3,000만 명으로 증가했다. 그래도 보장률은 50%가 많았고, 국민의료비에서 보험이 적용되는 것은 50% 이하에 불과한 실정이었다. 고쿠호(国保) 미가입자에 대한 질병보험의 적용은 정치지배를 안정화시키기 위해서도 필요했기 때문에 1956년 11월 '의료보장제도 심의회'의 답신으로 국민개보험의 연차계획을 책정하고 국회에 법안을 제출했으나, 게이쇼쿠법(警職法: 경찰관직무집행법) 개악

강행으로 두 번이나 폐기되었다가, 1958년 12월 신국민건강보험법을 제정했다. 1961년 강제보급을 완료한 시점에서 고쿠호(国保)가입자 4,680만 명, 겐포(健保)가입자 4,620만 명(정부주관 2,000만 명, 조합겐포(健保) 1,360만 명, 기타 1,260만 명)으로 형식상 '국민개보험'을 실현했다.

그러나 기본적으로 고쿠호(国保)에는 고령자나 저소득자가 많았고, 여기에 덧붙여 종업원수 5인 미만의 영세기업 노동자가 가입했기 때문에 재정기반이 위태로웠으며, 실시주체인 지자체는 재정난을 겪을 것이 확실해졌다. 고쿠호(国保)피보험자에게 중증질병이 발생한 경우 자기부담이 너무 컸기 때문에, 보험료를 지불해도 진료를 제대로 받을 수 없는 상황이 발생해 제도개선 요구가 높아졌다.

1959년 민의련은 국민개보험에 대한 활동 중에서 특히 고쿠호(国保)의 보장율 개선운동을 강력하게 추진했다. 운동을 담당한 것은 민의련의 전국단위 위원회로서는 처음 설치된 사회보장위원회였다. 사회보장위원회는 고쿠호(国保)팸플릿 〔좋은 국민의료 보험을 만들기〕를 3천 부 제작했으며, 고쿠호문제 활동가양성 전국연수회를 개최하고 〔고쿠호(国保) 정보〕를 발간했다.

6월부터 12월에 걸쳐 전국 각지에서 좋은 고쿠호(国保) 만들기 운동이 확산되었다. 최초로 가와사키 시에서 보장률 세대주 70%·가족 50%를 인정받게 해 운동은 각 지역으로 파급했으며, 가와사키와 비슷한 보장률이 5대 도시 등에서 실현되었다. 도쿄에서는 도쿄지역 평의회의 투쟁을 중심으로 70% 보장, 치유될 때까지 고쿠호(国保)적용을 실현하는 '샤호쿄(社保協)'(사회보장추진협의회. 후술)를 자치구까지 만들어갔다. 오사카에서는 본인 8할, 가족 5할의 보장률을 달성했다. 고쿠호(国保)문제는 '오사카시의회 개설 투쟁(〔민의련운동의 궤적〕)에까지 이르렀다.

기타 교토에서는 본인·가족 60% 보장률, 다치가와(立川) 시에서는 본인 7할·가족 5할의 보장률로 결핵예방법과 완전병행을 인정받았다.

국민개보험은 지배권력의 입장에서는 '양보'이고, 안보조약의 개정교섭을 앞에 두고 있는 상황에서 '치안대책'이라는 측면도 갖고 있다. 의사회의 국민개보험에 대한 반대는 전술한 바와 같이 개보험과 동반한 의사에 대한 행정통제나 진료내용에 대한 규제가 엄격했던 점을 우려한 것이었기 때문이었지만, 실제로는 위로부터의 의료사회화의 흐름이 있어 사실상 그러한 불안은 근거가 없었다.

전일본민의련도 '보험의, 의료기관의 이중지정문제' 등으로 '의사에 대한 감독강화', '의사를 가정의로 전환시키는 방향'이 의도되고 있다고 예측해 "의료민주화·사회화의 방향은 사회의 내재적인 발전법칙의 일부로 누구도 이것을 부정할 수 없다."라고 서술했다.

국민연금법도 1961년 4월부터 실시해 일본은 형식상 전국민보험과 연금 국가가 되었다. 특히 연금 등은 소득보장의 성격을 갖고 있었지만, 적립기간은 길고 적립기간을 조금이라도 빠뜨리면 혜택을 받을 수 없는 문제가 있었고 연금액이 너무 낮았다. 또 적립된 연금은 정부가 재정투융자로 고도성장정책에 사용할 의도가 분명했기 때문에 노동운동이나 민주운동은 이것에 반대하면서 결정한 후에도 실시연기를 요구했다.

어쨌든 경제의 고도성장 속에서 무엇보다도 국민의 투쟁으로 일본의 사회보장·의료보장은 확대되었고 충실해졌다.

(2) 사회보장운동의 센터가 된 샤호쿄(社保協)의 결성

1. 중앙사회보장추진협의회 결성

1958년 9월 5일 소효(総評), 사회당, 공산당, 노동조합, 민의련을 포함한 민주단체 등 48개 단체가 결집해 '중앙사회보장추진협의회'(이하 샤호쿄(社保協))를 결성했으며, 사무국은 소효(総評)에 두었다.

전일본민의련은 (상임)운영위원을 담당했다. 의사회는 결성회의에는 참석했지만, 가입은 하지 않았다. 결성된 샤호쿄는 각 단체의 주장을 모아 생활보호기준의 인상, 의료비국고부담 증액, 결핵의료비의 전액국고부담, 결손가정 완전보장, 피폭자원호법 제정 등 '당면한 사회보장확대 요구'를 정리했다. 소효(総評) 등 노동운동 진영에서도 사회보장문제가 주요 의제로 자리 잡았다.

전일본민의련은 샤호쿄 결성 의의를 강조했다. "정부는 '진무케키'(神

武景氣)* 후의 불황과 실업자, 빈곤층의 증가에 대해 국민개보험이나 최저임금제도 등 기시(岸) 정부측에서…… 눈속임 정책이 계속해서 나오고…… 국민 각층에서도…… 당연한 사회보장제도를 요구하는 소리가 높아져 왔습니다. 이런 점이 선진적인 조직노동자, 노동조합 기관을 움직이게 한 것입니다."

그리고 1959년 가을 국민대집회에서 젠니치지로(全日自勞)의 '단식 행진'의 제기를 받아들여 '전쟁과 실업을 반대하는 대행진'에 참여했다.

1959년 제7회 총회는 국민개보험 실시로 방향을 잡은 상황에서 사회보장 분야의 참여를 특히 강조했다. 그것은 국민개보험 달성의 다음 과제로 후생성이 의료보장위원회(1956년 설치한 후생성장관의 자문기관. 통칭 5인위원회라고 한다.)의 답변에서 보이는 바와 같이 '의료기관의 사회화'를 생각한다는 인식이 있었기 때문이었다. 이에 대해 1960년 제8회 총회에서 '의료사회화' 노선은 중소규모의 민간의료기관이 압도적으로 많은 현실에서 볼 때 '위로부터의 사회화'를 지향하는 것이고, 공공 의료기관 중심의 정비계획은 빠져 있다고 평가했다. 그리고 민의련은 스스로 의료사회화의 실천으로 사회의학적 활동에 참여한다는 점, 나아가 의료 이외의 사회보장운동에도 늦었지만 참여할 필요가 있다고 제기했다.

사회보장운동의 강화 방침은 1959년 제7회 총회에서 '의사 및 의료종사자의 요구, 예를 들면 진료수가 인상, 의료내용저하 반대 등의 이해를 얻기위해 급급했다. 오히려 정부로 하여금 의사의 요구는 부당한 것이라는 흑색선전의 여지를 남긴 고통스러운 경험을 배운 것이 배경이라고 서술했다. 구체적으로 보면, '① 사회보장에 대한 문제를 스스로의 문제로 하기 위한 토론, 연구활동, ② 현 연합회에 사회보장위원회를 조직, ③ 각 기관주변에 대한 선전, 계몽활동, ④ 각 현 샤호쿄의 조직화, ⑤ 중앙샤호쿄의 강화, ⑥ 의사회 내부 활동, ⑦ 진정활동의 행동강화'였다.

또한 중앙샤호쿄 내에서 제한진료반대·진료수가인상 과제를 노동조합을 포함한 전체의 요구로 만들기 위해 노력했다. 또한 최저임금제도를 공통과제로 놓았다.

민의련은 샤호쿄 내에서 중심적인 단체의 하나로서 인정받았다.

2. 병원파업과 제한진료 폐지

1960년에서 1961년에 '병원파업'이 전국적으로 확산되었다. 파업은 1959년 니가타 현의 국립다카다(高田)병원에서 간호사에게 '임신금지'를 지시해 인권을 무시한 관리에 항의하는 것을 계기로 발생했다. 병원파업은 의료노동자의 열악한 노동조건과 저임금을 개선하기 위해 처음으로 전국 투쟁으로 확대되었고, 각 지역 의료노동조합 결성으로 이어졌다. 1960년 11월에 게이오(慶應)병원 등 도쿄 주변의 병원에서 시작해, 다음 해에는 125개 조합 300개 병원 6만 명이 참가하는 연속적인 대규모 파업을 진행했다. 병원파업에 참가해 해고된 조합원 중에는 그 후 민의련에 참가한 간호사도 많았다.

1960년 11월 10일 소효(総評)산하에 '전국의료노동자공투회의'가 설립되었고 민의련은 일본환자동맹과 함께 참가했다. 의료노동자의 저임금 시정에 대한 여론이 높았고, 투쟁은 저의료비를 타파하는 방향으로 향했다. 11월 말 소효(総評)는 '국민의료를 지키기 위한 투쟁'방침을 제출했다.

비근대적인 노동조건과 저임금 개선을 요구하며 병원파업에 참가한 간호사들

12월 14일 샤호쿄는 '국고부담으로 의료비총액을 올려야 한다.', '국민연금 실시연기', '소아마비 대책을 확립하라' 등의 공동요구를 결정했다. 해가 바뀌어 1961년 1월 12일 중앙샤호쿄는 3천 명을 동원해 후생성 교섭을 진행하고, 후생성 구내에서 연좌농성에 돌입했다.

민의련은 1월 16일 독자적인 후생성 교섭 후에 본청사 회의실에서 연좌농성을 했으나 경찰에 의해 해산되었고, 그 후 샤호쿄와 함께 농성천막촌에 들어갔다. 병원파업 이후 지속된 투쟁으로 1961년도 예산에서 의료비가 74억 엔 증액되었고, 소아마비 대책비로 5억 엔을 계상하는 등 성과를 쟁취해 1월 19일 연좌농성을 해산했다. 의료비는 이해 14.8% 인상했다.

1960년 초에는 의료노동자가 36만 명에 달했으며, 조합에 가입한 사람이 10만 2천 명, 그중에서 이로쿄(医労協)가 6만 명을 점유했다. 투쟁을 통해 급속하게 회원이 확대되었고, 단숨에 36개 도도부현에서 지방이로쿄를 결성하고 준비회, 공투조직을 결성했다.

전일본민의련은 '의료노동자의 투쟁은 독점자본정부의 의료정책을 근본에서 뒤흔들어 놓았다.', '의사회 요구보다 오히려 더 큰 의료비인상으로 정부정책에 영향을 주었다.'고 높이 평가했다.

한편 일본의사회는 1960년 8월에 '제한진료철폐, 단가 3엔 인상, 갑을 일원화와 지역격차 시정, 사무간소화'를 요구했다. 민의련도 이 요구를 지지했다. 진료수가 10% 인상이라는 정부방침은 1961년 1월에 나왔지만, 의사회의 회원들은 여기에 만족하지 않았고 다케미 회장은 두세 번 뒤집은 끝에 보험의총사퇴를 내걸었다. 그러나 앞에서 언급한 바와 같이, 예를 들어 3월에는 자민당과의 대표교섭으로 타협하고 말았다. 한편 병원파업이나 소아마비투쟁 등을 배경으로 한 이유는 이때 일본의사회와 자민당과의 합의사항으로 제한진료폐지 방침이 결정된 것도 중요했기 때문이다. 1962년까지 항생물질, 스테로이드의 사용제한과 결핵치료지침을 개선하고, 4종의 항암제가 처음으로 보험급여에 포함되었다. 1963년에는 동일질병에 대한 보험수급 3년 제한이 '치유까지'로 변경되었고, 이해에 제한진료는 거의 폐지되었다.

(3) 인간재판과 소아마비 투쟁

1. 생존권을 쟁취한 '인간재판'

1957년 국립오카야마 요양소에 입원한 아사히 시게루(朝日茂) 씨는 생활보호기준으로 헌법 제25조에서 규정한 '건강하고 문화적인 생활수준'을 유지할 수 없다면서 국가를 상대로 소송을 제기했다. 발단은 복지사무소가 형의 송금을 이유로 강제로 생활보호비를 삭감했기 때문이었다. 생활보호 입원일용품비가 1953년 이후 제자리에 머물러 있어 기준액이 너무 낮아 식사보완이 필요한 결핵요양자에게는 감당하기 어려운 상태였다. 그런 상황에서 약간의 송금액마저 삭감하는 것은 살아갈 권리를 박탈한 것과 같았다. 아사히 씨는 오카야마 현, 후생성을 상대로 보호기준은 '건강한 문화적인 최저생활을 보장하고 있지 않다.'며 헌법위반이라고 주장하고 삭감액 반환을 요구했다.

정부는 사회보장제도심의회 '50년' 권고를 뒤집고 생활보호에 대해선 사회보험을 보완하는 제도라고 주장했으며, 1954년에는 수급제외 대상 확

아사히 시게루 씨(1963년 촬영)

대를 전국적으로 실시하는 등 생활보호 포기정책을 시행했다.

생활보호제도에 대해서는 민의련 의료기관의 일상진료 중에서 보호신청이나 인정을 둘러싸고 환자, 가족과 함께 복지사무소와의 교섭이 매일 진행되었고, 당시 보호비율을 높이기 위해 국민의 관심도 뜨거워서 재판투쟁에 대한 지원이 전국적으로 확산되었다.

재판 결과는 1960년 10월 1심에서 승소했지만, 1963년 11월 도쿄고등법원에서 패소했다.

대법원에 상고했으나 1964년에 아사히 씨가 사망했기 때문에 1967년 대법원에서 소송종료를 선언했다.

민의련은 1심 판결 이후 오카야마민의련의 지원활동을 비롯해 각지역, 전국의 지원조직에 참가했다. 재판에서는 헌법 제25조에서 규정한 '건강한 문화적인 생활수준'에 대한 판단은 회피한 상태로 종료했지만, 1심 판결 후 정부는 생활보호기준액을 18% 인상했고, 1961년 이후에도 인상할 수밖에 없었다.

아사히 재판은 일본 사회보장제도사에 남는 생존권투쟁이며 '인간재판'으로 불린다.

2. 소아마비 백신 확보 운동

1950년대부터 일본에서 폴리오(유행성 소아마비)가 유행해 연간 5,000여 명의 환자가 발생했다. 1957년에는 WHO(세계보건기구)가 일본의 대유행을 경고하고, 1959년 7월의 아오모리(青森)현 하치노헤(八戸)시에서 다발한 이후 1960년은 소아마비에 걸려 284명이 사망하는 전국적인 대유행의 해가 되었다. 그러나 후생성의 대책은 지연되었다. 어머니들의

아사히 씨의 영정을 들고 사회보장 확대를 요구하는 대행진

어머니들을 중심으로 '생백신'확보 운동이 전국적으로 확산되었다.(후생성과의 교섭)

불안이 확산되면서 대책을 요구하는 목소리가 높아졌고, 민의련은 백신확
보와 운동조직화에 노력해 소아마비 유행저지에 커다란 역할을 했다.

아오모리 현 하치노헤 시에서 전전, 무산자진료소 의사로 근무하고 전
후 개업한 이와부치 겐이치(岩渕謙一)는 6월 이후 급증하던 환자의 백신
을 후생성에 요청했지만, 제약회사에도 재고가 없었다. 이와부치는 아오
모리 민의련의 쓰가와 다케이치(津川武一)의 소개를 받아 마시마 와타루
(馬島 儞), 사토 다케오(佐藤猛夫, 요요기병원)의 협력으로 소련대사관에
백신제공을 요청하고, 소련제 생백신 3만 명분을 제공받아 하치노헤 시에
서 병의 유행을 막았다. 그 후에도 소련대사관에서 공산당에 증여한 치료
약을 사용해 요요기병원을 중심으로 여러 단체와 협력해 전국적으로 치료
를 개시했다.

1961년 제9회 총회의 분과회에서 '약은 3인분밖에 오지 않았다. 제약회
사는 요츠카도(四つ角)진료소가 규모가 작기 때문이라고 전했다. 이에 따
라 어머니들은 아동들과 함께 제약회사를 방문했다. 어머니들의 방문은
커다란 파문을 일으켰다. 이리하여 백신을 획득할 수 있는 태세가 마련되
었다.'고 보고한 것처럼 백신획득은 절실한 것이었다. 또한 소아마비 후유

증에 대한 약으로 소련에서 개발한 갈란타민[주8]의 수입도 강력하게 요구했다.

아동을 소아마비에서 지키려는 운동은 니시가와 현에서 시작되어 전국으로 급속하게 확산되었다. 신일본의사협회의 구보 마사오(久保全雄)가 전국을 돌며 중요한 역할을 했고, 중앙소아마비 대책협의회를 결성해 정부·후생성에 대한 요청을 지속한 결과 간신히 소련제 생백신 1,300만 명분 긴급수입, 캐나다산 백신 300만 명분을 수입해 투여했고 다음 해 소련제 신형 백신 투여로 소아마비 유행은 종식했다.

민의련은 각 지역에서 어머니들과 학습회와 대책협의회 결성 등의 행동을 조직했으며, 연구기관과 협력해 500건의 사례에 이르는 중화항체검사에 참여하는 등 운동에서 '과학적 근거 제시와 지원' 역할을 했다.

제5절 1961년 강령 확정으로

(1) 1960년 안보와 미이케(三池)투쟁

1. 안보조약 개정저지 투쟁

1951년 샌프란시스코 강화조약과 함께 체결한 미일안보조약 개정교섭은 1958년 9월에 개시해 1960년 1월에 조인했다. 정부, 자민당은 구안보조약의 대미종속적 성격을 개선했다고 선전했지만, 그 목적은 아직 미국 점령하에 있던 오키나와를 비롯한 미군기지를 고정시키고 새롭게 일본 군사력을 증가하며 미일공동작전 의무화를 수반하는 미일지배층의 군사동맹 확립이었다.

1959년 3월 '안보개정 저지 국민회의'가 사회당, 소효(総評), 겐쓰이쿄(原水協), 민주단체와 공산당의 옵서버 참가로 결성돼 11월 제8차 통일행동에는 전국 700개 공투조직과 350만 명이 참가, 8만 명의 국회청원행위가 이루어졌고 전국민적인 투쟁으로 확대됐다.

주8) 갈란타민은 수선화과의 식물 뿌리에서 추출한 알칼로이드. 소아마비 후유증에 효과가 있었다.

안보투쟁

투쟁은 1960년에 격렬하게 증가해 4월에는 사상 처음으로 10만 명 국회청원행동을 실현했지만, 5월 20일 자민당은 경찰병력을 국회에 불러들여 신안보조약을 단독으로 강행 처리했다. 안보개정으로 또다시 전쟁에 빠져들 위험을 느낀 여론은 강행처리에 크게 분노하고, '민주주의를 지키자'는 소리가 하나 되어 투쟁은 정점에 달했다. 6월 18일에서 19일에 걸쳐 33만 명이 국회를 포위하는 중에 19일 조약개정안이 '자연승인'으로 통과되었으나,

22일 이후에는 600만 명의 노동자와 국철노동자를 중심으로 세 번에 걸친 정치파업이 이루어졌다. 반대서명자 수를 2천만 명까지 확대했고, 7월까지 투쟁이 지속돼 기시(岸) 내각은 퇴진했다.

1960년 안보투쟁에 참가한 민의련은 결성 후 6년 동안 34개 도도부현에 219개 병원·진료소를 갖고 있었으며, 직원 3천 명의 조직으로 변해있었다. 직원들은 역사적인 정치투쟁을 지역사람들과 함께 전력을 다해 주도했다. 투쟁에 참가한 의학생 중에서 그 후 민의련의 활동을 담당하게 될 많은 사람이 배출되었다.

2. 미이케(三池) 투쟁

안보투쟁과 시기를 같이하여 전국적인 투쟁으로 일대 정치문제가 된 것이 미이케투쟁이다.

1959년 8월 미쓰이(三井)광산에서는 4,580명의 제2차 정리해고 제안을 계기로 노동조합이 파업했다. 이에 대해 회사측에서는 1,200명을 지명해 해고를 통고했다. 또한 1960년 1월 오무타(大牟田)미이케 탄광을 사업

장폐쇄하고 노조는 전 광산에서 무기한 파업에 돌입하며 대항했다.

미이케 탄광노동자에 대한 지원이 전국으로 확산되는 가운데, 현지에서 의료반을 파견해달라는 요청이 있어 후쿠오카 근로자의료단이 현지조사를 시행한 뒤 의료반파견을 결정했다.

당시 회사가 운영하는 병원에서는 외래·입원환자에 대해 제2조합의 참여 권유와 제1조합원에 대한 진료차별을 시행했다. 덧붙여 1만 명의 경찰 병력과 폭력단을 동원하여 격렬한 투쟁이 예상되었으며, 지원자를 포함해 2만 명의 예방 위생활동이 중요한 과제로 대두되었다.

민의련은 신안보조약 발효 다음 날인 1960년 6월 24일부터 개최한 제8회 총회에서 미이케 투쟁을 조직적 차원에서 지원하기로 결정하고, 소효(総評)와 공동으로 의료반 파견체제를 확립했다.

민의련의 의료반은 8개 현에서 576명이 참가했다. 투쟁이 가장 격렬해진 시기의 의료반에 대해서 다음과 같은 기록이 남아있다.

"노동자들은 의료반의 도착을 불가능하다고 보았지만, 이것이 진짜라는 것과 간호사가 참가한다는 점을 발견하고서는 의료반에서 놀랄 정도로 함성을 질러 펄쩍 뛰면서 기뻐했다."([민의련운동의 궤적] 250쪽)

"8월경에는 전국에서 모여든 의료동지들의 수가 하루에 120명에 달했

미이케 투쟁

다. 의료반은 투쟁의 중심지, 미카와코(三川鉱)의 호퍼(hopper) 옆에 비닐을 씌운 작은 병원을 만들어 백 병상을 설치하고, 3백 명의 외래진료를 담당했다."(〔민의련운동 창설 무렵〕 구와바라 히데타케(桑原英武))

여기에서는 이로코를 중심으로 지지로(自治労), 젠이로(全医労)의 의료노동자와 대학 세틀먼트 의료반도 많이 활동하고 투쟁을 지원했다. 투쟁은 11월에 중앙노동위원회의 조정수락으로 종결되었지만, 그 후 오무타(大牟田) 지역평의회 진료소를 건설했다.

민의련이 1960년 안보개정반대와 미이케 투쟁이라는 두 운동에 전력을 다해 참여한 것은 민의련이 일하는 사람들의 의료기관이라는 점과, 국민과 함께 활동하는 방향으로 확신을 갖고 새로운 강령을 만드는 활동에 큰 영향을 주었다.

(2) 신강령 작성으로

1. 행동목표 제안

1959년 제7회 총회에서 이사회는 대중운영론 이후 민의련의 성격에 대해 토론을 하여 정리하고 다음 행동목표(안)를 제안했다.

"모든 국민은 평등하게 고도의 의료를 받을 권리를 갖고 있다. 그러나 정부는 국민에게 겉치레 의료보장만 해놓고, 국민의료에 대한 관료통제를 강화한다. 우리는 국민의 의료권리를 보장하고 국민의 건강을 지키기 위해 다음 목표를 향해 활동해야만 한다. 1. 환자의 입장에서 무차별평등 진료를 철저하게 시행하고, 대중과의 결합을 강화한다. 1. 의학과 기술향상을 위해 노력한다. 1. 경영을 지키고, 종업원의 생활을 보장한다. 1. 기관운영의 민주화와 집중화를 더욱 향상시킨다. 1. 의료보장의 확충과 의료제도 민주화를 위해 투쟁한다. 1. 의료전선의 통일을 추진한다. 1. 평화를 지키는 활동에 적극적으로 참가한다. 1. 민의련의 단결을 강화한다."

이것은 1955년 강령을 더욱 심화시키고 발전시킨다는 입장에서 중심점을 분명하게 밝힌 내용으로 전국에서 요구한 내용에 대해 이사회가 '행동강령'의 형식으로 답변한 내용이지만, 총회조직 소위원회에서 각 항목에 대해 많은 의견이 제시되었다. 그로 인해 총회에서는 결의하지 못하고, 처리를 새로운 이사회로 넘겼다. 여기에서는 아직 새로운 강령에 대한 논의가 시행되지 않았다는 점, 행동목표의 요점과 형식에 대해선 뒷날의 강령 논의와 연결해 읽는 것이 좋다.

강령개정에 대한 분위기는 높아져 갔다. 이런 상황을 회고하면서 도게 가즈오(峠一夫)는 "강령문제를 바로 다루기로 한 것은 민의련 내외 특히 안보, 미이케 투쟁 등의 외부정세가 자극한 면도 컸다고 생각한다."라고 서술했다.('원류' 민의련신문 1980년 4월 1일)

2. '민진 등의 성격에 대한 분과모임' 토론에서 제1차 이사회 안으로

1960년 제8회 총회에서 '민진의 성격에 대한 특별분과모임'을 설치했다. 모임에서 이사회는 "상임이사회·이사회 토론을 정리하는 것이 꼭 확정 짓기 위한 것은 아니다."라고 미리 양해를 구했고, '민진의 성격 등에 대한 분과모임 자료'를 제출했다. 총회의 제안 설명에서는 지난 1년간의 활동 중에서 나타난 민주진료소·병원의 기본특징과 성격에 대해 견해를 일치하는 단계에 도달했다고 서술했다. '민진의 성격 등에 대한 분과모임'은 새로운 강령을 만드는 논리를 부여했다.

분과모임에서 전국이사회가 논의하여 '시안'으로 제출한 자료를 다음과 같이 요약한다.

"1. 노동자를 비롯한 국민각계각층은 저임금, 실업, 빈곤과 건강악화로 고통받으며, 사회보장·의료보장의 열악한 조건과, 의사·의료기관은 저수가와 진료제한으로 보다 좋은 양질의 의료를 모든 사람에게 균등하게 제공하기가 어렵다. 지역에서 노동자 등과 의사·의료노동자가 의료와 건강을 지키기 위해 협력하고 발전하는 곳이 민주진료소(병원)이다. 민주진료소는 지역에서 노동자 등에게 필요한 의료상의 요구·의견을 반영하기 위해 이들의 조직과 결합하고, 대중적 출자나 운영참가를 위해 노력했다. 친절한 의료뿐만 아니라 질병의 사회적 배경을 포함하는 개선 입장으로 활동하고, 사회보장·의료제도의 개악에 반대하며, 개선을 위한 투쟁적 자세를 관철하여 왔다. 이상의 특징을 갖는 민주진료소는 법인형태에 차이가 있지만, 특정 개인에게 속하지 않은 대중적인 소유형태인 점에서 공통적이다.

2. 정부에 의한 위로부터의 의료사회화 대신, 밑으로부터의 사회화(조직화·대중화)가 근본이다. 근로자의 의료요구와 의료기관의 요구를 통일하고 일체화하는 조직형태로는 협동조합이 적합한 것은 아닌가. 여타의 법인 형태를 부정하는 것은 아니지만, 향후 이 문제를 검토할 필요가 있다."

이처럼 이사회는 민진의 성격에 대한 논의를 반복했지만, 일치하지 않은 원인은 민진의 발생과 경영상의 차이점에 있고 결성 시부터 분명한 단일목표를 갖고 출발했던 것은 아니라는 점, 그러나 현재의 시점에서 지금까지의 실천을 바탕으로 민주의료기관은 어디에 있어야 하는가를 합의해야 한다고 설명했다.

제안에 대한 토론은 각 기관 내부에서 기본적으로 착취는 인정하지 않는다는 점, 생협 형태가 최고 형태인가를 다시 검토할 필요가 있다는 점, 정치활동은 의료기관의 입장에서 진행해야 한다는 점, 민의련의 구성은 의료기관 단위로 한다는 점, 개인개업의 가맹에 대해서는 개인개업의를 제외하는 것은 아직 시기상조라는 점 등의 내용이었다.

분과모임 토론의 대다수는 생협의 문제에 집중했기 때문에 강령 개정과 내용에 대해선 시간이 부족했다. 최후에 현 강령으로 충분한가에 대한 확인을 하려 했는데 현재의 강령 그대로 좋다는 의견은 한 명도 없었다. 분과모임의 결론이 총회로 보고되어, 다음 제9회 총회에서는 이사회의 책임으로 강령개정안을 제출하도록 제8회 총회에서 결의했다.

3. 첫 번째 이사회 안 발표

그 후 회장과 사무국장을 중심으로 정리한 '민의련강령 개정요강'에 대해 상임이사회는 1961년 2월 강령개정에 대한 토론을 시행해 안과 의견서가 몇 가지 나왔다. 4월 전국이사회는 토론 말미에 개정안의 일체화를 상임이사회로 위탁했다. 상임이사회는 소위원회를 만들고 성문화했다. 이사회 안에 자료를 첨부해 1961년 4월 전국에 발송해 전국적인 토론을 요청했다. 전국에서 제시된 의견을 포함해 6월 제9회 총회 전날 전국이사회는 '전국이사회개정안'을 정리해 총회에 제안했다. 내용은 다음과 같다.

'전국이사회개정안'

모든 국민은 건강한 생활을 영위하고, 충분한 의료를 받을 권리를 갖고 있다. 그러나 이 권리는 보장되어 있지 않다. 노동자·농민·근로시민은 높은 보험료와 일부 본인부담금으로 고통받고, 충분한 의료를 받지 못한다. 빈곤층은 열악한 보호기준으로 인해 생존조차 위태롭다.

모든 의료기관은 낮은 진료수가와 의료에 대한 행정통제로 인해, 시설 개선과 의료내용 향상을 방해받는다. 예방이나 공중위생 역시 어렵고, 국민의 건강은 위기에 빠져있다.

이것은 정부가 미국과 군사동맹을 체결하고 군비를 강화해 독점자본을 옹호하면서 국민의 의료와 건강을 희생하는 정책을 추진했기 때문이다. 이런 상태를 끝내기 위해 국민은 노동자를 중심으로 각각의 입장에서 투쟁했다.

우리 민주의료기관은 전전의 무산자진료소의 전통을 이어받아, 국민의 건강과 의료를 지키는 투쟁 속에서 탄생해 일관된 입장을 관철함으로써 국민으로부터 지지를 받아 발전해 왔다.

우리는 노동자·농민·근로시민의 의료기관으로서 내부의 단결을 확고하게 하여, 다음 목표를 실현하고자 한다.

1. 우리는 일하는 인민의 생명과 인권을 존중하는 의료를 지향하며, 의학의 진보와 질병예방에 힘을 쏟아 의료내용의 충실화를 도모한다.
1. 우리는 정부와 자본가의 전액부담에 의한 의료보장제도의 확립, 의료제도의 민주화와 의료종사자의 생활향상을 위해 투쟁한다.
1. 우리는 안보체제하의 의료정책에 반대하며, 인류의 생명과 건강을 파괴하는 전쟁, 특히 핵전쟁에 반대하고, 평화와 독립, 민주주의와 생활향상을 위해 투쟁한다.
1. 우리는 국제연대를 위해 노력하며, 의료사회화의 선진적 경험을 배우고, 민주의료운동의 향상을 위해 노력한다.
1. 우리는 모든 의료종사자와 손을 잡고, 노동자계급을 중심으로 인민의 통일전선 발전을 위해 활동한다.

4. 강령소위원회 안

제9회 총회는 각 지역 연합, 직접가맹기관 등에서 1명씩 선출된 위원과 옵서버, 전국이사회 대표 합계 74명의 '소위원회'를 만들고, 전국이사회안을 심의해 1일에 걸친 강령소위원회안을 정리하고 총회에 제출했다. 구체적 내용은 다음과 같다.

'강령소위원회 안'

모든 국민은 건강한 생활을 영위할 수 있도록 충분한 의료를 받을 권리가 있다.

그러나 우리나라의 의료보장제도가 빈약하기 때문에 노동자, 농민, 근로시민은 만족스러운 의료를 받지 못한다. 또한 의료기관은 낮은 진료수가와 행정통제로 인해 설비를 잘 갖춘 상태에서 치료를 시행하기 어렵고, 의료노동자는 낮은 임금과 노동강도의 증가로 고생한다. 예방이나 공중위생 역시 열악해 국민은 늘 건강불안을 느낀다.

이러한 상태를 개선하기 위해 국민은 각자가 선 자리에서 투쟁한다.

그러나 정부는 미국과 안전보장 조약을 체결하고 군비를 증가해 독점자본의 이익을 달성하는 정책을 시행하고, 국민의 건강과 의료를 돌보지 않는다.

우리 민주의료기관은 전전의 무산자진료소의 전통을 이어받아 투쟁 속에서 탄생했으며, 다양한 형태로 활동하면서 국민으로부터 지지를 받아 발전해 왔다.

우리의 입장과 임무는 다음과 같다.

1. 우리의 병원, 진료소는 노동자, 농민, 근로시민의 의료기관이다.
1. 우리는 일하는 사람들의 생명과 인권을 존중하고, 생명을 구하는 사명에 노력하고, 병을 예방할 수 있도록 의료내용의 충실을 추구한다.
1. 우리는 정부와 자본가가 전액 부담하는 의료보장제도의 확립, 의료제도의 민주화와 의료종사자의 생활향상을 위해 투쟁한다.
1. 우리는 단결을 튼튼히 하고, 모든 의료종사자와 손을 잡고, 노동자

계급을 중심으로 통일전선의 발전을 위해 활동한다.

강령소위원회 안은 당초 이사회에서 나타난 표현을 부드럽고 쉽게 고치는 방식으로 수정했다. 위원회 토론에서 나타난 이사회안에 대한 평가, 즉 '차원이 높다.', '신규의사들에게 저항감이 있다.'는 의견을 배려한 결과이다.

소위원장 보고에서는 '이사회안의 내용, 관점에 대해서는 소위원회에서 이론이 없었다.'고 하면서 '의료문제를 전면적으로 내걸고 정치문제로 들어갔으며, 읽기 쉬운 문장으로 고치고 위원 전원의 토론과 이해로 결정했으며, 토론을 위해 해설서를 만들자고 합의했다.'고 설명했다. 소위원회의 의사록에 위의 합의문에 이르기까지 여러 긴박한 의견이 교차했음을 기록했다. 나아가 개정안을 전국 토론에 부쳐, 6개월 이내에 임시총회를 개최하자는 결정을 했다.

총회에서는 독립, 통일전선, 제1항 '……의 의료기관'에 있는 '익'에 대한 토론이 있었다. 이에 대해 소위원장이 "'독립'에 대해서는 의료 대중단체이고, 정치적 견해를 달리하는 사람들 간에 혼란을 방지하기 위해 빼는 것으로 했다."고 설명했다.

이리하여 새로운 강령의 결정은 임시총회로 연기되었다. 불충분해도 채택은 해야 한다는 의견보다 전체적으로 토론을 해야 한다는 의견이 더 많았다.

이에 따라 쓰다(須田) 회장은 "6개월간에 걸쳐 전체적으로 토론하고, 강령을 모두에게 스며들게 하는 운동을 목표로 했다. 결과는 대단히 성공적이다."(1961년 임시총회)라고 서술하고, 제9회 총회에서 채택을 연기한 것이 전국적으로 집중토론을 가능하게 하여 새로운 강령이 민의련 전직원의 노력에 의한 성과임을 강조했다.

5. 임시총회를 향한 이사회의 수정안

제9회 총회 후에 상임이사회는 '민의련강령 개정안에 대하여'(1961년 6월)라는 해설문을 전국으로 발송했다. 각 지역에서 논의가 진행되면서 개정안에 대한 이견, 수정, 반대의견이 속출했다. 이들 의견에 대해 부회장이었던 구와바라 히데타케(桑原英武)는 "전문과 5개 항목으로 표현한 것, 전체적인 관점이나 중점사항에 대한 것 등 다종다양했으며, 상임이사회가 일정한 안을 준비하려는 상태로만 있을 수 없었다."(〔민의련 창설의 시기〕 212쪽)고 기록했다.

임시총회 1개월 전에 개최한 제2차 이사회의 초반에 쓰다 회장은 '지금까지의 의견 중에는 초안전문에 기술되어 있는 내용이 직접적이어서 너무 노골적이라고 질책하는 의견이나 의료기관이라는 대중단체의 강령으로서 정치색채가 너무 강하다는 주장도 있다.'고 설명했다.

제9회 총회 이후 3개월간 각 기관과 연합체에서 이상과 같은 개정안 토론상황을 집약했기 때문에 개정안에 대한 비판은 많았으며, 개정안 전문과 일치하는 내용은 하나도 없었다. 제9회 총회 강령 소위원회안으로는 강령 개정을 정리할 수가 없었던 것이다. 이로 인해 이사회는 임시총회의 기한이 임박했다는 점, 새롭게 수정안을 만들 것인가, 강령소위원회 안을 토론에 부쳐 총회에서 결정할 것인가의 문제 등 모순해결을 위해 심각하게 논의했다. 그 결과, 민의련의 성격규정('……의 민주적 의료기관이다.'의 '의' 문제 등)과 통일전선, 의료문제를 전면에 내세운다는 점과 민의련의 의료 내용 등의 세 가지 논점에 집중해 합의하고 표현을 다듬어 이사회수정안으로 발표했다. 또한 강령은 외래 등에 게시하자는 입장에서 전문은 간결하게 하고, 민의련의 역사, 강령해설과 함께 별도의 팸플릿을 만들기로 결정했다.

이사회의 결단에 의해 만들어진 수정안은 안을 만든 경과와 이사회 회의록을 첨부해 전국에 발송했다.

전국이사회 수정안은 다음과 같다.

우리의 병원·진료소는 일하는 사람들의 의료기관이다.
1. 우리는 환자의 입장에서 친절하고 좋은 진료를 수행하며, 힘을 합해 일하는 사람들의 생명과 건강을 지킨다.
1. 우리는 일하는 사람들에게 많은 질병을 예방하고 치료하는 것에 전

력을 다하며, 방심하지 않고 의료내용의 충실과 향상을 위해 노력한
다.

1. 우리는 늘 학문의 자유를 존중하고, 새로운 의학성과를 배우고, 국제
교류를 달성하여 선진국의 의학·의료기술을 습득한다.

1. 우리는 병원·진료소의 민주적 운영에 노력하고, 우리의 생활과 권리
를 지킨다.

1. 우리는 지역사람들과 협력을 강화하고, 건강 지키기 운동을 발전시
킨다.

1. 우리는 정부와 자본가에 의한 종합적인 사회보장제도를 확립하고,
의료제도 민주화를 위해 투쟁한다.

1. 우리는 인류의 생명과 건강을 파괴하는 전쟁정책에 반대한다.

이와 같은 목표를 실현하기 위해 우리는 상호 단결을 확고하게 하여 의
료전선을 통일하고, 독립·민주·평화·중립을 지향하는 모든 민주세력과
손을 잡고 활동한다.

수정안에서는 제9회 총회에서 제안된 '전국이사회개정안'과, 이것을 수
정한 '강령소위원회'(안)에 기술되어 있던 비교적 긴 전문은 삭제했다. 간결
한 전문과 후문, 7개 항목의 본문으로 구성한 것이다.

6. 임시총회의 토론과 결정

1961년 10월 29일에 개최한 강령개정에 대한 임시총회 강령개정제안
에서 '이사회수정안'은 총회 전 각 현 연합의 토론에서 대다수가 기본적으
로 찬성했다고 서술하고 이 안을 토론하자고 제안했다.

토론은 모두부터 전국이사회의 수정안 처리를 둘러싸고 의견이 갈렸다.

제9회 총회는 총회에 제출한 강령소위원회 수정안을 토론해야 했지만,
임시총회 전에 이사회 수정안이 나와 어떤 안을 토론의 대상으로 할 것인
가를 두고 질문이나 규칙위반 등의 비판이 나왔다. 이런 문제제기는 제2차
이사회, 임시총회 직전의 3차 이사회에서도 토의한 문제였지만, 이사회는
순서상의 문제로 인식하고 두 안에 본질적인 차이는 없기 때문에 토론하기

가 비교적 쉬운 수정안을 원안으로 토의해달라고 요청했다.

토론에서는 개정안에 기본적으로 찬성한다는 입장에서 각항에 규정한 내용에 대한 문제제기나 추가제안이 있어 몇 개의 수정의견을 반영했다. 그리고 총회전과 마찬가지로 토론내용을 받아 수정위원회가 설치되었고, 논의내용과 문구수정 작업을 수행했다. 위원회는 성격규정에 대한 토론을 상당한 시간 배정하고, '일하는 사람들'이라는 표현과 내용에 대한 의견으로 '현재의 국가권력에 억압받는 전 민중을 내용으로 한다는 점을 해설서와 기타 영역에서 분명하게 한다.'고 정리했다. 그리고 7개 항목을 5개 항목으로 통합하고, 정확성을 기해 순서를 바꾸고, 후문에서는 건강을 지키기 위한 의료만이 아니라 '생활향상'도 필요하다고 판단해 이것을 추가했다.

위원 전원 일치로 가결된 수정안을 총회에서 상의해 수정위원회 위원장은 '불충분한 점도 있지만, 실제 문제로서는 이 정도로도 많은 결론을 얻었다고 생각한다. 장래 실천 과정에서 더욱 심화시켜 가야 할 것으로 전 위원을 대신해 양해해 주길 바란다.'고 요청했다.

그리고 몇 가지 의견이 나온 후, 의장제안으로 토론을 종결했다. 채택한 결과, 오사카의 대의원 두 명의 반대로 강령을 개정했다. 반대한 대의원은 뒤에 전문에 대해 오해했다며 반대를 철회하고 찬성으로 입장을 바꿨다. 이로 인해 뒤의 민의련 회의록은 '만장일치'로 채택했다고 수정했다.

결정한 강령은 다음과 같다.

민의련강령(1961년 10월 29일)

우리의 병원·진료소는 일하는 사람들의 의료기관이다.

1. 우리는 환자의 입장에서 친절하고 좋은 진료를 수행하고, 힘을 합해 일하는 사람들의 생명과 건강을 지킨다.
1. 우리는 늘 학문의 자유를 존중하고, 새로운 의학의 성과를 배우며, 국제교류를 달성해, 방심하지 않고 의료내용의 충실과 향상을 위해 노력한다.
1. 우리는 직원의 생활과 권리를 지키고, 운영을 민주화해, 지역·직종 간 사람들의 협력을 심화시켜 건강을 지키는 운동을 발전시킨다.

---

1. 우리는 국가와 자본가의 전액부담에 의한 종합적인 사회보장제도의 확립과 의료제도의 민주화를 위해 투쟁한다.

1. 우리는 인류의 생명과 건강을 파괴하는 전쟁정책에 반대한다.

이상의 목표를 실현하기 위해 우리는 상호 단결을 다지고, 의료전선을 통일하여, 독립·민주·평화·중립·생활향상을 지향하는 모든 민주세력과 손을 잡고 활동한다.

7. 강령토론의 논점

이상이 1961년 강령이 확정된 경과이다.

강령토론 중에서 주요 논점이 된 내용에 대해서 일부 중복이 있더라도 정리를 해 놓는다.

① '일하는 사람들의 의료기관'

'일하는 사람들'로 표현한 계층 혹은 대상에 대한 논의는 민의련의 성격규정과 일치해 논의해 왔다. 계급적 입장 혹은 국민적 입장이라는 의견이 있고, 노동자계급을 중심으로 한다는 의견도 있다. 그리고 어민이나 지식인, 사업자, 실업자, 생활보호자 등은 포함하지 않는가라는 제기도 있어서 '국민'으로 해야 한다는 의견도 있었다. 처음에는 '일하는 민중'이었지만, '일하는 사람들'이라는 쉬운 표현으로 개정했다. 이것은 앞에서 서술한 바와 같이 '권력에 억압받는 전 민중'임을 해설서에서 설명했다.

다음으로 '일하는 사람들'에 이어서 '의'에 대한 문제는 '소유격논쟁'으로도 불리는 논의이다. 만일 소유격을 나타내는 것이라면 누구의 소유인가에 대한 문제이고, 이런 면에서 민의련에 적용할 수 없다는 문제제기가 있었다. 즉 당시에는 개인이 소유한 의료기관도 상당히 있었던 상황을 반영했다. 임시총회 전 제2차 이사회에서는 대중소유가 아닌 기관도 있고, 소유격이 아닌 다른 표현으로 변경해야 한다는 의견이나 모든 기관을 포괄했다는 의미에서 상식적으로 이해할 수 없는 내용이라는 의견, 대중운영의 방향으로 노력한다는 식으로 표현하자는 의견 등을 경유해 '입장에 서서'

혹은 '……를 위하여'라는 해석을 포함하고, 장래 목적으로 소유를 포함하면 의미도 변하지 않을 수 있다는 점을 확인했다. 그리하여 임시총회에서는 소유형태를 불문하고, 민의련의 역할을 위해 노력하는 운영, 민중을 위해 민중의 의료를 수행하는 역할을 하는 사람도 포함했으며 이 내용을 해설서에서 설명한다고 이사회는 답변했다.

② '민의련 의료의 특징'

강령 중에서 의료를 전면에 내세워야 한다는 의견이 반복해서 제기되었다. 또 강령전체가 정치적 색채가 너무 강해 반작용도 고려해야 한다는 주장과도 관련이 있다. 이런 문제를 어떻게 표현할 것인가에 대해 임시총회를 앞둔 제2차 이사회가 세 개의 주요 논점의 하나로 고심한 내용에 대해선 이미 앞에서 서술했다.

임시총회에서는 인도적 입장에서 의료를 시행할 뿐만 아니라 생활 문제에도 관심을 갖자는 점 등 다른 의료기관과의 상이점은 진료의 형태, 태도에 있다는 등의 특징을 내세우는 의견이 나왔다. 이사회는 같이 일하는 동료의 입장에서 진료하는 것이 신뢰의 기초이고, 팀워크나 집단적인 행동을 목표로 하는 것이 이런 내용을 보장한다고 설명했다. 또한 임시총회에 제안된 수정안으로, 의료에 대한 세 항목 중 홋카이도긴이쿄가 마련한 '잠정 강령'에 대한 전국적인 공감을 이곳에 삽입했다고 서술했다.

③ '국가와 자본가의 전액부담에 의한다.'

종합적인 사회보장제도 확립을 달성하기 위해서 헌법 제25조의 규정으로 국가에 의한 부담은 당연한 것이었으며, 자본가에 대해서는 중소자본가 혹은 영세사업자까지 포함하는가의 문제를 토론했다. 의료기관의 부담을 예로 들며, 중소, 영세사업자 본인 부담의 과중은 통일전선 확대를 고려할 경우 방해라는 의견도 있어서 시간을 두고 논의를 했으나 결론에 도달하지 못했다.

임시총회에서는 이것을 올바르게 표현하는 방법을 찾았으나, 통일된 의견을 달성하지 못해 원안대로 채택하고 장래 다시 토론해야 할 문제로 남겨둔다고 이사회에서 설명했다.

④ '의료와 정치의 연관성'

사회보장의 충실이나 평화가 의료의 목적을 실현하는 과정에서 결여될 수 없다는 점에 대해선 일치했지만, 통일전선의 내용과 독립, 안보 등의 정치적 항목에 대해선 많은 토론을 진행했다. 그중에서도 독립에 대해서는 많은 의견이 나왔지만, 이사회수정안이 간결하게 구성되어 있어 후문에 독립을 추가하고 안보는 제외했다.

강령개정 토론은 이 외에도 몇 개의 논점이 있었다. 임시총회에서 정리한 강령 해석과 결론에 도달하지 못했던 문제들이나 이후의 운동 진행 과정에서 풀어가야 할 점에 대해서는 해설서에서 설명했고, 강령확정 다음해에 [민주진료소·병원에 대하여](강령해설 팸플릿)를 발행했다. 그 후 1966년에 설치한 교육위원회에 의해 '민의련의료의 특징'과 '민의련역사와 강령'의 결정판 작성을 진행했으며, 이후 여러 차례 내용을 수정했다.

이 강령은 반세기 이상에 걸쳐 민의련의 지도이념으로서 생명력을 발휘했다.

立川相互病院

1982년에 개설한 다치가와소고병원

제3편 착실한 전진과 비약의 시대

제3편에서는 1961년 강령결정으로부터 1982년 제25회 총회까지 다룬다.

일본은 1950년대 중반부터 고도경제성장 시대에 진입해 충실한 사회보장을 요구하는 국민운동이 높아지고, 그 힘으로 많은 성과를 쟁취했다. 민의련운동은 새롭게 결정한 강령을 실천 속에서 구체화해 갔으며, 1960년대에 많은 기본 방침을 확립했다. 그러나 커다란 비약은 1970년대에야 비로소 달성했으며 전일본민의련은 '70년대의 과제에 걸맞는 민의련운동의 새로운 전진을 위해'라는 방침을 내걸고, 방침에 따라 전국적으로 병원건설에 도전했다. 이것을 가능하게 한 것은 청년의사를 비롯한 새로운 민의련운동의 활동주체들이 대거 가입했기 때문이다.

역시 제2편에서도 많이 언급했지만, 1967년에 개최된 제15회 총회의 규약개정 당시 약칭을 전국민의련에서 민의련으로 변경했으며, 이후 1970년에 약칭을 전일본민의련으로 변경했다.

제1장 강령을 실천으로 - 1960년대의 민의련

신안보조약 성립 이후 정부는 '소득증대계획'을 전면에 내세웠지만, 실제 내용은 경제성장을 배가하기 위한 대기업우선과 대규모 공공사업에 국가예산의 상당부분을 투입하는 개발중심의 정책이었다.

사회보장 억제책을 제대로 파악하고 사회보장을 향상시키기 위해서는 국민운동 외에는 다른 방법이 없었다. 한편, 대기업을 중심으로 연공서열형 임금이나 종신고용의 틀이 만들어졌고, 사회보장도 대기업과 중소기업, 농민, 자영업자 간에 격차가 발생하는 복잡한 구조가 되어갔다.

일본경제는 1960년대를 통해 비약적인 성장을 지속해 1973년 가을 오일쇼크 때까지 이어졌다. 1969년에는 GNP(국민총생산)가 세계 2위였지만, 한편에서는 공해와 직업병이 빈발했고 정치혁신을 위한 새로운 흐름이 높아져 1960년대 후반에는 복지를 중시하는 혁신 지자체가 서서히 탄생했다.

1960년대 사망원인은 뇌졸중, 암, 심장병이 상위를 차지하는 양상이 되어 질병구조가 감염증에서 성인병으로 변했고, 산업재해와 공해가 중대한 문제로 떠올랐다.

민의련은 1961년에 강령을 확정하고 사회보장 등의 투쟁에 노력했으나, 의료 실천에서는 진료소가 중심이었고 병원의 수는 적었으며 지역에 대한 영향력도 현재와 비교해 보면 한계가 있었다. 가장 큰 요인은 의사부족이었다. 그래도 민의련은 지역 주민의 요구나 노동자의 건강실태에 대해 진정으로 부딪히고, 사회의학적인 활동을 강화하면서 의사를 비롯한 각 직종 간의 협력관계, 시설과 기술의 향상 등 의료기관으로서 힘을 착실하게 키워갔으며, 이러한 실천을 이론화하기 위해 노력했다. 또한 민의련의 경영원칙이나 각 직종의 역할, 법인형태나 기반조직 등에 대한 방침을 발전시켜갔다. 이런 여러 요소가 민의련의 토대가 되어 현재의 민의련에도 계승, 발전되고 있다.

1960년대 말경에는 의학생 운동의 새로운 고양과 함께 민의련에 참가하는 의학생이 증가했으며, 의학생 활동은 후계자 대책의 성공으로 이끌어 1970년대 이후 운동을 추진한 의사를 비롯한 새로운 직원·전문직 집단을 형성했다.

제1절 민의련다운 의료 탐구

강령을 결정한 후 민의련은 의료·경영·사회보장 등 모든 분야에서 강령을 구체화해 가기 위해 노력했다. 이것은 스스로 존재의의를 분명하게 해가는 활동이었다. 의료 분야에서는 '환자의 입장에 선 의료', 일상진료총괄회의와 의료활동방침, 환자모임, 산재·직업병, 공해, 나아가 '민의련다운 의료'의 탐구 등 고도경제성장 시대에서 왜곡된 점이나 부작용을 고발하고 시대와 투쟁하는 활동을 추진했다. 그러나 동시에 의사부족을 비롯한 주체적 힘의 한계에서 발생하는 약점도 안고 있었다.

(1) 환자의 입장에 선 의료, 그 의미

민의련강령(1961년)이 결정된 다음 해인 1962년 3월 최초의 민의련강령 해설 팸플릿 [민주진료소·병원에 대해]를 발행하고, 전국적인 학습운동을 진행했다. 팸플릿은 민의련강령 제1항 해설에서 "일하는 사람들의 의료기관이라고 하는 점은 당연히 우리들의 진료에 구체적 태도로 나타나야만 한다. 환자의 입장에 선다고 하는 것은 환자의 요구를 순수하게 받아들이고, 환자 한 사람 한 사람이 겪는 직장이나 생활환경을 잘 이해해 환자의 몸에 맞는 좋은 진료를 하기 위해 노력하는 것이다."라고 서술했다.

1. 제10회 총회에서의 발전

이러한 관점은 1962년에 개최된 제10회 총회방침에서 "어떤 곤란한 조

외지에 취업하기 전에 아버지가 음주로 상하는 것을 방지하기 위한 〔음주피해로부터 가정을 지키는 모임〕
이 개최되었다. 사진은 제3회 전국집회. 민의련은 '외지취직전검진'을 시행하고, 적극 참가하였다.

건을 갖고 있어 치료가 어려운 환자라도 질병의 사회적 요인을 파악하고,
개선하기 위해 투쟁해 온 일상진료활동의 축적이 '환자의 입장에 선 의료'
주1)라는 말로 표현된 것입니다."라고 의료전체를 이해하는 내용을 포함했
다. 그리고 생활조건에서 급성 신우신염에 대한 치료를 중단한 환자를 방
문해 생활과 건강을 지키는 모임의 협조로 의료지원을 받아 치료를 재개
할 수 있었던 사례를 소개하면서 그런 활동이야말로 '의사의 입장에 선 의
료'에서 '환자의 입장에 선 의료'로 향하는 '발전법칙'이라고 표현했다.

제10회 총회에서는 '환자의 입장에 선 의료'를 각 직종의 힘을 합해 어
떻게 진행시켜야 할 것인가라는 관점에서 의사, 사회복지사, 진료보조업무
등 각각의 역할에 따라 기술하고, 각 직종의 활동을 정리해 '환자의 입장
에 선 의료를 발전시키는 조직자'는 '사무장으로 대표할 수 있는 관리책임
을 담당하는 동료'라고 규정했다. 나아가 일상진료에서 의사와 타직종 간

주1) '환자의 입장에 선 의료'에 대해서는 뒤에 '환자와 의료기관의 구별을 애매하게 했고, 환자의 입장에
선다고 하는 것이 오히려 환자의 권리를 존중하지 않고 독선에 빠질 위험이 있다.'는 취지의 비판이 있었다.
확실히 의료종사자는 환자의 통증을 그대로 자기자신의 몸에서 느끼는 것이 아니다. 그러나 전문가로서 지
식이나 경험으로 고통을 이해하는 것은 가능하며, '상대방의 입장에 서서 생각한다.'라는 것은 지극히 통상
적인 내용인 것이다.

1963년 6월 시즈오카현에서 개최된 제11회 총회

의 모순이 방치되는 경우가 있어서 이를 해결하기 위해서는 '간호나 사무가 환자의 구체적인 요구에 기초해 의사의 진료를 지원하고, 건설적인 비판을 할 수 있는 민주적인 체제 속에서 집단적 역량을 발휘하는 것'이 필요하다고 제기했다. 그러나 이러한 주장에 대해 '의사의 입장'에 대한 배려가 불충분하고, '사무장의 역할이 강조되는 것에 불과하다.'는 비판을 받아서 수정하게 된다.[주2]

또한 방침에서는 의사회 등의 정례화, 저의료비 정책이 구체적으로 나타나는 실태를 분명하게 해, 투쟁으로 발전시킬 것을 강조했다.

'환자의 입장에 선 의료'에 대한 탐구는 제11회 총회(1963년)에서 '진료를 환자의 현실생활이나 노동과 결합해 간다.'는 것과 '치료와 예방을 통일되게 수행해 가는 것'이라는 점, 나아가 일상 진료에 대해 '의료기관 내의 모든 사람이 깊이 파고들어 검토'할 것을 제기하며, 1964년 제12회 총회에서는 의료활동의 제일의 축으로 '환자의 입장에 선 친절하고 좋은 의료'를 어

주2) 제10회 총회의 회의록에는 이렇게 표현되어 있지만, 구체적으로 어떻게 수정했는지는 알 수 없다. [민의련의 40년]에 게재된 것은 총회에서 제안한 문서 그대로이다. 민의련 총회방침의 결정판은 1965년 제13회 총회부터 수록되어 있고, 그 이전에는 수정한 부분만을 발표했다. 수정기록이 총회결정집 [민의련의 20년]을 작성할 당시에 수정했던 내용이 아니라, 안 자체를 그대로 수록했던 것 같다. 이 상태로 '40년'에 게재된 것이다. 똑같은 문제는 후술하는 '정당과의 관계'에도 해당한다.

떻게 추구할 것인가라는 의미에서 '민의련 의료를 향상시키자'로 발전한다.

2. 실천을 낳게 한 '환자의 입장에 선 의료'

이처럼 민의련강령으로 선언한 '환자의 입장에 선'이라는 관점은 현재에 이르기까지 일관하는 것으로, 민의련 각 의료기관이 구체적으로 계속해서 추구해야 할 내용이다. 진실로 민진 발족 이후 '실천'으로 인해 탄생한 것이다. 또한 환자 한 사람 한 사람을 생활과 노동현장에서 이해하려는 자세는 전전부터 이어져온 의료민주화 운동을 계승한 것이고, 질병과 사회적 원인, 건강을 회복하는 과정에서 장해에 대해 의료종사자가 환자와 함께 투쟁한다는 자세를 표명한 것이다. 환자의 입장에 선 의료에 대한 탐구가 있었던 것이야말로 뒷날 '공동운영'이나 '환자의 권리가 갖는 두 가지 측면'에 도달한 배경이다.

(2) 사회의학적 활동에서 공해, 산재·직업병으로

전국민의료보험제도가 수립되는 과정에서 전일본민의련이 '사회의학적 활동'을 강조하게 된 시기는 1959년 제7회 총회부터였다. 이것은 '질병만을 치료 하는 것이 아니라, 환자 자신을 치료해야만 한다.'는 이유에서 환자의 생활이나 노동으로 눈을 돌려야 한다는 극히 자연스러운 생각에 기초했다. 이에 따라 집단검진이나 조사활동, 지원활동 등에 참여한 것은 이미 전편에서 서술했다.

1961년 제9회 총회부터 부락의료활동이 사회의학적 의료활동의 하나로 제시되었다. 오사카의 미미하라(耳原)병원이 부락해방동맹과 협력해 시영주택 60가구를 건설한 경험 등을 보고했다. 이외 사회의학적 활동으로는 쟁의, 재해 등에 대한 의료반 활동이 거론되었다. 미이케(三池)투쟁에 이어 니이지마(新島)기지투쟁, '실업과 빈곤에 반대하고, 사회보장을 확충하는 국민대행진', 제2 무로토(室戸)태풍피해 등이다.

1963년 제11회 총회에서는 이 분야의 새로운 방침으로 '보건부(保健婦)활동'을 제시하고, 나아가 '건강조사활동을 진행', '공해, 산재·직업병

빈곤과 실업을 없애는 국민대행진(1961년 3월)

으로 눈을 돌리자'고 제기했다. 여기에서 처음으로 공해, 산재·직업병에 대한 총회방침이 등장했다.

제12회 총회의 의료활동방침 '민의련의료를 추구합시다'에 지속된 하나의 축은 '모든 의료기관에서 사회의학 활동을!'이었다. 집단검진은 그때까지는 결핵을 중심으로 했는데 고혈압, 암 등으로 확대했다. 예를 들면 오사카에서는 1961년에 니시요도(西淀)의 47개 공장, 2,647명을 대상으로 검진과 직업병 실태조사를 시행했다. 또한 1962년 지바의 미나미하마(南浜)진료소는 대학과 협력해 주민조직 전체를 대상으로 성인병검진을 시행했다.

이리하여 집단검진 데이터를 노동조합이 투쟁의 자료로 활용하고, 노조와 협력하는 활동도 진행시켰다. 예를 들면 도쿄의 기시모진(鬼子母神)병원 등 여러 기관이 택시노동자의 건강진단에 참여한 결과, 평균 연령 29세의 택시기사 중 80%에게서 이상을 발견해 충격을 주었다. 젠지코(全自交)*, 젠지운(全自運)*과 도쿄민의련의 협의가 이루어져 2개 조합을 합해 1만 명에 대한 근로조건 조사를 일제히 실시했고, 노동조합은 건강보험조합의 민주화에 참여했다.

또한 1964년 제12회 총회에서는 고도성장하에서 노동자의 건강파괴에 눈을 돌리면서 '모든 질병은 직업이나 공해와 관계가 있다고 의심할 수밖에 없는 상태'라고 서술하고, '특히 산재·직업병에 대한 활동을 확대해야 한다.'고 이해의 중점과제로 삼았다. 이것은 시의 적절한 방침이었다.

당시의 대표적 활동은 오사카민의련의 의사 다지리 슌이치로(田尻俊一郎) 등에 의한 쓰미토모덴코(住友電工) 이타미시(伊丹)연구부의 핵연료 제조작업에 근무했던 노동자의 백혈병 사망(1963년, 다음 해 1964년에 산재로 인정받음), 구마모토(熊本)요양원의 의사 히라다 무네오(平田宗

백혈병으로 사망한 노동자의 산재보상을 요구하는 집회. 취급했던 우라늄에 의한 방사선 장해로 오사카민의련의 의사 등이 산재 인정 투쟁에 참가해 1964년 산재로 인정받았다.

고코쿠(興國)인견야쓰시로공장의 노동자를 검진하는 의사 히라다 무네오

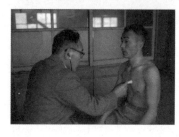

니가타·아가노가와(阿賀野川)유역에서 설립된 후나에(舟江)진료소. 니가타 미나마타병의 발굴에 참여했다.(1960년대)

男) 등과 관계했던 노조·지역주민의 협조에 의한 고코쿠(興國)인견사 야쓰시로(八代)공장의 이황화탄소 중독(1964년에 산재인정) 등이다.

또한 미즈시마(水島)협동병원 공해대책위원회가 미쓰비시카세(三菱化成)미즈시마 공장에서 나온 배출가스로 난초가 말라 죽은 사건을 고발하고(1964년), 니가타(新潟) 눗타리(沼垂)진료소의 쇼와전공(昭和電工) 가노세(鹿瀬)공장 폐유에 의한 아가노(阿賀野)천 유기수은중독(1965년, 니가타 미나마타병), 미이케탄광 가스폭발사건[주3] 등에도 참여했다. 이 외에

주3) 미이케 투쟁이 노동자의 패배로 끝난 후, 회사는 안전을 경시하고 채탄량 증가를 시도했다. 1963년 분진가스 폭발로 458명이 사망하는 대참사가 발생했다. 일산화탄소 중독 환자는 엄청나게 많았고, 후유증 조사를 위해 민의련 조사단을 파견했다.

1955년에 개설된 아키타·나카토리진료소

도 효고의 진폐, 도쿄 요요기 병원의 만성가스중독, 도네(利根)중앙병원의 진동장해(소위 백납병白蠟病) 등 활동은 전국적으로 확산되어갔다.

1960년대 후반에는 연탄노동자의 가스중독증(홋카이도, 1965년 이후 센소라치탄코(全空知炭坑)노조와 협력), 배관공의 만성 일산화탄소중독(요요기병원, 100명 산재인정), 진동장해(아키타, 군마, 오사카), 키편치병(아키타, 이시가와, 효고), 주물공의 요통(사이타마), 도쿄보건생협의 배기가스 중 납으로 인한 대기오염 대책 활동[주4] 등 더욱 확산되고 있음을 알 수 있다. 또한 미나마타병 시민대책회의에서는 구마모토 요양원이 참가해 1969년에 미나마타병 소송을 개시했다.

민의련은 1966년에 '제1회 산재·식업병·공해연구회'와 '집단검진검토회'(집단검진활동의 의미, 방법, 조직에 대한 검토. 젠니치지로 조합원검진에 대한 의사통일)를 전국적인 활동으로 교류하고, 발전시켰다. 그리고 일상의 진료 속에서도 환자의 노동과 생활을 파악해 산재·직업병, 공해를 간파하기 위해 투쟁하는 '보고 준비하자'를 강조했다. 1960년대의 산재·직업병, 공해 활동은 민의련의 존재의의를 빛나게 했다.

* 역자주: 젠지코(全自交)는 전국자동차교통노동조합연합회, 젠지운(全自運)은 전일본건설교통일반노동조합의 줄인 말이다.

주4) 1969~70년, 도쿄·우시코메야나기초(牛込柳町)의 주민건강조사 발표는 언론에 크게 보도되었으며, 정부의 가솔린에 대한 납 함유 규제로 이어졌다. 다만 이 발표 데이터에 정확성을 결여한 부분이 있는 것은 아닌가라는 지적이 있었다.

(3) 질병구조의 변화에 대한 대응

1. 아키타(秋田)·나카토리(中通)병원의 활동

오랜 기간 첫 번째 사망원인을 차지했던 결핵은 항생제와 국민생활의
향상 속에 이미 1950년에는 뇌졸중에 자리를 물려줬고, 1963년에는 7위
로 떨어지면서 뇌졸중, 암, 심장병이 1~3위를 차지했다.

민의련에서도 당연히 국민의 생명을 위협하는 이들 질병에 대한 대책
활동에 참여했다. 활동은 진료소 차원에서는 한계가 있었고, 수술 등을
포함한 병원의 대책이 필요했다. 선두에 아키타의 나카토리 병원이 있었
다. 1955년 4월에 개설한 나카토리진료소는 처음부터 수술실과 병실을
갖추었다. 미야기(宮城)의 사카(坂)병원에서 부임한 외과의사 세토타이
시(瀨戶泰士)는 현립병원 의사 등과 협력해 활발한 의료활동을 전개했다.
1957년 45병상으로 병원화했고, 500밀리미터 투시촬영장치, 단층촬영
장치, 열펜식 심전도를 도입했다. 1962년에는 개두술을 시행해 뇌졸중의
적극적 치료를 시작했다. 이때 병상은 232개였다. 1958년부터 매주 의국

1955년에 개설된 아키타 나카토리 진료소

회의를 정례화하고, 1960년에는 '나카토리병원의보'를 창간했다. 당시 '의보(医報)'는 홋카이도 긴이쿄, 사카병원, 교토민의련, 미미하라병원에서도 발행했다.

나카토리 병원은 1962년부터 2년에 걸쳐 뇌졸중의 치료체계를 확립했다. '환자를 움직이지 않도록 한다.'라는 그때까지의 '상식'을 깨고, 기도 확보한 환자를 병원에 보내 뇌혈관연속촬영을 시행해 혈종 제거술에 참여하고, 후유증이 남은 환자에 대한 재활치료를 진행했다. 1962년 5월에 전국민의련은 아키타지방 회의를 개최하고, 나카토리병원과 지역 대중조직의 경험을 전국에 보급했다. 이처럼 나카토리병원의 의료실천은 선구적이었으며, 그 후에도 급속하게 성장했다. 그러나 '확대를 위한 확대형'[주5]으로 지칭되는 바와 같이 확대속도는 관리문제 등의 모순도 내포했다.

1964년에는 홋카이도의 기쿠쓰이(菊水)병원이 55병상의 삿포로(札幌)병원으로 확장했다. 이 외에도 히카와시타(永川下), 다가와(立川), 다카사키주오(高岐中央) 등 병원으로 증축한 곳은 많았지만 규모는 크지 않았다. 병원화를 제약한 이유는 의사부족 때문이었다. 어려움 속에서도 병상 수를 늘린 병원들은 미야기(宮城)·사카병원 225병상(1964년), 오사카·미미하라병원의 종합병원화(1965년), 오카야마·미즈시마협동병원 257병상(1966년) 등이었으며 나카토리병원에 뒤이어 계속해서 주목받았다.

2. 환자회

대다수의 민의련 회원 의료기관은 집단검진을 시행하고, 환자회를 조직해 만성질환관리의 관점에서 성인병 예방활동에 참여했다. 1964년 제12회 총회는 '민의련의료를 추구하자'라는 방침 아래 환자의 질환별 조직화 진행상태를 파악하고, 총회를 정리하는 내용에서 '만성병환자를 질환별로 조직하며 요양지도도 빈틈없이 시행하고, 환자의 자주적인 입장을 장려할 수 있어야 한다.'고 서술했다. 그리고 제13회 총회에서는 '고혈압, 간질환, 결핵 등의 성인병이나 신경증에 대해 지역 생활과 건강을 지키는 모임과 협력해 계통적으로 참여하는 기관이 증가', '특정질환의 집단지도'에 참여했

주5) 시설확대검토회의, 1969년 4월. (민주의료기관과 경영) 제1권 125쪽

다고 서술했다. 1966년 제14회 총회에서는 환자회가 45개 기관, 74개 조직, 3,750명에 달한다고 보고했다.

1967년 제15회 총회방침에서는 '단순하게 요양지도를 집단화할 뿐만 아니라, 환자의 교류에서 공통의 요구를 파악해 스스로 투쟁에 나서야 한다.'고 강조했다. 제16회 총회에서는 '많은 회원기관이 일상적인 업무로 중단환자방문과 치료복귀에 참여하는 것이나 재가만성환자의 집단요양지도에 대해서 일정한 성과를 올리고 있다.'고 서술했다.

1969년 3월에 개최한 '질환별 환자조직·중단환자 대책·예진제도 검토회'의 시점에서 질환별 환자조직은 결핵, 당뇨병, 고혈압, 뇌졸중후유증, 요통, 간질환, 위질환, 천식, 원폭증, 정신병가족회 등이었고, 181개 조직, 1만 340명에 달했다.

'환자자신의 질병치료를 지원한다.'는 민의련 의료의 실천으로 자리 잡은 환자회 활동은 이후 민의련의 의료활동에서 '만성질환관리'라는 일관된 중심축으로 확립되었다. 또한 1969년 제17회 총회에서 '환자회 활동을 진행하기 위해 직원전체를 몇 개의 그룹으로 나누어 참여하는 방식이 여러 기관에서 나타나고, "직원 모두가 활기차게 경쟁력을 갖고 활동했다."고 보

1969년 3월에 개최된 질환별 환자조직·중단호나자대책·예진제도 검토회

고했다. 이것도 그 후 80년까지 직원의 자발적 참여로서 그룹활동이라는 민의련 활동의 특징을 나타냈으며, 나아가 만성질환관리의 업무화나 진료위원회 시스템 구축 문제로 되었다.

1960년대 환자회 활동은 '환자의 판단력을 높이고, 환자와 함께 투쟁하는 의료'이며, '모든 모순이 누적되고 있는 만성병환자'의 조직화와 '자주적인 조직으로 고양'시켰다. 그것은 질병구조의 전환에 대응한 진실로 '민의련다운' 활동이었다.

(4) 민의련의료의 추구

1. 스스로의 점검

전일본민의련은 1964년 제12회 총회방침에서 '민의련의료를 추구하자'라는 과제를 제기했다.

그것은 '① 일상의 의료실천 속에서 '환자의 입장에서 친절하고 좋은 의료'를 어떻게 구체화할 것인가, ② 민의련 의료의 본질을 깊이 파고들어 전국의 경험을 정리하고 체계화해 '민의련의학'이라는 것을 어떻게 만들어 갈 것인가'였다. 즉 이론과 실천의 양면에서 민의련 의료를 추구하려 했다.

이와 같은 총회방침은 '원내의 노조와 함께, 먼저 스스로 활동하는 의료를 점검할 필요가 있다.'고 제기했다. 이때 이로쿄나 일본환자동맹도 '병상점검'[주6]이라는 명목으로 의료의 현실을 분명하게 드러내는 활동을 추진했다. 방침은 이런 점들을 의식하면서 강령학습을 통해서 단결을 강화하고 전문성 있는 담당자로 하여금 '환자의 생활과 노동'을 파악하게 해 조직화하고 자주적인 투쟁을 지원하는 관점에서 제기된 것이었다.

다음 해 제13회 총회(1965년 7월)에서도 이런 관점을 계승해, 특별히 환자회에 주목했던 것은 전술한 바와 같다. 동시에 구체적인 의료활동 방침으로서 '일상진료의 구석구석까지 강령의 입장에서 철저하게 검토하고 총괄해, 질병을 노동과 생활의 장에서 이해한다.'는 것과 '지역의료정책을 세

주6) 환자나 의료노동자의 입장에서 입원의료의 내용이나 요양환경에 대한 문제제기 활동

운다.'는 것을 제기했다.

1965년 9월에 사이타마(埼玉) 민의련이 '일상진료총괄회의'를 처음 개최했다. 여기에는 군마(群馬), 가나가와(神奈川), 도쿄민의련도 참가했으며, 140명이 진료현장의 다양한 문제를 교류했다. 예를 들면 치료중단환자 조사, 진료소 수진 동기에 대한 설문조사, 생활보호환자의 감소에 대한 조사, 급성골수성백혈병 환자의 수혈활동 등에 대한 내용이었다. 매일매일의 실천을 보고 수정하는 활동은 각 의료기관의 단결을 높여 주목받았다. 같은 내용의 집회가 다음 총회까지 시마네(島根), 고베(神戸)의료생협, 도호쿠(東北)민의련, 히가시고베(東神戸)병원, 효고(兵庫)민의련에서도 열렸다. '민의련신문'은 이것을 크게 보도했다.

또한 도쿄 5개 의료기관의 영양사가 생활보호세대 등 빈곤자 368세대를 방문해 영양상태에 대한 조사를 시행하고, 30~39세 1,568칼로리, 40~49세 1,684칼로리로 필요한 칼로리의 1/2 내지 2/3에 불과하다는 결론이 나왔으며, 저단백 상태 등의 실태를 밝혔다.

2. '눈과 자세'

이러한 실천을 통해 1966년 제14회 총회에서는 일상진료 총괄회의가 진행되어 '한 사람 한 사람의 환자를 노동현장, 생활현장과 결합시켜 보는 '눈'이 중요하고, 이 눈이 정확하게 작동하기 위해서는 모든 부문이 진료와 유기적인 협력체제를 만들어 활동해야만 한다.'고 소위 '눈과 자세'의 관점을 제시했다. 또한 방침에서는 '환자와 함께 투쟁하는 의료'를 '의사를 중심으로 하는 민주적 협력체제'로 진행하기 위해 "전 회원기관·지역연합회가 '일상진료를 총괄'해야 하며, '지역의료활동방침'을 확립한다."는 점을 제기했다. 이에 따라 일상진료총괄회의가 전국적으로 확대되었다. 지역연합회 차원에서 이러한 활동은 뒤의 민의련운동 교류집회의 주된 내용이라고 해도 좋을 정도이다.

한편 일상진료 총괄 활동은 의료활동방침 만들기와 결합해, 회원의료기관·부서가 연간 방침을 수립해 활동하고, 활동에 대한 내용을 총괄할 수 있는 부서를 만들어 활동수준을 높여가는 민의련 회원기관의 활동 스타일을 결정하는 출발점이 되었다.

1967년 제15회 총회에서는 지역의료활동방침을 일부 의료기관에서 만들기 시작했지만 아직 불충분하다고 지적하고, 지역별 환자수 등 지역분석이 가능할 수 있는 사무체제 만들기, 예진과 진료기록의 충실, 사례검토 등을 구체적으로 열거했다. 의료내용의 향상을 개인의 문제로 두지 않고, 의료기관 전체의 방침으로 의미 부여해 전체적으로 '민의련 의료의 실천에 어울리는 조직체제를 만들자.'고 제기했다. 결론에서는 "의료활동방침을 갖고, 환자를 계급적으로 보는 '눈과 자세'를 창조적으로 완성해, 민의련의료의 실천에 참여하는 것이 분명해지도록 해야 한다."고 서술했다.

다음 해 5월 말의 시점에서 의료활동방침은 4할이 작성되었고 4할은 토론 중이었으며 2할은 아직 착수하지 못한 상태였다. 이해 7월 제16회 총회방침은 방침을 살아있도록 하기 위해 관리부만 만드는 것이 아니라 총괄적 직장토론에 주력하고, 지역요구를 받아들여 가는 것과 사회보장을 위한 투쟁, 지역조직, 경영을 포함한 종합적 방침으로 해 지역에서 점검을 받을 수 있도록 강조했다.

의료활동방침의 작성상황은 다음 해에도 그다음 해에도 변하지 않았다. 1969년 제17회 총회방침은 의료활동방침을 만드는 과정에서 관리부의 역할과 책임을 강조했다. 제17회 총회와 다음 제18회 총회의 의료에 대한 방침은 내용이 거의 변하지 않았다. 변한 점이 있다면 계속해서 산재직업병 활동을 전국적으로 확산하는 과정에서 특히 정신·신경관계 질병에 주목해야 한다고 지적한 점과 공해문제에 대한 활동이 대기오염(니시요도, 가와사키가 지역지정), 모리나가비소밀크(森永ヒ素ミルク, 오카야마, 도쿠시마, 나라 등)*, 가네미유쇼(カネミ油症, 후쿠오카)* 등으로 중요성이 증가한 점을 지적했다.

다만 제17회 총회에서는 '상근의사가 지난 3년간 감소경향을 극복하고, 59명 (10.6%)이 증가했다.'고 보고했고, 1970년에는 새롭게 청년의사 50명이 참가해 정체였던 외래환자 수도 1969년에는 8.8%가 증가했다고 보고했다.

또한 제18회 총회방침은 1970년대의 정세토의를 심화시켜 새로운 관점에 서서 의료활동방침을 강화해야 한다면서 '폭넓은 신뢰를 받을 수 있도록 모든 활동을 개선하고, 도리와 절도가 있는 활동을 하자'는 주목할 방침을 내세웠다.

이런 점들은 1970년 12월 '70년대 과제에 걸맞은 민의련운동의 새로운 전진을 위해서'라는 활동노선 대전환의 전조라고 해야 할 것이다.

* 역자주: 모리나가비소밀크 중독사건은 1955년 6월경부터 주로 서일본을 중심으로 비소가 섞인 모리나가사의 분유제품을 먹은 영유아들에게서 다수의 사망자, 식중독환자가 발생한 사건을 말한다. 가네미유쇼는 1968년 PCB(polychlorinated biphenyl)가 섞인 식용유를 먹은 사람들에게 장해가 발생한 사건이다.

(5) '민의련 의학'과 계급성 논쟁

전술한 바와 같이 1964년 제12회 총회는 '민의련 의료의 본질을 깊이 파고들어가, 전국의 경험을 정리하고 체계화해 '민의련의학'이라고 할 수 있는 내용을 만들어 내야만 한다.'고 제기하고, 잡지 '민의련의학'(가칭)의 발행을 구체화했다.

잡지는 다음 해 1965년 4월에 기관지 [민의련의료]로 발행되었다. 학술집담회는 1961년 12월에 제1회 간토민의련학술집담회가 열렸지만, 이때

가네미유쇼 사건을 다룬 후쿠오카민의련 주최의 제4회 의료활동연수회
가네미유쇼 사건은 1968년에 PCB 등이 혼입된 식용유를 섭취한 사람들에게 발생한 건강 피해 사건이다. 후쿠오카 현을 중심으로 서일본 일대에서 1만 4천 명의 피해자가 나왔다. 현재 인정환자는 약 2천 명이다. 전일본민의련은 다시 한번 피해자 발굴 운동에 참여하고 있다.

이미 간사이 집담회는 4회를 넘어섰다. 1962년에는 긴키(近畿), 간토(関東), 도호쿠(東北), 홋카이도(北海道)에서도 열렸다. 이런 학술적 내용 축적을 바탕으로 제기한 것이지만, '민의련의학이라고 할 수 있는 것'이라는 문제제기는 뒤에 '민의련의료의 특징'(안), 나아가 '민의련의료활동에 대해'(안)에서 정리한 바와 같이 질병의 사회성을 중시한 관점, 민주적인 집단의료 등으로 민의련 의료활동의 특징을 정리했다.

당시는 고도성장, 산재·직업병, 공해의 시대였다. 민의련은 과감하게 참여해 노동이나 사업활동과의 인과관계를 부정하는 회사측 입장에 서있는 학자들의 견해에 대해 학문적으로도 투쟁할 수밖에 없었다. 잡지 〔민의련의료〕의 4호(1966년 12월)에서 소위 '계급성논쟁'을 시작했다. 이것은 의학에 부르주아의학, 프롤레타리아의학이라는 구별은 있는가, '민의련의학'이라는 독자적인 내용이나 방법, 기술의 내용을 확보할 수 있는가에 대한 논쟁이었다. 자본에 의한 건강파괴나 미츠이미이케(三井三池) 사건처럼 회사 병원에서 노동자 차별을 경험한 민의련 회원들은 '의학에도 계급성이 있다.'(예를 들면 민의련운동의 궤적)는 주장을 피력했다.

논쟁을 주도하고 '민의련의료의 특징' 안을 정리하는 데에는 의사 하야시 슌이치(林俊一, 민의련이사)가 크게 기여했다. '민의련의료의 특징' 안은 1974년에 '민의련의 의료활동에 대해' (안)[주7]으로 다시 고쳐썼다. 이것은 보다 알기 쉽게 민의련의료의 특징을 과도하게 강조하지 않도록 배려한 것이다. '의료활동에 대해'라는 강사양성 강좌에서 의사 하야시는 '민의련 의료라는 말을 고유명사처럼 이해해, 일본의 의료와는 다른 별도의 무언가 특별한 의료가 있는 것이 아닌가라고 생각하는 경향이 있다는 점도 민의련의 의료할동으로 개정한 하나의 근거였다.'고 서술했다.

1970년 제18회 총회방침은 '민의련의료의 성과를 밝히고, 민의련다운

주7) '민의련의 의료활동에 대해'(안)는 이 논쟁에 대해 다음과 같이 서술했다.
"논쟁의 결과 '자연과학으로서 의료는 사회의 상부구조에 속하지 않는다.'는 등의 점에서는 일치하지만, 역시 많은 점에서 향후 검토를 심화시킬 필요가 있다. 또한 논쟁의 결과, 민의련은 일하는 자의 의료기관으로 의료의 계급성에 대해 정확하게 포착하고 의학·의료의 변혁, 민주화에 힘을 쏟지 않으면 안 되는 것은 당연하지만, 질병의 사회성을 중시하는 것이 자연과학적인 진단·치료의 측면을 경시하지 않아야 하는 점이나 계급성이라는 것을 추상적, 일면적으로 강조해 의료전선의 통일 입장을 경시하면 안 된다는 점 등에 대해 이론적 깊이를 더하는 것은 중요한 의미가 있다."

의학방법론을 확립하기 위해 노력하며, 일하는 사람들의 입장에 서서 의료활동에 대한 이해와 지지를 의사·의료종사자 중에서 광범위하게 조직할 필요가 있다.'면서, 계속해서 '민의련의학'의 끈을 부여잡으면서 '학회에 참여하고, 의학회의 성과도 적극적으로 흡수한다.'는 점을 제기했다.

(6) 기타 의료활동과 국제교류

1. 학술집담회

민의련이 조직적으로 참여한 최초의 집담회는 1958년 긴키학술집담회였다. 그 후 학술집담회는 전술한 바와 같이 각지방에서 개최했으며, 1963년부터 동서로 나뉘어 시행했다.[주8]

1972년부터 전일본민의련 학술집담회로 바뀌어 같은 해부터 시작한 민의련운동 교류집회와 통일해 '민의련 학술·운동교류 집회'로 열린 것이 1993년이다. 긴키에서 시작한 것부터 적용한다면, 35년간 학술집담회는 민의련직원의 의료활동 성과를 발표하고, 배우고, 일상진료를 향상시켜가는 기회로 역할을 해왔다. 특히 1960년대에 그 역할은 상당히 컸다. 1970년대가 되면 의사의 학회활동도 활발해지고 기타 직종도 각각의 교류기회가 증가했다.

2. '약의 양면성'에 대한 해명

1965년 11월에 제1회 약제문제 검토회를 개최했다. 회의에서는 '① 저의료비정책 중 약제독점 착취와 수탈의 문제, ② 민의련강령의 입장에서 약제를 어떻게 볼 것인가, ③ 약제의 과학적 방안' 등에 대한 검토가 있었다. 특히 민의련강령의 입장에서 약제를 어떻게 볼 것인가에 대해서는 의약품이 치료효과(사용가치)가 있는 점에서 일상진료에서는 필수적이라고

주8) 1964년 제12회 총회에서는 전년도 '동서학술집담회에 위원의 파견'이 있었고, 다음 해 제13회 총회에서는 '작년 11월에는 동일본, 서일본의 민의련학술집담회가 간토, 긴키의 양 연락회에 의해 개최되었다.'고 보고했다. 1966년 제14회 총회에서 전국이사회의 지도성을 강화해 '동서학술집담회를 성공시키자'는 보고도 있었다. (민의련의 40년)의 연표에 1966년 1월, 제1회 동일본학술집담회가 기재되어 있고, 이 집담회가 실행위원회 방식으로 갖게 된 최초의 집담회였던 것으로 생각된다.

평가하는 한편, 제약회사의 이윤추구의 도구(교환가치)로서의 측면도 갖고 있다는 점, 즉 '약의 양면성'을 해명한 것은 중요했다. 이것은 현재도 민의련의 약사들이 가장 중시하는 이념으로 계승했다.

3. 기타 활동

대표적으로 정리하면 다음과 같다.

- 1966년 이와테현립 난코(南光)병원 인체실험문제로 현지조사단 파견
- 1967년 피폭자의료연구집회
- 1968년 농촌의료연구집회, 10월 '직원의 건강을 지키자' 성명서, 12월 제2회 약제문제검토집회

4. 국제교류

당시 민의련에서 추진한 국제교류를 연대별로 정리하면 다음과 같다.

- 1960년 제1차 방중단을 파견했다. 중화의학회와 교류협정(전년에 일본을 방문한 중화의학회 부회장이 민의련의 병원, 진료소를 견학한 것이 계기가 되었다. 협정내용은 아시아와 세계 평화를 향한 공동, 의과학자료의 교환, 대표단의 상호파견)
- 1962년 제2차 방중, 방북단을 파견했다. 북한에서는 침구치료를 교류
- 1963년 6월 중화의학회 대표초대(제11회 총회에 참가, 7월 귀국)
- 9월 중화의학회 외과학 회의에 세코(瀨戸), 에다(江田) 이사를 파견
- 1965년 9월 제4차 방중단 베트남민주공화국 방문, 북폭 개시 8개월 후. 베트남 의학총회와 공동성명 및 협정조인
- 제4회 국제의사회의(카를로스파리)에 의사인 나카타니 도시타로(中谷敏太郎), 다지리 슌이치로(田尻俊一郎)를 파견. 10월, 외국군사기지 철수 국제회의(키아프마, 자카르타)에 의사 우치다 데쓰오(內田徹夫) 파견. 12월 베트남 인민의료지원 성명 발표. 1년에 약 70만 엔 모음.
- 1966년 12월 베트남 전범조사위원회 대표로 민의련 의사 시가(滋賀)를 베트남에 파견
- 1967년 8월 베트남 전범 도쿄법정에 참가

- 1968~69년 교토민의련이 엑스레이 촬영 버스 '교토호'를 베트남에 기증
- 1973년 10월 베트남 대표단이 민의련을 방문. 1977년에도 방문함
- 1975년 11월 핵무기 전면금지를 유엔에 요청하는 제1회 국민대표단에 민의련으로 참가함. 민의련 독자적인 요청문을 제출. 1976년에 제2회 대표단으로 참가
- 1978년 베트남 의학회 안과대표가 전일본민의련, 요요기병원 견학. 귀국 시에 안과치료기기를 기증함
- 10월 베트남 수해지원 긴급후원금을 모금해 약 430만 엔을 모음. 베트남 동양의학대표단, 후지야마, 나라 등을 방문
- 1979년 인도차이나 세 개국 연대방문대표단에 참가. 베트남에 의료기기, 약품, 의학서 등 지원물자를 기증함.

제2절 신임의사 확보를 향해

(1) 심각한 의사부족

1960년대 민의련의 발전을 제약한 것은 수차례 언급한 바와 같이 의사부족과 진료소중심의 의료체제였다. 그러나 1960년대는 이 점에 대해서도 새로운 전망이 보이기 시작했다.

1960년 안보투쟁 당시, 학생자치회의 상당부분은 극좌폭력집단이 장악했다. 그러나 안보투쟁 이후 학생운동 중에서 통일전선의 일부로 민주세력과 연대해 투쟁하려는 학생이 증가해 왔다. 그중에서 민의련운동에 접근하는 학생도 나타났다.

'민의련신문'의 제1호는 1963년 1월 1일에 발행했다. 제1호에는 홋카이도·구로마쓰나이(黒松内) 진료소와 가고시마·아마미(奄美)진료소 간에 민의련의료를 어떻게 향상시킬 것인가라는 흥미 있는 지상토론이 실렸다. 또한 각계의 '민의련에 대한 기대'를 기재했다. 그중에서 지바대학의 의학생·나가노 마사루(中野勝, 후에 야마나시 긴이쿄 전무이사, 전일본민의

련이사)는 '민의련의 귀중한 경험을 학생에게 소개, 학생들과 교류의 장 구축, 전국 통일 창구를 통한 신임 의사 영입 장학금제도'라는 세 가지를 제안했다.

당시 민의련의 의사부족은 심각했다. 1963년 12월 1일의 민의련신문에 는 '우리가 10년 전, 40에 가까운 나이로 민의련에 참가했을 때 최연소 의 사였다. 그리고 현재도 마찬가지로 최연소 의사이다.'라는 말이 있다. 따라 서 나가노의 제안은 대환영을 받았다. 3월 1일 '민의련신문'에서는 의학생 과 민의련 의사와의 좌담회를 신속하게 게재했다. 그러나 결론은 문제해결 의 어려움을 분명하게 드러냈다. 민의련 의사는 사회의학적 활동을 통해 학문적으로도 성과를 내고 있다거나 한 사람의 결핵환자가 나오면 가족부 터 환자를 만들지 않기 위해 가족 무료검진을 해야 한다고 말했고, 이런 내 용이 학생들에게 감명을 주기도 했지만 대학을 나와 바로 민의련에 가입해 야 좋은 의사가 되는 것인가라는 학생의 의문과 서로 맞물리지 못했다. 참 가한 학생들은 '가능하면 민의련에서 근무하려고 하지만, 적어도 2년 정도 는 대학에서 더 공부해야 한다고 생각한다.'고 언급했다.

당연히 '모든 힘을 전부 동원해서라도 (중략) 민의련을 의학적인 향상 과 의료기술의 연마가 가능한 조직으로 만들지 않으면 안 된다. 센터병원 을 지정해 국내유학제도를 만들자.'('민의련신문' 1963년 5월 1일, 의사 마 쓰이 히데에(松井秀枝)의 원고내용)라고 요구했다.

(2) 미니켄(民医研) 개최

그래도 '의학생에게 민의련을 알리자'라는 과제는 6개월에 걸쳐 실행위 원회를 만들어 준비하는 등 학생의 적극적인 참여로 1964년 8월 제1회 민 의련운동연구집회(미니켄)를 개최했다. 집회에는 21개 대학의 의사·인턴 ·의학생·간호학과생 등 66명이 참가했다. 도쿄의 의료기관 견학과 강의, 질의응답이 있었고, 지역대중과의 강한 결합이나 직원의 도덕성 고양 등으 로 의학생들은 강한 인상을 받았다. 하지만 '민의련의 전문성 문제에 대해 서는 민의련 회원 중에서 스스로의 창의력을 발휘하고 노력하는 것으로 달

제1회 민의련운동 연구집회(1964년 8월)

성할 수 있다.'는 주장을 전부 납득한 것은 아니었다.

　그러나 다음 해 제2회 미니켄 집회에서는 33개 의과대학, 17개 간호학교, 303명이 참가해 '어떤 의사나 간호사가 되어야만 하는가'를 논의하고, '민의련운동을 발전시키기 위해서는 젊은 우리들이 민의련에 적극적으로 참가해야만 한다.'고 결의했다.

　미니켄은 그 후 전국 각지에서 개최되었다. 이러한 참여를 통해서 인턴제도 폐지 이전에도 1965년부터 1967년까지 3년간 약 50명의 청년의사가 민의련에 참여했다. 1965년 제13회 총회에 참가한 1960년대 이후의 청년의사 제1호인 아베 쇼이치(阿部昭一, 뒤의 홋카이도긴이쿄이사장, 전일본민의련회장)는 총회의 감상에 대해 "탄압에는 지역과 결합이 중요하고, 지금부터는 의사문제가 가장 중요하다. 의학생들에게 총회의 성과를 전하고 싶다."고 말했다. 그리고 홋카이도 긴이쿄는 중소기업 검진이나 농촌영양조사에 의학생을 조직하는 등 의학생 대책을 강화해 갔다. 장학금은 이미 실시했다. 같은 형식의 참여가 도쿄 등 각 지역에서 진행되었다.

　미니켄은 1966년 제3회 집회에서 의학생, 간호학생 외에 검사, 방사선사 등으로도 확대했으며 89개교 470명이 참가했다.

(3) 인턴제도 폐지

　당시 인턴제도는 교육·신분·소득보장이 없는 불안정한 상태였기 때문에 이것을 개선하기 위해 의학생들의 요구와 운동이 1950년대부터 계속되었다. 1963년 11월에는 이가쿠렌(医学連)*이 주최해 의사법 개정으로 현상을 고착화시키는 것에 반대하고, 월 1만 엔의 대여금 증액을 요구하는 의학생 궐기대회를 열어 1천 명이 참가했다. 1960년대 후반이 되면 극좌폭력집단의 이가쿠렌 집행부는 인턴제도 즉각 폐지, 국가시험보이콧 등을 주장하면서 격렬하게 운동했다.

한편, 미니켄 등으로 결집한 학생들은 '교육·연수, 신분, 생활'의 3대 보장요구(트리아드 요구)를 내걸고 운동을 진행해, 학생의 지지를 확산시켜 갔다. 이 운동과 대학운영 민주화를 요구하는 운동이 누적되던 1967년 이후 투쟁 대열이 확산되었지만, 극좌폭력집단의 책동으로 소위 '학원분쟁'이라는 사태에까지 이르게 되었다. 이러한 과정에서 정부는 인턴제도를 1968년도부터 폐지했다.

* 역자주: 이가쿠렌은 전일본의학생자치회연합을 줄인 말이다.

(4) '청년의사의 확보와 수련에 대해'

전일본민의련은 1965년 제13회 총회에서 '의사면허 취득 후, 기술향상에 대해 불안해하지 않으면서 즉시 의료기관에 근무할 수 있도록, 지역 연합회 혹은 지방 블록*으로 하여금 신규 의사 지도를 담당할 의사를 선발하고, 적당한 방법으로 일정기간 체계적인 지도를 시행한다.'는 방침을 내세웠다. 그렇지만 차기 총회에서는 '신규 의사에 대한 기술상의 지도를 보장할 수 있는 체제를 만드는 것은 도호쿠 이외 지역에서는 아직 진척되지 못했다.'고 총괄했다. 원인은 지도해야 할 의사의 부족으로 담당할 부서 및 수련가능한 병원이 적었기 때문이다. 이런 상황에 대해 '규슈민의련은 금년도 신규 의사 세 명을 아키타·나카토리병원으로 전문성 습득을 위해 2년간 파견했으며, 이런 적극적인 대책을 배우지 않으면 안 된다.'라고 보고했다.

1966년경에는 장학금제도를 채용한 지역연합회·법인이 많아졌다. 1967년 4월에는 전국에서 의사, 간호사, 사회복지사 등 100명에 가까운

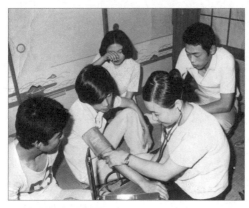
의학생 실습(1960년대 후반)

사람들이 민의련에 참여했다.

　신임의사는 지도의가 없는 가운데 즉각 진료에 투입할 수 있는 경우도 있었고, 기술적으로 안심할 수 있는 일반적으로 통용되는 의료수준을 달성하기 위해 고군분투했다.

　이러한 상황 속에서 청년의사의 증가를 맞이해 전일본민의련은 1967년 11월 처음으로 22명이 참가해 '청년의사교류집회'를 개최했다. 청년의사들은 진실로 '창의력을 발휘하고, 스스로의 힘'으로 수련조건을 획득해야만 하는 상황을 보고받고, '노동력으로 취급하지 말고, 우선 수련을 할 수 있어야 한다.', '청년의사에 대한 방침을 확립하고, 전망과 계획을 갖고 진행해야 한다.'라는 절실한 요구를 내세웠다. 이것을 받아 전일본민의련 이사회는 1968년 1월 14일 '청년의사의 확보와 수련에 대해'라는 방침을 수립했다.

　방침은 의사부족 문제가 민의련의 발전에 중대한 장애로 작용했으며, 이제까지 민의련에는 청년의사를 노동력으로 취급해 충분한 수련보장 없이 일차의료에 배치하는 경향이 있다고 경계하고, 향후에는 지역연합회 차원에서 조직적으로 교육·수련기회를 만들고 연수지도 스태프를 조직적으로 편성해 역량이 되는 곳은 전국적인 요청에 부응해야 한다는 내용이었다. 그리고 같은 해 7월 제16회 총회에서 '민의련 수련체제를 충실하게 정비하고, 민의련운동의 발전과 결합할 수 있는 많은 청년의사가 자격취득

후에 즉각 민의련에 들어와 상근의사로서 근무할 수 있도록 육성해야만 한다.'고 확인했다.

이러한 방침에 기초해 1968년 4월에는 전국에서 약 50명의 청년의사를 확보해 일상 진료와 결합한 수련을 진행했다. 그리고 1969년 제17회 총회에서는 '상근의사에 대해서는 지난 3년간의 감소경향을 끊고, 지난 1년간에 59명, 10.6%의 대폭증가를 실현했다.'고 당시의 활동을 평가했다.

이후 민의련의 청년의사 확보는 기본적으로 위의 방침에 의해 진행되고 있다. 그래도 많은 곳에서 수련가능한 병원, 지도스태프, 설비 등이 불충분했기 때문에 당시 청년의사들은 스스로 수련조건을 타개해, 민의련 의사로서 성장을 실현해 가야만 했다.

* 역자주: 블록에 대해선 221쪽의 역자주를 참조.

(5) 간호사 기타 직종의 신규 참여

1960년대에는 의사 이외의 직종에서도 민의련에 새롭게 참여하기 시작했다.

간호부문에서는 1960년대 초반부터 미국의 간호이론이 도입되었다. 나아가 팀-간호, 업무분석 등을 진행했고, 종합간호, 종합교육 이념에 의한 신커리큘럼으로 교육을 시행, 간호의 근대화, 간호의 독립으로 회자되는 상황을 조성했다. 1963년 7월에 후생성의 간호과장이 일본 의사회에서 관리간호사를 정점으로 하고, 간호사-준간호사-간호보조원이라는 피라미드형의 간호체제를 이야기했다.

민의련에서는 1964년 2월에 제1회 간호간부연수회를 시작했다. 간호사도 전전의 무산자진료소의 경험자나 레드퍼지로 관공립병원 등의 직장에서 쫓겨난 사람, 중국에서 귀환한 사람 등을 중심으로 분투했지만, 1965년 제3회의[주9] 참가자 중에는 민의련 경험이 5년 이내인 젊은 간호사가 증가했다.

주9) 제3회는 간호사연수회로 변경되었다.

당시 간호사에 국한된 이야기는 아니지만, 여성이 결혼하면 일을 계속하기가 쉽지 않았다. 또한 간호사는 야근을 해야 했다. 민의련의 간호사는 주체적으로 보육원 만들기 운동을 진행해 근로조건을 개선해 갔다. 1964년에 도네(利根)중앙병원에서 원내보육원을 만든 것이 9월 1일자 '민의련 신문'에 보도되었다. 1968년 간호사 실태조사를 시행했는데, 민의련 간호사의 40%가 아이를 키우는 여성이었고 그중 30%는 미취학아동, 40%는 가족·개인에게 맡겼다. 야간보육을 이용하는 경우는 9%에 불과했다. 당시 원내보육에 대해 자치단체에서 지원금을 받은 민의련 회원기관은 나라·오카타니(岡谷)병원, 미야기·사카(坂)병원, 군마·교리쓰(協立)병원, 사이타마·가와구치(川口)병원 등이었다. 1969년에는 보육문제교류집회가 열렸다.

1966년에는 제1회 간호활동연구집회가 개최되었고, 1969년에는 보건부(保健婦)*교류회가 열렸다. 1969년 3회째인 간호활동연구집회는 전국 4블록에서 개최되어, 간호기준, 간호제도, 지역활동에 대해 교류했다.

1966년 4월에 '민의련 의료사회사업 연구집회'가 열려 116명의 MSW(의료소셜워커)**, 보건부, 조직담당자가 참가했다. 여기에서 의료사회사업담당자는 의료활동과 사회보장운동의 접점이었고, 역할을 관리부에 정확하게 이해시킬 필요가 있다고 확인했다. 1969년에 제2회 대회를 개최했다.

1967년 5월에는 검사활동교류집회가 열렸다. 같은 해에 침구사 등이 모여 동양의학연구회도 개최했다.

* 역자주: 보건부는 간호사 중에서 일정한 과정을 수료하고 자격시험에 합격한 사람에게 부여되는 일종의 전문간호사이다. 주로 지역활동, 건강교육, 보건지도 등을 통해 질병의 예방과 건강증진 등 공중위생활동을 시행하는 지역간호 전문가이다.

** 역자주: 의료사회복지사를 의미한다.

나이트 근무 인계(1960년대)

제3절 1960년대의 경영활동

1961년에 새로운 강령을 결정하면서 민의련의 경영활동은 의료활동이나 사회보장 분야와 마찬가지로 강령을 어떻게 구체화할 것인가에 대한 문제의식을 갖고 현재에도 지속되는 많은 기본 방침을 만들어왔다. 또한 이 시기는 의료보장의 확대를 원하는 국민의 요구·운동과, 그것을 가능한 한 억누르고 환자국민의 부담을 증가시키려고 하는 자민당 정부가 격렬하게 부딪치는 투쟁의 시기였으며, 투쟁의 선두에 서 있는 민의련에 대해서는 다양한 탄압이 가해졌다. 더욱이 민의련운동의 일부에서 민의련강령의 노선에 등을 돌리는 부분도 나타나, 민의련은 이러한 문제를 해결해야 하는 조직강화를 의식하지 않을 수 없었다.

(1) 경영에 대한 과학적 판단

민의련운동이 사업경영을 중요한 축으로 하는 이상 계수적인 분석이 가능하도록 경영상황을 파악하는 것은 당연한 과제였다. 1959년에 전일본민의련에 경영위원회를 발족했다. 1960년 제8회 총회는 도쿄민의련이 동일시기·동일조사양식에 의한 경영조사를 시행하고, 병상을 신설해 운영하는 경우 투자효율분석 등을 수행했으며, 홋카이도의 기쿠스이(菊水)병원(뒤의 삿포로병원)의 원가계산 시도, 니가타, 사이타마, 군마의 경영연구회등의 활동을 소개하고, 나아가 전국적으로 '경영에 대한 과학적 파악'을 진행하기 위해 '수입분석산출법'을 만들어 전국적으로 조사를 시행했다. 그러나 데이터를 거의 수집할 수 없어 단념했다. 경영위원회와 의료활동위원회의 입안으로 '기초조사'에 전력을 다한 결과, 기초조사는 다음 해 6월 제9회 총회 때 약 80%를 완료할 수 있었다. 기초조사에 대한 정리는 1961년9월에 발표했으며, 12월에는 경영관리체제의 핵심내용을 발표했다. 계속된 '경영분석'에 대한 전국조사는 47%의 회수율에 그치고 말았다. '분개가 엄밀하지 않고, 계정과목을 통일하지 않았으며, 전국조사를 경시'한 것을 원인으로 결론지었다.

그러나 총회에서 각 지역연합회에 경영위원회를 만들라는 방침을 수립하고 1963년 제11회 총회까지 대부분의 지역연합에 경영위원회가 만들어져 이후 지역연합회에서 경험·자료에 대한 교류를 우선 진행하게 되었다. 이리하여 도쿄에 이어 오사카에서도 〔1961년 경영조사중간보고〕를 발행했고, 미야기·사카병원이 '경영분석에 대한 잠정 결론'을 발표, 지역연합회의 연구회가 상당한 성과를 이루었다.

(2) 노동조합과 노동조건

민의련강령에 '직원의 생활을 지키고, 운영을 민주화한다.'는 내용을 구체화하기 위해 민의련은 진심으로 활동했다.

이미 1960년 제8회 총회에서 '민의련의 성격 등에 대한 분과회'의 논의에서 민의련의 '내부에는 기본적으로 착취는 인정하지 않는다.'라는 공통의 확인이 있고, 1961년 제9회 총회에서는 '노동조합과의 관계를 새로운 관점에서 검토할 필요가 있다.'고 서술했다. 구체적으로는 노동조건을 개선하기 위한 노력과 함께 직원과 기관의 쌍방에 고통을 초래하는 '공동의 적'을 분명하게 하는 것, 또한 노동조합에는 '관리자가 민의련의 목적에 따라 활동했는가를 점검'하자는 내용이었다. 이 문제는 1964년에 '민의련의 노동조합에 대한 견해(안)'(전일본민의련이사회)로 정리되었다. 다만 '관리자에 대한 점검'이라는 직접적인 표현은 피하면서, '민의련 회원기관의 목적 달성을 위해 활동하면서 동시에 근로대중의 무기로서 회원기관을 모든 공격으로부터 지켜내는 것'이라고 표현했다. 1972년 경영위원회에 의한 '민의련 회원기관과 노동조합의 협력·협동에 대해'라는 방침에서도 '회원기관을 지키고, 민주적인 운영을 확립해 간다.'는 표현이 유지되었다.

당시 총회참가자 중에서 노동조합의 분과회나 교류회를 열거나 도호쿠 민의련 이사회 주최로 민의련 노조교류회를 개최했다. 1964년 10월 두 번째 교류회 당시에는 '노조의 자주적인 운영으로 열려야 한다.'는 의견도 있었다.('민의련신문' 1964년 11월 1일)

1964년 5월 경영연구집회에서는 노동조건문제에 대한 논의가 있었고,

퇴직금규정을 정비하자는 것, 공제기금을 만들어야 한다는 등의 의견이
나왔다.

자금에 대해서는 1962년 제10회 총회에서 미야기(宮城)·아키타(秋
田) 합동사무장회의에서 임금이론을 정리했으며, 후쿠오카에서는 '민의련
의 급여 노동조건은 경영내의 힘 관계가 아니라, 지역 노동자의 민주적인
힘의 발전단계에 의해 결정한다.'라는 견해에 도달했으며, 이에 따라 '임금
문제에 대한 통일적 견해를 정리할 필요'가 있다고 제기했다. 이러한 견해는
약간의 시차를 두고 1968년 1월 '임금문제에 대한 당면의 견해'(전일본민
의련이사회)라는 글로 발표했다. 소위 임금의 3원칙(① 회원기관 노동자의
생활을 지킬 수 있는 임금, ② 회원기관 내 단결과 통일을 강화시키는 임금,
③ 회원기관을 지키고 발전시키는 임금)이었다. 임금의 3원칙은 같은 해 제
16회 총회에서 확인했다. 임금의 3원칙은 민의련 내에서는 1960년대 중반
까지 일반적인 관점이었다.[주10]

(3) 조직의 통일화와 대중화, 민주운영

1. 대중화와 법인화

경영이론상으로도 민의련강령을 근거로 삼아 의료실천이나 사회보장
투쟁과 경영의 관계나 경영주의 문제 등 원칙적인 이론화를 진행했다. 그중
에서도 경영조직의 본질과 관련한 문제는 가장 중요한 문제였다.

1960년대 초반부터 민의련 회원기관의 통일화 움직임이 높아졌다. 홋
카이도, 이시가와(石川) 후생협회의 단일 경영, 니가타(新潟) 민의련의 급
여통일, 교토, 도쿄남부(오다병원을 중심으로), 아주사와병원과 기시모진
병원이 건강문화회로서 통일, '생협화의 방향도 고려한다.' 등을 1962년 제
10회 총회에 보고했다. 총회방침은 '통일경영을 더욱 강화하고, 기존 회원
기관의 통일 계열화'를 추진하며, '대중화의 근본문제는 경영주체의 조직적
대중화이고 회원기관 운영 참가에 대한 대중화이며 출자 등 자금의 대중화

주10) 세리사와 요시오(芹沢芳郎) 전 부회장의 증언

가 중심'이라고 서술했다.

1962년 10월에 개최한 경영연구회는 '통일경영의 촉진'을 확인하고, '의료역량향상을 위해서도 투쟁을 위해서도 경영을 충실하게 발전시키기 위해서도 통일경영으로 방향을 잡아야 하는 것은 필연이라고 확인하고, 통일의 기반은 지역운동을 통일해 진행하는 것, 중심병원의 역할이 중요하다는 것'으로 서술했다.

1963년 제11회 총회에서는 관점을 약간 달리해 법인화에 역점을 두고, '회원기관의 경영형태에 대해'라는 제목하에 '회원기관 경영주체의 법인화는 현재의 사회 속에서 경영을 발전시켜 가기 위해 필요'하다고 서술하고, 어떤 법인을 선택할 것인가의 문제는 '각 회원기관의 구체적인 조건에 의해 결정하는 것이 좋다고 생각한다.'고 제시하면서, '가장 중요한 것은 경영주체가 되는 대중조직이 민의련강령하에 단결해 투쟁한다는 자세를 확립하고, 지역 민주세력의 일원으로 활발하게 활동할 수 있는 것이다.'라고 서술하면서, 노동조합경영에 대치하는 형태로 '아무쪼록 회원기관 주변의 노동자, 근로시민, 빈곤자를 생활과 건강을 지키는 조직으로 결집하고, 운영에 참가시킬 필요가 있다.'고 주장했다.

2. 탄압과 분열책동, 민주세력에 대한 의존

1964년 2월 가고시마(鹿児島) 민의련의 미나미오시마(南大島)진료소와 미나미치쿠(南地区)진료소가 큰 탄압을 받았다.[주11] 아마미(奄美)의 거의 반수 이상의 세대가 생활보호 대상자였는데, 헌신적으로 의료활동을 하던 두 진료소에 대해 생활보호 부정청구를 구실로 삼은 탄압이었다. 기타 지역에서도 세금이나 건강보험감사 등의 수단으로 민의련 사업소에 대한 공격이 있었다.

나아가 방침상의 의견 차이로 1962년에 민의련을 탈퇴한 교토의 호리카와(堀川)병원이 교토에서는 두 개의 민주적 의료운동이 있다고 지역에서 선전했다.

주11) 민의련은 의사가 없었던 미나미오시마진료소에 도쿄 등에서 14개월 동안 의사를 파견했으며, 환자 수를 4배로 증가시켜 장기 재판투쟁을 진행했다.

이에 대해 전일본민의련은 1964년 6월 제12회 총회에서 '지역의 통일전선과 기민한 전국연대행동으로 탄압·공격을 물리칠 수 있다.', '내부분열은 적을 이롭게 한다.', '지역의 통일전선에 의거하지 않는다면, 민의련강령 노선을 지키기가 어렵다.', '민의련강령의 학습이 단결을 강화하고, 활발한 활동력을 낳는다.'고 제기했다.

그리고 경영방침으로 경영주체인 대중조직을 확립해 법인격 취득을 강조하고, "우선 중요한 것은 경영주체인 대중조직이 회원기관을 운영하는 것을 기본으로 어떻게 민의련강령의 노선을 지키고 이행할 것인가에 대한 문제이다. 이것은 조직내부에서 일정하게 민의련강령을 습득한 적극적인 사람들이 지도력을 발휘해 가는가에 의해 결정된다. 따라서 조직의 확대에 대해서는 단지 인원수나 출자액에 관심을 두기보다는 지도력의 강약을 우선적으로 고려해야만 할 것이다."라고 서술했다.

경영주체에 대한 방침의 흐름을 본다면, 1964년에 '대중화'로부터 '민의련강령을 습득한 사람의 지도력'에 역점을 두었다는 사실을 알 수 있다. 따라서 경영통합의 문제에 대해서도 "단순히 경영상의 합리화나 금융기반 확대를 목적으로 활동할 경우에는 거꾸로 지역과의 결합을 약화시키며, 경영주의적인 경향을 조장할 위험이 있다는 점을 경계하지 않으면 안 된다."고 소극적으로 기술했다.

1965년에는 나라 현의 세 개 진료소에 대한 고쿠호(国保)부정청구를 구실로 탄압이 있었다. 이것은 현의사회도 포함된 지역의 항의투쟁을 확산시켜 수사중지로 마무리하는 것이 가능했다. 민의련은 1966년 2월에 '탄압공격대책회의'를 열고, 단결을 강화해 틈을 주지 않고 민주운동과 지역 사람들에 의거하여 대중적으로 반격하는 투쟁방침을 확인했다.

3. 대중에 의한 시설확대와 민주운영, 기반조직

지역의 민진건설 요망이 확대되자, 제11회 총회(1963년)에서 지역의 민주세력을 중심으로 '대중적인 건설운동'을 진행하자는 제기가 있었다. 1966년에는 의사 확보를 포함한 지역 책임의 민진을 건설하기 위해 팸플릿 [민주진료소 건설 안내(안)]를 발행했다. 또한 병원화, 시설확대를 대중자금으로 진행했다.

1965년 4월 전국경영관리연수회에서는 '대중에 의거해, 대중적으로 점검받는 민주집중의 관리체제'와 약품관리(제한진료의 폐지 이후 약제비율이 급상승함)에 대한 학습이 있었지만, 논의가 집중된 것은 시설확대 문제였다.

같은 해 7월 제13회 총회에서 시설확대에 대해 '규모를 확대하면 할수록 자본의 법칙에 지배되기 쉽기 때문에 지역의 요구와 통일전선의 힘과 민의련강령을 지킬 수 있는 내부역량과 민의련다운 지역종합계획을 충분히 검토해, 확대자체가 지역대중의 의료를 지키는 투쟁이라는 관점을 고수하는 활동이어야만 한다.'고 서술했다. 또한 지역 대중조직에 대해 가고시마의 탄압, 아이카와(相川)병원문제[주12], 히노다이(日野台)진료소 문제[주13] 등으로부터 '회원기관이 독자적인 민주적 지역조직에 의거하지 않는다면, 투쟁도, 민주적 운영도 방어도 할 수 없는 것이 분명하다.'고 서술하면서, 먼저 기반조직의 구성과 역할을 분명히 했다.

현지조사에 의하면 회원기관의 기반으로서 지역에 민주적 대중조직을 확립한 것은 174개 기관(277개 회원기관의 약 63%)이었다. 조직 수는 10만 9,390세대였다. 146개 회원기관이 14만 40천 부의 기관지를 발행했다. 그리고 '이러한 조직은 생활과 건강을 지키는 모임, 의료생협, 사원조직, 후원회, 도모노카이(친구모임), 상호부조모임 등 다종다양했지만, 특히 의료

주12) 아이카와(相川)병원문제는 1964년에서 1965년에 걸쳐 오사카민의련 소속의 아이카와 병원이 경영파산을 맞았는데, 사무장이 중심이 된 반민의련의 입장과 독선적 운영, 모험주의적 경영이 이유였다. 오사카민의련은 아이카와병원의 재건에 착수했으나, 사무장 등이 비협조적 태도로 일관해 이사회가 사무장을 해임했다. 해임된 사무장은 전국의 회원기관에 대해 오사카민의련이나 아이카와병원 이사회를 비방하는 문서를 보내는 방식으로 반발했다. 또한 일부에서 이에 동조했다. 오사카민의련은 아이카와병원에 대해 대책위원회를 설치하고, 의사나 사무간부 파견을 포함해 8명의 인원을 파견하고, 전면적인 지원을 수행한 결과 경영을 존속시킬 수 있었다. 이에 따라 아이카와병원은 지역의 신뢰를 회복하고, 민의련 회원기관으로 발전해 갔다. 한편 같은 영향을 받은 오사카민의련의 두 개 진료소는 반민의련적 분열행동을 취해 오사카민의련에서 제명되었다.

주13) 히노다이 진료소 문제는 1964년 6월경에 밝혀졌다. 도쿄민의련 히노다이 공립진료소 소장이 진료소를 개인 운영으로 강화해 반민의련 태도를 취하고, 기관의 소유권을 둘러싼 재판을 진행했다. 결국 진료소는 민의련을 탈퇴하고, 이에 동조한 다카다노바바(高田馬場)진료소도 1965년에 도쿄민의련에서 제명되었다.

생협이 분반 만들기 등 '투쟁하는 조직으로 강화한 것은 주목해야 한다.'고 서술하고, 조직을 갖지 못한 약 3분의 1의 회원기관은 '전담자를 두고 조직을 확립할 것, 대중조직의 대표가 회원기관의 운영에 참가할 것, 젠세렌(全生連)*이나 닛쿄렌(日協連)* 등의 전국조직에 가맹할 것'을 제기했다.

* 역자주: 젠세렌(全生連)은 전국 생활과 건강을 지키는 연합회를 줄인 말이며, 닛쿄렌(日協連)은 일본생활협동조합연합회를 말한다.

4. 민주적 대중운영에 대한 강조

1966년 제14회 총회시점에 조직인원은 약 10만 명에 달하는 상태로 변했고, 기관지는 108만 부로 증가했다. 총회는 경영방침의 슬로건을 '대중에 의지하는 경영으로 발전시키자'로 했으며, 민의련 회원기관은 '민중의 재산'이라고 처음으로 규정했다. 그리고 '발전하는 유리한 조건으로 민중의 힘에 의지'해 경영을 지키는 것이 기본방향이라고 규정하고, 시설확대나 집단검진, 환자조직, 지키는 모임 등의 확대를 위해 노력해 환자를 증대시키고, '의욕적인 의료활동이 없다면 경영을 악화시킨다.'고 적극 경영노선을 내세웠다.

또한 '민주적 대중운영을 만드는 바탕 위에 법인격 취득에 복무하자.'고 하면서, 이것은 '단지 경영상의 문제만이 아니며, 회원기관이 강령에 기초한 의료활동을 중심으로 지역의 건강과 의료를 지키는 보루로서 활동해 가는 모든 기초이다.'라고 의미를 부여했다. 따라서 자기자본을 증가시키고 모든 공격을 맞받아칠 수 있어야 하며 경영주의를 극복하기 위해서도 의료생협, 사단법인 등 법인취득이 중요하다고 설명했다. 더욱이 '우리들 모든 활동의 발전은 기반조직이 어느 만큼 확대되고 강화되는 것에 관련되어 있다고 말해도 과언은 아니다.'라고 강조하고, 전담자를 배치하고, 모든 회원기관이 계획적으로 기반조직을 확대하고, 반단위 조직의 확립, 기관지 발행에 참여해 노조, 민쇼(民商: 민주상공회) 등의 민주적 여러 조직 확대에 협력하자고 제기했다.

1966년 방침은 기반조직을 무엇보다 강조하고, 주요 내용은 다음 해의 방침에도 유지했다. 그러나 당시의 논의에서 기반조직과 경영주체 간의 관계는 애매한 상태였다. 더군다나 사원조직에 대해선 수천, 수만에 해당하는 규모는 상정할 수 없었다. 기반이 되는 지역대중조직을 강조하면 할수록 이러한 문제에 부딪치고 말았다. 또한 '대중화'와 '민주운동'의 문제도 정리할 필요가 있었다.

1966년 3월에는 교토민의련의 미나미(南)병원과 후시미(伏見)진료소가 '예전부터 교토민의련 이사회의 결정에 대해 실천을 계속해서 유보하는 태도로 일관해왔다. 모험적인 병원건설을 둘러싸고 교토민의련 이사회의 권고를 받아들이지 않아, 금년 3월 교토민의련에서 탈퇴권고가 있었으며, 사실상 교토민의련을 탈퇴했다. 이것은 본질적으로 4년 전 호리카와(堀川)병원 탈퇴문제의 연장선상에 있다.'고 규정했다.

5. '대중적 민주운영'과 경영조직상의 여러 문제

1966년 11월에 열린 '경영관리에 관한 검토집회'에서 민주적 대중운영의 문제를 논의했다. 집회에서는 경영위원회로부터 제안된 토론자료를 논의해서 나온 의견에 입각해 수정 가필했고, 이것을 이치조 스스무(一条進), 가이 다이스케(甲斐大介)의 필명으로[주14] 1967년 12월에 '민의련 회원기관의 대중적 민주운영과 경영조직상의 여러 문제'([민주의료기관과 경영] 1권 수록, 이하 '이치조·가이(一条·甲斐 논문))라는 제목으로 발표했다.

논문은 먼저 민주의료기관은 '노동자계급을 중심으로 하는 민주세력이 탄생시킨 조직'이고, 민주적 대중운영은 민의련강령 제3항 '직원의 생활과 권리를 지키며, 운영을 민주화하고, 지역 직종의 사람들과 협력을 심화해 건강을 지키는 운동을 발전시킨다.'에 나타난 바와 같이 '민의련 경영의 기본'이다. 나아가 '노동자계급이 탄생시킨 조직'이라는 인식을 바탕으로 운동을 진행해 갈 때, 이 원칙은 "단순히 경영상의 문제가 아니라, 회원의료기관이 강령에 근거한 의료활동을 중심으로 지역의 건강을 지키는 '보루'로 활동하는 기초이다."라고 서술했다.

주14) 이치조 쓰쓰무(一条進)는 이토 가즈요시(伊藤一良) 씨의 필명이고, 가이 다이스케(甲斐大介)는 사토 지로(佐藤二郎) 씨의 필명이다. 두 사람은 전일본민의련 이사였다.

또한 이제까지 실천 속에서 관리부의 독재나 독선 혹은 안이한 대중추수 편향이 나타난다고 지적하고, "민의련의 역사적 이론적 도달점은 민주적 운영이야말로 기본이고, 그것에 기초한 대중적 결합이며, 가장 중요한 내용은 '민의련강령'에 의한 통일과 단결에 있기 때문에, 일반적인 '대중운영'이 목적은 아니라고 생각될 수 있다. 이런 의미에서 '민주적 대중운영'은 정확하게는 '대중적 민주운영'으로 표현하는 것이 타당하다."라고 서술했다.

이상에서 분명해지는 바와 같이 일하는 사람들 = 민주세력 = 노동자계급의 공식이다. 결국 민의련 회원기관이 어디까지나 민주운동의 일원이라는 점에 가장 큰 역점을 두었다.

6. 네 가지 원칙

'이치조(一条)·가이(甲斐) 논문'은 뒤이어 대중적 민주운영의 원칙을 네 가지로 정리했다.

첫째, 민의련강령이다. '관리부 혹은 경영주체인 대중조직이 회원기관을 운영하는 상태에서, 어떻게 민의련강령 노선을 지키고 실천해 갈 것인가라는 점이다. 이것은 회원기관 및 조직내부에서 관리부를 선두로 민의련강령을 몸에 익힌 사람들이 적극적으로 활동하고, 지도력을 어떻게 발휘할 것인가에 의해 결정된다고 생각한다.'

둘째, 지역대중과의 결합이다. 대중 스스로가 건강을 지키는 운동을 진행하며, 회원기관의 활동을 점검할 필요가 있다. 이것을 조직적인 차원에서 일상적으로 진행하기 위해 전담자를 배치하고, 분과조직을 확립해야 하며, 기관지를 발행하지 않으면 안 된다. '민의련강령이 내부직원만의 단순한 실천제목이거나 민주운영이라는 것이 왜소화되어 대중과의 결합이나 지역대중으로부터 점검도 받지 않고, 내부만의 짬짜미 운영방식을 채택할 오류를 조직적으로 개선할 필요가 있다.'

셋째, 대중적 민주적 소유형태이다. '임원회, 운영위원회 등도 민주적으로 구성하는 것이 중요하다.'

넷째, 민주적 관리운영이다. 내용으로는 '민의련강령에 기초해 계급적

자각과 의사통일', '집단지도체제와 개인책임제의 확립에 의한 민주집중제', '정치활동의 자유와 노동조합'을 서술하고, 특히 민의련운동의 경험이 없는 의사를 외부에서 영입하는 경우에 '진료관리에 한정한다.'는 편의적인 방법을 사용하기보다는 '충분한 배려와 설득'이 필요하다.

논문은 다음으로 민의련 회원기관도 자본의 법칙에 지배받거나 다양한 사고가 내부로 유입할 수 있고, 저가 의료비 정책으로 인한 끊임없는 내부 모순이 발생할 수 있다는 점을 대중적 민주운영의 저해요인으로 지적하고, 대중적 민주운영을 확립하기 위한 필요조건을 14개 항목으로 열거했다.

또한 통일 경영에 대한 '필연성과 필요성'을 강조하고, 장점과 약점, 통일 경영을 올바르게 추구할 요건을 제시했다.

7. '대중운영론'의 논문 정리

당시(1966년) 민의련의 법인구성은 생협 26.4%, 공익법인 14.6%, 의료법인 22.2%, 법인격이 아닌 협회 22.2%, 개인 13.2%, 기타 1.4%였다. 논문은 법인화를 전제로, 어떤 법인 형태로도 한계가 있다는 점을 지적하고, 민의련강령에 기초한 대중적 민주운영을 진행할 필요를 지적했다. 그 바탕 위에 유의해야 할 점에 대해 다음과 같이 서술했다.

① 이사회구성의 신중한 고려와 민의련강령의 연수와 실천에 노력한다. ② 회원기관 내부의 민의련운동을 진행할 역량을 드높인다. ③ 내부 역량이나 의료활동 방침에 따른 조직규모에 유의한다. ④ 경영주체의 가입자는 기초를 노동자계급과 농민, 빈곤층을 중심으로 하고, 정치활동의 자유를 내외에 확보한다. ⑤ 자본법칙과 투쟁하고, 경영주의를 극복한다. ⑥ 힘을 넘어서는 무리한 확대는 위험하다. ⑦ 이사회, 관리부, 의국의 의사통일

논문은 1955년 이후 민의련의 조직형태에 대한 논의를 정리한 것으로 중요하며, 1985년에 '여러 조직을 개선된 기반 위에 강화 발전시키기 위해'라는 방침안이 나올 때까지 통일된 견해로 자리 잡았다.

8. '이치조(一条)·가이(甲斐) 논문'의 문제점

그러나 논문은 몇 가지 문제점을 안고 있었다. 첫째, 민의련이 민주운동

의 일원이고 '민중의 재산'이며, 그것을 지키기 위해 노력해야 한다는 것에 고착해, 주민조직의 독자적인 요구에 기초한 확대, 독자적인 발전의 관점을 결여했다. 결국 주민운동을 민의련강령 틀 내로 흡수하는 수준에서 그치고 말았던 것이다.

둘째, 이미 실천사례가 나타나고 있었지만, 친구모임과 같은 조직에 대해서는 전혀 언급하지 않았다.

셋째, 경영주체로 방침을 한정한 것과 민주세력이나 민주운동의 일부라는 의미로 이해된 '민주운영이 본체'라는 인식의 결과, 의료생협 이외의 법인은 니가타긴이쿄와 같은 예외적인 조직을 제외했으며,[주15] 이후 기반조직이나 지역대중조직의 참여는 반대로 약해졌다. 민의련이 병원화하고 경영체로 힘을 쏟은 시기도 있었다.

넷째, 관리부 등 지도부의 역할은 강조했지만, 직원전체적으로 민의련운동이나 민주적 운영을 진행하는 수준의 문제는 언급하지 않았으며, 유능한 지도자에 '맡겨버리는' 위험을 내포하고 있었다.

1969년 이후 총회방침에서는 지역대중조직에 대한 기술은 점점 줄어들고, 1971년 제19회 총회에서 친구모임을 '협력조직'으로 인정하는 서술은 있었지만, 거의 동일내용이 짧게 서술되어 있다. 1972년 제20회 총회부터는 독립해서 등장하는 내용은 없다. 1976년에 '민주적 지역의료 만들기'의 방침이 나오면서부터 1978년 제23회 총회방침에서 기반조직에 대해 새롭게 '민주적 지역의료를 추진하는 세력이라는 관점에서 검토를 심화시키고 있다.'는 표현이 등장하고 개선논의가 시작된다. 그러나 민의련 전체의 합의형태를 달성하지 못한 채, 민의련 전체가 지역의 의료주민운동에 독자적인 위치를 갖고 참여하는 상태가 되는 것은 1985년까지 기다려야만 했다.

주15) 니가타긴이쿄는 의료법인 총회를 전체 사원으로 확대했다. 사원총회는 전 직원에게 출석권이 있었고, 과반수 출석이 안 되면 총회는 성립하지 않았다. 상당수의 직원이 조직담당자로서 사원총회를 위해 위임장을 수집하는 등 각고의 노력을 했다.

제4절 1960년대 사회보장과 평화를 위한 투쟁

(1) 보장률 인상 운동(본인부담 저하운동)

1. 7할 보장 실현

1961년에 국민개보험이 실시되었으나, 보장률은 고쿠호(国保)도 겐포 (健保) 가족의 경우에도 5할의 낮은 수준이었다. 이런 수준으로는 막상 질병에 걸렸을 때, 가계살림이 파산할 수밖에 없었다. 따라서 국민의 요구 와 운동의 중심적 과제는 고쿠호(国保)나 겐포(健保) 가족의 보장률 확대 였다.

안보투쟁이라는 반동지배를 떨게 만든 국민운동의 고양에 직면한 지배 층은 이케다(池田) 내각의 '소득증대계획'으로 국민의 눈을 경제로 돌리는 한편, 사회보장의 충실을 국민에게 약속하지 않을 수 없었다. 1961년 10월 고쿠호(国保)세대주의 결핵과 정신질환에 대한 보장이 70%가 되었고, 재 원을 국가가 부담했다. 민의련은 이미 서술한 바와 같이 각 지역에서 고쿠 호(国保)의 보장률 인상운동을 진행했다.

1962년 7월, 사회보장제도심의회는 보장률의 목표를 피보험자·가족을 포함 9할로 해 현재의 7할에서 인상하고, 보장기간 3년이라는 제한도 폐지 할 것을 제안했다.

1963년 고쿠호(国保)세대주의 7할 보장률을 실현했다. 고쿠호(国保)세 대 전원의 7할 급여는 1968년에야 이루어졌지만, 이때 요양급여비용의 4 할이 국고부담으로 되었다. 겐포(健保) 가족의 7할 보장은 1973년에 실현 되었다. 이때 고액 요양비 제도도 결정되었다(전체적인 실시는 1974년). 또 한 1973년에는 노인의료비 무료제도가 실현되었다.

이러한 보장의 충실 = 의료보장의 확대는 후생성의 계획으로 차분히 실현된 것은 아니었다. 보험제도의 충실은 당연히 억제되어 있던 의료수요 의 급격한 확대를 초래했고, 낮은 의료보수가 개정됨에 따라 보험재정은 경 제의 고도성장에도 불구하고 적자가 되었으며, 후생성은 몇 번이나 다양한 형태로 환자나 국민부담을 증가시키려 했다. 노동조합·민주단체·의사회 등은 이것에 저항했으며, 국고부담 확대를 요구하며 투쟁했다. 1970년대까지는 주로 이러한 투쟁이 승리한 시기였다.

2. 의사회의 노선 이탈

1961년 6월 전일본민의련은 제9회 총회에서 '정부가 저의료비 정책을 추진하기 위해 차액징수, 진료비 본인 우선 지불을 의도한다.'고 주장하며, '활동의 주요방향' 중에서 '(1) 의료보험·의료제도의 개선, 사회보장 확립을 위한 활동 강화'와 다음과 같은 네 가지 점을 선언했다. 1. 차액징수*, 본인 우선 지불 방식에 반대, 2. 진료보수 인상, 3. 고쿠호(国保)개선투쟁(대도시의 상당수가 6할, 7할의 보장률을 쟁취함), 4. 국고부담인상. 그리고 사회보장투쟁의 통일된 행동을 호소하고, '사회보장학습 강화, 사회복지사의 배치, 지역연합회 사보위원회 확립, 지역 직장에서의 활동 강화, 샤호쿄(社保協) 활동, 일본 의사회 상부와 하부를 구별한 의사회 활동' 등을 제기했다. 또한 소아마비 대책도 강조했다.

총회 직후인 7월 진료수가인상을 둘러싼 후생성과의 대립에서 의사회는 '단가 11엔 50전으로 창구징수'를 강행하고, 8월부터는 보험의 총사퇴를 지시했다. 의사회의 행동에 대해 소효(総評) 등의 노동조합, 중앙샤호쿄(社保協)도 반대했으며, 민의련도 총사퇴 등은 국민과의 통일을 방해하고 진료비 본인 우선 지불이나 차액징수제도의 길을 열어준다는 점에서 반대했다. 그리고 제10회 총회에서 "행동면으로는 '일하는 사람들의 의료기관'이라는 점을 처음부터 분명하게 드러내고, 의사회 운동에 매몰되어 갔던 경향에서 탈피해야 한다."고 서술했다.[주16] 민의련의 이런 방침전환에는 당연 비판도 있었지만, 의사회의 무리한 전술에 대한 비판으로 하부의사회원 중에는 공감을 나타내는 자도 많았다.[주17] 또한 이때의 투쟁이 제한진료** 폐지 등에 큰 영향을 주었다는 점도 이미 서술했다.

전국민의련은 8월 '1. 차액징수반대, 진료비 본인우선 지불 반대, 2. 고쿠호(国保)의 국고부담을 4할로 하고, 보장률 인상, 3. 제한진료반대, 4. 국

주16) 다만, 전체가 그렇게 대응한 것은 아니다. 일부는 의사회와 동조했다.

주17) 호단렌(保団連) 〔전후개업의운동의 역사〕 참조.

고와 자본가 부담에 의한 진료수가 인상'의 네 개 항목을 요구하는 100만 명 서명운동을 제기했다. 서명 그 자체는 14만 4,091명(1962년 4월)에 그쳤으나, 서명운동은 당시의 국민적 요구와 해결의 실마리를 가장 적절하게 표현한 것으로 평가할 수 있다. 제10회 총회에서는 100만 명 서명운동에 대해 진지하게 총괄했다.

* 역자주: 차액징수는 건강보험에서 정한 항목 외에 의료기관에서 환자로부터 추가로 받을 수 있는 비용을 말한다. 한국의 '비급여' 항목과 비슷한 제도이다.

** 역자주: 제한진료는 '혼합진료'와도 같은 의미로 사용된다. 건강보험의 적용을 받는 범위내에서만 보험금이 지불되고, 이를 벗어나는 영역에 대해선 전액 본인부담이 된다는 의미이다. 예를들면 재활치료의 일수를 제한한다던가, 심의통과되지 않은 약을 처방한 경우에는 보험금이 지불되지 않는데, 이러한 경우를 제한진료라고 한다.

3. 공동투쟁의 확대

1961년 4월 10일 일본 이로쿄(医労協)를 중심으로 '사회보장확충·의료위기 돌파 중앙 대집회'를 열고, 민의련은 1일 내지 반일을 휴진하며 공동투쟁했다. 투쟁 후에 중앙샤호쿄(社保協)는 당면 투쟁의 중점을 '진료비 본인 우선지불 반대를 중심으로 하는 의료투쟁'에 놓는다고 확인했다.

또한 같은 해 8월 민의련과 젠세렌(全生連)이 공동 개최한 '건강을 지키는 전국집회'를 열고 민의련과 생활과 건강을 지키는 모임과의 '양바퀴론'을 확인했다.

또한 12월 세계노동조합대회는 '국제사회보장헌장'을 채택했다. 이는 사회보장에 대한 노동조합의 참가에 영향을 주었다. 1962년 11월에는 '전국보험의 단체연락회'를 결성했다.

1962년 제10회 총회방침에서는 '(1) 일상진료로 알려진 저의료비 정책의 실태를 밝히고, 투쟁을 수없이 진행하자. (2) 환자대중과 함께 투쟁하자. (3) 의료노동자와의 공동투쟁을 강화하자. (4) 지방·지역 샤호쿄(社保協)의 확립과 활동강화를 위해 노력하자. (5) 의사회원과의 연대를 강화하자.'는 5개 항목을 제기했다. 특히 의사회에 대해선 '일본의사회 상층부는 정부·자민당과의 대표교섭을 시행하고, 자유진료부활로 노선을 바꾸고 있다.'고 주장하면서 의사회의 민주화를 과제로 제시했다. 또한 이때부터 '우리의 요구'를 제시했다.

1963년 제11회 총회에서는 의료정세에 대해 정부의 정책은 안보조약에 의한 군국주의 부활을 근본적인 의도로 갖고 있으면서, 저의료비정책과 '사회불안을 야기하지 않을 만큼의 최저한의 수단'이라는 두 가지 특징을 갖고 있다고 규정했다. 전년의 사회보장제도 심의회의 권고와 답변에 대해서는 종합조정이라는 명분으로 국가의 부담을 억제하고 국민상호 간의 부담으로 의료비를 조달하려는 것으로 비판했다.

4. 진료수가를 둘러싼 불일치

제11회 총회에서는 1963년 소효(総評)·춘투공동투쟁·중앙샤호쿄(社保協)의 공동 주최로 열린 제1회 사회보장연구대집회를 '임금인상과 통일된 투쟁'으로 높이 평가했다. 또한 전년 7월에 민의련·이로쿄·일본환자동맹의 의료3자 공동투쟁을 결성했다. 이것은 이후 의료단체연락회의로 이어진다. 그리고 공동투쟁의 서명이나 샤호쿄 등의 선도적인 운동으로 후생성으로부터 '진료비 본인 우선지불은 생각하지 않고 있다.'는 답변을 받아내는 성과를 올렸다. 그러나 진료수가 인상에 대해서는 소효(総評) 등의 노동조합은 '현재의 세력관계에서 투쟁을 통해 정부와 자본가의 부담을 현실적으로 보장받을 수 있는 것이 아니기 때문에, 진료수가가 오른다면 가족의 자기부담도 증가할 수 있어 찬성할 수 없다.'는 태도를 나타냈다. 이 점은 일본 이로쿄와도 일치하지 않았다.

(2) 진료수가를 둘러싼 분쟁과 제1차 건보중앙연락회의^(이하 젠포주렌)

1. 1964년 분쟁

1963년 1월 일본의사회는 '고쿠호(国保)를 중심으로 하는 의료보험의 통합과 재진료신설, 초진료 개정'을 후생성 장관에게 제기했다. 재진료 10점 요구는 병원 18.7%, 진료소 36.1%의 의료비 인상효과가 있었다. 9월에는 재진료신설 요구에 따라 보험의 총사퇴 체제를 준비했다. 노조·민주단체는 모두 재진료에 반대했다. 민의련은 3자 공동투쟁(민의련·이로쿄·일본환자동맹)에서 정부와 자본가부담에 의한 단가인상 입장에 의해 역시 반대를 표명하고 총사퇴는 안 된다고 주장했다. 의사회 내에서는 다케미(武見) 회장(회장재임기간 1957~1982년)의 독재적 강제 수법에 대한 반발도 확산되었고, 보험의협회의 회원이나 민의련 의사를 필두로 반다케미 입장에서 전국의사대회를 개최하고자 하는 분위기가 높아졌으며, 두 번 전국대회가 열렸다.

진료수가개정은 주이쿄(中医協)에서 1964년 4월에 8% 인상의 답변이 있었지만, 다케미 회장이 더 올리도록 자민당을 움직여 11월에 1.5% 올린 점수 개정안을 후생성 장관에게 자문하자, 이번에는 주이쿄가 답변을 무시한 것이라고 반발했다. 이를 완전하게 정리하지 못한 상태에서 다음 해 1월 후생성 장관이 직권으로 신점수표를 고시했다. 9.5% 인상이었다.[주18]

이에 대해 '주이쿄의 답변이 없는 점수개정은 위법이다.'라고 주장하면서, 겐포렌(健保連)*과 네 개의 노동조합이 행정소송을 제기했다. 도쿄지방법원은 이 주장을 인정했다. 의사회는 신점수 이외의 영역은 자유요금이라면서 해당 겐포(健保)조합원의 진료를 사실상 거부했다. 그 결과 이와테 의대 병원에서 진료를 받지 못한 조합원이 사망하는 사건이 발생했다. 도쿄고등법원은 정부의 손을 들어줬고, 네 개 조합이 소송을 포기해 신점수표는 확정되었지만, 6월에 후생성장관, 차관, 보험국장 등이 모두 사임했다.

1964년 6월 제12회 총회는 이와 같은 정세를 기반으로 '진료수가의 인상과 국고부담 증가'운동을 어떻게 노동자계급이 주도해 갈 것인가와 보험의협회의 확대강화를 방침으로 결정했다.

* 역자주: 겐포렌(健保連)은 건강보험조합연합회를 말한다.

2. 겐포(健保) '전면개정'과 겐포주렌(健保中連)

진료수가를 둘러싼 분규의 한편에서 1962년 사회보장제도심의회의 권고 이후, 여기저기서 보험제도의 통합 혹은 종합조정, 국고부담과 보험료에 뒤얽힌 보험재정문제, 의료기관의 본질 등을 둘러싼 '전면개정'을 문제

주18) 같은 해 11월, 처음으로 약값 인하(4.5%)를 시행하고, 그중 3%를 처방료 명목으로 되돌려주었다.

삼았다. 1964년 11월에 후생성장관의 진료수가자문과 겐포(健保)개악안 (1000분의 63에서 70으로 보험료 인상과 보너스에도 보험료 부과하는 임금총액적용, 약값 반액부담)을 발표했다. 민의련, 신이쿄(新医協), 이로쿄, 일본환자동맹의 네 개 단체는 공동투쟁을 선언하고, 12월 15일 소효(総評), 샤호쿄(社保協), 사회당, 공산당을 포함 38개 단체가 '겐포(健保)·공제개악 반대 중앙연락회의'(제1차 겐포주렌)을 결성했다.

공동의 요구는 다음과 같은 다섯 가지 사항이었다.

① 피보험자의 보험료 인상·약값 반액부담 반대

② 국민부담에 의한 의료비 인상 반대

③ 겐포(健保)·선원보험·각종공제·고쿠호(国保)·일용겐포(健保)의 본인 가족 10% 보장

④ 성실한 의료를 보장하는 진료수가 보장

⑤ 전액 국가와 자본가 부담에 의한 의료보장의 확립

공동투쟁은 40개 현으로 확산되었으며, 개악반대 서명은 500만 명에 달했다. 공투에는 몇 개 지역의 현 의사회도 참가했다. 투쟁으로 인해 정부는 법안의 국회제출을 단념하고, 정부가 관리하는 겐포(健保)와 고쿠호(国保)의 재정적자분에 대해서는 국고자금을 빌려 충당하기로 결정했다.

전일본민의련은 1965년 제13회 총회에서 이 투쟁을 '전후 최대의 사회보장투쟁이고 처음으로 노동자계급이 중심이 된 획기적인 투쟁'으로 평가했다.

그 후 1966년 4월에 보험료가 조금 인상된 법안을 통과시켰으나, 겐포(健保)재정 적자는 해소할 수 없었고 국고자금을 차입하는 상황이 지속되었다.[주19]

1965년 5월 자민당은 의료기본문제 조사회를 설치하고, 후생성도 11월에 차관을 위원장으로 하는 의료문제대책위원회를 설치해 전면개정 검토를 시작했다. 1966년 8월 후생성이 발표한 안은 다음과 같다.

① 제도의 골격은 직장보험과 지역보험의 두 축으로 한다.

주19) 이 법률에 사회당이 찬성했기 때문에 통과 후에 겐포주렌 내에서 단체 간의 의견대립이 발생했고, 이후 겐포주렌은 개점휴업상태로 변했다.

② 급여수준의 제도 간 격차를 해소하고, 1971년까지 대체로 90%의 보장률로 적용한다.

③ 국고부담은 정률로 하고, 직장보험은 10%, 지역보험은 50%로 한다.

④ 1967년도부터 6개년 계획으로 실시한다.

그러나 이 안은 정치자금을 둘러싼 구로이키리(黑い霧)*사건의 영향을 받아 통과되지 못했다. 1967년 보험료율 인상, 초진료·입원 시 부담금 인상, 약값 일부 부담을 포함하는 겐포(健保)특례법을 강행 통과시켰기 때문에, 이후 건보 전면 개정은 최대의 정치과제가 되었다.[20]

* 역자주: 구로이키리(黑い霧) 사건은 1969년부터 1971년까지 계속해서 발생한 일본프로야구 승부조작 사건이다.

3. 진로를 벗어난 겐포(健保)개정안 폐지

후생성 안은 정부가 관리하는 겐포(健保)의 적자를 겐포(健保)조합과 공제조합에 부담시키려는 것이었다. 겐포주렌의 주장은 진료비 본인우선 지불의 도입, 보험의제도, 의료공급체제의 문제를 우선으로 재정조정반대, 직장인 보험은 전부 조합방식으로 해야 한다는 것이었다. 의사회는 반대로 모든 지역보험에게 부담시키자고 주장했다. 자민당의 논의도 거의 진척이 없다가, 1969년 5월에 자민당 조사회의 '국민의료대책개요'를 발표했다. 이 중 보험제도 부분은 고쿠호(国保), 겐포(健保), 노령을 세 축으로 하는 보험제도로 피부양자의 가족도 고쿠호(国保)에 편입시키고, 겐포(健保)에 산재를 포함하는 등 결함이 많았다. 의사회안을 배려한 것으로 평가할 수 있으나, 당시에는 의사회도 반대했고 겐포주렌도 언론도 반대했기 때문에 자민당의 수뇌부로서는 '개요'의 내용과는 정반대의 주문을 하는 양상이었다.

1969년 8월 겐포(健保)특례법을 상시 입법화하려는 법안을 강행처리(중의원 의장 사임)했다. 이때 후생성은 1971년 8월부터 전면개정을 실시한다고 국회에 약속했다.

주20) 투쟁으로 한시입법이 되어 감면조치도 성립했다. 이 문제로 인해 사회당의 사사키 고조(佐々木 更三) 위원장과 나리타 도모미(成田知已) 서기장이 사임했다.

자민당 조사회의 '개요'를 기초로 한 후생성의 시안은 1969년 국회 직후에 사회보험심의회와 사회보장제도심의회에 자문을 의뢰했고, 양 심의회도 전면개정을 전제로 관련제도 검토를 선행해야 한다는 이유로 심의하지 않았다. 결국 1971년 2월 겐포(健保)법 개정안은 심의회의 평가를 경유하지 않고 국회에 제출했지만, 한 번도 심의하지 않은 채 5월에 폐지되었다. 법안 내용은 가족의 7할 보장률, 퇴직자의료제도와 함께 재진 시 일부부담, 표준보수 인상, 보험료 탄력조항 등 일부 개악된 내용도 있었다. 소효(総評)가 2회에 걸쳐 파업을 포함한 행동통일을 조직하는 등 반대운동의 목소리가 높아졌다.

4. 투쟁의 성과로서 겐포(健保)개정

자문으로부터 2년 후인 1971년 가을까지 사회보장제도심의회와 사회보험심의회의 답변이 완성되었다. 내용은 직장보험과 고쿠호(国保)를 두 축으로 하고, 재정조정의 전제조건인 의료제도개혁, 전체 보장률은 10할을 목표로 한다 등에 있었다.

겐포(健保)의 재정적자는 지속되었다. 자민당 등은 전면개정보다는 당면 재정대책을 주장했고, 1972년 4월부터 재정대책을 위한 겐포(健保)법 개정안과 의료기본법에 대한 심의를 시작했다. 하지만 소효(総評) 산하의 노동조합이 사회보장문제에 대해 처음으로 투쟁을 조직하고, 일부가 실제로 투쟁에 돌입해 결국 폐지되었다.

1973년부터는 노인의료무료제도를 시작했다. 이러한 흐름 속에서 후생성은 의료보험의 여러 문제를 한꺼번에 해결한다는 점을 분명히 밝히고, 가족 보장률 개선, 국고부담도입을 시행했다.

같은 해 9월 가족보장률을 7할로 인상하고 고액요양비제도 신설, 정부관리 겐포(健保)에 대한 보장 비용 중 10% 국고보조, 정부관리 겐포(健保)에 대한 지금까지의 적자는 일반회계에서 조달해 보전하고 보험료의 탄력조항 신설 등을 주된 내용으로 하는 겐포(健保)법 개정안을 제안했다. 국회에 제출된 원안은 6할 보장률이었다. 또한 실시시기는 1년 앞당겼다. 이런 결과는 모두 투쟁의 성과라고 할 수 있다. 전면개정문제는 여기서 다시 한번 매듭을 지었다.

(3) 노인의료비 무료화 운동

1. 큰 파도가 된 통일행동

전일본민의련은 1966년 제14회 총회에서 정부가 추진하는 겐포(健保) '전면개정'의 방향에 대해 다음과 같이 분석했다. ① 요양비 본인 우선지불, ② 겐포(健保) 본인에 대한 10할 보장 인하 등 보험보장기준 인하, ③ 총보수제와 약값 일부 부담, ④ 차액징수 강화 ⑤ 약값 인하 등의 진료보수체계 '합리화', ⑥ 각종 겐포(健保)공제의 개악, ⑦ 공공의료기관 중심의 계열화 - 개업의의 가정의화, ⑧ 국립의료기관의 독립채산성과 합리화, ⑨ 인턴제도, 보건부 조산사 간호사법 개악에 의한 의료종사자 재편성 ⑩ 일본적십자 재편성, 미군야전 병원 설치 등 의료 의학의 군사화, ⑪ 후생성 자문기관 재편성, ⑫ 재정 조성 문제는 전면개악을 향한 중요한 조치.

그리고 '이와 같은 개악은 40년간 의료보험제도 사상 최대 내용'이라고 규정하고, 이를 막기 위해 투쟁하는 것은 전국민적 과제라고 주장했다. 전년도 겨울부터 1966년에 걸쳐 민의련, 신이쿄(新医協), 호켄이쿄카이(保険医協会), 일본환자동맹, 이로쿄(医労協), 젠세렌(全生連) 등 의료 6개 기관 연락회의가 설립되었고, 공동행동을 결정했다. 특히 3월 16일, 20일

3·16 통일행동 중앙궐기집회(1966년)

'건강보험개악반대'의 시위행진. 민의련은 '의료단체연락회의'를 결성하고, 공동투쟁의 힘으로 투쟁을 확산시켰다.

등의 통일행동은 큰 성과를 보였다.

또한 '사상최대의 투쟁'의 교훈을 끌어내어, 13개 항목의 향후 투쟁방침을 결정했다. 특히 공동투쟁 중시와 노사협조적·타협적 경향에 대한 확산을 강하게 비판하고 의료전선의 통일이라는 입장에서 '민의련 노조의 역할을 중시한다.'는 점을 주목받았다.

1967년 겐포(健保)특례법의 움직임에 대해 민의련은 샤호쿄(社保協)·겐포주렌(健保中連)의 통일 투쟁에 노력함과 동시에 1966년 가을, 일본이로쿄, 일본환자동맹, 보험의 단체[주21], 신이쿄(新医協, 신일본의사협회)와 함께 의료 5단체 연락회의를 결성하고 기민하게 투쟁했다.

1967년 제15회 총회에서는 사회보장 투쟁을 '일상의료활동'과의 연관 속에서 의미를 부여하고, 일상적인 투쟁을 진행할 것을 강조했다. 특히 사회사업부의 활동을 종합적으로 강화했다.

2. 노인의료비 무료화 운동

1968년 제16회 총회에서는 '전면개정'문제가 다양한 저항에 부딪혀 쉽

주21) 이 시점에는 아직 호단렌(保団連)은 아니었다. 1969년에 보험의단체연합회가 결성되었기 때문이다.

게 결말이나지 못하는 상황을 '정부·자민당이 전면개악계획을 상당히 지연시키고 있다.'고 인식하고, 여세를 몰아 사전에 분쇄하자는 방침을 세웠다. 동시에 1966년부터 도쿄·분쿄쿠(文京区)의 민의련 사업소에서 시작한 노인복지법(1963년 제정)에서 규정한 노인검진 대상자 확대와 검진내용의 충실화 요구 운동이 급속하게 확산되는 상황을 높이 평가하고, 전국적으로 참여하자는 방침을 분명히 했다. 도쿄민의련에서는 통일기준을 만들고, 수진자 전체의 10%를 민의련이 부담했다.

1969년 제17회 총회에서는 전년의 노인검진에 대해 '모든 지역연합회와 8할 이상의 회원기관, 4만 명이 수진'했다고 보고했다.

그리고 이러한 참여는 결국 '노인의료비무료화'를 요구하는 전국적인 대운동[주22]과 연대했다. 운동 확산을 배경으로 1967년에 탄생한 미노베(美濃部)* 혁신 자치행정하에서 1969년 11월 70세 이상의 도민 의료비가 무료화되었다. 수도 도쿄에서 무료화가 실현된 것은 전국에 큰 영향을 주었다.

이리하여 노인의료비 무료화가 먼저 실현된 곳은 이와테 현·사와우치무라(沢内村, 현재의 니시와가마치(西和賀町))였다. 사와우치무라에서는 1960년부터 노인의료무료제도를 실시하고, '생명존중의 마을'로 큰 성과를 올렸다. 당시 사와우치무라는 유아사망률이 전국 1위 마을이었지만, 후카사와(深沢)촌장은 현이나 나라의 방해에 터무니없어하면서 '국민의료보험법(国保法)에는 위반될지 모르나 헌법에는 위반되지 않는다.', '마을주민의 생명을 지키는 것이 나의 업무다.'라고 선언하고, 아이들부터 노인에 이르기까지 보건, 예방활동부터 의료 등을 철저하게 하는 행정을 펼쳤다. 1969년에는 아키타 현에서도 무료화했다.

그 이후 오사카 등에서 차츰 혁신자치단체가 증가해 가는 것과 병행해 노인의료비무료화를 시행하는 자치단체가 증가했다. 그리고 46개 현에서 실시하는 가운데 1973년 12월 1일에 국가제도로서 노인의료비무료화를

주22) 1969년 민의련, 일본환자동맹(日患同盟), 젠세렌(全生連), 젠니치지로(全日自労), 노손로렌(農村労連), 호단렌(保団連), 일본생협의료부회(日生協医療部会), 젠쇼렌(全商連) 등 9개 단체에서 노인의료비무료화실현을 위한 공동투쟁을 만들었다.

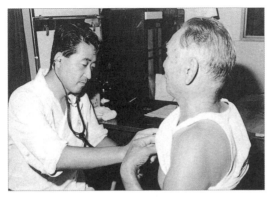
도쿄민의련 분쿄블록은 1966년부터 '노인건진'에 조직적으로 참여하였다.

확립했다. 후생성은 1969년 노령보험구상을 발표했지만, 사회보장제도 심의회도 사회보험심의회도 찬성하지 않았다.

무료화에는 극단적으로 소극적이었던 후생성이 결국 여론의 압박으로 환자본인부담액을 나라가 3분의 2, 광역 지자체가 6분의 1, 기초지자체가 6분의 1 부담하는 법안을 만들어 사회보장제도 심의회에 제출한 것은 1972년 2월이었다. 후생성 관료는 "노인의료비무료제도가 복지의 상징적 제도로서 전국적으로 들불같이 확산되었고, 정부로서도 무언가 대응을 할 수밖에 없었다."(요시하라 겐지(吉原健二), 와다 마사루(和田勝) '일본의료보험제도사')라고 서술했다.

* 역자주: 미노베 료키치(美濃部亮吉)는 1967년 도쿄도지사에 공산당과 사회당 양 당의 후보로 출마해 당선된 이후 3선에 성공한 인물이다. 재임기간 중 노인의료비 무료화, 고령자에 대한 교통비 무료화, 공해기업에 대한 규제 등 혁신자치행정을 펼쳤다.

3. '전면개정' 문제와 1960년대 투쟁의 정리

겐포(健保) '전면개정'으로 문제가 되었던 점을 크게 구별한다면, '① 보장범위의 차이, ② 난립했던 보험제도 통일, ③ 재정문제, ④ 의료기관의 입장' 등 네 가지였다. 보장범위의 차이는 겐포(健保) 본인의 10할과 노인에 대한 무료제도, 고쿠호(国保)와 겐포(健保) 가족의 7할 수렴이나 재정문제로는 국고부담 도입으로 일정한 해결을 보았다. 그러나 1971년 사회보장제도심의회 등의 10할 보장의 목표는 결국 사문화되고 말았다. 또한 각각의 보험제도도 난립한 상태가 그대로 정리되지 못했다. 이것은 제도 통일이라는 이름을 빌려 후생성이 조합 겐포(健保)나 공제로부터 돈을 항상적으로 인출하기 위해 재정조정을 의도한 것이고, 총액수가제 등의 개악과 한 세트로 통일하려 한 것이 원인이라고 할 수 있다.

한편 민의련 등의 민주운동 진영에서도 개악에 대한 반대 중심으로만 운동을 했고, 보험제도 통일의 구체적인 대안을 제시하지는 못했다. 이것은 뒷날 겐포(健保) 본인 1할 부담 등 개악을 진행할 때 통일된 투쟁을 어렵게 만든 하나의 요인이었다.

의료기관의 입장에서도 당시 후생성이나 의사회의 역관계 아래서 변하는 것은 없었다. 결국 고도 경제성장이라는 조건을 배경으로 국민의 편에 선 투쟁에 의해 국민·환자에게 새로운 부담을 안기는 후생성의 다양한 의도를 타파하고, 보험적용 개선이라는 형태로 '전면개정'을 실현한 것이 바로 '전면개정'의 처음과 끝이라고 할 수 있다.

민의련운동은 이 시기 주오샤호쿄(中央社保協) 내에서 의료분야의 중심적인 역할을 수행했다. 직원들이 광범위한 지역에서 활동하면서 국민과 손을 잡고 운동에 큰 힘을 발휘했다. 이런 점은 노인의료비 무료화 운동 등에 잘 반영되었다. 경제성장을 배경으로 국민·노동운동의 사회보장확대 운동은 많은 성과를 달성했다. 그리고 노인의료비무료제도로 일본의 의료보장은 하나의 정점을 구축했다.

제5절 민의련 조직의 발전·강화

(1) 조직의 확대·발전

1. 확대계획

민의련 회원 의료기관은 강령을 결정한 1961년에는 249개소였다. 이것이 1969년에는 302개로 증가했고, 지역연합회는 24개소에서 설립했다. 의사부족으로 어려움이 많았지만, 강령을 결정하고 혁신민주운동이 고양되기 시작하는 과정에서 민의련에 대한 기대는 커져 갔다.

민의련 회원기관이 없는 현에 대해서는 전일본민의련 이사회가 해당 현의 민주화운동에 참여하면서 의식적으로 만들려고 노력했다. 1963년 제11회 총회 이후 총회방침은 매번 민의련 조직이 없는 현에 대한 극복을 강조했다. 1965년 제13회 총회는 '각 지역연합회와 함께 민의련 확대계획(회원의료기관 신설계획)을 수립하자.'고 제안했고 각 지역의 지역연합 장기계획으로 연결되어 갔다. 그러나 '이미 상당 규모에 달하는 기존의 병원을 더욱 확대할 경우에는 민진센터로서 의미가 있고, 센터를 둘러싼 새로운 민주진료소 증설과 함께 종합적으로 진행할 수 없다면 오히려 대중과의 조직적 결합이 느슨해지는 경향을 드러내든가 혹은 건강을 지키는 투쟁거점이라기보다는 단순하게 좀 더 좋은 고도의 시설과 기술을 갖는 의료기관의 방향으로 흐를 위험성을 갖고 있다는 점은 그간의 경험에서 배운 것이다.'라는 지적이 있는 바와 같이 병원 건설보다도 회원기관의 부재라는 점을 극복하는 것이 중요하며, '민주진료소 신설에 동반해 의사, 간호사문제 등은 대중의 힘을 중심으로 해결한다.'는 방침이었다. 민의련의 의료종사자를 모두 자신의 비용으로 양성한다는 1970년대 이후 달성했던 관점은 아직 갖지 못했다.

방침에 의해 전일본민의련은 '회원기관이 부재한 지역의 민주진료소 건설 2개년 계획'을 만들고, 민주진료소가 없는 지역에 대한 활동을 강화했다. 그리고 1966년 1월 실천 제1호로서 모리오카(盛岡)민주진료소를 개설했다. 제14회 총회는 '도호쿠 민의련이 조직적으로 건설을 지원했고, 현의 이로쿄 등의 협조를 얻어 대중적인 기반 위에 건설했다는 점에서 의미가 있다.'고 평가했다.

2. 민주진료소 건설의 첫걸음

이것을 구체화해서 전일본민의련 이사회는 1966년 9월 '민주진료소의 첫걸음(안)'을 결정했다. 민의련의 방침이 통상 내부를 향해 시행되는 것이라면, '민주진료소를 만들고 싶다.'는 외부의 민주세력을 향한 것이었다. 의사는 민의련으로부터 파견을 받아도, '더 좋은 방안은 없겠지만, 현실적으로 어려운 경우가 많다.'는 평가가 있고, 큰 대학 등과도 관계를 갖고 확보해 달라고 제15회 총회방침에 부연했다.[주23] 이러한 활동도 영향을 받아 민주진료소는 증가해 갔으며, 동시에 지역연합회도 증가해 갔다.

민의련의 1960년대 발전을 연표로 정리하면 다음과 같다.

- 1960년 10곳의 도도부현에서 15개 기관 개설
- 1961년 9월 나가노민주진료소(나가노 현 최초) 개설. 같은 달에 아키타 민의련 결성. 10월 도호쿠민의련연락협의회 발족. 같은 해 8곳의 도도부현에 11개 기관 개설
- 1962년 6곳의 도도부현에 13개 기관 개설
- 1963년 1월 오카야마민의련 결성. 3월 아이치(愛知)민의련 결성. 같은 해 4곳의 도도부현에 10개 기관 개설
- 1964년 8곳의 도도부현에 10개 기관 개설
- 1965년 5곳의 현에 7개의 기관 개설
- 1966년 1월 모리오카민주진료소 개설(이와테 현 최초). 8월 아사히(旭)진료소 개설(고치 현 최초). 11월 야마가타(山形)민의련 결성. 6곳의 부현에 9개 기관 개설
- 1967년 7월 후쿠오카 현연합회가 규슈민의련에서 독립[주24]. 같은 달에 가고시마 민의련 결성. 규슈민의련은 같은 달 말에 총회에서 연락회의에 다시 참가. 7월 나가사키 현 사메시마(鮫島)의원이 개업의 형태로 민의련에 가입[주25]. 8월 후쿠시마·하마토오리진료소개설(후쿠시마 현에서 최초). 같은 해 7곳의 도도부현에 9개 기관 개설

주23) 1960년대에 설립한 민주진료소의 상당수는 이 방식으로 의사는 외부에서 도입했다. 적극적으로 이 방침을 실천한 오사카민의련에서 시설이 크게 증가하고 지역 운동도 전진했지만, 뒷날 많은 진료소가 민의련의사의 부재, 상근소장의 부재로 고생했다.

주24) 후쿠오카민의련 결성 시 민의련운동에 대한 평가와 제15회 총회에서 결정한 통제조항에 대한 의견 차이로 인해 후쿠오카킨로샤이료단(勤勞者醫療團)이 '우리들의 의견을 관철할 수 없다면 회비를 납부하지 않겠다.'고 주장하고 퇴장했다. 1968년 5월 후쿠오카민의련총회에서 탈퇴하는 것으로 확인했다.

주25) 사메시마의원은 1979년에 민의련을 탈퇴했지만, 1972년에는 오우라(大浦)진료소를 개설했다.

- 1968년 5월 슈난(周南)진료소 개설(야마구치 현에서 최초). 같은 해 8곳의 도도부현에 10개 기관 개설
- 1969년 2월 산인(山陰)민의련 결성[주26]. 3월 히로시마와 야마구치에서 산요(山陽)민의련 결성. 9월 게요(華陽)민주진료소 개설(기후(岐阜) 현에서 최초). 7곳의 도도부현에 11개 기관 개설

이와 같이 시설은 순조롭게 늘어났으나 1960년대 민의련의 환자 수가 그만큼 증가한 것은 아니었다. 1960년대 초반의 경우 정확한 전국통계가 없고 1961년에 기초조사에 의한 추계만 있어서, 전일본민의련의 연간 외래 환자 수는 연인원 740만 명(1일당 2만 4,666명), 입원환자 수 149만 명(1일 당 4,082명)으로 총회방침에서 기술된 것이 최초의 수치라고 할 수 있다. 다음 표를 보자.

연도	외래	입원	의사 수
1961	24,666	4,082	–
1964	26,323	4,617	570
1965	29,567	5,457	594
1966	28,494	5,684	602
1967	–	–	–
1968	32,840	6,418	557
1969	33,159	6,797	616

(외래·입원은 1일당. 단위 = 명)

1967년의 자료는 없다.

위 표에 의하면 1961년부터 1966년까지 증가율은 외래 115.5%, 연평 균 3%의 증가율이다. 회원기관 수는 215개에서 274개소로 증가했다. 그 렇다면 1기관당 환자 수는 외래는 115명에서 104명으로 감소했음을 알 수 있다. 그러다가 1968년부터는 연평균 5.4% 증가를 나타낸다. 반대로, 입원환자의 증가율은 1960년대 전반에는 연평균 7.8%였으나 후반에는

주26) 1950년대 전반기까지 산인민의련이 있었고, 1955년에 돗토리와 시마네의 지역연합회로 분리했지 만, 1960년대에는 돗토리 생협병원의 탈퇴로 돗토리에는 요나고(米子)진료소만 있었다. 거기에서 1969 년에 제2차로 말할 수 있는 산인민의련을 결성했다. 돗토리생협병원은 1972년에 민의련에 복귀했다.

4.7%였다.

1960년대 후반 외래 증가율이 급상승한 것은 1968년부터이다. 이것은 청년의사들의 힘이 발휘되고 있음을 나타내는 것이다. 반면 입원증가율은 병상 수에 제한을 받는다. 이런 각도에서 본다면 1970년대의 병원화는 자연스러운 흐름이었다.

3. 민의련 규약의 개정

1961년 강령결정 이후 민의련의 단결은 강화되었다. 더욱이 제10회 총회(1962년)에서 호리카와(堀川)병원 문제에 대한 토론, 산재직업병 등 의료활동의 향상, 차액문제 등 경영방침 선명화, 가고시마, 나라 등에서의 탄압을 물리치기 위한 투쟁 등을 통해 전일본민의련은 지도력을 발휘했다. 도다 시게루(戶田茂)의 뒤를 이어 사무국장에 취임한 도게 가즈오(峠一夫)는 사무국체제를 강화하고, 전일본민의련의 권위를 확립해 갔다. 그러나 1957년에 결정된 규약은 성장한 민의련의 몸에 맞지 않았다.

1957년 규약은 제3회 대회 이전의 '정치주의와 사무국의 주도'에 대한 반성에 기초한 것으로, 전일본민의련은 '연락·협의기관'이고 각각의 지역연합회는 '내부조직과 운영에 대한 자주성을 방해받지 않는다.'고 규정했으며 '통제'조항도 없었다.

1965년 제13회 총회에서 규약개정을 결정하고 이사회는 제14회 총회에 규약개정을 위한 '조직위원회 시안'을 제안했으며, 향후 1년간 전국에서 토론하자고 요청했다. 개정의 주요 내용은 '① 전일본민의련의 구성단위를 지역연합회*에서 '강령규약을 승인하는 의료기관'으로 한다. ② 전일본민의련(이사회)의 활동내용을 가맹의료기관과 지역연합회에 대한 '지도원조' 시행으로 한다. ③ 지역연합회의 성격·임무를 분명히 한다. ④ 통제조항을 설치한다.' 등이었다.

다음 해 제15회 총회는 반대 1명으로 규약을 개정했다. 제14회 총회안에 비해 다음과 같은 내용이 개정되었다.

① 민의련의 구성단위는 '지역연합회'로 한다. 다만, 지역연합회는 '의료기관의 가맹, 탈퇴에 대해 기존의 방식을 변경해' 전일본민의련과 '협의해

결정해야만 한다.'로 규정했다.

② 전일본민의련의 활동에 '지역연합회 및 가맹의료기관에 대한 지도지원' 을 추가했다.

③ 지역연합회에 대해 매년 1회 총회를 개최하는 등 역할, 임무가 분명해 졌다.

④ 지역연합회와 직접가맹 의료기관에 대한 '경고 및 제명'이라는 통제조항 을 설치했다.

전일본민의련 규약은 그 후에도 몇 번 개정되었으나, 골격에 해당하는 부분은 바로 제15회 총회에서 결정한 것이다.

그러나 규약을 변경했기 때문에 민의련 조직이 이때부터 현재까지 동일 한 지역연합회 기능 등을 갖고 있는 것은 아니다. 이후 1970년대에도 '지역 연합회에 전임 직원을 둔다.'는 것이 과제로 될 수밖에 없었던 점을 보아도 알 수 있다.

* 역자주: 지역연합회는 '県連'(현연합)을 번역한 말이다.

4. 민의련과 정당과의 관계

1962년 7월 제10회 총회에서는 교토 호리카와병원의 탈퇴문제가 쟁점이 었다. 문제의 배경에는 병원의 지도부가 정당과 대립관계에 함몰되어 있었 기 때문이었다.

문제를 검토한 총회 조직소위원회의 결론은 중요하다. 우선 '민의련강 령을 추진하는 대중단체'라는 점을 확인하면서, 강령은 일하는 사람들이 결집한 통일전선의 힘으로만 실현할 수 있다는 입장에서 '민의련 내에서 는 정당지지와 정치활동의 자유를 완전히 보장하는 것을 원칙으로 해야 할 것이다.'라고 확인했던 것이다.[주27] 이후 이것은 민의련의 원칙으로 철저 하게 관철되었다. 다만 당시는 일시적으로 선거시기에 대중단체가 특정정

주27) 이 부분에 대해서도 (민의련의 40년)은 총회에서 수정을 확인한 내용에 대해서도 제기한 원안 그대 로 기재했다. 다만, 총회의사록에서 수정내용은 확인할 수 있었다. 경과 등에 대한 부정확한 사항의 삭제가 주된 내용으로 결론은 변하지 않았다.

당(자민당, 사회당, 공산당 등)을 지지한다든가 특정후보를 추천하는 것은 선거 운동 전에 시행했다. 민의련에서도 특정정당의 후보자를 총회 등에서 추천하는 경우도 있었다. 이것도 정당지지·정치활동의 자유원칙이라는 관점에서 저촉되는 것은 아닌가라는 의미에서 개정한 것은 1970년대였다.

5. 민의련 신문의 역할, 쓰다(須田) 회장의 사망

1963년 1월 1일자 '민의련신문'(월간)을 창간한 것은 전술했다. 이것은 전년도 7월 제10회 총회에서 구체화된 것이다. 신문 창간으로 4천 명이 넘는 직원에게 직접 '전일본민의련'을 전달할 수 있었으며, 운동을 조직해가는 무기를 얻게 되었다.

1964년 3월부터 월 2회, 1967년 3월부터는 월 3회로 늘렸다. 발행부수는 당초 5천 부였다. 1967년 7월, '민의련신문' 100호를 기념하면서 회원기관·법인의 기관지 경연대회를 열었다. 1968년 1월에 제1회 기관지 활동연구집회를 열었다. 1968년 10월에 타블로이드판에서 옵셋판으로 대형화했다.

1962년 8월 전일본민의련 사무소를 이케부쿠로(池袋)의 히다카(日高) 빌딩으로 이전했다. 다음 번 이사는 1972년 12월 신주쿠 농협회관으로 이전이었다.

1964년 10월 초대 지역연합회 사무국장 회의를 개최하고, 사무국의 활동 등을 교류했다. 1968년에도 열렸다.

1965년 4월 기관지 '민의련의료'를 창간했다.

1969년 4월 전일본민의련 결성 이후 회장으로서 전국을 지도해온 의사 쓰다 슈하치로(須田朱八郞)가 재생불량성빈혈로 사망했다. 원인은 다년간에 걸친 엑스선 피폭에 의한 것으로 추정됐다. 환자를 위해 초지일관 투쟁해 온 의사의 사망이었다. 일본청년관에서 전일본민의련 장으로 거행했다.

제2장 새로운 전진을 달성한 1970년대

1970년대 전반은 1960년대에 이어 고도경제성장의 시대였다. 정치적으로는 국민의 3분의 1 이상이 혁신자치단체하에서 생활한 사실에서 알 수 있듯, 혁신세력이 성장한 시대였다. 또한 의료분야도 노인의료비 무료제도 등 공적 보장이 확대되었으며, 진료수가는 2년에 한 번 인상했고, '1현 1의과대학' 등의 정부방침으로 일본의 의료는 병원화와 의료기술혁신의 시대를 맞았다.

민의련은 시대적 상황에 대응해 '70년대 과제에 걸맞은 민의련운동의 새로운 전진을 위해'[주1](이하 '70년대의 전진을 위해')라는 방침 아래 지역연합회 장기계획을 만들고 병원건설을 촉진했으며 의료역량을 향상시켜 비약적인 발전을 이루었다. 이것을 지원한 것은 학생운동의 성장을 배경으로 의학생 대책 등 민의련 후계자확보대책의 성공이었다. 또한 병원화에 의해 직원 수와 직종이 증가한 것과 함께 민주적 집단의료의 실천과 민주적 관리운영에 힘을 쏟고, '민주적 지역의료 만들기'를 위해 분투했다. 민의련은 새로운 단계로 접어들었다.

그러나 1970년대 후반기에 이르러 경제성장에도 그늘이 보이기 시작했고, 지배층에 의한 혁신자치단체 무너뜨리기 등으로 의료·사회보장에 대한 공격도 늘어갔다. 1981년에는 '전후 정치의 총결산'을 노래한 문구로 '린초교카쿠'(臨調行革: 임시행정조사회에 의한 행정개혁) 노선을 진행해, 1982년에 노인의료비를 유료화했다.(실시는 1983년 2월) 1970년대 전반 일본의 고도경제성장기와 관련한 민의련의 새로운 발전을 전망하기 위해 전일본민의련 이사회는 1974년 '전일본민의련 장기계획위원회'를 설치했다. 그러나 6년간의 작업으로 만든 '전일본민의련 장기계획지침'(1980년)

주1) 1970년 12월 2일 전일본민의련이사회 결정.

은 고도경제성장에서 저성장시대로 변화한 시대의 흐름을 정확하게 전망하지 못했다. 그로 인해 '지침'으로 성문화는 되었으나, 실행은 요원해져 노선의 큰 변화는 진행될 수 없었다.

1983년 야마나시(山梨)긴이쿄(勤医協)가 도산했다. 이것은 '70년대의 전진을 위해'라는 방침과 민의련운동 중에 내포한 문제점을 반영했다.

어찌 되었든 '장기계획지침'에 포함된 전망을 밝히고 1970년대에 많은 민의련이 병원화를 달성해 스스로 의사를 양성해 가는 노선을 채택하지 않았다면, 현재의 민의련의 모습은 불가능했을 것이다.

제1절 제18회 총회와 '70년대의 전진을 위해'

(1) 1970년대 전체를 주시했던 제18회 총회방침

전일본민의련은 1970년 7월 제18회 총회에서 1969년 11월 사토·닉슨 회담으로 미일안보조약의 자동연장과 1972년 오키나와 반환[주2]에 합의한 상황을 근거로, 일본 자본주의가 새로운 위험 단계에 접어들고 있다는 점, 고도성장 정책이 공해 등 국민 건강을 파괴한다는 점을 지적했다. 동시에 시대인식을 '투쟁을 발전시켜', '통일전선을 확대하고, 이를 기초로 일하는 사람들의 민주적인 정부를 수립해 진정으로 일하는 사람들의 건강과 의료를 보장하는 제도 실현을 구체적인 과제로 할 만큼 밝은 전망을 갖는 시대이다.'라고 평가했다.

그리고 향후 어떻게 활동할 것인가에 대해 다음 세 가지 점을 제기했다. 첫째, '일상의 의료활동을 중심으로 회원기관의 활동을 철저하게 충실·강화하는 것'이며, 환자 개개인의 진료에 더한층 고도의 내용을 갖고 진정으로 참여해야 하며, 이것을 가능하게 할 수 있는 '회원기관 운영을 더욱 민주화하고, 경영에 대한 과학적 관리를 강화'하는 것. 둘째, 환자, 의료종사자

주2) '핵포함자유사용반환'으로 평가받는다.

나 광범위한 민주세력과 손을 잡고 사회보장 투쟁을 발전시킬 수 있는 의료전선의 통일을 진행하는 것. 셋째, 강령과 운동방침, 회원기관 의료활동방침하에 단결을 강화해 계획성 있게 강력한 민의련을 만들어가는 것.

또한 '우리들이 민주세력을 지키는 이상의 임무를 달성해 가기 위해서는 의료, 경영 등 기관활동의 전문야에 걸쳐 일하는 사람들의 지지를 폭넓게 받을 수 있는 도리와 절도 있는 활동을 하는 것이 특히 중요하다.'고 제안했다.

제18회 총회방침은 1970년대 최초의 총회에 걸맞은 기세가 느껴지는 힘을 불어넣은 방침이며, 당면한 2년간이라기보다는 1970년대 전체를 주시했다고 볼 수 있다.

(2) 겐분(健文)사건

총회 3개월 후인 1970년 10월 4일 경시청 공안부는 도쿄민의련의 의료법인재단 겐코분카카이(健康文化会)법인본부, 병원, 아주사와병원 등 8개소에 대해 경찰관 700명을 동원해 '사기혐의사건'에 따른 압수수색을 수행하고, 진료기록 5만 매를 포함 21만 점 이상의 서류를 압수했다. 혐의사실은 1970년 1월부터 7월까지 합계 17회, 약 6만 8천 엔을 지불기금에서 사취했다는 것이었다. 언론에서는 '겐코분카카이에서 공산당으로 1억 엔 이상의 자금이 유입되었다.'고 흑색선전을 보도하면서, '전국의 민의련에서도 똑같은 부정청구가 이루어지고 있다고 판단되어 공안부에서 전국에 참고

겐분사건 진상보고집회

자료를 발송한다.'(산케이)고 보도했다.

　민의련은 즉시 환자, 민주세력과 함께 항의행동에 들어갔다. 도요시마
(豊島)구 의사회, 보험의협회, 일본환자동맹 등도 항의했다. 진료기록 사
본을 돌려받아 일상 진료를 계속했으며, 환자감소는 없었다.

　10월 16일 도쿄도 의회는 '전일본민주의료기관 연합회에 가입한 의료
법인재단 겐코분카카이가 경영하는 기시모진병원 등과 관련한 국민건강보
험업무 등에 대한 조사특별위원회'를 자민·공명당만의 찬성으로 설치하
고, 도의회를 이용해 민의련 조직 전체를 싸잡아 부정한 집단이라는 인상
을 주었다. 통상 사무상의 착오에 의한 '부정청구'는 감점, 반려, 행정지도
의 대상이다. 실제로 도의회에서 민생국장은 '이중청구와 같은 부정이 있
다면 행정지도를 한다. 경찰권력이 개입한 것은 행정목적 이외의 독자적인
목적이 있을 수 있다.'('민의련신문', 1970년 11월 1일)고 말했다. 정치적인
탄압의도는 도의회 특별위원회의 명칭을 봐도 분명했다.

　탄압 자체는 검찰이 기소하지 않고 청구의 오류를 정정하는 것으로 끝
났지만, 전일본민의련은 사건을 심각하게 받아들였다.

(3) '70년대의 전진을 위해'

　심각하게 받아들인 이유가 있었다. 그것은 민의련이 적지 않은 약점을
안고 있었기 때문이었다. 예를 들면 적법성이나 실무차원의 문제와 함께
'보너스자금을 노인검진으로 충당'하는 경향도 있고, 다음 해 검진시기가
되어도 아직 정리하지 못한 문제도 적지 않았던 것이다. 전일본민의련 이사
회는 변화한 1970년대 노선을 선명하게 부각시킬 필요가 있다고 판단했다.
즉 겐분사건의 반성 위에 '민의련은 경영체임을 확인해야 할 필요가 있다.',
'의료기관으로서 새로운 스타일을 만들고, 방침을 전환해야 한다.'고 제기
하며, '의료의 질을 높이고 기술적으로도 높아질 수 있도록 힘을 쏟아야 한
다.', '대중의 요구를 외면하지 않고, 생활보호 대상자도 외면하지 않는 함
께 가는 자세가 필요하다.', '경영을 무시해서는 안 되며, 경영의 근대화, 민
주적인 합리화가 필요하다.'는 등의 내용을 지적했다.

그리고 1970년 12월 2일 '70년대의 과제에 걸맞은 민의련운동의 새로운 전진을 위해'(제3회 이사회)라는 방침을 발표했다. 방침은 형식적으로는 제18회 총회방침의 실천을 진행하는 과정에서 중점과제를 분명하게 드러내기 위한 것이었다. 그러나 제목에서 나타나듯 향후의 장기 중심과제를 밝힌 것으로 받아들여졌으며, 실제로도 그랬다. 이것은 또한 1980년 제24회 총회가 1970년대를 평가하면서 '70년대의 전진을 위해'에서 제시한 3가지 과제를 '실천해 왔다.'고 확인한 점에서도 분명했다.

'70년대의 전진을 위해'는 첫째, '민주의료기관으로서 책임을 갖고, 국민들로부터 폭넓은 신뢰를 받을 수 있는 의료활동을 확립한다.'는 점을 제시했다. 나아가 강령의 '새로운 의학의 성과를 배운다.', '방심하지 않고 의료내용의 충실과 향상을 위해 노력한다.'라는 점에서도 '일부 선진적인 병원을 빼고는 좀 더 활동을 강화해야 한다.'고 전문성향상의 필요성을 지적했다. 둘째, 경영에 대해서는 일부 의료기관에서 전근대적인 후진적 경영관리가 남아 있다고 지적하고, '운영의 민주화와 과학적 관리, 민주적 합리화, 근대화를 촉진해야 한다.'고 주장했다. 셋째, '광범위한 의료종사자와 손을 잡고 활동해야 한다.'면서 지금까지 취약했던 의료전선의 통일과제를 강조하고 친절하고 좋은 진료를 시행하는 의료기관은 민의련밖에 없다고 머릿속으로만 생각하는 '독선적, 분파적 사고방식이나 활동방법을 개선해야 한다.'고 제안했다.

방침은 민의련의 어디에 약점이 있는가를 솔직하게 드러내고, 운동을 진행시켜가는 과정에서 관건이 되는 과제는 무엇인가를 분명하게 제시했다. 1960년대 말부터 새로운 의사가 증가해 수련이 가능한 병원의 필요성이 대두되었고, 일본 전체가 병원화의 시대를 맞았다. 방침은 이러한 상황에 정확하게 합치했다.

방침은 청년의사를 비롯해 압도적으로 많은 직원에게 환영을 받았다. 예를 들면 1971년 1월 21일 '민의련신문'은 이것을 읽어본 직원의 소리를 게재했는데, 그중에서 야마나시의 어떤 의사는 '지금 요구되는 것은 덮어놓고 헌신적인 의료를 할 것이 아니라, 일보 전진할 수 있는 발전단계에 맞는 요구', '전문기능만을 할 수 있는 사람이 아니라, 실제로 환자의 요구에 따라 의료를 확립하는 것'이 필요하다는 의견도 피력했다.

그러나 방침은 한계가 있었다. 예를 들면 혁신세력이 전진하는 시대에 의사계층과도 새로운 관계를 만들어가야 한다는 문제의식이 있었기 때문에 의료전선의 통일과 의료종사자들에 대한 활동은 강조했지만, 지역주민이나 민주세력과 함께 사회보장을 위해 민의련이 스스로 투쟁해야 한다는 의미는 강조하지 않았다. 민의련운동과 관계하는 주민조직에 대한 언급도 없었다.

제2절 1970년대 의료활동의 발전

(1) 병원건설의 발전

1970년대는 일본의 의료계 전체가 병원화의 시대였다. 민의련에서도 입원치료를 받고 싶다는 지역주민의 요구가 대단히 강했다. 젊은 의사의 참가와 함께 민의련도 각 지역에서 병원을 적극적으로 건설했다. 1970년대를 통해서 민의련의 병원 수는 75곳에서 108곳으로 증가했다. 더불어 병상증설과 의료설비의 근대화를 전국적으로 추진했다. 먼저 그 사례를 몇 개 살펴보자.

1950년대 도산위기에 빠졌던 홋카이도긴이쿄(勤医協)는 1958년 기쿠쓰이(菊水)병원의 건설로 '도산 위기에서 벗어난 증거'('별을 따라가는 발걸음' 홋카이도긴이쿄)라고 전국적으로 주목을 받았지만, 문자 그대로 통일경영에 복귀한 것은 1962년이었다. 이해에 '긴이쿄의 발전을 지향하는 장기계획(제1차 3개년 계획)'을 결정했다. 계획에서는 100병상 규모의 센터병원건설을 결정했다. 또 10년 만에 신임 의사로 아베 쇼이치(阿部昭一, 뒤의 전일본민의련 제4대 회장)가 참가했다. 1964년, 삿포로 병원 117병상 완성. 1968년 156병상으로 증설. 1970년 민의련의 홋카이도 전지역 전개와 센터병원건설을 노래한 제1차 5개년 계획을 결정하고, 이후 홋카이도 전지역에 대한 의료기관 개설을 지향하면서 도오(道央), 도호쿠(道北), 도난(道南), 도토(道東)에 만들어갔고, 1975년 중앙병원(175병상)을 개설했다. 1977년에 중앙병원은 288병상으로 증설했고, 1978년 홋카이도민의련을 결성했다. 이러한 발전은 1960년대 중반부터 집단적으로 참가해 온 청년의사의 지원 덕분이었다. 그들은 자신의 의술 성장을 민의련 조직에서 달성하고, 의사집단으로서 힘을 합쳐 가겠다는 자각을 했으며, 삿포로 병원에서 전반기 2년을 연수받고, 후반기 2년을 진료소에서 현지연수를 하는 '싱글벙글노선'으로 명명한 연수시스템으로 의사통일해 실천했다.

미야기의 사카병원은 1964년에 민의련 중에서는 처음으로 이료킨유코코(医療金融公庫: 병원, 진료소 등에 공적 자금을 장기저리로 융자해주기 위한 특수법인)의 융자를 받아 그때까지 135병상(결핵병상 100, 일반병상 35)을 225병상(결핵병상 75, 일반병상 150)으로 증설하고 응급의료 지정기관이 되었다. 1965년 산부인과 개설, 1968년 정형외과 개설, 1969년 2기 공사로 250병상(결핵 50병상, 일반 200병상)이 되었고[주3], 1970년 종합병원으로 인가받았다. 1972년 기준간호 특II등급* 달성, 1974년 병리과 개설, 1977년 산업의학과와 성형외과 개설, 1979년 3기 공사로 330병상(결핵 46병상, 일반 280병상, 뒤에 결핵병상은 폐지)으로 증설했다. 장비 면에서는 2기 공사 후에 파이버스코프, 투시촬영장치, 뇌파검사기, 초음파 등을 구비했고, 3기 공사에서 심혈관연속촬영장치를 도입했다.

이러한 발전이 가능했던 이유는 1960년대부터 도호쿠 대학 등에서 조직적으로 민의련에 참가해 온 청년의사가 존재했기 때문이었다. 인턴제도 문제와 관련해 도호쿠대학 의학부가 학생의 요구를 바탕으로 학생, 대학, 수련병원의 3자 협의회를 만들고 졸업 후의 수련을 민주적으로 진행한 영향이 컸다.

도쿄는 지역연합회로서 주도권을 발휘했다. 1960년대에는 100병상에 못 미치는 병원이 각각 설립되었고, 가장 큰 병원이 오타(大田)병원과 요요기(代代木)병원이었다. 오타병원에 청년의사가 모이기 시작했고, 1974

주3) 사카병원의 2기 공사에서는 병원채를 발행해 이료킨유코코(医療金融公庫)와 은행의 차입금을 줄일 수 있었다. 이것은 병원채라는 형식으로 대중자금을 모은 것이며, 전국에서 '최초의 경험'이었다.((이 땅에서 사람들과 함께) 미야기후생협회)

미야기·사카종합병원(1979년, 3기공사로 330병상규모)

년에 도쿄민의련 제1차 장기계획을 결정해 블록마다 거점이 될 수 있는 병원을 설립해 간다는 방향을 수립했다. 1977년에 도쿄민의련의 수련센터를 오타병원으로 결정했다. 1979년에는 요요기병원 270병상, 아주사와(小豆沢)병원 200병상으로 증설했다. 1980년 오타 병원이 180병상으로 증설하고, 1982년 도쿄켄세(健生)병원이 183병상, 다치가와소고(立川相互)병원이 226병상으로 개원했다. 그리고 1982년 12월 도쿄 센터병원을 다치가와로 결정했고, 새롭게 30개의 진료소를 설립해 가는 제2차 장기계획을 결정했다. 1983년 미사토켄와(みさと健和)병원[주4]을 250병상으로 건설했다.

야마나시긴이쿄는 1961년에 26병상의 고후(甲府)공립병원을 설립하고, 바로 60병상으로 증설했다. 이때는 외래환자의 10% 이상, 입원환자의 30% 이상이 생활보호 대상자였다고 한다. 1965년 고세렌(厚生連)의 병원을 인수해 고마(巨摩)공립병원 개설, 1970년 고후공립병원 1기 건설 72병상을 완성해 10명의 새로운 의사가 참여했다. 야마나시는 의과대학이 없어 지바(千葉), 신슈(信州) 등에서 청년의사가 참여했다. 1971년 이사와(石和)공립온천병원 개설, 같은 해 12월 237병상의 고후공립병원 전관완

주4) 미사토켄와(みさと健和)병원은 야나기와라(柳原)병원(도쿄·아타치구(足立区))이 발전한 것으로 사이타마 현에 설립되었다.

도쿄 오타병원(1980년대 초반)

성, 1975년 공립간호학원, 종합건진센터 개설, 1978년 심혈관외과 개설.

　이시가와(石川)후생협회는 1962년에 27병상의 죠호쿠(城北)병원이 있었으나, 세 병원의 경영통일에 어려움을 겪어 경영분리·운동통일이라는 상태였다. 1964년부터 이시가와긴이쿄와 의학생들의 조직적인 간담회 등의 개최가 가능해 의사를 주1회 대학에 파견하는 등 의사수련도 시행할 수 있었다. 1965년 46병상, 1966년 60병상으로 증설하고, 1970년 투시엑스레이 장치를 도입했다. 이해 장기계획안을 발표, 1972년 통일경영으로 복귀, 1974년 죠호쿠병원을 124병상으로 증설했으나, 간호사 부족으로 일부는 사용할 수 없었다. 1975년 야간투석을 개시, 1981년 185병상, 응급지정병원이 되었다. 신중하고 견실한 발전이었다.

　서일본에서는 오사카의 미미하라 병원이 이미 1957년에 211병상이었고, 1965년에는 종합병원이 되었다. 1974년에 193병상의 불연건물 건설, 1968년에 개교한 요도가와(淀川)간호전문대학교를 인계해 1975년에 센슈(泉州)간호대학을 개설, 또한 1976년에 215병상으로 증설하고 뇌신경외과를 개설, 1978년 CT와 조영촬영기 도입, 1980년 별관완성하고 280병상으로 발전했다. 당시 서일본에서 의사수련의 중심적인 역할을 담당했다.

　오카야마에서도 미즈시마(水島)협동조합병원(뒤의 미즈시마협동병원

1975년에 개원한 가고시마의료생협시민병원

으로 명칭 변경)이나 오카야마협립병원이 증설을 계속해, 1970년대에는 200병상 규모의 병원이 되었다.

이상의 내용은 일정한 역사가 있는 지역에 대한 것이지만, 1960년대에 민의련이 발생한 곳도 병원화를 향해 과감하게 도전해 갔다. 예를 들면 야마가타(山形)에서는 1965년에 쓰루오카(鶴岡)에 처음 민주진료소를 설립했으나 1974년에 25병상의 병원으로 증설했으며, 1977년에는 쇼나이(庄內)지방 최초로 투석센터를 개설하고, 1978년에는 178병상, CT도입, 뇌외과를 개설했다. 1984년 신축 이전해 204병상이 되었고, 기존 병원은 재활병원이 되었다.

후쿠오카 겐와카이(健和会)는 1972년에 법인을 합병해 재단법인 겐와카이로 변경했고, 같은 해 병상이 없는 진료소만의 법인이었으나 150병상의 신나카하라(新中原)병원을 건설했다. 이것은 기타큐슈(北九州)의 의료사정이 특히 응급의료가 부족했기 때문에 초점을 맞춘 활동전략이었다. 1975년에는 겐와고등간호학원을 개설, 신나카하라병원은 증설해 겐와종합병원이 되었다. 청년의사들이 이 과정을 담당했는데, 너무나 급속하게 확대하는 바람에 상대적으로 의사가 부족해 모두가 고군분투했다.

그러나 의사대책에 성공하지 못해, 건설 후에 큰 어려움에 빠진 곳도 있었다. 예를 들면 1940년대부터 진료를 한 오사카의 카미후타(上二)병원은 1968년에 토지를 구입해 기존의 개인소유라는 점을 탈피하고 1970년에 111병상의 불연건물을 건설했지만, 상근의사부족으로 인해 경영이 어려워졌고 1972년에는 상급병실 운영에 참여했다가 비판을 받은 후에 상급병실 운영을 폐지했다. 1973년 12월에 전일본민의련 이사회가 변경된 상급병실료 징수에 대해 원칙적인 관점을 이야기할 수밖에 없었던 배경에는 가미후타 병원 문제가 있었다.

이 외에도 히로시마시의 원폭투하지역 가까운 곳에서 피폭의료의 거점으로 활동한 후쿠시마생협병원을 비롯해 많은 지역에서 1970년대 초반에 민의련의 센터병원을 발족했고, 많은 병원이 1980년대 이후 발전의 기초를 만들 수 있었다. 그리고 성인병 시대에 맞는 의료과제에 본격적으로 참여했다. 민의련의 홋카이도·긴이쿄 중앙병원, 아키타(秋田)·나카토리(中通)종합병원, 오사카·미미하라종합병원 등에서 수련을 받은 청년의사가 각 지역에 부임해, 스스로 주민의 요구에 부응하고 의료활동과 수련조건을 만들어 가는 병원을 건설했다.

* 역자주: 1958년 개정된 일본 의료법상 간호배치 기준은 입원환자에 대한 간호사의 배치를 특1급부터 특3급까지 규정했다. 특1급은 3 대 1, 특2급은 2.5 대 1, 특3급은 2 대 1이다.

(2) 병원건설에 대한 전일본민의련의 방침

이상과 같이 1970년대 민의련에서는 급속하게 병원건설을 추진했다. 그러나 이러한 '병원화'는 전일본민의련의 방침과 어떤 관계로 진행하고, 어떤 새로운 문제를 초래했을까? 살펴보도록 하자.

1. 지역연합회 장기계획

앞에서도 인용했지만 1970년 제18회 총회는 '향후 어떻게 활동할 것인가'의 첫 번째에 '일상 의료활동을 중심으로 회원의료기관의 활동을 철저하게 충실·강화한다.'고 거론하고, '환자 개개인의 진료에 더한층 고도화된 내용으로 진지하게 참여할 것'을 제안했다. 하지만 이것은 당연한 주장이어서 질병구조의 변화에 대한 인식은 있었으나, '병원화'가 주요 문제라는 인식은 표명하지 않았다.

그러나 병원건설은 필연이었다. 따라서 제18회 총회는 한편에서 '구체적인 계획을 수립해 조직을 확대하고, 강력한 민의련을 만든다.', '각 지역연합마다 지역연합회의 확대계획을 수립해 회원의료기관의 계획을 이것에 합치해 검토할 것'이라는 내용을 제시했다. 결국 법인 임원들에게만 국한하지 않고 지역연합회 전체의 지혜를 모아 계획적으로 병원건설을 진행하려 했다.

제19회 총회(1971년)방침의 총괄에서는 '장기계획을 만드는 곳이 증가했다. 지역연합회의 발전계획과 결합해 전 회원의료기관의 장기계획을 수립', '1억 엔 이상의 투자에 대한 전국검토는 충분하게 실현되지 못했다.', '모든 지역연합회·회원기관이 장기계획을 수립해 활용하는 것이 점점 더 중요하다.'고 서술했다. 그리고 '이전 총회는 일상진료의 질적 향상을 가장 중요한 과제로 삼았다.', '특별히 의료내용을 높이기 위해 반드시 실현해야만 하는 과제'로 기술연수, 증례검토, 기술향상에 노력해야 한다고 지적했다. 장비 근대화에 대해서는 3월 1일 시점의 민의련 회원기관의 의료기기 실태조사 결과를 소개하고, 의료기기는 지난 1년간 상당한 진행이 있었는데, 예를 들면 뇌파, 안저, 마취기 등의 '장비보유비율은 일반병원의 평균을 상회했다.'고 서술했다.

제20회 총회(1972년)에서는 '청년의사, 기술자 양성을 위해 시설 면에서도 지역연합회나 지역블록* 가운데 상당규모의 설비와 인력을 보유한 진료소와 협력할 수 있는 거점병원을 지역연합회, 지역 회원기관의 단결로 힘을 다해 만들어가야 할 필요가 있다.'고 분명하게 '거점병원' 건설을 제기했다. 경영 측면에서는 '환자요구에 인적 물적 체제가 따라갈 수 없는 곳에서 환자증가율이 둔화, 감소하는 경향이 나타난다.'고 설명하면서, '의료경영 역량을 비약적으로 강화'할 필요에 의해 '일정수준 이상의 의료체계 확립과 시설 근대화를 지향해야만 한다.'고 설명했다.

제21회 총회(1974년)에서는 '수련병원에 대해서는 지역연합회마다 설립하는 방향'으로 진행되는 현상을 확인했다. 병원건설은 17개 도도부현과 몇 곳의 직접 가맹 기관에서 완료한 상태였지만, 과대한 구상은 재검토할 필요가 있다는 점을 강조했다. 지역연합회 장기계획을 갖고 있는 곳도 증가해 갔다. 인적 구조(1972~1973년에 의사는 63명 늘어 843명이 됨)와 장비의 충실(투시촬영, 안저, 스코프)을 설명하고, 모든 지역연합이 장기계획을 수립하는 것을 강조해 '전일본민의련의 장기계획을 확립하자.'고 촉구했다.(전일본민의련의 장기계획에 대해서는 본장의 끝 부분 참조)

1976년 제22회 총회시점에서는 12개 지역연합회가 총회에서 승인받은 장기계획을 수립했다. 총회방침은 '각 지역 의료의 미래를 책임진다.'라는 관점에서 10년을 전망하고 '지향하는 의료수준, 회원기관 배치, 경영·인사·교육·기반이 되는 조직 등의 계획'과 같은 장기계획의 최소내용을 제기했다.

제23회 총회(1978년) 시에는 장기계획을 수립한 지역연합회가 16곳, 검토 중인 지역이 16곳이었으며 '지난 2년간 모든 지역연합에서 장기계획을 수립'하자고 호소했다. 즉 전일본민의련은 1972년 이후 모든 지역연합회에 센터병원을 건설하고 그곳에서 의사를 양성해 진료소에 파견하고 전체적으로 민의련운동의 비약을 모색했다.

이 시기 민의련 회원기관을 중심적으로 담당하기 시작한 청년의사의 상당수가 개별 법인이나 의료기관에 근무를 원하기보다는 민의련운동 전체를 발전시키려는 결의를 가진 사람들이었기 때문에, 실제 지역연합회의 장기계획도 대부분 지역에서 청년의사들이 중심이 되어 수립했다. 그러나 개중에는 법인에서 주도권을 갖고 병원건설을 급속하게 추진한 곳도 있었는데, 그런 지역에서는 사무간부들의 지도력이 주도적인 역할을 했다.

* 역자주: 민의련 규약에 따르면 지역연합회(県連)는 동일 광역지역(도도부현) 내에 세 개소 이상의 회원기관이 민의련의 강령과 규약을 승인할 경우 설립할 수 있다. 동일법인일 수도 있고 동일법인이 아닐 수도 있다. 만일 지역연합회를 만들 수 있는 조건에 미달할 경우에는 직접 가맹기관으로 활동할 수 있다. 지역블록은 인근 지역연합회의 모임으로 규약상 규정되어 있지는 않다.

2. 민주적 집단의료

수백 병상 병원의 의료, 경영, 관리는 진료소와는 질적으로 다르다. 직원 수만이 아니라 직종도 증가한다. 정보·방침을 전체적으로 철저하게 관철하는 것이 쉽지 않고, 직원들 상호간에 무엇을 하는지 알지 못하는 상황이 일반적이다. 여기에 의료의 전문분야 분리 문제가 추가된다. 내과, 외과라는 통상적인 구별 외에도 1970년대에는 내과의 순환기, 호흡기, 소화기, 내분비 등을 전문적으로 수련받은 청년의사들이 민의련에서 진료를 보게되었다. 결국 병원 건설은 병원운영과 관련한 소프트웨어적 측면의 노하우 축적도 필연적이다.

① 질환별 그룹활동

1969년 제17회 총회는 질환별 그룹활동의 시작을 소개하고 이것을 배울 필요가 있다고 했으며, 나아가 제18회 총회에서는 '모든 직원이 특정 질환 그룹에 참가해 만성질환자의 집단관리에 참여하거나 민주적 집단의료 체제를 창의적으로 만들어 조직적으로 이들 활동을 발전시켜야 한다. (중략) 모든 회원의료기관이 참여해야만 하는 과제이다.'고 강조했다. 그리고 '도쿄 민의련이 질환별로 진단치료기준을 만들고, 어떤 회원기관도 (만성질환자 관리에) 모두 참여한다는 점을 배우는 것이 중요하다.'고 서술했다.

고혈압이나 당뇨병 등 환자가 증가하는 과정에서 이것을 담당할 청년 의사는 청년학생운동 등으로 공통의 세대경험이 있는 간호, 사무, 검사, 영양 등의 다른 직원들에게 질병에 대한 학습회를 개최하자고 촉구하고, 여러 직원들에 의한 자주적 그룹을 만들어 진료기록 점검에 의한 중단대책이나 검사의 계획화, 환자교실에 의한 운동요법이나 식사요법 지도, 환자회 조직, 당뇨병에서는 인슐린 자기주사에 대한 보험적용이나 자치단체 승인 운동까지 참가해 갔다. 이러한 그룹활동 내용의 상당수는 본래의 업무활동이지만, 출발이 자발적이라는 점 때문에 상당기간 직원의 봉사활동으로 진행한 곳이 많았다. 그런 활동은 만성질환자에 대해 단순히 진단하고 약을 투여하는 기존의 일반적인 치료 내용에서 일보 나아가기 위한 것이며, 다양한 직종이 근무하는 병원에서 참여해야 효과를 볼 수 있다. 이런 이유에서 총회방침은 직원의 창의력을 극대화할 수 있는 민주운영과 '관리부의 의료관리를 포함한 관리수준의 향상이 필요'하다고 지적했다.

간장병환자회 담당자회의

　　1971년 7월 제19회 총회에서는 만성질환자 관리에 참여하는 회원의료
기관의 증가를 지적하고, '만성질환자를 집단적으로 관리해 가는 것은 더
욱 중요'하다고 강조했다.

　　그룹활동은 만성질환 의료의 특징적인 측면으로 일반적으로 많은 직종
간의 협력으로 질병관리를 수행하는 것이다. 예를 들면 당뇨병의 사례에서
보는 바와 같이, 민의련의 당뇨병그룹활동은 일본에서 당뇨병치료의 선진
적 경험을 만들어갔다.

② 의사를 중심으로 하는 민주적 협력체제

　　제20회 총회(1972년)에서는 일상진료의 질적 향상을 위해 '민주적 집
단의료체제를 구축하는 것이 필수불가결한 기초이다.'라고 지적하고, 의사
를 중심으로 하는 각 직종의 민주적 협력체제가 반드시 필요하고 이를 위
해 '각 직종간의 역할'을 분명하게 할 필요가 있다고 제기했다. 의사는 '각
직종의 적극성을 끌어낼 수 있는 민주적 집단의료의 중심이 되어야 한다.'
고 정리하고 '새롭게 민의련에 참가해온 여러 직종 사람들의 신선한 감각을
적극적으로 살리는 역할'을 중시해야 한다고 서술했다.

　　1971년 12월 15일 전 회원기관에서 '의료활동에 대한 1일 단면조사'를
실시했다. 조사결과를 같은 해 후생성의 환자조사와 비교하면, 민의련의

65세 이상의 환자는 입원·외래도 전국평균의 2배이고, 노인검진이나 노인 의료비 무료화 운동에서 민의련의 참여를 반영했다. 또한 보험별로 보면, 생활보호대상자 12.7%(전국 4.0%), 일용직 보험(日雇) 3.8%(전국 0.7%), 정부관장 본인 17.7%(전국 14.1%) 등으로 저소득층이 많다는 점이 특징이었다. 더구나 의료생활협동조합이나 친구모임, 환자회 등 어떤 조직에도 속하지 않은 환자가 71% 이상이었다.

제21회 총회는 전회의 규약개정으로 총회를 2년에 한 번 개최하고, 2월에 개최하도록 했기 때문에 1974년 2월에 열렸다. 의료활동의 총괄에서 '첫째는 증례검토에서 진전된 내용을 볼 수 있다. 민의련의 많은 회원기관에서는 각 직종이 참가하는 증례검토가 정착해, 가미스나가와(上砂川)진료소(홋카이도)에서는 증례검토위원회를 만들고 매월 테마를 결정', '오사카에서는 각과, 병동, 의국과 약국 등', '죠호쿠(城北)병원(이시카와)은 지역개업의와 협력' 등 여러 직종 참가 증례 검토회에 주목했다.

둘째로, '의사를 중심으로 하는 각 직종의 민주적 협력체제'의 개선을 볼 수 있다고 서술하고, 일부에서 나타나는 의사중심을 제외해야 한다는 의견에 대해선 '의사는 진료에 대한 종합적 판단을 시행하는 능력을 발휘해야 하며 전체 의견을 드러내게 하고 정리해 최종적 판단을 시행하는 활동을 하는 집단의 중심이다.'고 위상을 분명하게 정리했다.

또한 '기타 질환별 그룹활동, 중단환자 방문활동을 조직적으로 진행한다.'고 서술하고, 1회원기관당 1환자회의 조직화는 회원기관 '대다수에 만들어졌다.'고 밝혔다. 전문가회의는 정형외과, 신경정신과, 치과 등이 열렸다.

③ 전직종 참가의 증례검토

1974년 11월 전일본민의련 이사회는 '전직종이 참가하는 증례검토의 의미와 본질에 대해'라는 방침을 발표하고, '사무를 포함 의학적 지식을 숙달해 가는 유력한 하나의 무기, 의료의 사회성을 중시하는 민의련 의료활동의 특징을 선명하게 부각하는 방법으로 전체적으로 의료내용을 높이기 위한 것'으로 '증례검토'의 의미를 부여하고, 시간보장과 정례화 등 구체적인 방침을 제기했다.

전직종이 참가한 제1회 원내증례검토회(오카야마 미즈시마협동병원)

1976년 제22회 총회에는 '전 직종이 참가하는 증례검토'에 많은 기관이 참여했다. 또한 각각의 직종에서 자발적인 활동을 진행했고, 특히 간호부문의 와병 노인환자 방문간호가 헌신적으로 수행되어, 환자가족 등으로부터 감사인사를 받았다. 또한 약사의 병동투약, 약력추적, 부작용체크가 거론되었다.

방침에서는 먼저 '민주적 집단의료'를 정식화하고, 의사의 역할을 명확하게 했다. 내용은 다음과 같다. '민주적 집단의료라는 것은 민의련의 의료활동을 다면적으로 각 직종이 상호 평등한 인간관계를 바탕으로 전문기술을 높여 협력하는 것이며, 집단적으로 환자의 입장에 서서 의료를 수행하는 것이다.', 이를 위해서 '첫째, 직원이 단결해 의사를 중심으로 민주적 협력체제를 만들어야 한다.'고 강조한다. 그리고 의사의 역할에 대해서 '민의련의 의사는 ① 모든 환자에게 일정한 대응이 가능하도록 기본능력과 전문능력 향상을 일관되게 추구할 것, ② 각 직종의 기술향상이나 학습과 병행한 증례검토의 지도와 후원으로 일정한 책임을 부담할 것, ③ 특히 청년의사는 전일본민의련 의사집단 중에서 큰 역할을 수행하고 일하는 사람들의 의료기관 의사로서 자각을 높여, 일상진료 실천 중에서 환자로부터 더 많은 신뢰를 받을 수 있도록 노력하는 것이 중요하다.'고 서술했다.

둘째, 각 직종의 질적 향상이 필요해, '활발해지는 부서활동을 더욱 발

전일본민의련 제5회사회복지사 교류회

전시키기를 바란다.', '각 직능단체의 학회 등에 연구성과를 발표하는 것도 필요하다.'고 지적했다. 사무직원에 대해서는 '지역의 의료요구에 따라 일상진료활동 중에서 의사를 비롯한 기술직원의 의료활동을 돕고, 민주적 집단의료를 추진할 수 있도록 역할을 해야 한다.'고 의료활동 중에서의 역할을 일정하게 개선할 필요성을 제기했다.

총회의 토론 중에서 '사무가 의료활동에 참가해 온 업무의 내용이 변했다.'라는 발언이 나온 것처럼, 1970년대 후반은 사무 분야에도 학생운동출신의 대졸사무가 등장했고 새로운 역할을 하게 되었다.

총회 후에 '각 직종의 역할에 대해 – 민주적 집단의료의 발전을 위해'와 '각 도도부현에서 부서활동의 발전을 위해'라는 방침을 이사회가 발표했다. 특별히 '각 직종의 역할에 대해'는 당시 병원에서 활동하는 모든 직종에 대해, 민의련 회원의료기관 내에서의 역할을 분명히 하고, 방침토의를 통해서 전문직으로서 자각과 역량향상을 의도했던 것으로 직원들이 높은 관심을 보이며 적극적으로 받아들였다.

방침은 의사에 대해서는 법적으로 의료의 최종책임을 지는 사람이라는 점과 타직종은 의료노동에서 파생한 것이라는 점을 들어, 의사를 중심으로 하는 민주적 집단의료를 새삼 강조했다.

그 후 1980년대부터 90년대에 걸쳐 병원규모가 더욱 확대해가는 중에 각 직종의 협력을 충분하게 발휘하지 못하는 사태가 발생하고, 병원 상층부의 지도력이나 중간관리자의 조정기능 문제가 대규모병원에서 민주적 관리의 문제로 검토되어 갔다.

④ 의료활동위원회

제22회 총회에서는 '회원의료기관 전체의 의료체제를 개선할 필요가 있다. 예를 들면 회원의료기관에 의료활동위원회를 확립하고 그룹활동을 장악해 계획적으로 활동을 진행해 가는 것이 중요하다.'고 지적했다.

제23회 총회(1978년)는 '당뇨병 등의 자주적 교류·연구활동을 진행했다. 부서활동을 추진하면서 스스로 역할을 분명하게 하는 노력을 기울였다. 사무부서가 정착하기 시작하고 사무가 회원의료기관의 의료활동위원회나 질환별 조직 같은 사무국을 이끌어가는 추진력이 되고 있다.'는 등의 내용을 보고했다.

나아가 진료체제로는 특진(전문외래)이나 방문진료부의 설치, 문진의 개선, 환자교실에 의한 자기관리, 간호계획, 팀간호, 외래, 입원의 일관된 체제[주5], POMR의 채택[주6], 주의해야 하는 환자에 대한 점검 등의 활동을 소개하고 회원의료기관에 의료활동위원회가 증가했다고 보고했다. 그리고 방침에서는 회원의료기관에 의료활동위원회와 같은 '의료활동을 추진하는 핵심을 만들자.'고 제안했다. 그것은 '모든 의료활동을 장악하고 추진하는 조직', '직원의 자발성을 발휘하고, 직종간의 연대협력의 핵심이 되는 사람'이다.

주5) 외래·입원의 일관체제라는 것은 예를 들면 당뇨병이나 간장질환 환자에 대해 외래도 입원도 전문화해 의사와 그룹이 담당해 가는 진료형태를 염두에 두는 것이다. 몇 개의 의료기관에서 이런 방식의 활동이 있었다. 그러나 1978년 제23회 총회방침에서는 의료연대의 문제도 이런 관점에서 다루었다.

주6) POMR은 미국에서 개발한 것으로 문제지향형 의무기록(Problem Oriented Medical Record) 이라고 한다. S(Subject 환자의 주된 호소), O(Object 소견, 객관적 근거), A(Assessment 평가), P(Plan 검사 치료 등의 계획)의 순서로 진료기록부에 기입하고, 의무기록을 객관적으로 평가하기 위한 의도에서 만들었다. 일본에서는 히노하라 시게아키(日野原重明) 등이 소개했다. 이 시기에 민의련에서도 이것을 도입해 현재는 거의 이 내용으로 의무기록을 한다.

제24회 총회(1980년)에서는 민주적 집단의료에 대해 전 직종이 참가하는 증례검토는 '의료상의 중점과제에 초점을 두고 창의력을 발휘할 수 있다.'[주7], 만성질환의료부(의사, 간호사, 사무, 사회복지사, 영양사 등)를 설치하는 등 만성질환자 관리가 업무로서 자리 잡았다. 핵심적인 기능을 담당하는 조직으로서 의료활동위원회의 임무와 역할은 실행기관, 자문기관 등 다양한 형태였으며, '회원의료기관의 규모에 맞게 조직표 상에 바르게 자리 잡고', 혼란방지를 배려해야 한다고 서술했다.

제25회 총회(1982년)에서는 '민주적 집단의료'를 '장래 주축이 될 의료의 전형'으로 이념적 의미부여를 했다.

총회에서는 '의료의 안전성'과 '의료개선', '의료평가'의 문제를, 후지미(富士見)산부인과 병원 문제로 인한 '의료불신' 상황 속에서 특별하게 거론한 점에 주목해야만 했다.

이상과 같이 1970년대의 의료에 대한 운영측면의 방침을 본다면 병원화로 인한 직종의 다양화가 발생하고 젊은 세대 공통의 경험을 갖는 직원들이 현장에서 자연발생적으로 참여한다는 점이 전일본민의련 각각의 총회방침에 거론되고 있으며 이론화, 정식화하고 있음을 잘 알 수 있다. 그룹활동이 대표적이며 각 직종이 참가하는 증례검토로 직결되었다. 의료활동위원회의 설립은 본래 의료관리의 문제였으나 병원기능의 내용으로 되어의료·의학 발전과 통일적인 민의련의료를 추구해 갈 필요에 따라 청년의사를 중심으로 해 등장한 것이다.

어쨌든 민의련은 스스로의 힘으로 병원을 만들었다. '스스로'라는 내용에는 지역주민이나 민주운동도 당연히 포함되어야 하지만, 의료활동의 내용에 대해서도 대학이나 대형병원으로부터 배우면서도 이에 만족하지 않고, 민의련다운 병원의 자세를 모색하는 주체적인 태도를 추구했다. 키워드는 바로 '민주적 집단의료'였다.

주7) 큰 병원에서 본래적인 의미에서 전 직종이 참가하는 증례검토는 사실 무리이다. 이로 인해 몇몇 기관에서는 당시 병원의 의료과제에서 중요한 내용에 대해 증례를 통해 학습한다는 관점에서 시행했다.

(3) 공해, 기타 의료활동

1. 공해, 산재·직업병

고도경제성장정책은 국민생활에 커다란 왜곡을 초래했다. 가장 첨예한 것이 공해문제였고, 산재직업병의 대량 발생이었다. 각지의 민의련 사업소는 이러한 사회문제에 대해 환자, 피해자의 입장에서 활동을 전개했다.

사이클로(인공감미료의 일종) 등과 같은 유해식품첨가물이 문제가 되었고, 카드뮴 등의 오염이 발견되었다. 전술한 바와 같이 민의련은 구마모토, 니가타에서 미나마타병, 모리나가히소밀크(오카야마, 도쿠시마, 나라 등에서 건진), 가네미유쇼(후쿠오카) 등에 참여했다. 1970년 7월에는 도쿄 쓰기나미구(杉並区)에서 전국최초의 광화학스모그가 발생했고, 큰 피해를 보았다. 맑은 날에도 안개등을 켜지 않으면 자동차 주행이 불가능한 상황이 공업지대를 중심으로 나타났으며, 1970년에는 가와사키 시와 오사카 시 니시요도가와구가 공해병특별조치법에 의한 공해지정지역으로 인정받았다. 이들 지역의 민의련 사업소는 공해환자 구제와 치료에 적극적으로 참여했다.

이러한 사태로 인해 1973년 전국 41개소를 지정지역으로 하는 '공해건강피해보상법'이 국회에서 통과되었다. 전일본민의련 이사회는 12월 '모든

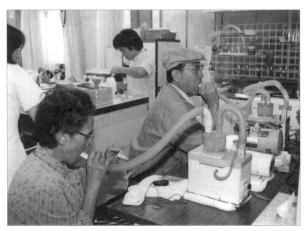

흡입기로 치료를 받는 대기오염 공해환자

미나마타병의 현지조사

회원의료기관에서 공해문제 참여를 더욱 강화하자'고 성명서를 발표했다. 환자에 대한 문진표나 문진내용을 개선했고, 중금속오염에 대한 원자흡광 광도계를 도쿄, 군마, 오사카, 도쿠시마, 후쿠오카의 민의련 회원기관에 도입했다. 지역연합뿐만 아니라 회원의료기관 자체적으로도 공해위원회를 만들어갔다.

1971년 9월에는 니가타 미나마타병 재판에서 승소판결이 나왔다. 1973년에는 구마모토 현 다노우라초(田ノ浦町)에 전국의 의사들이 모여 미나마타 검진을 시행했다. 검진 결과, 163명 중 60%의 수진자가 '미나마타병 혹은 의증'으로 판명되었다. 1974년 1월 유기수은을 대책 없이 방류한 칫소(CHISSO)공장 바로 앞에 미나마타진료소를 개설했다. 민의련의 결의를 표명한 것이다. 그 후, 미나마타진료소는 미나마타병의 진단, 치료, 재판의 거점으로서 큰 역할을 수행했다.

직업병에 대해서도 1970년대 전반에 인쇄노동자의 납중독, 요통·충돌장애 등의 활동에서부터 도쿄민의련의 산재·직업병위원회를 중심으로 경견완 증후군에 대한 진단·치료기준의 검토 등을 진행했다. 제21회 총회에서는 효고 야나기쓰지(柳筋)진료소의 지게차병 산재인정 승리를 보고했다.

민의련은 공해·직업병 분야에서도 조사활동, 건진, 치료 등에 전면적으로 참여해 세계적으로도 의학·의료의 분야에서 타의 추종을 불허할 만큼의 수준을 지향하는 노력을 기울였다.

그러나 전국적인 활동은 1970년대 후반에 들어 일정하게 정체하기 시작했다. 정체배경은 행정대책이 상당히 개선된 측면도 있다. 일본경제가 저성장에 빠지면서 새로운 문제가 발생해 옴으로써 제4회 산재·직업병 교류집회를 개최한 것은 1978년 4월 8년 만이었다. 공해문제도 1970년대 말에 공해지정지역해제 움직임 등 공해행정의 후퇴나 기업측의 '반격', 환경문제가 발생하는 중에 1978년 7월 4회째 공해문제연구집회를 9년 만에 개최했다.

당시에 구 산베쓰카이기(産別会議, 전일본산업별노동조합회의의 약칭)의 재산(도쿄·지바에 있던 '평화와 노동회관')을 '노동자의 건강을 지키는' 활동에 유용하게 활용하고 싶다는 요청을 받아, 도쿄민의련에 의해 재단법인·도쿄샤이켄센터(社医研Center)를 설립했다. 센터는 도에서 공익법인 인가를 받아 민의련 관계자와 노동조합, 민주적 연구자 등으로 이사회를 구성하고 도쿄민의련 소속 민의련가맹사업소가 되었다. 도쿄민의련은 샤이켄센터를 거점으로 전력을 다해 노동자 건강문제에 참여하고 다양한 선구적 활동을 수행했다. 샤이켄센터의 활동은 이후 전국에서 전개된 각 지역 산재직업병 개선 활동에 대한 참여를 높이는 데도 크게 기여했다. 센터는 이후에 전일본민의련과 젠노렌*(全労連)이 중심이 되어 설립한 '일하는 사람들의 생명과 건강을 지키는 센터(통칭 '이노켄')'의 초석을 놓는 역할을 수행했다.

* 역자주: 전국노동조합총연합의 약칭. 일본의 공무원노조이다.

2. 노인문제, 모자보건, 약제문제

1970년 단계에서 노인검진은 대개 100% 민의련 회원의료기관에서 참여했고, 수진자는 5만 명을 넘었다. 도쿄민의련의 여러 해 조사가 노인병학회에서 주목받는 등 의학적으로 향상된 면도 있었다.

병원의 산부인과, 소아과가 증가함에 따라 어머니교실, 육아교실 등 모자보건에 대한 활동이 증가했고, 입원출산을 하는 곳이 많아져 영유아 의료비 무료화 운동에 공헌했다. 민의련은 1971년 1월에 제1회 모자보건연구집회를 개최하고 활동을 교류했다.

정신과가 있는 지역연합은 많지 않았지만 경제의 고도성장에 수반한 새로운 신경·정신질환이 증대했고, 민의련에서도 활동기대가 컸다. 민의련은

1971년 3월에 처음으로 신경·정신과 영역 전문가회의를 개최했다.

피폭자검진은 피폭자검진 등의 지정을 받은 회원의료기관이 증가해 히단쿄(被団協, 원수폭피해자단체협의회의 약칭)와 협력한 검진을 전국적으로 진행했다.

약제문제에 대한 본격적인 검토도 진행했다. 도쿄를 선두로 지역연합회나 회원의료기관에서 약무위원회를 설치했다. 스몬병(아급성척추시신경말초신경증)이 키노포름(chinoform) 약해로 인한 것이 분명해진 것은 1970년 8월[주8]이었다. 1970년대 후반에는 보험약국을 개설하는 법인이 출현했다.

재활에 대한 참여도 아키다(秋田), 야마나시(山梨)에 이어 시카노(鹿野)온천병원(돗토리), 이쿠타(生田, 효고), 다이호(待鳳, 교토) 등 회원의료기관에서 증가했다. 1978년 제23회 총회는 전문기관만이 아니라 민의련의 '일반병원, 진료소에서도 광범위하게 참여하게 되었다.'고 보고했다.

3. 치과의 재건

1950년대에 일시적으로 10여 개소가 있었던 민의련치과는 1960년대에는 3개소로 감소했다. 치과는 보험제도에서 보장하는 범위가 적고, 환자 부담이 컸기 때문에 1960년대 민의련은 일반 병원에서 상급병실 차액과 마찬가지로 '차액징수'로 이해하고, '받을 수 없다.'는 입장이었기 때문에, 경영에서 어려운 상황이 지속되었다. 이런 이유 등으로 민의련 치과의 신설은 상당기간 진척이 없었다.

1971년 제19회 총회에서는 '환자의 요구에 따른다는 입장에서 지금까지 치과의료를 총괄해볼 때 치과 설치에 관한 검토가 필요하다.'고 실천적인 방침전환을 내세웠다. 1974년 제21회 총회까지 야마시타, 도쿄·오타,

---

주8) 1970년 2월 6일자 아사히신문은 1955년경부터 출현한 스몬 바이러스를 도쿄대의 학자가 발견한 기사를 1면 머리기사로 전했다. 그러나 같은 해 8월 '후생성스몬연구협의회'의 연구·추적에 의해 니가타 대학의 쓰바키(椿)교수는 역학조사에 의해 스몬환자의 97%가 신경증상이 발생하기 전에 정장제(整腸劑) 키노포름을 복용한 사실을 밝혀내 발표했다. 후생성은 이때는 기민하게 대응해 9월 8일에 키노포름 판매를 중지했다. 이후 새로운 환자는 발생하지 않았다. 의사 아자미 쇼조(莇昭三)의 《사라진 의무기록》(아유미 출판 1983년 9월)은 스몬약해 소송에 협력한 아자미가 약해와 의사의 책임을 묻는 귀중한 저작이다.

이와테에서 신설해 8개 회원기관 치과의사 31명의 체제가 되었다.

1974년 2월 '민주의료를 지향하는 청년치과의사의 모임'이 학생 13명, 치과의사 11명으로 열렸다. 계속해서 7월 1주간의 '민의련 하계치과세미나'를 개최했고, 46명의 학생, 치과의사, 치위생사, 치기공사가 참여해 민의련에 대한 참가희망을 표명했다. 같은 해 11월 전일본민의련이사회는 '민의련치과 건설과 발전을 위해'라는 방침을 결정하고 치과건설을 계획하는 곳은 전일본민의련에 보고할 것, 전일본민의련에서 신임 치과의사 연수기관 등을 확보할 것(요요기병원과 야마시타를 수련기관으로 지정) 등을 제안했다.

1975년 '의료붕괴'의 하나로 치과의료의 문제를 언론에서 주목했다. 보철에까지 차액징수를 확대했던 것이다. 여론의 비판은 혹독했고 치과 110번* 운동이 확산되었다. 이러한 압력으로 인해 후생성은 1967년 치과진료에 대한 차액요금 인정 통지를 폐지하고, 보험진료와 자유진료의 두 체제로 정리했다. 전일본민의련은 와카미야(若宮) 사무국장이 담화에서 금 등 특수재료 이외에는 모든 치료를 보험제도로 보장할 것, 진료수가를 인상할 것 등을 요구했다.

1976년 제22회 총회시점에서 치과는 11개소에서 운영했다. 전일본민의련에서는 1978년 1월에 제1회 치과의료활동교류집회, 1979년에 제2회, 1980년에 제3회, 1981년에 제1회 치과학술·운동교류집회를 개최했고, 민의련치과의 전국 확산을 촉진했다.

* 역자주: 110번은 의료소비자네트워크(MECON)에서 운영하는 의료사고 상담을 위한 핫라인 번호이다.

제3절 1970년대 비약의 관건

지금까지 언급해왔지만 1970년대 민의련운동의 비약은 1960년대부터 서서히 등장한 청년의사 등 젊은 민의련 담당자들이 있어서 가능했다. 특히 청년의사 영입이 성공하지 못했더라면 현재의 민의련은 불가능했다. 청년직원들은 상당수가 자발적으로 민의련운동에 참가해 왔지만, 민의련에서도 의식적으로 노력하거나 민의련에서 성장하기 위해 조직적인 노력을 발휘하는 등 자연적인 증가에 의한 것만은 아니다.

(1) '청년의사의 영입과 수련'에서 '세 번 호소하다.'

1. 최초의 '호소'

전장에서 언급했지만, 1968년 1월 15일 전일본민의련이사회는 '청년의사의 영입과 수련에 대해'라는 방침을 제기했다. 내용은 이제까지 청년의사를 '단순한 노동력'으로만 이해하고 '즉각 일차 진료활동에 근무'시키는 경향이 있었기 때문에, 청년의사의 '열정을 식게 만들고 미숙함의 비애를 느끼게 한'([일차 의료의 내일을 향해 확실하게 성장할 수 있기 위해 - 민의련의사연수 방침집]) 점을 '대폭 개선할 필요가 있다.'는 것이며, 지역연합회 차원에서 영입을 조직적으로 시행하고 청년의사의 모임과 같은 집단화를 시행할 것, 교육수련계획(커리큘럼)을 만들고 연수목표를 분명히 하며 수행평가를 해 수련종료 후의 배치는 지역연합회에서 시행할 것, 전문분야의 추구 등이었다.

자력으로 민의련의 의사를 확보하자는 결의를 나타낸 방침은 민의련 각 회원의료기관의 신임의사 영입에 대한 자세를 크게 변화시켰다. 1967년 제

제6회 청년의사교류집회(1977년 2월)

15회 총회 시에는 청년의사 영입발언은 두 명뿐이었으나, 방침이 제기된 반년 후인 1968년 제16회 총회에서는 11개 지역연합의 35명이 발언을 했다. 총회방침은 의사법 일부 개정(인턴제도 폐지)에 수반한 의학생의 움직임은 '복잡'하다고 정리하면서, '의사육성제도의 민주화를 지지하면서 동시에 민의련으로서 수련체제를 충실하게 정비하고 민의련운동의 발전과 결부할 수 있을 때에만 청년의사가 자격 취득 후 즉시 민의련에 가입할 수 있고 상근의사로서 성장해 갈 수 있도록 노력하지 않으면 안 된다.'고 강조했다.

총회 후 전일본민의련 이사회는 청년의사대책위원회의 설치를 결정하고(9월 제2차 이사회), 1968년 11월에 각 지역의 청년의사대책 책임자회의[주9)]를 개최하고, 12월에는 청년의사대책위원회를 출발시켰다. 이 분야의 지도체제를 만들어[주10)] 1969년 1월에는 '청년의사, 의학생 모든 분에게 호소한다.'라는 민의련 참가를 희망하는 선언문을 발표했다.

1969년 제17회 총회는 1년간 의사가 59명, 10% 이상 증가했다는 점을 소개하고, '수년에 걸쳐 의학생의 미니켄(民医研)운동을 후원하고 의학생에게 민의련의 의료사상을 보급해 청년의사 영입대책을 강화하여 달성한 중요한 성과'로 평가했다. 향후 방침부분에서는 새로운 의료활동방침 중에 1개 항목을 개설해 '청년의사 영입과 수련에 대해'라는 내용을 제안했다. 이미 수련만을 목적으로 하는 신임의사도 포함했지만 '어떻게 해서든 수련구조를 정비해 수련을 성공시킨다.'는 과정에서 지역 속에서 민의련이 수행하는 역할을 언급하며 '어떤 의사가 되는 것이 좋겠는가?'라는 질문을 기본적으로 제기하면서 '민의련의 역사와 강령', '민의련 의료활동의 특질(안)'을 추가했다.

주9) 이 회의에 보고된 내용에 따르면, 1968년의 이가쿠렌(医学連)대회는 개최할 수 없었다. 이가쿠렌은 실제 붕괴했으며, 1970년에 이가쿠렌의 기능 정상화를 목표로 하는 연락회의(이가쿠렌렌, 医学連連)을 결성했다.

주10) 청년의사대책위원회의 최초 책임자는 다카하시 무로(高橋室), 두 번째는 이마무라 유이치(今村雄一), 세 번째는 아자미 쇼조(莇昭三)이다. 도쿄의 다카야나기 아라타(高柳新), 야마시타의 나가노 마사루(中野勝), 후쿠오카의 本庄庸 등 1960년대 민의련에 참가한 청년의사가 그 후 적극적으로 청년의사대책위원회에서 활동하면서 강화해 갔다.

2. '두 번째 호소'

신임의사 영입과 수련을 진행하기 시작했지만, 이번에는 '수련이 중요하다'는 관점에서 청년의사를 '고객'으로 생각하는 경향이 나타났다. 이런 이유로 청년의사대책위원회의 작업과 제2회 청년의사회의(14개 지역연합에서 16명 참가, 1970년 1월 25일)에 기초한 전일본민의련 이사회는 1970년 3월 25일 '다시 한 번 민의련 청년의사의 영입과 수련에 대해'(이하 '두 번째 호소')를 발표했다.

방침은 먼저 청년의사를 바라보는 관점에 대해 '청년의사는 민의련운동의 일꾼으로서 고객이 아니며, 직원과 함께 민의련의 과제를 해결할 사람'으로 규정했다. 그리고 '주치의로서 환자에 대해 책임을 갖고 환자에게 배우는 수련'을 강조하고 '환자조직을 담당하는 것은 민의련의료를 추구하고 자신이 갖고 있는 의술을 습득한 바탕에서 필요한 것'이라고 서술하면서 이런 자세로 모든 질병에 대응할 수 있는 능력을 양성함과 동시에 무언가 한 가지 '자신감을 갖고 실행할 수 있는 것'을 익혀야 할 것을 강조했다. 나아가 수련체제 정비에 대해 구체적으로 제기하면서 수련에 대한 지역연합회의 지도, 수련 후 본인과 협의 후에 지역연합회에서 배치할 것. 청년의사가 솔선해 의학생 대책에 참여할 것 등을 제기했다. '무언가 한 가지 자신감을 갖고 실행할 수 있는 것'과 관련해서는 같은 해 12월에 전일본민의련 이사회에서 처음으로 전문수련에 대한 논의를 했다.

전일본민의련 이사회·청년의사대책위원회는 수련방침을 철저하게 관철하고, 신임의사를 더욱 많이 영입하기 위해 정력적으로 활동에 참여했다.

1970년 7월 제18회 총회에서는 '두 번째 호소'에 기초해 청년의사의 영입과 수련이 '민의련운동이 당면한 가장 중요한 과제 중의 하나'라는 점을 재확인하고, 지역연합회와 회원의료기관이 하나 되어 참여할 수 있도록 협조했다.

3. 의학생 대책 활동

1971년 1월 '초기수련종료청년의사 모집'에서는 2회에 걸쳐 '호소한다.'는 방침에 기초해 '지역연합의 활동이 개선되고 청년의사 초기수련은 대체적으로 성공했다.'는 점을 확인했다.

수련의를 지역연합소속으로 하는 것이나 도쿄·홋카이도·미야기와 같은 지역처럼 보다 빠르게 '의학생대책위원회'의 전담자를 배치하는 곳도 나왔다.

제19회 총회(1971년 7월)는 '① 수련내용을 더욱 충실하게 할 것, ② 상근의사의 전문성 향상을 적극적으로 보장할 것, ③ 청년의사의 전국·지역연합 간 교류를 진행할 것, ④ 의학생의 민주적 서클에 대한 협력, 민의련의 의료와 수련성과를 의학생 중에 포함시킬 것' 등이 필요하다고 제기하고, 이를 위해 '조직적으로 담당자를 배치하고 청년의사 자신들이 적극적으로 참가한다.'는 것을 제안했다.

이렇게 해서 민의련만의 독특한 '직종'이라고 해야 할 '의학생대책위원회'가 설치되었다.

청년의사의 교류집회는 전국을 4개의 블록으로 구분해 1971년 12월에 3회의 대회를 개최했으며 이후 1970년대 전반에 2회(1973, 1974), 1970년대 후반부터 1982년까지 3회(1977, 1979, 1982) 개최했다.

1972년 제20회 총회에서 청년의사 중에 나가노 마사루(中野 勝)가 전국이사회에 선출되었다.

① 청년의사 모임

1972년 2월 제20회 총회에서는 수년간의 활동으로 300명이 넘는 청년의사를 조직했다는 점을 서술하고, 청년의사의 자주적인 단결, 청년의사 모임과 같은 조직화를 강조했다. 1974년 제21회 총회에서는 '청년의사 영입과 수련에 대해서는 많은 지역연합에서 정착되고 있으며, 또한 지역연합 이사회의 지도하에 청년의사 모임을 결성해 수련계획에 대한 자주적인 토론을 진행했고, 지난 2년간 106명의 청년의사가 참가했다.'고 활동의 진행상황을 보고했다.

② 민의련의 의사수련 정착

이처럼 1970년대 전반에 신임의사 영입과 수련이 거의 정착되었으며,

민의련 의사수련 과정 자체가 의학생들에게 매력적인 내용이 되어갔다. 예를 들면, 응급환자는 야간에도 진료하는 민의련 병원에서 내과의조차 웬만한 상처치료나 봉합은 당직의사로서 모두 수행했다. 또한 민의련 진료소를 담당하는 경우, 일차의료에 해당하는 일정한 역량을 갖춰야만 했다. 이처럼 민의련 차원에서 진료소 운영을 위해 필요한 내용과 일차의료에서 활용할 수 있는 의사로서의 종합적인 힘을 겸비해야 한다는 청년의사의 요구가 일치했다.

더구나 1970년대 후반에는 지도의(指導医) 체제와 장기별(臟器別) 병동이 만들어졌고, 내과를 소화기, 호흡기, 순환기 등으로 분리해 몇 개월 간격으로 순환 배치하는 수련을 시행했다. 이런 활동 중에서도 '솜씨 좋은 의사가 될 수 있는 수련의 매력'을 호소했다.

그러나 1970년대 중반에는 의료와 사회에 대한 변혁의 뜻을 갖고 '주체적으로' 민의련에 참가하려는 학생은 더 이상 증가하지 않았다. 이로 인해 민의련은 의학생을 담당하는 사무직원을 증가시키면서 '의학생대책활동'을 추진했다. 우선 신입생에게 '민의련'을 선전하고 봄, 여름, 겨울 방학에 민의련 회원의료기관을 견학하게 하거나 실습을 유도했다. 실습에서 청년의사 등과 대화하고 연결할 수 있는 의학생들에게는 조직적으로 활동해 민의련 장학생이 되게 했다. 이러한 활동으로 수련의 영입은 증가했다.

1975년 신임 의사 영입이 드디어 100명을 돌파했다.

4. '중견의사'와 전문성, 새로운 문제

1967~1971년 5년간에 민의련에 참가한 신임의사는 254명이었으며, 그 후에도 138명이 계속해서 참여했다. 이들 의사는 이미 각 지역의 민의련에서 중심적인 역할을 담당했고 일상진료, 수련지도, 관리업무에 바쁜 나날을 보냈다. 그러나 이들 중에서 스스로 전문가로서 역량을 더 키울 수 없는 상황이 발생했다. 예전의 청년의사, 현재의 중견의사의 문제는 이 시점에서 민의련의 새로운 문제였다.

1975년 2월 평의원회는 경영개선과 의사대책 강화를 두 축으로 선정했는데, 어디까지나 병상증설 속도에 의사충원을 맞추지 못하는 점 때문이었다. 그리고 모든 지역연합회에 의사대책위원회 설치를 내세웠다. 이해 5월에 지역연합회의 의사대책위원회 위원장회의가 열렸고 방침의 철저한 관철, 선진적 경험을 배운다 등 1975년의 중점과제 선정을 중심으로 토론했다.

① 의사위원회, 의사위원장회의

제22회 총회 후에 이사회기구로 의사위원회를 이사 3인과 5인의 위원으로 설치했다. 아자미 쇼조(莇昭三)가 위원장이었고 위원의 대다수는 1960년대 이후에 민의련에 가입한 청년의사들이었다. 의사위원회는 이사회로부터 7개 항목의 자문사항에 대해 논의했으며 그중에는 '전문수련의 실태 파악', '중견의사의 임무와 배치' 등이 포함되었다.

또 하나 의사위원회가 확립하려 했던 것은 전국적으로 창구를 단일화하고, 의사들이 적극적으로 참여하게 한다는 점이다. 의사지원은 그때까지도 민의련의 전국적인 연대를 나타내는 것으로 중요한 업무였지만, 절대적인 의사부족을 점차 개선해 가는 중에 의사의 돌연 사직 등으로 어려운 상황에 빠진 회원의료기관의 요청이 있어 의사지원을 조직적으로 수행하게 되었다. 이것은 민의련의 전국적인 결집을 강화했을 뿐만 아니라 지원을 통해 지원을 받은 지역연합회나 지원을 한 지역연합회 모두 많은 것을 배우고, 각각의 법인·회원의료기관의 의료와 관리수준을 향상시켰다. 민의련의 지원은 단순히 의사를 파견해 공백을 메우는 기능이 아니라, 지원을 요청할 수밖에 없었던 그간의 상황을 종합적으로 판단해 개선해가는 것과 결부되어 있었다.

1977년 의사위원장 회의에서는 의학생 대책과 의사영입을 집중적으로 토론했다. 당시 의학생교육이 변했고 커리큘럼과 시험과목도 많아져 의사국가시험이 어려워졌다. 이에 따라 자주적 서클활동이 어려움에 빠졌으며 사회과학계 서클도 정체경향에 있다고 보고했다. 대책으로 지역연합회의 의학생대책 체제를 강화해 의학교육의 미비점에서 오는 학생들의 학습욕구에 부응하는 활동강화(회원의료기관에서 CPC나 지역의료활동에 참가하는 조직) 방침을 제안했다. 지역연합회 의사위원회의 정기개

제4회 중견의사교류집회

최도 확인했다.

②중견의사의 역할, 사무간부배치, 전문수련

　1977년 12월 전일본민의련 의사위원회는 '민의련 중견의사의 역할과 과제'라는 방침을 발표했다. 또한 다음 해 1월에는 일련의 작업에 기초해 '민의련 의사의 전문수련에 대해'를 발표했다. '중견의사의 역할'은 중견의사의 표본조사에 기초해 일상진료, 수련지도, 관리활동 등 살인적인 업무의 과중 속에서 헌신적으로 노력하는 현상을 밝히면서 민의련에서 기초연수를 확립해 민의련 의료의 수준을 높이고, 청년의사를 조직화해 민주적 집단의료의 중심이 되어 온 지금까지의 역할에 대해 서술했다. 그리고 이런 일들이 가능했던 배경으로 주로 중견의사가 대학민주화투쟁 등의 과정에서 집단적인 훈련을 받은 세대이고, 이들이 민의련에 등장한 시기가 일본의료의 확대시기였으며, 민의련 시설의 확장건설의 시기였고, 의료기술혁신을 자신의 것으로 만들기 위해 민의련에서 실천해 온 시기였다는 주, 객관적인 상황을 서술했다.

　한편 과다한 업무 중에서 자신에게 맞는 전문연수를 충분히 실행하지 못한 점이나, 각각의 고민을 조직적으로 해결하는 길이 보장되지 않는 등의 문제점을 지적했다. 향후의 과제로 지역연합회의 이사회 등이 책임을 갖고 조직적으로 중견의사 개개인의 임무를 분명하게 부여해 중견의사가 당면한 어려움을 해결하기 위해 활동하거나 전문연수를 보장할 것, 관리업무에 대해서는 과감하게 개선하고 경영간부와의 역할분담을 달성할 것 등을 제기했다. 이미 홋카이도 등 몇 개의 지역연합에서는 의국담당이나 의사위원회 담당에 대해서는 사무간부를 배치했으며, 방침 이후에는 전국으로 확산되었다.

'전문수련에 대해'는 전문수련에는 생애교육이라고 해야 할 일상진료를 계속하면서 주제를 갖고 대학과 교류한다든지 강사를 초청해 연구회를 개최하는 등의 방법과, 이런 과정의 일부로서 일정기간 대학에 연수를 보내는 방법 등이 있다고 정리하고, 전문수련의 목표에 대해 다음과 같은 5가지 점을 제시했다. ① 지역연합회의 의료구상을 전진시킨다. ② 의료내용을 향상시킨다. ③ 연수를 마치고 복직 후에 지도의가 된다. ④ 민주적 집단의료의 중심이 된다. ⑤ 임상현장에서 연구를 담당한다.

이러한 활동으로 전문분야의 실력도 착실하게 다져갔다. 학회발표가 활발해졌고, 몇 개의 학회에서 주목받는 성과도 나타났다.[주11]

1970년대 후반에 당뇨병, 호흡기, 간장병, 신장질환 분야에서 자주적인 의사를 중심으로 연구회를 진행하기 시작했으며, 1979년 3월에 전일본민의련 이사회는 '민의련의 각종연구회활동에 대해'라는 방침을 제기했다.

5. 200명의 영입과 '세 번째 호소'

1979년, 1980년 영입 신임의사 수는 150명 규모에 달했다.(제8회 청년의사교류집회에서 이렇게 보고했지만, 1980년 의사위원장 성명에는 1979년 약 130명이었다. 대체로 의사국가고시와 관계가 있다.)

전일본민의련은 1979년 이후 200명 목표를 세웠지만, 1980년 의사위원장 회의에서 확인한 결과에 기초해, '신임의사 200명 영입을 목표로 새

주11) 복강경에 의한 간장 수술, 당뇨병, 간장, 천식, 고혈압추적조사모임 등 1980년대 이후에 만개한 학문탐구는 1970년대부터 축적한 성과물이다.

로운 비약을 틀어쥐자'라는 다카야나기(高柳)의사위원장의 성명을 발표했다. 성명은 200명 목표의 의미와 그것이 실현가능한 목표로서 필요하다는 점을 강조했으며, 의사영입이 최소한 모든 지역에서 한 명 이상이 되어야 하고, 모든 의대, 의학부에서 영입하며, 중점학교, 거점학교를 결정해 활동할 것을 제안했다.

1980년 제24회 총회방침에서는 200명의 영입목표를 재확인하고, 의학생 대책활동은 전국적인 관점에 서서 연대해 활동할 것을 강조했다. 기초수련에 대해서는 정착했고 내과, 외과, 소아과에 대해서는 전문수련도 가능한 병원이 있다는 점을 확인했다. 또한 진료소수련에 대한 이사회의 제기가 청년의사에게 적극적으로 받아들여지기 시작했다고 서술했다. 중견의사에 대해서는 앞선 의사위원회의 방침을 요약했다.

이해 1월에는 의사위원회가 '민주적 집단의료에서 의사집단(의국)의 역할에 대해'라는 논문을 발표했다. 논문에서는 민의련의 경우, 의국을 관리라인 밖에 두고 그곳에서 집단적인 논의를 통해 다양한 의료과제에 대한 역할을 했다는 점과, 의료구상논의에서 오피니언리더 역할을 해야 할 것이라고 제기했다. 이것은 청년의사가 구축해온 의사집단의 단결을 위한 양식으로 지켜야 할 전통이지만, 이 시기가 되면 의국원의 수는 상당히 증가한 현실에 비추어 의사통일을 위해선 각 단계에 맞는 노력이 필요했다.

이리하여 1981년 8월 전일본민의련 이사회는 '민의련의 의사영입과 수련의 새로운 발전을 위해 – 세번째 호소한다 –'라는 방침을 발표했다. 방침은 1960년대 말 이후 민의련 의사문제에 대한 활동의 도달점을 나타내고 있다.

내용은 첫째, 최초의 '호소한다.' 이후 활동을 총괄하고, 둘째, 200명 목표에 맞는 조건을 정비하며, 셋째, 이것을 통해 일본의 졸업 후 의사수련을 국민의 요구에 맞게 정확하게 발전시킨다는 점이었다.

시대의 특징으로는 일차의료(프라이머리 케어)에 대한 국민의 요구가 높아졌으며, 한편에서는 14개 학회에서 전문의 인정 제도가 확산되고 있었다는 점, 1970년 이후 1개 현 1개 의과대학 방침으로 신임의사 8,000명 시대를 맞아 의학생의 의료세미나 등 새로운 운동의 발전이 나타났다는 점 등이었다.

이에 따라 '세 번째 호소한다.'의 방침은 먼저 민의련이 지금까지 진행해온 의사양성 내용이 일차의료 중시라는 관점에서 국민의 요구에 부응했으며, 이것이 성공하는 것은 일본전체 의사양성 과정에 대해 큰 영향을 줄 것이라는 점 등을 강조했다.[주12]

또한 수련의 현실태에 대해서는 1980년 11월 당시 20대와 30대 의사가 상근의사의 69.7%를 점유했고 민의련의 병원은 2차 의료 체제를 정비해 부분적으로는 3차 의료를 담당할 수 있는 힘을 육성해 온 것을 지적하고, 민의련 수련 중에서 일차의료의 종합적인 힘을 갖춘 의료기술의 측면에서나 민주적 집단의료의 지휘자로서 인격을 연마한다는 측면에서도 모두 걸맞은 사람으로 다시 태어나고 있다는 점을 지적했다. 또한 관리에도 관여해 진료소수련이 발전했다는 점, 전문수련이 착실하게 진행되고 있다는 점 등을 서술했다.

그리고 의사수련의 목적(일차의료를 담당하고, 민의련 의사수련의 우위성을 분명하게 한다.)과 세 가지 기본입장(환자의 소리에 귀를 기울이는 겸허한 자세, 안전하게 현재의 의료수준을 확보, 보편성 있는 의료와 수련)을 근거로 당면문제를 제기했다.

첫째, 수련의가 민의련운동 담당자라는 자각과 자발성을 유도하고[주13] 둘째, 체크리스트, CC, CPC의 정례화*, 진료소수련, 학회활동 등을 포함한 수련계획, 셋째, 지도의의 수를 늘리고 역량향상을 달성하는 것이다. 덧붙여 1977년부터 1980년 사이에 신임 이외에 민의련에 가입한 의사는 179명이었다. 방침도 '신임의사 영입'만이 아니라, '의사영입'에 대해서도 언급했다. 그리고 전문연수, 내과와 외과 이외의 과목 충실화, 의사의 생애연수, 의국 중시와 전 직종의 단결, 장기계획을 보장하는 의사확보 등 지금까지 논의해온 여러 문제를 언급하고 성과를 서술했다.

주12) 이것은 다음 해 의사수련의무화에서 민의련이 주장하고 실천해온 의사양성방침 내용이 그대로 일반적인 지침으로 되었다는 점에서도 알 수 있다.

주13) 민의련운동에 참가하려는 의지를 갖고 있는 청년의사 중에서도 수련 중인 기간은 기술연수를 우선하는 경향이 나타났다.

(2) 간호집단의 형성과 '민의련 간호'

1. 간호학생운동, 간호사 증대 운동

간호 분야에서도 1960년대부터 간호학생운동을 경험한 새로운 간호사가 민의련에 등장하기 시작했다. 간호학생도 의학생 등과 함께 민의련에 결집했다.

그러나 1960년대는 아직 병원이 크지 않았고 진료소의 비중이 컸기 때문에 간호집단의 주력은 준간호사였고*, 몇 곳의 민의련 병원은 준간호사 양성소를 설립해 갔다.(1959년 미야기가 최초이고, 1965년 단계에서는 4개교) 제13회 총회방침도 '의학생, 간호학생에 대한 장학금을 검토·실시했으며, 조건이 가능한 지방 블록에서는 준간호사 양성 시설을 설치한다.'고 결정했다. 1960년대 후반에는 민의련 준간호학교가 6개교였으며, 준간호학교의 회의가 정기적으로 열리게 되었다. 첫 회의는 1967년으로 생각된다. 3회째(어쩌면 1969년) 회의에서 참가자들이 전일본민의련 준간호위원회의 필요성을 제기해, 그것을 받아 1969년 혹은 1970년 제18회 총회 전에 전일본민의련 준간호대책위원회를 발족했다. 최초의 위원장은 의사 히다 슌타로(肥田舜太郎, 이사)였다.

당시 간호분야에서는 지속적인 근무를 위한 여건조성이 큰 과제였으며, 보육소 설치 등 간호사가 왕성하게 활동했다는 점은 이미 서술했다. 이런 과정에서 간호직원들은 학습을 진행해 60년대 말부터는 '간호기준'의 작성을 통해 업무수준을 높여갔다.

1968년 니가타의 간호노동자가 일어섰다. 환자에게 좋은 간호를 하기 위해 '야근은 두 명이 근무하고, 월 8일 이내'를 요구하고 실력을 행사했다. 여론은 간호사들의 요구를 강하게 지지했다. 자민당은 1969년 고졸 후 1년의 훈련기간을 이수하는 준간호사 양성을 중심으로 하는 '보건지도사, 조산사, 간호사법 개정안'을 국회에 제출했다. 개정안은 저비용으로 간호사를 양성하고 현재 이상으로 현장의 모순을 악화시켜가는 것이었기 때문에, 반대

홋카이도 긴이쿄의 준간호학교

의견이 많아 폐지되었다. 어쨌
든 양성 간호사 수는 점차 증
가해 갔다.

이러한 움직임에 맞춰
1969년 제17회 총회에서는
'간호 부문은 전체적으로 증
가했으나, 간호사의 증가율
은 준간호사의 증가율보다 낮

은 상태이다.'라고 서술했다.

처음 준간호사제도는 1953년에 간호사부족대책으로 보조간호사라는
취지에서 수립했지만, 간호사와 준간호사의 간호업무상의 구별이 거의 없
어 안이한 간호정책으로 인해 간호사 내부에 차별과 단결을 저해하는 요
인으로 작용해 왔다. 1971년의 단계에서도 일본전체에서 일하는 간호사
의 통계를 보면, 간호사는 13만 8천 명, 준간호사는 17만 4천 명으로 준간
호사가 더 많았다. 이로쿄(医労協)는 처음부터 간호제도 단일화를 주장했
다. 민의련도 1971년 11월 히다 위원장의 담화에서 '정, 준간호사 단일화를
분명하게'('민의련신문' 11월 1일)라는 견해를 밝혔다. 간호협회는 처음에
는 준간호제도에 대해 언급하지 않았으나, 회원설문 조사 등으로 검토하고
간호회원들의 압력에 의해 1973년 10월에 준간호사 양성 중지와 향후 폐
지를 주장했다. 그러나 의사회는 준간호제도 폐지는 절대반대 의견이었다.

* 역자주: 준간호사는 준간호사학교 혹은 간호고등학교를 졸업하고 광역단체장이 주관하는 시험에 합격
한 사람을 말한다. 간호사 면허는 국가가 관장하고, 준간호사 면허는 광역자치단체가 관장하는 셈이다. 준
간호사는 전후 일본의 간호사 부족으로 발생한 잠정적 성격이 강하지만, 아직까지 지속된다. 준간호사학교
는 서서히 감소추세이며, 2004년부터 10년 이상 임상경험이 있는 준간호사에게 간호사 자격증을 주기 위
한 통신교육 등을 시행했다. 가나가와 현은 2013년부터 준간호사 시험을 폐지했다.

2. 세 개의 관점

1970년대 전반, 일본전체적으로 병원건설이 진행되는 과정에서 간호사
부족이 현저해졌다. 이로 인해 야근이나 당직의 횟수도 많아져 간호 부문
은 극심한 유동상황을 맞이했다.(제18회 총회) 1970년 시점에서 이미 전일

본민의련에 준간호사 확보대책위원회를 설치했지만, 간호사 부족과 정착을 위해서는 '노동조건의 개선과 활기차고 민주적인 직장 만들기'가 필요하다는 점을 강조했다. 18회 총회방침에서는 '간호사가 사직하는 원인을 추적해 독자적인 대책을 수립한다.'는 것, 노동조건 개선, 근무하기 좋은 직장 만들기와 함께 간호사의 교육·학습을 간호기술과 민의련강령의 양 측면에서 강화할 것, 민의련 등을 통한 새로운 영입활동을 강조했다.

또한 간호대책위원회는 당시(1970년)에 '민의련간호의 향상과 학습교육활동에 대해'라는 방침을 정리했으며, '지금까지의 간호에 대해 총괄했던 것은 획기적인 의미가 있다.'고 제19회 총회에서 평가했다. 즉 민의련간호에 대한 세 개의 관점(① 환자의 입장에 선다. ② 환자의 요구에서 출발한다. ③ 환자와 함께 투쟁한다.)을 확립했던 것이다.[주14]

이처럼 세 개의 관점에 기초한 새로운 민의련간호의 실천이 조금씩 정착하기 시작했다. 예를 들면, 1970년 7월에 산요(山陽)민의련·후쿠시마병원에서 소아마비 후유증으로 발가락을 사용해 문자를 쓰던 중증 장애 여성이 출산에 성공했다. 이런 활동은 이마자키 아키미(今崎曉已)의 [생명의 찬가](로도준보샤, 勞働旬報社)라는 저서로 정리했으며, 큰 감동과 반향을 불러일으켰다. 해당 병원의 간호사는 '민의련이라서 가능했던 일'이라고 확신에 차서 증언했다.

그러나 전체적으로는 '간호사의 위치가 분명하지 않거나 간호요원의 구성이 각기 격차가 커지는 등 직장의 민주화가 진행되지 않는 곳이 많고, 조직적인 지도가 취약한 점 등이 문제점으로 남는' 상황이었다.

신규 간호사의 정착을 달성하기 위해서는 졸업 후 연수과정을 충실하게

주14) 이처럼 '1980년대 간호의 전진을 위해'에는 있는 내용이지만, 1970년의 방침 자체('민의련신문' 1971년 6월)에는 '간호의 올바른 내용을 추구하고, 그것을 이론적으로도 실천적으로도 실현하기 위해서는 ① 간호사 개개인이 자민당 정부가 만들어낸 제도에 의한 자격이나 교육, 나아가 과거의 경험 등에 의한 대립이나 구별을 극복하고, ② 환자의 요구에서 출발하고, 질병을 환자의 노동과 생활현장과 결합해 보는 '눈'과 '자세'를 갖추고, ③ 환자 자신이 질병과 싸운다는 것을 지원하면서 같이 싸운다는 입장을 습득해야 하며, ④ 늘 환자의 입장에 서서 간호기술을 높여가는 것이 어떤 경우에나 필요하다.'고 서술했다. 확실히 이것이 '세 개의 관점'의 원형이라고 할 수 있지만, 그 뒤 정리한 것을 포함해 세 개의 관점을 완성해 갔을 것이다. 원형에 의하면 '환자와 함께 투쟁한다.'는 대상은 질병이었다. 따라서 '환자와 함께 질병과 싸운다.'는 것이었다.

아키타·나카토리 간호학원의 제2회 입학식

하고, 현장에서의 관리역량을 끌어올릴 필요가 있었다. 1971년 제19회 총회에서는 오사카에서 시행한 졸업 후 1년간의 연수제도, 도쿄의 간호간부 연수의 정기화를 보고했다. 방침에서는 '우선, 끊임없이 높아지는 환자 요구와 질병구조의 변화에 대응해 단지 주관적으로 헌신적인 노력만을 할 것이 아니라, 하나하나의 간호내용을 높이고 이론적으로나 기술적으로 높은 간호확립을 목표로 활동하는 것이 필요', '둘째, 민주적인 단결', '셋째, 간호의 중점사항을 명확하게 밝히고, 역량에 맞는 학습을 계획', '넷째, 간호간부가 스스로 학습하고 전망을 갖고 지도한다.'는 것이 필요하다고 서술했다. 제20회 총회(1972년 2월)는 전회로부터 반년 후의 총회였기 때문에 간호 방침은 전회와 거의 동일했다.

청년간호사들은 예진기록 만들기, 컨퍼런스, 증례검토, 방문간호, 보건지도, 카덱스의 이용 등 민의련 간호에 새로운 바람을 일으켰다.

3. 간호사 부족과 의료황폐화

1974년 2월 제21회 총회시점에도 간호사 부족은 여전했다. 당시 응급의료의 부족이나 의사, 간호사 부족 때문에 언론에서 '의료황폐화'라는 말을 공통어로 사용했다. 간호사 부족에 의한 병동폐쇄는 도쿄 다이이치(第一)

병원(1,002병상 중 622병상), 도쿄대학병원(1,316병상 중 400병상), 도립 요이쿠인(養育院)부속병원(700병상 중 300병상), 국립소아병원(400병상 중 80병상) 등으로 소위 일류병원에도 파급되었다. 후생성은 소위 '2·8 근 무제'(야근은 두 명이, 월 8일 이내)를 위해서는 4만 명 이상이 부족하다고 인식했다.

한편 고등학교 진학률은 급증했고, 준간호학교의 중졸 응모자는 격감 해, 1973년 4월에는 고졸 준간호학교 응모자가 40.8%를 차지했다. 이해 8 월 전일본민의련이사회에서 준간호학교의 존폐문제를 논의해, 전국적으로 힘을 모아 전일제·3년제 고등간호학교를 만들자는 의견도 나왔다. 결국 민 의련의 준간호학교는 아키타·나카토리와 교토·긴키고등간호학교를 선두 로 진학과정 설치와 3년제 간호학교로 이행해 가는 그룹(홋카이도, 아키 타, 야마나시, 교토, 오사카)과 폐지(미야기, 도쿄) 그룹으로 나뉘었다.

1972~74년에 전일본민의련은 청년간호사교류집회, 간호간부연수회 의, 중견간호사 연수회의, 지역연합 간호책임자회의(2회), 보육문제교류집 회(2회), 보건지도사교류집회(도호쿠) 등 활발하게 회의를 개최했으며, 전

전국에서 시행된 '간호사증원', '야근을 감소 하자'의 서명운동

국적으로 활동을 교류했다. 제21회 총회방침에서는 학습을 지속적으로 강화하면서 동시에 '연수내용이나 경험에 따라 연수계획을 수립하고, 모든 간호사의 능력향상을 위해 노력'하자는 것과 '환자의 입장에 서서 간호를 집단적이면서 민주적으로 실행하기 위해 의사나 타직종과 협력한 증례검토를 일상의 간호활동과 밀착해 시행'할 것을 강조했고, '현장에서 간호활동의 질적 향상을 위해 조직적인 참여를 강화할 필요가 있다.'고 서술했다.

민의련도 만성적인 인력부족은 있었지만, 대규모 병동폐쇄에 대한 보고는 없었다. 무엇보다 민의련간호를 구축해온 현장의 살아 있는 자세가 간호학생연대 등의 학생운동을 경험한 학생들에게 매력이 있었고, 확대일변도의 정책을 채택하지 않은 점도 일정한 이유가 되면서 간호사를 착실하게 증가시켰기 때문이다.

1975년 2월 전일본민의련은 '간호사의 대폭증원과 간호제도 개선에 대한 민의련의 견해'를 발표했다. 견해는 역사적으로 간호제도를 고찰하고, 간호사증원에는 무엇보다도 노동조건을 개선해야 하며, 개선을 위해서는 진료보수의 간호료를 인상하는 것과 병원보육소를 증설해야 한다는 점, '2·8근무제'를 확립할 필요가 있다는 점을 지적했다. 또한 간호사 양성 제도 문제에 대해서는 제도 일체화를 전제로, 준간호사가 간호사로 되는 길을 보장해야 한다는 점(진학과정 증설과 장학금 지급 등)을 주장했다.

4. 환자에게 배우는 간호

'의료황폐화'는 계속되었다. 1976년 2월 제22회 총회방침에 의하면 1975년 1~8월에 응급의료를 받기 위해 의료기관을 찾다 사망한 사람이 21명에 달했다. 자격을 갖춘 간호사 55만 명 중 21만 명이 근무하지 않았다. 소위 '누워만 지내는 노인'(40만 명)의 문제가 등장하기 시작했으나, 이를 담당할 충분한 의료는 보이지 않았다.

민의련의 간호사는 2년간 471명이 증가했지만(준간호사 188명 증가), 전체 약 천 병상의 증설을 충족할 수 없었기 때문에 방침에서 '조직적으로 활동해 성과를 올리는 것이 충분하지 않았고, 의료할동의 발전을 저해한다.'고 서술했다. 그러나 민의련에 입사한 청년간호사는 '청년간호사 모임'

등을 만들고, 활기차게 활동했다. 그리고 1975년 6월에 민의련의 간호활동을 처음으로 정리한 [환자에게 배우는 간호]를 발행했다. 이것은 민의련 외의 간호사들도 많이 읽어, 민의련 간호가 사회적으로도 평가받기 시작한 계기가 되었다. 실천 중에 '환자에게 배우는 간호', '환자를 위한 간호' 등 민의련 간호를 이념적으로 표현하는 말이 '세 개의 관점'에 이어 계속해서 회자되었다.

1976년 7월 '방문간호제도 확립을 지향하는 민의련의 방침'이 나왔다. 방문간호에 대한 환자요구가 있다는 점, 계속 간호의 필요성 등은 지금까지 민의련의 실천 속에서 확인한 것이기 때문에, 제도화(보험적용, 그 당시까지는 재정에서 충당)를 요구했다.

제22회 총회에서 모리토 아이코(森藤相子)가 간호사로는 처음으로 전일본민의련이사로 선출되었다.

1978년 제23회 총회에서는 청년간호사의 적극적인 역할이 간호학생 대책 등에도 발휘되어, 1977년까지 2년간에 간호사는 1,357명이 증가했다. 이것은 많은 지역연합회에서 간호사를 포함한 학생대책 전담자를 두고 간호학생과의 교류, 하계강좌·실습 등 조직적, 체계적인 활동을 벌인 성과였다. 정착활동에서도 연수계획, 평가회의, 교육수간호사 배치 등 적극적인 활동을 추진했다. 방문간호는 3분의 1의 회원의료기관에서 시행했다.

1980년 제24회 총회는 1978년 하계실습 참가자가 2,011명에 달하고, 1979년 4월 신임간호사의 입사가 500명을 넘어섰다고 보고했다. 이사회는 '지역연합회·회원의료기관이 간호학생에 대한 대응을 더한층 강화하기 위해'와 '민의련 간호책임자의 임무와 역할'이라는 두 개의 방침을 발표했다. 계속해서 전담자 배치 등 조직을 강화해 간호학생에 대한 활동을 증가시켰지만, 열심히 활동한 나머지 학생들에 대한 지역연합회 간의 쟁탈전 현상마저 나타나 지역연합회 상호간에 사전에 조정해야 한다는 룰을 강조했다. 지역연합회 간호사연수요강이 홋카이도, 미야기, 군마 등에서 작성되었다. 한편 총회에서는 시설의 급속한 확대, 첨단전자의료기기의 도입, 환자의 중증화 등으로 간호업무가 복잡해져 가는 현상을 지적했다.

방문간호는 민의련의 선구적인 활동 중 하니이다.

5. 1980년대 간호의 전진을 위해

1970년대 말경에는 매년 500명이 넘는 신임간호사가 민의련에 취직했으며, 1979년에는 민의련 전체적으로 준간호사보다 간호사의 수가 더 많아졌다.

1980년 2월 이사회는 '민의련 간호책임자의 임무와 역할'을 제기했다. 여기에서 제시된 1980년대 간호책임자의 임무와 역할은 '① 단결과 실천을 중심에 둔 간호방침의 작성, ② 학습, 교육, 연수에서 지도력을 발휘한다. ③ 전망을 갖는 인사관리, 인재육성, ④ 인솔자로서의 간부의 의미를 깨닫는 자세, ⑤ 지역과의 연대강화' 등이었다. 이것은 목표의 의미가 더 강한 것이었지만, 조직에 있어야 할 기능이라는 점에서 민의련 간호집단이 1970년대부터 형성해온 필요기능을 반영한 것이다.

1981년 8월 전일본민의련 이사회는 '80년대 간호의 전진을 위해'라는 방침을 제시했다. 방침은 1970년대를 평가하면서 간호직원 수는 2.5배가 되었고, 간호내용의 측면에서도 간호사 자신이 민주적 집단의료를 진행하

제1회 청년잼보리. 639명의 청년직원이 야마나시 현의 사이코(西湖)에 모였다.

는 과정에서 간호내용을 응급, 방문, 성인병에서 가족을 포함한 생활지도, 만성질환관리의 충실화 등 폭넓게 개선시키고 있는 점, 간호학생 대책의 향상, 졸업 후 1~2년의 연수제도 확립 등 종합적인 발전을 달성했다는 점을 확인했다. 그리고 1980년대 응급중증 외에 성인병 예방까지도 시야에 넣고, 재택 등 간호대상을 넓혀 간호업무는 다양화, 전문화, 복잡화해갈 것으로 예측하고, 지역연합 간호위원회를 확립해 이들 과제들에 적극적으로 도전할 것을 제안했다.

(3) 새로운 중요성을 갖게 된 교육활동

1970년대 민의련이 커지고 젊은 직원들이 증가해 가면서 민의련의 교육활동은 새로운 중요성을 지니게 되었다.

1970년대 초에는 '민의련학교'를 중시해 1971년 제19회 총회에서 '각 지역연합에 교육위원회를 설치'하자고 제안했지만, '70년대의 전진을 위해'라는 방침 후에는 기술수준, 실무수준의 향상을 강조했다. 그러나 일관되게 "직원들이 민의련을 배운다."는 점은 중시했다. 그래도 당시 민의련에 입사한 청년직원의 상당 부분은 민주적인 청년운동 등을 경험했고, 민의련에서 적극적으로 활동하는 사람도 많았다. 그래서 청년직원의 자주성, 자발성을 존중하고 청년자신이 단결해 스스로 확신을 갖도록 하는 지도를 강조했다. 1972년에는 민의련 청년의 전국적인 연대 기획으로서 제1회 청년잼보리(야마나시 현·사이코(西湖))를 개최했다.

1974년 제21회 총회방침에서는 민의련의 직원 퇴직률이 12%, 신규채용이 16%로 퇴직하는 만큼 충원은 되고 있다는 점을 지적했지만, '기술연수만으로는 민의련의 역할을 수행할 수 없다.'는 이유로, '기술연수와 동일한 비중을 두고 민의련의 역사와 강령, 총회결정, 민의련의 의료활동에 대한 철저한 학습'을 해야 한다면서, 정치·경제에 대한 학습의 필요를 강조해 전일본민의련의 '교육개요'의 작성 방침으로 삼았다.

제22회 총회에서는 지역연합의 계층별 제도교육을 진행한 것, 청년잼보리가 성공한 것, 이런 점들을 통해 새로운 간부를 육성해 왔다고 평가했다. 방침에서는 사무간부의 양성을 강조했다. 또한 전일본민의련으로서 강좌개최를 제도화할 것, 교육개요에 이어 지정문헌을 정할 것 등을 제시했다. 나아가 지역연합·회원의료기관의 교육위원회 외에 교육담당자의 배치도 제기했다. 1970년대 후반에는 청년직원이 70%를 점했다. 1977년 4월 청년활동가 회의를 개최했다.

1978년 제23회 총회에서는 교육활동에 큰 비중을 두고 모든 직원이 습득해야 할 목표(민의련운동의 전망을 깨닫기 위한 지역연합의 장기계획, 전국·지역연합회의 총회 방침, 기술 기타 사회보장에 대한 지식, 사무는 의료에 대한 이해)를 제시하고, 학습의 기본으로서 스스로 공부할 것(독학)을 제기했다. 또한 민의련신문 읽기 모임을 제안했다.

제24회 총회에서는 '교육학습의 운동화에 대해', '민의련 간부양성을 강화하기 위해'라는 방침도 제시되었다.

1982년 제25회 총회방침에서는 교육활동을 더욱 강조해, '지역연합 활동의 상당 부분을 교육에 할애할 정도의 자세'로 참여할 것을 호소했다. 민의련운동은 민의련이라는 것을 이해하고 주체적으로 참여한다는 의지를 갖춘 직원집단 없이는 존재할 수 없다. 규모가 커지고 대중화가 진행되는 과정에서 교육활동은 새로운 중요성을 갖게 되며, 전일본민의련은 이 점을 인식해 교육학습을 중시해 갔다.

제4절 1970년대 경영노선

'70년대의 전진을 위해'의 경영방침, 즉 '운영의 민주화와 과학적 관리, 민주적인 합리화, 근대화'의 노선은 진료소 조직으로부터 병원을 중심으로 하는 조직으로 발전해 가기 위해 대응한 것이었다. 전일본민의련은 1970년대 전반에는 노선을 구체적으로 전개하기 위해 분투했다. 1970년대 후반에는 병원화에 수반하는 관리상의 여러 문제에 대응하면서 동시에 의료·경제사정의 변화로부터 새로운 노선을 모색해 갔다.

(1) 경영능력을 향상시키기 위한 활동

1. 경영에 대한 '과학적 관리'

전일본민의련은 1970년 제18회 총회방침에서 '회원의료기관의 운영을 더한층 민주화하고, 경영에 대한 과학적 관리를 강화하자'고 제안했다. 구체적인 방침으로는 진료수가 인상운동을 제시하고, 심사·삭감 대책을 강조했다. '과학적 관리'의 내용으로 업무기준 만들기와 실무중시, 인사계획이나 채용기준의 합리화 등 인사관리의 개선을 제시했다. 시설확대에 대해서는 대규모건설로 경영불안을 초래한 곳도 있기 때문에 1억 엔 이상의 건설에 대해서는 전국적인 입장에서 검토할 것을 요구했다.

1971년 제19회 총회에서는 '의료활동의 측면에서는 비록 개선했어도, 경영활동의 측면에서는 변화된 상황에 대응하지 못했으며, 비과학적이고 전근대적인 관리를 수행하는 의료기관이 아직 적지 않다.'고 지적하고, 경영상황은 샘플약 폐지[주15], 약값 기준 인하, 실업대책사업 중단 등 경영환경

주15) 당시, 약제를 구입하면 100정에 대해 20~30정을 샘플로 주는 상황이었기 때문에 1정당 구입가는 액면보다 쌌다.

이 악화되고 있고, '회원의료기관 상호간의 경영관리상의 격차'도 확산되고 있다면서, 경영간부의 역량과 지도성을 높이기 위한 지도·후원이 필요하다고 서술했다.

2. '과학적 관리'를 위한 활동

회원 의료기관의 규모가 커지는 과정에서 '과학적 관리'가 더한층 필요해졌다. 이에 따라 '과학적 관리'의 구체적 내용을 제시할 필요가 있었다. 1971년 12월 전회원 의료기관의 1일 단면조사는 299개 회원기관(96.5%)을 대상으로 실시해 대규모 조사를 처음으로 성공했다.

1972년 제20회 총회에서는 경영방침은 '대담한 개선'을 권유하는 방향성을 선명하게 부각시켰다. 첫째, '고도화, 다양화하는 의료요구에 응답하기 위해 규모의 크고 작음을 문제삼지 않고, 일정 수준 이상의 의료체제 확립과 시설 근대화를 지향해야 한다.', 이를 위해서 '의료경영의 역량을 비약적으로 강화시켜야 한다.'는 점이 필요했다. 둘째, '민주적 운영과 과학적 관리를 관철한다.' 구체적인 내용은 부서단위의 방침과 예산 작성, 조직도에 의한 관리의 투명화, 전 직원이 이해할 수 있는 경영정보의 전달 등이었다. 셋째, '관리지도 개선과 경영간부 양성'을 제시했다. 특히 '경영간부의 부족은 민의련 전체적으로 큰 약점'으로 인식했다.

총회 후인 5월 전일본민의련 경영위원회는 그때까지의 작업을 정리하고, 전년도 11월 경영위원장 회의에서도 보고된 '경영분석의 기초'와 '세무의 기초'에 의한 제1회 경리실무연수회를 개최했다. 여기에서 계정과목에 대한 일정한 정도의 인식을 통일해 경영실태조사가 가능해졌다.

제1회 경영실태조사는 1971년 실적에 대해 1972년에 실시해, 1973년에 발표했다. 180개 법인 중 144개 법인, 80%의 자료취합이 가능했다. 법인수로 보면 57%가 흑자였지만, 전체적인 평균은 적자였다. 동시에 '민의련 경영관리의 미니멈'도 발표해, 전국 경영검토회를 1973년 5월에 개최하면서 조사자료와 함께 논의했다. 이후 경영실태조사는 매년 시행했다. 같은 해 11월에는 '총무·서무연수회'를 개최했다.

'경영분석의 기초'나 '경영관리 미니멈'은 당시 병원관리학이나 일반기업분석 등의 기법을 활용한 것으로, 민의련의 현실을 근거로 전일본민의련 경영위원회가 구체화시킨 것이다. 이들 지침과 경영실태조사에 의해 민의련 회원의료기관에 대한 경영문제 지도가 가능해졌다.

그러나 특별히 '경영분석의 기초'에서는 지불해야 하는 대중채를 포함해 이자를 계산하는 '수정자기자본비율'이라는 개념을 제시했다. '경영분석의 기초'에서 설명한 바에 의하면, '민의련은 대중에 의거해 설비투자를 시행했고, (회계상의) 자기자본비율만으로는 자기자본 상태를 판단할 수 없다.'는 점에서 이 지표를 사용했지만, '법인채, 조합채 등은 법률적으로도 실제적으로도 부채이며, 그 점에 대해선 오해가 없는 것이 중요'했다. 이것은 뒷날 대중채를 자기자본과 똑같이 취급했던 야마나시(山梨) 문제 등에서 분명해진 바와 같이 오류의 원인이 되었으며, 1983년 5월에 '수정자기자본비율'이라는 개념은 폐지했다.

(2) 시설확대, '도시지역 회원의료기관' 문제, 진료소의 어려움

1. 오일쇼크와 건설에 대한 대응

앞에서 서술했던 '1억 엔 이상의 건설비용에 대한 전일본민의련 차원의 검토'는 거의 시행되지 못했다. 이에 대해 이사회는 '방침을 관철하려는 자세가 결여되어 있다.'고 반성하고, 건설움직임이 증가해 전일본민의련의 건설 검토에 대해 '규칙을 구속으로 느낀다.' 혹은 의료생협의 경우 의료부회의 검토도 있어서 중복이라는 지적도 있다고 총괄했다. 1973년 10월부터 전세계가 '오일쇼크'에 빠져들었다. 모든 물가가 급등해 '물가대란'으로 불렸다. 간호사 부족도 증가해, '1현 1수련병원'을 지향한 민의련의 경우 병원 건설은 불가피했으나, 동시에 많은 위험도 내포했다.

1974년 2월 제21회 총회방침은 당면한 정세에 대해 '전일본민의련 결성 이후 유례없는 어려운 조건'으로 지적했다. 건설계획의 연기나 재검토가 현실적이었다. 이사회는 1974년 5월 여러 곤란을 극복하고 필요한 확대, 건설의 확실한 실현에 기여한다는 입장에서 '병원, 진료소의 건설계획에 대한 전일본민의련의 대응책'을 결정했다. 이것은 건설계획의 제한, 환자계획

(병상가동률 90% 등), 재무계획(유동비율 100% 이상, 총자본회전율 건설 3년 후 1회전 이상 등), 지출비율의 최저기준, 인원기준, 대중조직 기준 등을 정하고 건설의 안전성을 확보하자는 것이었다. 이런 내용은 민의련의 일반적 경영지표로 받아들여져 활용되었다.

그러나 무엇보다 건설 직후를 상정한 지표였기 때문에 일반적 기준으로는 느슨했다. 더군다나 건설의 제한을 '병원을 보유한 법인의 경우, 연매출의 1.5배, 진료소만 보유한 법인의 경우 2배'라는 내용은 너무 느슨해 거의 지표의 의미를 상실했다. 여기에서는 진료수가가 그런대로 인상되고, 일본의 의료전체가 확대해 가던 1970년대의 상황과 수련병원 건설을 지향하면서 각 현마다 비약하려 한 민의련의 특수상황을 반영했다.

2. '도시지역 회원의료기관' 문제

1970년대 전반은 병원을 설립하고 시설설비를 근대화해 의사를 비롯한 직원의 증가가 있었고, 이에 따라 지출증가를 상회하는 의료수입 증가를 실현해 수지균형을 맞춘다는 경영노선이었다. 이것은 예를 들면 1974년 10월 '경영개선대책회의'에서 세리자와 요시오(芹沢芳郎) 경영위원장의 정리에서도 나타난다. 즉 좋은 의료를 실현해 가기 위해 필요한 투자, 직원의 생활을 지키기 위해 필요한 임금인상, 경영을 안정시키기 위한 이익, 재료 등 필요경비를 우선 산정하고, 이를 확보할 수 있는 수입액을 목표로 설정해 가는 예산편성방침을 '지출관리방식'으로 부르며, 이런 방식대로 실천한 곳을 소개하면서 '이것을 병원에서나 진료소에서 공통의 목표추구 방식으로 평가할 필요가 있다.'고 했다. 결국 어떻게 수입증대를 실현할 것인가가 경영관리의 중심과제였다.

그러나 도쿄 등 대도시 지역의 회원의료기관에서는 의료기관 경쟁이 극심해졌고, 환자의 전문지향이 강해졌으며, 토지가격이 올라 확대가 어려운 대도시의 특수조건이 있어서, 1974년도에 적자를 본 법인을 보면 도쿄에서는 13개 법인 중 10곳, 가나가와는 7개 법인 중 5곳, 아이치는 4개 법인 중 2곳, 오사카는 32개 법인 중 13곳이었다. 1975년 2월 평의원회는 방침의 상당 부분을 '민의련 회원의료기관의 경영개선방침 – 도시지역 회원의료기관의 경영개선을 중심으로 -'에 두었다. 구체적인 제기내용은 '분화하고 고도화하는 의료요구에 대응하기 위해, 의료시스템을 강화한다. 도시의 특색을 살려 외부의 전문의를 활용하고, 특색 있는 의료활동을 진행한다. 출산가능한 환자에 대응할 수 있도록 내용이나 설비를 개선한다. 협동화의 추진, 통일경영강화와 민의련 내 병원진료소 연대, 혁신자치단체에 대한 적극적인 협력' 등이었다.

3. 진료소의 어려움과 타개책 모색

① 1973년 '병원과 진료소의 역할'

전일본민의련은 1973년 2월에 '민의련 병원, 진료소의 위치와 역할'(의료활동위원회, 위원장 세토 다이시(瀬戸泰士))을 발표하고, '병원과 병원을 에워싼 외래진료소'를 향후의 이상적 내용으로 추진하고, 1960년대에 비해 1970년대의 진료소 경영상황은 악화했으며 이를 극복해 가기 위한 과제를 제기했다. 주요 내용은 '① 환자를 전인격적으로 파악하고, 적절한 의료를 시행하며, 중증환자는 즉시 입원시키는 기능을 갖는다. ② 홈 닥터의 역할을 추진한다. ③ 건강관리·증진센터 ④ 환자를 조직한다. ⑤ 노인·모자보건운동을 추진할 수 있도록 자치단체에서 활동한다. ⑥ 산재·직업병센터, 개업의와의 협력 ⑦ 지역 의료운동 센터로서 민의련의 여러 활동을 선진적으로 수행한다.' 등이었다.

그러나 병원건설을 진행하면서 한편으로 진료소의 어려움이 증가했다. 의사의 고령화, 상근의사의 부재 등 어려움의 중심은 의사문제였다. 병원에서 의사를 육성해 진료소에 파견하는 장기적 관점은 있었으나, 실현할 수 있는 길은 요원했다. 그런 과정에 1975년 평의원회는 외래 진료소의 의사운영에 대해 '상근의사의 장기정착은 물론 중요하지만 단순히 특정 의사의 장기 고정화를 생각하는 것이 아니라 조건이 가능한 곳에서는 거점병원을 중심으로 블록의료기관의 의사전체를 집단으로 해 외래진료소를 지원한다.'는 방향이 지역요구가 다양화하고 고도화하는 상황에 맞는 것이며, 성과도 올리고 있다고 제기했다.

② 진료소와 의사

1975년 7월 '외래진료소활동교류집회'를 개최했다. 집회에서는 의사문제에 대해 논의를 집중했다. 병원의 의사들이 바쁘고, 병동을 지키는 것도 힘에 부치는 상황이라 진료소에 대한 관심이 없다는 현실로부터 '젊은 의사는 진료소에 오지 않는다.'는 의견이 있었으나, 한편 홋카이도 등의 경험으로부터 '진료소야말로 민의련의사를 총체적으로 성장시킬 수 있다.'는 주장도 나왔다. 그러나 집회를 정리하는 과정에서는 '후계자양성이라는 관점에 설 경우, 한 사람의 상근의에게 의존하는 것은 도리어 제약이다.'라는 평의원회 방침을 따르게 되었다. 또한 '진료소가 민의련의 원점'이라는 제기에는 병원의 중요성을 과소평가했다는 비판이 있었다.

그러나 몇몇 곳에서는 '중장비가 있는 외래진료소'[주16] 시도를 의욕적으로 전개해 진료소는 10% 이상의 이익을 올릴 수 있고, 민의련운동에 외래진료소는 '향후에도 필수불가결'하다고 평가해, 사무간부양성 중에 진료소사무장을 경험하는 것은 중요하다고 확인했다. 진료소의 장래전망은 '① 일차 의료기관으로서 종합적 역량을 갖춘다. ② 특색 있는 의료활동을 전개한다. ③ 자신감과 긍지를 갖고 스스로 납득하는 의료내용 ④ 전문역량을 살린다. ⑤ 지역운동의 센터가 된다.'고 정리했다. 그리고 향후 연구과제로서 (1) 외래진료소와 개업의와의 관계, (2) 기초가 되는 주민조직, (3) 중장비의 내용, (4) 진료소에 대한 이해를 심화하는 의사수련방침 등을 열거했다.

1976년 제22회 총회에서는 진료소, 병원, 통일경영으로 분류해 구체적으로 제안했으며, 진료소에 대한 방침은 '① 일상적 요구에 종합적으로 대응한다. ② 특색 있는 의료기능을 정비한다. ③ 의사의 전문적 능력을 살린다. ④ 자신들의 의료활동에 자신을 갖는다.'라고 1975년 교류집회에서 정리한 내용으로 서술했다.

1977년 3월 향후의 활동을 배운다는 취지에서 진료소경영활동교류집

주16) 중장비진료소에 대해서는 처음부터 일정한 표준이 있었다는 해석은 없지만, 1981년 (민의련 진료소를 종합적으로 강화•발전시키기 위해)에서는 일반적 이해로서 50~100평의 토지건물, 100명의 환자, 15명의 직원, 투시촬영장치를 갖춘 이미지가 있었다고 서술했다.

회를 다시 개최했다. 정리한 내용을 보면 진료소의 역할은 지역요구를 기초로 생각한다는 것, 언제나 친절한 진료를 수행하는 것이 기본이라는 점 등을 확인하고, 중장비라는 점에서는 의사 등 인재확보를 우선 강조했다. 또한 기반조직과의 관계가 개선되었다고 평가했다.

4. 1980년대를 지향하는 진료소

전일본민의련은 이후에도 진료소문제에 참여해, 1980년에 제3회 진료소경영활동검토집회를 개최했다. 그리고 1981년 10월에는 '민의련의 진료소를 종합적으로 강화 발전시키기 위해'라는 이사회방침을 제기했다.

1980년의 집회 정리에서는 '주민의 생활 속에서 의료전개'라는 관점에서 방문간호, 보건예방활동, 재활 등의 주민요구를 발굴해 가는 것, 의사나 환자의 전문지향에 대응하는 것, 연대와 협력으로 안심할 수 있는 의료를 제공하는 것 등을 제기했다. 의사조직에 대해선 변함없는 집단의사체제에 대해 문제제기가 있었으나, 집단체제에 대한 비판은 '현실적인 의사문제로서 현장 감각과 대단히 맞지 않는다.'고 총괄했다.

1981년의 이사회방침은 전국 진료소에 대한 기본방침으로 자리 잡았다. 내용은 첫째, 지역의료의 민주적 형성의 추진 역할로서 진료소의 새로운 목표를 제기했다. 둘째, 일차 의료의 새로운 거점으로 만성질환의 충실한 관리나 건강관리활동을 강조했다. 그러나 의사문제는 진료소의사에 대한 조직적 배려만 있을 뿐으로 "현장의 감각과 맞지 않는다."며 집단적인 진료소 의사체제 구축을 반복했다.

1982년 제25회 총회에서는 '현실적으로 각 현의 장기계획 중에서 병원정비에 큰 비중을 두는 것이 현 상태이다. 그리고 진료소가 주로 인적 측면에서 경영적 어려움을 겪는 사태는 중대한 문제이다.'라고 지적했다.

이처럼 1970년대 전일본민의련은 진료소문제를 중시하고 다양한 활동을 수행했으나, 중심과제였던 의사문제에 대해 깊이 파고드는 방침은 나올 수 없었다. 그런 이유로 앞에서 서술한 바와 같이 진료소가 증가할 수 없었으며, 운영상으로도 고전을 면치 못했다.

(3) 간부문제와 민주적 관리운영

1. 관리수준의 향상 과제

진료소에서 병원이 될 때, 관리문제는 차원이 달라진다. 1960년대까지 전전부터 활동해온 사람들이나 레드퍼지를 당한 사람들이 진료소 사무장 등으로 애써왔다. 이들의 상당수는 1970년대 병원화의 시대에도 선두에 서 있었지만, 그중에는 급증한 직원이나 관리단계의 복잡화 등으로 당황하는 사람도 있었다. 또한 1960년대 중반경부터 은행이나 학교 등 다른 산업분야에서 활약한 사람들이 병원화를 준비하기 위해 요청을 수락하고 민의련으로 직장을 옮긴 사람도 있었다. 관리문제와 간부문제는 1970년대 민의련이 직면할 수밖에 없었던 필연적인 과제였다.

전일본민의련은 1971년 제19회 총회에서 '회원의료기관 내에서 경영관리상의 격차가 확대'하는 점을 인식하고, 격차해소를 위한 개별지도와 경영간부의 역량·지도력을 높여야 할 필요성을 제기했다.

1972년 제20회 총회방침은 경영역량의 비약적 강화와 민주적으로 과학적 관리를 진행시키는 과정에서 '관리지도의 개선과 경영간부의 양성'이 시급하다고 전제하고, '민의련다운 민주경영'[주17]으로 전직원이 경영에 참여하는 것이 꼭 필요하며, 이를 촉진하기 위한 간부가 필요하다는 점을 강조했다.

1974년 제21회 총회에서는 건설 후의 어려움이나 차액징수 움직임이 있었다는 점 등으로부터 새롭게 '지역주민의 요구를 정확하게 반영할 수 있도록 민주운영을 강화할 필요'가 있다는 점을 지적하고, '관리부와 직원만의 협소한 민주운영이어서는 곤란하다.'고 서술했다. 그리고 직원에게 경영정보를 알리고 관심을 높여 능력과 창의를 끌어낼 수 있는 민주운영, 양질 모두 부족한 경영간부 육성을 강조했다.

또한 1976년 제22회 총회에서는 '사무간부육성이 시급'하다고 지적하고, 강령에 기초한 사상성, 민주운영을 진행할 수 있는 조직성, 전문적 역

주17) 이 시기에 민주경영론이 민의련에 도입되었다는 점을 알 수 있다.

량과 종합적인 판단능력 등 사무간부에게 요구되는 요소를 열거하면서 조사, 기획, 입안, 조직 등 과제와 임무를 맡겨 육성하며, 폭넓게 유능한 인재를 확보해 지역연합과 전일본민의련 차원에서 획기적인 교육을 진행하고, 연수강좌는 연 1회 제도화한다 등 방침을 제시했다. 총회에서는 사무계열 간부에 대해 '의사를 비롯한 기술직원의 의료활동을 돕고, 민주적 집단의료를 추진해가는 역할을 수행해야만 한다.'고 새로 제안했다.

이후 '의료를 아는 사무'가 강조된 바와 같이, 지역연합 차원의 연수에서도 사무직원에게 의사가 의학에 대한 강의를 하게 되었다. 실천과정에서도 병동사무의 배치나 진료의사 등 의료현장에 대한 사무직원 배치가 나타났다.

이해 1월 교육관계자 회의에서 야마구치 마사유키(山口正之) 리츠메이칸(立命館)대학 교수가 '사회혁신과 관리노동'이라는 강연을 했다.

나아가 1979년 6월 전일본민의련 이사회는 '민의련 간부양성을 강화하기 위해'라는 방침을 세우고, 이제까지 간부양성에 대한 성과를 정리했다.

역시 1970년대에는 전일본민의련 이사회의 구성 중에서도 사무계열의 제2세대 간부[주18]가 이사회에 참여했다. 제1호는 1970년 제18회 총회에서 이사에 선출된 히라시마 젠지(平島善次, 지바)였다.

2. 민주적 관리운영에 대한 현재의 과제

제24기 이사회는 경영분야의 과제로, ① 진료소의 발전에 대한 종합방침(의료활동위원회와 공동), ② 질병구조 변화와 경영상의 제문제, ③ 의료기관의 민주적인 관리운영에 대한 종합방침 등을 경영위원회에 자문했다. 경영위원회는 '민주적 관리운영의 종합적 방침'에 대해 검토를 진행하고, 1981년 1월 이사회에 초안을 제출했다. 토론을 거친 후 2월에 경영위원장 회의를 열고, 3월 15일에 '민의련 회원의료기관의 민주적 관리운영에 대한 현재의 과제'를(이사회) 발표했다. 그리고 5월에 '민주적 관리운영 검토회

주18) 전전의 무산자진료소운동에 관여했던 직원, 레드퍼지에 의해 혹은 중국에서 귀국해 민의련운동에 참가했던 사람들을 제1세대라고 부르고, 1960년대 중반부터 다른 산업 등을 거쳐 민의련에 참가한 사무간부를 제2세대라고 부른다.

의'를 열어 논의하고, 일정한 의견수정[주19]을 거쳐 10월에 이사회결정으로 발표했다.

방침은 우선, 민주적 관리운영의 의미에 대해 다음과 같이 서술했다. "병원의 규모확대와 함께 전문직종이 증가해 의료기관 내에서 분업과 협업이 확대될 수밖에 없는 상황이기 때문에, 직원의 의견을 결집하고 의료기관의 목표를 달성하기 위해서는 특별한 노력이 필요하다. 그러나 민의련에는 직원의 뜻과 의료기관의 목표가 기본적으로 일치했다는 기초적 민주성이 있다. 다만 이것은 자연적으로 실현할 수 있는 것이 아니며, 이를 구체화해 가는 것이 민주적 관리운영이다." 또한 민주적 관리운영을 진행할 수 있는 능력은 자치단체나 사회를 민주적으로 운영해 가는 능력과 기본적으로 동일한 것이며, 그런 의미에서 '민주적 관리능력의 학교'로 자리 잡게 했다. 결국 민주적 관리운영은 진실로 민의련의 존재의의로서 의미가 부여된 것이라 할 수 있다.

(1) '구체적 상황에 따라 지역의 신뢰를 강화하는 과제'에 대해서는 세 가지 점을 열거했다. ① 경영주체 및 협력관계에 있는 여러 조직을 강화해 민주적 운영의 토대를 구축한다. (여기에서는 친구모임을 협력관계에 있는 조직으로 판단하고, 생협조합원과 같이 보건예방 등 지역활동을 진행하는 민주적 운영의 기반으로서 평가했다.) ② 이사회 구성에 일정수의 원외이사(주민대표)를 포함하는 것을 비롯해, '이사회를 강화하고 민주적으로 운영한다.' ③ 지역의 의료·복지 분야의 여러 운동과 연대, 협력투쟁을 강화한다.

(2) '질 높은 단결을 보장하는 의료기관 내의 민주적인 운영'에서는 원장을 비롯해 전반적으로 관리자, 중간관리자, 부서관리자 등 각각의 역할을 분명히 하고, 목표를 민주적으로 결정해 가는 과정을 중시하며, 부서간 연락조정, 정보·커뮤니케이션, 관리자 수준의 의식적 향상, 노동조합에 대한 대응 등에 대해 서술했다.

주19) 수정보완한 주요 내용은 기본적인 민주성을 구체적으로 발휘하기 위해서는 일정한 절차와 경과가 필요하다는 점, 회원의료기관의 목표가 직원의 목표가 되어야 한다는 점, 회장·이사장의 지도력, 원장기능과 진료관리의 중요성 등이다.

방침은 1970년대의 민의련 관리분야 활동을 집대성한 문서이고, 민의련의 관리문제를 이야기할 때 반드시 근거로 삼아야 하는 내용을 담고 있다. 경영학이나 관리학을 비판적으로 수렴한 것과 민의련의 실천 속에서 발생하는 이론을 통일시켜, 민의련의 언어로 서술했다. 당연히 남은 문제는 있다. 의료관리·진료관리에 대한 검토가 불충분하고, 공동조직에 대한 불충분성, 민주적 집단의료와의 관계 등 현재의 관점에서 본다면 여러 가지를 언급할 수 있지만, 그것은 진실로 시대의 한계일 뿐이다.

(4) 기반조직, 주민조직을 둘러싼 모색

1967년 '이치조(一条)·가이(甲斐) 논문' 이후, 민의련의 지역주민조직에 대한 활동은 실제적으로는 약해져 갔다. 총회방침상 민의련조직의 확대·강화를 언급하는 분야에서 민주상공회나 신여성회와 같은 지역조직문제를 짧게 언급하고는 있으나, 1972년 제20회 총회 이후에는 오히려 방침상으로도 등장하지 않는다. 다만 의료생협 법인 병원, 진료소는 일본생협연합회 의료부모임의 방침에 기초해 분반 만들기를 비롯해 적극적인 활동을 전개하고, 급속하게 조직을 확대·강화해 갔다. 1975년 당시 도시에서는 10%, 지방에서는 30%의 주민에 대한 조직화를 의료생협의 목표로 했다.

또한 민의련 회원의료기관에서 지역주민과의 조직적 결합은 생명줄이었기 때문에, 의료법인 등의 기관에서도 예를 들면 지바나 도쿄켄와카이와 같은 친구모임유형의 활동, 혹은 고베 겐코쿄와카이(健康共和会)의 상호부조회와 같은 역사가 있는 곳에서도 다양한 활동을 했다. 그러나 의료생협 이외의 법인에서는 '대중채의 출자자가 친구모임의 회원, 혹은 상호부조회원'이라는 완만한 형태로 대중자금의 합법성을 담보하는 경향도 강했다.

1974년 제21회 총회에서는 혁신자치단체의 전진 속에 교토에서는 사회당이 니나카와(蜷川) 지사에 대한 반대 태도를 나타내는 등 혁신세력의 분열이 우려되는 상황도 발생하는 과정에서 지역의료를 중시하는 방향이 강조되었다.

1975년 통일경영 교류회에서는 기반조직과 민주적 지역의료 만들기라는 문제가 논의되었다. 다음 해 제22회 총회에서는 '일차의료의 응급·휴일·야간진료의 붕괴가 사회문제'로 되어 간호사 부족 등으로 병동폐쇄가 확산되는 등 '의료황폐화'로 불리는 상황 속에서 환자, 국민, 의료종사자의 요구를 실현해 간다는 입장으로 '민주적인 지역의료 만들기'라는 방침을 내걸었다. 지역의료를 변화시켜가려면 주민운동으로 눈을 돌릴 필요가 있다. '민의련의 회원기관은 대부분이 지역에 사원, 조합원, 친구모임 같은 조직이나 질환별 환자조직 등을 갖추고 있고, 지역의 민주세력으로부터 지지를 받아 민주적인 지역의료 만들기를 진행해 가는 과정에서 선진적인 역할을 하는 일정한 역량을 확보했다. 이런 힘을 남김없이 발휘하자.'고 제안했다.

1978년 1월 전일본민의련 경영위원회는 '법인운영과 기반조직에 대한 교류회'를 개최했다. 친구모임 형태의 조직이 활동하기 시작하며, 민주적인 지역의료 만들기와 법인운영의 민주화를 위해 새롭게 지역 주민조직의 본질을 검토하는 취지였다. 여기에서는 기반조직의 기능에 대해, ① 소유와 경영참가, ② 자금참가, ③ 회원의료기관 이용, ④ 보건활동 등 네 가지를 열거했다. 한편 '기반조직'이라는 말은 이후에는 사용하지 말자고 제기했다. "생활협동조합은 민의련의 기반이 아니다."라는 말로 대표되는 바와 같이 '독자적 성격을 갖는 대중조직을 민의련에서 규정하는 것은 적절하지 않다.'는 점으로 인해, 각각의 조직이 "반드시 네 가지 기능을 전부 갖추고 있는 것은 아니다."라는 이유 때문이었다.

교류회에서는 기반조직이라는 호칭을 그만두는 것으로 인해 민의련의 활동이 다시 약해지는 것은 아닌가 우려의 목소리도 있었으나, 전일본민의련은 제23회 총회 이후 '회원의료기관을 지탱하는 여러 조직'이라는 호칭을 사용했다. 이후 1980년 제24회 총회방침[20]과 장기계획지침에서도, 제25회 총회에서도 이 문제는 거의 언급되지 않았다. 결국 호칭 문제의 해결은 1985년까지 기다려야 했다.

주20) 민주적 지역의료 만들기가 진행되는 곳에서 건강축제가 친구모임 형태의 조직에서도 확산되고 있었다는 점, 민주적 지역의료 만들기의 지표에 주민조직의 발전을 기재했다.

(5) 경영의 노선전환

1970년대 후반부터 보수세력의 반격이 현저해졌다. 의료황폐화와 의사회의 독선적인 태도에 편승해 의료기관과 국민을 분열시키려는 언론의 선전이 증가했다. 시대는 고도경제성장 시대의 종언을 맞이했다. 전일본민의련은 1978년 제23회 총회에서 '경영체질을 저성장에 적응시켜 간다.'는 점을 제기하고, 수입증가로부터 '지출관리에 중점을 둔다.', '자기분석과 파악능력을 향상하는 것이 향후의 과제'라고 규정했다. 1980년 제24회 총회에서는 건설계획에 대해 엄밀하게 대처하는 것과 질병구조의 변화, 의료수요의 추이에 적극적으로 대응한다는 점을 제기했다.

경영은 진료수가의 최후 인상을 시행한 1978년 이후 악화되고 있었다. 1980년도는 40%가 넘는 법인에서 적자가 발생했다. 1980년에는 반공을 기치로 내건 사회당과 공명당 합의(소위 샤코고이(社公合意))가 있었고, 전후 국민적인 운동으로 실현해 왔던 다양한 권리에 대해 '전후 정치의 총결산'으로 불리는 공격을 해왔다. 그중 하나가 1981년 6·1 진료수가개정이었으며, 이후에 국민의료비의 철저한 억제정책으로 큰 방향을 바꾸게

진료수가 개정 즉시 실시를 요구하는 긴급전국병원대회

되었다.

제25회 총회(1982년 2월)에서는 '지금까지의 민의련 경영은 의료내용을 향상시키고 환자증가와 환자 1인당 1일 수입(일당금액)을 인상해 수입 증가가 발전으로 이어지는' 성장의 순기능을 촉진했지만, 이번 진료수가개정의 결과 '이와 같은 유형의 경영안정을 반드시 보장할 수 없는 경향'을 나타냈다고 서술하고, '이전의 연장선상에서 대응하는 것은 더 이상 어렵고 고도성장기의 경영방침의 수정과 보강이 필요하게 되었다.'고 확실한 노선 전환을 제기했다.

구체적 내용으로는 지역연합 장기계획의 수정, 특색 있는 의료와 경영의 효율화(의료협력을 통한 의료기관의 기능을 보다 효율적으로 발휘하고, 내부적으로는 경영의 각 요소에 대한 효율적 운용) 등이었다.

이처럼 정부의 정책동향 등 객관적인 상황은 정확하게 인식했다. 그러나 전환의 주체적 방향과 관련해서는 지금까지 병원을 중심으로 의료를 발전시켜온 노선의 연장선상에 있었다.

제5절 1970년대의 반핵평화·사회보장운동

1970년대는 1960년대에 이어 사회보장을 확대 충실화해 의료공급체제도 증가한 시대였지만, 그것도 국민들의 투쟁 없이는 실현할 수 없었다. 또한 이미 1970년대 후반에 주로 국민운동 진영의 분열과 사회보장후퇴의 조짐이 나타났다. 민의련은 서서히 큰 힘을 발휘하면서 투쟁을 진행했다.

(1) 의료기관의 연대를 중시

1. 보험의 총사퇴 돌입과 '70년대의 전진을 위해'

전일본민의련은 1970년 제18회 총회에서 노인의료비무료화, 진료수가, '보건부, 조산사, 간호사법(保助看法)' 개악반대 등의 투쟁을 총괄하고, 노인의료비무료화와 함께 영유아 의료무료화를 당면 자치단체에 대한 운동

1971년 7월, 의료단체연락회는 '진료수가를 대폭 인상하고, 의료보험개악을 중단하라'고 중앙궐기집회를 개최하였다.

으로 제안했다. 또한 진료수가에 대해서는 1968년 11월 방침 '의료보험의 근본 개악을 분쇄하고, 정부와 자본가 부담에 의한 진료수가 인상투쟁을 강화하자'에 기초해, 요구단가의 산출운동을 진행하게 된 점을 주목받았다. 민의련은 이런 활동의 결과를 샤호쿄(社保協) 등에 제안하고, 진료수가 인상 요구가 민주운동 전체의 요구가 될 수 있도록 노력했다. 또한 약값의 인하와 의약분업에 대해 "의도를 분명히 밝히고, 현재는 반대투쟁하고 있다."라고 한 점이 주목되었다.

1970년 12월 '70년대의 전진을 위해'라는 방침은 사회보장운동과 관련해서 '의료보험이나 의료제도의 개악을 저지하고, 개선을 쟁취해 가는 투쟁에서는 일부를 제외하고, 가장 가까운 여타 의료기관이나 의료종사자와의 연대가 미뤄지고 있다.'고 지적하고, '광범위한 의료종사자와 손을 잡고 활동한다.(의사회 활동 등에 대한 참가)'는 점을 강조했다.

1971년 6월 제19회 총회에서는 이해 2월에 후생성이 주이쿄(中医協)에서 시안으로 제출한 '심사용 메모'를 계기로 촉발된 보험의 총사퇴에 대해 '70년대의 전진을 위해'라는 방침에 기초해 동일한 내용을 서술했다. 이것은 1961년, 1963년의 태도와는 180도 달라진 것이었다. 다만 참가하지 않는 회원의료기관도 있어서 환자에게 불안을 주지 않는다는 입장으로 많은 곳에서 대리청구를 했다. '심사용 메모'의 내용도 포괄수가제도의 대폭도입, 입원형과 외래형이라는 새로운 두 기준에 의한 진료수가 체계, 질병별 또는 월별의 정액보수제 등 상당히 '파격적'인 것이었다. 다케미(武見) 일본의사회장은 이것과 겐포법(健保法)의 철회를 요구하고, 7월 1일부터 1개월간 보험의 총사퇴를 진행했다. 의사회가 실제로 총사퇴에 돌입한 것은 이번이 처음이었다.

2. 직능단체를 향한 움직임과 휴일야간진료

1972년 2월 제20회 총회는 총회를 2년에 한 번 개최하는 것으로 결정했기 때문에 전 총회로부터 약 7개월 만에 개최했다. 따라서 방침은 간략했다. 보험의 총사퇴의 결과, 일본의사회와 정부가 합의한 의료기본법에 대해서는 겐포(健保)개악과 함께 반대했다. 국민의 반대운동 결과 겐포(健保)법도 의료기본법도 폐지되었고, 1973년에 다나카(田中) 내각은 겐포(健保)가족의 70% 보장, 고액요양비 제도라는 개선과 교환해 보험료 인상과 탄력조항(일정 범위에서 후생성 장관의 권한으로 인상하는 것), 정부관리겐포(健保)의 독립채산제를 간신히 성립시켰다. 보너스에 대해서도 보험료를 부과하는 특별보험료는 철회했다.

1972년 8월 이사회는 진료수가투쟁에 대한 새로운 방침을 내고, '민의련 회원기관이 독자적으로 추구해야 할 중심과제'로 규정했다. 민의련은 방침에 기초해, '진료수가 인상 단체 서명'운동을 시작하고 10월에는 민의련 총 궐기대회를 2,300명이 참가해 개최했다. 이런 성공적인 운동을 바탕으로 1973년 12월 민의련 등 8개 단체가 공동으로 '진료수가 연대 인상을 요구하는 의료단체긴급대회'를 개최했다.(참여한 단체는 민의련, 호단렌(保団連), 생협의료부회, 신이쿄(新医協), 일본방사선기사회, 일본위생검사기사회, 일본작업치료사협회, 일본치과기공사회의 8개 단체. 전국 공사립병원연맹, 이로쿄, 일본영양사회가 후원했고, 80곳을 넘는 지구 의사회에서 찬성) 이처럼 직능단체와 공동 개최한 집회를 1974년 8월에도 '의료황폐화 저지·진료수가대폭 인상·의료단체긴급집회'로 명명해 또다시 개최했다. 1974년 2월 제21회 총회는 이러한 투쟁이 '의료전선의 통일을 발전시키는 과정에서 중요한 의미를 갖는다.'고 평가했다.

또한 이때는 휴일야간 진료체제가 문제가 된 시기였다. 춘투의 요구에도 포함되었다. 이에 대해서는 제21회 총회에서 '많은 민의련 회원의료기관은 지역주민의 요구에 부응해 어려운 진료체제와 저진료수가 아래서도 주체적으로 휴일야간 진료를 실시했지만 유지가 매우 어려운 상황이며, 이 것은 본래 정부와 자치단체의 책임과 비용부담으로 시행되어야 한다는 입 장이기 때문에 지역의 의료기관이나 주민과 함께 자치단체에 휴일·야간진 료소의 설치를 요구하는 활동을 진행해야 한다.'고 솔직하게 서술했다. 후 생성은 1974년 예산에 휴일·야간진료소 대책을 반영했다.

또한 1973년은 일본의사회가 '새로운 진료체제의 설정'을 주창하고, 일 과 시간외는 자유진료로 해야 한다고 주장한다든가 사회·공명·민주 3당 이 개업의를 건강관리의로 규정하고 공공의료는 공공의료기관에서 수행 한다는 현실을 무시한 의료사회화론을 내세웠으며, 일본공산당이 의료정 책을 발표하는 등 일본의 의료내용에 대한 여러 논의가 제기된 해이기도 했다.

(2) '제2차 겐포(健保)전면개정'과의 투쟁

1. '의료황폐화'와의 투쟁

이러한 정세를 근거로 전일본민의련은 1974년 제21회 총회에서 '투쟁 이 큰 발전을 했다.'고 평가했다. 또한 총회에서는 '자민당 정부의 1970년대 의료정책'을 다음과 같이 다섯 개 항목으로 정리했다. ① 저진료수가의 유 지 등 의료에 대한 국가나 대자본의 지출을 억제한다. ② 대병원을 중심으 로 중소의료기관을 계열화한다. ③ 의료장비의 전자화를 중심으로 의료의 산업화. ④ 의학·의료의 군사적 이용. ⑤ 국민과 의사를 이간시키는 선전의 강화.

특히 ⑤항은 이미 이때의 총회방침에서도 '의료황폐화'라는 말이 사용 되었지만 의료가 고도화해 가는 중에 국민과 의료종사자가 분리되는 움직 임이 강해졌고, 이에 대항하기 위해서는 양자의 단결이 보다 중요해졌다.

운동 면에서는 공해문제와 함께 영유아 의료의 무료화 투쟁이 발전해 갔다. 1973년 단계에서 영유아의료비 무료제도는 2,165개의 기초 자치단 체(65.9%)에서 실시했다.

또한 자치단체 투쟁과의 연관에는 도쿄·나가노구에서 주민대표·의료기관 대표·정당·자치단체가 '보건위생협의회'를 만든 것에 주목했다.

1976년 제22회 총회에서는 전년 8월 평의원회에서 제기한 '겐포(健保)개악반대, 응급·휴일·야간의료체제 확립, 노인의료개선, 진료수가 인상' 등 4개항 요구에 기초한 50만 명 서명 활동에서 58만 명의 서명을 받아 목표를 초과하는 새로운 이정표를 만들었다는 보고가 있었다.

당시 언론에서는 의도적으로 '진료대란'이라는 말을 사용했다. 상황분석에서는 노인의료비 유료화의 음모에 대해 경종을 울리고, '자민당이 '재정위기'를 구실로 노인의료비 유료화나 겐포(健保)개악 등…… 전면적인 공격을 내세우고 있음에도 불구하고, 노동자·국민과 의료종사자의 공동투쟁이 좀처럼 확산되지 않고 있는 복잡하고 어려운 상황에 있다.'고 평가했다. 그 근거로 응급환자 떠넘기기* 등으로 나타난 의료황폐화, 약해문제, 의사회 일부 간부의 독선적 자세, 사회당 등의 개업의 적대시 등을 지적했다.

* 역자주: 응급환자 떠넘기기는 인력이나 병실부족으로 119등을 통해 연락이 오는 응급환자를 다른 병원으로 가도록 유도하는 행위를 말한다. 심한경우는 응급진료를 받지 못해 사망하기도 한다.

2. '민주적 지역의료 만들기'

이처럼 상황에 맞는 방향을 잡기 위해 제22회 총회에서는 '민주적 지역의료 만들기'라는 방침을 제기했다. 즉, '주민과 의료종사자가 협력·연대하고 쌍방이 결합해 지역의 의료모순을 해결해 간다는 것이 '민주적 지역의료 만들기'의 기본이다.'라고 규정했다. 지역에서 주민요구를 실현하기 위해 노력하며 주민과 의료기관의 단결을 강화해 간다는 점에서 방침은 대단히 중요했다. 또한 이런 입장에 서는 것은 현재의 언어로 새롭게 표현한다면 공동조직으로 눈을 돌리는 것이었다.

1978년 제23회 총회에서는 '민주적 지역의료 만들기'에 조직적으로 참여하기 시작했다고 평가하는 한편, 의료사회화론에 입각해 주민운동이 '의사의 협력의무를 포함한 조례제정을 직접 청구하는 것에 의해 시행해야 할 활동'이라거나 의사주체성론 등 지역의료 만들기를 둘러싸고 나타난 몇 개의 조류와 투쟁이 필요하다는 점을 인식했다. 또한 '민주적 지역의료 만들기'를 진행하는 지역의 설정, 복지와 의료의 결합 필요 등이 실천에서 나타났다. 방침에서는 이런 점들을 확인하고, '지역 속에서 주민이 안심할 수 있는 의료복지 공급체제를 만들고, 언제라도 누구라도 안심하고 좋은 의료를 받을 수 있는 제도적 보장을 확립하는 활동'이 민주적 지역의료 만들기라고 규정했다.

3. 제2차 겐포(健保)전면개정

한편 후생성의 노인의료와 '제2차 겐포(健保) 전면개정'에 대한 과제인식은 1977년 국회심의 중에 분명하게 되었다. 방침에서도 '건강보험제도의 전면개악, 노인의료비무료제도의 개악과 적용자 억제, 진료수가 인상억제 등 반국민적 정책을 강화했다.'고 인식하고 '보험제도의 내용에 대해 민의련도 검토한다.'는 점을 제기했다. 그러나 고쿠호(国保) 개선, 휴일야간의 진료체제, 기타 과제와 병렬시켜 놓아 '제1차 전면개정' 당시와 같이 총력을 기울여 전국민적 투쟁을 진행한다는 의미와는 차이가 있었다.

1978년 11월부터 건강보험조합연합회로부터 의료비통지 운동이 시작되었다.

4. '지역의료의 민주적 형성'

1980년 제24회 총회에서는 '민주적 지역의료 만들기'에서 '지역의료의 민주적 형성'이라는 말을 사용했다. 그리고 '5개의 지표'(① 주민운동 조직이 어느 만큼 강화되고 있는가, ② 주민의식을 어느 만큼 변화시킬 수 있는가, ③ 행정이 어느 만큼 민주화되고 있는가, ④ 개업의, 의료관계자의 협력이 어느 만큼 진행되고 있는가, ⑤ 건강관리활동과 의료수준을 어느 만큼 개선했는가)를 제기하고, 일정한 성과를 낼 수 있도록 노력하자고 했다.

그 후 당분간은 '지역의료의 민주적 형성'이라는 말을 사용했지만, 1980년대 혁신자치단체의 후퇴, 의료에 대한 공격이 강화되는 과정 중에 방침에서 사라졌다. 변화하는 공동조직의 역할을 중시하고(1985년 방침), '안심하고 계속해서 살 수 있는 지역 만들기'를 제기한 것이다.

5. 독거·와병노인 실태조사

제24회 총회(1980년) 방침의 정세론에서는 정부·자민당의 의료정책에 대해 일본형 복지사회를 지향하는 '신경제7개년 계획'에 의한 의료·복지의 산업화, 시장화의 촉진·확대에 첫 번째 중점을 두고 있다고 평가하고, '공공의료기관을 축으로 하는 재편성과 구조화', '보건소 재편성에 의한 대인 서비스 포기'를 사례로 들었다. 두 번째 중점사항은 재정건전성을 이유로 한 국민부담증가이다. 세 번째는 '자조와 상호부조', '노인비용의식'으로 명명한 사상공격과 분리정책을 지적했다.

1980년 총회에서 전일본민의련은 '장기계획지침'을 결정했지만, 그것은 임박한 '임시행정 조사회에 의한 행정개혁'의 폭풍을 간파하고 대응책을 마련할 수밖에 없었기 때문이다. 또한 당면한 제2차 겐포(健保)전면개정이나 노인의료비유료화의 움직임에 대해서도 그것을 바르게 인식하고 투쟁하는 자세는 확실했지만, 민의련의 힘만으로는 중단시키기가 어려운 시대의 흐름이 있었다. 이러한 정세변화로 결정된 '장기계획지침'도 지속할 수 없었다.

당시 일본의 고령화는 여러 외국과 비교해 유례없는 속도로 진행되었다. 일상진료 중에서 노인의 의료·복지 대책이 미흡하다는 점을 지적해, 제24회 총회방침에서는 전국에서 일제히 '노인실태조사활동'을 제기했다. 조사활동은 다음 총회까지 '독거·와병노인 실태조사'로 전국에서 시행했다. 이

와병노인에 대한 실태조사(1977년, 도쿄민의련동부블럭)

것은 이후 노인의료·복지에 대한 민의련 활동의 출발점이 된 중요한 활동이었다.

6. '제2차 전면개정'과 4당 합의

1977년 확대해온 정부소관 겐포(健保)의 적자를 이유로 특별보험금의 징수(당초 안은 2%, 국회수정으로 1%), 입원 시 본인부담금 하루 60엔에서 200엔으로 인상, 초진 시 본인부담금 200엔에서 600엔으로 인상을 주내용으로 하는 겐포(健保)법의 '개정'을 시행했다. 또한 이때 고쿠호(国保)요양수급비용에 대한 국고보조율이 고쿠호(国保)조합의 재정 상태에 따라 40% 인상되었다.

법안 심의 중에 후생성은 의료보험제도의 개혁을 진행하는 과정에서 구체적인 과제 15개 항목을 열거했다. 이것에 기초해 1978년 3월 후생성이 '의료보험제도개혁방향'을 발표했다. 그것은 본인가족 10할 보장을 내걸면서 한편에서는 주사와 약제, 치과재료를 급여에서 제외하고, 금액이 1세대당 2만 엔을 초과할 경우에만 상환하고(약제비의 제한상환제), 일시금 보험료의 인상 등 보험료 인상, 부가적 보장 내용에 대한 제한 등 참혹한 개악 세트였다. 이로 인해 사회보험심의회도 사회보장제도심의회도 찬성할 수 없었다. 결국 후생성은 약제비용 절반부담, 본인부담 인상으로 내용을 수정해 국회에 법안을 제출했다.

전일본민의련은 '겐포(健保)전면개악저지 투쟁위원회'를 설치하고, 백만 명과의 대화, 백만 명 서명운동을 전개했다.

법안은 1979년 록히드사건의 영향도 있어서 6월에 원안이 폐기되었다. 8월 임시국회에서도 국회해산으로 폐기되었다. 1980년 4당합의[주21]로 성립하는 듯싶었으나, 오히라(大平) 내각 불신임안 가결, 국회해산, 중·참의원 동시선거로 폐기되었다. 선거에서는 오히라 수상의 급사 여파로 자민당이 승리했다. 스즈키(鈴木) 내각에서 1980년 11월 약제비의 일부 부담을 중지하고, 가족입원만 8할로 해 보험료율 인상 등을 수정해 통과되었다.

주21) 4당 합의의 내용은 ① 입원 본인 보장 10할, 가족 9할, 외래 본인 9할, 가족 8할로 한다. ② 고액진료비의 제한액은 3만 엔 ③ 탄력조항의 상한을 천분의 91로 한다는 내용이었다.

같은 해, 일본의사회의 회장이 다케미 다로(武見太郎)에서 하나오카 겐지(花岡堅而)로 교체되었다. 통과된 개악에 대해 1982년 제25회 총회는 "지금까지 3년에 걸쳐 지속적인 심의를 통해 원안 폐기해 저지해온 개악을 자민당 정부가 후지미(富士見)산부인과 병원사건 등을 이용해 국민과 의료기관을 분열시키는 것이며, 자민당에 밀착한 사회·공민·민주 3당과의 '4당 합의'의 결과이다."라고 서술했다.

(3) 린초·교카쿠(臨調·行革)와 노인의료비 유료화

1981년 3월 도코 도시오(土光敏夫)를 회장으로 하는 제2차 임시행정조사회가 출범했으며, 정부는 1981년 3월 '노인보건법안 개요'를 발표했다. 1981년 6월에는 약가 대폭인하를 주 내용으로 하는 진료수가개정을 시행했다. 최초의 실질 마이너스 개정이라 할 수 있다.

자민당 정부는 '과잉약투여', '과잉검사', '의사의 탈세', '의료비 낭비' 등 후지미 산부인과 병원사건을 철저하게 활용해 선전공세를 펼치면서 의료기관과 국민의 분열을 의도적으로 달성하고, 노인의료비유료화 반대운동에 대항했다. 자민당과 공명당 등은 병원이 '노인의 사교장이 되어가고 있다.'고 선전하고 조작된 여론을 배경으로 공산당 이외의 야당도 찬성으로 돌아서, 노인의료비의 유료화 법안을 통과시켰다.

1979년 12월 구소련의 아프가니스탄 침략은 사회주의 이미지를 결정적으로 손상시키고, 세계적인 노동·민주운동의 후퇴로 귀결되었다. 또한 이제까지 사회·공산 양당을 축으로 한 혁신통일전선이 1970년대 후반부터 사회당의 반공전향에 의한 후퇴가 서서히 나타났고, 가장 많았을 때 4,000만 명이 생활했던 혁신자치단체가 보수로 회귀했다. 소위 'TOKYO(도쿄·오사카·교토·요코하마·오키나와 등으로 대표됨)작전'이었다. 이런 상황으로 인해 1980년 1월 사회 공명당 합의 이후 사회 공산당의 공동투쟁은 시행하지 못했다.

이상과 같이 정치적 세력관계가 변화한 것이 사회보장후퇴의 첫째 요인이다.

둘째, 1970년대 후반부터 눈에 띄게 언론을 이용한 여론조작이 있었다. 후지미산부인과병원사건[주22]은 가장 전형적인 사건이며, 의료기관에 대한 국민의 신뢰가 크게 떨어졌다. 이후 의료인들에 의해 '자정활동'이라는 말까지 나타났으며, 후생성은 의료제도 '개정'을 문제로 삼으면서 교묘하게 여론을 조작해 갔다.

덧붙여 후지미산부인과병원사건을 최대로 이용한 의료법 '개정' 움직임(제25회 총회)은 지역의료계획에 의한 병상규제, 즉 공급자측에 대한 의료비억제라는 새로운 수법을 의미했다. 그러나 당시 이에 대한 경종은 울리지 않았다.

(4) 1970년대의 반핵·평화운동

1975년 4월 유엔에 치료를 받지 못하는 피폭자의료에 대한 유엔심포지움 개최를 요구했고, 히다 슌타로(肥田舜太郎) 이사, 요요기병원 의사 지바 마사코(千葉正子), 히로시마·후쿠시마(福島)병원의 의사 다사카 마사토시(田阪正利), 오사카·고노하나(此花)진료소의 의사 고바야시 에이이치(小林栄一) 등이 중심이 되어 요청문을 작성했다. 요청문 '히로시마·나가사키의 원폭피해와 이후의 후퇴 – 유엔사무총장에 대한 보고 –'는 1975년 12월 발트하임 사무총장에게 제출되었다. 그러나 사무총장은 히로시마·나가사키의 원폭피해보고에 대해 '현재 원폭피해 환자가 한 사람도 없다.'고 주장하면서 요청을 거부했다.

민의련 대표단은 계속해서 셰브첸코 군비축소국장과 교섭했으며, 환자

주22) 이 사건은 1980년 9월 사이타마 현의 후지미산부인과병원의 이사장(원장의 아버지, 의사가 아니다.)이 의사법 위반으로 체포된 것을 계기로 시작되었다. 이사장이 초음파검사를 담당하고, '자궁이 엉망이다.'는 등으로 환자에게 진단설명을 한 사건이다. 이 병원의 수술은 확실히 많았으며, 신문보도에서는 건강한 여성의 자궁을 수술로 없애는 등 한마디로 '과잉진료, 사기진료'로 크게 선전되었다. 의료과실과 관련한 형사사건에서는 장기를 적출한 모든 사례에 장기를 보존하고, 수술 시 비디오가 있어야 하며, 이것을 근거로 의료과실에 대한 수사를 받게 되는 것이지만, 1983년 8월 우라와(浦和)지방검찰은 의료과실 혐의를 입증할 근거를 발견하지 못했다면서 불기소했고, 1988년 의사법 위반에 대해서만 유죄가 확정되었다. 한편 1981년 시작한 민사재판에서는 1999년 도쿄지방법원에서 환자에 대해 5억 엔을 넘는 손해배상을 결정했고, 대법원에 항소했지만, 2004년 7월 대법원에서 원고승소로 확정 판결했다. 판결로 인해 2004년 12월 의료윤리심의회는 의사 기타노(北野)의 면허 취소를 결정했다.

가 없다는 유엔 및 일본과 미국정부의 오류를 지적하고, 입씨름 끝에 '피폭
자는 1년간 사실조사를 해 구체적인 사실을 적시한 보고서를 내년 유엔에
제출하며, 유엔도 독자적으로 조사를 해 양측의 인식이 일치하면 비정부
기구 주최로 국제심포지움을 1977년에 일본에서 개최한다.'는 약속을 받
아냈다.

1976년 고바야시 에이이치(小林栄一) 대표가 히단쿄(被団協 ; 일본원
수폭피해자단체협의회), 겐쓰이쿄(原水協 ; 원수폭금지일본협의회)에 의
한 만 수천 명의 피폭자 현황보고를 유엔에 제출했고, 국제심포지움 개최
를 결정했다. 심포지움에 의해 그때까지 피해가 보고된 히로시마·나가사
키 피폭피해 실상으로 원폭피해에 의한 사망자 수는 1945년 말까지 두 도
시에서 20만 명 이상이었다는 가장 현실에 가까운 수치로 개정되었다.

또한 피폭직후부터 피폭자를 계속해서 진료해온 민의련의 의사단은 기
존의 의학적 지식에 의한 단순한 장해보고는 쓸모가 없어, 인류가 한 번도
경험하지 못했던 방사능장해를 포함한 전신장해를 수십만 명에 대해 입체
적으로 파악하며, 저선량피폭·내부피폭문제에 초점을 둔 의료활동을 수
행해 왔다. 이러한 피폭자의 실상을 남김없이 전달해온 민의련은 실로 국제
무대에서 커다란 역할을 했다.

이러한 활동으로 인해 그 후 전국에서 시작한 원폭증소송이나 집단소
송에 대한 참여로 이어졌다. 의사 히다 슌타로는 1976년 9월 일본히단쿄
(被団協) 원폭피해자중앙상담소에 관여해 다년간 이사장으로서 역할을
담당했다.

제6절 1970년대 민의련조직의 전진

(1) 조직의 확대와 총회대의원제도의 변경

1970년 12월 오키나와 최초의 민주진료소인 '오키나와민주진료소'를
개설했다. 오키나와 민주세력과 전국적인 지원으로 탄생한 민주진료소였

다. 그 후의 발전은 말할 필요도 없다. 1971년 4월에는 시즈오카 현(静岡県) 최초의 민주진료소, '시즈오카·다마치(田町)진료소'를 개설했다.

1970년 처음으로 민의련의 기본구성단위였던 지역연합(현연합)의 상황은 제18회 총회가 '가맹회원의료기관의 수가 많은 지역연합이나 직원 수가 많은 지역연합에서는 반드시 전담 사무국장을 배치하기 위해 노력해야만 한다.'고 서술한 상황이었다. 또한 전일본민의련에 대해서는 '사무국이 임차공간이어서 협소하기 때문에', '민의련회관 건설을 추진한다.'는 내용을 제기했다.

1971년 7월 제19회 총회에서 규약을 개정하고, 총회를 2년에 1회, 2월에 개최하기로 했으며, 지역연합회에서 선출하는 평의원회를 4개월에 1회 개최하기로 결정했다.

1972년 2월 제20회 총회에서도 규약을 개정해, 다음 총회부터 대의원 1명을 선발하는 회원의료기관의 기준을 변경해 옵서버제도를 폐지하고,

1970년에 개설된
오키나와 민주진료소

회원의료기관의 수와 직원 수에 따라 결정된 기준으로 지역연합회에서 선출한 대의원으로 구성하게 되었다. 이것은 병원화가 진행되면서 직원 수가 200명을 넘는 병원에서나 직원 수 10명에 불과한 진료소에서도 대의원이 1명이라는 것은 공평하지 않다는 지적에 따른 것이며, 직원이 운동의 담당자인 민의련의 본질에 보다 합당한 개정이었다. 총회에서 사무국장이 도게 가즈오(峠一夫)에서 와카미야 쇼지(若宮昇次)로 교체되었다.

전일본민의련은 1972년 12월 새로운 사무소(신주쿠농협회관)[주23]로 이사했다. 사무국 체제도 강화했다.

9월에 '미토(水戸)공익진료소(이바라키 현(茨城県) 최초)'를 개설했다.

(2) 공제회 발족, '민의련자료' 발행, 20주년

1972년 11월에는 1년 남짓 토론을 거쳐 전일본 민주공제조합을 발족했다. 공제는 사망부조, 결혼 축하 등으로 출발했지만 취미, 스포츠 활동 등에 대해서도 지원하고, 연금 등으로도 활동내용을 발전시켜 직원에게 없어서는 안 될 만큼 성장했다.

1973년 7월 20일 전일본민의련결성 20주년 기념식과 축하회를 개최하고, 다음 날부터 제1회 민의련운동 교류집회를 열었다. 회장 다카하시 미노루(高橋実)가 '민의련의 20년을 돌아본다'는 제목으로 기념강연을 했으며, 무산자진료소의 선구자 등을 표창했다. 또한 민의련의 로고, 깃발, 노래 등을 제정했고 [민주의료운동의 선구자들](저자: 마쓰오카 도시카쓰(増岡敏和))을 기념 출판했다.

1974년 제21회 총회까지 이바라키(茨城), 오이타(大分)에 민주진료소를 설립해 민주진료소가 없는 지역은 도치기(栃木), 후쿠이(福井), 사가(佐賀), 미야자키(宮崎)의 4개 현이었다. 총회에서 20기 평의원회가 두 번이나 열리지 않았기 때문에 다시 규약을 개정(4개월에 1회를 6개월에 1회로)했다. 전일본민의련사무국 직원도 차츰 증가했다. 제20기에 야마나시(山梨),

---

주23) 신주쿠농협회관의 건설에는 전일본민의련도 협력하고 각 지역연합에서 신사무소를 위한 출자금을 모집했다. 출자금은 장기분할로 매년 일정금액을 상환했다.

아키타(秋田)에서 전일본민의련에 사무국직원을 파견해 전일본민의련과 지역연합 간 인사교류를 시작했다.

(3) 민의련에 대한 흑색선전

민의련의 조직이 커 감에 따라 공격도 강화되었다. 1974년에 '자유신보' 가 민의련에 대한 중상·모방 기사를 게재했다. 1974년에는 일본의사회의 다케미 다로(武見太郎) 회장이 경찰학교에서 강연하면서 민의련이 공해병 이나 생활보호환자를 '양성'해 노인, 영유아의 의료비무료제도로 돈벌이를 했으며, 공산당에 자금을 제공했다고 반민의련 공격을 감행했다. 민의련은 사실이 밝혀진 즉시 항의하고, 사죄와 발언취소를 요구했다. 다케미 회장 은 회견에는 대응하지 않았으나, 전화상으로 '민의련과 공산당과의 관계에 대해 내가 혼동한 점은 생각을 바꿨다. 생활보호대상자에 대한 발언은 생 각의 차이가 있을지 모르나, 틀린 점이 있다면 변명하지는 않겠다. 민의련 의 의료활동에 대해서는 환자의 입장에 서서 헌신적인 의료활동을 추진했 다고 생각하며 경의를 표한다.'는 취지로 발언했다. 사회당의 요네다(米田) 교육선전국장도 '공산당은 민의련으로부터 강력한 지원을 받고 있다.'고 비 방했다. 사회당의 경우에는 항의에 대해 어떠한 답변도 없었다.

1977년에는 '슈칸분슌(週刊文春)'이 참의원선거 직전에 내각조사실 의 정보를 이용해 민의련에 대한 흑색기사를 게재했다. 1978년에는 '쇼쿄 렌고(勝共連合)', '슈칸민샤(週刊民社)'가 흑색선전을 감행했다. 1979년 중의원 참의원 동시선거에서는 사회당마저 법정 유인물에 민의련에 대한 공격내용을 담았다. 이런 공격에 대해 민의련은 그때마다 즉각적으로 항 의했다.

(4) 전 지역에 나부끼는 민의련 깃발

1975년 1월 제2회 지역연합 사무국원 학습회를 개최했다. 이때는 26개 지역연합에 사무국이 설치되어 있었고, 사무국원의 총수는 50명 정도였으며, 사무국장 한 사람만 근무하는 지역연합은 4곳이었다. 도쿄 8명, 교토 5명, 미야기·사이타마·오사카 4인 등의 순서로 사무국원이 많았다.

1975년 10월 민주진료소가 없었던 도치기(栃木)에 '우쓰노미야(宇都宮) 협립진료소'를 개설했다.

1976년 제22회 총회까지 나가노, 구마모토, 후쿠시마, 시마네, 돗토리[주24]에 지역연합을 결성해 28개 지역연합이 되었다.

1976년 12월 제1회 민의련 공제 바둑·장기대회를 개최했다. 1977년에는 공제조합 5주년 배구대회를 개최했다.

1976년 5월 사가 현 최초의 민주진료소인 '지노(神野)진료소'를 개설. 7월 미에(三重)민의련 결성. 이해 10월 미야자키 현 최초의 '미야자키 공익진료소'를 개설했다. 1977년 1월 이와테(岩手)민의련을 결성했다.

1978년 6월 최후로 민의련이 없었던 후쿠이(福井)에 '관얀(光陽)진료소'를 건설해, 일본 내에서 모든 현에 민의련의 기가 나부끼게 되었다.

(5) 기관지 활동의 전진

1970년 제18회 총회는 '민의련신문'을 활용한 '기관지 중심의 활동'을 제기했다. 또한 '1 회원기관 1 기관지'의 활동을 더욱 강화하자고 제안했다. 활동은 각지에서 착실하게 진행되어, 1978년 제23회 총회에서는 법인·회원기관의 기관지 171개지가 31만 6천 부에 달했다고 보고했다.(1975년) 총회방침에서는 회원의료기관의 기관지는 '의료기관과 지역을 연결하는 파이프역할'로 중시해야 한다고 제기했다.

같은 해 25주년 축하행사가 있었다.

1980년 제24회 총회는 다양한 회원기관의 기관지가 나오기 시작한 것에 주목하고, '젊은 신입직원이 증가하는 과정에서 소통의 방법으로 중시되었다.'고 지적했다.

1979년 3월 '민의련신문' 500호 기념 축하행사가 열렸다. 또한 '민의련

주24) 1975년 4월 1일 산인(山陰)민의련을 발전적으로 해소하고, 시마네와 돗토리 두 지역의 연합회가 성립했다.

의료'에 대해서는 의학생 중에 민의련을 알리는 과정에서 중요한 역할을 담당했고, 주요 국민의료과제에 대한 문제점을 정리해 자료를 제공했으며, 민의련의 각종 집회 성과를 보급했다는 등의 평가가 있었다. 이러한 기관지 활동 전체에 대해 일본기관지협회로부터 '일본기관지협회상'을 받았다.

제24회 총회방침은 '전직원이 민의련신문 구독을 철저히 할 필요가 있다. 아직 직원 수에 도달하지 못하는 곳은 조속히 개선해야만 한다.'고 호소했다.

1982년 제25회 총회시점에서는 환자·주민을 대상으로 기관지 152개, 66만 부로, 1975년 당시와 비교해 2.4배가 되었다. 그러나 37%의 법인에서는 발행하지 못했다. 원보는 156개 종류, 5만 2천 부, 법인보를 발행하지 않은 곳도 52%였다. 1981년 일본기관지협회 신년호 콩쿠르대회에서 '민의련신문'과 12개 회원의료기관의 기관지가 입상했다.

(6) 공제연금제도

1977년 제3회 민의련운동 교류집회에서는 공제조합 주최로 문화제전이 있었다. 이해 5월 공제조합총회에서 연금적립의 필요성이 제기되었다. 이것을 계기로 공제조합 이사회는 공제연금제도를 제안하고, 1979년 10월 '민의련공제 연금제도'를 공제조합임시총회에서 만장일치로 가결했다. 1981년에는 종신연금이 제안되었고, 1982년의 공제조합총회에서 결정했다.

1981년 5월 27일 1960년대부터 1970년대에 걸쳐 9년 6개월 전일본민의련 사무국장으로 근무했고, 그 후 1978년 제23회 총회까지 부회장이었던 도게 가즈오(峠一夫) 고문이 사망했다. 전일본민의련 장으로 장례를 엄수했다.

1982년 제25회 총회시점에서 지역연합은 34곳, 회원의료기관수는 395개소, 직원 수는 23,348명으로 10년 전과 비교해 직원 수는 2배 이상이었다. 핵심기관도 진료소에서 병원 중심으로 변했고, 민의련조직은 비약했다.

(7) 전일본민의련 장기계획지침

1. '78년 안'과 '지침'

각 지역연합에서 장기계획을 만들면, 이념적 측면만이 아니라 전국적 전개를 시야에 넣는 전일본민의련의 장기계획을 어떻게 수립할 것인가가 문제가 된다. 1974년 제21회 총회에서는 '……현재, 각 지역연합에서 장기계획을 갖는 곳이 증가하고, ……가능한 한 빨리 책정할 필요가 있다. …… 전일본민의련에서도 전국적, 종합적인 입장에서 장기계획을 확립할 필요가 있다.'고 전일본민의련의 장기계획의 필요성을 제기하고, 제22회 총회에서도 '모든 지역이 장기계획을 수립해야 하며, 동시에 전일본민의련에서도 각 지역의 장기계획을 종합적으로 보장할 수 있는 장기계획을 세워야 한다.'고 제기했다. 그리고 '전국적인 의료상황과 향후의 추이, 지역연합의 실정을 충분히 분석해 수립해야만 할 것이다.'라고 강조했다. 즉 전일본민의련의 장기계획을 각 지역연합이 장기계획을 보장하는 것으로 의미를 부여했다.

그러나 그 후 2년 남짓 작업이 진척되지 않아, 다음 총회(제22회)에서는 장기계획의 내용에 대해 전일본민의련의 현 상태를 분명하게 하고, 정부의 정책동향과 의사회 등 여러 단체의 동향, 지역특성, 진료소, 지역의 거점이 되는 병원, 전국적인 규모에서 필요한 병원, 의료센터 등 기재되어야 할 내용을 기술했다.

1978년 제23회 총회까지의 기간에 전일본민의련 이사회는 장기계획위원회를 조직하고 1977년 1월에 중간보고를 해 '민의련운동의 성과', '일본의료의 현상', '장래 일본의 의료'에 대한 원안을 밝혔다. 같은 해 7월 평의원회의 논의를 경유해 제23회 총회에 제안했다(이하 '78년 안'). 제안에 대해서는 작성목적으로 나라에 의한 위로부터의 의료재편 시도에 대해 친절하고 수준 높은 의료를 국민이 요구하는 상황에서 '민의련 차원에서 10년 앞을 전망하고, 국민적으로는 발전의 근간을 나타내며, 밑으로부터의 여론을 형성하는 것. 그리고 민의련의 역할을 기본적, 이념적으로 문제 제기했다.'(오게쓰 아쓰오(大月篤夫) 이사)는 평가가 있었다. 또 제안에 대해

'10년 후의 이미지가 그려지지 않는다.', '이것은 장기계획안이라기보다는 장기전망이다.', '각 지역의 장기계획의 현상에서 경영적인 뒷받침이 필요하다.' 등 총회에서 다양한 의견이 나왔다. 토론을 정리하는 내용에서는 '향후 토론의 핵심'이라고(와카미야(若宮) 사무국장) 결론 내렸다.

나아가 제23회 총회 제3회 이사회에서는 총회의 토론을 근거로 수정안을 발표했다. 수정'안'에는 후반부에 '향후 민의련운동이 달성해야 할 역할과 임무'가 추가되었고, 계속해서 '민의련의 발전계획'을 구체적으로 의료활동, 기술전개, 경영관리차원에서 제기했다. 총회에서 다양한 의견이 나왔으며, 1978년 안은 '향후 토론의 중심'이라는 사실을 확인하고, 계속해서 전국적인 토론을 진행했다. 그리고 1980년 제24회 총회에서 '신경제사회 7개년 계획' 등에 나타나는 자민당의 의료·복지 포기정책에 대해 4반세기에 걸쳐 의료의 민주화를 지향하며 투쟁해온 우리들은 당면의 의료황폐화를 해결하고, 의료의 민주적 형성의 근간을 분명하게 한 것(아자미 쇼조(莇昭三) 부회장)으로 확인하고, '전일본민의련 장기계획지침'(이하 '지침')으로 결정했다.

'78년 안'과 '지침'에는 상당한 차이가 있다. 가장 두드러진 내용은 첫째, '78년 안'에 있었던 성과중에 기반조직에 대한 기술이 '지침'에는 아예 제외되었다. 아마도 민의련과는 구별되어야 할 생활협동조합이라는 조직에 대한 배려라고 생각되지만, '민의련자료'에서 보이는 내용은 불분명하다. 둘째, 종합센터 병원에 대한 기술이다. '78년 안'에는 각 지역에 종합센터 병원 1개소 설치는 역량으로 보아 어렵기 때문에 지역연합, 블록, 전일본민의련에서 신중하게 검토해 '전국적 관점에서 몇 개소 설치를 지향한다.'고 서술했으나, 이 내용이 삭제되었다.

2. 장기계획지침의 적극성과 한계

장기계획은 문제제기로부터 횟수로만 6년간을 소비한 노작이다. 그러나 전일본민의련이라는 조직이 연합회조직이고 통제력, 규제력은 지역연합, 법인, 회원의료기관의 자발적인 결집에 의해 실현되며 근본적으로는 의사를 비롯한 직원들의 민의련운동에 대한 전국적인 구심력에 뿌리내리고 있다. 그리고 전일본민의련이 전국의 지혜를 모아 정확한 방침을 내는 정책적인 권위에 의해 그 힘이 현실화된다. 그런 의미에서 전일본민의련의 장기계획이 그대로 사업계획으로 성립할 수 없는 한계를 갖고 있고, '지침'이 된 것은 당연한 것이다. 그러나 반대로 각각의 지역연합이나 법인의 계획이 모험적일 경우에는 제어할 필요도 있을 수 있다. 이런 모순된 요소를 '지침'에서는 성공적으로 뒷받침하는 것이 어려웠다는 점이 첫 번째 한계였다.

두 번째, 정세의 관점에서 장기계획의 다음 해 3월부터 시작한 '린초(臨調)노선'의 문제를 전부 예측할 수 없었고, 인구구성의 변화 문제에 대해서도 언급하기는 하나, 성인병 문제에 그치고 말아 고령자의료의 문제는 시야에 넣지 못했다.

세 번째, 민의련운동 내부의 약점을 드러내고 극복해 가는 관점이 거의 보이지 않았다. 고령자의료나 개호문제, 기반조직으로 불리는 의료주민운동에 대해 충분한 언급이 없었으며, 진료소 활동의 상대적인 취약성과 그것에 관계하는 의료의 전문분야 문제에 대한 해명 등이 남은 과제였다.

제4편 역풍에 저항하며
조직강화를 추진한 시대

제4편에서는 1980년대와 1990년대 민의련운동의 특징에 대해 서술한다.

1980년대에 들어서 일본정부는 의료비억제정책으로 방향을 크게 전환하고, 의료는 '혹한기 시대'로 돌입한다. '후지미산부인과병원사건'을 최대한 활용하면서 의료불신을 부추기고, 국민과 의료종사자를 분열시키고, 1981년 6월 진료수가개정(6·1개정)을 통해 수가를 대폭 인하했다. 또한 1983년, 1984년은 건강보험 본인 20% 부담제 도입, 노인의료비 무료화 폐지, 국민의료보험에 대한 국고보조금 대폭삭감, 지역의료계획을 통한 병상규제 등을 차차 시행했다. 이러한 일련의 정책 배경에는 가장 많은 경우 4천만 명 넘게 생활하던 혁신자치단체가 점차 사회당의 '우편향'으로 손상되어, 정치체제가 크게 전환된 점이 있었다.

1980년대에 민의련은 그때까지 경험해 보지 못한 조직적인 격동에 직면했다. 특히 야마나시긴이쿄(山梨勤医協)의 도산은 단지 경영문제에 그치지 않고, 민의련운동의 본질을 묻는 계기가 되었다. 그리고 1990년대는 세계사적 격동과 의료영리화가 시작된 시대로, 선전 분투하면서 한신·아와지 대지진 지원활동 등 어려움을 극복하고 전국적 연대를 강화해 민의련운동의 새로운 전망을 확인한 시대였다. '야마나시 문제'를 정면 돌파하는 과정에서 전일본민의련은 30주년을 맞이했다.

제1장 야마나시·도카쓰(東葛)·겐와카이(健和会) — 격동의 시대

1980년대 전반부는 1970년대까지 경제의 고도성장을 배경으로 한 정치 상황에서 혁신세력의 전진과 대중운동의 고양으로 제기된 사회보장·의료보장의 확대라는 여러 조건이 상실되고 후퇴한 시대였다.

민의련운동은 이 시기에 야마나시긴이쿄의 도산 사건 등 그때까지의 여러 활동을 근본적으로 재검토할 수밖에 없었던 문제에 직면했고, 조직의 총력을 기울여 해결해 나가야 했다. 민의련운동은 이런 문제들을 극복하기 위해 고군분투하면서도 전국적으로는 병원 규모 확대를 실현하고 의사를 비롯한 직원도 증가해 지역에서 의료기관으로서 역할을 높여 나갔다.

제1절 야마나시긴이쿄의 도산

(1) 발단

1983년 2월 전일본민의련이사회에 야마나시 출신의 이사로 경영대책부장을 맡고 있던 사토 지로(佐藤二郎) 씨가 '관련 회사의 임무가 바빠 전국이사의 임무를 수행할 수 없다.'면서 이사사임서를 제출했다.

3월 19일 이사회에서 전일본민의련이사로 야마나시긴이쿄의 이사장 대행을 맡고 있던 나카노 마사루(中野勝) 씨는 '야마나시근로자의료협회가 도산위기에 직면했다.'는 사실을 밝히고, 전국적인 지원을 요청했다. 이사회에는 "아닌 밤중에 홍두깨" 격이었다. 회장, 사무국장 등도 관련회사가 문제가 있다고 1개월 전부터 들었지만, 야마나시긴이쿄의 '도산'이라는 예측은 전혀 하지 못했다. 2월 말부터 3월에 걸쳐 사토 지로(佐藤二郎) 씨로부터 개별 법인에 대한 융자요청이 있었지만, 이것에 대한 문의에 대해서도 전일본민의련사무국은 '빌려주라고도 빌려준다고도 말할 수 없다.'라는 말 외엔 하지 않았다. 몇 개의 법인에서는 자금을 제공했다.

이사회는 '야마나시긴이쿄 대책위원회'(위원장 세리자와 요시로(芹沢芳郎) 부회장)을 조직하고, 변호사, 공인회계사의 협력을 얻어 지바 출신 히라시마 젠지(平嶋善次) 이사를 야마나시에 파견하고 실태파악에 착수했다.

(2) 패닉

사건의 발단은 야마나시긴이쿄의 거액의 자금을 사토 지로(佐藤二郎) 씨가 대표로 있던 주식회사 '겐분'(建文)에 투자했으나 회수할 수 없었기 때문에, 야마나시긴이쿄의 자금조달이 극도로 어려워진 점이었다. 실질적인 경영자인 사토 씨는 채권단에 쫓겨 도망다녔기 때문에 실제 채무가 어느 정도인지, '겐분'의 사업이 어떤지 등에 대해 일목요연하게 알 수 없었다. 경리부장에게 들은 바에 의하면 '겐분'의 사업은 대개는 경영실적이 불안했던 것으로 판명되었다.

3월 27일 긴급히 전국이사회를 소집했다. 회의에서는 현지보고와 25일에 개최된 회의를 토대로, '야마나시의 도산은 피할 수 없다.'는 고통스러운 인식에 도달했다.[주1]

3월 31일 야마나시긴이쿄 노동조합은 임시대회를 열고, 4월 1일 심야에 단체교섭을 실시했다. 도산이 분명해졌고, 본부의 임직원은 비난하는 채권자들을 향해 연일 사죄하며 대응해야 했다. 본부만으로는 사람이 부족해 여성부장 등을 비롯한 많은 임직원이 총출동해 대응했다. 야마나시긴이쿄 노동조합은 의료활동을 계속하기 위해 시설보전, 진료수가 차압을 방지하기 위한 자산보전 등 이사회가 본래의 역할을 해결해가는 과정에서 직원단결의 중심이 되었다. 상부단체였던 일본이로쿄(일본의료노동조합협의회, 일본이로렌의 전신)에서는 임원이 직접 지도, 지원을 담당했다.

주1) 상호부조회라는 조직구성원에게 3년 기한 등으로 빌린 대중자금은 117억 엔, 채권자 7,708명(화의 당시 정리위원이 확정한 수치, 화의채무는 143억 엔)에 달했다.

(3) 혼란에서 새로운 체제로

4월 2일 야마나시긴이쿄 상무이사회와 전일부터 야마나시에 들어와 회의를 하던 전일본민의련 야마나시긴이쿄 대책위원회가 간담회를 열어, 전일본민의련의 대책위원도 야마나시긴이쿄 회의에 출석할 수 있게 되었다. 이날 밤, 긴이쿄 확대상무이사회가 열렸고, 변호사나 대책위원회의 발언을 듣고 사태의 본질적인 내용을 파악했다. 다음 날 아침 10시부터 오후 5시까지 계속된 회의에서 이사 전원 사임, 노동조합도 참여하는 임시지도부 성격의 긴급대책위원회의 설치를 결정했다.

4월 5일 야마나시긴이쿄는 수표를 부도처리했다. 야마나시긴이쿄 지도부는 기자회견을 열고 지역주민에게 사죄했다. 같은 날, 채권자 동맹이 결성되었다. 현 당국도 지역민 의료의 10%를 담당하는 야마나시긴이쿄 사태를 중시하고, 4월 8일부터 현 법제국(야마나시긴이쿄는 민법에 의한 사단법인)이 야마나시긴이쿄의 사태파악을 시작했다. 일상적인 진료는 약을 현금으로 매입하는 등의 노력으로 유지했다.

4월 9일, 10일, 12일 상무이사회와 이사회를 개최했고, 이사회가 책임을 지는 방안에 대해 논의했다. 책임자인 사토 지로(佐藤二郎) 부이사장의 모든 직위해임과 책임추궁, 사토 지로 씨와 함께 모든 자금을 운영해온 경리부장 해임, 이사 전원 사임, 상무이사의 사유재산 제공, 사원총회를 가급적 신속하게 개최해 새로운 이사회를 선출한다는 등의 내용을 결정했다.

4월 14일 야마나시긴이쿄는 현 당국의 요구에 따라 '재건계획'을 제출했다. 15년에 걸쳐 무담보채무를 포함한 채무원금은 전액 상환한다는 계획이었다. 당연하지만 이 시점에 상세한 검토는 가능하지 않았는데, 말하자면 정치적 판단에 의한 계획안이었다.

4월 20일 야마나시긴이쿄 사원총회를 열어 진상규명, 재건계획의 결정과 집행, 의료활동의 수행과 경영개선에 대한 방침을 결정하고, 새로운 이사회를 선출했다. 이사장에는 의사였던 이시하라 히데후미(石原秀文) 씨가 선임되었다.

(4) 사태의 심각성과 도산의 진상

야마나시긴이쿄는 4월 28일부터 진상규명위원회를 개시했다. 보고서는 6월 22일 발표했다. 보고서에 기초해 도산원인을 정리하면 다음과 같다.

1974년 경영부진에 빠진 고후(甲府)펄프공업을 고후(甲府)공립병원 신축용지의 선행확보라는 명분으로 매수하고, 세금대책을 이유로 회사를 존속시켰다. 1979년 회사명을 '겐분'으로 변경하고, 사토 씨가 대표직에 취임했다. 1980년부터 신슈(信州)고속의 골프장, 아기타나·니가타·이토이가와(糸魚川)의 스키장 등 대형개발에 참여했다. 기타 지역 내의 도산기업에 대한 융자사업 등을 시행하고, 약 백억 엔을 '겐분'에서 투자했는데 이 금액이 회수불능에 빠지게 되었다.

사토 씨는 '좋은 의료는 돈벌이가 되지 않는다. 대중자금을 보다 높은 이율로 운용해 긴이쿄의 경영을 유지한다.'는 판단하에 긴이쿄 자금을 '겐

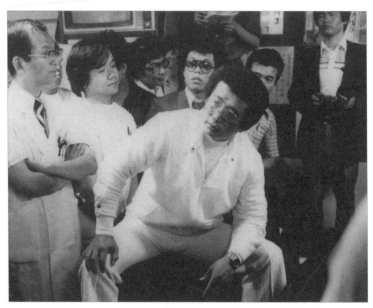

전일본도와카이라는 단체의 남자들의 난입을 저지하는 고후(甲府)공립병원의 직원들

분'에 8~9%의 고이율로 대출하고, 1개월 이자를 지불하지 않으면 이자를 원금에 포함시키는 조작도 감행했다. 이렇게 하면 명목상으로는 많은 이자가 발생한다. 그러나 사업이 잘 진행되지 않았기 때문에 돈이 입금되지 않았다. 이러한 사태를 야마나시긴이쿄 직원들도 이사의 대부분도 알 수 없었다. 왜냐하면 사토 씨가 야마나시긴이쿄의 창립자 중 한 명이었고, 지역민 의료의 10%를 담당하는 수준으로까지 발전시켰으며, 전일본민의련의 이사도 맡는 등 말하자면 민의련을 대표하는 경영간부였기 때문에 '경영은 그에게 맡기면 괜찮다.'라는 분위기였다. 그래서 자금운용 상황을 점검하지 않았던 것이다. 민주적 운영의 실체가 사라져 버린 상태였다.

야마나시긴이쿄의 도산은 그곳에서 일하는 직원에게도 청천벽력이었다. 노동조합은 이미 1981년과 1982년 춘투에서 관련사업에 대한 자금투입의 정지(대중자금의 취지에 반대한다는 입장에서)와 임원 겸직 금지를 요구했다. 이에 대해 '대출은 향후 인정하지 않고, 대출자금의 해소와 임원 겸직을 금지하고 정상화한다.'고 이사회는 약속했다. 그러나 이것은 지켜질 수 없었다. '현재 자금 흐름을 중지하면 전부 망한다.'는 사토 씨의 주장에 저항할 수 없었기 때문이다.

야마나시긴이쿄의 협력채권은 의료에 대한 협력, 병원건설이나 설비자금 등에 대한 기대 때문에 발생했지만, 사실상 한도액제한이 없었기 때문에 퇴직금을 전액 협력채권으로 받아들였다. 복숭아나 포도재배 농가의 영농자금을 받는 등 생활자금을 협력채권으로 투입하는 경우도 많아 심각한 상황이었다. 그로 인해 생활이 곤경에 빠진 사람도 발생했다. 직원도 상당수가 협력채권을 구입했다. 이러한 과정에 6월 1일 전 부이사장이었던 사이토(斉藤悦郎) 씨가 자살하는 슬픈 사건도 발생했다. 사이토 씨의 책상 위에는 진상규명위원회 보고서가 있었다.

(5) 재건을 향한 발걸음 - 첫 번째

1. 전일본민의련의 고민과 지도

전일본민의련은 3월 이사회 이후 전력을 다해 야마나시긴이쿄에 대한 지도를 담당해 왔다. 대책위원을 비롯한 이사와 사무국원을 대량으로 파견했고, 변호사와 공인회계사의 협력을 얻어 야마나시간이쿄 이사회의 핵심 간부에 대한 직원의 불신으로 기능부전에 빠져 있던 노동조합과의 협력관계를 만들어냈다. 임시지도부를 구성해 '의료를 지속하고 협력채권을 상환한다.'라는 재건 기본방침을 결정했으며, 직원의 단결을 확보해 나갔다.

4월 20일에 새로운 야마나시간이쿄 이사회가 구성되고 임시지도체제는 평상시 체제로 복귀했지만, 사무계열의 예전 이사들은 사토 씨의 전횡을 방지하지 못한 책임으로 다시 선임될 수 없었기 때문에 사무간부의 부족이 심각해 전일본민의련에 간부파견을 요청했다. 신중하게 검토한 끝에, 도쿄민의련 사무국장으로 전국이사였던 다나카 미쓰하루(田中光春) 씨를 7월 16일 야마나시간이쿄의 전무이사로 파견했다. 전일본민의련의 대책위원회는 이후에도 빈번하게 회의를 갖고 다나카 씨로부터 보고를 받아 야마나시의 상황을 파악했으며, 모든 분야에 걸쳐 조직적으로 후원했다.

야마나시간이쿄 도산의 영향은 컸다. '근로자의료협회'라는 명칭은 대다수의 민의련법인에서 사용했기 때문에 대중자금 해약이 급격하게 증가했다. 전일본민의련에 대해서는 '왜 사전에 알 수 없었는가'[주2], '이 정도의 부채라면 결국 반환하지 못하는 것 아닌가', '대중자금에 대해 권력이 개입해 온 것은 아닌가' 등 그 책임을 묻는 소리도 커져 갔다.

전일본민의련은 이것에 대응해 야마나시간이쿄에 대한 전국적인 지원에 대한 의견을 통일하기 위해 임시평의원회를 5월 8일 개최했다. 여기에서 전일본민의련이사회는 '야마나시간이쿄에 발생한 불미스러운 사건과 이 사건에 대한 전일본민의련의 방침'과 '대중자금에 대한 당면의 방침'을 제기하고, 야마나시에 대한 지원범위, 격려, 의료지속을 위한 인적 지원 등을

주2) '경영실태조사를 보면 야마나시의 상황이 우려할 만한 점에 대해서는 알았어야 한다.'고 지적했다. 확실히 1981년의 야마나시간이쿄의 유동비율은 67% 정도로, 전년의 129%와 비교해 급격하게 하락했다. 한편 손익은 2년 연속 흑자였다. 당시 경영실태조사는 우선 회계기준이 통일되어 있지 않았고 결산도 상당히 지연되어, 1981년 실적에 대한 정리는 1982년 가을 무렵이었다. 또한 전일본민의련의 사무국 차원에서 경영자료를 기초로 개별 법인의 경영상황을 점검하는 체제나 점검리스트도 없었다. 역시 전일본민의련은 1982년 제25회 총회부터 이사회의 지도성을 높이기 위해 그 전까지 의료활동위원회나 경영위원회 등의 위원회중심 운영에서 이사로 구성하는 의료활동부, 의사부, 경영대책부 등 부 체제로 변해갔다. 이때 전일본민의련의 경영대책 책임자는 사토 지로(佐藤二郎) 씨였다.

결정했다.

평의원회에서 야마나시의 '재건을 지원한다.'고 조직적으로 결정한 것은 그 후 활동상에 중요한 의의가 있다. 먼저 이후 제26회 총회에서 시행한 총괄 논점의 기본적인 내용이 거의 대부분 드러났다.[주3] 또한 '대중자금에 대한 당면의 방침'에서는 대중채권을 포함하는 수정자기자본의 개념은 향후 사용금지했다. 자금특정, 소액, 세대한도액, 10% 지불준비금 등을 결정하고, 대중채권 의존체질에서 탈피를 제기했다.

2. '자발적 파산'인가 '화의재건'인가

한편 4월 하순에 야마나시긴이쿄가 신체제를 구성했으나, '병원에 가도 약이 없다더라.', '의사는 도망가고 인턴이 진료한다.', '직원은 사직하고 있다.'는 등의 풍문이 돌았다. 지역 언론도 세금체납이 있던 사실을 취급하면서 '재건은 사실상 어려운 것 아닌가'라는 보도를 지속했다.

이에 대해 야마나시 직원들은 '사죄와 의료지속과 재건을 위한 협조문'을 들고 절반 정도가 채권자 방문을 자주적, 자연발생적으로 개시했다. 5월 23일까지 약 80%의 채권자를 방문했다. 야마나시긴이쿄의 병원, 진료소는 친절했고, 상급병실 차액도 받지 않기 때문에 지역 내에서 큰 영향력을 갖고 있었고 신뢰는 두터웠다.

5월 8일 야마나시에서는 800명이 참여해 와병환자 가족회, 당뇨병, 심장, 간염, 신장, 천식 등 11개의 환자회가 '공립병원에서 치료를 받는 환자 전원이 참가하는 병원 폐쇄 절대반대 대회'를 개최했다. 환자들의 의료지속을 요구하는 태도가 나타난 것이 언론 등에 크게 영향을 주었다.

야마나시긴이쿄는 공인회계사, 변호사 등의 협력을 받아, 4월 14일 재건계획을 수정하고, 협력채권 채권자의 이익확보를 위해 '임의정리'에 의한 재건계획을 5월 26일 현 당국에 제출했다. 그러나 5월 9일에 현 당국이 설치한 야마나시긴이쿄 문제에 대한 조사위원회는 6월 8일에 133억 엔 이상

주3) 사업확대를 민의련운동의 발전과 동일시하는 오류, 공동 운영의 의료보다 공급이 수요를 만들어낸다는 편향된 측면만 강조, 좋은 의료는 채산성이 없다는 패배주의, 특정간부에 대한 과도한 신뢰, 이상의 원인에서 발생해 왔던 민주적 운영의 형해화 등.

의 채무초과를 이유로 파산을 권고했다. 긴이쿄의 5월 26일 임의정리안은 채권자가 8천 명을 넘었고, 15년에 걸쳐 상환이 가능할 것인가에 대한 의문이 있다는 등의 이유로 임의정리방침을 채택하지 않았다.

파산이 되면 긴이쿄는 파산관리인의 관리하에 놓이고, 무담보채권자는 거의 대부분 상환받을 수 없게 된다. 긴이쿄는 6월 12일 사원총회에서 재건·상환계획(15년 100% 상환, 최초 10년은 5% 정액상환, 생활보호자와 고령자에 대한 재건특별기금 조성)으로 화의를 포함한 법적 절차를 검토하고 있음을 분명하게 밝혔다. 그러나 '야마나시 경찰이 출자법위반 혐의로 수사에 착수할 방침'이라는 내용이 6월 18일에 보도되면서 6월 23일 현 당국은 야마나시긴이쿄에 대해 '파산인가 화의인가'의 선택을 압박하는 문서를 제출했다. 긴이쿄는 화의로 진행하기 위해 8천 명의 채권자로부터 재건계획에 대한 동의를 얻는 대운동을 진행했다.

3. 채권자방문 대운동과 경찰의 방해, 화의신청

야마나시긴이쿄는 7월 4일부터 모든 채권자 방문 대운동에 돌입했다. 전일본민의련은 '야마나시에서 민의련의 등불을 끄지 말자'라는 슬로건 아래 전국에서 인력을 지원했다. 전일본 야마나시 재건 뉴스로 '하얀 인연'을 발행했다. '야마나시 캠페인'은 많은 곳에서 '하루 임금을!'이라는 슬로건을 내걸었고, 8월에는 기금이 약 1억 엔에 도달했다.

방문활동은 재건 전망을 밝혀주는 한 고비가 되어, 많은 드라마가 발생했다. 직원들은 일을 끝내고 난 후나 주말에 채권자 방문을 반복했다. 그중에는 큰소리로 분풀이를 당하거나, 물을 뒤집어쓰고 쫓겨나거나, 빗속에서 꼼짝하지 않고 사죄하는 직원도 있었다. 같은 가족을 몇 번 방문해 점차 '당신들이 나쁜 것은 아니지. 성의는 있지만, 확실하게 재건계획에 참여해 상환받고 싶다. 차액도 필요 없고, 야마나시긴이쿄를 재건해 달라.'고 이해해주는 경우도 적지 않았다.

이처럼 직원들의 지극한 노력으로 많은 채권자가 화의재건에 협력을 약속해 주었다. 8월 17일까지 채권자의 87.9%, 6,726명, 채권액으로는 105억 400만 엔의 동의를 받았다. 경찰은 채권자를 찾아가 긴이쿄를 고소하지 않겠는가, 피해신고를 하지 않겠는가 하며 부추겼다. 야마나시긴이쿄는 즉시 모든 채권자에게 전화를 걸어 경찰의 화의방해 의도를 알렸다.

8월 21일 전일본민의련 제4회 평의원회는 야마나시긴이쿄 재건 투쟁의 성과를 분명하게 밝히면서 전국의 회원기관·법인에서 같은 오류가 발생하지 않도록 각 조직 내의 '야마나시 문제'를 점검하도록 촉구했다.

9월 16일 채권자 중 7,109명(91.4%), 110억 엔(화의채무의 94%)의 동의를 얻어 야마나시긴이쿄는 고후(甲府)지방법원에 화의를 신청했다.

(6) 야마나시의 교훈

야마나시의 도산은 의료사업이 원인이 된 것은 아니었다. 긴이쿄의 의료에 대한 주민·환자의 신뢰는 흔들리지 않았다. 그러나 야마나시의 의료 사업활동에 아무런 문제가 없었던 것일까? 전일본민의련이사회의 최초 문제제기는 9월 10일부터 11일에 열린 지역연합 의사위원장회의에서 있었다. 의사부의 문제제기는 의사·직원이 그만두지 않고, 환자 감소도 없이, 종래의 의료활동을 유지하고 있다면서 '일반적인 도산기업이나 병원에서는 상상할 수 없는 일이 발생하고 있다.'고 야마나시의 분투를 높이 평가했다. 그리고 이번 사태는 '의료활동은 올바르게 했지만, 의료 이외의 기업활동에 손을 댄 것이 원칙상의 오류였으며, 파산에 이르게 한 것'이라는 견해를 표명했고, 현상적으로는 모든 것이 그대로 된 상태로 향후 재건을 위해서는 '적극적인 평가'가 필요하다면서, '그러나 우리들은 이러한 견해에 안주하는 것을 허락하지 않는다.'고 지적했다. 의료는 옳았으나 경영에서는 잘못이었다는 것은 '의료와 경영의 분리·분열을 용인하는 것이고, 이론적 약점을 내포하고 있다.'는 것을 뜻했다. 그리고 야마나시긴이쿄의 문제로부터 무엇을 배울 것인가라는 입장에 설 때 '규모확대와 함께 과도한 분업과 민주주의의 후퇴, 부서이기주의, 관료주의가 발생'하지 않았던가, '지역주민이나 환자의 요청에 진심으로 귀를 기울이고, 함께 의료 민주화를 위해 투쟁한다는 자세를 재확인하고, 자족적인 독선을 배제해' 전국에서 교훈을 배우는 것이 향후 전진을 위한 보장이라고 제기했다.

또한 이해 9월 15일부터 오사카에서 열린 제6회 민의련운동 교류집회에서 아자미 쇼조(莇昭三) 회장은 '민의련운동 30년을 돌아보며'라는 제목의 강연을 했다. 아자미 회장은 민의련운동의 발전 원동력을 노동자, 농민, 시민이 만들어가는 것에 두면서, 강령을 중심으로 단결하면 민의련은 전진할 수 있다는 것, 야마나시 도산문제는 이 강령에서 일탈해 초래된 것이라는 점을 강조했다.

(7) 재건을 향한 발걸음 – 두 번째

1. 화의성립

고후지방법원은 정리위원을 임명하고, 화의 가능성을 검토했다. 그 과정에서 화의채무 상환을 어떻게 보증할 것인가의 문제가 제기되었다. 전일본민의련이 보증인이 될 수 없는가라는 의사타진이 있었다. 또한 생활보호자와 고령자를 위한 대책과 관련해 1.5억 엔의 자금확보를 민의련 각 법인의 융자로 가능한가라는 문제가 대두되었다. 이것은 채권자의 방문 과정에서 가능한 한 신속하게 상환하지 않으면 생활이 어려운 채권자가 있다는 점이 드러났기 때문이었다.

화의 시점에 화의채권자의 평등이라는 법률적 틀로 인해 '상환일정 단축'으로 결정되었다. 상환일정을 단축하는 것은 생활보호자나 고령자에 대해서도 유효하고, 이 방침이 화의성립에도 도움이 된다고 생각했다. 의사단의 기금은 3천만 엔 이상이 모였고, 생활보호자에 대한 일정한 구제조치도 시행했다. 그러나 1.5억 엔 융자라는 제안은 법인에 의해 어렵다는 점이 있어 '일률적인 법인융자 제기는 문제가 있다.'고 강하게 비판했다.

제26회 총회 후에 이 융자는 법인에서 야마나시에 대한 직접융자라는 형태가 아니라 전일본민의련이 중개해 각 지역연합이 창의적으로 참여하도록 결정했다.

야마나시에서는 9월 16일 이후 제3회 채권자방문활동을 개시했고, 10월 11일까지 98% 완료했다. 이 시기 야마나시 직원의 연말 생활 지원자금으로 또다시 하루분의 임금지원을 전국적으로 시행했다. 11월 30일까지 8

천만 엔을 야마나시로 보냈다. 야마나시긴이쿄와 노동조합은 10월 25일부터 11월 21일까지 직원을 전국에 파견해 현장에서 호소했다. 홋카이도 민의련은 청년잼보리 동료들이 중심이 되어, 전직원에 건네야 할 1,000필의 연어에 메시지를 담아 보냈다. 또한 각 지역에서도 다양한 형태로 연대 지원이 시행되었다.

2. 14억 엔의 채권보증

12월 1일부터 야마나시에서는 채권자집회를 향한 제4차 채권자방문을 시행했다. 12월 24일에는 52개 단체, 1,700명이 참가해 '야마나시긴이쿄 화의성립을 지향하는 주민대집회'를 열었다. 1984년 1월 23~24일 전일본민의련은 법인대표자 회의를 열고, 야마나시 화의 성립을 위한 협력을 요청했다. 2월 2일 고후지방법원은 화의소송 개시를 결정했다. 채무신고 제출은 2월 28일 채권자집회는 3월 27일로 결정했다. 야마나시에서는 채무신고를 맞아 제5차 채권자 총방문을 수행했다.

야마나시긴이쿄의 앞길을 결정하는 채권자 집회 전에, 전일본민의련 제26회 총회(센다이)가 개최(2월 16~18일)되었다. 총회에서는 야마나시 문제로 열띤 토론이 벌어졌다. 10년간은 7억 엔, 그 후 5년은 14억 엔의 상환자금을 마련하는 일이 가능한가, 가능하지 않다면 전일본민의련의 조직그 자체가 보증으로 인해 문제가 발생할 수 있는 것은 아닌가라는 의견이 쏟아졌다.

이 총회에 대해 3월의 전일본민의련이사회는 '솔직하게 말해 지금의 총회는 전일본민의련이사회로서는 극히 어려운 시련의 총회였다.', 야마나시 문제에 대해서는 '이사회의 불충분함에 대해 솔직하게 비판적 의견이 제기되었다.', 이것을 겸허하게 받아들여 지도책임을 통감하고 '높은 수준의 지도'에 노력해야만 한다고 총괄했다.(이사회 내부문서) 그리고 야마나시의 재건계획에 대한 이해를 전국으로 확산하기 위해 3월 20~21일에 야마나시에서 지역연합경영위원장회의를 개최했다.

3월 27일 채권자집회는 출석채권자(위임을 포함) 7,354명, 찬성 7,349명, 반대 5명, 채권액은 99.93%의 찬성으로 화의를 결정했다. 야마나시긴이쿄는 4월 3일부터 10일까지 화의성립 축하와 구체적인 상환방법의 확인을 위해 제6차 총방문을 실시했다. 또한 새로운 지도부 아래서 관리운영의 습득과 민주주의 철저화, 전직원이 참가하는 예산 만들기를 시행하고 '야마나시긴이쿄가 도산에 이른 요인과 자기점검'이라는 총괄문서를 작성했다.

야마나시의 지역경찰은 이러한 지역주민의 여론과 운동으로 결국 의도한 바를 이루지 못했다. 화의를 향한 활동과 여론이 출자규제법 등을 구실로 하는 권력개입을 저지했던 것이다.

화의 성립에 의해 야마나시긴이쿄 도산문제는 의료·경영활동을 전진시켜 착실하게 화의조건을 실행해 가는 새로운 국면에 접어들었다. 야마나시의 재건을 진행하는 과정에서 변호사, 공인회계사 등 전문가의 역할이 극히 중요하다는 점을 인식하게 되었다. 이후 전일본민의련은 변호사나 공인회계사에게 고문역할을 담당해주도록 요청했다.

(8) 제26회 총회가 밝힌 교훈

제26회 총회는 야마나시긴이쿄가 도산에 이르게 된 배경의 오류로 다음 세 가지를 지적했다.

① 의료를 환자·주민과 의료종사자 공동의 운영으로 이해하는 것이 아니라 공급 측의 주도권을 과도하게 강조하는 것에 의해 좋은 의료를 '고도의 의료기자재를 사용하는 의료'로 왜소화했던 '의료'에 대한 오류

② 일하는 사람들의 의료기관으로서 살아가고 그에 의존할 수밖에 없는 상황에 대해 자신의 재능으로 경영한다고 착각하고, 사업경영의 효율을 제일의 원칙으로 생각하고, 민주적 운영도 형해화시켜간 민의련 경영에 대한 오류

③ '사업규모'의 확대 자체를 민의련운동의 발전과 동일시하는 민의련운동에 대한 오류

그리고 교훈으로 다음과 같은 여러 점을 지적했다.

① 의료는 타산이 맞지 않는다는 패배주의로서는 운영할 수 없다.

② 대중자금에 대한 원칙적인 자세 필요

③ 이사회 등 기관의 민주적 운영 중시

④ 독선에 빠지지 않기 위한 전국방침에 대한 결집

⑤ 직원의 부서이기주의를 경계하고, 회원기관 전체 목표를 모두의 것으로.

⑥ 전일본민의련은 오류나 일탈에 대해 사태를 장악하고 지도할 책임이 있다.

　나아가 전일본민의련의 조직운영상의 규칙에 대해 다음 사항을 강조했다.

　'지금까지 방침을 관철하고 자주적인 관리운영을 조화시키는 기본적 수단은 회원기관의 민주적·대중적 관리운영이고, 이것을 민의련의 상호비판과 지도후원으로 지탱할 수 있었다고 생각해 왔지만, 향후에는 임직원이 민의련방침을 잘 이해하고 자주적인 노력으로 방침을 관철해야 한다. 노동조합과의 공동협동을 중시한다. 회원기관은 지역연합에 자발적으로 결집한다. 전일본민의련의 체제를 철저하게 지도할 수 있도록 강화한다. 오류나 위험한 경향이 발생한 경우에는 민주적 규칙을 수행해 가지만, 지도에 따르지 않고 혹은 필요한 정보의 제공을 거부하는 경우 지역연합·전일본민의련은 분별 있게 대응한다.

제2절 정세에 대처한 의료·경영활동과 투쟁

(1) '새로운 신뢰관계'와 '우리들의 선언'

　1980년에 발생한 후지미(富士見)산부인과병원 사건 이후 국민들에게 의료불신을 조장하는 캠페인이 전개되었다. 의료계에서는 '자정활동'이 유행어가 되었다. 민의련은 1981년 2월 '마음이 통하는 의료는 가능한 것입니다.'라는 리플릿을 발행했다. 그리고 이달의 평의원회에서 '환자주민과 새로운 신뢰관계 강화를 지향하는 운동'을 제기했다.

　이러한 흐름 속에서 1982년 제25회 총회방침은 '마음이 통하는 의료'를 주제로 내세웠다. 이 총회에서 제3대 전일본민의련회장에 취임한 아자미 쇼조(莇昭三) 씨는 '회원의료기관의 의료내용을 지역에 선언합시다.'라고 제안했다. 이것은 민의련 회원의료기관이 지향하는 의료의 핵심을 지역 사람들에게 확산시켜 알게 하고, 이에 대한 공감을 기초로 '새로운 신뢰관계'를 구축하려는 의도였다. 구체적으로는 '관계 맺기 쉽고, 보다 진보적인 의료에 대한 기대, 보건·의료·복지의 종합성, 민주적 집단의료, 주민의 보건활동 참여'를 추구하는 것이었다.

이것은 상당한 반향을 불러일으켜, '민의련신문'지상에서 토론도 시행되었다. 아자미 쇼조(莇昭三) 회장은 이것을 받아 '우리들의 선언'을 제기했다.('민의련의료 No. 126, 1983년 1월')

이것은 의료불신의 배경에 단순히 언론이나 캠페인만이 아니라 근대의학의 병인론에 의한 질병진단으로 사람을 보지 않는 경향이나 의료의 블랙박스적 성격이 있는 것을 지적한 것으로, 이것을 타개하기 위해서는 우선 스스로 의료를 공개하는 것과 지역 중에서 민의련 회원기관이 무엇을 하는가에 대해 지역에 선언하는 것이 중요하다는 논지였다.

(2) 노인실태조사

전일본민의련은 일본의 고령화와 의료·복지제도가 미흡함에 따라 지속적으로 증가하는 독거노인이나 와병노인의 실태를 파악하기 위한 노인실태조사를 실시하고[주4], 210개 지역 300만 명을 대상으로 해 독거노인 5,598명, 와병노인 2,030명을 집계했다. 이것은 지역의 고령자 실정을 파악해 직원들이 주목하고 관심을 갖게 하는 변화를 이끌어냈다.

나아가 전일본민의련은 1981년 3월 '노인보건의료제도 확립을 위해'라는 방침을 내세웠다. 이것은 정부의 노인보건법이 노인복지법을 부정한다는 점을 예리하게 지적했다.

주4) 제24회 총회방침으로 제기함. 1981년 2월 평의원회에서 활동의 구체적인 방침을 결정하고, 같은 해 4월부터 1982년 4월까지 실시하도록 했다. 조사는 1981년 4월~1982년 3월, 보고서 발행은 1983년 11월 25일이었다.

(3) 니오(仁王)진료소에 대한 탄압과 의료개선

1982년 3월 이와테민의련의 니오진료소에서 치료받던 산재환자가 취업해 돈을 버는 상태에서 휴업보상도 받아내 사기혐의로 체포되었으며, 진료소 서류 등을 압수당했다. 노동성은 노동기준국장 명의의 통지문을 내고, 1982년 7월 1일부터 침·뜸 치료를 최대 2년간 중단시켰다.('375통지') 니오진료소에 대해서는 1983년 1월 산재지정의료기관을 취소시켰다. 전일본민의련은 1983년 2월 산재·직업병 대책 전국회의를 열어 사무상의 착오를 최대한 이용해 민의련에 대한 공격을 감행하는 사태를 중시하고, 의료정비를 진행해 독선적인 판단이나 환자에게 영합하는 자세를 경계하도록 했으며, 의학적 타당성을 중시하는 방침을 제기했다.

1984년 후생성은 전국적으로 '부정청구' 캠페인을 전개했다. 민의련에서도 보험기준에 대한 간호사 수 부족 등을 지적받았다. 1984년 9월에는 도쿄민의련의 미나미진료소가 '부정청구혐의'로 압수수색을 받았다. 이 진료소는 개업의인 소장이 늙어 향후 진료소의 전망을 고려하면서 1983년 9월에 민의련에 가입했지만, 민의련 회원기관으로서 실적은 이제부터 시작하는 단계였다. 약품 등의 청구오류는 진료소에서도 인정해 청구정정을 하려고 했을 때였다. 언론에서는 '민의련 회원 진료소의 부정'으로 보도했다. 미나미진료소는 이후 도쿄민의련의 개선을 위한 지도를 받지 않아 1985년에 제명되었다.[주5] 의료의 적법성을 지키는 것은 특별히 중시해야 할 과제이고, 이후 의료정비 활동을 강화해 갔다.

1984년부터 1985년에 걸쳐 의료정비긴급대책회의를 지역블록단위로 열었다.

(4) 경영노선의 전환

1981년 6월 진료수가개정은 약가 대폭인하와 검사항목의 통합으로 실

주5) 이후 진료소 시설은 직원 몇 명과 함께 죠난(城南)복지의료협회에 흡수되었으며, 오다(大田)병원부속 우노키진료소가 되었다.

질적으로는 마이너스가 되었다. 진료수가 인하는 처음 있는 일이었다. '의료 혹한기'가 개막한 것이다. 민의련의 적자법인은 1979년 31.9%에서 1981년 50%로 증가했다. 전일본민의련이사회는 제24회 총회 이후 변화하는 정세와 관련해 새로운 경영방침이 필요하다고 생각했다.

한편, 민의련에 참가하는 신임의사는 계속해서 증가했으며 신의료법 '개정'으로 병상규제[주6] 전에 건설하려는 움직임도 있어서 민의련의 병원건설 상황은 계속되었다.[주7]

이러한 흐름 속에 제25기 경영대책부의 과제는 '민의련의 경영 효율화'와 '병원건설의 파악과 지도'로 설정했다. 효율화 방침의 작성작업은 프로젝트 팀이 야마나시문제로 개점휴업상태였지만, 1983년 6월경부터 작업을 개시해 같은 해 9월에 '민의련 회원기관의 현단계 경영개선에 대한 제언 = 병원경영의 효율화를 중심으로(안)'를 이사회에 제출했다. 이 방침은 '효율화'를 '민의련 회원의료기관의 기능과 역량을 민의련강령의 실현이라는 목표를 향해 효율적으로 발휘하는 것'으로 넓게 정의하고, 의료기관과 지역을 분석해 의료목표를 설정할 때 연대를 시야에 넣고 있어야 하며, 의료내용의 지향 방향은 지역주민의 일상적인 의료요구에 종합적으로 대응하는 것을 우선적인 내용으로 했다. 방침은 안에서 제기한 대로 전국적인 검토가 진행되었고, 1985년 5월에 결정되었다.

제26회 총회에서는 결정을 근거로 '특색 있는 의료'를 의료연대 중에 발휘해 간다는 제25회 방침 노선으로부터 '회원기관의 의료목표'를 민주적으로 결정해 가는 것, 그 목표는 '의료요구에 종합적으로 대응하는 것을 기본'으로 해서, '환자증가와 노동 효율화를 경영계획의 중심에 놓고', '회원기관을 지지하는 여러 조직의 강화·발전' 방침으로 노선을 전환했다. 노선은 의료의 측면에서 '공동운영'이 자리 잡을 수 있게 수정한 것으로 중요하다.

민의련의 경영상황은 1981년 50%의 법인이 적자라는 극히 냉엄한 상황

주6) 1981년 8월 평의원회에서는 후지미산부인과병원사건을 구실로 한 의료법개정에 대해 '병상규제 권한을 자치단체장에게 부여하려는 의도가 분명하다.'고 규정했다.

주7) 1981년 12월부터 1983년 12월까지 2년 동안 민의련의 병원은 13곳이 증가했다. 진료소는 병실을 갖춘 진료소가 6개 감소하고, 병실 없는 진료소가 10곳이 증가했다.

이었지만 1982년에는 63%의 법인이 흑자로 다시 돌아왔고, 흑자법인의 비율은 1983년 61.2%, 1984년 73%, 1985년 74%, 1986년 80.6%로 개선되어 갔다. 이것은 병상증가로 인한 입원수익의 증가와 외래환자 증가 덕분이었다. 1985년에는 인적 구조 개선 등으로 병상 없는 진료소의 인건비 비중이 감소했으며, 이후 개선되어 갔다.

(5) 보험약국 문제 – '제2약국'에 대한 규제

1982년 5월 27일 후생성에서 의료기관과 동일한 경영주체가 보험적용 조제약국을 경영할 수 없도록 사실상 금지하는 조치를 시행했다. 의료비억제 대책의 하나로 약가 차익을 의료기관에서 실현할 수 없도록 하면서, 의약분업을 촉진하기 위한 조치였다. 민의련은 이때까지 환자부담 문제와 병원 내의 약국을 기술분업의 입장에서 진료수가상에서 평가해야 한다고 했기 때문에 '제2약국'에 대해선 신중한 자세를 유지했지만, 도시지역의 회원 의료기관은 경영대책으로 '제2약국'을 개설한 곳이 많았다. 조치 이후 보험 약국은 의료기관에서 독립해 법인경영을 하는 곳이 많아졌고, 민의련 내에서도 의약분업은 확대해 갔지만, 이번의 경우는 이에대한 민의련의 민주적인 규제가 문제가 된 경우라고 할 수 있겠다.

(6) 노사관계

의료정세가 격변하고 민의련의 경영 어려움이 증대해 가는 과정에서 민의련 회원의료기관의 노사분쟁도 현저해졌다. 1983년 8월에는 아기타 메와카이(明和会) 노동조합이 일시금 지급이 노사협정에 위반된다고 파업했다. 전일본민의련과 이로쿄 간부가 함께 현지에 가서 양자의 조정을 시행했다. 민의련의 방침상 노사문제는 민주적 관리운영의 문제로 다루었다. 1981년 10월 '민주적 관리운영의 현단계 과제'가 이 점에서 기본사항을 밝혀놓고 있다. 다만 '장기계획, 각종 방침, 예산작성은 노조와 협의하는 과정을 통해 합의한다.'는 내용은 특히 노동조합과의 관계를 크게 다뤘던 제

25회 총회에서 '장기계획, 건설계획, 연간예산 등의 결정에는 충분히 협의한다.'로 변경되었다.

(7) 겐포(健保)개악에 대한 투쟁

정부는 계속 증가하는 의료비를 억제할 목적으로, 이대로 간다면 의료비가 국민경제를 위협한다는 '의료비망국론'에 대해 대대적인 캠페인을 개시했다.

1982년 8월에는 노인보건법이 제정되어, 1973년 이후 지속되던 노인의료비무료제도가 다시 유료로 변경되었다. 8월에 개최한 평의원회는 국민과 의료기관의 분열을 의도하는 상황 속에서, 국민의료가 위기에 있다고 규정하고 '국민의료를 지키는 대운동'(국민의료방위투쟁)을 제기했다.

1983년 여름 후생성은 다음 연도 예산요구 개요 중에 "의료비 증가를 국민소득 증가 범위에 둔다."는 정책목표에 기초해(그 이전에는 "국민소득 증가에 고령화를 포함한다."라고 표현했다.) 의료비청구에 대한 심사강화와 진료수가억제 등의 의료비적정화대책 이외에 겐포(健保) 본인 20% 부담, 급식재료비·약제비 일부(감기약, 비타민제 등)의 보험급여 제외, 특정요양비제도·퇴직자의료제도의 창설, 국민의료보험에 대한 보조율을 45%에서 38.5%로 인하, 일용직 겐포(健保)의 폐지 등 황당한 건강보험제도 '개정'안을 제시했다. 동시에 의료권마다 필요한 병상 수를 규정하고, 이를 초과하는 지역에서는 일체 병상증설을 허용하지 않는다는 병상규제 의료법 '개정'안도 제출했다.

민의련은 이 공격에 대한 반대운동을 호소했고, '국민의료방위투쟁 지역연합 대표자회의'를 적시에 개최해 투쟁을 진행했다. 전일본민의련이 제기한 서명목표는 150만 명이었고, 지역연합의 자발적 목표는 160만 명을 넘었으며, 1984년 1월까지 131만 명이 서명했다. 또한 각 지역의 자치단체에서 반대결의를 하도록 요구하는 청원도 진행했다. 법안은 '겐포(健保) 본인 20% 부담, 퇴직자의료제도와 국민건강보험(国保)에 대한 보조율 삭감, 일용직 겐포(健保) 폐지'로 확정해 국회에 제출했다.

겐포(健保)개악에 반대하는 공동투쟁은 의료단체연합회의를 구성하고 1984년 2월24일에는 '겐포(健保)개악반대 중앙연락회'(제2차 겐포주렌(健保中連))를 결성했다. 공투 사무국은 야마나시 문제로 민의련이 빠진 상태에서 일본생협연합 의료부회가 담당했다. 투쟁은 확산되었고, 서명인원은 1,500만 명에 도달했다.(민의련은 344만 명) 민의련다운 재건을 시작한 야마나시긴이쿄는 많은 직원을 국회청원단으로 보내는 등 운동의 선두에서 활동했다. 이것은 민의련다운 재건을 완수하려는 집행부의 결의를 나타낸 것이었다.

이 투쟁에서 과반수의 자치단체가 반대의결이나 의견서를 제출했다. 그러나 겐보렌(健保連)은 10% 본인부담을 인정하고, 사회·공민·민주 3당은 뒷거래를 했다. 의사회도 본질적이지 않은 수정으로 예봉을 꺾어버려 77일이라는 장기간의 회기연장을 통해 1984년 8월 7일 겐포(健保)본인부담 20%, 고쿠호(国保)에 대한 국고부담삭감, 퇴직자의료제도 등의 의료개악법은 통과되었다.

겐포(健保)·고쿠호(国保)개악과 그에 앞선 노인보건법, 진료수가, 약가인하 등의 효과는 대단히 컸다. 1979년부터 1994년까지 15년간, 국민의료비의 GDP에 대한 비율은 6% 수준이었다. 특히 국고부담률은 대폭 감소해, 1978년까지 30%대였던 것이 1986년 이후에는 25% 이하가 되었다. 한편 환자부담은 계속 증가해 국민건강보험은 정부의 보조율 삭감과 퇴직자의료제도로 이전한 사람 수가 후생성이 전망한 것과 차이가 있었기 때문에 매년 1000억에서 1500억의 재정부족이 발생했고, 구조적인 문제가 되었다.

(8) 반핵운동의 고양

1980년대 전반부는 미소의 긴장악화, 매파로 불린 레이건 대통령의 등장 등을 배경으로 핵전쟁에 대한 위기감이 높아져, 반핵·평화운동이 거세졌다. 1980년 미국과 소련의 라운, 차조프 두 의사의 호소에 의해 IPPNW(핵전쟁방지국제의사회의 = International Physicians for the

Prevention of Nuclear War)가 설립되었고, 국제회의를 개최하게 되었다. IPPNW의 활동은 1984년 유네스코 평화교육상, 1985년 노벨평화상을 수상하는 등 국제적으로도 주목받았다. 1982년 자신도 피폭자였던 히다 슌타로(肥田舜太郎) 전일본민의련고문이 제2회 유엔군축특별총회(SSD II)에 참가해 호단렌(保団連) 사메지마(鮫島) 회장의 유엔에 대한 편지를 전했으나 반송되었다. 히다 고문은 민의련 참가도 추진해 1982년 10월에는 아자미 회장도 편지를 보냈고, 1983년 제3회 총회(오쓰키 아쓰오(大月篤夫) 부회장 참가, 암스테르담)에도 조직적으로 대표를 파견했다. 또한 국내의 반핵의사회와 연대를 강화하기 위해 노력하면서(제26회 총회), 일본에서 '반핵의사모임'을 조직하는 등 의사들의 평화활동에 대한 참여에 힘을 쏟았다. 또한 1982년 6월 SSD II에 전국의 민의련사업소에서 많은 대표를 보냈다.

(9) 크게 향상된 의사정책, 교육활동

1. 의사영입의 전진

1968년에 의학생운동 내의 극좌폭력집단의 책동으로 붕괴한 '전일본의학생자치회연합'(이가쿠렌, 医学連)은 민주적인 의학생운동의 발전으로 1984년 10월 재건할 수 있었다. 이러한 움직임 중에서 신임의사의 민의련 참가자 수는 1982년 164명, 1983년 163명, 1984년 196명, 1985년 161명으로 증가했다. 이 수치는 의학생운동의 기세가 높아진 것을 반영하며, 2004년에 새로운 의사임상수련제도가 시작하기까지 최고점을 나타냈다.

1984년 의사영입 대책회의에서 의사부장은 '① 전국 각지에서의 전진은 이가쿠렌재건을 지원하고, 의학생에 대한 전국방침을 실천하는 과정에서 올린 성과이다. ② 한편 다양한 공격(승공연합, 신좌익 등)도 나타나고 있다. ③ 도쿄 등 모든 의학생을 대상으로 한 대규모 순회 방문 등의 활동도 주목된다. ④ 장기계획에 기초해 의사정책을 확립한다. ⑤ 의학생 육성대책을 추진해, 1985년에도 200명을 영입하자.'고 호소했다. 이와 같은 제기에 따라 의학생에 대한 대량선전, 의학생 모임이나 장학생 회의, 의학생

자택이나 하숙 등에 대한 방문활동 등을 전직원이 참가해 진행했다.

1984년 1월 제9회 청년의사교류집회는 민의련의사로서 종합적인 힘을 길러가는 과정에서, 진료소연수에 주목했다. 회의에서는 '큰 병원만으로는 민의련의 본질을 느낄 수 없다. 작은 장소에서는 지도체제가 없다. 종합적인 힘을 갖고, 논의가 가능한 의국을 만들어야만 한다.' 등의 지적도 있었던 바와 같이 심도 깊은 논의를 진행했다.

1985년 12월 제10회 청년의사교류집회를 개최했다. 이 중에서 민의련에서 의사 수련을 로테이트 연수 등으로 정식화해 종합적인 내용을 확립해 가는 한편 진료소연수의 중시라든가 이념연수의 계통성에 불충분함이 있다는 지적이 있자, 청년의사 모임이나 수련의 모임 등 청년의사를 집단적으로 육성할 수 있는 방향을 논의했다.

2. '의사과잉론' 비판

1982년 5월 임시행정조사회는 '과잉을 초래하지 않는 합리적인 의사양성계획을 수립해야 한다.'고 제기했다. 1984년 11월 후생성 장관의 자문기관인 '향후 의사 수급 검토위원회'는 1983년에 인구 10만 명 대비 의사 수가 150명에 달한다는 점을 확인하고, 1970년 이후의 목표는 달성된 것으로 판단하면서 1995년까지 의사 신규참여를 10% 삭감한다는 '중간의견'을 제출했다. 이에 대해 전일본민의련은 1985년 8월 "의사 수를 생각한다'를 생각한다 – 과잉의사론 비판 –'을 발표해, 국민의 의료요구, 수요증대나 의료의 진보를 무시했다. 또 수련의 장 확대와 충실을 태만히 해온 후생성의 책임을 무시한 아마추어적 논리라고 강하게 비판하고, '의사노동의 밝은 미래를 열기 위해' 의사양성을 줄여서는 안 된다고 주장했다. 당시는 의료계 전반적으로 '의사과잉론'이 지배적이었다. 그러나 그 후 의료의 고도화·전문화, 고령사회에 대한 준비 등으로 각국이 의사양성에 힘을 쏟는 사이에 일본의 의사 수는 크게 줄어 OECD 가맹국 중에서도 인구대비 최저수준으로 전락하고 말았다. '의사과잉론'은 이후 의료붕괴의 분기점이 되었으며, 전일본민의련의 지적은 현재 시점에서 보더라도 선구적인 내용을 포함하고 있었다.

3. 의사정책

각 지역연합, 회원기관의 의사정책 필요성은 1982년 의사위원장회의에서 이미 제기되었다. 1983년 9월 의사위원장회의에서는 야마나시 문제를 학습하면서, '장기전망에 입각한 민의련 의사문제'에 대한 논의를 개시했다. 즉 야마나시긴이쿄, 도카쓰병원(후술) 이 외에도 의사지원이 활발하게 시행되었지만, 그 배경에는 병원건설에 대한 문제나 중견의사의 퇴직문제가 나타나기 시작한 상황이었다. 이런 점들을 바탕으로 민의련 의사의 본질, 의사의 라이프사이클 등이 포함된 '의사정책' 수립을 검토했다.

그리고 제26회 총회에서는 의사에 대한 이념교육 중시, 즉 '경제정세를 분석하는 능력, 의료활동을 파악하는 능력, 민의련의 역사적 축적물을 익히는 능력'을 지적했다.

1985년 1월 전일본민의련 의사·간호부는 이상의 검토를 거쳐, '민의련의 의사정책을 확립하기 위해'를 발표했다. 여기에서는 의사문제를 민의련운동전체 관점과 의사의 라이프사이클 관점 양면에서 조망하기 시작해, 장기계획, 진료소와 센터병원, 기술문제, 의사의 라이프사이클, 의사의 임무배치와 의사집단의 조직성 강화에 대한 심도 있는 검토를 달성했다. 1985년 6월 지역연합 의사위원장 회의에서는 의사가 정착하는 데 어려운 상황이 나타나기 시작했기 때문에 센터병원에서 청년의사의 수련을 총괄하고, 대규모병원의 관리운영능력을 향상시킬 필요가 있다고 지적하면서 의사위원회의 역할을 강조했다.

4. 간호 분야의 활동

이미 졸업한 사람을 포함한 간호사 영입은 1982년, 1983년에 1,000명을 넘어섰다. 1983년 신졸은 598명이었다. 간호 분야에서는 양성과정이 다른 간호사와 준간호사라는 두 제도를 해소하고 간호제도 일원화 문제가 다시 주목을 받았으며, 1983년을 전후해 일본간호협회나 일본이로쿄(医労協)도 새로운 제안을 했다. 민의련은 1975년과 1976년에 입장을 발표한 바 있지만, 1983년 7월 간호위원장 담화(7월 1일 민의련신문)에서 일원화를 위한 운동을 강화하자고 제안했고, 준간호사로부터의 이행조치에 대해서는 1976년의 제안을 '현실적으로 수정해 간다.'고 제안했다.

1984년 7월 후생성 간호제도검토회가 '향후 간호제도 개선에 대한 보고서'를 제출하고, 일본간호협회는 내용에 찬성했다. 이것은 간호사 부족에 대해 '간호보조' 등 무자격노동력을 유입시켜 대처하고, 간호관리의 효율적 재편이라는 명분으로 간호도별 간호(PPC: Progressive Patient Care: 지속적 환자간호)나 야간전문간호사, 관리나 분야별 전문간호사를 양성한다는 내용이었다. 전일본민의련 의사·간호부는 1985년 3월 '간호의 종합성과 간호사의 직무 보람, 삶의 보람'의 입장에서 이것을 비판하는 '환자를 고려하지 않는 싸구려 간호제도를 추진하기 위한 보고서에 반대한다.'라는 견해를 발표했다.

1984년에 민의련에 입사한 간호사·준간호사는 신졸자 680명, 1985년에는 신졸자 725명, 기졸업자 658명이었다. 1985년 간호사 영입대책회의에서는 민의련의 신규간호사 영입은 단순한 인재확보가 아니라 민의련간호의 후계자를 확보하는 활동이고, 의료·간호의 민주적 변혁을 바라는 간호학생을 지속적으로 육성해 이 활동 속에서 직원자신이 성장해 간다는 기본적인 의의를 갖고 있다고 밝혔다.

1984년에 간호학생 자치회 연합(간가쿠렌: 看学連)에 학생자치회가 가입한 학교는 40개교 정도였으나, 활동은 매년 감소했다. 이후 민의련은 간가쿠렌에 대한 후원에 노력했으나, 간가쿠렌은 1990년대에 소멸했다. 간가쿠렌운동에 참가한 많은 사람이 민의련에 들어왔지만, 조직이 소멸해 운동을 할 수 없어 새로운 신규간호사 대책이 시급해졌다. 이 시기까지 존속한 민의련이 설립한 준간호학교(홋카이도, 도쿄, 오사카)가 고등간호학교로 전환하고, 후쿠오카, 오카야마 등 민의련이 운영하는 새로운 간호학교도 새롭게 설립되었다.

1985년 3월 처음으로 방문간호교류집회(36개 현, 99명 참가)가 열렸다. 보고에 의하면, 민의련 429회원기관 중 221개소에서 5,000명의 환자에 대해 방문간호를 실시했다. 한편 방문간호가 필요한 사람은 49만 명에 달하고, 이 사람들을 위해 방문간호를 제도화하는 운동강화를 한마음으로 결정했다.

전일본민의련에서 간호 부문의 수련이나 회의도 활발해졌다. 먼저 1984년 간호책임자회의에서는 민의련에서의 연수충실화를 강조했다. 1985년 2월에는 전일본민의련 차원에서 1973년 이후 지속되어온 간호부장 연수회를 시행했다. 1982년 10월에 의사·간호부는 '민의련의 중견간호사 임무와 역할'(① 간호실천의 추진자가 되어 간호내용을 향상할 것, ② 후배 육성, 신규교육과 연수지도, ③ 직장의 민주적 집단 만들기를 중심에 둔다.)을 발표하고 1983년, 1984년, 1985년 연속해서 중견간호사 교류집회를 개최했다.

제3절 도카쓰(東葛)병원의 도산과 재건을 향한 활동

(1) 개원 1년 후에 도산상태

지바 현 나가레야마(流山) 시에 1982년 7월 개원한 도카쓰병원은 약 1년 후인 1983년 9월 12일 사실상 도산상태에 빠졌다. 부채총액은 68억 엔이었다. 내역은 금융기관 20억 엔, 건설회사 17억 엔, 리스 잔액 10억 엔, 주민차입금 12억 엔, 기타 9억 엔이었다. 도카쓰병원은 '모두가 만드는 모두의 병원'을 슬로건으로 주민이 참여하는 지역의료 활동을 했고, 언론에서도 주목하는 '기타(北)의료 그룹'이 지역주민으로부터 출자금, 협력부채를 모집해 건설한 병원이었다. 기타(北)의료그룹은 민의련과 유사하게 활동했지만, 민의련에 대해서는 '지금까지의 민주적인 병원건설에서는 이러한 측면(개업의와의 연대로 지역보건의료체제를 발전시키는 것)이 약했으며, 병원에서 주민을 바라보는 내용도 협소한 범위에 한정되었다. 이와 같은 내용만으로는 지역전체가 변할 수 없다.'고 비판적인 입장에 서 있었다.(스미다코지(住田幸治) 기타(北)병원 이사장, 신일본의사협회 〔건강회의〕 400호 기념호)

기타의료그룹의 구상은 사이타마와 지바에 고기능병원을 만들고, '고기능병원을 만들면 환자는 모인다.', '의사 과잉 상태이기 때문에 큰 병원을

나가레야마(流山) 시의 소학교 체육관에서 개최된 임시사원총회(1983년 11월 23일)

만들면 대학에서 파견해준다.'라고 판단했다.

　도카쓰병원은 203병상으로 출발해 1년간 하루 외래 280명, 입원 180명까지 증가했지만, 매월 4천만 엔의 적자가 지속되었다. 그 후에도 상황은 호전되지 않고 대학파견의사도 되돌아갔으며, 계속해서 도카쓰병원에 약이나 의료기자재를 공급하던 관련회사가 부도어음을 발생시키자, 병원도 운영을 할 수 없게 되었다.

(2) 새로운 체제로 재건을 향하다

　도카쓰병원 건설에는 지역 노동조합이나 민주단체가 협력했다. 대중자금은 출자금이 2,000명으로부터 3억 7천만 엔, 협력부채가 2,400명으로부터 8억 엔에 달했다. 직원은 반년 전부터 노동조합을 조직하고, 경영위기를 느끼며 민의련에 의사파견 요청 등을 제안했다. 상급단체였던 일본 이로쿄(医労協)는 기타·도카쓰병원 재건대책위원회를 만들고 재건투쟁을 추진하도록 결정했다.

　도산 사태에 직면한 기타의료그룹은 사단법인·도카쓰병원에 대한 집행권을 포기하고, 지역구매생협 전무이사로 근무하던 이케다 준이지(池田順

次) 씨를 이사장 대행으로 임명하는 등 도카쓰병원 이사회를 새롭게 조직했다. 9월 18일 신이사회는 사원총회·채권자에 대한 설명회를 개최하고, '의료지속, 주민채권자를 지키고, 직장을 지킨다.'는 기본자세를 설명했으며, '어떻게든 재건하고 싶다. 재건계획을 만들기 위해 3개월의 유예기간을 달라.'고 호소했다. 준엄한 비판의 소리도 있었으나, 동시에 '병원이 사라지면 곤란하다.'는 생각도 있어서 이 주장은 승인을 받았다.

신이사회와 노동조합은 '도카쓰병원재건행동본부'를 만들고 지역 채권자를 방문하며 재건에 대한 양해를 구하는 활동을 추진했지만, 심한 질책을 받을 수밖에 없었다.

도카쓰병원이 민의련의 거점병원을 돌아다니며 의사지원 요청을 한 것에 응해 지바 민의련이 3개월 2명의 외과의사를 파견했다. 이것으로 당분간은 4개의 병동을 유지했다.

1983년 11월 23일 임시사원총회는 의사체제를 강화하고 수익을 증가시켜 1984년 이후 상환원리금을 만들며, 15년간 채무를 상환한다는 방침을 결정했다. 일찍 상환하겠다는 선의였으나, 현실적으로 무리한 내용이었다. 의사확보는 생각처럼 쉽지 않았고, 차츰 일상운영 자금도 부족해졌다. 계속해서 희망퇴직을 받아 약 50명이 직장을 떠났다. 1984년 3월 외과, 산부인과 병동을 폐쇄했고 내과 1병동, 입원환자 53명만 남았다.

(3) 도쿄민의련의 지원

1984년 3월 도쿄민의련이사회는 도카쓰병원에 대한 의료지원을 결정하고, 4월 정기총회에서 승인을 받았다. 지원하는 주된 이유는 '지역 주민이 민주적인 의료의 존속을 바란다. 신임 이사회도 직원도 기대에 부응하기 위해 노력한다. 도산한다면 지역주민이 출자한 대중자금을 반환할 수 없게 된다. 민주운동이나 민의련운동에 대한 새로운 공격이 시작될 수도 있다.' 등이었다.

전일본민의련은 1개월 전에 야마나시 도산문제를 껴안고 제26회 총회를 했기 때문에, 도카쓰병원 지원을 정면에서 거론하는 것은 가능하지 않았다. 또한 도카쓰병원은 야마나시와는 달리 초창기의 병원이 도산한 경우라서 재건의 청사진을 그릴 수 있는 상태가 아니었기 때문에, 재건의 길을 찾아 모색할 수 있는 단계가 아니었다. 그러나 도카쓰병원의 상황은 중요한 시기마다 도쿄민의련으로부터 전일본민의련 이사회에 보고되었고, 논의를 지속해 와서 각 지역연합으로부터 의사 등의 지원이 이어질 수 있었다.

1984년 5월부터 도쿄에서 의사지원을 시작했다. 또 전국에서도 지원을 자청한 의사들의 노력도 있어 환자, 수익도 증가해 갔다. 그러나 도카쓰병원의 재건 활동은 쉽지 않았다. 채권 중 큰 비중을 차지한 은행은 '연내에 화의신청을 하지 않는다면 금년 안에 경매처분하겠다.'고 통고했다. 이것을 '도카쓰병원의 불을 끄다!'라는 대운동으로 극복하고, 관련회사 소유 건물을 경매처분한 것에 대해 지바긴이쿄가 매수해 부도를 피할 수 있었다. 금융기관과 즉결화해로 채무정리를 한 것은 1988년 3월 18일(마츠도(松戶)간이재판소)이었다. 건설회사와는 1989년에 화해가 성립했다.

도카쓰병원은 1990년 1월 민의련에 가입했다. 상근 의사지원은 34개 현에서 241명에 달했다. 간호사 지원의 제일 큰 힘은 야마나시긴이쿄였다.

도카쓰병원은 민의련소속 병원이 아니었다. 그러나 그 재건 활동은 실질적으로 도쿄민의련을 중심으로 진행한 민의련 활동이었고, 민의련운동에도 많은 교훈을 남겼다. 즉 의사과잉론의 환상, 날림건설계획이나 날림경영의 위험성 등이 있었고, 무엇보다 지역주민과 의료종사자가 병원의 존속을 원하고, 노력하는 한 병원은 쉽게 망하지 않는다는 것 등이었다.

제4절 후쿠오카 겐와카이(健和会)의 어음부도

1985년 2월 13일 후쿠오카 현 재단법인 겐와카이(이하 후쿠오카겐와카이, 또는 겐와카이. 겐와카이라는 명칭의 법인은 도쿄, 나가노에도 있다.)의 어음이 부도처리된 사실이 전국에 보도되었다. 이 사건은 갑자기 발생한 야마나시와는 달리, 전일본민의련이사회가 여러 번 지적해온 끝에 발생한 사태였다.

(1) 과도한 오테마치(大手町)병원의 건설

후쿠오카겐와카이는 1970년대에 진료소와 40병상 병원의 법인에서 일시에 170병상 규모의 신나카바루(新中原)병원(뒤에 360병상의 겐와종합병원)을 건설하고, 백만 인구의 도시 중에서 유일하게 의과대학이 없던 기타큐슈 시에 응급의료에 대한 주민의 압도적 요구에 부응하면서 급성장했다. 그런 겐와카이가 산업의과대학이 기타큐슈에 설립되고 응급의료 네트워크도 차차 정비되어 가는 상황변화에 대해 600병상 규모의 병원을 건설해 개업의와의 네트워크를 만들어 존립한다는 새로운 구상을 실행했다.

계획을 구상했던 1979년 당시 후쿠오카겐와카이의 연간 의료수익은 30억 엔 정도였고, 공사를 시행했던 1983년에는 54억 엔이었다. 구체화된 오테마치병원의 건설비용은 약 100억 엔이었다. 그런 비용이 실행단계에서는 토지비용 13.5억 엔, 건물 77억 엔 플러스 약 20억 엔의 건설회사에 대한 이자[8], 설비 18억 엔(그중 15억 엔이 리스), 합계 128.5억 엔이 되었다. 이 계획은 당시 전일본민의련에서 병원을 소유한 법인의 설비투자 상한액으로 설정한 '연간 수익의 1.5배 이내'를 훨씬 상회하는 금액이었다.

의사는 640병상에 대한 의료법상의 기준만으로도 40명이 필요했지만, 1983년 4월 겐와카이의 의사 수는 법인 전체를 다 합해 40명이었다. 다만 이 시기는 아직 의료법에 의한 규제가 엄격하지 않았으나, 후쿠오카 현 전체가 병상 수에 비해 의사가 부족한 상황이었으며 겐와카이는 20명의 의사를 증원하면 된다고 판단했다. 그러나 그 정도 수준의 의사확보도 어려웠다. 또한 간호사가 없다면 병상을 열 수 없는데도 간호사 확보도 예정대로 진행하지 못했다.

(2) 민의련의 우려와 겐와카이의 대응

전일본민의련에 오테마치병원 건설계획 보고서가 도달한 것은 1982년

주8) 건설비가 그대로 겐와카이의 대출금액이 되었고, 이자비용이 계약 시부터 발생했다. 이자 지불은 1983년부터 시작했다.

11월이었다. 후쿠오카 지역연합은 10월 이사회에서 건설계획을 승인했다. 전일본민의련은 건설계획의 크기로 인해 1983년 1월과 3월에 현지조사를 시행하고, 건설검토위원회의 '정리'안까지 만들었다. 정리안이 만들어진 직후에 야마나시긴이쿄 도산사건이 발생했다. 6월에 있었던 '정리'에 대한 토론에서 1982년 겐와카이의 경영상황이 5.2억 엔 적자였다는 점을 문제 삼아 '정리'를 보류했으며, 적자 원인 등에 대해 상세하게 파악할 것을 지역연합에 요청했다.

겐와카이로부터 회답은 7월에 있었으나, 감가상각비를 포함하면 여유가 있다는 것을 근거로 괜찮다고 했다. 그러나 1983년에도 적자경향은 지속되었다. 그리고 겐와카이는 8월에 후쿠오카 현 의료노동조합(후쿠이로: 福医勞) 기타큐슈지부에 대해 주휴 2일제 폐지, 일시금 삭감 같은 노동조건 인하를 요청했다. 이 문제를 둘러싸고 노동조합은 9월에 후쿠이로(100명)와 겐와카이직원노동조합(300명)으로 분열했다.

전일본민의련은 그때마다 간부를 파견해 상황파악에 노력했는데, 차차 우려하기 시작했다. 1984년 1월에는 전일본민의련 회장 명의로 오테마치병원 건설에 대한 후쿠오카지역연합의 지도 강화를 요청하는 문서를 발송했다. 제26회 총회를 끝내고 3월에는 자금문제를 포함한 실정파악에 대해 '두 번째 요청'을 했다. 이후 전일본민의련 이사회는 매월 후쿠오카겐와카이 문제에 대해 모든 루트를 통해 정보를 수집하고, 검토·논의를 반복했다.

겐와카이는 1984년 4월 연간방침에서 '전력을 다해 오테마치병원의 성공을'이라는 스스로의 주장을 체계화한 견해를 밝혔다. 전일본민의련이사회는 5월 6일 이사회에서 '최악의 경우에는 금년도의 자금조달이 어렵고, 파산할 수 있다.'는 인식에 도달했으며, 지역연합, 겐와카이에 대해 위기극복을 위한 근본대책 수립을 '권고'했다. 겐와카이의 회답은 '인식의 차가 있어서 문서에 의한 권고는 적절하지 않다.'는 내용이었다. 그 후 전일본민의련의 간부와 겐와카이, 지역연합 간부의 회의가 수차례 있었지만, 상호 인식차이를 극복하지 못했다.

8월 후쿠오카 지역연합은 오테마치병원의 가입신청을 승인했다. 전일본민의련은 통상적인 경우와는 다른 상황에서 규약의 '연합회는(지역연합) 의료기관의 가입, 탈퇴에 대해서는 미리 본부(전일본민의련)와 협의한다.'는 규정을 엄격하게 적용해야 한다고 판단하고 즉시 승인하지 않았다. 그리고 8월 평의원회에 겐와카이 문제를 보고했다. 또한 12월 가입을 검토하는 전제조건으로 '오테마치병원에 대한 지적을 성실하게 검토하고, 경영 전망과 대응에 대해 분명하게 밝히며, 노동조합의 단결회복을 위해 적극적 자세를 보여야 한다.'라는 3원칙을 제시했다. 후쿠오카 지역연합 내부에서는 오테마치병원을 민의련에 가입시켜야 한다는 주장이 강했다. 이런 일들이 있은 직후인 1985년 2월 13일 어음부도 사태가 발생했다.

(3) 경과

후쿠오카겐와카이는 다양한 방법을 구사해 도산을 피하기 위해 노력했다. 야마나시와는 달리 지도부 체제는 유지되었고, 부도가 발생한 것은 우연한 사고로 대중자금 모집과 직원에 대한 경제적 협조 요청(하계보너스 제로), 건설회사 등에 대한 어음점프[주9]로 두 번째 부도를 막았다. 약, 진료 재료는 현금으로 구입하고 기타 구매에 대해선 어음결제라는 2중 지불을 계속해, 의료활동을 지속할 수 있었다.

노동조합은 일본이로쿄(당시)의 지원을 받아 두 개의 조합이 공동행동을 하기 위해 2월 22일 공동위원회를 발족시켰다. 노동조합은 이사회에 대해 금번 사건이 발생한 책임을 묻는 한편 대중자금을 모으는 것에 반대하지는 않았다.

대중채권은 46억 엔이 있었고, 이사회의 책임을 추궁한다는 입장에서 '협력채권단 모임'이 3월 26일에 발족했지만, 야마나시와 같은 '채권자상환소동'은 발생하지 않았다. 반대로 이후 1년간 협력채권은 2.5억 엔 증가했다.

후쿠오카 지역연합은 겐와카이 대책위원회를 설립하고, 2월 20일 겐와

주9) 지불기한이 도래한 어음을 어음교환소에 제출하지 않고, 새로운 지불기한을 설정하는 것.

카이 상무회와의 합동회를 개최해 진료재료의 후원, 의사지원 요청을 수락했다. 여러 고민거리가 있지만, 어쨌든 도산이라는 사태를 피하기 위한 판단에서 지원활동에 착수했다.

전일본민의련은 2월 평의원회에서 사태를 보고한 후 대책위원회를 발족했고, 격렬하게 토론했다. '도산은 반드시 발생하기 때문에 법적 수속을 준비하고 야마나시 형태의 재건을 모색해야 한다.'는 의견과, '그러한 판단은 시기상조다. 전일본민의련이 일을 망치는 상황은 피해야 한다.'는 의견이 일반적이었다. 3월 8일에 임시이사회를 개최하고 '겐와카이의 현 국면과 향후 대응'에 대해 의견을 통일했다. 그것은 겐와카이의 상황과 향후 노선에 대한 지역연합의 인식 통일을 촉진하고, 겐와카이가 민의련운동에서 탈락하지 않고 재건해 갈 수 있는 길을 찾아보기 위해서였다. 3월 중순부터는 겐와카이에 대한 전국적인 의사지원을 실행했다.

그러나 겐와카이는 3월 12일 '겐와카이의 역사를 열자'라는 성명서를 발표해 전일본민의련에 대한 비판적인 관점을 분명하게 밝혔다. 전일본민의련은 3월 27일 '민의련신문' 호외를 발행해 겐와카이 문제에 대한 경과자료를 발표했다.

(4) 제27회 총회와 '후쿠오카겐와카이를 민의련방식으로 재건하기 위해'

1985년에 들어서도 겐와카이의 경영상황은 크게 달라지지 않았다. 1984년에는 14억 엔 적자였지만, 1985년에는 하계보너스를 없애는 등 직원의 희생과 노력[주10]을 바탕으로 다양한 회계상의 분식조작도 해 2,800만 엔 흑자를 기록했으나, 정당하게 회계처리를 했다면 적자였다. 어음점프를 반복해서 부도를 방지하는 빈도수가 계속해서 증가했다. 또한 전일본민의련 공제회비마저 지불하지 않고 1986년 1월에는 공제조합탈퇴 의사표시를 해왔다.

주10) 직원 1인당 매월 의료수익 91만 1천 엔(이 당시 전일본민의련의 평균은 71만 6천 엔), 의사 1인당 월 의료수익은 1500만 7천 엔(전일본민의련 평균은 890만 6천 엔)이었다.

이러한 과정에서 1986년 2월 제27회 총회는 '후쿠오카 겐와카이문제와 그 교훈'을 밝혔다. 겐와카이가 위기에 빠진 원인은 오테마치병원의 과도한 건설 때문이었다. 배경에는 '좋은 의료'를 최고의 설비·의료기자재를 사용하는 의료로 왜소화하고, 민의련운동의 발전을 '사업의 확대'로 오해했으며, 사업확대가 지역의료의 민주화를 촉진할 수 있다는 잘못된 생각, 민주적 운영에 대한 경시와 간부 역량에 대한 과신이 있었다고 지적했다.

그러나 겐와카이 집행부는 종래의 입장을 바꾸지 않았다. 총회 후에 전국적으로 진행한 학습·교육이 한창일 때 '민의련신문'의 법인구독을 중단하고, 직원의 압도적 다수가 민의련 방침을 논의할 수 없는 상황을 조성했다. 또한 1986년 5월 겐와카이 평의원회는 "'노선'에 확신을 갖고 전면가동을 향해 단결하자.'라는 이사회 제안 방침을 찬성 다수로 결정했다. 이것은 '노선문제는 실천을 통해 검증해 간다.'는 것으로 전일본민의련과의 대결자세를 분명하게 드러낸 것이다. 전일본민의련은 6월·7월 이사회에서 검토하고, 8월 평의원회에서 '후쿠오카겐와카이를 민의련방식으로 재건하기 위해'라는 이사회 견해를 밝히고 반박했다. 하지만 겐와카이가 사실상 도산 상태였고[11], 파산해도 지극히 자연스러운 일이라고 판단해 회원기관 관리부까지 문서를 배포했다.('민의련자료'에도 겐와카이를 수록하지 않았다.)

이 논문은 겐와카이의 경영 현상을 야마나시긴이쿄와 대비해 분석했으며, 겐와카이의 관리운영문제와 관련해 민의련 경영을 어떻게 볼 것인가, 지역의료의 민주화와 '민주적 의료네트워크'의 관계 등을 밝혔다. 후쿠오카 지역연합은 1986년 8월 제22회 지역연합 총회에서 겐와카이 문제를 전일본민의련 제27회 총회방침의 입장에서 토론하고, 지역연합 이사회를 다시 선출해 사태를 올바르게 해결하는 방향으로 노력하자는 뜻을 나타냈다.

이후 겐와카이는 건설회사에 대한 채무를 은행에서 빌려 대체하는 것에는 성공했으나, 다시 상환이 불안해졌다. 겐와카이가 '민의련다운 재건'의 길을 받아들여 재건에 성공한 것은 1992년이었다.

1980년대 전반의 야마나시긴이쿄의 도산, 도카쓰병원의 도산, 후쿠오

주11) 당시 추계로는 채무초과액이 약 40억 엔이었다.

카 겐와카이의 어음부도라는 세 가지 사건은 '임시행정개혁'의 광풍이 부는 가운데 이에 맞서 대응해야 할 민의련운동의 내부에 심각한 약점이 있다는 점을 분명하게 드러낸 것이다.

전일본민의련은 야마나시 문제로 여념이 없던 활동과정에서 1983년 30주년을 맞이했다. 기념하기 위한 출판물로 [민의련운동의 궤적]을 발행했다.

제2장 1980년대 후반의 민의련운동

1980년대 후반은 진실로 격동의 시대였다. 1985년에 고르바초프가 소련공산당 서기장이 되었다. 1986년 중·참의원 동시선거에서 자민당이 압승해 대형간접세 도입 동향이 강화되어 1987년에 나카소네(中曾根) 수상은 '매상세' 법안을 국회에 제출했다. 이로 인해 일본 전국이 격렬한 대립에 빠지는 사태가 되었고, 통일지방선거에서 자민당은 대패해 다케시타가 후임수상이 되었다. 1989년에 소비세가 도입되었지만, 그해 참의원선거에서 자민당의 과반수가 깨졌다. 한편 같은 해 6월에는 중국 천안문사건, 폴란드 자유선거에서 '연대'의 압승, 11월에는 베를린장벽이 붕괴하는 등 실로 국내외에 많은 사건이 있었다.

의료에서도 1985년 병상을 규제하는 신의료법 제정에 이어, 1987년에는 의료공급체제, 의료내용까지 포함하는 의료비 억제대책을 위한 '중간보고'가 제출되었다.

1986년 제27회 총회(오카야마)는 정세를 '전후 제2의 반동공세'의 시대로 파악하고, 이것에 맞서기 위해 민의련강령에 충실하도록 출발점을 다시 한 번 확인한 총회였다. 즉 민의련은 '결성 당시는 117개 기관에 불과했지만, 현재는 442개 기관, 직원 수 약 2만 8천 명, 그중 의사 수 약 2천 명, '기반조직'의 구성원은 약 백만 명에 달한다.', '이와 같은 발전의 원동력은 우리 운동이 노동자계급을 비롯한 광범위한 근로자계층의 투쟁 속에서 자리 잡아 왔고, 끊임없이 지역의 일하는 사람들의 의료요구에서 출발해 일하는 사람들과 의료종사자가 손을 잡고 투쟁했던 것, 강령을 중심으로 전국적인 통일과 단결을 강화하고 결집해 온 것에 있다.'고 서술했다. 한편 지체되는 내용으로 ① 진료소 활동, ② 민주적 관리운영의 역량 미흡으로 '기반조직'이나 노동조합과의 관계에 영향을 주는 것, ③ 혁신통일전선 활동, ④ 지역연합기능의 네 가지 점을 열거했다.

그리고 '80년대 후반의 민의련운동과제'로 다섯 가지 사항을 제시했다. ① 의료내용의 점검과 병원·진료소 관계의 재검토, ② '기반조직'의 강화, ③ 민의련강령을 중심으로 하는 교육활동과 단결의 중시, ④ 회원기관의 지역연합으로의 단결과 지역연합이사회의 기능 강화, ⑤ 반핵·평화와 혁신통일전선의 강화 등이었다.

이러한 문제제기는 제27회 총회 이전부터 몇 개의 분야에서 검토했고, 꾸준하게 축적해온 작업에 입각했다.

제27회 총회에서 사무국장이 에비스히로노부(戎博信)에서 사이토 요시토(齊藤義人)로 교체되었다. 이사회의 연령 구성에서는 33명의 이사 중에 16명이 40대 이하였다.

1988년 제28회 총회(군마·미나카미: 水上)는 기본적으로 제27회 총회 노선을 이어받아 각 분야의 세부내역을 구체적으로 발전시켰으며, '중간보고노선'에 대립한 총회였다. 또한 이 총회 방침안이 유보 2인만으로 채택된 것에서 알 수 있듯이 민의련의 단결이 진척된 총회이기도 했다.

제28회 총회에서 사무국장이 사이토 요시토(齊藤義人)에서 핫타 후사유키(八田英之)로 교체되었다.

이하 분야별로 1980년대를 돌아본다.

제1절 '기반조직'에 대한 활동

(1) 요구되던 방침화

1950년대 "민의련은 여타 의료기관과 무엇으로 구별되는가"에 대한 토론의 도달점은 "민의련 회원기관은 지역주민의 요구와 운동으로 탄생한 조직이고, 지역주민과의 강한 결합, 즉 대중에 의한 소유와 운영이 민의련의 본질이다."라는 것이었다.

그 후 이 문제는 법인형태의 문제와도 연관해 논의했으며, 1960년대부터는 지역주민과 공동으로 민주적 운영을 실현한다는 입장에서 민주적 대중운영인가, 대중적 민주운영인가 등으로 토론했다. 또한 민의련 회원기관과 지역주민의 조직적 관계를 표현하는 말로 '기반조직'(1966년부터)이라는 말이 있었고, 그 내용으로는 생활협동조합, 생활과 건강을 지키는 모임 등을 포함했다.

1970년대에 들어서 회원기관 건설과의 관련 속에 '친구모임'을 만드는 활동이 활발해졌지만, 대부분은 대중자금을 모집하는 조직으로 국한되었다. 한편 의료생활협동조합은 1970년대에 눈부시게 발전했고, 생협 법인이 아닌 민의련 법인도 이것을 따라 배워 '건강친구모임'을 통한 보건활동, 건강상담반 등의 활동을 했다. 그러나 주로 의료생협 회원기관에서 '조합원은 주인공이며, 기반이 아니다.'라는 비판이 있었으며, 1978년부터는 '민의련 회원기관을 지원하는 조직'으로 불렀다.

그러다가 야마나시 사건으로 인해 이 문제에 대한 보다 구체적인 방침화를 요구하게 되었다.

(2) 새로운 '기반조직'을

야마나시 문제 이전부터 전일본민의련 4역 차원에서 민의련의 '회원기관을 지원하는 조직'에 대한 새로운 방침이 필요하다는 논의가 있어왔다. 1984년 9월에 경영대책부에서 '회원기관을 지원하는 조직'에 대한 설문조사를 시행하고 90개 법인의 실정을 파악해, 의료생활협동조합과 사원, 친구모임을 기반조직으로 이해하는 곳이 많다는 것, 친구모임 형태의 조직도 다양한 활동에 참여한다는 점 등을 확인했다.

1985년 2월 홋카이도, 미야기, 사이타마, 도쿄, 효고 등에서 위원을 선출해 세리자와 요시로(芹沢芳郎) 부회장이 책임자가 되는 기반조직위원회가 출발했다. 위원회는 7월 이사회에 '새로운 기반조직을 강화·발전시키기 위해'라는 방침안을 제출하고, 이사회는 안으로 승인해 9월 14일에 발표했다.

이 방침은 기반이라는 말을 '민의련운동을 쌓아가는 모든 토대, 근본이라는 의미로 이해'하고 '사단법인의 사원조직, 생협의 조합원조직, 친구모임'을 기반조직으로 하며, 생활과 건강을 지키는 모임이나 환자회는 협력관계에 있는 조직으로 규정했다. 또한 생활협동조합과 민의련의 관계에 대해 '상호간에 중복되는 면이 있으나, 성격 차이가 약간 있는' 조직으로 협력·협동관계에 있다고 정리하고, 기반조직은 '소유와 경영참가, 자금참가, 회원기관의 이용, 보건활동'이라는 이제까지의 네 가지 기능에 '사회보장과 지역의료의 민주적 형성, 평화운동'을 추가해 여섯 개의 기능(역할)이 있다고 정리했다.

별도의 지도체계를 갖고 있는 의료생협도 포함해 민의련의 기반을 형성하는 조직으로 주민조직은 민의련조직과는 구별된 '독자적' 조직[주1]으로 지속되고, '민의련운동의 불가결한 구성요소'라고 확인해 조직 담당자 배치, 분반 만들기, 활동가 만들기 등을 수행하며, 민의련회원기관·직원이 이들 조직의 형성, 발전에 책임을 갖는다는 점을 나타냈다. 방침은 전국적으로 환영받았으며, 전일본민의련은 이 문제에 대한 교류집회를 2회(1985년 10월과 1986년 12월) 개최해 1987년 3월에 결정했다.

(3) 법인형태의 차이를 넘어

1986년 제27회 총회방침은 향후 중점과제의 두 번째 항목으로 '여러 기반조직' 강화를 내세웠다. 즉 기반조직은 민의련강령의 '일하는 사람들의 의료기관'이라는 것을 구체적으로 표현한 것이고, '법인형태의 차이를 넘는 공통 과제'에 대한 활동을 확대 강화하기 위해 제기한 것이다.

아자미 회장은 1986년 제2차 교류모임에서 '민의련을 진실로 지키면서 확실하게 발전시켜가는 차원의 전략적 위치부여는 기반조직 강화에 있다.'고 주장했다. 이후 기반조직은 '전략적 과제'로 표현된다. 이해 가을에는 제 1회 '월간 기반조직강화'(10~11월)도 열고, '기반조직과 민의련운동'이라는 교재로 직원학습도 추진했다. 당시 전국월간(활동)은 2년에 1회였으며,

---

주1) 여섯 가지 기능은 현재는 의료, 경영, 사회보장, 인재육성, 조직강화의 다섯 가지 과제로 발전시키고 있지만, 이것은 어디까지나 공동조직 자체의 요구에 기초한 것이다. 의료생협과 민의련의 관계에 대해 말한다면, '중복되는 면이 있는 성격을 달리하는 두 개의 조직'이다.

중간 해에는 각 지역연합 방침으로 활동했다.

제2회 월간 활동에서는 669개의 분반조직이 만들어졌고, 구성원 수 증가는 2만 5,433명, 출자금액 증가는 2억 2천만 엔이었으며, 1989년 3월 31일 단계에서는 사원·조합원 95만 8,886명, 친구모임 31만 3,941명으로 1987년부터 30만 명을 넘어섰다. 전일본민의련은 계속해서 조직담당자 교류집회(1988년, 1989년), 제3회 기반조직문제 교류집회(1988년 9월)를 개최하고, 활동을 추진하는 과정에서 제기된 다양한 문제, 보건예방활동 교류에 대한 희망, 조직의 민주적 운영을 위해 직원은 어떻게 참여할 것인가 등에 대한 전국 경험의 공유를 목표로 했다. 1989년 말에는 33개 지역연합에서 기반조직위원회가 구성되었고, 지역연합 기반조직위원장 회의를 개최했다.

이 방침은 이후 민의련운동에 결정적이라고 말할 수 있는 영향을 주었다. 1992년 이후 기반조직은 '공동조직'으로 불리며, 이것 없이 민의련은 생각할 수 없게 되었다.

제2절 의료활동의 개선과 다면적인 전진

(1) 진료받을 권리를 지키는 '눈과 자세'

제26회 총회(1984년)는 제25회 총회의 '마음이 통하는 의료'를 이어받아, 1983년 초에 민의련의 외래환자 수가 감소했던(마이너스 0.1%) 원인에 대해 노인환자 부담증가, 의료비통지 등에 대응하지 못했던 점을 지적했다. 한편에서는 개방형 병원의 활동 등을 적극적으로 펼쳐, 의료활동의 총론에 '공동작업'을 서술했고, 각론으로 야마나시긴이쿄 도산이 던져준 의료상의 여러 문제에 대해선 제26회 총회의 의료활동방침에는 아직 반영되지 못했다. 경영방침은 도산이 경영문제이기 때문에 재빨리 방침 전환에 착수했지만, 의료활동방침상 '각론' 중에 의료활동의 전환이 달성된 것은 제27회 총회부터였다. 1980년대 후반 민의련은 병원건설과 병행해 진료소에 대한 활동을 강화하고 의료보장이 후퇴하는 가운데 '진료받을 권리를 지키는 눈과 자세'(제28회 총회)를 강조하면서 의료활동을 추진했다.

제29회 총회방침에서는 '눈과 자세'의 실천을 위한 구체적인 사례로 복지사무소에서 이사를 강요당한 환자가 외래처치실에서 '오랫동안 신세졌습니다.'라고 인사한 것에 이상함을 느낀 간호사가 사회복지사에게 연락해 투쟁으로 이사를 저지한 경험(사이타마)이나, 노인의 심장질환 치료나 인공투석 등 필수불가결한 의료까지 심사하려는 움직임에 반발한 경험 등을 보고했다.

(2) 병원·진료소의 균형

병원과 진료소의 문제에 대해서는 제25회~26회 총회기간에 병원은 13곳 증가한 데 비해 진료소는 4곳만 증가했다. 제26회 총회방침은 병원의 충실도에 비해 병상 없는 진료소가 직원의 고령화, 시설의 노후화 등으로 어려움을 겪는 곳이 많아(1985년 설문조사에 의하면 준공 후 20년 이상이 14%, 11~20년이 25%였음), 민의련 내의 연대로도 문제를 해결하지 못하는 점을 지적했다. 1970년대에는 '중장비진료소'를 제기해 일정하게 진전된 곳도 있었고, 1981년에는 '민의련 진료소의 종합적인 강화 발전을 위해'라는 방침도 제기되었지만, 전체적으로 진료소의 강화는 민의련의 '뒤처지고 있는 과제'였다.

그러나 예를 들면 도쿄민의련이 1983년 장기계획으로 다가와센터 병원의 건설과 병행해 30개 진료소 건설을 제안한 바와 같이 진료소를 중시하는 분위기는 강해졌다.

전일본민의련 경영대책부는 1984년 6월부터 진료소 설문조사를 시행하고, 50%가 넘는 151개 진료소의 현황을 집약했다. 1985년 12월에는 제27회 총회의 중점과제로 의사·간호, 의료활동, 경영의 세 부문 합동 프로젝트로 진료소만이 아니라 거점병원도 참가하는 진료소문제 검토교류집회를 개최했다. 이 집회에서 민의련 진료소가 전진할 수 있는 여러 조건을 구비해야 한다고 분명히 제기하면서, 지역특성을 고려한 의료활동과 보건예방활동을 포함한 기반조직 등과의 지역활동 및 의사체제를 지역연합·법인전체의 책임으로 정리할 수 있도록 제기했다.

제27회 총회방침의 제3장 머리 부분에서 '의료내용의 점검과 병원·진료소 관계의 재검토'에 대해 서술했다. 제24회 총회의 장기계획에서 '병원과 진료소의 조화로운 발전'을 제기했지만, 결과적으로는 진료소가 뒤처졌다. 회원기관의 의료내용을 점검해 일차 의료의 강화에 대한 명확한 목표를 갖고, 거점병원의 확충이나 건설은 진료소 충실화를 포함한 계획의 방편이라는 관점을 관철하는 것이 중요했다.

1987년 7월에는 '일차의료파괴 과정 중에 진료소활동의 강화를 위해 (1988년 1월 이사회에서 결정)'라는 방침을 제기하고, 진료소 문제에 대한 검토회의를 개최했다. 진료소는 '지역의료변혁의 거점'으로서 의미를 부여하고, 본인부담금이 높거나 장시간 노동으로 인해 '진료받기 어려운 상황'을 환자와 함께 진료받기 쉬운 환경으로 변화시켜가는 진료소대책조직을 지역연합에서 만든다는 내용도 제기했다.

1988년 12월에도 진료소문제 교류회가 열려, 병상 있는 진료소의 역할, 민의련 공백지역에 대한 건설, 의사정책과 진료소, 기반조직의 역할 등에 대해 지정보고가 있었다. 1989년 2월 평의원회에서는 젊은 의사가 진료소장으로 부임해 진료소를 활성화시키고 있다고 평가했다.

민의련 명부에 의한 회원기관 수의 추이를 보면, 1980~1985년 기간에는 병원이 108개소에서 141개로 33곳이 증가했다. 한편 같은 기간에 진료소 수는 23개밖에 증가하지 않았다. 이것이 1985~1990년 기간에는 병원이 15개소 증가, 진료소는 플러스 46개소(치과 포함. 의원은 +28)로 역전했다. 병원 수는 이후 155개 전후에서 변하지 않았으나, 진료소는 1990년대에 188개소가 증가했다. 말할 필요도 없이 의료법·지역의료계획의 규제 영향이 크다고 할 수 있지만, 동시에 민의련의 진료소 중시 방침이 일정하게 반영된 것으로 해석할 수 있다. 특히 1980년대 후반 진료소 증가가 이를 나타낸다.

(3) 의료활동위원장 회의, 민의련의 의료이념

1985년 9월 지역연합의료활동위원장 회의에 대한 의료활동부(부장 모리야나오유키: 森谷尙行)의 문제제기는 야마나시·도카쓰·겐와카이의 문제를 통해 의문시되었던 민의련 의료활동의 본질이나 이념에 대해 답변을 요구한 것이었다.

즉, 민의련의 의료이념은 일반적인 의료기관과 공통되는 부분과 민의련 독자적인 '의료변혁의 이념'이 있고, 고도의료는 아직까지 환자·지역주민조직 요구에 근거해야만 하는 것으로 고도의료 자체를 자기목적으로 삼게 되면 환자부재·경영주의 등의 왜곡을 초래한다. '누구를 위해서, 무엇을 위해서'를 분명히 해야 회원기관 전체의 의료정합성이 바르게 자리 잡을 수 있다. 민의련 의사의 본질로 '다양한 가치관의 혼재'를 인정하는 것은 가능하지 않으며, 민의련강령에 의한 단결만이 요구될 뿐이다. 의료변혁의 이념에 단결해 의료종사자집단을 형성하는 것이 가장 중요하다는 점이 분명해져야 한다.

1987년 10월 의료활동위원장 회의는 '중간보고' 후의 회의였고, 거기서 제안된 거대병원의 고도의료를 향한 집중화나 자유진료화, 노인의료에 대한 새로운 관점 등에 대립하는 것으로, 의료권을 박탈하는 공격과 투쟁하고 일하는 사람들의 입장을 관철해 생활과 노동에 밀착한 의료활동을 추진하는 것, 노인의료분야에 의식적으로 참여하는 것, 민주적 집단의료의 목적과제를 분명하게 밝히는 것 등을 제기했다.

1989년 12월 의료활동위원장 회의를 향한 문제제기는 '민의련의 의료활동이 달성해야 할 내용을 밝히고, 1990년대의 과제를 제기하는 것'을 목적으로 한 문서였다. '70년대의 전진을 위해'와 '전일본민의련장기계획지침'의 적극성과 한계 등을 분명하게 하면서, 1990년대를 이끌어갈 과제를 다섯 가지로 정리했다.

첫째, 국민의 의료요구를 그 시대에 맞게 이해하면서 종전 직후에는 '저렴하고 차별 없는 의료'를 중시했고, 1970년대에는 '고도로 다면적인 의료'에 대한 요구가 높았으며, 1980년대에는 '진료받기 어려운 상황이나 차별

의료에 대한 불안', '새로운 신뢰관계', '진료받기 쉬운 의료환경'에 대한 요구가 발생했지만, 이것들은 이전 시대의 요구가 사라졌기 때문에 나타난 것이 아니라 누적되는 문제로 종합적으로 대응해 가야 한다는 점

둘째, 결핵, 산재·직업병, 공해, 재가의료 등 그때그때 모순이 집중되는 영역에 대한 운동과 의료실천을 결합해 활동해온 전통을 지키고, 노인의료, 장년층의 건강문제, 환경문제 등 초점이 되는 문제를 중시하는 것

셋째, 환자 기본인권의 존중을 바탕으로 의료를 공동 운영의 관점에서 파악하며, 생활과 노동의 현장에서 질병을 이해하는 등 의료이념을 확립하고, 의사를 중심으로 민주적 집단의료, 기반조직과 협력하는 보건예방활동 등 지금까지 구축해온 민의련 의료를 원칙으로 관철하는 것

넷째, 거점병원이나 기술과제와 관련한 문제에 대해서는 경영문제, 인재육성, 민주적 관리 등 미해결의 내용도 있어 이것을 해결해 가는 것

다섯째, 진료소의 활성화와 신설

또한 의료통계에 기초해 볼 때 민의련 병원은 여타 의료기관과 비교해 중장비를 갖추고 있으며 환자 수도 많아, 민의련 100병상 규모의 병원은 민의련 이외의 200병상 규모 병원에 필적하는 힘을 갖고 있다는 점이 분명해졌으며, 100병상 규모 병원의 적극적 가능성을 서술했다.[주2] 나아가 질병구조의 변화(평균수명은 증가했으나 건강상태는 개선되지 않음)와 의학·의료의 동향을 근거로, 1990년대의 의료개악의 방향을 '영리병원화', '환자의 차별화'와 '의료기관의 격차화'를 특징으로 규정했다.

그리고 1990년대 의료활동의 전진을 위해 과학적이면서 인간적인 민의련의 의료이념을 적극적으로 제기하고, '학습하고, 조사하고, 행동하는' 부서 만들기, 병원의료에서 본래 있어야 할 '토대(의무기록관리, 병리 등)' 만들기, 노인의료 활동, 민주적 집단의료 강화(전직종이 참가하는 증례검토회의 경험 개선 등)를 제기했다.

이 방침의 주요 부분은 제29회 총회방침에 수록되었다.

주2) 21세기에 들어와서도 민의련의 주력은 100병상 규모 병원이다. 규모별 전국 합계에 의하면 의료수익액은 100병상 규모가 가장 많다.

(4) 의료활동조사 실시

전일본민의련은 1985년부터 의료활동조사를 시행했다. 의료단체이면서 민의련의 의료활동을 통계로 파악하려는 시도는 이제까지 몇 번 있었으나, 집약한 내용이 절반도 미치지 못해 '민의련의 의료활동은 이런 것이다.'라고 말할 수 있는 상황이 아니었다. 1985년 9월에 시행한 정기점검조사에는 266개 회원기관의 내용을 수집해 분석한 결과를 약간 일찍 발표했다. 이 조사로 민의련의 의료활동의 특징이 분명해졌고, 그 후에 전일본민의련의 의료활동방침이나 총회방침에 반영해 갔다. 이런 조사를 더 충실히 해가기 위해 이후 2년에 한 번 기본조사를 시행하고, 회원기관의 의료활동에 적극적으로 활용했다. 현재는 후생노동성(구 후생성)과 동 시기에 실시하고(3년마다), 데이터도 비교가능한 내용으로 구성한다.

(5) 환자의 권리선언과 에이즈 예방법

1980년경부터 1970년대 미국에서 있었던 환자의 권리운동이 일본에도 영향을 주기 시작했다. 의료사고를 다뤄온 변호사를 중심으로 환자의 권리선언을 만드는 분위기가 조성되어, 1984년 10월 14일 '환자의 권리선언안'을 발표했다. 민의련은 1984년 12월 16일 의료활동부장 담화에서 기본적인 찬성의견을 표명하고, 환자의 권리가 손상되는 현상을 개선하기 위해 환자와 의료종사자가 손을 잡고 운동해야 한다는 기본방향을 제시했다. 환자의 권리선언 운동을 추진하는 입장에서 '먼저 환자의 권리존중을 의료기관이 스스로 시행하지 않는다면, 공동투쟁은 있을 수 없다.'고 주장하고, 민의련은 '의료의 담당자가 환자를 고려하지 않는 사상과 행동'이 모든 의료기관에서 나타나서는 안 된다는 입장을 강조했다. 이 문제는 차츰 전국 의료기관에서 공통으로 인식해갔고, 1989년에는 전국보험의단체연합회의 '개업의선언'이 나왔다. 환자권리선언 운동은 1990년대에는 환자의 권리법을 제정하는 운동으로 발전해 갔다. 또한 1988년 7월 1일에는 '전국 헤모필리아(혈우병) 친구들의 모임'과 간담회를 갖고 '국가의 책임을 명확하게 하는 에이즈 대책을 – 예방법안에 반대한다'는 취지의 의료활동부장 담화를 발표했다.

(6) 약제 분야 활동

제26회 총회는 의료의 안정성이라는 입장에서 약의 '부작용모니터 제도'에 주목했다. 민의련에서 이 제도는 '같은 환자에게 두 번 이상 동일한 부작용을 경험하게 하지 않는다.'는 것을 목적으로 1977년에 발족해, 후생성 모니터를 훨씬 상회하는 3천 가지 이상의 자료를 축적했다. 1985년 1월 이를 위한 운영위원회가 설립되었다. 같은 해 5월 18~19일 제4회 약사교류집회를 개최해, 보험약국문제나 민주적 집단의료 중에서 약사의 역할 등에 대해 논의했다. 1987년 11월에 개최한 제5회 약제문제검토회에서는 민주적 집단의료의 입장에서 약사위원회에 의사의 참가를 요구해 기능을 향상시키고, 신약채용과 관련해서는 안정성, 유효성, 경제성의 세 가지 점에 대하 신중한 검토를 제기했다. 또한 '제2약국'을 인정하지 않는 규제로 시작된 별도법인에 의한 보험약국에 대해선 지역에서의 역할을 중시하자는 방침을 제기했다.

(7) 학술·연구회 활동

1. 주제 선정

1984년 12월 16일 이사회에서 '학술집담회의 발전강화를 위해'라는 방침안을 결정했다. 이것은 1973년 이후 학술집담회의 성과를 정리하고, '2년에 1회 시행한다.'는 의견이나 운동교류집회와의 관계 등을 검토한 것이었지만, 우선은 현행대로 시간의 경과에 따라 추구해야 할 주제(이때는 '① 암과의 투쟁 ② 노년기를 살린다. ③응급의료 ④ 노동자의 건강문제'를 열거함)'를 시행할 것을 결정하고, 의사참여 등 활동을 강화할 수 있는 방향을 제시했다. 그 후 학술집담회는 '노인의료'(1986년), '장년기의 건강문제'(1987년), '일하는 여성의 건강문제'(1988년), '보다 좋은 세대를 육성하기 위해'(1989년) 등을 메인 테마로 결정해 시행했지만, 의사의 테마주제 응모는 학회우선이라는 현실로 인해 증가하지 않았다.

2. 자주적인 조사·연구

1985년 5월 고혈압과 관련된 활동에 참여하는 의사들로부터 민의련의 네트워크를 살린 전국조사 요청이 있었으며, 전국이사회에서는 처음으로 이 문제를 검토했다. 조사해보면 전국신장병간담회, 호흡기질환연구회, 당뇨병간담회(이것은 가장 오랜 시기 동안 자주적인 교류를 시행해옴), 췌장염연구회, 고혈압간담회, 진동병연구회, 정신과의료모임(이것은 독자적인 민의련정신과 교류회로서 2년에 1회를 기준으로 조직되어, 의사의 연수 등으로 협력을 진행함) 등이 학회 모임 후에 모임을 갖는 방법 등으로 자주적인 교류를 추진했다. 그중에서 민의련 네트워크를 살려 집단 조사연구를 하고 싶다는 움직임이 나타났던 것이다. 이러한 자주적인 연구활동에 대해 이사회가 의무적인 방침을 내는 것은 적절하지 않다는 평가로 인해 '민의련신문' 등에서 소개·보도해, 자주적 활동으로 추진할 수 있도록 받아들였다.

(8) 각 직종의 활동

의사·간호·약제 분야 외의 기술계 직종의 직종별 활동(방사선, 검사, 영양, 의료사회복지 등)도 활발하게 진행했다. 특히 영양 분야는 1986년 3월에 후생성이 병원급식의 외부위탁을 인정하고, '중간보고'에서 '병원급식의 비용부담 내용을 검토하고 동시에 외부위탁 활용을 주선한다.'고 해, 1988년의 '4·1 진료수가개정'(1987년 '중간보고'를 구체화한 개정으로 '6·1개정'에 필적하는 중대성이 있어 전일본민의련은 이때의 개정을 '4·1개정'으로 부름)에서 '특별주문식단'이 특정요양비제도(전액환자부담)로 도입되는 등 의료개악의 하나로 초점이 되었기 때문에 이사회도 중시하고 영양사회는 예전에 없는 활발한 활동을 추진했다. 먼저 1987년 3월 이사회는 '급식외주화에 대한 전일본민의련의 견해와 대응'을 발표했다. 병원급식은 치료의 한 수단으로 직영원칙을 지켜야 할 것이라고 규정하고, 외주화를 구실로 기존의 병원급식이 '급하고, 맛없고, 차가운' 것으로 선전되는 것에 대응해 진료수가 보장을 요구함과 동시에 실천과정에서 환자요구에 대응해 갈 것을 제기했다. 그리고 '적정온도 급식활동에 참여하고 영양식사관리를 추진하기 위해, 적극적인 병실활동을 전개'하자고 주장했다.

'특별주문식단'에 대해서는 영양사회에서 반대서명운동을 추진해, 12만 명의 서명을 받아 각 자치단체 의회 청원, 각 자치단체 교섭활동을 추진했다. 특별주문식단은 1989년에도 10개소밖에 시행하지 않는 등 극히 일부 기관에서만 채택했다. 제29회 총회는 '중간보고노선에 반대하는 직종별 활동의 전형이 되었다.'고 평가했다.

방사선기사는 1980년대 후반 병원건설 급증의 영향으로 1986년 신졸자가 1,254명에 불과했음에도 불구하고 구인은 1만 110명이 넘는 사태에서 알 수 있듯이 전국에서 인력부족 현상이 나타났다. 민의련의 구인은 신졸자의 6%였다. 국가나 자치단체에 기사부족에 대한 대책을 요구하는 활동이 방사선기사들을 중심으로 추진되었다. 응급조치로 방사선기사의 급여를 인상한 곳도 많았다. 방사선 기사 모임은 이 활동과 함께 기사정책 만들기, 간부의 연수 등을 1986년 7월 제4회 방사선기사책임자회의에서 제기했다. 그러나 기사정책은 별로 나아진 것이 없었다.

의료사회복지사는 이 시기 '자격문제'가 부각되었다. 이 문제는 의료사회복지사가 의료기술직인가 사회복지직인가를 둘러싼 논의와 관계가 있으며, 민의련 내에서도 의견통일에 도달하지 못했다. 결국 '사회복지사 및 개호복지법'이 1987년 5월에 통과되었다.

또한 병리검사부도 검사의 외주화가 전국적으로 강화되어 가는 중에 지역연합대표자 회의를 개최하고, 임상과 지역에 밀착해 자신들의 존재의미를 밝혀나가는 방침을 제기하면서 활발하게 활동했다.

(9) 노동자의 건강문제

1. 노동전선의 변화와 새로운 활동

1980년대가 되면서 노동운동에 큰 변화가 나타나기 시작했다. 1982년 '전일본민간노동조합협의회'(젠민로쿄, 全民労協)가 결성되었다. 이것은 독점자본의 다국적기업화와 보조를 맞춘 조직으로 노동운동이 우경화되기 시작한 것을 나타냈다. 이런 흐름에 대항한 형태로 '통일전선촉진노동조합간담회'(도이치로소콘: 統一労組懇, 1973년에 1970년 결성한 '전민주세력의 통일촉진노동조합간담회'에서 발전)가 활동을 강화했다. 1984년 이후 노동자의 건강을 지키는 활동에 대한 민의련과 도이치로소콘과의 간담·협의를 추진했다. 1985년 8월 30~31일 도이치로소콘과 민의련이 공동주최한 '노동자의 건강을 지키는 노동조합·의료종사자 교류집회'를 열고, 아자미 민의련회장이 주최자를 대표해서 기조보고를 해 '건강을 지키고 질병 예방을 달성하는 운동의 출발점으로'라고 호소했다.

노동자 건강에 대한 잡지 발행을 제기했다. 각 지역 단계에서도 교류를 추진했다. 1987년 말 제2회 교류회를 열었다. 전일본민의련의료활동부는 노동자 건강조사·건강진단 매뉴얼을 작성하는 등 적극적으로 활동했다. 1986년 10월 잡지 [노동자건강]은 당분간 전일본민의련에서 발행했으며, 제1호가 나왔다.

1987년에는 유연노동시간근무제 등의 내용을 포함하도록 노동기준법을 개악했다. 1989년 3월 20일에 민의련 산업의의 활동실태에 대한 설문조사를 정리해 발행했다. 이 조사에 의하면 민의련 산업의는 이 당시에 87명, 그중 70명이 활동했다. 그러나 공식적인 산업의로 인정자격을 갖고 있는 사람은 20명에 불과했다. 전일본민의련은 인정제도가 진행되는 상황에 따라 일본의사회의 인정 등을 적극적으로 취득하자고 주장했다.

2. 진동병 활동

진동병 문제는 1986년 10월 진동병 치료지침이 발표되어, 일정기간 동안 산재치료가 중단되었다. 이 문제를 둘러싸고 1988년 10월에 도쿄침구사회의 회장이 '민의련은 산재보험에서 받은 진료보수를 나리타공항 반대투쟁 자금으로 사용하고 있다.'는 등 황당무계한 공격을 했다. 즉시 항의해 흑색선전을 한 본인이 자신의 잘못임을 인정했다.

Chicago Tribune

Final Edition

$1.25 Sunday, November 13, 1988

Japanese live... and die... for their work

By Ronald E. Yates
Chicago Tribune

TOKYO—Like millions of other workers who make up the rank and file of Japan's relentless corporate armies, Satoru Hiraoka was a good soldier—a man who put the company first, the family last and such frivolous ideas as leisure time, weekends off and vacations out of mind.

For more than 28 years, Hiraoka, a middle manager, faithfully put in 12- to 16-hour days, usually working 72 hours and sometimes as many as 95 hours each week at the Tsubakimoto Seiko precision bearing factory in Osaka. Not once did he "take a day off because of illness or because of fatigue or simply because he felt like it. He was, as the Japanese say, a typical *Kyoo-senchi*—a "corporation soldier."

Today, Hiraoka is listed as an official casualty in Japan's war for profits and global economic supremacy—another victim, say doctors, researchers and a growing number of concerned government officials, of an alarming epidemic of enigmatic sudden deaths sweeping the ranks of this nation's hard-driving corporations.

Called *karoshi*, or "death-from overwork," the disturbing phenomenon has been linked directly to too much toil and too little play. It is one reason millions of Japanese are beginning to rethink an almost fantastic devotion to work that has lifted the nation from the ashes of World War II into a position as the world's richest country.

But for Hiraoka, the reflection and research is too little, too late. Last Feb. 23, after putting in a 15-hour day, the 48-year-old section chief came home for his usual late-night dinner with his wife Chieko, 46. An hour later he was dead of what doctors called a "sudden car-

See *Japanese*, pg. 14

'과로사'를 국제용어로 만든 〔시카고트리뷴〕지의 톱기사(1988.11.13일자)

그렇지만 1989년에는 미에켄(三重県)에서 진동병의 중단을 둘러싸고 현의 농촌노조가 민의련을 공격하는 사태가 발생했다. 민의련에서는 '과학적으로 절도있는 태도를 갖춰 대응한다.'는 이와테 사건에서의 교훈을 되살려, 부정수급문제 등은 없었으나 진료활동 충실화는 계속해서 중시해야만 했다.

3. '과로사'

1980년대 말 '과로사'문제가 주목받기 시작했다. 과로사라는 말 자체는 오사카 민의련의 다지리 슌이치로(田尻俊一郎) 등[주3]이 만들었지만, 이후에 국제적인 용어가 되었다. 1988년 4월에 오사카과로사문제 연락회[주4] 주최로 열린 과로사문제 심포지움은 언론의 주목을 받았으며, 4일 후에 '과로사 110번'에는 전화가 쇄도했다. 이 활동은 전국적으로 확산되었고, 민의련도 협력했다. 1988년 10월 후생성은 뇌혈관질환, 허혈성 심장질환에 대한 새로운 '업무상'인정 기준을 제시했다. 내용 자체는 불충분했으나, 운동을 진행하는 과정에서 이 한계를 돌파해 갔다. 민의련의 과로사문제 교류

주3) 다지리 슌이치로(田尻俊一郎) 호소가와 미기와(細川汀), 우에하타 테츠노죠(上畑鉄之丞) 등의 저서 〔과로사〕(노동경제사 1982년)에서 '과로사'라는 말을 사회에 최초로 알렸다.

주4) 1982년 7월 전년 7월에 피해자 유족·변호사·노조·의료관계자로 결성된 오사카돌연사 등 산재인정연락회를 개칭한 것이다.

회는 1989년에 시행했다.

(10) 의료정비와 의료사고 대응

1988년 8월 미도리주지(ミドリ 十字)가 후생성의 승인을 받지 않은 검사 시약을 수입판매해, 국립병원을 비롯한 많은 의료기관에서 미승인 약이라는 사실을 알지 못한 상태에서 사용했다. 민의련에서도 11개 회원기관에서 사용했다. 의료체제 정비에 새롭게 힘을 쏟아야 한다는 점이 또다시 강조되었다. 이 시점에서 지역연합에 의료정비위원회를 조직한 곳은 19개 현 50%였다. 전일본민의련에서도 의료정비위원회를 설립해 12월에 출발했다.

한편 교토민의련중앙병원에서 생활보호환자 구명을 위한 치료에 대해 100만 엔 이상의 삭감이 발생했다. 이에 대해 소송을 제기하는 등 투쟁해 이를 지원하는 내용이 제29회 총회방침에 수록되었다.

1989년 4월 야마나시긴이쿄의 이사와(石和)병원에서 환자가 외용약으로 나간 붕산을 마시는 바람에 사망하는 사건이 발생했다. 이 사건은 크게 보도되었다. 6월 1일 전일본민의련은 긴급하게 '의료정비·안전대책회의'를 개최했다. 회의에서의 문제제기와 '의료사고에 대해'(대책요강)는 전일본민의련에서 처음으로 발표한 공식견해였다. 제29회 총회 시점까지 의료정비위원회를 31개 현에 설치했다.

(11) 공해 활동

'공해문제'는 1980년대 중반부터 '이제 공해는 끝났다.'는 여론조작이 추진되었다. 민의련은 1984년 3월 대기오염공해관련 회원기관 대표자회의를 개최하고, 환경청이 제시한 자료를 분석해 '대기오염과 호흡기'라는 팸플릿을 만들었으며, 각 지역의 대기오염 공해재판에서 주민·환자의 입장에 서서 협력했다. 1986년 10월 중앙공해대책심의회가 공해건강피해보상법의 제1종 지역을 전면해제하는 것으로 응답했다. 민의련은 '공해는 아직 끝나지 않았다.'는 입장에서 항의 엽서운동 등 지역주민과 함께 투쟁했다.

지바, 가와사키, 니시요도카와, 아미가사키(尼崎), 가마쿠라 등에서 공해환자 모임이 중심이 되어 각 지역에서 대기오염 공해재판을 제기했으며, 민의련에서 지원했다. 그러나 한편으로 민간활성화라는 명분으로 추진한 개발행정으로 공해만이 아니라 환경문제가 심각해졌다. 민의련은 1988년 1월 제6회 환경·공해문제 교류연구집회에서 이 분야 활동 강화에 대한 의견을 통일했다.

미나마타병에 대해서는 1987년 10월 '시라누히카이(不知火海)연안대검진'에 의사 96명, 직원 200명이 참가해 1,088명을 검진했다. 1988년 8월에는 쓰루 시게토(都留重人) 씨, 미야모토 겐이치(宮本憲一) 씨 같은 저명한 학자의 요청으로 국제 심포지움에 참가했다. 오랜 기간에 걸친 미나마타병에 대한 활동 중에 구마모토민의련 미나마타병원의 의사 후지노 다다시(藤野糺) 등이 제기한 미나마타의 질병 증세론은 뒤에 미나마타병 재판을 승리로 이끈 계기가 되었다.

(12) 노인의료분야 활동

1. 재가의료분야에서의 선진성

1986년 제27회 총회는 '노인환자의 입퇴원문제가 심각'해지는 점을 지적했지만, 의료의 실천과제로 '방문간호·재가의료의 중시'를 서술했을 뿐이었다. 1988년 '4·1 진료수가개정' 후에는 특히 고령의 입원환자에 대해 '병원에서 내몰기'현상이 나타났다. 민의련 병원에서 퇴원해 노인병원으로 옮겨간 지 수개월 만에 사망하는 사건이 계속 이어졌고, 장기입원환자에 대한 대응은 계속해서 심한 압박을 받았다.

한편 1987년 '중간보고'는 의료공급체계라는 측면에서 의료비억제노선을 노골적으로 드러냈으며, 노인 입원환자 감소·병상축소와 이를 보완하는 조치로 '노인보건시설'(이하 로켄(老健)시설)을 제시했다. 민의련은 1987년 11월 20일 '로켄시설에 대한 민의련의 대응'이라는 이사회 방침에서 '병상축소를 목표로 시도하는 전용 로켄시설에는 단호하게 반대한다. 로켄시설의 설비·인원기준은 열악해 인정할 수 없다. 노인의 장기입원에 대응할 수 있는 병원기능이 필요하다. 지역의료위원회를 만들고, 지역의료구상을 만들어 가는 과정에서 대응해야 한다.'라는 견해를 내놓았다.

1988년 2월 제28회 총회는 '노인의료 분야는 중요한 과제이다.'라고 규정하고, '노인병원을 비롯한 특별양호노인 홈 등의 시설문제에 대해서는 의료구상전체 속에서 논의할 필요가 있다.'라고 서술했다.

같은 해 4월에는 '노인의료검토집회'를 열고, "'노인복지법'자체에 민의련 활동에서 나타나는 노인의료의 이념이 있다.'는 점을 밝히고, '민의련이 장기입원할 수 있는 병상을 확보하고, 이것에 재가네트워크와 특별요양보호시설을 결합해간다.'는 방침을 세웠다. 그 후 민의련이 로켄(老健)시설을 만드는 것에 관해 격론을 벌였다. 8월 평의원회에서는 '장기입원에 가능한 참여한다.', '재가의료를 강화한다. 의료기관과 결합해 공공성 확보가 가능한 방문간호 등 재가의료가 영리위주의 재가의료를 극복할 수 있다는 점을 분명히 한다.' 등으로 규정했다. 앞에서 서술한 바와 같이 실제 민의련의 방문간호는 일본 의료 중에서 선진적인 것이며, 도쿄·야나기와라(柳原)의 재가의료 실천은 후생성에서도 주목했다. 이러한 활동과 운동의 힘으로 방문간호 등 재가의료를 보험진료에 포함시켰다.

노인의료검토 직후 노인환자 등의 실태조사를 시행했다. 전국에서 집계된 입원환자 조사(회수율 55.4%)에서 입원환자의 41.3%가 70세 이상이었으며, 소규모 병원은 노인입원환자의 비율이 높았고, 후생성 조사보다도 재원일수가 짧은 환자가 많았으며, 85.7%의 환자가 여러 질병을 갖고 있어 간호부담이 높고, 퇴원 후의 개호에 40%가 문제를 내포하는 점 등이 명확해졌다.

2. 노인보건시설 참여 보류

제28기 이사회는 노인의료위원회를 설치했다. 이 위원회는 1988년 12월 초기 단계에서 '로켄(老健)시설에 손을 대지 않는 것이 좋다든가 혹은 로켄(老健)시설이 사회적으로 충분히 인지될 수 있다면 조금 더 좋은 것이 가능하지 않겠는가 등의 대기주의는 채택할 수 없다. 로켄(老健)시설로 왜소화하지 않고 병상증가나 특별영양식 등 다면적인 방향을 추구한다.'는 방침을 기안했다. 그러나 이 방침은 이사회를 통과하지 못했다. 결국 1989년 2월 18일 이사회는 '노인보건시설문제를 둘러싼 현단계 민의련의 방침'을 결정했지만, 그것은 전년도 12월 1일 단계에서 전국의 민의련 로켄(老健)시설이 48개 시설 3,156병상을 가동하는 상황에 근거한 것에 불과했기 때문에 대체로 '민의련의 참여는 신중할 필요가 있다.'고 생각했다.

이처럼 로켄(老健)시설에 대한 민의련의 신중한 자세에는 이유가 있었다. 왜냐하면 정부후생성의 의도에 대한 비판과 함께 노인운동단체가 반대입장을 갖고 있는 상황에서 신중하게 대응해야 했기 때문이었다. 그러나 이 시기 민의련 가맹조직 중에는 의료생협을 비롯한 몇 개의 법인에서 검토를 구체화했다.

1989년 12월에 개최된 민의련 제2차 노인의료검토집회에서는 중간시설에 대한 요구가 강하다는 점을 확인하고, '로켄(老健)시설을 검토하는 기관도 있다.'[주5]고 보고했다. 민의련이 로켄(老健)시설 설립에 본격적으로 참여한 것은 제29회 총회부터였다.

(13) 피폭자 의료

민의련은 조직적으로 피폭자 의료에 참여해 왔다. 전일본민의련피폭자의료위원회를 조직해 1984년 5월 12일 제4차 피폭자 의료교류집회를 개최했고, 1985년 1월에는 '피폭자 의료 안내'를 작성했다. 또한 일본원수폭피해자단체협의회(히단쿄: 被団協)에 협력해 피폭자조사에 참여했다. 1988년부터 암검진을 정부제도로 실시하자, 민의련은 여기에도 적극적으로 참여했다. 1989년 11월 제6회 피폭자의료교류집회를 개최했다.

(14) 치과의료

이사회는 1982년 8월 '민의련치과의 활동강화에 대해'라는 방침을 결

주5) 1988년부터 검토해 1989년에 토지를 갖고 있던 나라・오카타니카이(岡谷会)에 로켄시설 '편안한 집'을 마련한 것이 민의련 최초의 로켄시설이었다.

정했다. 치과를 중시하고 치과가 있는 지역연합에 치과위원회를 만들며, 치과가 있는 지역연합간 교류 협력을 추진한다는 내용이었다. 같은 해 12월 민의련치과가 그때까지 활동해온 내용을 역사적으로 정리한 '치과의료를 둘러싼 상황과 민의련치과의 성과와 과제'라는 치과위원회의 방침을 제시했다.

치과경영은 1982년 흑자시설 16곳, 적자시설 15곳으로, 절반 정도 적자상태가 지속되었다. 1983년에는 약간 개선(흑자 22, 적자 12)되었으나, 1984년에는 병원치과를 제외하고, 흑자 14, 적자 13으로 1982년과 같은 상태였다. 1984년 9월 치과경영담당자 회의는 경영의 종합진단을 위해 '경영지표'를 제안했다. 또한 같은 달에 '병원치과의 방향에 대해'라는 방침을 제기했다. 1985년 1월에는 '자유진료실태조사 정리'를 발표했다. 보험진료만을 희망하는 환자가 압도적으로 증가하는 등 당시의 경제상황과 국민의 어려움 증가가 반영되었다. 제27기에 두 명의 치과의사가 전일본민의련이사가 되었으며, 치과부를 확립했다. 소장회의와 경영담당자회의를 매년 연속해서 개최하고 방침의 관철, 교류를 추진했다.

1987년 7월 치과건설방침을 이사회에서 결정했다. 1980년대 치과의 전진은 현저했다. 1978년부터 1988년 기간 중에 치과기관은 4.2배, 치과의사는 4.9배가 늘었으며, 사회보장이나 기반조직 같은 운동을 향한 직원의 참가도 급속하게 증가했다. 제29회 총회시점에서는 29개 지역연합에서 58개 회원기관이 운영되었다.

제3절 '투쟁하는 경영'과 민의련 통일회계 기준

(1) 민의련 통일회계 기준 작성

1985년 경영위원장 회의에서는 경영에 대한 이념·이론활동, 회계기준 만들기의 방향성을 제안했다. 또한 1978년 '시설확대를 성공시키는 새로운 기준'을 개정하고 새로운 방침을 만들 것, 경영 데이터에서부터 대책이 필요한 항목 점검(요대책법인 점검)을 시행하고 일정 수 이상 점검받은 법인에 대해 지역연합을 중심으로 점검할 것, 의료정비긴급대책회의를 프로젝트마다 시행할 것 등을 결정했다.

1985년 [민의련의료] 11월호에서 야마나시 도산문제 등에 전문가로서 협력한 공인회계사의 집필로 '민주적 경영의 기초'를 연재하기 시작했다. 회계제도를 확립하지 않은 상태에서 경영이라는 것은 '사상누각'에 불과할 만큼 의의를 갖고 있다. 그러나 야마나시 이전의 민의련에서는 감가상각을 하는 곳이 없었으며 상각의 방법도 정률법, 정액법으로 기준 없이 각각 달랐다. 퇴직충당금도 '이익이 나면 시행한다.'는 곳도 있어서, 통일된 기준이 전혀 없었다. 더군다나 경영상황을 완전히 유리처럼 투명하게 직원, 지역사람들에게 공개하는 곳은 그렇게 많지 않았다.

이 운동은 큰 반향을 일으켜 공인회계사를 초청한 학습회를 여는 곳이 차츰 증가했으며, 회계사에게 경영조사를 의뢰하는 건도 급증했다. 조사에 의하면 그때까지 수억 엔의 누적적자라고 알려져 있던 기관이 실제로는 10억 엔을 넘는 것이 밝혀지는 등 큰 문제가 드러난 기관도 두세 곳 있었다. 경영대책부는 제27기에 경리위원회를 설치하고, 민의련통일회계기준 규칙의 작성을 추진했다. 민의련 회원기관 중에서 법인 수로는 50%를 넘는 생협법인에서는 일본생협연합회 회계기준이 있어서 병원회계기준과는 약간 차이가 있었다. 그러나 그것은 주로 배열의 문제였고 분개의 내용으로는 통일이 가능하다고 판단되었기 때문에, 병원회계기준에 민의련의 특수성을 추가해 민의련통일회계기준 안이 1987년 11월 9일 경영위원장 회의에서 제안되었다. 이 기준은 전국적인 검토를 거쳐 1989년 3월 이사회에서 결정했다. 이에 따라 민의련의 '민주적 경영의 기초'를 확립할 수 있었다.

(2) 투쟁하는 경영노선

1985년 1월 전일본민의련 간부학습궐기대회에서 경영대책부장이 '투쟁하는 경영'의 결의를 표명했다. 민의련이라고 해도 의료와 관련된 법률이나 진료수가, 시설·인원기준을 무시하는 것은 가능하지 않다. 결국 민의련이 지향하는 좋은 의료에는 한계가 있을 수밖에 없다. 따라서 부족한 부분은 정부에 요구해 투쟁으로 쟁취해야 한다. 이러한 경영자세를 '투쟁하는 경영'으로 불렀다.

(3) 기타 경영활동

민의련 경영은 흑자법인비율이 최고점에 달했던 1986년 80%에서 1987년 72.4%, 1988년 60.5%, 1989년 45.5%로 급격하게 악화되었다. 병상이 증가하지 않는 상황에서 입원환자 수 부진과 장기입원에 대한 수가의 대폭인하, 검사 통합 등으로 1980년대 전반 수익증가에 기여했던 입원매출이 증가하지 않았으며, 이로 인해 지출증가가 수익증가를 상회했다. 진료소는 나름 선전했지만, 병원의 적자를 극복할 수가 없었다. 특히 도시지역에서 본격적으로 나타나기 시작한 1989년 경영악화는 그해 여름부터 심각하다고 판단했지만, 구체적으로는 제29회 총회에서 처음으로 큰 문제가 되었다.

또한 1987년에는 일본이로쿄(医労協)가 협의체에서 연합체인 일본의료노동조합연합회(이로렌: 医労連)로 바뀌었고, 1989년 말에는 '렌고'(連合 ; 일본노동조합총연합회)와 젠로렌(全労連 ; 전국노동조합총연합)을 결성했다. 1988년에는 이로렌 중에 민의련지회가 설립되었다. 1988년 '4·1개정'의 영향이 컸기 때문에 전국적으로 경영상황은 악화되었다. 이로렌의 산별투쟁 강화노선으로 1989년 춘투에서는 전국적인 가이드라인을 제시해 많은 곳에서 파업이 발생했다. 이때부터 민의련의 노사관계는 긴장상태로 변해 갔다. 또한 당시는 아직 거품경제 시기였기 때문에, 민의련운동의 후계자가 될 사무직원의 확보가 상당히 어려웠다. 사무계열의 학생대책 필요성이 1989년 경영위원장회의에서 제기되었다.

제4절 의사·간호분야의 분투와 교육활동

(1) 종합과제를 담당하는 의사집단 양성하기

1. 제27회 총회의 관점

1986년 9월 지역연합 의사위원장회의에서는 제27회 총회의 관점으로 부터 지역연합 장기계획을 어떻게 개선해 의사정책을 수립할 것인가에 대한 문제제기가 있었다. 즉 '① 의료내용을 병원·진료소 균형과 종합적인 환자요구에 대응하는 입장으로 개선하고, ② 겐와카이 문제 등 전국적인 교훈을 배우며, ③ 상황을 투쟁하는 관점, 전국·지역연합의 관점에서 파악한다.' 등이다. 또한 이미 1984년 '의사정책 확립을 위해'에서 '센터병원은 300병상 정도로 하고 남는 힘을 외부로 향해야 할 것', '그 이상을 지향하는 경우는 지역연합과 심도 깊은 합의를 해야' 한다는 문제를 또다시 강조했다. 센터병원에서는 각 분야의 질·양 관계, 지역연합에서의 역할, 사람을 육성해 일차의료기관에 보내는 역할을 분명하게 규정했다. 그리고 의사위원회는 베테랑·중견·신입의 3자로 구성해 의사집단의 역할을 일상진료나 의료활동의 틀에 머무르지 않고 민의련의 종합과제를 담당하는 의사집단으로 양성해가야 한다고 규정했다. 실제로 이 당시에는 신입의사의 진료소연수가 종합적인 역량을 키우는 현장으로, 홋카이도 진료소장 로테이션 연수에서 학습한 내용이 급속도로 전국에 보급되었다. 1987년 청년의사교류집회에서는 진료소연수를 제도화하는 곳이 11개 지역연합으로 보고했다. 제27기에는 도호쿠, 간토, 긴키, 도카이(東海), 호쿠리쿠 등 지방마다 광역 의사위원장 회의를 개최했으며, 각 지역연합 내부사정을 포함하는 상세한 내용을 교류해 상호지원도 활발해졌다.

2. 중견의사의 고민

그러나 청년의사교류집회에서도 지도를 담당하던 중견의사의 너무 바쁜 일정과 퇴직이 문제가 될 만큼, 1980년대 후반에는 의사의 퇴직문제를 중시하지 않을 수 없었다. 여기에 대해선 민의련 의사들의 세대문제도 포함되어 있다. 1960년대까지 민의련에서 활동했던 의사들과는 달리 1960년대 말부터 민의련에는 학생운동을 경험한 신임의사가 대량으로 입사했다. 말하자면 신세대 의사들이었다. 이들은 자신들의 연수조건(병원건설, 타지역 유학 등)을 구축해 병원이나 전문분야의 선두집단이 되었다. 이 중견의사들은 제1세대와는 다른 고민을 안고 있었다.

중견의사 교류집회는 1986년에 제5차, 1988년에 제6차가 열렸다. 제5차에서는 '병원의 전체적인 방향이 보이지 않고, 너무나 바쁘고, 자신에 대한 존재의미를 찾을 수 없다.' 등의 어려움을 어떻게 해결해 갈 것인가라는 관점에서 '따뜻한 인간관계 확립'과 '횡적 유대'를 강화할 것'이라는 내용이 제기되었다. 제6차에서는 전회 이후의 실천 내용을 교류하고, 중견의사들의 독자적 모임 제도화, 휴진이 보장되는 의국회의, 의국에 대한 사무간부의 배치 등을 보고했으며, '탄식'에서부터 '어떻게 갈 것인가?' 등에 대해 전향적인 토론이 이루어졌다. 또한 1987년 7월에는 대규모 의국교류회가 열려 대규모 의국의 민주적인 운영, 전국·지역연합 과제를 어떻게 실천해 갈 것인가에 대해 의견을 교환했다.

1988년 의사위원장회의는 전무 등의 경영간부 참가도 이루어져, 계속 진행해온 장기계획이나 의사정책을 주요 의제로 개최했다. 특히 대규모병원의 의국에서 어떻게 민의련으로 결집해 갈 것인가에 대한 문제의식이 있었다. 당시 지역연합의 '의사정책'은 방침을 결정한 지역연합 14곳, 착수한 곳 14곳, 미착수 9곳이었다. 이 회의에서 민의련 의사집단은 전환기에 처해 있어 지금까지의 연장만으로는 어려움을 해결할 수 없으며, 문제해결을 위해 조직의 모든 힘을 다해 활동해야 할 것이라고 주장했다.

3. 전문의 법제화와 전문의 인턴

1988년 2월 후생성의 '진료과목 표시에 대한 검토회'가 보고서를 제출했다. 이것은 '중간보고'의 구체화였으며, 의사가 표방할 수 있는 진료과목을 세 그룹으로 분류하고, 그중 두 그룹의 전문과목은 인정받은 전문의에게만 인정한다는 내용으로, 차기 의료법 개악의 핵심내용 중의 하나였다. 이러한 내용이 관철될 경우 의사들의 분열과 격차를 초래하고, 전문의 진료과에 특정요양비를 인정한다면[주6] 환자부담도 증대한다. 전일본민의련 이사회는 7월 '진료과목 표시 개정을 수반하는 전문의제도 법제화에 반대하며, 자유표방제도의 원칙을 준수해야 한다.'는 성명서를 발표했으며, '민의련신문'호외에서 제도의 목적을 널리 홍보했다. 개업의나 학회 중에도 이 호외를 이용하는 등 큰 반향을 야기했으며, 팸플릿도 5만 부 발행했다. 10월 15일에는 전일본민의련 의사부에서 '전문의 법제화에 대한 약간의 견해와 당면한 운동의 진로'라는 방침을 제기했다. 이것은 한층 더 의사회를 향한 활동을 강화한다든가 이 문제에 대한 심포지움을 개최한다든가 해서 운동을 강화함과 동시에 민의련 내부에 나타난 학회인정제도에[주7] 대한 갈피를 못 잡고 있는 것에 대해서도 전문의 인정제도와 전문의 법제화를 동일하게 보지 않고 민의련의 의사가 학회가 인정하는 전문의를 취득하는 것은 한마디로 부정할 수 없다고 설명했다.

1989년 2월 평의원회에서는 전문의 법제화를 시행할 수 없을 것으로 전망한다고 평가했다. 그러나 6월 14일 후생성의 '의료관계자 심의회 임상연수부회'는 자격취득의 조건으로 '2년간 기초연수를 이수한 자'로 하는 의견서를 제출했다. 이것은 임상연수의무화의 전제조건으로 신분상이나 경제적 조건, 자유롭게 연수할 수 있는 조건 등에 대한 보장이 전혀 이루어지지 않은 상황에서 제기된 주장이었다. 전일본민의련은 즉시 이것을 '전문의 인턴'제도라고 지적하고, 전문의 법제화 반대운동과 하나로 투쟁했다. 이 운동은 전문의 법제화와 전문의 인턴이라는 후생성의 의도를 중단하게 만들었다.

4. 어려움이 증가한 의학생 대책

신임의사 영입은 1986년 155명, 1987년 176명, 1988년 138명, 1989년 169명이었다.[주8] 이 당시에는 연 2회 의학생 영입대책회의가 열렸고, 졸업생 대책에 대해선 대규모 활동으로 확대했다. 1998년 2월 영입대책회의에

주6) 일부 학회에서 전문의에 대한 일본에서의 평가가 낮다고 주장하면서 이런 내용을 요구했고, 이를 후생성이 이용한 것이다.

주7) 1970년대에는 6개의 학회에 전문의인정제도가 있었지만, 1980년 후반에는 39개 학회로 증가했다.

서는 이 단계에서 1988년 졸업자가 최근 가장 저조했기 때문에 활동수준을 높여야 할 필요성에 대해 문제를 제기했다. 또한 의학생 전담자의 복수화를 추진하는 한편, 아직 겸임하는 곳도 있다는 문제가 지적되었다. 같은 해 9월 제2차 회의에서는 1989년 졸업자의 예정인원이 142명으로 전년보다는 증가했지만, 200명이라는 목표에는 한참 모자랐다. 의학생 설문조사 등을 보아도 정치와 의료는 관계있다는 답변이 많았으며, 신입생의 80%가 핵전쟁의 위험을 느끼는 등 적극적인 변화도 있다는 점을 인식했다. 한편으론 영입담당자의 세대교체도 추진해 새로운 문제가 발생한다는 점도 인식하고 있어, 이후 '의학생 대책 안내'(영입의 의미와 담당자의 임무, 영입활동을 위한 기초지식과 활동 매뉴얼)도 만들었다. 1989년 2월 평의원회에서는 '모든 지역연합에 의학생대책 전담자를 두고 모든 방문활동을 강화해야 한다.'고 보고했다.

5. '의사정책의 현단계와 1990년대를 향한 과제'

1989년 9월 의사위원장 회의에서는 '의사정책의 현단계와 1990년대를 향한 과제'라는 제목으로 보고가 이루어졌다. 이것은 우선, 전통을 계승해 투쟁하는 의사집단 양성을 추진한다는 입장에서 민의련다운 의사연수와 세대별 중점과제를 분명하게 했다. 기초연수와 청년의사에 대해서는 연수위원회의 정기화 등 연수실적을 파악할 수 있는 체제를 정비하고, 연수의사모임, 지역연합 청년의사 모임 등 조직화를 추진했다. 또한 전문연수 전후의 의사, 8~10년의 경험 있는 중견의사에 대해 각각의 특징을 분석하고 과제를 제기했다.

의사정책에 대해서는 민의련이 지역에서 담당하는 역할을 어떻게 확대 강화해 갈 것인가라는 입장에서 지역연합의 장기계획을 구체화해 가기 위한 여러 조건을 의사집단 속에 확립하는 것이 의사정책이라고 규정했다. 제29회 총회까지 의사정책은 20개 지역연합에서 만들어졌다. 이러한 문제제기는 제29회 총회방침에서 '민의련운동의 발전과정에서 강령으로 단결

주8) 실제 의학생대책회의의 보고에 따르면, 이것은 그해에 의사면허를 취득하고 민의련에 참여한 의사 수와는 다르다. 국가시험과 관계가 있다.

한 지역연합 의사집단의 형성은 결정적으로 중요한 의미를 갖는다.'고 자리매김했다.

(2) '간호실태보고서'와 간호사 증원운동

1986년 신임 간호사 영입은 천 명을 목표로 했으나 647명으로, 전년대비 85%에 머물고 말았다. 이해 7월에 개최한 지역연합 간호위원장회의[주9]는 1985년 기타큐슈병원의 기준간호비용 부정청구사건이나 아이치 현의 기준간호병원에서 환자에게 욕창이 발생한 경우 환자 손해배상청구를 인정한 사건 등에 의한 감사강화 동향을 중시하고, 간호체제 확립을 강조했다. 영입대책에 대해서는 '전담간호사 배치 수준 적정계획'을 강화하고, '하고 싶은 간호'와 '할 수 있는 간호'의 차이를 분명하게 밝혀 투쟁과제를 선명하게 하도록 제기했다.

1987년 신임 간호사 영입은 815명으로 진년보다 증가했다. 같은 해 간호위원장 회의에서는 일상간호활동 향상 대책, 진료소 중시, 환자와 함께 투쟁하는 과제 등을 제기했다. 또한 1985년에 재개된 전국규모의 간호부장 연수는 참가대상 인원 수가 많기 때문에 전국규모 개최는 제6차가 되는 이해를 마지막으로 종결하고, 이후에는 각 지역단위에서 시행하도록 했다.

1988년 영입은 1월에는 733명으로 보고되었지만, 4월에는 567명으로 후퇴해 상황이 아주 안 좋았다. 이 무렵 의료법과 관련해 건설을 추진하여 전국적으로 병원과 병상을 경쟁적으로 건설했고, 간호사 확보경쟁은 더욱 치열해졌다. 1988년 8월 평의원회는 '회원의료기관 건설의 진행과 관련해서 간호사를 확보할 수 없어, 병동가동이 지연되는 등 부족상태는 심각하다.'고 서술했다. 영입활동 강화를 위해 전 직종에서 간호학생 대책을 구성하고, 간호 부문 전체가 참가해 청년간호사에 의한 고교생 간호사 일일체험 같은 대책을 강화할 것을 강조했다. 다음 해 2월에는 전년보다 후퇴한다고 우려하는 상황이었으나, 최종적으로는 645명을 영입해 약간 증가했다.

주9) 이해부터 지역연합 간호책임자 회의를 간호위원장 회의로 변경했다.

1987년 4월 후생성의 간호제도검토회의 보고서는 전문간호사, 방문간호사, 관리간호사 인정제도를 만들고, 간호제도의 3중 구조(보조인력 대량 도입, 실무간호사, 전문·관리간호사) 도입계획을 제출했다. 민의련은 간호집단 중에 차별과 분열을 초래할 수 있다는 취지에서 비판했다. 현실적으로는 간호사가 절대적으로 부족해졌다. 민의련도 이러한 상황을 중시하고 간호사 증원운동에 힘을 쏟았다.

1988년 이후 민의련은 이로렌과 협력해 각 지역에서 간호사증원 교섭을 추진했고, 27개 지역에서 교섭이 이루어졌다. 또한 부족실태, 간호노동의 어려운 상황을^{주10)} 세상에 알리기 위한 '간호실태보고서' 활동을 정력적으로 수행했다.

(3) 교육활동

1. 민의련운동의 후계자를 양성하기 위해

전일본민의련의 총회방침을 배우기 위한 월간교육학습 운동은 제24회 총회까지 시행했지만, 이후 4년간은 시행하지 않았다. 야마나시 문제 후에 중시했던 것 중의 하나가 민의련운동 담당자로서 직원의 레벨을 상승시키는 문제였고, 앞에서 서술한 바와 같이 교육활동을 중시했다. 1984년 12월 제27회 총회를 위한 준비활동 과정에서 교육설문조사를 시행했다. 조사에 의하면, 81%의 지역연합에서 정기교육을 시행했고, 일 년에 한 번 제도화된 교육을 지향하는 곳이 더 많아졌다. 일정 규모 이상의 법인에서는 교육담당자를 배치했다.

1985년 11월 전일본민의련교육담당자회의는 이러한 진전된 상황을 확인하는 한편, 제27회 총회 후에는 월간교육 시행을 제기했다. 그리고 제27회 총회방침에 '민의련강령을 중심으로 교육활동과 단결의 중시'를 제창했다. 즉, 민의련의 확대에 따라 직원의 의식도 다양화하는 과정에서 민의련강령의 사상을 전체적으로 확산시켜 가는 것을 강조했다.

주10) 이 당시 간호는 3D(더럽고, 힘들고, 위험한) 업종의 대표적인 것이었다.

이 당시 민의련강령의 '일하는 사람들'을 둘러싸고 전일본민의련이사회 등에서 일정한 논의가 있었다. 민의련강령은 '일하는 사람들의 의료기관'이라는 말로 존재의의를 간결하게 나타냈지만, '일하는 사람들'을 노동자계급으로 이해하려는 총회의안을 수정해, 새롭게 '광범위한 노동자, 농민, 근로시민 등 일본의 민중이다.'라는 해석을 확인했다.

2. 교육요강의 개정

1987년에는 처음으로 교육용 비디오를 만들었다. 또한 1979년에 제정한 교육요강을 수정해, 신입직원에서부터 관리자에 이르기까지 5개 층으로 구별한 교육제도 방침안을 제기했다. 이것은 1989년 4월 이사회에서 결정했다.

또한 이 당시에 '교육활동과 직장 내 교육의 강화·발전을 위해(안)'를 제기하고, 민의련판 OJT(On-the-Job Training; 기업내교육)에 도전하기 시작했다. 이것은 직장의 총괄과 방침 만들기, 업무지도 중에서 교육적 관점을 관철하기 위한 대응에 대해 구체적으로 서술한 것이다. 전국적 차원에서 연구회도 충실해졌다. 1987년 11월 제1회 최고관리자연수회를 개최했고, 사무관리자연수회, 교육담당자연수회를 정기적으로 개최했다.

청년잼보리는 1980년대 후반에 1천 명을 넘어서는 큰 집회가 되었다.

또한 1988년 제28회 총회방침에 직원의 건강문제가 등장한 점이 주목받았다.

제5절 사회보장·평화·정치과제를 향한 활동의 중시

(1) 노인보건법과 고쿠호(国保)개악

1985년 새해가 밝자마자 전일본민의련은 신속하게 전국의 법인 이사장·전무 등 경영간부를 소집하고, '국민의료위기 돌파 민의련간부 대학습 궐기집회'를 개최했다.

이해는 전국 75%의 지방자치단체에서 국민의료보험료를 평균 10% 인상했다. 체납자가 증가해, 보험증이 발급되지 못하는 사태가 발생하기 시작했다. 민의련은 1986년 2월 제27회 총회에서 당면 중점과제로 노인의료와 함께 고쿠호(国保) 문제를 제기했다. 1985년 4월 18일에 '건강보험 본인 전액부담 부활·의료법 개악 반대·국민의료개선 의료단체연합 통일행동'을, 5월 30일에는 '노인의료비 정률부담 반대·국민의료보험료 인상 반대 중앙궐기집회'를 주최했다.

1985년 7월 대장성은 노인의료비 환자부담을 5%의 정률부담으로 해야 한다고 주장했고, 이 내용이 보도되었다. 후생성 노인보건심의회는 '정액제의 강화'로 답변했다.

결국 후생성은 노인보건법의 개정에 대해서는 가입자 분담률 100%와 환자부담 인상, 노인보건시설을 1986년 예산에 이미 반영했다. 민의련은 1985년 가을 이후 2년에 걸쳐 노인회 등 2만여 단체에 의견을 제기하고, 44회에 달하는 국민청원행동을 조직해 253만 명의 서명을 받았다. 1986년 국영철도 민영화법안으로 인해 법안의 심의가 지연되었고, 이후 6월에 임시국회가 해산되어 일단은 폐기되었다. 그러나 7월 중의원 참의원 동시 선거에서 자민당이 압승해, 법안은 1986년 12월에 통과되었다. 노인환자 부담은 외래 월간금액이 500엔에서 800엔으로, 입원은 하루 300엔에서 400엔, 2개월까지가 무기한으로 되었다. 가입자 분담률 100%의 영향은 대단히 컸다. 겐포(健保)조합은 1987년, 1988년에 전체적으로 적자를 기록했다. 노인보건시설은 1987년에 7개소에서 모델사업을 진행하고, 1988년부터 정식 사업을 개시했다. 국민의료보험법 개정안은 다음 해 1988년 5월에 통과되었고, 재정을 안정화시키기 위해 '국민의료보험 안정화계획'을 의료비가 높다고 지정된 지방자치단체가 만들도록 의무화했다. 보험료체납자에 대한 제재조치로 '자격증명서'를 발행해 국민개보험제도에 커다란 구멍이 뚫리게 되었다.

1988년 5월 21일 이사회는 '생명을 위협하고, 고쿠호(国保) 해체를 추진하는 국민의료보험법 개악에 항의한다.'라는 성명을 발표하고, 각 지역에서 국민의료보험료 감면신청을 시행하는 등 비참한 사태를 야기하지 않도록 투쟁할 것을 호소했다. 같은 해 8월 평의원회에서는 많은 곳에서 자격증 발행을 저지하는 점을 평가하고, 투쟁 확산을 제기했다. 10월 21일 '민의련 신문'에는 교토에서 보험증 미교부로 인해 두 명이 사망했다는 보도가 있었다. 이후에도 고쿠호(国保) 문제는 후술하는 공동행동 현지조사처럼, 인권을 지키기 위한 투쟁으로 진행해 갔다.

1987년 9월 1일 제1회 전국고령자대회가 열렸다.

(2) 전직원을 대상으로 한 사회보장학교

1986년 8월 평의원회에서 이해 9월부터 다음 해 2월 말까지 전 직원을 대상으로 사회보장학교 참여를 결정했다. 사회보장 학습 텍스트 '사회보장과 민의련운동'을 제작하고 중앙사회보장학교에서 강사양성을 진행해, 강사 자격을 획득한 직원은 2천 명을 넘었다. 최종적으로는 67%가 졸업했다. 이것은 그 후의 '중간보고노선'과의 투쟁이나 1989년 '국민의료를 지키는 공동행동'의 큰 힘이 되었다.

(3) 의료법 제1차 '개정'과 국립병원의 통폐합계획

정부는 1981년에 '병상규제'에 대한 의도를 분명하게 밝히고, '지역의료계획'을 규정한 의료법 제1차 '개정'안을 1983년 3월 국회에 제출했다. 의사회가 의료에 대한 관료통제라고 저항했으나, 법안에 대한 심의는 지속되었다. 민의련 등의 민주세력도 반대운동을 확대하긴 했으나, 일본의 병동은 지나치게 많다는 후생성의 캠페인의 영향이 커서 여론을 크게 변화시키지는 못했다. 1985년 3월 법안은 통과되었다. 민의련은 각 지역의 혁신자치단체 만들기와 힘을 합해 지역의료계획에 주민요구를 반영시켜 민주적인 내용을 반영하게 하는 방침을 제27회 총회에서 제기했다. 지역의료계획은 1989년 3월 모든 지역에서 작성되었다. 1985년부터 민의련을 포함해 '경쟁적 병상확대'가 가속화되어 1990년대까지 5년간에 17만 병상이 증가했다.

정부는 1985년에 10년간에 걸쳐 국립병원을 239개에서 165개로 삭감하는 계획을 발표했다. 개업의사의 신규참여도 10% 삭감(1995년까지)하겠다는 계획도 발표해 의료공급체제 측면에서 의료비 삭감계획을 본격화했다.

민의련은 주민이 스스로 필요하다고 판단해 의료기관을 만드는 것은 권리라는 인식을 바탕으로, 가능한 곳에서는 주민운동으로 병원을 만들어간다는 입장으로 투쟁했다. 실제로 1988년 도쿄에서는 다치가와소고(立川相互)병원을 주민 12만 명의 서명을 모아, 병상증설에 반대하는 의사회의 자세를 변화시키고 113병상 증설을 쟁취했다.

(4) '중간보고'를 파헤치다

이러한 흐름 중에 후생성 국민의료종합대책본부(본부장은 차관)는 1987년 6월, '중간보고'를 발표했다. 이것은 의료이념으로 '양질의 효율적인 국민의료'를 내걸고, 병원을 만성병원과 급성기병원으로 분류해 장기입원 시정, 재가의료 중시, 보험의 등록갱신제, 병원급식 외부위탁 촉진 등 실로 의료공급시스템의 종합적인 '개혁'을 목표로 했다.

전일본민의련은 이를 중시하고, 이사회 내에 프로젝트 팀을 만들어 비판작업에 착수했다. 〔후생성 '중간보고'를 파헤친다〕라는 정책자료집을 이해 10월에 발행했다. 이 팸플릿은 민의련이 아닌 기관에도 광범위하게 보급되었으며, 민의련의 정책활동으로 새로운 경험을 갖게 했다. 나중에 의료법의 '의료제공의 이념'으로 알려진 '양질과 효율'이라는 개념이 '단기입원'을 양질의료로 평가하고 병상삭감을 의도하는 것이라는 점, 의료에 대한 관료통제를 목표로 한다는 점 등 의료공급측면에서 의료비 억제노선 그 자체라는 비판은 핵심을 지적한 것이었다. 이후 '중간보고노선'이라는 말이 민주운동 중에 정착해 갔다.

민의련은 1987년 8월 평의원회에서 '후생성의 '중간보고'노선에 반대하는 대투쟁으로 전직원을 내세우자.'는 주장을 제기했고, 12월 확대투쟁위원회에서 투쟁의 기본방침을 확립했다. '중간보고'의 상당 부분이 진료수가 등 행정조치로 일방적인 강행위험이 있기 때문에 학습을 추진하면서 현장의 사례에 입각한 요구와 정책을 내세우고 지역에 공동조직을 만들어간다는 점을 제기했다.

1988년 '4·1 진료수가개정'은, '중간보고'를 상당히 구체화한 것이었다. 예를 들면 기준간호 특3등급(2대 1간호)을 신설했지만, 처음부터 평균 재원일수 20일 이내라는 제한을 달았다. 또한 입원 기본료만이 아니라 간호료에도 입원이 길어지는 경우 수가를 삭감하는 '체감제'가 도입되었다. 이에 따라 노인 등 장기입원환자의 '강제퇴원'이 가속화되었다. 민의련은 이 진료수가개악의 내용을 널리 선전하기 위해 팸플릿을 만들고, 4만 6천 부를 보급했다. 1988년 6월에는 '중간보고'노선과 투쟁하는 조직자 양성강좌를 개최했다.

(5) 1989년 국민의료를 지키는 공동행동

후생성은 1988년 초부터 1990년에 의료법의 제2차 '개정'(급성과 만성의 병상 구분, 전문의 법제화, 진료소와 병원의 필요조건 개정, 중간시설의 설치 등을 과제로 열거함), 노인보건법의 개정(노인 의료비부담의 정률화, 진료수가의 정액화), 국민의료보험법의 개정(복지의료제도 외) 등 여러 현안을 1990년에 집중해 '90년 결전'을 주장하기 시작했다.

이에 대해 민의련은 1988년 7월 협의 이후 정기적인 협의를 진행하고, 후생성이 의도하는 1990년 결전에 선제적인 반격을 하기 위해 보다 광범위한 민주단체와 함께해 '89년 국민의료를 지키는 공동행동'을 진행할 것을 결정했다. 민의련은 이 공동투쟁의 사무국을 맡았다. 공동행동 참가의사를 표명한 단체 간에 수십 회에 걸쳐 논의하고 4개 항의 요구 서명서를 만들었다.(① 정부와 대기업이 부담해 모든 보험으로 진료비 100% 보장, ② 고쿠호(国保)가입자 전원에게 보험증을, ③ 안심할 수 있는 노인병원 만들기, ④ 의료영리화 반대) 또한 이것과는 별개로 각각의 단체 요구에 대한 상호간의 이해를 심화하고, 13개 항목의 구체적인 통일요구사항을 확인했다.

나아가 1천만 명 서명을 1년간 추진하자고 제기했다. 도치기(栃木) 이외의 모든 지역에 '공동행동'을 추진하는 체제를 구축했고, 지방에서는 렌고(連合)계의 노동조합에서 협력하기로 했다. 공동행동의 각 지역 대표자 회의를 개최했다. 서명은 930만 명에 달했고, 민의련은 390만 명의 서명을 받았다. 공동행동으로 고쿠호(国保)문제나 국립병원 통폐합이 문제가 되는 곳에 대한 현지조사를 6회 시행해, 전국 순회, 각 자치단체에 대한 행동 요청 등 투쟁은 더욱 발전했다. 고쿠호(国保) 문제의 현지조사에서 미교부나 단기보험증 발급중단, 고쿠호(国保)을 '상호공제'제도로 선전하는 자치단체의 팸플릿을 중단시키는 등의 성과도 있었다. 오사카, 사이타마, 아이치, 야마구치, 야마가타 등은 자격증명서를 발행하지 않았다.

또한 국립병원 통폐합계획은 더 지연되었다. 노인보건법 수정 법안의 1990년 국회제출은 보류되었다. 의료법의 통과는 후생성의 예상을 2년이나 넘겨버렸다. 또한 이 기간에 고령자에 대한 투석이나 혈관조영술이 불필요하다는 진료수가 감점판정이 시행되어, 이에 항의하고 부활시키는 등의 활동도 있었다.

(6) 중앙샤호쿄(社保協)의 존속·발전

이 투쟁은 '소효'(総評 ; 일본노동조합총평의회)가 해체되고 샤호쿄의 존속이 문제 되던 시기에 있었다. 중앙샤호쿄는 소효가 사무국을 담당해 1970년대 중반까지는 사회보장의 충실도를 향상시키는 데 커다란 역할을 했지만, 1980년대에 들어서면서 '사회당의 우편향'과 함께 실질적으로는 '휴면'상태였다. 그러나 1988년 중앙샤호쿄는 미국의료조사단을 파견했고, 민의련 사무국장이 조사단장을 맡았다. 조사에서는 후생성의 향후 방향이 현재의 미국이 겪는 비참한 상태인 점을 분명하게 밝혔으며, 조사보고서〔중증 미국의료의 최전선〕은 큰 호평을 받았다.

이처럼 인력이 충원되어 1988년 9월 말 중앙샤호쿄 전국활동자회의에서 중앙샤호쿄의 존속·발전 결의를 계기로 1989년 1월부터 구체적인 협의를 시작했다. 중앙샤호쿄를 지속하려는 의지를 갖고 있는 단체 중에서 회비·재정, 규약문제, 운동방침 등에 대한 협의를 지속해 갔다. 가장 중요한 사무국 운영에 대해서는 사무국장을 배치하고 인건비를 젠노렌(全労

連), 민로렌(民勞連), 민의련에서 분담했다.

(7) 반핵·평화·정치혁신을 지향하는 활동

1980년대는 후반기까지 린초쿄카쿠(臨調行革)노선에 입각해 사회보장에 대한 공격, 국철노동조합 파괴의도를 갖고 있던 국철민영화 등 반동공세를 강화한 시대였다. 또한 나카소네 야스히로(中曽根) 정권은 '일본열도는 부침하는 항공모함'으로 칭하고 미일군사동맹강화의 길을 추진해 국제긴장은 더욱 커졌으며, 반핵·평화운동이 높아졌다.

1. 소비세를 둘러싼 투쟁

1987년 나카소네 야스히로 수상은 매상세의 도입을 제안했다. 이것은 대형간접세는 도입하지 않겠다던 스스로의 공약을 파기한 것으로, 반대운동을 거세게 불러일으키고, 4월 통일지방선거에서 자민당이 참패해 매상세는 저지되었다. 그러나 다음 정권인 다케시타 수상은 1988년 고령화사회를 대비하기 위한 3% 소비세 도입 의도를 나타냈다. 당연히 반대운동이 거셌지만, 업자단체를 비롯해 공명·민사당이 리쿠르트 사건^{주11)}으로 주식을 받은 의원을 포섭해 국회해산을 빌미로 찬성해 소비세법안은 1988년 12월에 통과되었다.

민의련은 소비세를 의료파괴세^{주12)}로 명명하고 투쟁했다. 공동투쟁조직인 '대형간접세반대 각계연락회의(가쿠카이렌: 各界連)'는 안보투쟁을 상회하는 2,800개 이상의 지역조직을 만들어냈다. 소비세의 강행과 리쿠르트 사건에 대한 국민의 분노는 1989년 7월 참의원 선거 때 폭발해 자민당을 과반수에 모자라게 만들었다. 그러나 1990년 2월 총선거에서는 천안문 사건(1989년 6월)이나 베를린장벽 붕괴(1989년 11월) 등 국제 정세의 영

주11) 리쿠르트사가 미공개주식을 정치가나 임원에게 뇌물로 제공한 사건. 다케시타 수상도 비서 명의로 받았다.

주12) 의료비는 비과세였고, 의료기관이 최종소비자가 되었다. 한편 출산 등의 자유요금 부분은(일종의 비급여) 과세대상이었다.

향을 받아 자민당은 과반수를 유지할 수 있었다. 민의련은 여러 정당이 상호간에 대립하는 선거에서는 직원의 사상·신앙의 자유를 보장했고, 스스로의 요구실현 입장에서 '민의련신문'호외로 각 당파의 의료 등과 관련한 정책과 실제 행동을 분석해 직원이나 기반조직 사람들에게 알리고, 대중단체로서 선거투쟁에 임했다. 전일본민의련은 세무조사 등의 고민을 피하고 신문이나 잡지 보급을 확대하기 위해 '민의련신문' 등의 요금을 회비에 포함하는 대응을 1989년 8월 평의원회에서 결정했다.(4월로 소급해 실시. 직원 수에 따라 회비를 도입) 1989년 3월 17일 [민의련의료] 200호 기념집을 발간했다.

2. 반핵·평화활동과 국제연대

1980년대 한동안 지속되었던 원수폭금지 통일세계대회는 1985년에 다시 분열했다. 이미 서술한 바와 같이 이때부터 히로시마·나가사키 호소문 서명을 국민 과반수 이상 모집하자는 운동에 힘을 집중했다. 1985년에는 소련공산당 서기장에 고르바초프가 취임하고, '새로운 사고'라는 외교노선을 추구하기 시작했다. 1985년 6월 28일 아자미 회장이 IPPNW(핵전쟁방지 국제의사회의) 제5회 국제회의에서 핵폐기를 정면에서 거론하면서, 히로시마 나가사키 선언에 대한 동의를 요청했다. 히로시마 나가사키 의사들을 중심으로 'IPPNW 일본지부'를 조직했지만, 일본지부는 각 지역의 의사회장이 회장으로 되지 않거나 반핵의사 모임을 인정하지 않겠다는 자세였기 때문에 운동은 좀처럼 확산되지 않았다. 민의련은 당초 옵서버로 참가했지만, 실천운동의 실적이 특출해 IPPNW의 회원권을 얻었다. 1986년 뉴질랜드에서 개최한 IPPNW 아시아 태평양 지역회의에 14개국 270명이 참여했으며, 일본에서는 40명이 참가했다. 그중 민의련에서 26명이 참가했다. 이 회의에서 처음으로 '핵무기폐기의 긴급성'을 결의했다. 1987년 모스크바회의에서 핵무기 폐기를 포함한 '우리들의 믿음'을 'IPPNW'의 회원자격으로 채택했다.

이해 10월 전일본민의련은 '민의련에서 의사의 반핵운동에 대해'라는 방침을 제시했다. 제29회 총회까지 33개 지역에서 '반핵의사회'를 결성했다. 1989년 히로시마에서 개최된 IPPNW 제9회 국제회의에는 민의련 의사 123명이 참가했다. IPPNW는 1991년 6월 말에 76개국 25만 명의 회원으로 발전했다. 또한 제2회와 제3회 '평화의 물결'행동에 참가하고, 제3회 유엔군축특별회의(SSD Ⅲ)에 44명의 대표를 파견했다.

국제연대 활동으로는 이 시기에 산디니스타민족해방전선이 집권한 니카라과와의 교류가 AALA연대위원회의 요청으로 이루어졌다. AALA연대운동은 1983년 나가노 마사루(中野勝) 이사 파견으로 시작해 민의련 제9회 운동교류집회에서 니카라과의 의사가 참가했으며, 니카라과에 의료기자재를 보내는 지원캠페인이나 의료관련단체 공동 시찰단이 니카라과를 방문해(1989년 1월) 활동해 왔다. 또한 교토민의련의 의사나 재활센터 등을 중심으로 베트남전쟁의 후유증으로 하반신이 결합되었던 쌍둥이 형제에 대한 지원을 비롯해 인도적 활동을 시행했다.

제6절 민의련조직의 강화

1981년 5월 27일 제10회 총회 이후 9년 6개월 전일본민의련사무국장을 맡았던 고문 도게 가즈오(峠一夫) 씨가 서거해 전일본민의련장을 시행했다. 1982년 8월 평의원회에서 시고쿠(四國)민의련을 발전적으로 해산하고 도쿠시마(德島), 에히메(愛媛)의 양 지역연합회가 결성되었으며, 가가와(香川)의 다카마쓰(高松)평화병원·젠쓰지(善通寺)진료소, 고치(高知)의 아사히(旭)진료소·조호쿠(城北)진료소가 전일본민의련에 직접 가맹했다. 고치는 같은 해 12월에 고치생협병원을 개원하고 제26회 총회에서 지역연합회가 되었다. 1983년 8월 나가사키민의련을 결성했고, 가가와민의련은 1984년 12월에 결성했다.

(1) '지역의료의 민주적 형성'에 대해

'지역의료의 민주적 형성'에 대해서는 1976년 제22회 총회방침에서 '민주적인 지역의료 조성과 의료보장 확대를 지향하며'로 제기한 이후, 1980년 제24회 총회방침에서는 '지역의료의 민주적 형성을 추진하고, 모범을 만듭시다'로 제시해, 그 후에도 총회 때마다 '지역의료의 민주적 형성'이라는 말의 의미, 그것이 어느 정도 진행되고 있는가 등에 대해 어떻게 평가할 수 있을 것인가를 논의해 왔다. 1986년 1월 이론위원회가 정리한 '지역의료의 민주적 형성 - 그 의미와 실천목표(안)'에서 제안하고, 이사회 내에서 검토를 거쳐 결국 〔민의련의료〕 203호(1989년 6월)에 '지역의료의 민주적 형성을 위한 방침상의 문제에 대해(안)', "지역의료의 민주적 형성'을 둘러싼 방침기술상의 변화', '지역의료의 민주적 형성 - 그 의미와 실천목표(안)' 등 세 가지 글을 게재했고, 이것들을 포함해 29회 총회에서 "지역의료의 민주적 형성'이라는 말은 민의련운동의 지역적·대외적 총 노선을 표현한 것으로 사용하며, 방침상 독립한 절 등으로 그 성과를 평가할 수 없다.'고 결정했다.

(2) 블록*운영과 지역연합회 기능의 강화

제25회 총회 이후 전일본민의련은 전국을 7개 블록으로 나누고, 블록회의를 개시했다. 또한 상주임원을 동서로 분리해 블록담당도 결정했다. 의학대책 등에서 지역연합간의 협력은 진행해왔지만, 블록회의로 정보교환, 의사 등의 상호지원, 활동경험교류 등을 더욱 강화할 수 있었다. 제27기에는 상주임원체제를 충실화해 블록담당을 더 강화했고, 블록운영은 발전해 갔다. 제28기에는 거의 매월 블록사무국회의를 개최했으며, 회의내용을 이사회에 보고했다.

1988년에는 후쿠시마민의련의 사무국장이 생협의 전무이사로 취임해 사실상 사무국장 부재라는 상황이 되어서 전일본민의련은 8월에 '후쿠시마민의련이사회의 기능개선에 대한 제언'을 제시하고, 지도를 강화했다. 제언은 진심으로 받아들여져 전임사무국장을 배치했다. 민의련 전체적으로는 지역연합회 사무국원이 1985년 평균 4.2명에서 1989년 6.6명으로 증가한 사실에서 보는 바와 같이 지역연합회 기능이 일보 진전되었다. 또한

1980년대 후반에는 전일본민의련의 사무국에 각 지역연합에서 2~3년 임기로 사무직원을 파견하는 것이 활발하게 진행되었다. 1988년 12월 시점에 지역연합회 장기계획을 수립한 곳이 지역연합 26곳, 직접 가맹기관 4곳이었으며 토론중인 곳은 지역연합 12곳, 직접 가맹기관 1곳이었다. 의사정책은 완성된 곳이 지역연합 13곳, 토론중인 곳은 연합 24곳, 직접 가맹기관 4곳, 미착수한 곳은 지역연합 1곳과 직접 가맹기관 1곳이었다.

1988년 10월에 사이타마 민의련이 생협법인 전부를 통일할 방침이라고 전일본민의련에 보고했다. 1개 지역연합 1법인만으로 민의련운동의 본질이 의문시되어, 1989년 6월 '1개 지역연합에 1개 법인만의 지역연합운영상의 유의점에 대해(안)'라는 방침을 이사회에서 결정했다.

* 역자주: 블록은 전일본민의련 규약상에 규정된 회의기관은 아니지만, 전일본민의련의 총회 방침사항 등을 지역상황에 맞도록 현장감있는 구체화를 위해 전국을 7개의 권역으로 나눈 것을 의미한다. 구체적으로는 홋카이도(北海道)・토호쿠(東北), 기타간토(北関東)・코신에츠(甲信越), 간토(関東), 토카이(東海)・호쿠리쿠(北陸), 긴키(近畿), 주고쿠(中国)・시고쿠(四国), 큐슈(九州)・오키나와(沖縄)의 7개로 나눈다. 지금은 '블록'이라는 말을 쓰지 않고, '지역협의회'(약칭 지협)로 명칭을 변경했다. 활동내용은 2개월에 1회 개최되는 '지협 운영위원회', 매월 각 시역의 사무국장이 참여하는 '지협사무국장회의'가 정례화되어 있고, 기타 지역실정에 맞는 의사위원회나 간호위원회, 사회보장운동 위원회 등이 열리고 있다.(이상 제5편 제2장 제11절 (2) 민의련조직의 강화를 참조)

(3) 규약의 개정

이사회는 야마나시 문제를 총괄하면서 규약개정이 필요하다고 생각하고, 1984년 2월 제26회 총회에서 제안했다. 그 내용은 "① 가맹의료기관의 의무로서 '운동방침을 실천하는 의무'와 '의료기관을 민주적으로 운영하는 의무'를 규정한다. ② 법인은 의료기관의 민의련 방침 실천을 보장한다고 규정한다. ③ 전일본민의련 임원에 대한 통제처분(이때까지의 규약에는 임원에 대한 제재규정이 없어서 사토 지로(佐藤二郎) 씨에 대해서도 제재할 수 없었음)을 정한다." 등이었다. 그러나 제26회 총회는 야마나시 문제로 동요가 많았기 때문에 총회에서는 '민의련에 가맹하지 않은 법인의 일을 민의련의 규약으로 정하는 것은 어떤 의미인가' 등의 비판도 있어서 이사회는 제안을 중지했다. 총회 후 시간이 약간 경과한 시점인 1984년 12

월 이사회 내에 규약개정안 검토위원회를 설치했다. 1985년 5월 이사회 내에서 규약개정의 기본점(제26회 시점의 쟁점에 대한 정리)을 검토하고, 다음과 같은 내용으로 제27회 총회에 제안했다. ① 가맹의료기관의 의무는 강령·규약의 승인으로 분명해진 것이니만큼 특별한 규정은 없다. ② 법인의 의무도 당연한 것이고, 기관운영의 최종권한을 갖는 법인에 대해 규약에서 정해야 할 것이지만, 법인형태에 따라 구성원 전부에게 민의련규약을 적용하겠다는 말이 어렵기 때문에 실천적으로 법인의 민의련으로의 단결을 강조해 가는 것으로 지도를 강화하고, 법인에 대한 관점통일을 위해 노력하는 것으로 해 이번에는 규정하지 않는다. ③ 전전 이후 민의련의 역사와 민의련은 어떤 조직인가를 강조하는 전문을 삽입한다. ④ 병원·진료소 이외(특히 별도 법인으로 개설된 약국 등)의 시설을 의료기관에 '준하는 조직'으로 가맹을 인정한다. ⑤ 전일본민의련 임원의 통제·처분 조항의 신설. ⑥ 민의련 가맹에 대한 전국이사회의 승인(전술함). 체결 시 반대도 일부분 있었지만(반대 16, 보류 55, 찬성 562) 각자의 논리에 매몰되지 않고 결정했다.

(4) 사무소 확대 등

1984년 11월 이사회에서 사무국업무에 컴퓨터를 도입하는 내용이 승인되었다. 1985년 사무소가 입주해 있던 시부야구 요요기의 '신주쿠농협회관'을 확장해 그때까지 다른 건물에 입주해 있던 전일본민의련공제조합도 같은 공간에 거주하게 되었다. 또한 같은 해 4월부터 월1회 정기이사회를 세 번째 토요일을 포함한 토요일과 일요일에서 세 번째 토요일을 포함하는 금요일과 토요일로 변경했다.

민의련의 규모확대와 함께 총회 규모가 너무 커져, 1989년 8월 평의원회에서 총회대의원수의 변경(직원 100인당 1명의 대의원에서 200명당 1명의 대의원으로 변경)에 합의했다.

2년에 1회 총회 없는 해에 시행되어 온 민의련운동교류집회는 회를 거듭할수록 내용이 충실해져 갔다.

1986년 11월 8일 1972년부터 1982년까지 전일본민의련의 사무국장으로 근무했던 전일본민의련공제조합의 전무이사 와카미야 쇼지(若宮昇次)씨가 서거해 민의련·공제조합 합동장례식이 있었다.

1989년 7월 이사회는 '민의련장'에 대한 내규를 결정했다. 1989년 8월 민의련퇴직자의 모임 준비회가 발족했다.

(5) 생협에 대한 규제

1984년경부터 생활협동조합에 대한 규제 의도가 강해지기 시작했다. 출점(기관건설) 규제, 조합원 이외의 이용에 대한 제한, 정치활동 금지 등이 주요내용이었다. 1986년 6월 30일 후생성은 '소비생활협동조합의 운영지도상의 문제에 대해'라는 통지를 내고 규제를 더 강화했다. 특히 의료생협에 대해서는 민의련에 가맹한 관계에 대해 다양한 압력을 해왔다. 생협의료부회는 이에 대해 의연하게 대처하면서 조합원을 확대하고 환자 중에 조합원비율을 증가시키는 활동을 추진했다. 제27회 총회방침은 '이런 조치는 민주적인 주민운동이나 의료운동에 대한 공격이고, 민의련 입장에서 단호하게 반대해야만 한다.'고 주장했다. 그리고 의료부회와 협의해 연대활동을 추진했다.

(6) 오테마치(大手町)병원의 민의련가맹과 야마나시긴이쿄의 장기계획

1987년 12월 후쿠오카 민의련총회는 '제1차 장기계획의 총괄과 제2차 장기계획의 핵심안'을 채택했다. 여기서는 '지역연합 속에 뿌리내리고 있던 경영체 중심주의는 최근 실천과정에서 몇 가지 약점, 문제점을 드러냈다.'고 지적하고, 지역연합 차원의 단결을 강조했다. 1988년 5월 후쿠오카 겐와카이는 제2차 장기계획을 결정했지만 전일본민의련에 대한 대결자세는 문장상으로는 보이지 않았고, 지역연합·전일본민의련으로의 단결을 표명했다. 또한 1987년 12월까지 공사대금 지불을 '장기적인 안정자금으로 바꾸는 것에 성공했다.'고 표명했다.(후일 겐와카이지도부와 전일본민의련 대책위원회의 회담 시에 설명된 바에 의하면, 실제로는 1988년 6월에 저당증권, 리스회사, 시중은행으로부터 105억 엔의 자금조달을 했다.)

제28회 총회에서는 전일본민의련겐와카이 대책위원회(위원장 아베 쇼이치(阿部昭一) 부회장)는 위원회 임무를 '겐와카이 중에 오테마치병원만이 민의련에 가맹하지 않은 비정상적인 상태를 해결하는 것을 목적으로 한다.'고 확인하고 출발했다. 나아가 1988년 9월 겐와카이 공제조합의 설립총회에서는 민의련 공제로 복귀할 것을 제안하고, 1989년 6월 7일부로 전일본민의련 공제조합으로 복귀했다.

이러한 흐름을 바탕으로 1989년 9월 전일본민의련이사회는 오테마치병원의 가맹을 승인하고, '겐와카이 오테마치 병원의 전일본민의련 가맹승인을 맞이해'라는 문서를 발표했다. 문서에는 다음과 같이 기록되어 있다. "겐와카이의 경영문제는 오히려 지금부터 본격적인 논의가 이루어져야 한다. 그러나 지난 5년간의 변화도 중요해서 겐와카이 직원의 70%가 '2·13 사건'이후에 참여한 사람들이므로 이들에게 민의련을 알려야 한다. 그리고 무엇보다 지역연합 기능이 크게 진척된 상황을 바탕으로 향후에는 지역연합을 통해 정상적인 지도가 가능하게 되었다. 따라서 이제 겐와카이 내부에서 '27회 총회방침의 겐와카이 부분은 인정할 수 없다.'는 식의 의견도 있으나, 그것은 전일본민의련 내부에서 논의해 해결해 가야 한다." 이해 12월에 노동조합을 통일했다.

제3장 '가능성'에 도전한 1990년대 전반기

1990년대를 전체적으로 돌아보면 우선 1990년대 초에는 1980년대 말부터 계속된 세계사적인 격동인 '사회주의 소련체제'의 붕괴시대였다. 이것은 일본 정치세력이나 민주운동에도 커다란 영향을 주었다. 사회주의에 대한 신뢰나 기대감이 흔들렸고, 사회당이 해산했다. '소선거구제' 강행 등으로 민주운동과 지배세력의 판세에서 민주운동 측에 불리하게 기울어졌다.

한편 경제적으로는 버블경제가 붕괴했고 '잃어버린 10년'이라고 부르는 장기불황에 돌입했다. 정부는 소련붕괴 후 '메가 콤퍼티션'(megacompetition)이라고 하는 다국적기업 간의 경쟁을 배경으로 공공사업이나 이익유도를 통해 국민을 지배하는 종래의 자민당정치에서 탈피하면서 신자유주의적 개혁을 추구했지만, 경기대책의 필요와 국민저항으로 이 노선을 직접 진행하는 것은 불가능했다. 그것은 1996년 '하시모토개혁'의 좌절로 드러난 바 있다.

의료·사회보장 분야에서는 1980년부터 계속된 의료비억제와 함께 고령화사회를 향한 대응이 과제로 될 수밖에 없었다. 1997년에 성립한 개호보험법이 그 대표적인 것이다.

이런 과정에서 민의련은 의료법 규제로 병원확대가 불가능해진 조건에서 진료소를 크게 늘렸고, 방문간호 스테이션이나 노인보건시설, 특별노인요양시설, 요양형병상군 등 고령자의 의료·복지를 향한 활동을 강화해 '의료·경영구조 전환'을 추진했다.

그리고 개호보험문제나 건강보험 본인 20% 부담반대 투쟁을 놓고 민주운동 전체를 리드하는 활동을 수행했다. 나아가 1995년 한신·아와지(阪神 炎路)대지진에서는 진실로 민의련운동의 진가를 발휘하는 구호활동을 진행하고, 민의련에 대한 평가와 직원의 확신을 구축했다. 1990년대 후반에는 '민의련의 의료선언'이나 '비영리·협동'이라는 새로운 시점에서 도전에 몰입했다.

한편 이제까지 민의련의 의료활동을 통해 활약해온 의사의 퇴직이 계속되어 큰 문제가 되는 등 의료기술의 과제와 의사집단의 단결, 의료관리, 의사관리에 대한 문제 등 몇 가지 약점도 분명해졌다.

제1절 1990년대 전반기 총회 방침

1990년 3월 28~30일 가고시마에서 개최된 제29회 총회는 1989년 이후 국내외 정세가 격동하는 가운데 강령결정 이후 민의련운동의 성과를 확인하고, 1990년대의 과제를 분명히 해 민의련의 총회 방침상 한 획을 그은 총회였다.

1992년 2월에 개최한 제30회 총회 방침은 제29기 총회 방침을 기본으로 해, 특별히 경영 문제 등에 대한 활동을 진척시키는 상황에서 민의련운동을 전면적으로 탐구해 존재의미를 분명하게 밝혀간다는 입장에서 제기되었다.

(1) 시대인식

1. 세계사적 격동

제29회 총회 방침의 정세인식에서는 세계사적 격동인 1989년 동구혁명[주1]이나 중국 천안문사건[주2] 등에 대해 '세계의 역사는 진실로 국가의 주인공은 국민이며, 자유와 민주주의에 대한 요구는 자본주의이건 사회주의이건 피할 수 없는 것임을 보여주었다.'고 서술했다.

주1) 1989년 5월 헝가리 • 오스트리아 국경개방 = 철의 장막 철거, 범유럽 • 피크닉. 6월 폴란드 자유선거에서 바웬사의 '연대'가 승리해 정권수립, 11월 9일 베를린장벽 붕괴, 12월 루마니아 차우셰스쿠 정권 붕괴. 현재 역사학자들은 동구민주화혁명보다는 동구혁명이라는 용어를 일반적으로 사용한다. 대개 광의의 개념에서 동구혁명은 1991년 12월의 소련붕괴까지 포함한다.

주2) 1989년 6월 4일, 전일본민의련은 6일, 회장 명의로 중국정부에 항의하였다.

2. 일본 국내의 격변

제29회 총회 방침은 국내정세에 대해 정부·자민당의 미국 일변도 태도가 PKO법안, 쌀 수입 자유화 등 국민과의 모순을 격화시켰다. 나아가 교와뇌물사건(共和汚職)*, 사가와택배(佐川急便)**사건 등 부패현상도 나타났다. '자민당 정치는 눈 뜨고 봐줄 수가 없고, 너무나 반동적이어서 근본적인 대응이 필요하다.'며 정계개편의 움직임이 활발해지는 것을 지적했다. 또한 1989년 참의원 선거에서 자민당의 과반수 점유가 깨져 자민당 단독 국회에 의한 다수지배가 불가능하게 되었기 때문에 '90년대는 지금까지와 비교할 때 어느 시대보다도 국민 운동이 직접 국정을 움직이게 할 가능성이 확대된 시대'로 평가했다. 동시에 자민당의 야당 포섭이나 다양한 '합종연횡' 움직임, 소선거구제에 대한 경계도 표명했다.

* 역자주: 쿄와뇌물사건은 1990년에 철골가공업체 '교와'가 위장허위거래를 통해 조성한 자금을 전장관 출신 정치인 등에게 제공하여 적발된 사건을 말한다.

** 역자주: 사가와택배 사건은 자민당 국회의원이며 자민당 부총재 등을 역임한 카네마루 신(金丸 信)에게 불법정치자금 5억엔을 제공한 사건이다. 이 사건으로 카네마루 신은 국회의원직에서 사퇴했다.

3. 의료정세에 대한 평가

또한 총회 방침에서는 후생성에서 '90년 결전'의 수정을 받게 된 투쟁에 확신을 갖고, 소비세강행 후의 '부분적 수정과 우회작전'이라고 할 수 있는 '고령자보건복지 10개년 전략'이나 '누워만지내는 노인 제로작전' 같은 움직임에 유의하면서도 1990년대 후생성의 기본정책이 '① 국가와 자본가의 부담을 최저로 하기 위한 의료보험의 개악·일원화, ② 특정의료비제도의 확대 등 차별의료 확대, ③ 의료공급체제의 축소재편성·유형화, ④ 저임금 노동력의 의료분야 도입, ⑤ 의료내용에 대한 제한, ⑥ 영리적인 재가케어' 등의 방향에 있다고 판단했다. 그리고 국민의 의료요구를 가장 우선적으로 중시해야 할 내용으로 첫째, 인권을 지키는 의료, 의료의 공공성 확보 요구, 둘째, 보건예방에서 재활에 이르기까지 의료의 통합성, 셋째, 주거환경, 충분한 설명 등의 요구 고도화, 즉 인권, 통합성, 고도화로 파악했다.

4. '전환기론'

1992년 제30회 총회는 2년간의 추이를 바탕으로 정세인식을 더욱 심화시킨 '전환기론'을 제시했다. 방침에서는 우선 정부·자민당이 의료·복지의 포기, 영리화 노선을 추구하는 이유에 대해 첫째, 행정개혁(臨調·行革) 노선, 둘째, 미국의 압력, 대미종속 노선, 셋째, 고령화 사회의 진행에 수반하는 의료·복지의 모순격화를 지적했다. 그리고 현실의 모순에 대처해야 하기 때문에 '노인의료나 재가의료 등의 분야에서는 사회보장 확대와 영리화가 동시에 진행하는 상황도 발생해 왔다.'고 평가했다. 이것은 '정부·자민당이 종전과 같은 정치가 불가능하기 때문이다.'라는 내용의 의료분야 반영이라는 점, 일본의 의료가 '기존의 업무 틀로는 국민의료를 유지할 수 없게 되었다.'는 점, 한편 '의료모순의 심화는 인권보장의 요구가 높아지고 환자의 권리 자각, 요구 고도화, 통합화 등 환자요구의 측면에서도 변화를 초래해 의료운동 측면에서도 이에 대응한 발전을 요구받고 있다.'는 점, 이상의 평가로부터 1990년대의 일본의료는 21세기 의료의 본질을 둘러싸고 전체적으로 전환기에 있으며, 전환을 둘러싸고 사회보장의 노선이어야 하는가, 영리시장화의 노선이어야 하는가에 대한 문제가 설정되었으며 그것은 '국민의료운동의 발전과 국정 동향에 달려 있다.'고 '전환기론'을 전개했다. 이것은 '투쟁과 대응론'이라는 논의와 한 묶음으로 민의련이 다양한 주민요구에 대응해 다양한 사업에 적극적으로 활동하는 과정에서 이론적 지침이 되었다.

(2) 민의련운동의 성과

제29회 총회 방침은 제3장에서 '민의련운동의 성과와 90년대의 과제'를 분명히 밝혔다. 방침에서는 강령결정 이후 민의련운동을 10년마다 각 시대의 특징과 민의련 방침에 대한 관계를 개관했다. '1960년대는 강령을 결정하고, 각 분야의 기본방침이나 원칙을 확립한 시대. 1970년대는 '70년대의 전진을 위해'에 기초한 병원화의 시대.(1980년 '장기계획지침'에 관해서는 행정개혁노선의 발전에 따른 문제점의 해명이 불충분하다고 지적함)

1980년대는 야마나시 문제를 비롯한 사건을 극복하고 제27회 총회 방침에 도달한 시대.' 그리고 다시 제27회 총회 방침의 '일하는 여러 사람들과의 투쟁의 한 축'으로서 민의련운동을 확인했다. 이어서 각 분야에 대한 성과를 분명히 했다.

1. 의료활동

'첫째, 일차 의료에 대한 기대에 통합적으로 대응하는 자세. 둘째, 시대 모순이 집중된 과제에 대한 활동. 셋째, '환자의 기본적인 인권을 중시하고, 의료를 공동운영으로 파악하는 의료관, 생명의 소중함에 대한 차별은 없다는 원칙을 관철하는 환자관, 생활과 노동 현장에서 보는 질병관 등 의료이념을 확립한다.' 등 민주적 집단의료 같은 의료활동 원칙을 제시해 왔다는 점. 넷째, 의사를 대학의국에 의존하지 않고 스스로 양성하기 위한 신임의사 영입, 연수제도를 충실화한 점. 다섯째, 병원과 진료소의 균형을 이루는 발전. 여섯째, 뒤처진 치과에 대한 목적의식적 활동'을 열거했다.

2. 경영활동

'첫째, 민의련의 경영체는 일하는 사람들의 투쟁의 한 영역이라는 관점을 전체적으로 관철할 것. 둘째, 유토피아적 경영 부정. 셋째, 민주적 운영 중시, 회계제도 확립, 진료체제정비 등 적법성을 지킬 것. 넷째, 인재양성 중시와 지역연합의 경영지도'를 열거했다.

3. 사회보장 등의 운동 분야

국민의료를 지키는 공동행동이나 '중간보고를 파헤친다.' 같은 활동에서 '민의련운동은 현재 의료전선에서 정책적으로도 조직적으로도 주목받으며 중요한 역할을 하기에 이르렀다.'고 평가했다. 진료소에서 대규모 병원, 노인병원 등 '종합적인 시설체계'를 구축하고 '기반조직'인 주민조직과 강력한 결합이 있다는 점 등으로부터 스스로 '실천에 기초하는 정책'을 만들어 제시하고, '지역에 뿌리내린 운동'을 조직할 수 있는 조건을 갖고 있다고 총괄했다.

4. 운동 담당자

매년 성공적으로 신임의사 150명, 간호사 600명을 영입하고 있다고 평가하고, 민주적인 학생운동과 협력, 교육활동의 중요성을 서술했다.

나아가 '이러한 발전과 함께 나타난 약점이나 문제점'으로는 '첫째, 국민의 의료요구에 대한 종합적 대응 입장에 섰을 때에 취약한 활동 분야는 보건예방활동, 노인의료에 대한 장기입원·입소, 진료소 군의 건설. 둘째, 직원이 민주적으로 성장하지 못했고, 민주적인 운영을 관철해 어려운 경영 문제도 극복할 수 있는 종합적인 지도역량의 부족. 셋째, 급속한 발전에도 불구하고 다시 추진해야 할 과제로 기반조직 확대·강화. 넷째, 지역연합 기능 강화'를 지적했다.

(3) 1990년대의 과제

1. 국민의 의료요구에 종합적으로 대응하고, 의료구상을 확립해 일차 의료를 강화하는 과제

① 인권을 지킨다는 입장을 관철하고, '환자의 입장에 서서 친절하고 좋은 의료'를 시대에 걸맞게 발전시킨다.

② 의료내용을 종합적으로 발전시킨다.

이 중에서 기반조직과 협력한 보건예방활동과 노인의료를 거론하고 노인 보건시설은 노인병원이나 특별양호노인홈*과 동급으로 다룬다고 평가했다.[주3]

③ 의료내용을 계속해서 향상시키고, 민주적 집단의료를 강화한다.

여기서는 고령자의료의 비중에 따라 간호의 비중이 높아질 수밖에 없다는 점과 관련해 간호와 개호의 문제에 주목했다.

주3) 이것은 노인보건시설 설치 활동 추진을 의미한다. 그 이유는 노인보건시설이 이미 3만 병상에 도달한 상태로 노인운동단체도 그 존재를 전제하여 요구한다는 점, 노인병원 건설이 지역의료계획으로 인해 어렵다는 점, 특별양로홈 건설에는 사회복지법인을 취득해야 한다는 점 등으로 시간이 걸리는 과정에서, 절실한 주민요구에 대응하기 위해 노인보건시설의 건설을 선택한 것이었다. 노인운동단체의 동향을 제외하곤 노인보건시설이 시작했던 때부터 존재했다. 민의련의 노인 장기입원 등의 활동이 지체된 것에는 '반대했던 내용에 활동할 것인가'라는 논리적 미숙함에서 기인했다기보다는 노인의료보다도 급성기 일반의료에 대한 미련이 컸기 때문일 것이다.

④ 지역연합 및 각 법인·회원기관은 1990년대에 어울리는 장기계획을 만들고, 병원·진료소의 균형 있는 발전을 꾀한다.

여기서는 치과 시설 10개를 목표로 전망했다.

* 역자주: 특별양호노인홈은 65세 이상인 자가 신체상 또는 정신상 현저한 장해가 있어 일상적인 개호를 필요로 하는 상태여서 적절한 개호를 받기 위하여 입소하는 시설이다. 일본의 개호보험법에 근거하여 개호보험이 적용되는 개호서비스시설이며, 설치주체는 지방자치단체나 사회복지법인이고 입소결정은 자치단체가 결정한다. 개호보험법에서의 정식명칭은 '개호노인복지시설'이다. 우리나라의 노인장기요양보험에 의한 요양원과 같다.

2. 투쟁하는 경영노선과 민주적 운영을 철저하게 관철해 1990년대 경영전략을 확립하고, 종합적 지도역량을 강화하는 과제

여기에서는 보건예방이나 노인분야 등이 경영면에서 취약하다는 것을 지적하고, '양심적인 사업'으로 운영에 성공해야만 하는 활동이 필요하다는 점, 병원만으로 병상증설·사업확대를 해가는 조건은 실패했다는 점, 진료소 군의 건설과 병상증설 없는 병원건설 시대에 접어들었다는 점을 지적하고, 장기경영전략이 필요하다고 서술했다.

3. 1990년대 국민의료를 지키고 개선하는 전국민적인 운동을 지속적으로 발전시키는 과제

여기에서는 각 광역별 공동투쟁조직을 설립해야 한다는 점(아직 샤호쿄(社保協)는 성립하지 않음), 정책 통일의 중요성, 국민의료의 공동강령에 대한 탐구, 자치단체의 민주화 등을 열거했다.

그리고 1990년대의 과제를 달성하는 핵심은 '강령의 사상으로 단결해 온 민의련운동을 주체적으로 담당할 민의련 직원집단의 형성과 1990년대의 과제를 감당할 수 있는 지역연합 기능의 강화에 있다.'고 지적했다.

제2절 투쟁과 대응

제29회 총회의 노인보건시설문제에 대한 방침전환은 일정한 논의가 필요했다. 이 문제를 접한 '사무국장총괄답변'은 '(후생성의 병원타격을 목표로 한 의도에 대해) 향후에도 원칙적인 반대 관점은 변하지 않는다.'고 설명하고, '동시에 현실에 존재하는 절박한 노인의 장기입원·입소 등의 요구에 대해 어떻게 대응해 갈 것인가'로 이후 '투쟁과 대응'으로 표현한 자세를 제기했다.

즉, 정부 후생성의 방침에 대해서는 법률안 등의 단계에서 의도를 분명히 밝히고, 국민적 입장에서 국민이익에 반하는 경우에는 원칙적으로 비판하고 반대해야 할 것이다.(실제로는 거의 모든 경우에 반대할 수밖에 없었다.) 다만 일단 결정된 경우에는 그것이 국민·환자의 이익에 반하는 것이라 할지라도 적법성을 준수하는 것과 회원기관의 존속이라는 입장에서 피해를 최소화할 수 있도록 민의련도 행동할 수밖에 없다. 예를 들면 환자 본인부담 증가 경우가 그렇다. 그러나 상급병실요금이나 대형병원의 외래 진료특진비 같은 경우에는 시행하지 않아도 위법은 아니다. 물론 경영적인 측면에서 문제가 있을 수 있지만, 가능한 경우에는 민의련은 시행하지 않는다는 선택을 중요시했다. 나아가 의료공급체제와 관련된 새로운 시설이 필요한 경우에는 그것을 민의련이 구비하지 않는다면 타기관에 맡기게 될 것이다. 스스로 그러한 시설 등을 '양심적 사업'으로 실천해 가고, 그로 인해 발생하는 요구를 투쟁으로 진행해 간다는 입장이었다.[주4] '투쟁과 대응'이라는 관점은 사업활동을 수행하는 가운데, 의료변혁을 위한 운동을 추진한다는 원칙적으로 민의련의 유연한 변혁의 입장을 표현한 것으로 정착해갔다.

제29회 총회에서 아자미 회장은 "민의련운동을 발전시키기 위해서는

[주4] 노인보건시설의 문제는 1991년 2월 제29기 제2회 평의원회에서도 다시 논의되었다. 즉 '제29회 총회에서 방침 전환한 건 잘 모른다.'라든가, '나라에서는 착공하려 했지만, 환자부담을 전제로 한 시설에 대해선 의문이 있었다.' 같은 의견이 평의원들로부터 제기되었다. 이에 따라 이사회는 이런 관점의 최초 제기는 제28기 제2회 평의원회(1989년 2월)의 노인의료에 대한 '병원·시설·재가 등 어디에서도 노인의 병상·희망·조건에 대응하기 위해 필요 충분한 의료가 보장되어야 한다. 이런 입장에서 스스로 가능한 실천을 추진하고, 불충분한 측면의 문제를 분명히 해, 개선을 위해 투쟁한다.'는 결정을 했고, '적이 영리시장화로 가는데, 그것(새로운 시설 등)을 하지 않고서는 투쟁할 수 없다. 투쟁 속에 대응관점이 내포되어 있고, 실천 속에서 투쟁과제를 봐야 한다.'고 답변했다. '투쟁과 대응'의 입장은 이처럼 1989년부터 1991년에 걸쳐 전국이사회에서 확립됐고, 전국적으로 확산되었다.

지금까지 해온 실천의 연장선상에서 '무언가 하지 않으면'이라는 막연한 노력이나 '무언가 되겠지'라는 발상과 확실하게 결별하는 것이라고 생각한다."고 서술했고, '일차 의료를 철저하게 중시'해야 한다는 점을 강조했다.

제3절 사상 최악의 경영 상태 극복

(1) 경영 문제로는 처음으로 이사회에서 호소하다

제29회 총회 후에 경영 문제가 초점이 되었다. 1989년 결산은 민의련 전체적으로 사상 최악이었다. 54.5%의 법인이 적자를 기록했다. 전일본민의련은 제29회 총회 방침에 기초해 대도시 회원기관의 경영실태조사 등을 기획했지만, 전국적인 상황으로부터 제1회 평의원회(1990년 8월)에서 '경영 문제는 긴급하고 중요한 당면과제'임을 확인하고, 다음 달 14일 사상 치음으로 경영개선 호소문인 '전직원의 단결된 힘으로 반드시 경영개선을 실현하자'를 발표했다.

호소문에서는 민의련 경영이 현재 시점에서 판단한 약점을 다음과 같이 직시했다. (1) 환자요구와의 불일치(고도화·종합화하는 요구에 대응하지 못함), (2) 자기자본비율이 낮고, '이익'에 대한 애매한 자세(적정수준의 이익은 존립에 필수적인 과제), (3) 예산관리, 의료와 경영을 통일해 구상하거나 계획을 수립할 수 있도록 지도할 수 있는 역량과 민의련의 경영을 끝까지 지킬 수 있는 경영책임 관점의 불충분함.

한편 민의련 경영의 네 가지 장점, 즉 '① 회원기관의 목표와 직원의 보람이 일치하는 전직원에 의한 경영, ② 기반조직 존재, ③ 인적 체계의 충실화, 기술축적에 의한 주민환자의 신뢰, ④ 노동조합과 협력·협동 관계' 등에 확신을 갖고, 전직원에게 실태를 밝혀 지혜와 힘을 결집해 경영위기를 극복할 것을 호소했다. 호소문은 시의적절한 것으로 환영을 받았으며, 경영 문제에 민의련 전체의 힘을 집중시킬 수 있었다.

이러한 활동 결과 1990년 결산에서는 흑자법인이 45.9%로 전년과 동일한 수준이었지만, 경영이익을 개선한 법인은 54.6%로 1987년 이후 가장 많았다. 1991년에 들어서 경영상황은 크게 개선되기 시작했다. 그것은 주로 평균재원일수의 단축에 의한 입원수익의 상승과 지출삭감노력을 반영한 결과였다. 1991년 흑자법인 비율은 59%였다.

1992년 제30회 총회는 '경영개선 호소에 이르기까지 전일본민의련의 활동에는 현재의 시대인식과 관련한 중요한 경영 문제에서 기본자세를 확립했다. 그것은 이익 문제로 이윤추구를 자기목적으로 하는 자본주의적 경영과는 다른 입장에서 확고하게 이익을 확보해야만 한다는 자세이다. ······경영개선을 위해 전국적인 대운동이 일어나고 ······민의련의 경영이 일하는 사람들의 경영이고, 전 직원의 경영이라는 점을 증명하는 뛰어난 활동을 진행하고 있다.'고 서술했다.

(2) 민의련 통일회계 기준의 철저화

전직원의 회계가 정착해 가는 중에 빠뜨릴 수 없는 것은 회계제도가 다른 기관과 비교 가능하도록 통일되어야 하고, 사실에 기초해 작성되어야 한다는 점이다. 나아가 의료현장의 노동이 경영상 어떻게 진행되는가를 밝힐 수 있어야 한다는 점에서 현장에서 창의성도 나타났다. 1989년 3월에 '민의련 통일회계 기준'이 결정된 이후 경영실태 조사는 그 기준을 따랐지만, 현장의 회계처리는 전체적으로 철저히 따르기가 쉽지 않았다. 1990년 경영집계에 대해 1991년 경영위원장 회의에서는 다음과 같이 보고했다. '대차대조표 상 1989년과 1990년의 보고수치가 일치하는 것은 집계한 160개 법인 중에 80%를 차지한다. 19개 법인은 자산합계와 부채·자기자본 합계가 일치하지 않는다.'[주5]

주5) 전일본민의련에서는 법인을 경영규모에 따라 A~E법인으로 구별했다. 200병상 이상의 병원을 보유하고 복수 진료소를 갖고 있는 법인을 A, 200병상 이하의 병원을 보유하고 복수 진료소를 갖고 있는 법인을 B, 병원단독법인을 C, 복수 이상의 진료소를 보유한 법인을 D, 진료소 단독만 보유한 법인을 E로 분류했다. 이해 A법인 중에서 미지불 이자를 미상계한 곳이 11개 법인이었다. 그 외 전체적으로 퇴직충당금의 계상 부족, 감가상각비의 계산방법을 정률법에서 정액법으로 변경하는 등 적자를 줄여 보이려는 경향이 나타났다. 회의에서는 '미지불이자의 미상계는 논외로 하고, 충당금을 계상하지 않는 것은 분식회계이다.'라는 의견이 강했다.

1990년 경영개선 호소 이후 전국 각 지역의 법인에서 민의련의 회계고
문인 공인회계사를 초대해 경영실태를 점검받는 곳이 늘어났다. 그 결과
상당한 수의 법인에서 (의도한 곳은 그렇다 치더라도) 경영의 진실을 분명
하게 밝히지 않았으며, 몇 개의 기관에서는 전무이사의 인책사임에 이르는
사태까지 발생했다. 의사 중에서 전무이사가 새로 임명된 것도 이것과 관계
가 있었다. 1992년 2월 제30회 총회는 '적정한 회계는 진정으로 공명정대
해야 하고, 직원과 기반조직이 이해할 수 있는 경영'이어야 하며, 민의련 통
일회계 기준에 준거하는 것은 '민의련 경영의 근본에 대한 것으로' 중시해
야 할 것임을 지적했다. 1992년 6월 민의련 통일회계기준은 민의련에 가맹
한 모든 법인이 '준수해야만 하는 것'으로 의무화되었다.

(3) 대도시문제와 '전형'조사

제29회 총회는 특별히 대도시회원기관의 경영 문제에 주목했다. 당시는
아직 거품이 시작되기 전으로, 도쿄 등 대도시의 지가가 대단히 많이 올라
소위 '지아게(地上げ: 일종의 부동산 투기)'가 유행했다. 이로 인해 민의련
회원기관 주변의 주민들이 쫓겨나 환자가 감소하거나 의료기관이 많아져
경쟁이 심화되는 등 기존의 문제에 추가된 특별한 어려움이 발생했다. 도쿄
민의련의 법인 합계 누적 적자액은 1989년 연수입의 10%에 달했다. 총회
후 1990년 5월 이사회에서 아베 쇼이치(阿部昭一) 부회장을 단장으로 조
사단을 편성해 6월에 도쿄(센터 병원과 2개의 거점병원, 진료소 2개소), 9
월에 오사카(동일하게 6개소)에 대한 조사를 실시했다.

조사보고는 다음과 같이 문제점을 지적했다. 첫째, 지역연합기능·법인
과 회원기관의 관계에 대한 것이다. 도쿄는 역사적으로 법인에 대한 강력한
지도력을 발휘해 왔지만, 1980년대 후반부터 급속한 지역상황 변화에 대
응하는 지도가 뒤처지는 듯했다. 오사카에서는 지역의 민주세력을 중심으
로 한 진료소 만들기가 시행된 결과, '1법인 1진료소'로 말할 수 있는 상황
이 발생했다. 그러나 당시 오사카 민의련의 적지 않은 진료소는 상근의사가
없었고, 의료법인도 1법인 1진료소(26개의 의료법인이 존재함)가 많았으

며, 지역에 밀착한 활동을 적극적으로 추진하고, 지역 민주세력의 거점 역할을 담당하면서도 소장이나 의사는 대학 등에서 파견을 받았다. 센터병원에서 육성하거나 진료소에 파견하는 의사배치도 센터병원의 의료구상과 의사양성의 기본자세에 문제가 발생해 계획대로 진행할 수는 없었다.

둘째, 경영관리상의 문제였다. 민의련 내 의료기관의 역할분담과 정비가 필요하다고 지적했다. 또한 직장차원에서의 경영관리가 회계제도를 포함해 아직 충분하게 추진되지 않는 상황이었으며, 회계가 '민의련통일회계기준'에 합치하지 않는 곳도 있었다.

셋째, 특수한 문제로 대도시 지역의 토지가격급등, 의료기관의 난립에 의한 경쟁 격화, 인재확보의 어려움 같은 문제가 있었다. 이런 곳에서의 경영선택은 '환자흡인력을 높여 진료권 확대'를 추진하든가 거점을 다른 지역으로 이전하든가 상당한 결단을 요구하는 것으로 결정에 어려움이 크다고 지적했다.

(4) 사무직원, 사무간부 육성

1991년 2월 제29기 제2회 평의원회는 민주적 관리운영의 문제와 사무간부의 부족을 지적하고, '사무부문의 담당자가 경영 문제에 대해선 여타 직종보다 진일보하게 이해를 하고, 설명하는 능력이 좋다.'고 서술했다. 그리고 '전일본민의련은 신속히 병원사무장후보자의 연수를 제도화한다.'고 결정했다.

1991년 10월부터 제1회 전일본민의련 병원관리연수회를 시작했다. 연수회는 후생성의 병원관리연수를 의식해 전기·후기 합계 20일간의 대형연수였으며, 민의련의 역사와 강령, 의료론·사회보장론, 노동관계론에서 실무회계에 이르기까지 체계적인 교육을 수행했다. 연수회를 거쳐간 많은 사람이 그 후 민의련의 사무장, 전무 등 경영관리자가 되어 활약했다. 또한 일본병원회나 후생성 관리연수원 등이 개최하는 관리자연수회 등에 적극적으로 참가하는 법인도 나타났다.

같은 해 8월 제29기 제3회 평의원회는 사무직원의 확보와 양성을 중시하고, 사무정책을 만드는 내용을 제기했다. 민의련운동을 담당하는 사무간부 세대는 확실히 변화해 갔다.[주6] 10월 이사회에서 사무정책안을 승인했다. 사무직원 확보와 양성에 대해 민주운동에 의존하던 것에서 '육성'의 관점으로 전환하고, 교육커리큘럼 작성, 사무집단양성, 업무개선과 보람 있는 업무 만들기, 평가시스템과 간부양성, 전문직·종합직 같은 관점 등 중요한 문제를 제기했다. 민의련의 사무간부도 '자력'으로 양성해 가는 시대로 접어든 것이다.

(5) 변화하는 노사관계

1990년 춘투에서 이로렌은 민의련 경영에 대해 전년수준에 도달하지 못했다는 답변을 '불성실답변'으로 판단하고 파업으로 요구실현을 압박한다는 투쟁전술을 채택해 30~90분 파업을 시행했다. 민의련은 종래와는 다른 상황에 직면해 1990년 10월 확대경영위원장회의에서 '노동조합과 경영진이 견해를 달리하는 경우에는 솔직하게 의견을 진술하고, 노사 합의하에 직원전체 토론으로 일치점을 모색하거나 혹은 올바른 견해에 접근할 수 있도록 노력한다.'는 방침을 세웠다. 1991년 춘투는 5파의 통일행동으로 진행되었지만, 참가인원은 전년을 밑돌았다.

1991년 4월부터는 노동조건 프로젝트를 만들어 주휴 2일제 등 노동조건 개선에 대한 대안을 검토하기 시작했다. 1991년 10월 이사회는 '주휴 2일제, 2·8체제(2명이 8일간 나이트근무: 역자) 확립을 지향하며'라는 프로젝트에 대한 답변을 받았다. 이것은 주휴 2일제는 사회적인 추세이기 때문에 진료시간 수정, 비상근직원 활용이나 외주, 하루 노동시간을 8시간에서 연장하는 방안도 포함해서 어떻게든 노력해서 실현하는 방향을 제안

주6) 레드퍼지 된 사람들과 귀환자들을 위주로 구성한 민의련 창립기의 사무간부를 제1세대, 1960년대부터 1970년대에 걸쳐 교육, 은행, 자치체 등의 노동운동출신 간부를 제2세대, 1970년대 후반부터 1980년대에 걸쳐 학생운동에서 민의련에 가입한 간부를 제3세대, 1980년대 후반 이후에 입사해 민의련에서 사회적 자각을 해온 세대(1990년 11월 이사회에 사무 모임에서 보고한 채용설문조사에서는 학생시절에 민주운동에 참여한 경험이 있는 직원이 15.6%에 불과함)를 제4세대로 본다.(핫타 후사유키(八田英之) 지음, 《민의련운동과 사무》의 분류에 따름)

한 것이었다.

1992년 춘투에서 민의련의 평균임금인상은 1만 4,282엔(6.75%)으로 높은 증가를 보였지만, 1993년에는 1만 3,149엔(5.97%)으로 전년을 밑돌았다. 1993년 춘투에서는 이로렌의 방침에 의해 26개 법인에서 지노위에 중재요청이 있었다. 간호사 증원운동과도 연관이 있어서 주휴 2일제나 나이트 근무 제한 같은 노동조건이 일부분 개선되었다.

(6) 1992년 진료수가 개정

1992년 진료수가 개정은 의료법이 그동안 규정하지 못한 내용 중에서 '의료법에서 해야 할 것을 이번 개정으로 대신했다.'는 평가를 받았다. 첫째, 병원은 입원, 재가의료나 일차진료는 진료소에서 담당한다는 기능분담을 민간병원의 희생을 바탕으로 강행했다. 둘째, 어메니티(amenity: 쾌적)론으로부터 특정의료비제도[주7]와 상급병실료가 확대되었다. 셋째, 노인에 대한 낮은 수가제도를 확대했고, 몇 가지 내용은 모든 연령대로 확대했다. 수술료나 간호료 인상, 2·8 나이트 근무 주40시간 가산, 백내장용 렌즈보험 적용, 적시적온급식가산, 치과위생사의 스케일링 지도료 등 요구를 반영했지만, '선도적 의료개악'임은 분명했다. 민의련은 1991년에 진료수가 개정요구서 첨부운동에 참여해 30만 명의 동의를 받았으며, 부당개정에 항의함과 동시에 중대한 결정을 주이쿄(中医協)라는 밀실에서 결정하는 절차 수정과 국회가 진료수가를 결정하는 제도 자체에 대한 개선을 요구했다.

(7) 민의련의 존재의의를 강조한 제30회 총회의 경영방침

제30회 총회(1992년)의 경영방침에서는 민의련의 존재의의를 강조했다. ① 환자의 입장에서 공동 운영하는 의료를 조직전체가 추구하는 '의료

주7) 상급병실료와 치과보험수가에 더해 특별재료로 만든 급식, 예약진료, 시간외진료, 특별간호를 특정의료비에 포함시켰다. 후생성 관료는 "보험으로는 최저한의 간호·개호를 하고, 24시간 가려운 곳을 긁어주는 손이 필요한 간호는 자기부담으로 한다."고 서술했다.

기관의 존재는 일본의 의료가 추구해야 할 미래와 연결되는 확실한 내용을 갖고 있다.', ② 전국민적 입장에서 의료운동을 추진하는 '운동조직이 없다면, 국민의 권리를 지키는 운동은 큰 타격을 받는다.', ③ 민의련 경영은 '전직원의 경영'이고, 사는 보람과 경영 목적이 일치하는 업무를 수행하는 '참된 민주주의 경영이라는 점에서 중요한 의의를 갖는다.'고 서술했다.

1. 경영개선 목표와 경영노선

경영개선 목표는 이익을 내기 위한 경영체질을 갖춘다는 점에서, '당면 3% 증가달성'을 내걸었다. 일반적인 의료기관과 대비해 단순한 서바이벌이 아니라는 점을 명확하게 하고, '고도화, 종합화하는 환자 요구에 대해 시설 등을 개선해 다면적으로 대응한다.'라고 서술했다. 이것과 관련해 일반의료, 노인의료, 치과의 등 3개 분야로 나누어 '상급병실비용이나 자유요금문제'에 대한 입장을 분명히 했다.

2. 민주적 관리·운영의 철저화

'민주적 관리운영의 기초로 공정한 회계, 경영 공개를 중시한다.'고 서술했으며, 민의련 통일회계 기준의 철저, 원장, 부서별관리자·중간관리자의 역할에 대한 방침을 제시했다.

3. 경영개선

1992년 진료수가 개악에도 불구하고 민의련의 흑자법인은 1991년 59.0%, 1992년 59.4%로 개선되었다. 이것은 통일회계 기준을 철저하게 준수하고, 감가상각비나 퇴직충당금을 정확하게 계상한 상태에서 나타난 결과이기 때문에 수치상으로 드러난 것 이상의 개선이 있었다고 봐야 한다. 1992년 6월 공·사립병원 연맹의 조사에서는 73.1%의 병원이 적자였다. 1990년 경영개선을 주장했을 당시에는 민의련 쪽이 더 나빴기 때문에 상황이 역전되었다.

1992년 진료수가를 개정해 입원료를 10% 이상 인상했지만, 외래 만성질환 지도료는 병상이 많은 병원의 경우 대부분 인하되었다. 기술료 중에서는 '오른쪽에 있는 것을 빼내 왼쪽으로 갖다 놓는' 식으로 처음 개정되는 사례도 발생했다. 이후 병원은 입원, 외래는 진료소라는 기능분담 추진을 진료수가상에 노골화해 갔다. 민의련의 병원은 외래가 많았는데, 수가개정으로 인한 마이너스는 적지 않았다. 그런데도 경영이 개선된 것에 대해 1992년과 1993년 경영위원장 회의에서는 다음과 같이 분석했다. 수익면에서 특3급에 해당하는 간호기준 취득, 평균재원일수 단축, 환자수 증가, 2·8 나이트 근무가산, 적시적온급식가산 등 진료수가 대응으로 수입이 증가했고, 비용면에서 인건비 증가억제, 지불이자 감소, 감가상각비율 저하, 원외처방전 발행에 의한 약제비 저하 등을 지적했다.[주8)]

그리고 1992년 경영위원장 회의는 민의련 법인이 양극화라고 할 정도로 흑자, 적자의 고정화 경향이 있다고 지적하고, 흑자법인의 특징으로 '① 진료소가 많다. ② 평균재원일수·통원일수가 짧다. ③ 일일진료비가 높다. ④ 외래 대기가 많다.' 등을 거론했다.

4. 지도부의 역할

1993년 2월 제30기 제2차 평의원회는 '전 직원의 힘으로 달성한 경영개선은 운동전체를 향상시킨다.'고 서술하고, 민의련다운 경영개선은 지역에 존재의의를 제시하는 것이라고 하면서 구체적으로 '① 전직원의 경영실태에 대한 인식통일, ② 구조적인 분석으로 목표를 분명히 하고, ③ 민주적 관리운영의 철저화, ④ 지역연합 블록으로의 결집' 등을 제시했다.

'경영개선을 저해하는 주체적 문제는 각각의 법인·회원기관마다 다양해, 무엇보다 자기분석이 필요'하다고 지적하고, '현재만큼 지도부의 진가가 문제되는 시기는 없었다.'고 지도부의 역할을 강조했으며, '지도부의 도덕적 권위' 수립을 제기했다.

1992년에는 민의련 전체적으로 전년 의료수입 대비 0.3% 적자에서 0.4% 흑자로 전환했다. 1993년 11월 경영위원장회의에서는 지역연합 경

주8) 전술한 의약품정가제 등과 관련해 보험약국이 급증한 것을 포함해, 경영대책부는 보험약국을 별도법인으로 해 지역연합이사회의 지도성을 관철토록 하고, 노동조합의 병원노조와 일체화, 노동조건의 통일을 제안했다.

영위원회의 역할을 강조했다. 경영의 양극화에 대해 전회보다도 훨씬 상세하게 분석해 지역연합 차원의 대응을 제기했다.

5. 진료재료 대책

1994년 4월 진료수가 개정에서 5천 엔 미만의 특정치료재료는 전부 기술료에 포함시켰다. 또한 이외의 재료는 가격기준을 결정했다. 즉 하한선을 5천 엔으로 설정해서 5천엔 미만인 치료재료에 대해서도 약과 동일하게 취급했다.(포괄화와 보험적용) 이에 대처하기 위해 같은 해 2월 23일에 담당자회의를 개최했다. 회의에서 직원의 재료단가의식을 높이는 것, 전문지식을 갖는 담당자 배치, 치료재료위원회 설치, '도매회사' 설립, 합동구매 강화 등을 제기했다.

제4절 종합적인 의료활동의 탐구

1990년 제29회 총회 방침은 '현장의 의료요구에 종합적으로 대응해 간다.'는 것을 의료활동방침의 핵심으로 놓고, 그중 활동이 미진한 분야로 보건예방활동, 노인의료 중 장기입원·입소, 진료소 군의 건설을 열거했다.

(1) 보건예방활동의 도약

보건예방활동에서는 샘플 94개 회원기관의 설문조사 결과에 기초해, 회의를 개최했다. 그리고 결핵, 공해, 노동자, 노인, 피폭자 등에 대한 민의련의 검진활동을 되돌아보고 건강파괴의 원인을 분명하게 밝히며 투쟁으로 발전시키는 사회의학적 관점을 확인했다. 한편 보건예방활동에 대한 현재 상황이 일상진료 중에 짬을 내서 참여하는 상태라고 반성하고, 의료활동의 중심축으로 자리 잡게 해 의사체제의 개선, 담당 사무직원 배치, 기반조직과 협력해 노인보건법에 의한 기본적인 주민검진 등 확실하게 이전과는 다른 활동을 강화해 간다는 것, 검진단가를 적정한 수준으로 조정하고 수를 확대하는 등 민의련다운 검진활동 강화방안을 제기했다.

민의련의 보건예방수익은 1991년에 전년대비 115.6%, 1992년에 116.7%로 크게 증가했다. 이 배경에는 노인보건법에 기초한 기본검진을 공동조직과 협력해 활동했다는 점, 고쿠호(国保) 인간도크* 보급 등이 있었다.

산업의 활동에 이사회가 역점을 두기 시작해[주9] 각 지역에서 '산업보건센터' 설립 활동을 추진하면서, 전일본민의련은 1992년 10월 산업 활동 교류집회를 개최했다. 민의련 산업의가 증가해 왔다는 점, 일본의사회의 인정을 취득한 사람도 증가해 왔다는 점이 조사결과로 보고되었다.

이러한 과정에서 과로사 문제나 직업병에 대한 '눈과 자세'를 개선하자고 강조했다. 1992년 9월에는 과로사 문제에 대한 활동을 실무적으로도 강화해 갔기 때문에 '민의련 과로사 문제 사무계열 직원 교류회'를 개최했다. 또한 과로사 재판에서 민의련의 자주적 연구회인 '고혈압 추적조사회'의 논문이 역전 승소하는 데 결정적으로 기여했다.

* 역자주: 인간도크에서 '도크'는 원래 배를 수리하던 곳을 말한다. 인간도크는 질병유무와 상관없이 의료기관에서 건강검진을 받는 것으로 일종의 예방검진 활동이다.

(2) 노인의료에서 두 가지 문제제기

1. 노인의료의 시설체계

노인의료 분야에서는 이미 전술한 바와 같이 1991년 초부터 점차 전국적인 장기입원·입소시설을 향한 본격적인 활동을 추진했다. 후생성은 이 시기에 '노인의료가이드라인'을 발표하는 등 노인의료정책을 전개했다. 민의련의 대응은 1990년 9월 1일 '민의련신문'에 성명서를 발표하고, 노인의 개인차를 무시한 획일적인 표준의료는 안 된다는 점, 생명을 지키기 위해 필요한 의료는 보장해야 한다는 점을 주장했다. 시설구축은 나라(奈良)·오카타·니카이(岡谷會)의 노인보건시설, 후쿠오카·신진카이(親仁會)의

주9) 산업의 제도는 1972년에 노동안전위생법에서 규정했지만, 그 후에 별 주목을 받지 못했다. 진료수가가 억제된 이 시기에 의사회가 새로운 활동분야로 주목하기 시작했다.

치매노인전문병동, 특별허가노인병원 5곳을 제30회 총회까지 설립했다.

전일본민의련은 노인의료위원회에서 '노인의료에서 장기입원·입소시설의 정비확충에 대한 문제제기(안)'와 '민의련 병원, 특히 거점병원의 노인의료개선 과제(안)'를 정리했다. 노인의료 활동은 아직 경험이 없어 지역연합차원에서 검토하자는 점을 제기해 노인병원, 노인보건시설, 특별양호노인홈 각각의 기능, 환자부담 등을 검토했다. 또 노인의료요구에 한 가지 방식으로 대응해 가는 것은 어렵다는 점, 노인의료의 시설체계 구축이 필요하다는 점이 제기되었지만, 이런 점을 민의련만 개선하는 것은 대단히 어렵고 시설간 연대를 강화할 수밖에 없다는 쪽으로 방향을 제기했다. 또한 거점병원에서는 세분화된 전문분야의 협소함으로 인해 노인환자를 오히려 방치할 수 있어 팀의료를 강화하고, 재가의료를 강화해 생활후원기능을 향상시키며, 입원기간 단축으로 비판받는 현상을 개선하자고 제기했다. 노인의료에 전문적으로 참여하는 직원육성을 제안한 것은 중요했다.

2. 방문간호 실천

제30회 총회에서는 제도화된 방문간호스테이션(1992년)에 적극적으로 참여할 것을 확인했다. 민의련은 아직 진료수가로 인정받지 못했던 1970년대부터 환자의 요구에 따라 방문간호를 실천해 왔다. 방문간호제도는 민의련의 선구적인 활동을 반영해 수립된 것이다. 각 지역에서 민의련은 방문간호스테이션을 선도적으로 구축하고, 일본전체 의료·개호분야 중에서 약 9%를 점유해 민의련의 비중이 가장 높았다.

3. 고령자의 생명을 지키는 선두에

1993년 2월 제2회 평의원회에서는 그때까지 노인의료에 대해 이사회의 논의사항과 '노년의 생명과 건강을 지키는 선두에 민의련이 선다.'고 발표했다.

이 시점에서 시설은 노인병원 5곳, 로켄(老健)시설 1곳(건설 중인 시설이 2곳), 특별양호 노인홈을 건설 중인 곳이 2곳, 방문간호스테이션 4곳, 재가개호지원 센터 2곳으로 방문간호스테이션은 각 지역에서 앞장서 갔다. 또한 왕진은 병원의 69%(후생성 조사에 의하면 일반병원은 25%), 진료소의 54%(동 조사에서 60%)가 참여했다. 방문간호는 병원의 68%, 진료소의 51%가 참여했다.(후생성의 동일 조사에서는 각각 45.4%와 7.5%) 이러한 상황을 평의원회에서는 '향상된 면이 있으나, 전체적으로는 아직 미진하다.'고 평가하고, '모두에게 적용할 수 있는 단일모델의 노인시설은 없다.'는 판단 아래 의료구상의 중요성, 공동조직과의 의사통일 등을 지적하고, 이 분야를 담당할 의사육성이 결정적으로 중요하다고 평가했다.

1년 후 제31회 총회 때는 노인병원·병동 7곳, 로켄시설 3곳(신청 중인 4곳), 특별양호 노인홈 3곳, 방문간호스테이션 10곳, 재가개호지원 센터 4곳으로 증가하고, 데이케어 등도 전국적으로 확산되었다. 제29기에 제안한 두 가지 노인 분야 방침안은 1993년 3월 이사회에서 방침으로 결정되었다. 1993년 10월에 노인의료분야의 차액징수, 특히 노인보건시설에서의 상급병실비용에 대한 견해를 이사회에서 정리했다. 기본적으로 상급병실료에 반대하고, 이것 없이 운영할 수 있도록 최대한 노력한다는 것이다. 어쩔 수 없는 경우 가능한 한 낮은 금액을 책정하고, 지역연합의 승인을 받는다고 결정했다.

(3) 병원·병동의 활동

1990년 간호부 조사에서는 민의련의 병원 약 74%가 특3급과 특2급의 간호등급이었다. 경영상으로 보자면 특3급에서는 입원 20일 이내라는 제한이 있기 때문에 평균재원일수는 짧아졌다. 환자나 가족의 '최후까지 지켜보고 싶다.'는 요구에 응할 수 없어서, 후방 연계시설의 문제가 절실하게 대두했다. 그러나 이러한 과정에서도 터미널케어, 누워 지내지 않는 병동 만들기, 워킹 컨퍼런스, 영양사의 입원환자 방문 등 입원의료 개선 활동을 추진했다. 전일본민의련은 자주적인 의료평가에 참여하기 위해 '민의련 병원평가 매뉴얼(안)'(1991년 7월 이사회)을 작성하고, 몇 개의 병원에서 시범사업을 실시했다.

(4) 진료소의 활동과 전진

제29회 총회부터 제30회 총회까지 2년 동안 진료소 20곳, 치과진료소 7곳을 신설했다. 이것은 1970년대 10년간의 진료소 증가 수를 능가한 것이었다. 의료활동부의 진료소위원회는 지금까지의 작업에 기초해 1991년 4월 '90년대 진료소활동의 새로운 발전을 지향하는 방침(안)'을 이사회에 제출하고, 이사회에서는 의학생 대책의 진료소 활용이나 건진활동, 병상이 있는 진료소의 역할 등을 보강해 결정했다. 이해 6월 '진료소문제 지역연합법인 검토집회'를 개최했다.

'새로운 발전을 지향하는 방침'은 민의련 진료소의 성과와 함께 정세로부터 진료소의 의미를 서술하고 '① 지역연합 장기계획을 수정하고, 지역연합이 진료소 강화에 지도력을 발휘할 것, ② 의사 등의 조직체제 확립, ③ 진료소의 장점을 활용해 환자요구에 따른 의료활동, 건진 중시, 만성질환 관리 충실, ④ 이익을 내는 경영, ⑤ 기반조직과 협력한 민주적인 의료·복지 네트워크, ⑥ 병상보유 진료소의 의미(말기환자나 단기입원대기)' 등을 분명히 했다. 검토집회에서는 지정보고와 패널토의가 이루어졌다.

제29기 제3회 평의원회는 진료소의 현재 의미를 '① 일차의료의 전형을 구축하기 위한 거점, ② 사회보험 운동과 마을 만들기의 거점, ③ 확대재생산 경영 중심, 경영구조개선 과정에서의 역할, ④ 인재육성 과정에서의 역할' 등의 네 가지로 정리했다. 이것은 제30회 총회 방침에 인용되었다. 또한 제18회 학술집담회는 '일차의료의 종합적 전개'를 테마로 해 진료소에 초점을 두어 진행했다.

한 곳의 진료소당 환자 건수는 1990년까지 감소해 왔지만, 1991년부터는 증가했다. 1992년까지 2년간 민의련 전체의 외래건수 증가 중 40%는 진료소였다. 이것은 진료소의 의사를 비롯한 직원 수가 전체의 20% 정도였던 점을 감안한다면, 상당히 분발한 것임을 알 수 있다. 이것은 주로 진료소 소장에 젊고 중견 위치에 있는 의사가 배치된 결과 등으로 조직강화에 따른 결과였다.

1993년 4월에 정리된 진료소 설문에 의하면 진료소의 99%가 내과·

소아과를 표방했고, 59%에서 특진(전문외래)을 실시했으며, 소장의 연령은 40세 이하가 63%였다. 당시 개업의의 평균연령은 60세였기 때문에 상당히 젊다는 점을 알 수 있다. 설문에 의하면 진료소 의사배치에 대해서 의사의 라이프사이클을 고려해 배치하는 점을 제기하고, 병원에서는 곤란해도 진료소에서는 활약할 수 있는 베테랑 시니어 의사 배치도 검토할 필요가 있다고 정리했다. 소장의 재직기간은 5년 이하가 66%, 병상 없는 진료소의 직원 수 평균은 12.8명(개업의는 평균 6.8명)이었고 환자 수는 평균 91.3명이었다.

진료소의 75.8%가 흑자였으며, 150병상 이상의 병원을 갖고 있는 법인의 진료소 개선이 두드러졌다. 150병상 이상의 병원은 민의련에서는 센터 혹은 거점병원이고, 이러한 법인은 의료협력이나 의사배치 상에 단독진료소보다 유리하다고 생각할 수 있다. 그리고 '위성형' 진료소도 중요한 검토과제였다. 단독진료소 법인의 경우 평균적으로 1992년에는 적자였는데, 원인은 시설 구축 등에 의한 감가상각비 증가였다. 의료활동에서는 노인·재가에 중점을 두었고, 공동조직과 연대한 지역건강상담, 고혈압·당뇨병 등의 만성질병관리에 참여했다.

제31회 총회는 38개 지역연합 중에 34개 지역연합에 진료소 신설방침이 있는 것을 바탕으로, '전체적으로 진료소 중심 방침을 착실하게 진행하고, 진료소 신설은 1990년대 가장 큰 증가를 기록했다.'고 평가했다.

(5) 의료와 경영에 대한 이론적 정리

'종합적인 의료활동'을 추진하는 중에 1991년 2월 평의원회는 '무엇보다도 현재의 의료요구(인권, 종합성, 고도성)'에 대응하는 입장이지만, 동시에 1980년대까지의 의료·경영구조가 '벽'에 부딪힌 상황을 인식한 것이다. 그리고 '첫째, 지역연합·법인의 시설, 기술, 인력구조나 수준이 진료소군, 병원, 시설, 재가, 과별 균형 등에서 종합적인가'라는 조직적인 종합성의 문제로 우선 진료소가 중요하고, 다음에 노인분야라고 제기했다. 나아가 '둘째, 종합적 의료활동은 매일 환자 개개인에 대한 의료를 진행하는 과정에서의 '종합성'이다.'라고 규정했다. 이 관점은 그 후 '전인적인 의료'(제31회 총회)로 발전했다.

또한 의료활동과 경영 문제에 대해 '경영을 개선하고 이익을 내는 것은 좋은 의료활동을 향상시키는 것이 무엇보다 필요하다. 경영 문제 등 성가신 문제에 신경쓰지 않고 좋은 의료를 하고 싶다는 의견도 있으나, 경영 혹은 경제로부터 괴리된 의료는 객관적으로 본다면 현실에 존재할 수 없다. 민의련운동의 진가는 민주적 운영을 관철하는 조건하에서 직원 스스로가 주체가 되어 지역주민과 환자를 위해 의료와 경영을 하나로 추진할 수 있는 점이다.'라고 강조했다.

(6) 의료윤리의 문제와 의료개선, 환자의 권리

1. 뇌사자 장기이식문제

1980년대 후반부터 다시 뇌사·장기이식의 문제가 주목받기 시작했다. 1985년에 후생성의 연구반이 뒷날 '다케우치기준'이라고 명명한 '뇌사판정기준'을 발표했다. 1989년에 처음 생체 부분 간이식이 신슈대학(信州大學)에서 있었다. 1990년에 '임시뇌사 및 장기이식조사회'(뇌사임조)를 설치했다. 민의련이 무관심했다고 말할 순 없지만, 민의련의 실천 문제로 생각하지는 않았다.

1991년 6월 14일에 '뇌사임조'의 중간발표가 나왔다. 그 직전인 5월 말 오카야마민의련의 오카야마 협립 병원에서 뇌사자 신장이식을 수행한 사실(실시는 전년 11월)이 신문보도로 밝혀졌다. 환자·가족의 바램으로 이루어졌고, 뇌사판정은 '다케우치기준'에 따랐으나 일부 관리의사가 판단한 점도 있었다. 이달의 이사회에서 아자미 회장은 "뇌사 문제는 아직 사회적 컨센서스가 부족하다. 그것을 일부 당사자의 판단으로 시행한 것은 대단히 유감스러운 일이다."라고 말하고, 이사회는 즉시 오노(大野) 부회장을 단장으로 하는 현지조사단을 파견해 보고를 받았다. '환자의 인권을 지키고, 요구에 따른다. 기관의 민주적 운영. 민주적 집단의료. 지역연합기능' 등의 관점에서 이사회 견해를 정리했다. 그리고 '국민과 함께 뇌사·장기이식을 생각하는 특별위원회'를 설치했다. 7월 이사회에서 '견해'를 확인했고, 8월 11일 '민의련 신문'에 발표했다. 즉 '뇌사·장기이식에 대한 사회적 합의는 아직 존재하지 않는다. 오카야마협립병원 의사[주10]의 선의에도 불구하고 민주적 집단의료의 입장을 경시한다면, 그것은 '독단'이 될 수밖에 없다. 민의련은 국민적인 합의 형성에 따라 조사, 협의, 제언 등을 진행해 간다.'고 정리했다. 또한 실천 방침으로 뇌사임조의 최종답변에 주목했으며, 심포지움 등을 개최하면서 국민적인 논의를 진행해 갔다. 회원기관 윤리위원회는 외부인사를 포함해 조직해 간다고 이사회에서 논의했다.

'뇌사임조'는 1992년 1월 22일 최종답변을 제출했고, 장기이식 네트워크 조성이나 국회 각 당 협의회에서 논의를 진행해 장기이식법을 통과한 것이 1997년 6월이었다. 법안 통과 후 처음으로 뇌사자 장기이식은 1999년 2월에 있었다. 민의련에서 뇌사자 장기이식은 그 후 시행되지 않았다.

2. 환자 권리법과 '환자의 권리에 대한 두 가지 측면'

환자 권리선언 운동은 이 시기 '환자권리법'제정을 지향했다. 1991년 9월과 10월 이사회는 '환자권리법을 만드는 모임'의 입회 요청에 대해서는 당분간 보류하고, 제30회 총회를 목표로 논의하면서 생각해 보기로 했다.

제30회 총회 방침에서는 '공동 운영의 의료'를 탐구하는 과정에서 환자의 권리에 대한 두 측면을 밝히고 이것을 추구해 가자고 제안했다.

'환자에 대한 의료에서 환자의 권리는 ① 사회보장 권리로서 공식적으로 보장받아야 한다. 동시에 ② 의료기관과 환자와의 관계에 대해서도 권리는 보장되어야만 한다.' 즉 무보험자 문제 등 진료받을 권리가 손상되어서는 안 된다는 관점으로 일상진료를 추진하고, 그 과정에서 첨예하게 나타나는 문제를 제기해 투쟁한다는 것이다. 또한 이런 입장에 서는 것이야말로 환자의 자기결정권, 동의와 설득이라는 원칙을 중시하는 것이다. 환

주10) 오카야마협립병원에서 뇌사자 신장이식에 관여한 의사는 그 후 퇴직했고, 몇 개의 병원에서 근무한 이후 우와시마독슈카이병원(宇和島德州會病院)에서 제공자가 보수를 받는 형태로 신장을 이식하거나 질병상태인 신장을 다른 환자에게 이식한다는 문제에 관여했다. 오카야마협립병원에서도 관리부에서 무단으로 장기를 제공받았다 2006년 10월에 발각되었다.

자권리법을 만드는 운동에 대해서는 이런 입장에서 협력해 간다고 규정했다.

30회 총회에서 제기된 '환자권리의 두 가지 측면'이라는 지적은 민의련 내외에서 점차 확산되었다. 의료실천 중에는 암 발병 고지, 약 부작용에 대한 설명, 워킹 컨퍼런스, 의료기관이용위원회의 확산 등이 착실하게 추진되었다. 1992년 1월 12년 만에 만성질환관리교류집회가 병원 활동에 초점을 두고 개최되었다. 총회에서는 '만성질환자 증가로 만성질환 의료가 외래의 중심 축으로 자리 잡았으나, 관리시스템은 환자증가에 따라가지 못하고 전산관리 등도 충분하지 않다. 현장의 실정에 맞춰 지도·관리가 요망된다.'고 제기했다.

30회 총회에서는 민주적 집단의료의 문제가 논의의 중심이었다. 몇 가지 주목받은 경험에 대한 공유와 전체적으로는 이것을 슬로건으로 걸 수 있는 것인가에 대한 문제제기도 있었다. 이 문제는 제31회 총회 방침의 과제가 되었다.

3. 의료개선문제

1991년 7월 이사회는 시마네 민의련·이즈모(出雲)제2시민병원의 의료폐기물이 국립공원에 불법 투기된 사실이 보도되었다고 보고했다. 폐기물 처리 허가를 받지 않은 업자에게 업무를 위탁한 문제도 있었다. 이 사건은 담당직원이 폐기물 처리가 어렵자 포기해버린 결과 발생했다. 의료폐기물 처리 규칙을 행정차원에서 확립해 놓지 않은 곳이 많았고, 의료기관들도 처리가 곤란한 상황에서 문제가 발생했다. 이런 이유로 제29회 총회에서 '의료폐기물 처리를 엄격하게 시행할 필요가 있다.'고 지적했지만, 불상사가 발생한 회원의료기관의 관리상 약점이 있다는 것은 부정할 수 없었다. 제3회 평의원회는 '폐기물 분야의 관리·지도를 엄밀하고 강력하게 관철시킬 필요가 있다.'고 서술했다.

중대한 의료사고나 소송에 대한 케이스도 보고되었고, 교훈을 전체로 확산하는 것이 중요하다고 제30회 총회에서 지적했지만, 법인·회원기관의 검토를 지적하는 것에 그쳤다.

(7) 치과의료

1990년 치과진료수가 개정에서는 낮은 인상과 함께 슬폰(sulfone)제 틀니를 정치적으로 도입해 치과관계자의 분노를 샀다. 전일본민의련 치과부는 호단렌(保団連), 생협의료부회, 신이쿄(新医協)와 공동주최로 '진료수가 심포지움'을 1990년과 1991년에 열어 진료수가에 대한 투쟁을 진행했다.

'민의련치과의사정책 확립을 위해'라는 문서는 1991년 2월 중견치과의사 교류집회에서 논의를 거쳐 결정했다. 동시에 결정한 '치과의사 정책을 진행하는 과정에서 사무간부의 역할'이라는 문장은 '기본적으로 치과의사 집단에 대한 원칙적인 문제제기자이다.'라고 민의련치과의사가 기대하는 사무간부의 의미를 솔직하게 서술했다.

1990년 7월 치과의료기관 소장·사무장회의에서 제기한 '민의련치과 20년의 성과와 90년대의 발전을 위해(안)'는 치과 없는 지역을 없애고 100개의 시설을 달성하며 이를 위해 치과의료내용을 1990년대에 걸맞게 종합적으로 발전시킬 것을 제기했다. 치과의 경영상황은 좋지 않아, 1986년에 57%의 흑자가 달성된 후에는 매년 과반수가 적자인 상황이 지속되었다. 1991년 1월 경영담당자회의에서 치과기관의 정원이나 독립회계에 대한 문제가 제기되었다.

치과건설은 30기에도 일정한 진전이 있었고, 시설은 제31회 총회까지 74개소가 되었다. 그러나 치과공백 지역은 줄어들지 않았다. 의료활동에서는 입원환자나 재가환자의 구강위생지도 등 의과와 치과의 연대가 추진되었다.

1992년 진료수가 개정에서는 위생사에 의한 스케일링 지도료 신설 등 일부 인상이 이루어졌다. 나아가 보험의단체연합회 등과 연락회(1992년 발족)를 만들어 활동해온 '보험으로 좋아지는 치아'운동은 크게 발전했고, 1,530개 자치단체에서 의견서를 채택했다. 이것은 렌즈보험적용 당시 420개 자치단체를 훨씬 상회하는 수치였다. 이에 따라 1994년 진료수가 개정에서는 전체틀니 점수가 1,400점에서 2,000점으로 대폭 증가했다. 그러나

동시에 금속틀니는 특정요양비제도로 변경되어 실질적으로는 상급치과진
료비가 부활했다.

(8) 각 분야의 의료활동

1. 노동자의 건강문제

1990년 5월 민의련과로사 문제연구회가 발족했다. 일상진료 중에 과로
사를 찾아내고 방지하기 위해 '과로사조사표'를 만들어 전국에서 참여할
수 있게 하는 활동을 추진했다. 6월부터 '과로사 110번 전국 일제상담'에 협
력했고, '장시간근로에 의한 건강장해 실태조사운동'에 참여했다. '110번'은
17개 현 지역에서 진행했으며, 실태조사는 26개 회원기관의 33개 증례가
1991년에 집계되었다. 소효(総評)해체에 수반해 '안전센터'도 폐지되었고,
젠로렌이 '생명과 건강을 지키는 전국센터'를 지향하며 활동을 추진해 제30
회 총회까지 16개 현지역에 '노동자건강센터'가 설립되었다. 잡지 [노동자
의 건강] 편집에도 젠로렌이 참가했으며, 노동조합에도 보급하기 시작했다.

2. 환경·공해

1975년 오사카변호사회 공해대책위원회는 '대기오염 - 오사카니시요
도가와에서 실태조사보고'를 작성하고, 니시요도가와 공해의 법적 책임
소추 가능성을 시사했다. 이런 결과를 받아 각 니시요도가와 공해환자와
가족모임은 나라와 공해배출기업을 상대로 1978년 원고 112명이 제1차 공
해재판(통칭 아오조라재판)을 제기했다. 그 후 제4차까지 726명을 제소했
다. 1991년 3월 29일에 있었던 제1차 소송판결은 피고기업의 공동 부작위
와 공해건강피해보상법의 미비점을 인정했다. 1995년 7월 제2차 소송판결
에서는 국가와 도로공사의 관리책임을 인정해, 그해 원고와 피고간에 화해
가 성립했다. 운동은 전국적으로 확산되어 지바, 가와사키, 아마가사키(尼
崎), 구라시키(倉敷), 나고야 남부도 똑같이 화해해 승리했다.

1988년 공해건강피해보상법에 의한 신규환자 인정이 중단되었지만,
2007년 도쿄에서 투쟁했던 대기오염재판에서 지역 천식환자의 구제제도

와 국가와 지방정부에 의한 공해방지대책을 수립하는 것, 비용을 국가와 도로공단, 자동차 제조사가 공동분담하는 등 승리화해를 쟁취했다. 각 지역의 민의련은 투쟁을 전면적으로 지원했다. 또한 지구의 날 행사(4월 22일), 산성비조사 등에 참여했다. 그 결과 일본해 인접지역에 의외로 산성비가 많이 내린다는 자료가 나왔다. 또한 1986년에 대폭발을 일으켜 많은 방사능을 누출했던 체르노빌 원자력발전소 피해자 지원조사단에 대표를 보내 조사했다. 나아가 각 지역의 원자력발전소 건설반대운동에 착실하게 참여해, 후쿠이(福井) 현 미하마(美浜)원전 2호기 사고가 발생했던 시기에 '원전문제 주민운동 전국센터'에 참가해 원전반대운동에 조직적으로 참여해 갔다.

1991년 3월 환경·공해위원회는 활동을 전국적으로 강화하기 위해 '주민의 생명과 생활을 지키기 위해, 환경공해문제에 대한 활동강화를 촉구한다.'는 성명서를 발표했다.

3. 학술활동과 의료활동위원회

제29기부터 이사회는 학술부를 설치했다. 연구회 활동의 장악, 민의련에서 학술활동의 내용검토가 과제였지만, 먼저 실태를 파악하기 위해 각 지역의 민의련 의사나 간호사의 대외 학회발표를 정리했다. 그러나 작업은 의외로 일이 많아 제30회 총회 후에 정리되었다.

이사회는 제29회 총회의 '수정'방침에 기초해 학술집담회와 운동교류집회의 내용을 검토하고, 하나로 정리한다는 방침으로 학술집담회운영위원회 등 관계자의 논의를 진행했다. 1991년 4월 이사회에서 '학술운동교류집회'를 총회가 없는 해에 개최한다는 방침을 확인했다. 제3회 평의원회에서는 연구회를 중시하고 연구의 결과를 반영하며 학술·운동의 일관성 있는 주제를 추구하고 간호활동연구집회는 별도로 갖는다는 내용을 결정했다. 학술집담회 19회(시마네), 운동교류집회 10회(1991년 돗토리, 이 집회는 기반조직에서 31명이 참가함)로 막을 내렸다.

4. 약제활동

민의련에 가맹한 보험약국은 급속하게 증가했다.[주11)] 1991년 5월 보험약국문제검토집회를 열어 '의약분업의 새로운 정세와 보험약국활동 개선에 대해'라는 문제를 제기했고, 6월 이사회에서 결정했다. 이 방침은 민의련 보험약국의 기본적인 방침이 되었다. 검토집회에서 보험약국의 개설을 개인의 출자에 맡기지 않고 자본관계를 포함해 전면적인 민의련의 통제하에 둘 필요가 있다는 문제를 제기했으나, 여러 문제를 고려해 문서에 포함시키지 않았다. 그로 인해 그 후 자본관계나 보험약국에 대한 지도를 관철한다는 관점에서 느슨해지는 곳이 나타났다.

종래는 신임약사의 33%가 의료기관에 취직했지만 이 시기에는 19%로 감소했고, 약사확보에 대한 어려움이 증가해 갔다. 약국은 제30회 총회 이후 제31회 총회까지 21개가 증가해 70개소가 되었다.

1993년 1월에 보험약국교류집회를 개최했으며, 1993년 10월에는 약국법인관계자회의를 열었다. 특별히 가이드라인에 대한 대응 등 의료정비 문제를 중시하고, '민의련다운 약국은 무엇인가'에 대한 논의를 진행했다. 1992년의 약가 인하로 인해 소위 약가 차익은 1991년 23.4%에서 1992년 18.4%로 급격하게 감소했다. 이는 약가 산정방식이 변해 병원의 구입가조사에 기초해 약값을 결정했기 때문에 발생했다. 이에 대응하기 위해 각 지역에서 공동구입을 위한 사업협동조합 활동을 빠르게 추진했다.

5. 기타 의료활동과 기술계 각 분야

① 방사선

1988년부터 계속된 방사선기사증원 운동은 1990년 4월 서명자가 6만 4천 명에 달해 문부성, 후생성 교섭을 시행했다. 후생성도 '진단방사선기사 수급계획검토위원회'를 1991년 6월에 설치했으나, 증원의 필요가 있는가에 대한 조사부터 했기 때문에 알맹이가 없었다. 민의련에서 직원영입은

주11) 민의련의 보험약국은 1964년 히로시마의 후쿠시마생협병원 부설 약국이 최초이다. 그 후 전술한 바와 같이 제2약국에 대한 규제가 있어서 약값이 진료수가개정마다 인하된 점을 이유로 1980년 말경부터 의료기관과는 별도의 보험약국이 전국적으로 급증했다.

일정하게 증가했다. 1991년 12월 '민의련에서 방사선기사 정책을 확립하기 위해(안)'를 정리했다.

② 진단검사

제29기에 전국 간사모임을 만들고, 진단검사 실태조사를 시행했다. 외주화 촉진과 대규모 병원의 '지부임상병리검사실'화가 진행되는 과정에서 1991년 11월에 지역 대표자회의를 열고, 지역간의 연대강화, 진료소 지원, 외래강화·검사실시간 서비스의 실시 등 '민감성'지향에 합의했다.

③ 영양 기타

제30회 총회시점에서는 6시 급식이 42.2%가 되었고, 4시대는 3%로 감소했다. 1992년 11월에 영양부문 지역책임자회의를 열었다. 후생관료가 '입원급식비는 국민의료비의 5.9%, 1조 엔을 점유한다. 환자 1인당 재료비를 800엔 부담한다면, 의료비를 2.4% 인하할 수 있다.'고 발언한 것이 알려져, 병원급식 비급여를 허용하지 않는 활동의 필요성을 정리했다.

MSW, 검사 등도 계속해서 대표자회의 등을 열고 교류를 추진했다. 이해에 재활치료사 지역대표자 회의가 처음으로 열렸다. 기타 의무기록사, 보육활동이 제30회 총회에 반영되었다.

④ 국제활동과 학술운동 교류집회

1992년 6월에 브라질에서 열린 유엔환경개발회의에 의사인 후지노 다다시(藤野糾)를 파견했다. 같은 해 구소련의 핵무기실험장이었던 세미파라틴스크 주변 주민의 방사선피해조사단에 의사인 우토 지에코(宇藤千枝子)를 파견했다.

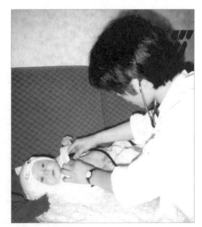

구소련의 세미파라틴스크에서 아기를 검진하는 의사 우토 지에코(宇藤千枝子)

1993년 9월 23일부터 25일까지 학술집담회와 운동교류집회를 통합한 '제1회전일본민의련 학술·운동교류집회'가 니시가와 현 야마나카온천에서 열렸다. 집회에서 학술부가 민의련의 각 직종별로 대외적으로 발표한 연구활동을 정리해 '민의련의 학술활동과 각 연구회 활동에 대해'라는 보고를 했다.

제5절 1990년 이후의 사회보험 투쟁

후생성은 1990년에 의료법을 비롯한 여러 문제를 한꺼번에 '해결'하려는 시도는 그만두었으나, '개정'자체를 포기한 것은 아니었다. 또한 국회를 통하지 않고 후생성의 권한만으로 가능한 의료수가 개정으로 자신들의 의도를 관철하려 했다. 1990년 진료수가 개정 시 약값의 마이너스를 보완한다는 명목으로 1% 올렸다. 내용은 노인병원에서 90% 정액제(간호, 약, 주사, 검사까지 입원기본료에 포함) 도입, 노인보건시설수가 인상, 재가인공호흡기 관리료나 재가 악성종양환자 지도관리료 도입 등 노인보건법 '개정'을 선점하기 위한 의도였다.

1992년 제30회 총회의 사회보장 분야에 대한 정세인식에서는 '공공성과 영리화를 둘러싼 투쟁은 현재 국민의 편에서 운동을 어떻게 추진하느냐에 달려있다고 할 수 있다. 정부·후생성의 생각대로 영리화의 길로만 진행되지는 못할 것이다.'라고 골드플랜*이나 간호사 증원의 사례를 들어 서술했다. 또한 정부의 정책을 '공공보험을 1층에 놓고 민간보험을 2층에 놓는 2층 구조의 의료보장정책'이라는 특징을 갖고 있다고 규정하고, 운동의 방향으로 '① 법률개악 등 공격에 대한 전국적인 반격, ② 지역차원의 요구를 반영하는 계통적인 투쟁, ③ 의료실천 속에서 투쟁한다.'는 점을 제기했다. 민의련이 '일하는 사람들의 의료기관이라는 점', 병원에서 진료소와 재가진료에 이르기까지 종합적인 의료실천을 추진하는 점, 주민·환자의 조직인 공동조직과의 연대, 연합회조직으로 정부의 규제를 받지 않는 점 등에서 '전국민적 입장에서 문제를 제기할 수 있는 가능성을 가진

조직'이라고 스스로 규정했다.

그리고 지역 샤호쿄(社保協) 구축을 강조하고, '각 지역연합회가 적극적 역할을 해야 한다.'고 제기했다.

반핵평화 등의 활동에서는 PKO법안의 폐기 등을 위한 투쟁을 내걸었지만, 특별히 1992년 참의원선거에 대해 '자민사회공민대연합' 등의 책동이 있는 상황에서 투쟁의 중요성을 강조했다.

* 역자주: 골드플랜은 고령화 사회를 대비하여 후생성이 1989년에 제정한 〔고령자보건복지추진 10개년 전략〕의 통칭이다. 각 지역에 재가복지대책 긴급실시, 특별양로홈, 데이서비스, 단기입소 등의 시설에 대한 긴급점검을 시도하였으며, 홈헬퍼의 양성 등에 의한 재가복지 추진 등이 핵심내용이라 할 수 있다.

(1) 제2차 의료법 '개정'

1990년 1월 후생성은 '21세기를 지향한 의료공급체제의 내용'을 발표하고, 의료법 '개정'내용을 분명히 했다. 중간보고의 의료이념이었던 '양질과 효율'이나 'QOL'(Quality of Life: 삶의 질)을 의료제공 이념으로 결정하고, 요양병동(병상)과 고기능병원을 법으로 규정하는 것이 주요 내용이었다. 의료법 '개정'안은 1990년 5월에 국회에 제출되었다. 발표된 법안에는 'QOL'의 번역어에 해당되는지 모르겠으나 '생명의 질'이라는 말이 있고, 이것 자체가 나치가 사용한 개념과 동일한 것이 아닌가라는 비판이 후생성에 쇄도해 전부 수정하기도 했다.

민의련은 이 법안이 1990년대 의료개악의 중심을 이루는 것으로 중시했다. 팸플릿 〔생명의 차별은 허용할 수 없다〕 2만 부, 전단지 50만 매 등 대량 선전을 시도했다. 나아가 민의련이나 기반조직의 틀을 넘어선 학습회가 조직되었다. 의료법개악에 대한 비판의 관점은 노인의료차별, 의료기관의 유형화·차별화, 의료의 공공성 후퇴와 영리화로 연결된다는 점에 있었다.

1990년 공동행동은 의료법개악저지를 중심으로 전개해 9월에서 11월에 걸쳐 '의료법개악반대, 국민의료를 좋게 하는 추계월간운동'으로 전문의 법제화반대, 고쿠호(国保)문제나 간호사증원, 병원급식 비급여화 반대 등을 지역이나 각 직종의 요구·과제와 결합해 투쟁했다. 서명은 150만 명을 달성했다. 중앙샤호쿄도 의료법문제 심포지움을 개최했다. 이러한 활동이 진행되는 과정에서 '개정안'은 소선거구제 문제나 PKO법(자위대의 해외파병문제) 등의 영향도 있어서 한 번도 심의되지 못한 상태로 공전을 반복했다. 처음에는 대결법안이 아니라고 말했던 공산당 이외의 야당도 차츰 법안폐기를 말하는 상황이 되었다. 후생성은 민의련을 의식해 '의료법 Q&A'를 제작했다. 일본병원협회 등 병원 4개 단체는 의료법 조기통과 요청서를 제출했다.

민의련을 선두로 국민의료를 지키는 공동행동 등의 투쟁으로 후생성이 예정한 시기를 2년간 미루다가 의료법 제2차 개악법안은 1992년 6월에 통과되었다. 내용은 '① 의료제공 이념으로 '의료제공시설의 기능에 따른 효율적 제공'을 내걸고, ② 병원을 특정기능병원, 일반병원, 요양형병원 군으로 구분해 재편, ③ 병원 내 게시 의무화와 광고규제 완화, ④ 표방과목의 법률화, ⑤ 외주업무회사의 규제와 외주확대' 등이었다.

1989년 이후 민의련은 의료법개악 등에 대해 '국민의료를 지키는 공동행동'을 통해 투쟁해왔으며, 제30기 제1회 평의원회(1992년 8월)는 다음과 같이 총괄 정리했다.

(1) 국민의료를 지키는 공동행동은 공동 투쟁을 진행하는 근거지로서 중요한 역할을 수행했으며, 또한 각 지역에 샤호쿄를 만들어가는 과정에서도 중요한 공헌을 했다. (2) 의료법개악을 저지할 수 없었던 직접적인 원인은 사회·공명·민주 각 당이 의료비억제, 민간활력이라는 점에서는 자민당과 똑같이 판단했으며, 1989년에는 1천만 명 서명으로 운동이 크게 고조되었으나 1992년에는 의료법만의 서명이 68만 명에 그친 점(민의련이 50만 이상)에 의해 운동의 힘으로 이들 정당의 태도를 변화시키지 못했다. (3) 의료법 통과를 연기하기 위해서는 소비세, 유엔평화협력법, PKO법안 등 정치적 초점인 문제가 있었고[주12], 민의련은 이것과 의료법 등의 의료문제를 결합해서 투쟁했다. 그러나 특히 1992년에 들어와 춘투나 간호사확보법과 매끄럽게 결합해 순차적으로 발전시켜 나가는 투쟁을 할 수 없었다.

주12) 1992년 6월 15일에 통과된 PKO법안의 최종판에서 공산당·사회당 등이 강행체결에 항의하며 지연 전략을 시도했다. 사회당은 중의원에서 통과된 후 의원총사퇴전술을 채택해 비판을 받았다.

'사회보장 투쟁은 민의련운동의 영혼이고, 이 운동이 직원의 이해와 자각으로 회원기관 관리부를 선두로 활동하는 것에 민의련의 존재의미가 가장 잘 드러난다.'고 서술했다. 의료법 문제는 알기 쉬운 부담증가 등과는 달리 국민이 잘 알 수 없는 측면이 있어, 전일본민의련만이 아니라 각 지역연합도 선전에 힘을 쏟았다. 환자 실태를 조사하고 의료법이 개악된다면 어떻게 될 것인가에 대해 분명하게 밝히는 경험도 겪었다.

(2) 노인보건법의 개악

노인보건법의 수정을 1년 앞서 시행했던 후생성은 1990년 11월 16일 노인보건제도연구회의 보고서를 발표했다. '노인부자론'에 입각해서 부담 정률제, 비급여진료나 민간보험 등의 민간활력론을 전개했다. 중앙샤호쿄와 공동행동은 11월 26일 이에 대해 후생성과 교섭했다.

1991년 1월 법안의 개요가 발표되었다. 즉, 부담 인상(외래 1회 800~1천 엔, 입원 하루 400~800엔)과 단계별 부담 증가제, 노인의료 평가방법과 포괄산정방식을 명기하고, 간호사 돌봄 활동 폐지, 노인보건시설과 노인병원에 대한 국고부담을 3할에서 5할로 인상(실제 국가 부담은 환자 부

고쿠호(国保)직접청구 성공을 지향하는 시민집회(홋카이도 삿포로 시)

담이 증가해 80억 엔 감소), 방문간호제도 창설(영리기업의 참여를 부정하지 않음) 등이었다.

이 문제와 관련해 가입자 분담률 100%의 영향으로 건강보험조합의 재정악화에 직면했던 렌고(連合)가 겐포렌(健保連)과 하나 되어, 많은 정치헌금까지 하고 법안의 조기 통과를 위해 활동했다. 그러나 일본의사회는 침묵했다. 노인클럽연합회의 중앙지도부는 정치적으로 압박했다. 공산당 이외의 야당은 단계별 부담의 증가제를 중단하는 수정안을 내려고 했지만, 그것조차 움츠러들어 조기통과에 합의하고 말았다. 280만 명의 서명을 받았던 1991년 국민의료를 지키는 공동행동이나 샤호쿄의 분투에도 불구하고 1991년 9월 27일 노인보건법 개악안은 일본공산당 이외의 찬성으로 성립했다. 그러나 방문간호에 영리기업을 인정하지 않겠다는 답변을 받아낸 것 등에서 알 수 있듯이 부분적이지만 중요한 성과도 달성했다.

(3) 고쿠호(国保)문제 등 지역의료요구 실현을 위한 투쟁

고쿠호(国保)문제는 1991년 통일지방선거에서 쟁점이 되었다. 직접청구운동과 같은 주민운동으로 1990년에는 204개 자치단체, 1991년에는 221개 자치단체가 보험료를 인하했다. 후생성은 인하에 신중해야 한다는 통지문을 보냈다. 나아가 1991년 4월 훈령에서 '보험료의 평준화'를 추진하고, 5월에는 자격증명서, 단기보험증, 체납처분 강행을 지시하는 과장통지문을 발송했다. 실질적 무보험자는 차츰 증가해 갔고, 보험이 없기 때문에 병원에 가지 못해 '병원에 왔을 땐 시기가 늦은' 사례가 증가했다.

한편 고쿠호(国保)에 의한 인간도크 실현(돗토리), 영유아 의료비조성에 치과도 포함(삿포로), 대장암 검진 실현(돗토리, 후쿠시마 등), C형간염에 대한 의료비조성(나가노), 접안렌즈비용 조성,[주13] 나아가 개호수당, 입원보증금, 전자조리기구에 대한 보조 등 다양한 주민요구를 실현한 것이

주13) 보험적용을 요구하는 의견서는 1991년 10월 단계에서 6개 도도부현 262개 자치단체에서 채택했다. 접안렌즈의 보험적용은 1992년 4월에 실현되었다. 각 지역에서 보험적용을 요구하는 의견서에 반대해 온 공명당은 직전에 자당의 국회질문에 후생성이 전향적인 답변을 한 것을 근거로, 자당의 실적으로 선전해 사실을 알고 있는 사람들에게 빈축을 샀다.

1990~1991년의 특징이었다. 이러한 배경의 일부로 골드플랜 실시가 각 자치단체에서 의무화되었다는 사정도 있다.

한편 1988년 고쿠호(国保)개악(자치단체부담 증가와 재정조정, 자격증명서) 시에는 국회에서 반대한 공명당, 사회당이 1990년에는 '현재 실행 중'이라는 이유로 이것을 상시화하는 법안에 찬성했다. 의료문제에 대해서는 모두 여당과 동일한 입장이 한 걸음 빠르게 나타나기 시작했다.

(4) 진료수가에 대한 학습운동

1991년 5월 민의련은 〔진료수가를 공부하자〕는 팸플릿을 발행하고, 9월 이후 '진료수가개선 200만 명 대화운동'을 개시했다. 이 중에서 ① 환자에게 필요하고 충분한 의료를 보장하기 위해 부당하게 낮은 현재의 진료수가를 인상하는 것, ② 접안렌즈와 같이 보험적용을 못 받는 의료에 대한 보험확대라는 두 가지 중심을 분명히 밝혔다. 그러나 운동의 확대는 충분하지 않았다.

그런 이유로 1992년 10월에 '진료수가제도 개선을 지향하는 투쟁방침'을 제기했다. 이 방침은 진료수가에 대한 요구를 ① 의료기관직원·의료기관 등의 요구와 ② 국민·환자와 함께 당면문제를 개선하기 위한 것이라는 '두 가지 축'을 세우고, 환자부담 인하, 사용자 보험료 부담을 7할로 인상한다는 등 요구가 전국민에게 확산될 수 있도록 노력하는 차원에서 단체서명, 대화와 엽서운동, 진료수가 학습운동에 역점을 두었다. 또한 투쟁위원장 회의는 1993년 1~3월에 〔내일을 여는 사회보장〕을 텍스트로 해 민의련 사회보장학교를 여는 것, 지방·지역에 샤호쿄(社保協)를 만들어 간다는 방침을 제기했다. 그 후 〔내일을 여는 사회보장〕은 개정을 거듭해 민의련 직원의 사회보장 학습텍스트로서 현재도 활용된다. 중학교나 고등학교에서는 근현대사 학습이 불충분하기 때문에, 아사히소송이나 권리로서의 사회보장 역사 등을 공부할 기회가 적어, 민의련이 만든 〔내일을 여는 사회보장〕의 의미는 컸다.

(5) 국민의료를 지키는 공동행동과 샤호쿄

젠로렌(全勞連), 이로렌(医勞連), 민의련이 중심이 되어 조직을 존속해 온 중앙샤호쿄는 의료법 문제에 대한 심포지움, 노인보건법 개악에 대한 투쟁 등과 함께 중앙사회보장학교를 다시 열고, 미국에 이어 유럽에도 의료견학을 위한 방문단을 파견하는 등 활발하게 활동을 시작했다. 또한 지방, 지역의 샤호쿄를 건설해 가는 방침을 제기했다.

민의련은 각 현·지역의 샤호쿄를 존속·재건해 가는 과정에서 본래는 젠로렌 같은 노동조합이 큰 역할을 할 것으로 생각했지만, 젠로렌이 결성된 지 얼마 되지 않은 사정도 있어 민의련이 일정기간 사무국을 운영한다는 자세로 참여했다. 1991년 2월 평의회에서 '각 지역에 샤호쿄를 만들어간다.'고 제기하고, 경우에 따라 민의련이 적극적으로 사무국을 운영한다는 각오로 진행하겠다는 이사회의 답변이 있었다. 이것은 그 후 샤호쿄의 발전에 결정적으로 중요한 의미를 갖게 했다.

(6) 1993년을 총반격의 해로

전일본민의련은 1993년 2월 제2회 평의원회의의 주제를 '93년을 총반격의 해로 – 정세평가와 제3회 평의원회까지의 중점과제 –'로 정했다.

의료법이 통과된 이후 후생성 관료들은 보험제도의 근본적인 개혁이 필요하다고 주장했다. 그 내용은 '보험급여의 범위'(급식이나 외래의료의 일부를 보험에서 제외 등), '공공보험과 민간보험의 공조', '고쿠호(国保)의 재편성'(고쿠호(国保)에 의료비국고부담의 절반 가까운 금액이 포함되었기 때문에 이것을 줄이기 위한 시도), '환자의 선택'(비용을 부담하는 것), '보험의료기관의 조건'(보험의료기관의 갱신제 등), '진료비지불의 장점과 단점'(정액제의 확대 등)을 열거했다.

1993년 2월에는 사회보장제도 심의회에서 '사회보장 예측위원회'의 제1차보고가 발표되었다. 국민이 풍요로워졌다는 '풍요로운 사회'론, 고령화사회의 진행, 핵가족화 등 가족관계의 변화, 고용형태의 다양화와 노동시장 유연화, 도시인구집중, 민간보험이나 개인연금 등 생활보장수단의 다양화 등이 나타나기 때문에 1955년 사회보험제도 심의 '권고' 당시의 '빈곤방지'에서 '규범화(노말라이제이션)'로 사회보장의 목적이 변했다고 평가하고, '연대'와 '자조'를 사회보장이념에 포함시켰다. 그리고 공적으로 보장하는 것은 사회적으로 합의된 것에 한정한다는 개념을 제기했다. 생존권 같은 인권보장을 전제하지 않은 상태에서 행정에서 사용하는 '노말라이제이션'이라는 말을 장애인 등도 계약을 통해 일반인과 같이 부담해야 한다는 복지후퇴론의 입장으로 사용했다.

의료법을 구체화한 1993년 4월 진료수가 개정은 특정기능병원*의 도입 없이 초진료 환자전액부담, 요양병상에 대한 보조자의 대량도입 등 의료법이 의도하는 바를 선명하게 드러냈다. '환자환경개선시설정비사업'(후에 명칭이 변함)으로, 병상을 10% 감소해 개축하면 보조금을 지급하는 '병상감축'사업도 시작했다.

한편 젠로렌은 1992년에 5개 항목의 사회보장원칙을 제시하고, 사회보장투쟁의 강화를 제기했다. 나아가 의사들 중에서는 자민당 지지가 급속하게 감소했다.[주14] 제2회 평의원회는 '사회보장운동은 민의련의 정신'이라는 의미를 더한층 강조했다.

1993년 국민의료를 지키는 공동행동은 1989년 이후 높아진 여론을 나타내 서명은 500만 명(이 중 민의련이 300만 명)에 도달했다. 진료수가개선운동은 200만 명 대화 100만 명 엽서라는 목표에 대해 엽서는 9만 명에 그치고 말았다. 1994년 2월 사회보장위원장회의는 의료개악공격을 중단시킬 만큼 총반격에는 이르지 못했지만, 많은 국민에게 선전해 향후 투쟁의 밑거름을 만들었다. 특별히 지역요구에 기초한 운동을 진행시켰기 때문에 민의련의 요구에 대한 공감대를 확산시켰고, 직원들의 확신을 강하게 만들었다고 전체 평가를 했다.

* 역자주: 특정기능병원은 고도의 첨단의료가 가능한 병원으로서 후생성장관이 승인한 병원을 말한다. 일부 대학병원 외에 국립암센터, 국립순환기병원연구센타 등이 있다. 일반병원, 진료소로부터 소개받은 환자에 대한 진료를 원칙으로 한다. 1993년에 시행된 의료법개정으로 반영된 것이다.

주14) 1992년 호단첸(保団連)의 회원의식조사에서는 자민당 지지가 이전의 42%에서 20%로 감소하고, 일본신당 지지가 21% 새로 등장했으며, 사회당은 약간 감소하고, 공산당은 13%로 변하지 않았다.

제6절 후계자 확보와 양성, 각 직종의 활동과 교육

(1) 의사확보와 양성

1. 의학생대책활동

1990년 신임의사 영입은 134명으로, 10년간 가장 낮은 수치였다. 50명 정도는 민의련을 생각하면서도 입사하지 않았다. 1990년 2월 영입대책회의는 의과대학 활동을 역사적으로 정리하고, '통일방문이나 일제행동 같은 활동 강화에도 불구하고 왜 증가하지 않았는가!'라고 자문하면서 토론할 수밖에 없었다. 1990년 6월 의사위원장회의는 의학생 대책 활동은 10년 전과 비교해 의학생위원회나 전임담당자 등 각 단계별로 강화되었으나, 150명 전후로 영입이 한정되어, '지금 진실로 의학생 대책 활동은 벽에 부딪혀 있다. 단순한 연수나 기술만으로 말을 해봐야 우리들이 일하는 기관에 대한 수많은 신임의사를 결집시킬 수 없다. 의학생에게 진솔하게 민의련을 말하고, 민의련을 보여주는 것이 필요하다.'고 서술했다. 9월 의학생 위원장회의는 '장학생을 확보하는 것은 목적이 아니라 출발로 봐야 한다.'면서 장학생 육성을 강조했다.

세계정세의 격변을 반영해 의학생의 상황도 변했다. 각 대학에서는 학생자치회를 재건하는 것에 성공한 사례가 있는 반면 의학생운동의 거점이었던 도호쿠대학 등 몇 개 대학에서는 반공적인 입장의 의학생이 학생회 집행부를 장악하는 상황이 발생했으며, 돗토리 대학은 이가쿠렌(医学連)에서 탈퇴했다. 대학에서도 전문의·인정의* 문제 등을 이용해 학생을 대학병원에 잔류시키기 위해 힘을 쏟았다. 캠페인 같은 대량선전 활동이나 '좋은 연수를 할 수 있다.'는 유인책은 한계에 봉착했을 뿐만 아니라 후퇴조차 우려해야 할 상황이었다.

의학생에게 민의련을 이야기하기 위해서는 당연한 것이지만 청년, 중견, 간부의사 등을 망라해 말하는 사람 자신도 민의련 활동에 활발하게 참가해 겪은 생생한 내용을, 즉 민의련 활동을 자신이 소화해서 전달해야 한다. 의사위원장 회의는 민의련강령이라는 '공통의 가치관에 기초한 의사집단 만들기' 같은 문제를 제기하고, 나아가 1991년부터 채택한 '민의련의 의사양성'이라는 논의를 중시해 1992년 2월 '민의련의 의사양성 자세에 대한 문제'를 발표했다. 이것은 인정의제도 등 학회동향, 후생성의 의사교육에 대한 관점, 의료법과 진료수가 등의 분석을 근거로 민의련운동의 후계자인 의사양성에 어떻게 참여할 것인가, 진료소를 강화해가는 과정에서 내과의가 많이 필요하다는 판단으로 초기연수를 점검하고 개선해 가자는 검토항목(예를 들면 지역연합 회원기관의 로테이트 연수의 장점과 문제점, 민의련에 대한 의식적인 학습 등 11개 항목), 진료소 연수의 중시와 태도, 의국의 역할, 대학에서 파견 온 의사나 기졸업 의사에 대한 의존 문제, 의학생 대책, 의사위원, 법인, 지역연합이사회의 역할에 대해서도 문제를 제기한 중요한 내용이었다.

1991년의 영입은 154명이었다. 한편 1991년 4~5월의 이사회에서는 상근의사 실태조사에서 '지난 2년간 이제까지보다 2~3할 증가한 의사퇴직이 발생했고, 간부의사의 퇴직도 있다는 점, 퇴직이유에 이념의 문제가 증가했다는 점'을 보고했다. 또한 상근의사 중에 188명이 대학파견의사였다.

* 역자주: 일본의 전문의 • 인정의는 각 학회가 연수나 증례 등의 의료경험의 기준을 정하고, 필기 등의 시험에 합격한 의사에게 인정한다. 자격시험은 내과나 소아과의 등의 구분이 없는 의사국가시험과는 별도로 각 학회가 60년대부터 독자적으로 시행하고 있다. 일본내과학회의 경우 인정의 자격취득 후에 경험을 축적한 사람에게만 전문의 수험의 자격이 주어진다.

2. 전문의 법제화

의사부는 전문의법제화와 의료법개악반대를 결합해 매월 추진본부 회의를 개최하고, 의학생 심포지움에 대한 후원과 학회에 대한 활동 등을 추진했다. 나아가 1991년 2월에 팸플릿 [의료법개악은 의료에서 헌법개악이다], [평계 없는 무덤 없는 관료어록]을 발행하고, 12월에 '전문의법제화라는 전염병이 일본의료에 퍼지기 시작했다.'는 '민의련신문'호외를 보급했다.

3. 의사양성을 성공하기 위해서

신임의사 영입은 1992년 134명, 1993년 120명으로 고전을 면치 못했다. 또한 전체적으로 상근 의사 수는 증가했으나 증가속도는 더딘 상태였다.

1992년 5월 의학생위원장회의에서는 '의학생·의사양성을 둘러싼 정세의 급격한 변화 중에 의료기술 달성의 우월성만을 서술하는 일면적인 대책만으로는 신입의사 영입을 향상시킬 수 없다.'고 주장하면서, 신입생환영운동으로부터 6년간을 통해 '졸업 시에는 국민이 요구하는 의사상을 확실하게 몸에 지니는 조직적인 활동 전개가 90년대의 의학생에게 요구된다.'라는 인식을 나타내었다. 6월 전일본민의련 이사회는 의사확보와 양성문제에 집중해 토론했다.

이달에 후생성 의료관계자심의회 임상연수부회는 '최종보고'를 제출했다. 이것은 임상연수도달목표를 달성할 수 있도록 연수프로그램, 중소병원이나 노인보건시설 등에도 연수가 가능하도록 장을 확대하는 연수시설군 구상 등 민의련이 주장해온 내용이 일정하게 반영되었다. 1994년부터 대학병원에서 이것을 근거로 로테이션연수를 시작하는 곳도 있었다.

8월 제30기 제1회 평의원회는 '의사영입과 퇴지문제에 나타난 어려움은 민의련운동이 직면한 전체적 어려움의 반영이고, 동시에 이것을 돌파하는 것은 운동 발전의 관건이다.'라고 서술했다. 그리고 '이것을 논의하려면 반드시 지도의와 중견의의 문제에 봉착하고, 그것은 즉각 관리문제로 다가온다. 이 문제는 각각의 지역연합에 역사적으로 형성되어 온 문제이니만큼 중심을 잡는 활동이 요망된다.'고 지적하고, '의학생의 상황에 걸맞은 대학별 정책을 수립해 계획적인 활동'이 될 수 있도록 '90년대형 의학생 대책'을 강조했다. 1993년 11월 의학생 대책 담당자회의에서는 3분의 1이 처음 참가하는 상황에 맞게 '의학생 운동의 역사'를 강의하는 등 의학생 대책담당자의 수준향상도 시도했다.

1993년 10월 제414회 청년의사교류집회는 과거 최고인 383명 참가에 성공해, '진료소연수를 시작으로, 지역에 확실하게 뿌리내리는 새로운 연수를 청년의사 모두의 힘으로 창조하자', '여러 운동에 적극적으로 참여하자', '청년의사 모임을 발전시키자', '의학생 대책 활동에 참여하자'고 통일된 의견을 결집했다.

제31회 총회는 이러한 활동을 정리하고, 민의련운동은 주체적인 의료변혁 운동이고 '민의련운동을 주체적으로 짊어지는 의사후계자 확보와 양성에 성공할 수 있는가 아닌가에 민의련 조직의 총력을 걸고 참여해야만 한다.'고 서술했다.

(2) 민의련 간호의 전진

1. '간호사 증원'을 위한 대운동

병원 건설에 뛰어든 후유증이라고 해야 할 간호사 부족은 1990년대에 들어서도 계속되었다. 민의련에서도 병상증설은 했으나 간호사 부족으로 병동을 열지 못하는 상황이 많았다.(1991년 6월에 약 400병상이 미가동 중) 도쿄여자의대에서는 1991년에 100명을 넘는 간호사 부족으로 인해 300병상의 병상을 폐쇄하는 사태가 발생했다. '간호사 증원해주세요!'라는 운동의 영향으로 1990년과 1991년 '너스웨이브' 운동이 크게 성공하고, 1991년 4월 시점에서 39개 도도부현이 간호사증원 의견서를 채택했다. 언론에서도 주목해 후생성은 정책을 변경하지 않을 수 없었다.^{주15)}

1991년 12월 후생성은 간호사증원을 추가한 새로운 '간호직원 수급 개정'을 발표했다. 일본이로렌(医労連)은 1991년에 '간호사확보법' 제정을 제기하고, 이로렌, 젠로렌, 지지로렌(自治労連) 등이 서명운동을 개시했다. 민의련은 적극적으로 지지했다. 1992년에 '간호사 인재확보 촉진에 대한 법률'이 제정되었다.

민의련의 신임간호사 영입은 1990년 693명, 1991년 694명으로 비교적 선전했다. 새로운 커리큘럼으로 실습시간이 대폭 줄어 간호학생 중에 임상에 떨어지는 사람이 늘어나, 이를 극복하기 위해 간호실습을 일정하게 수정했다. 고등학생 일일 체험, 저학년 대책 등 육성해야 할 입장에서 '간호대책 매뉴얼'도 적극적으로 활용했다.

주15) 1990년 8월, 후생성은 보건의료복지 맨파워 대책본부를 설치하고, 이에 대한 '중간보고'는 1991년 3월에 제출했다. 간호사 증원, 수급계획의 수정, 남자 활용, 잠재적 맨파워 활용은 그렇다 해도, 파트타임이나 유연시간 활용 등 복지제도의 시비가 일어나는 문제도 포함된 수정안이었다.

2. 민의련 간호의 네 가지 장점

많은 신임간호사를 영입하기 위해서 민의련 간호활동의 풍부한 내용에 확신을 갖고 대외에 알리기로 했다. 1989년 간호위원장회의 사무국장 인사말에서 '종합성, 계속성, 민주성, 사회성'이라는 민의련 간호의 네 가지 장점을 제기했고, 그 후 간호부에서 논의한 결과 '① 종합성·계속성, ② 무차별성, ③ 민주성, ④ 인권'을 민의련 간호의 네 가지 장점으로 정리했다. 1991년 6월 간호위원장 회의에서는 증원운동을 진행하는 과정에서 '지금이야말로 왜 민의련인가에 대해 말하고, 민의련 간호의 장점에 의식적으로 참여하는 것이 중요하다.'는 점을 강조했다. 1991년 10월에는 2년 이상의 논의를 거쳐 '90년대 간호활동의 전진을 위해(안)'를 정리했다.

3. 향상된 간호 분야

이 시기에 간호 부문은 가장 중시되었고, 다양한 활동이 진행되어 많은 성과를 올렸다.

신졸간호사 영입은 1992년 659명, 1993년 703명, 1994년 946명으로 증가했다. 1992년 8월 제1차 평의원회는 '지금 민의련 간호를 말한다'는 성명을 발표하고, '간호체제와 간호의 내용이 의료 과정에서 의미 있는 의료기관을 결정할 만큼 중요성을 갖고 있다.'고 지적하고 활동강화를 주장했다. 또한 1993년 7월에 제1회 간호활동연구교류집회를 시행할 것과 가능한 곳부터 간호학교 건설을 제기했다. 간호학교는 기존 학교의 정원증가 등이 먼저 진행되었고, 뒤에 오카야마(소와니에간호전문학교)와 도쿄(도쿄근로자의료회 도카쓰간호전문학교)에 설립되었다.

1993년 2월 제2회 평의원회는 '민의련간호를 다시 한 번 바라보고, 긍지를 갖고 보다 풍부한 내용을 담아내자.'고 서술하고, 정부·후생성의 "환자에 대한 총체적 간호를 어렵게 하는 공세에 대해 '3개의 관점'과 '4개의 장점'이라는 특징으로 정리한 민의련 간호는 정부방침과 정면 대립된 내용을 포함하고 국민의 염원에 부응하는 입장에서 방향전환을 나타낸다.", "민의련의 간호실천 중에는 방문간호의 노하우, 응급간호, 만성질환 케어 등 알려지지 않은 주옥 같은 내용이 풍부하다."는 점을 강조하고, 이것을 발굴해 사람들의 판단을 받아보자고 제기했다.

1993년 7월 삿포로에서 개최된 제1회 '전일본민의련 간호활동연구·교류집회(간갓켄(看活研))'에 753명이 참가해 362명이 주제를 발표했는데, '민의련 간호의 빛남'을 확신하는 계기였다. 1994년 2월 이사회에서 1991년 6월 간호활동위원장회의에서 제기한 '90년대의 간호활동의 전진을 위해'를 채택하기로 결정했다.

(3) 교육활동

1. 강령팸플릿 개정

1990년 4~5월 월간교육학습은 제29회 총회 방침, 의료법 학습, 신입직원교육과 각종제도교육, 기관지 보급을 과제로 설정했다. 특별히 총회 방침에서 어느 수준으로 직원에게 방침을 확대할 것인가라는 입장에서 강사양성강좌를 열고, 학습회를 중시하는 '총회 방침 보급률'을 추구했다. 보급률은 65%였다. 1991년에 시행한 교육활동전국조사에서는 각 지역연합의 활동에 상당한 차이가 있다는 점이 밝혀졌다. 이 차이는 '민의련운동 자체에 대한 차이'라고 이사회에서 이해했다.

따라서 이사회에서는 1991년 10월, '90년대의 교육활동에 새로운 발전을 지향하며 - 민의련운동존립 조건으로서 강령을 담당할 주체적 지원집단의 형성(안)'을 방침으로 결정했다. 이것은 지금까지의 교육방침을 정리하고 민의련운동을 담당할 직원육성을 지향하는 것이지만, 특히 지역연합, 법인, 회원기관의 교육위원회가 제도교육을 추진하는 센터로서 역할을 수행하면서 업무상의 계통을 통해 관리부의 책임으로 수행하는 직장교육에 대해선 관리부 직원들이 일정한 역할을 담당해야 한다는 교육위원회의 이중의 임무를 제시했다.

또한 1991년 10월 29일이 강령제정 30주년이어서 이를 기념한 '강령 알기 캠페인'을 전개하고, [역사와 강령] 팸플릿을 대폭 개정했다.(1991년 11월 22일 발행) 또한 강령 비디오도 제작했다.

강령해설 팸플릿은 1979년판이 1990년 4월 7쇄까지 발행되어 직원교육의 자료로 널리 활용되었다. 1991년판은 신판이라고 할 수 있다는 점에서 '① 역사 부분에 대해 대폭적인 수정과 보완을 했다. 또 소련붕괴라는 사건을 근거로 소련 등의 여러 국가에 대해 '사회주의라고 불렸던 나라들'이라고 표현하는 등 새로운 표현을 시도했다. ② '민의련운동의 도달점'이라는 새로운 내용 신설, ③ 규약해설 삽입' 등이 특징이었다.

2. 제도교육 중시

제30회 총회 방침의 보급률은 최종적으로 67.3%였으며, 이전 보급률을 상회한 결과였다. 전일본민의련은 제도교육에 새로운 간호관리자강좌를 시작했다. 지역연합의 교육활동은 1991년 8월 전국조사에 의하면 교육위원회와 제도교육요강은 100%, 교육담당전임자배치는 법인의 60%에서 시행했다. '모든 직원 연1회 제도교육'이라는 목표를 위해 착실하게 활동했고, 가고시마 지역연합은 95.2%를 달성했다.

제29회 총회에서 제기한 '90년대의 교육활동의 새로운 전진을 지향하며'의 방침은 1992년 7월 이사회에서 보완해 결정했다. 내용은 '① 민의련의 교육은 일본국헌법과 민의련강령을 가치관으로 하고, 이 외의 가치관을 소개하는 것은 아니라는 점과 함께 일하는 사람들의 입장에 선 관점, 견해를 중시해야 한다는 점, ② 교육위원회의 이중의 임무를 보다 분명히 규정하는 것, ③ 제도교육의 이해관점을 보다 폭넓게 하는 점' 등이었다. 또한 이 시기에 '백의의 호주머니'(신진카이, 新人会), '아침바람을 맞으며'(켄다이자, 現代座) 등 민의련의 활동이 연극인들에게 주목을 받아 무대화되었으며, 각지에서 민의련도 협력한 상연이 이루어진 것은 새로운 경험이었다.

제7절 '기반조직'에서 '공동조직'으로

(1) 기반조직 교류회

제29회 총회 후 여름까지 북해도에서 규슈까지 전국의 의료생협, 친구모임에 요청해 기반조직 교류회 실행위원회를 만들었다. 전일본민의련으로는 처음으로 직접 기반조직이라는 지역주민 대표와 대화하는 장을 마련한 것이다. 실행위원회는 상호이해와 민의련 방침을 배우는 것에서 시작해 1991년 2월에 교류집회를 개최하기로 결정했다.

2월 아타미(熱海)에서 개최된 교류집회에서 아자미 회장은 우치나타(內灘)진료소를 만들 때의 경험을 소개했는데, 참가자들에게 깊은 감명을 주었다. 집회에는 43개 현에서 292명이 참가했다. 친구모임 운동으로 경로버스를 민영버스로도 운영하게 했던 운동(미야기), 15만 명의 고쿠호(国保)직접청구서명(오사카), 건강하고 밝은 거리 만들기(사이타마), 2,500명을 대상으로 대장암 검진을 시행해 7명한테서 암을 발견(돗토리)한 사례 등 각지의 적극적인 경험을 많이 교류했다.

이 집회에서 전국의 기반조직 연락회를 만들고 싶다는 요청이 제기되었다. 실행위원회는 집회 후에도 현·블록단위별 활동교류의 후원, 제2회 교류회의 준비논의(2년에 1회로 결정함), 기관지에 대한 협력 등 활동을 계속했다.

집회에서는 교토로부터 '기반조직'이라는 명칭에 대한 재검토 의견이 제기되었다. 이사회는 집회 후에 '친구모임'이나 '의료생활협동조합'의 사람들과 의견을 교환하고, '공동조직'이 좋다는 답변을 듣고는 그렇게 변경하자고 제30회 총회에 제안했다. '공동'이라는 말은 '협동'과 동일한 의미로 사용하지만, '협동'이 많은 사람이 힘을 합한다는 뉘앙스인 것에 비해 '공동'은 두 명이 손을 잡는다는 뉘앙스가 있어 재빨리 제30회 총회에 '이 잡지[이쓰데모 겡키(언제나 건강)]는 민의련 의료를 지역사람들에게 알리는 수단이고, 민의련운동의 파트너와 민의련을 결합하는 끈이다.'라는 표현이 나타났다.

(2) 300만 공동조직을 지향하며

1991년 월간학습은 1988년 이후 가장 많은 사람이 참여했으며, 1992년 3월에 공동조직구성원은 168만 명에 육박했다. 특히 친구모임의 증가가 두드러졌다. 다만 확대의 절대적인 수치는 생협이 많아, 1991년 말에 의료생협조합원 126만 명, 친구모임 39만 명에 도달했다.

직원의 학습도 일정하게 진행되어 텍스트〔기반조직과 민의련운동〕을 3만 2천 부 보급했다. 의료활동에 대해서도 공동운영이나 시간외진료, 노인문제 등을 주제로 한 직원과 공동조직 공동주최의 심포지움이 시행되었다. 경영면에서는 경영공개에 역점을 두고 민의련 전체적으로 31억 1천만 엔에 달하는 자금을 모을 수 있었다.

제30회 총회 방침은 1990년대 공동조직의 도달목표를 300만 명으로 설정했다. 병원 1만 2천, 진료소 3천 명이 지표로 제시되었으며, 〔이쓰데모겡키(언제나 건강)〕는 조기에 3만 부 구독을 달성했다.

1993년 3월 말에 구성원은 182만 명이 되었다. 1993년 4월 제2회 공동조직 교류집회가 개최되어 실행위원회에서 문제제기가 있었다. 상근 연락회에 대한 요망서도 제출했다.

1993년 8월 전일본민의련은 '친구모임 형태의 조직을 비약적으로 발전시키기 위해'라는 방침을 수립했다. '① 일상활동 중에 친구모임을 자리 잡게 하는 것, ② 건강한 사람을 대상으로 폭넓은 조직에 참여하는 것, ③ 운영과 경영참가(정기협의, 이용위원회 등 공식적인 관계), ④ 조직담당자 배치와 직원의 적극적인 관여, ⑤ 분반조직, 지부 블록별 활동가 양성, ⑥ 회칙이나 명칭 재검토, 회비제도를 중단하고 출자금 방식으로 전환하거나 지역명을 갖는 친구모임으로 할 것에 대한 검토' 등이 제기되었다. 중요한 제기였기 때문에 전국적으로 논의가 진행되었으며, 계속해서 문제제기가 있었다. 1993년 가을에도 월간학습이 시행되었다. 이때 교토에서는 야쓰이(安井)병원의 경영위기가 표면화되었고, 친구모임은 조직확대와 자금결집, 분반조직구축을 추진해 위기를 극복하는 큰 힘이 되었다. 나아가 고치(高知)나 사이타마의 생협 경험을 배우고, 민의련이 없는 지역에도 친구모임을 만들어가자는 포부 높은 방안을 내걸었다.

(3) 〔이쓰데모 겡키〕 발행과 보급

공동조직을 대상으로 한 기관지문제가 나온 것은 제29회 총회였다. 상당한 규모의 부수를 발행하고, 대외적으로 민의련이 책임을 지는 기관지였기 때문에 소비세에 대응한다는 방침에서도 민의련에서 출판회사를 설립해 잡지를 발행한다는 방침을 1990년 11월 이사회에서 제기했다. 이것은 1991년 2월 평의원회에 제안되었으나, 이때 일본생활협동조합연합회 의료부회에서도 조합원에 대한 잡지를 발행할 예정이라는 사실이 알려져, 평의원회에서 계속 심의하기로 했다. 생협 의료부회와 합동 발행도 검토했지만 현실성이 없어 반년 후인 8월 제3회 평의원회에서 만장일치로 승인하고, 전일본민의련, 민의련공제조합, 각 지역연합의 출자에 의한 주식회사 '보건의료연구소'를 설립했다.

잡지는 민의련과 공동조직을 연결하는 기관지로 1991년 11월 〔에가오(웃는 얼굴)〕라는 제목으로 발행되었다. 편집위원회에는 각 지역의 공동조직 동료들도 참가했다. 그러나 〔에가오〕라는 잡지는 이미 상표등록이 되어

〔이쓰데모 겡키(언제나 건강)〕
제3호(1992년 2월 발행)

있었기 때문에 제3호부터 제목을 [이쓰데모 겡키]라고 바꿨다.

　[이쓰데모 겡키]는 이제까지 없었던 잡지라는 점에서 호평을 받았으며, 매월 수백 부씩 증가했다. 1992년 3월에 6,830부가 되었다. [이쓰데모 겡키]를 보급하기 위한 조직방침으로 보급소 설치를 강조했고, 보급소에는 1부당 100엔의 환급금(수수료)을 책정했다. 구독료 납부와 배달망이 정비되자 몇 곳의 친구모임에서는 '기관지보급소'를 개설해 활동자금을 일정하게 조달하는 곳도 발생했다. 1992년 12월호(11월 15일 발행)로 발간 1주년이 되었기 때문에 보급확대 운동을 제기해 10월 이사회에서 1만 5천 부가 되면 가격을 인하한다는 방침을 결정했다. 1994년 3월에 목표를 달성해 5월호부터 100엔 인하한 400엔이 되었다. 그 후 5만 부를 달성해 2004년 2월호부터 380엔이 되었다. 보급소에서 100엔의 환급금은 변하지 않았다.

제8절 민의련 조직의 발전

(1) 제29기의 여러 활동

　제29기는 블록 사무국장회의를 매월 개최했으며 의사부, 간호부의 블록단위 활동도 활발했다. 그래서 각 지역연합의 예산과 모순도 발생해, 제30회 총회에서는 연간 계획을 확실하게 준비하기 위해 조정했다. 제29기는 각 부서나 분야에서 의욕적으로 1990년대의 방침을 만들었고 전국적인 검토를 요청하는 방침이 22개나 되어, 전일본민의련에서는 [중요방침집]이라는 책자로 정리했다.

　1990년 9월 전일본민의련 이사회는 도쿄민의련의 요청에 기초해 다나카미 츠하루(田中光春) 사무국차장을 도쿄에서 센터 병원을 운영하는 겐세카이(健生會)에 파견했다.

　1991년 2월 평의원회는 후쿠이(福井)민의련 결성을 승인했다. 또한 전일본민의련 이사회의 선출방법 개선을 결정하고, 임원선출·선발위원회를 출범시켰다. 이것은 이사회선출을 보다 개방된 상태로 지역연합과 관계 강

전일본민의련의 〔겐와카이종합조사단〕을 환영하는
집회

화를 위한 개혁으로 위원회를 평의원과 이사 반반으로 구성했다. 총회 반년 전부터 공식적인 선발작업을 진행해 입후보나 지역연합의 추천기회를 보장하기로 했다.

1991년 6월 운젠산 후겐다케봉 화쇄류(雲仙普賢岳 火砕流) 피해자 후원모금에 참여해 1600만 엔 이상을 모집하고, 시마바라시(島原市), 후카에초(深江町) 등에 후원금을 전달했다. 1991년 11월 전일본민의련 퇴직자 모임 연락회가 발족했다.

(2) 민의련다운 리더십의 필요성

민의련 지역블록의 내용이나 역할은 의사, 간호사, 사무국장회의에서 약간 차이가 있었다. 이것은 각 지역연합의 상황과 관련된 역사적인 사정에 의한 것이었지만, 제30기부터 통일하는 방향을 모색했다. 또한 제30회 총회에서는 제29와 같은 '방침 난발'을 반복하지 않겠다고 약속했다. 나아가 규약을 개정해 고문 외에 명예임원을 설치했다. 이 총회에서 회장이 아자미 쇼조에서 아베 쇼이치(阿部昭一)로 교체되었다.

제1회 평의원회 방침은 '민의련 조직 강화와 방침실천의 속도 증가를 위해'를 제기하고, 민의련다운 리더십론을 전개했다. 즉, '현재 요구되는 것은 격변하는 정세에 걸맞게 민의련운동을 진전시키는 것이다. 예를 들면 진료수가 개정에 대한 대응, 투쟁, 의료구상안 마련과 장기경영계획 등 구체화해야 할 내용이 너무나 많다. 이를 위해 강력한 리더십이 필요하다.'면서, 지역연합을 결집하는 과정에서 리더십과 의사와 사무 고위간부의 단결, 직원의 민주주의 능력 발휘를 제기했다.

(3) 후쿠오카겐와카이의 민의련방식 재건의 신국면

후쿠오카겐와카이(福岡健和會)에 대한 공인회계사의 조사는 1992년 봄부터 시행했고, 8월에 겐와카이, 지역연합회, 전일본민의련에 결과를 보고했다. 결과는 충격적이었다. 누적 적자가 연간 의료수입을 넘어섰다. 1985년 이후에 배 이상 증가했다. 회계장부는 전산화되었지만, 실제 거래를 입증할 서류는 보존되어 있지 않았고, 협력부채나 지불어음잔고 등 자금상의 관리 이외의 회계관리가 허술했던 것이다.

조사보고는 이러한 심각한 사태가 과도한 오테마치병원 건설과 부도어음발생 문제 이후 경영노선에 대한 본질적인 논의를 결과적으로 회피해, 어려움을 확대해 온 경영방침 오류에서 발생한 것이라고 결론을 내렸다. 토지 등 모든 자산을 처분해도 모든 차입금을 상환하기 어렵다고 지적하고, 지금 조치해야 할 내용으로는 '① 겐와카이의 전 임직원이 실태를 정확하게 인식하는 것, ② 내용을 총괄해 지도부의 책임을 분명히 하는 것, ③ 재건계획을 분명하게 하고, '불퇴전의 결의'로 나아가야 한다는 것'이라고 서술했다.

8월 제1회 평의원회에서는 후쿠오카겐와카이의 우마와타리(馬渡) 이사장이 출석해 현상을 보고하고, 전일본민의련으로 결집해 재건해 가겠다는 결의를 표명했다. 1992년 9월 그때까지 은행단과의 절충을 시도해 이자 인하와 4년간의 상환보류 등 경영계획의 수정을 합의하던 겐와카이 이사회는 '전 직원에 대한 제안과 이사회의 결의(안)'를 발표했다. 그 내용은 '공인회계사의 조사보고서를 전면적으로 수용하고, 향후의 지침으로 한다. 겐와카이의 경영부실에 대한 이사회의 책임은 고위경영진의 독주를 허용했던 점과 직원 부재의 비민주적인 운영을 했던 점에 있다는 점을 확인'하고, 노동조합과의 관계를 근본적으로 개선하고, 지역연합·전일본민의련으로 결집해 '새로운 겐와카이를 창조하는 첫걸음을 내딘는다.'는 것이었다. 이해 12월 후쿠오카 민의련의 마쓰오(松尾) 사무국장이 겐와카이의 전무이사로 파견되었다.

1993년 1월 전일본민의련이사회는 겐와카이를 지원하기 위해 '겐와카이 종합조사단' 파견을 결정하고, 조사는 3월과 4월 2회, 이사회 기타 전국에서 간부가 참가해 시행했다. 전일본민의련은 '후쿠오카겐와카이대책위원회'를 '재건대책위원회'로 바꾸고, 후쿠오카지역연합과 협력해 규슈 차원에서 의사나 사무간부 등의 간부를 파견하고, 전일본민의련에서도 사무간부를 파견하며, 정형외과 등의 의사지원을 포함 전면적인 지원을 확인했다. 겐와카이는 이후에도 은행단과의 재교섭으로 상환계획을 또다시 수정했고, 이미 노후화가 진행되던 겐와종합병원의 개축을 시행하는 등 어려움을 극복하기 위해 노력했다. 하지만 1992년 9월 '겐와카이 이사회의 결의'시점이 '민의련다운 재건'을 향한 본격적인 출발점이었고 새로운 단계였다. 후쿠오카 지역연합은 각 법인에서 의사, 사무를 비롯한 간부들이 적극적으로 겐와카이 지원 활동을 벌여 지역연합의 단결을 굳히고, 강력한 지역연합으로 변모했다. 그 후 전일본민의련에서는 지바 가네노부(千葉周伸) 부회장, 야쓰다 슈이치로(安田修一郎), 시미즈 히로시(清水洋) 사무국 차장이 후쿠오카 지역연합과 겐와카이 지원을 위해 파견되었다. 또한 후쿠오카·규슈에서 의사간부가, 야마나시민의련에서 히노구치 다케히토(樋口武仁) 부전무나 교육담당자가 파견되는 등 전력을 다해 지속적으로 지원했다.

(4) 민의련 40년

1993년 6월 7일 전일본민의련은 40주년을 맞이했다. 제30기 '40년위원회'를 조직해 전국적으로 40년을 기념하는 사업을 진행했다. 이미지·마크, 민의련 만화, 글짓기 '민의련에서 일하는 아빠, 엄마', 직원과 공동조직의 수기모집, 설레는 탐험 해외의료 견학도 있었다.(1993년 가을, 덴마크와 프랑스, 청년중심으로 응모자를 선정하고 단장은 사무국장) 40주년 기념 비디오, 총회방침집 '민의련 40년', 응모작품집 '빛나는 민의련 MF40', 민의련신문 40주년 기념특별호의 제작, '아침 바람을 맞으며' 공연, 40주년 기념집회(8.21. 일본청년관), 리플레시 콩쿠르(잼보리세대보다 윗세대의 직원들 전국 교류회로 중년잼보리라고 하는데, 참가비용은 기본적으로 개인

부담이지만 375명이 참가함) 개최 등 다채로운 행사가 진행되었다. 이로 인해 제1회 평의원회 결정으로 월회비의 반을 분담금으로 모집했다.

제9절 격변하는 정세와 정치변혁

(1) 격변하는 세계와 일본의 거품 붕괴

1990년 8월 2일 이라크가 쿠웨이트를 침략했다. 이에 대해 미국을 중심으로 다국적군이 이라크를 침공해 걸프전이 발발했다. 국제긴장은 순식간에 높아졌고, 정부와 자민당은 미국의 압력으로 자위대의 해외파병을 시도했다. 10월 유엔평화협력법을 국회에 제출했다. 민의련은 '자위대해외파병·전쟁협력법분쇄 투쟁본부'(본부장·사이토 요시토(斉藤義人) 부회장)를 설치하고 투쟁했다. 11월 11일 중앙집회는 20만 명이 집결했고, 반대운동은 더욱 거세졌다. 국제사회는 이라크의 침략을 한결같이 비난했지만, 미국은 이것을 이용해 자신의 의도대로 전쟁을 이끌었다. 유엔평화협력법은 원안대로 통과됐다.

1991년 1월 17일에 시작한 걸프전은 2월 28일에 끝났다. 일본은 90억 달러(1조 엔 이상)의 전쟁비용을 부담했고(공명, 민사도 찬성), 페르시아만에 군함을 보냈다. 헌법옹호 입장을 '일국평화주의'로 비판하는 움직임이 일어났다. PKO협력법이 9월 임시국회에 제출되었으나, 심의가 계속되었다. 뒤에 미군이 걸프전에 사용했다는 열화우라늄탄에 의한 것으로 판단되는 기형아출산, 소아암이 많이 발생했고 국제문제가 되어갔다.

1990년 12월 천황의 즉위식이 있는 해에 열리는 대상제를 휴일로 하는 것에 대해 쇼와 천황의 사망 시와 같은 입장으로 대응했다. 75%, 125개 법인이 평일처럼 일을 했고, 43개 법인이 휴진했다.

1991년 잠정예산에 대해 사회, 공명 양당이 처음으로 찬성했다. 제29회 총회가 상정한 '참의원에서 자민당이 과반수에 모자라 국민운동이 정치를 변하게 할 수 있는 가능성이 확대되었다.'는 조건은 야당의 자민당에 대한 밀착으로 변질되어 버렸다.

1991년이 되자 가이후(海部) 수상은 내각의 운명을 걸고 소선거구제와 정당법을 제정하겠다고 선언하고, 국회에 법안을 제출했다. 야당이나 언론은 소선거구·비례대표 병행제를 긍정적으로 판단했다. 민의련은 '소선거구제'를 투쟁본부의 중심과제로 놓고 투쟁했다. 소선거구제는 폐기되었고, 1991년 10월 가이후 수상이 퇴진하고 미야자와(宮沢) 정권이 들어섰다.

1991년 8월 소련에서 쿠데타가 실패하고, 소련공산당이 해체되었다. 12월 소련이 붕괴했다. 한편 1989년에는 냉전구조의 상징이었던 베를린장벽이 붕괴되고 독일은 통일했다. '사회주의의 종언과 자본주의의 승리'라는 분위기가 고조되었으며 '사회보장=사회주의', '소련이 망한 것은 사회보장으로 국민이 일을 하지 않았기 때문'이라는 평가로 사회보장에 대한 공격도 있었다.

비정상적인 토지가격 인상이나 투기 등이 사회문제로 대두되고, 일본경제는 '거품' 붕괴가 분명해졌다. '손실보전', '폭력단에 대한 융자', '부정융자' 등 증권·금융 부정문제나 교와(共和) 직권남용사건, 사가와큐빈(佐川急便)사건 등이 차례로 드러났다.

(2) 연립정권과 소선거구제

1993년 2월 평의원회는 '지배세력이 기존의 제도를 중단하려 한다.'고 분석했다. 1993년 소선거구제 법안은 폐기되었으며, 미야자와 내각불신임안이 자민당의 분열로 가결되어 7월 국회해산·총선거를 시행했다. 자민당을 탈당해 신생당이나 일본신당, 신당사키가케 등 신당 붐이 일어났다. 자민당은 1955년 창당 이후 처음으로 과반수를 이루지 못했고, 신당에 사회·공명·민주가 합한 비자민당을 내건 호소카와(細川) 연립정권이 탄생했다. 투표율은 전후 최저였다. 선거에서는 소련·동구 등의 사태를 이용한 자본주의찬미, 반공·반혁신에 대한 선전이 광범위하게 영향을 주었다. 또한 선거에서는 언론이 '자민인가 비자민인가'만을 부각하는 의도적인 편향보도가 다반사였다. 보수 양당제로 재편하려는 음모가 확실해져 갔다.

이때 정치개혁에 대한 국민여론이 높아진 것은 원래 사가와큐빈사건, 가네마루 문제 등 자민당 정치의 부패를 바로잡기 위한 것이었다. 그것이 언론의 여론유도를 통해 선거제도, 그것도 소선거구제의 문제로 쟁점이 슬쩍 바뀌어 버렸다.

1993년 6월 전일본민의련은 투쟁위원장회의를 열어 소선거구제 반대 투쟁을 중시하고, 긴급하게 실천할 것을 호소했다. 총선거 후 민의련은 8월 제3회 평의원회에서 호소카와 정권이 자민당 정치의 기본을 승계하는 '제2 자민당 내각'이고 소선거구제 실현을 최대의 사명으로 하는 위험한 내각이라고 지적하며, 소선거구제 저지투쟁을 추진했다.

같은 해 8월 제3회 평의원회는 정세는 격변하고 있지만, '기본적으로 관철되는 내용을 확실하게 예의 주시하면서' 투쟁하자고 주장했다. 그러나 국회는 일본공산당 이외는 모두 소선거구제를 추진하자는 입장이었다. 1994년 1월 29일 호소카와 정권하에서 소선거구제 도입과 국민의 세금을 의석에 따라 정당에 배분하는 완전한 헌법위반의 정당보 조금을 포함한 정치개혁법안이 통과되었다.

제4장 한신·아와지 대지진과 민의련의 지원활동

제1절 제31회 방침의 정세론과 방침

1994년 제31회 총회방침에서는 호소카와 연립정권이 탄생한 상황에서 정세분석과 '민의련의 의료활동'에 역점을 두었다.

(1) '보혁대립 소멸론'과의 대결과 의료정세

소련 붕괴 후 '냉전체제하에서 보혁의 대립, 저항정당으로서의 역할은 통용되지 않는다.'(사회당 야마하나(山花) 위원장 1993년 7월)라는 '보혁대립 소멸론'은 '러시아사회주의붕괴'를 눈으로 목격한 사회혁신운동에 대한 불확신을 대표했다. 또한 비자민을 내건 호소카와 연립정권에 대한 환상도 광범위하게 존재했다. 제31회 총회방침은 호소카와 정권의 헌법개악에 대한 의도를 파악하고 자본주의국가의 심화되는 모순을 지적하면서, 세계역사는 자본주의로 종결되는 것은 아니라는 점, 호소카와 정권은 자민당 시대에도 시도하지 않았던 소선거구제 도입 등 위험한 정권이라는 점을 지적했다.

호소카와 정권은 1993년 12월 쌀수입자유화를 강행했다. 더욱이 소비세를 국민복지세라고 이름만 바꾼 상태로 인상하려 했다. 사회보장에서는 연금 보험료와 지급개시 연령 인상, 보너스에서도 보험료를 징수하는 개악방침을 추진했다.

의료분야에서는 호소카와 정권의 의료·사회보장정책에 대해 '보혁의 대립은 의료분야에서 의료의 공공성 = 사회보장으로서의 의료, 기본적 인권으로서의 의료를 보장할 것인가, 영리·시장우선주의를 채택할 것인가

생명을 지속하기 위해 가정에서 산소공급을 할 수 있는 재가산소요법. 기계를 작동시키는 전기요금이 비싸서 산소요법을 계속할 수 없다는 사람도 나왔다. 민의련은 각지역에서 전기료 조성 활동 참여를 추진하고, 전기료 지원금을 조성했다. 사진은 홋카이도 긴이료의 생명을 보장하는 모임의 활동을 소개하는 홋카이도민의련의 의학생용 팸플릿

에 대한 대립이다.'라고 분석하고, 투쟁을 주장했다. 보험급여의 범위를 축소하는 건강보험제도의 근본개악 법안이 1994년에 국회에 제출될 것으로 예상하고, 급식의 보험제외에 대해 전면적으로 투쟁하자고 제기했다. 의료기관의 동향에 대해서는 후생성의 병상삭감계획에 경종을 울리게 했다. 그리고 이러한 의료개악이 '헌법개악, 해외파병 같은 지배체제의 재구축·반동적 정계개편과 결합한 하나의 몸통'이라는 점을 지적하고 '투쟁은 장기전이다.'라는 인식을 드러냈다.

(2) 헌법과 민의련의료의 깃발을 높이 내걸고

이러한 인식에서 활동방침의 주된 기조를 '일본국헌법의 입장에서 국민

의 이익을 위해 원칙적으로 투쟁하는 자세와 역량확립은 향후 2년간의 가장 중요한 주제이다.'로 규정했다. 또한 '정세가 긴박하게 돌아가고 투쟁해야만 하는 시대이니만큼 의료기관으로서 원점, 의료활동을 철저하게 중시하고, 현장 중심의 의료기관으로서 민의련 회원기관이 자리 잡은 지역에서 존재의미를 밝혀놓아야만 한다. 특히 현재 상황에서 환자의 기본 인권을 지키는 의료활동을 최대한 추구해야 한다.'고 강조했다.

1. 민의련운동의 성과와 확신

이 당시 민의련운동을 향상시킨 요인은 '민의련의 의료활동에 대한 주민의 신뢰'였고, '차별·불평등·불공정이 지배층의 정책으로 강요되는 상황에서 이런 정책에 저항하고 환자의 입장에 선 의료를 지향하며, 환자·주민과 함께 투쟁하는 의료기관이라는 점이다.'라고 민의련의료에 대한 확신을 서술하면서, '일본의 의료가 지향해야 할 보편적인 의미를 갖고 앞서간다는 의미에서 민의련의료의 깃발을 높이 내걸고, 민의련강령의 관점에 입각해 자발적으로 민의련다운 의료를 구축하자.'고 선언했다.

2. 인권을 지키는 공동운영

아울러 매일매일의 의료와 관련해서 7개 방침을 '인권을 지키는 공동운영'의 입장에서 제기했다.
① 일상활동 중에 의료에 대한 권리를 수호한다.
② 전인적 의료
③ 안전확보
④ 상세한 진료설명과 환자의 동의(informed consent)
⑤ 만성질환관리의 발전
⑥ 공동조직과 함께하는 보건·의료활동
⑦ 부당한 의료제도를 허용하지 않는 운동

3. 하나의 현에 하나의 노인시설 만들기

제30기 제2회 평의원회에서는 '노인들의 생명과 건강을 지키는 선두에 민의련이 선다.'라는 슬로건을 제기하고, '모든 지역연합이 노인시설을 하나 이상 만들기 운동'을 제안했다. 또한 병원외래를 포기하려는 후생성의 진료수가 등에 의한 공격에 대해 '환자요구에 기초해 병원외래가 왜 필요한가를 분명하게 밝히고, 여론에 호소하는 활동을 추진한다.'고 했다.

나아가 병원이 그 지역 중에서 어떤 역할을 하고 있는지 밝힌 '병원의 지역정책'을 만들고, 이에 근거한 활동을 진행하자고 제기했다.

4. 민주적 집단의료

총회방침은 민주적 집단의료에 대해 '환자의 권리를 지키며 공동 운영하는 의료를 실제로 추진하는 과정에서 현재 우리들은 의사를 중심으로 하는 민주적 집단의료 체제를 다시 확립할 필요가 있다. 이러한 체제로 인해 우리들은 환자 중심의 의료를 추구할 수 있다.'고 서술하고 일정한 설명을 했다. 이 문제는 그 후 의사를 중심으로 한 민주적 집단의료가 꼭 향상되지만은 않는 상황에서 1997년 의료활동위원회의 논문 '민주적 집단의료의 달성과 향후 과제(안)'에서 더 깊이 심화된 문제제기를 하게 된다.

(3) 경영노선과 이익을 내는 경영구조 확립

민의련 경영은 개선되었지만, '양극분화'의 경향을 보였다. 제31회 총회방침은 민의련의 경영활동을 평가하는 관점으로 '경영규모를 확대하는 등의 경영체로서 달성도에 대한 평가로 끝나지 않고, 의료변혁을 지향하는 민의련운동의 전체적인 진전 여부에 따라 평가하지 않으면 안 된다.'는 관점을 분명히 제기하는 가운데, '90년대에 이익을 내는 경영구조를 확립하기 위해 모든 지역연합·법인이 계획을 수립하자.'고 제기했다. 또한 주식회사나 복지법인 등 다양한 법인형태가 나타나지만, '이러한 회사 등이 민의련에 가맹하는 이상 민의련 방침을 실천해야만 하고 자본관계도 포함해 지역연합의 통제를 보장하는 것이 필수'라는 방침을 제기했다.

(4) 의사양성

의사양성 활동에 대해서는 '1994년 1월 전국교류집회의 목표를 모든 지역연합이사회에서 토의하고, 구체화해 가는 점이 중요하다.'는 차원에서, 이제까지 나왔던 방침의 철저화를 강조했다. 또 의국회의를 중심으로 '의사집단의 민주적 운영'을 강화하기 위해 의국담당 부사무장 등의 사무간부를 배치한다는 점을 제기했다.

(5) 공동조직과 조직강화

공동조직이 매년 10만 명씩 증가해 급속하게 발전하는 점에 대해, '민주적인 의료기관과 조직적으로 결합한 자주적인 의료주민운동에 대해 국민의 강한 요구가 있다는 점을 드러냈으며, 진실로 민의련의 전략적인 과제의 하나라는 점을 보여주었다.'고 서술하고, 300만 명은 '현실적인 가능성'이 있는 것으로 평가해, 현 차원의 연락회 설립 검토를 요청했다. 민의련 조직강화의 문제에서는 '지역연합의 최소조건'을 조기에 작성하기로 했다. 또한 지역연합과 법인의 문제에 대해 '법인지도부가 민의련운동을 단지 '보장'만 하는 것으로는 충분하지 않고 법인지도부가 지역연합에 자발적으로 결집해 민의련운동의 선두에 서는 노력을 해야 할 것'이라고 강조했다.

제2절 켄포(健保)개악에 대한 투쟁, 개호보험을 향한 움직임

(1) 입원급식 보험제외, 환자돌봄노동 폐지

제31회 총회 후 민의련은 '입원급식 유료화, 환자돌봄노동 폐지'[주1] 등의 건강보험개악에 반대하는 운동에 주력했다. 호소카와 정권은 의료 외에도

주1) 환자돌봄 폐지는 1993년 12월 의료보험심의회에서 급식을 보험에서 제외하면서 함께 제시된 것으로, 이것이 사회당이 법안에 찬성하게 하는 구실이 되었다.

연금개악, 조치제도(措置制度: 법령에 기초해 행정기관에서 복지서비스를 결정하는 제도) 수정 등 복지개악으로 사회보장의 모든 분야에서 정책을 축소해왔다. 그러나 4월 8일 호소카와 수상이 자신의 금권부정 의혹으로 사임하면서 17일간의 권력투쟁 끝에 하네다(羽田) 정권이 탄생했다. 이 투쟁으로 인해 사회당이 연립정부에서 이탈하고, 6월 25일 사회당의 무라야마 도미이치(村山富市)를 수상으로 하는 '자민·사회 연립'정권이 탄생했다. 그러나 정권의 조합자체가 공약위반일 만큼 문제가 있었다.

정치상황은 심하게 요동쳤지만, 국회에 제출된 건강보험법 '개정'안은 불과 6시간 20분이라는 심야·이른 아침 심의의 비정상적인 과정을 거쳐 6월 23일 통과되었다. 급식유료화를 선거에서 밝혀온 정당은 없었으며, 사회당은 분명하게 반대공약을 내걸었다. 일본공산당을 뺀 모든 정당이 보수편에 몸을 던진 상황에서 국회는 '악법제조기'로 변해버렸다. 언론은 급식유료화에 따른 환자들의 추가 비용부담 때문에, 병원의 '환자돌봄노동' 비용을 폐지했다는 후생성의 설명에 편승해 전혀 비판하지 않았다.

민의련은 영양부회를 선두로 분투했다. 1993년 7월 총선거 중에 '민의련신문'호외를 발행했고, 자치단체 결의는 15개 현 964개 기초자치단체에 달했다. 1994년 4월 20일에는 공동행동을 호소하면서, 의료·연금·복지를 통일한 행동에 참여해 7,200명(민의련은 1,500명)의 중앙궐기집회를 성공시켰다. '병원급식유료화반대서명'은 40만 명을 넘어섰다. 병원영양사회나 전국신장병환자회, JPC(일본환자단체협의회) 등이 적극적으로 참여했지만, 유료화 자체를 저지하지는 못했다.

민의련은 법률이 통과된 이후에도 자치단체에 대한 투쟁을 강화했고, 실질적인 입원급식보조비(입원 위문금 증액이라는 내용으로 시행한 곳도 있음)를 쟁취하고, 1995년 3월에는 28개 현에서 실시했다.

전일본민의련이사회는 1994년 9월 '입원급식의 환자 정액부담제에 대한 견해와 대응'을 결정했다. 이번 개악은 실질적인 입원급식의 요금자유화이고, 영리기업이 참여할 수 있는 길을 열어준 것으로 규정했다. 나아가 1996년 9월 30일까지는 600엔으로 그 이후에는 800엔으로 책정되어 물가 등에 대응하는 부담연동제가 도입된 것을 지적하고, 입원급식의 보험제외를 다시 되돌리기 위해 강력하게 투쟁하자고 주장했다. 이를 위해서도 '표준부담액 중에서 선택메뉴나 병동방문, 적시적온급식 등 환자요구에 부응하는 영양활동 개선'을 제기했다. 영양부회는 방침을 실천하는 선두에 섰다.

(2) 환자돌봄노동 폐지와 신간호점수

켄포(健保) '개정'법은 1994년 10월부터 시행했고, 그에 동반한 진료수가개정이 이루어졌다. 후생성은 '환자돌봄노동을 중단하고 병원이 직접고용하며, 노인에게서는 환자 3인에 간호·보조직원 1인의 체제로 한다.'고 규정했지만, 실제로는 환자돌봄이 있는 곳에 입원한 환자가 퇴원을 강요받고, 15~16만 엔이나 부담이 증가하는 사태가 발생했다. 더군다나 의료단체연락회(이단렌)가 1994년 12월에 실시한 '입원급식·환자돌봄 110번 문의전화'에는 '100명의 환자돌봄노동자 중 10명이 아르바이트, 5~6명은 청소직으로 4~5명은 생활보호 대상자가 되었다. 현재는 30명밖에 소개할 수가 없다.'(가정부파견업체), '병원에서 가족이 환자 간병을 해야 한다고 말했지만, 전혀 불가능하다. 어떻게 해서 환자돌봄노동자가 그만둬야 하는가'라는 심각한 우려의 목소리가 제기되었다. 상황이 이렇다 보니 정부는 이행기간을 연장하지 않을 수 없었다. 뒤에 시행한 후생성 조사에서는 환자돌봄노동이 있는 병원에 입원한 환자의 약 40%가 병원을 옮기거나 퇴원한 것으로 나타났다.

일반병원에서는 2 대 1 간호를 기준으로 하면서도 간호사, 준간호사의 비율에 의해 수가가 달라졌다. 병원을 구분하기 위한 조치였다.

(3) '사회보장 미래상 위원회'가 '개호보험'을 제시

1994년 6월 아사히신문은 사회보장제도 심의회의 사회보장 미래상 위원회가 '개호보험'을 제안한 보고서를 작성한다는 특종기사를 보도했다. 전일본민의련은 켄포(健保) 개악에 뒤이어 후생성이 준비하는 의료공격에 대비하기 위해 정책위원회를 설치했다. 9월 미래상 위원회는 '제2차 보고'를 발표했다. '21세기를 향해 사회보장 각 제도의 수정'을 내걸고 사회자원 배분을 위해 의료비의 증가를 억제하는 복지(개호와 보육으로)로 이전하고, 복지서비스도 조치제도에서 계약제도로 이행하며 공공개호보험의 도입이 필요하다는 내용이었다.

제3절 의학생 대책과 의사양성

(1) 의사양성 선언

1994년 4월 전일본민의련의사위원회는 1994년 1월 의사양성과 의학생 대책의 비약적인 발전을 지향하는 전국교류집회(다카라쓰가(宝塚) 집회)를 개최했다. 집회는 1990년대 의학생 대책과 민의련의 의사양성을 질적으로 진전시키는 것을 지향하는 목적으로 개최했는데 의사 242명, 공동조직 참가자를 포함 450명이 참여한 큰 집회였고, 이후의 의사양성이나 의학생 대책을 추진하는 과정에서 한 획을 그은 집회였다. 집회에서는 제31회 총회에서 제기한 내용을 근거로 '21세기 민의련운동을 짊어질 의사양성을 추진하자.'는 성명서를 발표했다. 전국교류집회는 내용적으로도 '공감과 감동의 연속'이었고, '의학생 대책과 의사양성의 비약적인 발전은 가능'하다는 확신을 갖게 했다. 이를 바탕으로 민의련의 모든 의사에 대해 '자신감을 갖고 전진하기 시작해 커다란 물결을 만듭시다.'라고 호소했다. 즉 ① 의사양성과 의학생 대책에서 민의련의 존재의미를 선명하게 부각시키고, ② 신임의사 영입은 21세기를 지향하는 민의련의 생명선, ③ 청년의사의 활력은 민주주의의 토양으로 꽃피우자. ④ 전 직종과의 관계를 중시한 공동조직의 힘을 배우자. ⑤ 제일선 의료활동을 의사가 집단적으로 참여하는 과정에서 성장하자. ⑥ 민의련운동의 출발점인 진료소에서 학습하자. ⑦ 민의련강령의 관점을 모든 면에 관철하자. ⑧ 지역블록이나 전국적인 시점에 입각해 의사양성을 도모하자. ⑨ 민의련의료를 추진할 전문연수 프로그램을 만들자.'는 내용이었다.

(2) '의학생 대책'에 대한 평의원회 방침

1994년 8월 제1회 평의원회 방침은 '의학생 대책 활동의 근본적 전환, 1990년대형 의학생 대책활동의 철저화'를 제시했다. '오늘날 일본의 의사 양성도 의료영리화 노선을 고민하지 않는 의사가 될 것인가, 아니면 진정한 휴머니즘에 기초해 주민·환자와 함께 걷는 사회보장·인권의 입장에 선 의사가 될 것인가'라는 전환점을 맞았다고 주장하고, '민의련의 의학생 대책은 민의련으로 한정할 수 없는 의미를 갖고 있다.'고 서술했다. 나아가 연도별 의사영입 실적을 바탕으로 1985년 이후 후퇴하는 객관적인 원인으로 정치변화와 의학생 운동의 정체를 열거했다. 주체적으로는 '육성'의 의미에서 성공하지 못했다고 지적하고, '업무일정상 다양한 활동을 통한 의학생 대책에서 의학생의 자주적인 활동 자체(자치회만이 아니라 각종 서클활동, 민의련을 현장으로 활용하는 것 등)를 지원하고, 의학생 성장의 결과로 민의련에 참가한다.'는 내용 전환을 제기했다.

8월에 개최한 제37회 의학생 세미나에는 1,053명이 참가했다. 1994년 민의련의료를 생각하는 의학생 집회에는 역사상 최고 인원이 참가했다.

10월 의사위원장회의는 전국적으로 지원한 겐와카이가 있는 북규슈의 도시 고쿠라(小倉)에서 열렸다. 민의련의 의사양성에 확신을 갖고, 의료활동의 주도권을 발휘해 인간성 넘치는 의국 만들기를 강조했다.

11월 중견의사교류집회는 장기계획·의료구상·기술과제의 정체와 기본적 인권을 지키는 근본적으로 새로운 의료활동을 강조해, 어려움이 많아 꿈을 꾸기 어려운 시대에 이런 점을 갖고 포기하지 않는 민의련 중견의사의 기본 자세를 제기했다. 포크송 가수 다카이시 다모야(高石友也)와 지역(교토) 실버합창단의 격려를 받고 참가자들이 의기충천한 집회였다. 민의련중견의사교류집회는 이때가 가장 활발하게 활동했다.

제4절 제31기 기타 활동

(1) 간호

1994년 신임 간호사 영입은 946명으로 그때까지 실적 중에서 최고를 기록했다. 5월 26일에 개최한 영입대책회의에서는 영입증가가 민의련에서 실습 등을 통해 민의련의 의료·간호에 대한 간호학생의 공감에 의한 것이며, 한편 신커리큘럼으로 교육받은 간호사와 현장의 차이에 주의를 환기하고 신규간호사 연수요강 작성이 지체되는 점에 경종을 울렸다.

1994년 6월 간호위원장회의에서는 신간호체계를 분석하고 병원의 분화, 유형화에 대응해 보조자의 대량도입이 시행되는 점을 지적했다. 그리고 민의련에서 주휴 2일 제도가 58%, 2·8 야근가산이 68.1%에 달하는 점, 신커리큘럼으로 교육을 받은 직원이 증가하는 중에 간호관리의 충실, 특히 민의련간호의 '숨겨진 보석'을 발굴하고 연마해 보람 있는 간호과정이 되어야 한다고 주장했다.

(2) 장기이식법문제

1994년 4월에 '장기 이식에 대한 법률안'이 국회에 제출되었다. 장기이식학회는 찬성을 표명했지만, 심장병학회나 정신신경학회 등은 반대 혹은 시기상조라고 보았다. 일본변호사연합회는 명확하게 반대를 표명했다. 법안은 뇌사를 '사람으로서의 사망'으로 규정하고, '본인의 의사를 추정'한다는 애매한 기준을 포함했다. 민의련은 긴급하게 의료활동위원장회의를 개최하고, '뇌사'를 '사람으로서의 사망'으로 규정한 국민적 합의는 아직 형성되지 않았다는 점을 근거로 '① 급하게 법률로 규정해야 할 정도는 아니다. ② 생존 중 본인이 문서로 분명하게 장기제공의사를 표명한 경우로 한정해야 한다.'는 주장을 확산하기로 결정했다.

(3) 모든 지역연합에 치과를 만들자

1994년 6월에 청년치과의사 교류집회를 열었다. 1993년 치과경영은 흑자법인율 42.3%로 1990년대 들어 가장 나빴다. 12월 치과소장·사무장 회의에서는 1994년 진료수가개정을 분석하고, 특진비제도가 확대됐고 공공의료보험의 형해화로 '유료화', 치과의료기관의 차별화(특진비가 가능한 곳으로 몰아주기)라고 지적했다. '보험으로 좋은 치아를' 운동을 총괄하고, 민의련이 이 운동에서 시민단체를 결집하는 주체가 되어 운동과 조직상에 '견인차' 역할을 한다고 평가했다. 그리고 '① 민의련만이 가능한 치과의료에 확신을 갖자.(인권의 관점, 민주적 집단의료, 공동조직 등) ② 치과의학생 대책을 강화하고, 전 지역연합에 치과를 만들자.'고 주장했다.

(4) 조직운영과 겐와카이의 경영개선

1994년 5월부터 전체 이사회 후에 지역블록담당이사회를 열었다. 이사회에서 야마나시긴이쿄의 이시하라(石原秀文) 이사장이 광역자치단체 의원선거에 입후보하겠다는 결심을 표명한 뒤 선거에서 당선되었다. 야마나시긴이쿄가 도산의 어려움을 극복하고 지역주민의 신뢰회복을 입증하는 당선이었다.

후쿠오카겐와카이는 7월 한 달에 10억 엔의 수익을 냈고, 경영이익으로 3.6%를 계상했다. 그 후에도 예산을 웃도는 이익을 냈으며, '위기의 심화'가 중단되고 흑자체질로 전환하기 시작했다. 이러한 원인에는 전국적으로 내과, 정형외과, 약사 등의 지원이 있었고, 응급구명활동이나 지역의 의료기관과 연대를 강화한 활동 등 의료활동이 크게 향상했던 점을 들 수 있다. 경영개선을 배경으로 은행과의 교섭도 계속해서 진행했다.

제5절 한신·아와지 대지진과 민의련

1995년 1월 17일 오전 5시 46분 한신·아와지 대지진이 발생했다. 이 대재해에 대응해 민의련은 총력을 다해 지원활동을 전개하고, 민의련의 진가를 발휘했다.

지형상 옆으로 긴 모양인 고베 시는 지진 후에 동서로 분단되었다. 동부에는 민의련의 히가시고베병원이, 서부에는 고베협동병원이 있어, 두 병원에 대책본부를 설치했다. 그리고 오사카보다 동쪽에 있는 민의련은 히가시고베병원을, 히메지(姬路)보다 서쪽에 있는 민의련은 고베협동병원을 지원하기로 하고 활동을 전개했다. 진실로 민의련의 역사에 기록될 활동이었다.

(1) 히가시고베병원의 분투

1. 필사적인 응급구명활동

고베켄코교와카이(新戸健康共和会)의 센터병원·히가시고베병원이 있는 고베 시 히가시나다(東灘)구는 진도 7강이라는 관측사상 최대 지진이 발생했다. 다행히도 병원의 건물에 심각한 피해가 없어서, 의료활동을 계속할 수 있었다. 17일 오후 일부 언론에 '히가시고베병원붕괴'라는 오보가 났다. 야나기(柳筋)진료소도 건물이 피해를 입었으나 붕괴는 면했다.

고베 시내의 병원에는 니시시민(西市民)병원을 비롯해 절반 붕괴가 12곳이었고 경미한 피해는 90%의 시설에 모두 있었다. 진료소는 1,363곳 중 259개소가 절반 붕괴했다. 인공섬에 있는 주오시민(中央市民)병원은 설비가 피해를 입어 지진 직후에는 기능하지 못했다.

지진피해 1년 후에 NHK스페셜이 '지진 1주간 ~ 의료는 어떻게 기능했던가~'라는 특집방송을 편성했다. 150만 명이 사는 고베 시내에서 응급차를 1대도 중단하지 않았던 병원은 3개소였고, 그중 2개소가 150병상 규모의 민의련의 병원이었다는 것을 소개했다. 이것은 결코 우연이 아니었으며, 헌신적인 직원의 분투와 전국적인 연대로 가능했다.

지진 직후부터 직원들은 즉시 병원에 뛰어들었다. 고베켄코교와카이는 비상근직원 두 명이 사망했다. 직원의 부모 등 가족 중에서도 희생자가 나왔다. 또한 직원 중 많은 사람이 건물 등에 피해를 입어 외상을 당했으면서도 응급구명활동에 종사한 의사나 간호사 등도 적지 않았다. 몇 시간을 걸어 병원에 도착한 직원도 있었고, 고베 시의 교통이 동서로 분단된 상황에서 가까운 고베협동병원 등에서 구호활동에 들어간 사람도 있었다.

지진 후 히가시고베병원에는 구출된 부상자가 판자나 다다미에 실려왔다.[주2] 전기, 가스, 수도 등 생활설비가 완전히 중단된 상황에서 필사적인 응급구명활동을 진행했다. 병동에서는 인공호흡기가 고장 나 앰브백을 누르면서 아침을 맞이했다. 자가발전으로 호흡기는 즉각 가동했으나 몇 번 정지하기도 했다.

외래에서는 외상이나 기왓장 밑에 깔렸던 사람들이 계속해서 들어왔다. 첫날 외래환자 수는 500명을 넘어섰고, 첫날 사망 확인한 사람만 76명을 넘어섰다. 내시경실이 급하게 시신안치소로 변했다. 근처에 사는 다른 병원 근무 의사가 중환자를 운반했고, 그대로 의료지원을 담당했다. 응급차가 환자를 운반해오자 병원 곳곳이 모두 응급병동으로 변했다. 내장손상이나 충돌신드롬 등의 환자는 시간을 다퉜지만 정보가 없었고, 응급구조대 등과의 필사적인 연락조정으로 17일 밤에야 겨우 7명을 효고의과대학병원 등에 옮길 수 있었다.

2. 응급의료의 중심이었던 히가시고베병원

지진 당일 저녁 히메지생협병원에서 제1진 지원대가 지원물자를 가득 싣고 왔다. 전화가 거의 불통인 상황에서 오사카에서 전일본민의련에 수시로 통화할 수 있는 상황이 되었다. 전일본민의련의 요청을 받아, 히메지진료소의 사무간부가 자전거로 4시간이 걸려 오사카에 도착했다. 그 사무간부에게서 연락을 받고 오사카, 교토, 오카야마에서 의사, 간호사가 필수물자를 갖고 그날 밤에 도착했다. 극심한 교통정체 속에서 오사카 민의련의

주2) 기왓장 구덩이에 깔린 사람은 대부분 시민들이 구출했다. 이 시간에 이만큼의 규모였다면 소방대원이나 구조대의 손이 남아돌았다. 그 후 고베에서는 20만 명의 시민구조사를 양성했다.

사무직원이나 간호사는 가방에 의약품이나 의료재료를 넣어 자전거로 부대를 이루어 달려왔다.

2일째부터 전원이 필요한 환자는 오사카·교토의 민의련병원과 재난지역 밖에 있는 공립병원으로 이송되었다. 그러나 중증환자를 이송해 놓으면 다른 중환자가 도착했다. 응급차 중에는 타지역 지원자가 많아 지리를 잘 몰라, 지리에 밝은 오사카민의련 직원들이 동승해 길안내 역할을 했다. 20일, 21일에는 운송 문제가 의사단의 최대의 스트레스로 작용했다. 이때 지원의사로부터 정보를 듣고 국립 아카시(明石)병원이 수용 가능하다고 밝혀 연락을 취해 자위대의 헬리콥터를 수배했다. 이후에는 이것을 중심으로 이송해 오버베드는 차츰 해소되었다.

이리하여 1대의 구급차도 중단하지 않은 상태로 응급의료 활동을 폈다. 가장 심했을 때 300명이 입원했지만, 전국에서 달려온 의사·간호사들 덕분에 치료가 가능했다. 다들 처음 만났지만 금방 한 팀을 이루었다. 히가시고베병원 근처의 여타 병원은 한 곳을 제외하곤 큰 피해를 입어 응급대응은 할 수 없었다. 뒤에 고베신문은 '응급의료의 중심이 된 히가시고베병원'이라고 썼다.

3. 전 가구 방문 시작

지진발생 1주 후 히가시고베병원의 지하 등에서 숙박한 지원자들은 286명이었다. 기왓장 밑에서 구출된 환자가 차츰 감소하던 때에 한 간호사가 중얼거렸다. "그 환자가 어떻게 되었는지 걱정이네. 약도 떨어졌을 텐데." 이 말을 들은 현지의 동료들과 대책본부는 지원자를 중심으로 의사, 간호사 등 3, 4명이 한 조가 되어 기를 들고 고베의 모든 가구를 방문하기로 했다. 기록으로는 1개월 동안 모든 가구를 두 번씩 방문했다. 오사카에 본부가 있던 민영텔레비전에서 연일 '힘들면 하얀 옷을 입고 돌아다니는 사람들에게 부탁하세요.'라고 방송했다. 산케이신문도 1면에 이러한 활동을 대대적으로 보도했다.

또한 긴키(近畿)라는 지역의 이점을 이용해 지진 후 1주째 되던 날에 영양사, 조리사가 히가시고베병원에 집결해, '적어도 입원환자에게는 따뜻한 식사를 제공하고 싶다.'고 했다. 그리고 생활설비가 완전히 복구되기까지 각 병원별로 순서를 정해 따뜻한 식사를 200인분, 아침, 점심, 저녁으로 배달했다.

멀리 홋카이도에서는 낙도 등에서 활동하던 검진차 '와카바호'를 보냈다. 마이즈루(舞鶴) 항에 입항한 후 교토의 시마지(島津)제작소에서 주파수를 바꿔 도착했다. 그 후 피해지역에서 크게 활약했음은 말할 필요도 없다.

이런 활동이 가능했던 것은 현지 동료의 분투와 전국 민의련 동료들의 지원덕분이었다.

(2) 보다 신속하게 지역에 나간 고베협동병원

고베 시의 서부, 나가다(長田)구에 있는 고베협동병원도 아침 일찍 부상자 치료에 돌입했다. 마취도 하지 않은 상태에서 꿰맸으나 아프다고 말한 사람은 없었다고 한다. 오전 11시 30분에는 히메지공립병원에서 지원자가 불길을 뚫고 도착했다. 나가다 시는 건물 붕괴와 함께 대화재가 발생했다. 인근 병원의 환자를 고베협동병원에서 받았다. 불이 병원 근처 100미터까지 번져 환자 피난준비를 하기도 했지만, 다행히도 진화활동과 바람의 방향이 바뀌어 무사했다.

당일 사망자가 40명이 넘었고, 골절이나 화상 등으로 50명 넘게 입원했다. 여기에서도 정보는 얻을 수가 없어서, 담당자가 전화를 걸거나 여기저기 연락해 알아보고 환자를 보냈다. 정전이 되고 자가발전장치는 2시간 정도 후에 끊어졌으며, 오후 4시 전기가 들어올 때까지 인공호흡을 위해 앰브백을 계속해서 눌렀다. 물을 확보하기 위해 15명의 스태프가 트럭으로 수원지를 왕복했다. 화장실청소 등에 생협조합원 등이 활약했다.

18일 밤 9시에 의사, 간호사 등 33명의 지원단이 도착했다. 오후 10시부터 지원자를 중심으로 최초의 피난소 의료반이 출범했다. 지역개업의를 중심으로 17일부터 쉬지 않고 피난민 치료를 담당한 의사도 있었다. 발열 환자 등이 많아 무료로 약을 배부했다. 26일경부터 후생성의 구호반이 갖추어져서 민의련은 '지역순회작전'[주3]으로 변경했다. 27일까지 연인원 3,616명을 진료했다.

이러한 지원의 실제를 고베협동병원 간호부장이었던 도조 게이코(道上圭子) 씨는 이와나미신서 '한신대지진이후고베소식' 중에 '지역은 하나의 병동'에서 다음과 같이 적었다.

"지진발생 4시간 후 민의련에 가맹한 히메지의료생협에서 의사와 간호사들이 의약품과 함께 구급차로 도착, 즉시 활동을 시작했다. 19일 아침까지 3일 동안 오카야마, 오사카, 도쿄, 교토, 나라, 에히메(愛媛), 후지야마 등 전국에서 100명 넘는 지원자가 의약품, 음식 등을 들고 계속해서 달려왔다. 그 후에도 민의련의 지원은 계속해서 확산되었다. 안절부절못하면서 휴가를 반납하고 달려나온 간호사들, '지금 의료활동에 가장 필요한 것은 물'이라며 아침부터 저녁까지 물을 확보해 준 의사, '소학생 두 명 정도만 되면 의지해서 돌아갑시다.'라고 말해준 야마구치 민의련의 간호사, '필요한 것은 무엇이라도 할 수 있습니다.'고 화장실 청소를 인계받은 사무직원, '당신들을 쉬게 하려고 고베에 왔습니다.'라면서 자신의 수면시간을 줄이고 격려해준 사람도 많았다."

고베협동병원의 활동은 이러한 사람들의 협력, 지원으로 가능했다.

(3) 전일본민의련의 대응

전일본민의련에 지진발생 제1보가 도달된 것은 17일 오전 10시 30분이었다. 효고민의련에서 '히가시고베병원에서 사망확인 20명'이라는 내용이었다. 텔레비전에서는 연기가 피어오르고 고속도로가 무너진 고베 시가를 보여주었다. 교토·오사카·오카야마 민의련이 지원을 향해 출발했다는 정보가 들어왔다. 오후 3시 전일본민의련은 '효고 현 남부지진 임시재해 대책본부'를 설치하고, 팩스 등으로 전국의 지역연합과 가맹의료기관에 지진피

주3) 피난소에도 갈 수 없어 절반 이상 파괴된 자택에 머물러 있던 사람이 많았다. 지역을 돌면서 이러한 사람들의 이야기를 듣고, 약을 전달한다든가 혈압을 측정하는 등 사람들의 건강을 지키기 위한 방문활동을 '지역순회작전'이라고 불렀다.

해지원 요청을 보냈다. 이날부터 '속보'뉴스를 1월 28일부터 '한마음으로' 라는 제목으로 연일 발행했다. 1월 20일에 지원자는 403명에 달했다. 이 날은 전일본민의련 정기이사회였지만, 연속해서 지역연합 사무국장회의를 열고 전지역연합에서 의료지원과 '직원급여 하루 분'의 구원모금을 시행하기로 결정했다.

히가시고베병원에서는 사무간부 지원자를 중심으로 접수센터를 만들고 사전에 지원자의 인원수와 직종 등의 정보를 확인했으며, 인원수를 조정하고 히가시고베병원과 함께 배치해 갔다. 19일부터 히가시고베병원에서도 피난소 방문을 개시했다. 20일에 히가시고베병원 지역의료반을 꾸리고 지역 순회방문 활동도 개시했다.

22일 전일본민의련 오노 조이치(大野穰一) 부회장이 효고 현청을 방문해 의연금을 건네는 한편 보건환경부에 대해 의료기관에 대한 물 공급, 환자운송체제 강화를 요청했다. 1월 31일까지 지원자는 연인원 4,554명에 달했다. 이 중에는 민의련 이외의 의료기관에서 근무하다가 자발적으로 참여한 의사, 간호사도 있었다. 민의련의 지원자는 최종적으로 1만 3천 명 이상, 민의련 활동에 참가한 봉사자는 3천 명 이상이었다. 민의련의 지원활동 비용은 지원법인이 부담했다. 기부받은 모금은 최종적으로는 2억 7,170만 엔이었다.

민의련의 분투가 지속되자 차츰 언론에서도 주목하기 시작했다. '가장 빠른 지원활동'으로 지방신문이나 텔레비전 방송 등이 보도했다. 이러한 활동에 대해 당시 후생성장관이 국회에서 '(민의련의 지원활동에 대해) 마음으로부터 경의를 표하는 바입니다.'라고 발언했다.

(4) 피해자구조에서 복구지원으로

우에다 고조(上田耕蔵) 고베협동병원 원장은 언론과의 기자회견에서 지진 이후에 지병이 악화해 사망하거나 피난소에서 열악한 환경으로 폐렴에 걸려 사망하는 사람이 증가하고 있다고 설명하고 대책이 필요하다면서, 1월 이후 입원과 재가관리환자의 데이터를 분석했다. 처음 4주간에 13명이 사망했다. 우에다는 이것을 '지진관련사망'으로 명명하고, 고베 시 전체에 관련사망자수를 약 500명으로 추정했다. 이것이 3월 3일 고베신문에 게재되었다. 히가시고베병원의 의사 오니시(大西)도 고베 시에 집결되는 보고에서 1995년 2월의 사망자 수와 전년의 기록을 대비해 조사했다. 이 조사에서도 500명 이상의 사망자 수가 확인되었다. 지진관련사망에 대해 우에다는 6월에 고베에서 열린 일본병원학회에서 그 내용을 발표했다. 고베 시는 1995년 7월부터 1996년 1월까지 3회에 걸쳐 조의금 지급대상에 자살을 포함해 관련사망을 인정했다.

고베 시의 상황은 급속하게 변해갔다. 전일본민의련 대책본부는 1월 31일 '응급지원에서 복구지원으로'라는 성명서를 발표하고, 향후 지역을 향해 '복구지원'으로 장기적인 활동구축을 주장했다. 두 개의 병원이나 진료소 등의 일상의료활동은 급속하게 복구되었다.

2월 8일 아베 쇼이치(阿部昭一) 전일본민의련 회장과 효고현민의련 회장, 효고 현 보험의협회 회장은 공동기자회견을 열고 의료복구에 대한 긴급과제와 장기적으로 필요한 정책제언을 발표했다. 이 내용은 2월 9일 고베신문 사설에서 '긴급한 지역의료 재정비'라는 제목으로 언급되었다. 3월부터 학자들의 협력을 받아 지역건강피해조사활동에 참여했다.

피난소에서 가설주택으로 이전했지만, 그것은 지역의 총체적 붕괴로 나타난 것이어서 가설주택에서 고독사하는 문제도 발생했다. 지진피해자는 저소득층이 많았다. 지진관련사망자의 89.6%는 60세 이상의 고령자였다. 복구활동이 진행되면서 이런 모순도 분명해졌다. 국가나 자치단체에 대한 요구투쟁도 필요해졌다.

전일본민의련은 3월 18일 임시평의원회를 열고, 2월 평의원회에서 제안해 계속 심의하던 '한신·아와지 대지진 지원활동의 구체적 방침'을 결정했다. 평의원회의 결정 포인트는 '향후의 지원에 필요한 인건비, 거주비를 전일본민의련에서 부담한다. 그를 위한 자금으로 1개월 분 이내의 회비를 징수할 권한을 이사회에 위임한다.'는 내용이었지만, 실제로는 직원모금으로 조달할 수 있어서 징수는 하지 않았다.

방침에 기초해 민의련은 4월 이후 지원자 수를 정리하고(3월에는 일상

진료체제가 확립되는 상황이었고, 의료지원도 그만큼 사람 수가 줄어듦),
장기적으로 주민입장에서 복구 지역 만들기를 지원하는 활동을 수행했다.

(5) 제32회 총회에서의 정리

1996년 2월 29일부터 전일본민의련 제32회 총회가 고베 시에서 개최되
었다. 민의련의 총회 장소는 3년 전에 결정했다. 지진의 영향을 고려해 재
검토했으나, 오히려 복구지원의 입장에서 예정대로 고베에서 하기로 했다.

한신·아와지 대지진에서는 민의련 이 외에도 많은 의료종사자가 헌신
적으로 활동했다. 대부분은 조직적인 지원이 아니었지만, 체력의 한계가
있을 때까지 분투한 결과 그 정도로 마무리할 수 있었다.

제32회 총회는 '대지진 지원활동은 민의련이 의료와 관련한 사명을 관
철하기 위해 조직적으로 보장한다는 점을 드러냈다.'고 평가했다. 1월 21일
부터 1개월간 자원봉사자로서 히가시고베병원에서 의료지원을 담당했던
교토대학의 니시하타(西端) 의사는 '히가시고베병원이 의료활동을 수행
할 수 있었던 원인은 건물이 지반 변화에 영향을 받지 않은 이유도 있었지
만, 더 큰 이유는 당일 전국에서 신속하게 지원자들이 도착한 점, 현지 지
휘계통이 혼란을 겪으면서도 기능한 점, 운 좋게도 민의련에 모인 사람들
이 관료적이지 않았다는 점, 평소부터 주민을 위한다는 생각을 하고 있었
던 점이다.'라고 적었다.([〈지진 속에서〉 ─ 히가시고베병원·4진료소 지진
후 31일간의 기록─] 고베켄코교와카이, 1995년 3월)

또한 총회방침에서는 지진 지원 활동이 지역주민과 민주세력 등의 민의
련에 대한 '신뢰'를 확고하게 했다고 서술하고, 나아가 '활동에 참가한 직원
을 비롯한 민의련 모든 직원이 민의련에 대한 '확신'과 전일본민의련의 전국
적 '연대와 단결'을 분명하게 보여주었다.'고 결론내렸다.

한신·아와지 대지진에서 드러난 민의련의 의료활동은 [불면의 지진
병동](기무라 가이(木村快), 전일본민의련편, 신일본출판사)에 정리되어
있다.

제6절 개호보험도입 동향과 제32회 총회까지의 활동

(1) 사회보장운동

1995년 2월 제31기 제2회 평의원회는 제3장을 '인권을 지키는 1995년 사회보장의 전진을 위해, 민의련 사회보장운동의 활동 의미와 교훈'으로 서술하고, 사회보장운동의 의미를 정리해 선명하게 부각시키면서 전직원의 태도확립을 지향하며, '운동과 결합하는 전직종별 증례 검토회'나 '보다 강화해야 할 환자방문활동', '전직원이 참가하는 지역 총방문활동'을 강조했다.

이해 4월에는 전국동시 지방선거, 7월에는 참의원 선거가 시행되었다. 1994년에는 연금 지급 개시연령을 65세로 올리는 개악을 시행했고, 1995년 3월에는 국민의료보험법과 노인보건법의 개악이 심의되지 않은 상태로 통과되었다. 이것으로 국고부담은 641억 엔 감소했고, 보험료 부담이 증가했다.

민의련은 5월 이사회에서 '참의원 선거를 중심으로 한 당면 사회보장운동 방침'과 '참의원선거에서 인권을 중시하는 혁신정치를 실현하기 위한 투쟁'이라는 주장을 발표했다. 참의원 선거는 44.5%라는 사상 최저 투표율을 기록했고, 자민·사민·사키가케 등 여당은 10석이 줄고 공산당은 5석에서 8석으로 3석이 증가했다.

전년 9월 '미래상위원회보고'에 뒤이어 12월에는 '개호·자립지원 시스템 연구회보고'가 나왔다. 호단렌(保團連, 1월), 일본 생협의료부회(2월), 젠로렌·지지로렌(3월) 등 여러 단체가 비판적 성명을 발표했다. 민의련은 4월 21일에 사회보장대책부의 견해(공적 책임 포기의 '개호보험구상'에 반대하며, 국민입장에 선 개호보험을 확립해야 한다.)를 밝혔다.

1995년 7월 4일 사회보장제도심의회는 33년 만에 '사회보장체제의 재구축'이라는 '권고'를 제시했다. 권고는 후생성의 '문어를 끝까지 다 먹어치웠다.*'는 인식에서 출발해 새롭게 국민부담을 요구하는 방향으로 전환됨을 의미할 뿐만 아니라 보육과도 관련 있는 '조치제도'의 해체를 계획한 것이다. 지금까지 사회보장제도를 근본적으로 전환해, 의료·사회보장에 대한 공공부담을 대폭 후퇴시키고 민간기업의 역할을 활용하는 것이었다.

또한 이것은 소비세 증세의 구실이 되었다. 한편 국민여론은 심각한 개호문제를 배경으로 개호보험도입 찬성이 압도적이었다.

8월에 개최한 제4회 평의원회는 권고에 대해 '고부담, 저복지, 민간기업에 대한 사회보장 재구축을 허용하지 않는 장대한 투쟁'의 성명을 발표했다.

민의련은 5월에 개호보험을 도입하는 독일상황을 조사하기 위해 견학파견단을 보냈다. 8월에는 중앙샤호쿄(社保協)가 토론집회를 열고, 개호보장을 중심으로 한 운동을 제기했다. [민의련의료] 11월호는 '공공개호보험을 묻는다.'를 특집으로 발행했다. 이 시점의 민의련 슬로건은 '개호보험 구상의 백지화'였다.

9월 투쟁위원장회의를 열어 회장을 본부장으로 하는 투쟁조직을 확립해 팸플릿을 만들고[주4) 10월부터 공동조직 월간학습과 결합해 학습을 중시하면서 후생성과 간담회나 공개질의서로 개호보험의 구체적인 내용을 밝혀가기 위해 노력했다. '보험은 있고 개호는 없는' 상황이 될 수 있는 위험이 높았다. '고령자는 평균적으로 가난하다고 말할 수 없다. 모두가 보험 대상이란 생각을 할 수 없다.', '특별시설 입소자 부담은 능력기준에서 혜택기준으로', '보험료를 지불할 수 없는 사람에 대한 대책을 세우고 있다.', '개호수당에 대해선 강한 반대의견이 있다.', '장해자를 포함하는 것에는 소극적' 등 주목할 만한 대답이 있었다. 12월에는 '대답해주세요 후생성장관님'이라는 제2탄 질문을 제시했다. 월간학습 중에 실제 개호를 받는 사람들에 대한 설문조사를 시행하고 조사에서 나온 요구와 개호보험이 서로 맞지 않는다는 점을 밝혔다.

1996년 1월 31일에는 노인보건복지심의회의 제2차 보고가 제출되었다. 전일본민의련은 사무국장 담화 형태로 견해를 제시하고, 후생성의 조치제도를 개호보험제도로 전환시키려는 의도라고 폭로했다. 국민들 중에 많은 사람이 '개호의 사회화'에 대한 열망을 갖고 있다는 점을 근거로 '반

주4) 민의련이 제작한 만화 팸플릿은 주인공이 다미상이라는 할머니였기 때문에 '다미상팸플릿'으로 불리면서 광범위하게 보급되었다.

대'라는 입장을 선명히 했고, 공공부담에 의한 개호충실화를 요구하는 운동을 제기했다.

* 역자주: 일본어 관용구에 (문어끼리 서로 뜯어먹기)라는 표현이 있다. 여기서는 사회보장에 소요되는 비용이 이미 다 소진되었다는 의미에서 사용되고 있다.

(2) 피폭 50년의 반핵·평화운동

1995년 2월 평의원회는 '피폭 50년·전후 50년에 빛나는 반핵·평화활동'을 강조했다. 이때 처음으로 '전일본민의련평화활동교류집회'를 개최했다. 참가자의 60%가 20~30대 청년이었다. 5월 이사회에서는 (민의련과 평화운동)이라는 팸플릿을 제작하고, 전직원에게 보급했다. 6월 이사회는 '피폭 50주년, 핵무기 폐지를 향한 전일본민의련의 방침과 캠페인 성명서'를 채택했다. 히로시마·나가사키에서 서명운동을 시작했다. 또한 평화애니메이션 '화살에 올라타고' 상영운동 등에 참여했다. 나아가 세미파라딘스크 피폭시역의 의사를 초대했고, 네바다, 마셜군도 등에 대한 피폭지 조사단 파견, IPPNW와 반핵의사회의 활동강화 등을 제기했다. 같은 해 열린 핵폭탄금지세계대회는 '핵무기폐지를 향해'라는 결의를 국내외에 과시하는 기회가 되었으며, 크게 성공했다. 또한 자주적 평화 서클 활동을 적극적으로 후원·보장했고, 평화문제를 조직적으로 추구하기 위해 독자적인 조직체제를 구축했으며, 각 지역연합 독자의 평화기획을 제기했다.

세미파라딘스크에 파견된 의사는 다음과 같이 말했다. "내가 소속된 민의련강령에는 다음과 같은 구절이 있습니다. '우리는 인류의 생명과 건강을 파괴하는 전쟁정책에 반대한다.' 나는 이 문장이 의료단체인 민의련강령에 포함되어 있는 이유를 알 수 있을 것 같습니다. 나는 확신을 갖고 군사비, 특히 핵무기와 의료는 공존할 수 없다는 점을 주장하고 싶습니다. 그것은 직접적으로 건강을 파괴하는 도구일 뿐만 아니라 핵무기 정책은 의료를 파괴해 갈 것이라고 생각합니다."

1995년 9월 프랑스가 타히티에서 핵실험을 시행했다. 항의의 목소리가 터져나왔고, 민의련도 시라크 대통령에게 항의전화를 했다. 당시에 개최된 일본의사회의 제93회 임시대의원회는 처음으로 핵무기폐기를 결의했다.

(3) 오키나와·소녀 폭행사건과 모든 지역민의 투쟁

1995년 가을 미군이 소녀를 폭행한 가슴 아픈 사건이 발생했다. 미군이 오키나와를 점령한 이후 수차례 반복되어온 만행에 대해 오키나와 지역민의 분노는 정점에 달했고, 11월에는 8만 명이 집결해 대규모 주민대회를 개최했다. 주민대회에서 후텐마(普天間) 고등학생이었던 나카무라 수가코(仲村清子)는 이렇게 주장했다. "매일 학교 위를 엄청난 소음을 내며 비행기가 날아다닙니다. 우리들은 기지 속에서 생활해야 합니까? 나는 사람 죽이는 일을 허용할 수 없습니다. 사람 죽이는 도구로 사용하는 무기나 기계가 가까이에 있는 것을 인정할 수 없습니다. 우리들에게 오키나와를 되돌려 주십시오. 오키나와의 미래를 우리들 젊은 사람들에게 맡겨 주십시오. 평화로운 오키나와를, 일본을 만들고 싶습니다." 미국정부와 일본정부는 주민들이 이렇게 분노하자 후텐마기지 철수를 표명하지 않을 수 없는 상황으로 내몰렸다. 그러나 미일간에 교섭해 이루어진 합의는 후텐마기지에서 철수하는 대신 듀공*이 살고 산호가 군생하는 오키나와 현 북부의 나고(明護)시 헤노코(辺野古)에 후텐마에 버금가는 신기지를 건설하는 것이었다. 지역진흥기금으로 지역을 활성화시키겠다는 사탕발림에도 주민들은 납득하지 않았다. 이후 현재까지 후텐마기지 철수·헤노코 이전반대 투쟁이 15년 이상 지속되고 있다. 몇 번이나 정부합의가 반복되었으나, 지역주민, 현민, 지원하는 국민의 여론으로 헤노코 바다에 단 1척의 항공모함도 입항할 수 없었다.

*역자주: dugong: 인도양이나 남서태평양 얕은 바다에 사는 초식 포유동물.

(4) 의료·경영구조의 전환을 향해

1. 흑자법인 확대

1993년에는 61.1%의 법인이 흑자였는데, 1994년에는 흑자 법인이

79.5%로 증가했다. 주요인은 약을 포함한 진료재료비·감가상각비·지불이자의 감소였으나, 평균재원일수 단축과 간호사확보 성공(간호기준수가인상)에 의한 입원일당 수가의 상승과 흑자진료소 확대, 노인분야 활동의 전진, 보험약국의 증가, 통일회계기준의 철저화 등 의료·경영구조개선 성과였다. 1995년 경영위원장회의는 성과에 확신을 갖고 있으나, 동시에 '향후 예측되는 대규모투자[주5]를 감당하기 위해서는 단지 절약만 하는 건전경영 유지 재무체질로는 도달할 수 없다.'는 점을 지적하고, 외래환자의 감소경향에 대해 경종을 울렸다. 회의는 경영면에서도 의사문제가 중요하다고 강조했다. 이것은 제4회 평의원회가 제32회 총회를 향해 제기했던 내용을 받은 것이었다. 그러나 의사의 퇴직 등과 관련해 대규모 의국 운영이나 의사의 보람 등의 문제, 특히 기술목표의 설정과 관련된 내용 등은 몇 번이나 이사회에서 논의했으나 답을 도출하기가 쉽지 않아 계속해서 문제로 남았다.

1995년 9월 이사회에서 '전일본민의련 공동구입연락회'의 설립을 확인했다. 의약품가격이나 진료재료의 전국적인 정보교환과 교류를 추진하기로 했다.

1996년 진료수가 개정은 간호과의 체감제도*, 노인과 소아에 대한 정액지불에 가까운 포괄수가 등의 문제를 포함했으나, 방문간호료의 인상 등 일정한 요구가 반영된 부분도 있어서 실제적으로는 0.8% 인상되었다.

* 역자주: 입원기간이 오래되면 간호료를 삭감하는 제도

2. 외래진료의 강화

민의련의 노인보건시설 구축은 1994년 12월 단계에서는 14개 지역연합의 19개 시설이었지만, 1995년 10월에는 20개 지역연합의 28개 시설로 급증했다. 1995년 3월에는 '현 하나에 하나의 노인시설 만들기 운동교류회'를 개최했다.

주5) 이 시기는 머지않은 시간에 지역연합 장기계획 기간의 종료지역이 많았고, 1970년대에 건설된 병원 등이 시설개선시기를 맞이했다. 이것은 병상증설이 없이 건설될 수밖에 없었다. 1995년 조사에서는 장기계획이 종료하는 지역연합은 1995년에 9개소, 1996년에 3개소, 1997년에 1개소, 1998년에 8개소, 2000년 이후가 10개소였다.

1995년 10월 '민의련병원 외래의 현상과 전망', '병원외래는 왜 필요한 가'를 정리했다. 민의련의 병원에서는 외래환자 수가 천 명을 넘으면 담보상 태가 되고 채산성이 맞지 않는다는 점, 하루당 20단위*, 1단위당 40인 정도의 환자 수가 가장 효율적이라는 등 흥미 깊은 분석을 근거로, 외래의 비중을 강화하고 시설개선, 인원보강, 외래 부문의 관리 강화를 과제로 제시했으며, '외래의료의 구축'(쾌적함, 알기 쉬운 배치, 프라이버시 존중, 접근도 향상, 외래간호 부문의 역량에 의한 만족감을 주는 외래, 친절 추구)을 제기했다.

1995년 12월 의료활동위원장회의에서는 '민의련의 의료활동에서 요구되는 전환이란 무엇인가?'를 논의했다. 민주적 집단의료, 환자권리 지키기, 의료기술 중시, 외래 개선, 500개 진료소, 노인의료에 어떻게 참여할 것인가(검진, 응급, 재활, 장기입원·입소, 터미널케이스), 공동조직을 포함하는 윤리위원회 등을 제기했다.

1995년 7월에는 '병원평가에 대한 민의련의 판단과 평가항목'을 발표했다. (이달에 후생성은 '공익재단법인 일본의료기능평가기관'을 설립함) 이해의 의료활동조사는 면밀한 준비를 다한 끝에 실시해 97%의 회수율을 기록했다.

* 역자주: 일본에서 '외래 1단위'는 의사 한 사람이 3시간 정도 진료하는 것을 의미함. 일본은 대개 하루 외래 시간 구분을 오전 1단위(대개 9~12시), 오후 1단위(대개 13~16시), 야간 1단위(대개 17시 반~19시 반)로 구분함. 야간에는 진료를 하는 곳도 있고 하지 않는 곳도 있음. 즉 한과목당 하루에 대개 3단위의 진료가 있다고 볼 수 있음. 이상 민의련 사무국 제공.

(5) 혈우병 치료약으로 인한 에이즈감염사건(이하 약해에이즈) 지원과 부작용 모니터 보고제도

1995년 3월 청년 가와다류헤(川田龍平) 씨가 자신은 약해에이즈 피해자로 약해에이즈 소송 원고라고 밝혔다. 청년은 "왜 아무런 죄도 없는 피해자가 이름도 알리지 못하면서 죄인처럼 숨어 지내야 하는가? 나라와 피고 기업은 피해자에게 사과하고 구제해야 한다."고 주장했다. 이 사건은 사회에 큰 충격을 주었다. 이후 약해에이즈 소송 지원 활동이 급속하게 번져나

갔다. 전일본민의련은 당시 소송지원에 참여하면서 한층 더 지원의 폭을 넓혀갔다. 1995년 7월 25일부터 제2회 민의련 부작용 모니터 요원 활동교류집회를 개최했다. 집회 전날까지 에이즈 문제로 후생성의 대책을 압박해온 '사과하라! 95, 인간사슬, 후생성 포위 행동'에 회의참가자의 대다수가 참가했다. 에이즈 문제에 대해 청년과 약사 등의 참가로 주목받았다. 1996년 2월 26일 '사과하라 후생성'이라는 운동 확산 과정에서 결국 간나오토(菅直人) 후생성 장관이 국가의 책임을 인정하고 사과했다.

전일본민의련은 1996년 2월 이사회에서 '에이즈 소송을 지원하는 모임'과 변호인단의 요청에 기초해 호단렌(保団連)과 함께 도쿄HIV소송피고기업(미도리주지 등 5개사)의 제품불매운동을 진행하기로 결의했다. 운동의 여파는 컸다. 민의련 밖에서도 확산되었다. 언론에서도 보도해, 다음 해 3월 29일 원고측의 전면승리라고 할 수 있는 '화해' 결정에 이바지했다. 나아가 혈우병 외의 환자에 대한 감염문제가 밝혀지고 민의련에서도 증례가 있었기 때문에 제32회 총회 후에 전국적으로 실태조사를 시행했다. 이후에도 민의련 직원 모두 약사를 중심으로 약물부작용 야콥병, B형간염약물부작용 소송, C형간염 소송, 약물부작용 독감백신 소송 등에 적극적으로 참여했다.

정부는 약해에이즈 사건을 반성하는 의미로 1999년 8월 24일 '약물부작용 근절 선서비'를 건립했다. 이후 약물부작용 근절을 요구하는 운동단체를 중심으로 현재에 이르기까지 매년 8월 24일 약물부작용 근절의 날 행사가 진행된다.

약제모니터요원 교류집회의 문제제기에서는 민의련 모니터제도가 일본에서 가장 많은 의료기관의 부작용정보를 집약한다는 점, 민주적 집단의료에 의한 질 높은 보고가 가능하다는 점, 역학적인 조사도 가능한 네트워크라는 점을 강조했다. 모니터제도에서 얻은 성과를 바탕으로 '부작용데이터베이스구축과 활용', '첨부문서에 미기재된 부작용정보의 파악 – 프라버스탄틴의 경우'(일본약학회), '이중회귀분석에 의한 Enalapril 유발 해소(咳嗽)의 환자배경인자에 대한 연구'(일본임상약리학회) 같은 논문을 발표했다.

(6) 미나마타병의 '화해'

1995년 구마모토(熊本) 미나마타병 문제는 공식 발견 이후 40년을 소모하면서 구제대상자 8천 명에 대해 총액 258억 엔을 지불한다는 형태로 정치적으로 해결했다. 니가타(新潟) 미나마타병도 화해협약에 도달했다. 무라야마 수상은 수상으로서는 처음으로 원인 확인, 기업에 대한 국가 대응 미숙을 사과했다. 기본적으로 환자 측의 승리였지만, 환자의 고령화를 고려한 '고뇌에 찬 선택'이라는 측면도 있었다.

민의련은 미나마타병과 관련해 전국적인 힘을 결집해서 현지에서 조사활동을 수행했고, 오염사실에서 출발한 증상론을 세웠으며, 장기에 걸쳐 재판을 의학적으로 지원했고, 가장 많은 미나마타병 환자의 진료에 임했다. 화해로 구제대상이 된 사람은 '일정한 역학적 조건에 더해 사지말단에 유의미한 감각장해가 인정되는' 사람이지만, 이것은 구마모토 민의련의 의사 후지노(藤野) 등이 확립한 증상론 그 자체였다.

1995년 5월 환경공해문제학습교류집회가 열려 '환경공해문제와 민의련의 역할'이라는 패널토론이 있었다.

전술한 1995년의 정치적 해결을 따르지 않고, 소송을 계속한 것이 미나마타병 간사이 소송이었다.

(7) 보험의 인턴제도 반대운동과 의학생 대책의 전진

1. 보험의* 인턴 동향

1994년 초에 일본학술회의가 임상연수의 의무화를 후생성에 요청했고 5월에 임상연수연구회가 '시급히 의사법을 개정해, 졸업 후 연수 의무화를 실현하도록 요망한다.'고 주장하면서, 보험의 등록과의 관계를 검토하자고 제안했다. 이것은 '의사과잉론'의 입장에 선 것으로 기존 의학부 정원의 10% 삭감을 확실하게 시행하기 위한 조치를 요구한 것이며, 70세 이상 의사의 보험의자격을 인정하지 않는 것과 함께 '임상연수의 필수화, 의료법에 임상연수시설에 대한 자격조건 규정, 연수비용을 보험재원에서 조달하는 것'(이로 인해 보험의를 1만 8천 명 감소시킬 수 있다고 계산함)을 요구했다. 12월에는 '의료관계자심의회 임상연수부회'가 졸업 후 연수의 의무화를 제기하는 중간의견을 정리했고, 1995년 1월에 건강정책국장이 '1995년에 실시한다.'고 공언했다.

전일본민의련은 다시 보험의 인턴문제에 대해 2월 이사회에서 '보험의 자격을 박탈하는 졸업 후 연수 의무화·보험의 인터제 - 의사법 '개정' 기도를 허용해도 좋은가-'라는 견해를 정리했다. 이것은 후생성의 임상연수 필수화의 목표가 국민들 중에 종합적인 힘이 있는 의사를 육성해야 한다는 바람을 이용해 '의사=보험의'라는 내용을 파괴하면서 의사 수를 통제하고 정부정책에 충실한 의사를 양성하며 의료기관의 순위매기기에 이용하려 한다고 지적하고, 졸업 후 연수의 개선을 위해 '① 보험의가 주치의로서 책임을 지는 것이야말로 좋은 의사양성이 된다. ② 의학생·연수의 선택의 자유를 보장한다. ③ 의사양성의 내용에 대해 국민적인 논의와 의학생·연수의의 입장반영이 필요하고, 밀실에서 결정하지 않는다.'는 제안을 했다. 그리고 이 견해를 의사, 의학생에게 널리 알렸다.

6월에는 회장을 본부장으로 하는 '보험의 인턴저지 투쟁본부'를 설치하고, 이해의 히로사키(弘前)의과대학 세미나까지 학생 과반수의 서명을 받아 각 지역 현의 모든 의사에 대한 우편발송 등 대량선전, 공동조직을 비롯한 민주단체에 협조를 구한다는 투쟁방침을 결정했다. 10월 이사회까지 민의련의 견해에 대한 의사설문에는 유례없이 3,500명 이상 회답했으며, 그중 70%가 민의련의 견해를 지지했다. 이 문제에 대해 10월 의학생연합회의 자치회대표자 회의에서 35개 대학 67명이 결집했다. 이러한 활동은 상황을 크게 변화시켰다.

* 역자주: 일본에서 보험의는 건강보험 등에 가입한 환자의 치료를 담당하는 의사를 통칭하는 것이지만, 주로 개업의를 의미한다. 각 지역에 보험의협회가 있고 보험의협회가 모여서 만든 조직이 전국보험의단체연합회(호단렌)이다. 호단렌은 자신들의 두가지 목적을 1) 개업의의 의료와 경영을 지키는 것, 2) 사회보장으로서 국민의료를 지키는 것이라고 밝히고 있다.

2. '그래도 할 것인가 후생성'이라는 전일본민의련 성명

1995년 8월에는 후생성의 아카미쓰(岡光) 보험국장이 '보험의 정년제와 임상연수의무화'에 대해 재정측면에서 기대하는 바가 있다는 강연을 했다. 11월에 의료관계자심의회 임상연수부회 임상연수검토소위원회의 '임상연수제도 개선에 대한 현시점에서의 판단'을 발표했다. 내용은 연수기간을 2년으로 한다는 점, 연수시설군이라는 틀과 연수의 처우 등의 구체적인 제기가 포함되었으나, 보험의 자격 문제는 전혀 포함되지 않았다. 의학생연합의 서명은 79대학, 1만 3,861명에 달했다. 의학교육학회는 임상연수에 대해 독자적인 제안을 했지만 보험의 인턴에 대해서는 반대하고, 일본병원협회, 일본의사회도 반대를 표명하기에 이르렀다. 홋카이도의회는 '연수의무화를 할 경우 자치단체 병원운영에 지장을 준다.'는 의견서를 채택했다.

전일본민의련은 1995년 11월 '그래도 할 것인가 후생성 – 모순을 심화시킨 졸업 후 연수의무화 = 보험의 인턴제도'라는 제목으로 이후 동향을 근거로 두 번째 견해를 밝혔으며, 의료관계단체나 각 병원, 의료기관에 11만 부를 발송했다. 의견서는 일본학술회의의 워크숍 자료집에 전문이 게재되었다.

3. 전진하기 시작한 의학생 대책

1994년 '의학생의 모임'에는 역대 가장 많은 197명이 참가했다. '의학세미나'에 참가하는 모임이 각 대학에서 조직되었다. 1997년 졸업 이후 장학생이 증가해 갔다. 제1회 평의원회 방침 이후, 의학생 대책 활동은 강화되어 왔다. 1995년 1월 이사회는 '국민이 요구하는 의사양성과 기초연수 충실화를 위해 – 의사양성집회의 성과를 수립하자'라는 방침을 결정했다. 타직종이 참가하는 연수위원회, 청년의사회 등 연수의 집단화, 진료소연수, 지역블록 내 협력 등 연수에 더해 양성이라는 시점을 확립했다.

한신(阪神)·아와지(淡路) 대지진에는 의학생 자원봉사자가 300명 이상 참가했다. 이들 중에 '인생관이 달라졌다.'면서 민의련에 참가하겠다는 학생도 나타났다. 1995년 5월 시점에서 민의련의 장학생은 역대 최고수준이 되었다. 신임의사 영입 수는 1994년 졸업자 111명, 1995년 졸업자 110명, 1996년 졸업자 126명으로 증가추세였다. 한신·아와지 대지진 자원봉사자 외에도 보험의 인턴 반대 투쟁 등 의학생 운동의 새로운 고양도 반영된 것이다.

9월 이사회에서는 홋카이도에서 소화기 분야 전문의로 전국적인 활동을 해 온 의사와 그 팀의 간호사 등이 집단으로 퇴직하는 문제가 보고되었다. 홋카이도뿐만 아니라 한 분야에서 선두를 달리던 의사나 관리의사의 퇴직경향이 전국적으로 나타나기 시작했지만, 이러한 문제를 전국적인 교훈으로 삼는 충분한 논의가 없었다.

1994년 상근의사 실태 조사를 보면, 1992년부터 1994년 사이에 의사 수 증가는 61명에 머물렀다. 퇴직해 민의련 외의 기관으로 간 의사는 221명이었다.

1996년 1월에 열린 의국교류집회는 의사 243명을 포함해 470명이 참석한 대규모 집회였다. 의사양성에 대한 높은 관심을 나타낸 것이었으나, 동시에 문제의 크기를 반영한 것이기도 했다.

(8) 천 명을 넘은 간호사 영입

1995년 4월 신임간호사 영입은 사상 처음으로 전국 목표를 웃도는 1,089명에 달했다. 간호사 증원의 성공은 간호기준 인상과 노동조건 개선으로 연결되었다. 1990년에는 제로였던 2·8야근협정이 1995년에는 47개 병원(37%)에 달했고, 신간호사체계로 이행하기 위해 준비하는 병원도 65.3%나 되었다. 한편 영입성공은 신임간호사들이 받아온 신커리큘럼 교육과 현장의 모순을 드러냈다. 전일본민의련 간호부는 이에 대처하기 위해 1995년 1월에 간호사양성교류집회를 열어 1993년 민의련 간호사의 '양성 관점과 과제'를 근거로 3개의 관점과 4개의 장점을 어떻게 습득하게 할 것인가를 두고 제도교육과 직장교육의 결합이라는 각도에서 논의했다. 6월 간호위원장 회의에서도 같은 내용을 논의했다.

병상규모 확대와 간호직원의 증가는 간호관리의 중요성을 부각시켰다. 1990년 전반에 부장·주임 등의 책임자는 대폭 증가했다. 제32회 총회는 '민의련 간호관리의 이념과 내용을 간호간부양성과 합해 조직적으로 해 나갈 필요가 있으며, 전일본민의련 차원에서도 중시해 간다.'고 서술했다.

1994년 10월 제2회 간호활동연구교류집회에는 천 명 넘게 참가했다. 이때 발표한 내용이 출판되어 보급되었다.([생명에 다가서다] 3권)

1995년 간호위원회는 '장기요양시설에서 간호의 적극적 전개에 대해'라는 방침을 결정했다. 간호와 개호의 관련에 대해 검토하고, 간호와 개호의 연대를 강화하며, 개호 직의 질 향상에 대해 공공비용으로 보장할 것을 요구하는 내용이었다.

(9) 교육개요 작성지침

1995년 1990년대 교육방침에 기초해 '교육개요작성지침(안)'(이사회문서)을 발표해 전국적으로 논의를 시작했다. 각 지역연합의 교육개요의 수정·작성을 시작했지만, 지역연합의 교육활동은 상당한 격차가 있었다. 제32회 총회시점에 지역연합차원에서 신입직원교육을 수행한 곳이 18개소, 간부연수를 실시한 곳은 16개소였다. 제32회 총회는 민의련운동에 참여하는 과정에서 자세의 차이, 운동 발전의 차이라는 의미에서 '지역연합간 격차'를 문제로 삼고, 배경에 교육활동의 문제가 있는 건 아닌지 물었다.

(10) 모든 분야의 '파트너'인 공동조직

1995년 제3회 조직담당자교류집회가 열렸다. 민의련 탄생 이후 지역주민과 조직적 결합을 유지해온 점, 이런 의미에서 공동조직은 민의련운동의 불가결한 구성요소라는 점을 역사적으로 거슬러 강조하고, 조직담당자의 이중 임무(① 의료주민운동의 자주적 발전을 위해 사무국의 역할을 수행한다. ② 민의련직원으로서 강령·총회방침실천의 장으로 공동조직에서 활동한다.)를 밝혔다.

1995년 제3회 공동조직교류집회는 미야기 현 마쓰시마에서 열렸다. 집회 인사에서 아베(阿部) 회장은 공동조직을 '민의련운동에서 모든 분야의 파트너'라고 해, 민의련 공동조직에 대한 인식을 알기 쉽게 표현했다. 1995년 공동조직 월간학습은 구성원을 7만 2천 명으로 확대해, 과거 3회의 월

간학습 중에서 가장 크게 확대했으며, 사회보장 총개악에 대한 학습운동을 크게 향상시켰다.(2,788개 반으로 26,384명이 학습회에 참가함)

한편 월간학습은 성공했으나, 전일본민의련은 이 상태로는 2000년까지 300만 명에 도달할 수 없다는 점을 지적하고, 특별히 공동조직의 활동가가 증가하지 않은 점을 중시해, 보건대학이나 사회보장학교, 반장강좌 등의 활동을 제32회 총회에서 강조했다.

제5장 새로운 모색 – 민의련의 의료선언 만들기

제1절 제32회 총회방침

제32회 총회가 1996년 2월 29일부터 3일간 고베 시에서 열렸다. 한신·아와지 대지진 다음 해였다. 도시·산업기반의 복구는 빠른 속도로 추진되었으나, 생활복구는 뒤처졌다. 총회는 정세에 대해 '95년 7월 사회보장제도 심의회 권고 이후 의료와 복지를 둘러싼 두 가지 길 대결양상이 새로운 단계에 접어들고 있다.'는 인식하에 1990년대 전반 민의련운동의 도달점을 확인하고 1990년대 후반의 과제를 제기했다.

(1) 1990년대 전반 민의련운동의 성과

총회에서 확인한 것은 민의련운동에 대한 확신이었다. 실제로 1990년 이후 후쿠이(福井), 후지야마(富山), 오이타(大分)에서 지역연합을 결성해 41개 지역연합이 되었다. 진료소, 약국이나 방문간호소 같은 사업소가 증가했으며, 공동조직도 계속해서 증가했다. 사업수익도 증가했고, 장학금을 받는 장학생수는 사상최고였으며, 의학생 대책도 일시적인 정체를 벗어나는 등 거의 모든 분야에서 증가세를 나타냈다.

총회는 '다양한 활동의 전진'으로 의료·공동조직·경영·사회보장·교육에 대해 언급했다. 우선 의료는 환자의 권리가 갖는 두 가지 측면 등 인권을 지키는 의료활동, 만성질환관리가 진료소에서도 정착해온 점, 정형외과·정신과·안과·비뇨기과·병리 등의 의사가 증가한 점, 병원의료의 종합적 역량을 향상시킨 점, 노인분야와 진료소의 두드러진 발전과 치과판 공동행동이라고 할 수 있는 '보철은 보험이 좋아요' 운동이나 시설신설 등 치과

분야가 발전한 점을 열거했다. 그리고 보건위원 기타 공동조직 활동가 증가를 과제로 열거했다.

경영은 전직원의 경영, 공동조직·힘의 발휘, 통일회계기준 철저, 사회보장·의료활동·의사양성 등의 연관 속에서 경영을 종합적으로 파악해야 한다는 관점, 장기경영전략, 사업조직에 대한 민의련 방식의 규제, 경영주의의 새로운 현상 극복 등 민의련의 경영노선을 관철해 가는 과정으로 크게 발전했다. 사회보장 운동을 '민의련의 핵심'으로 자리 잡게 하고, 국민의료를 지키는 공동행동을 발전시켜 지역 샤호쿄(社保協)구축을 착실하게 추진했다.

교육분야에서는 1990년대 교육방침을 제기하고, 병원관리연수회, 간호관리자강좌, 간호활동연구교류집회 등 새로운 전국적 연수제도를 추진했다.

한편, '검토해서 개선해야 할 과제'로 '① 전일본민의련을 향한 결집, ② 후생성의 정책에 무비판적으로 기대는 경향, ③ 중견의사의 퇴직문제' 등 민의련운동을 담당하는 인재육성이 아직 성공하지 못했다는 점을 제시했다.

(2) 1990년대 후반의 중점과제, 21세기 민의련상

그리고 1990년대 후반의 중점과제로 다음과 같은 네 가지를 제시했다.
1. 민의련의료의 실천과 창조를 어떻게 추진할 것인가?
2. 강령실천을 지향하는 인재육성
3. 지역연합·전일본민의련의 단결, 조직강화
4. 통일전선구축

나아가 전국방침과 각 지역연합의 장기계획에 기초해 〈21세기 초기의 전일본민의련〉의 자세를 다음과 같이 설명했다.
1. 의료권과 소선거구를 근거로 공백 지역 극복을 추진해 500개소의 진료소, 전 지역연합에 100개의 치과시설

1. 각 광역지역 1개 이상의 민주적 노인시설, 수백 개의 방문간호소와 재가 개호지원센터
1. 임상연수지정병원, 150개 병원의 리뉴얼
1. 보험약국, 사업소, 간호학교 등의 다양한 시설
1. 민의련운동 모든 분야의 파트너로서 300만 명의 공동조직
1. 모든 광역단위와 각 지역에 샤호쿄(社保協)·혁신조직간담회 기타 공동 투쟁 조직 구축

또한 5만 명 넘는 직원이 '환자의 입장에서, 인권을 지키는 의료'를, 일하는 보람이 있고 일하기 쉬운 병원·부서(민주적 운영·민주적 집단의료)를 추구했다.

이를 실현하는 과정에서 드러난 문제점으로 '500개의 진료소는 현재와 같은 의사의 영입·양성의 상황으로는 달성할 수 없다.', '21세기에 강인한 민의련을 계승 발전해 가기 위한 최저필요조건은 자발적으로 민의련운동을 담당할 직원집단의 형성이다.'라고 지적했다.

(3) 민의련의료의 실천과 창조, 상급병실료와 기술과제

활동의 기본자세로 '① '공동운영' 사상을 모든 의료활동 속에 관철하며, 의료의 공공성과 환자의 인권을 지켜내는 것. ② 의료기술의 목적과 목표를 분명히 하고, 지역연합이나 지역블록차원에서 추진하는 것. ③ 진료소, 노인분야를 강화하고, 종합적 의료활동을 추진하며, '공동조직'과 함께 지역에 깊이 뿌리박는 활동에 기초해, 인권존중의 지역의료와 복지를 구축하는 것. ④ 의료실천의 입장에서 사회보장을 지키고 발전시키는 투쟁을 추진하는 것. 그리고 이러한 실천 속에서 '민의련의료와 민의련다운 의료활동의 내용은 무엇인지'에 대해 논의하고 선명하게 부각시켜가는 것'을 제기했다.

나아가 '인권을 지키는 의료활동의 발전과 기술건설의 과제' 중에서 '질병을 노동과 생활 현장에서 이해한다.'는 점을 강조했고, '적극적으로 치고

나가는' 의료활동을 비롯한 구체화된 내용의 필요성을 강조했다.

상급병실료에 대한 문제는 "일반의료 분야에서 '상급병실료를 채택하지 않는 것'은 '무차별·평등'이라는 의료가 갖고 있는 공공성의 핵심을 스스로 실천해야 하는 민의련 의료의 상징이고 원점이다. 민의련이 어떤 내용을 주장했는가를 가장 알기 쉽게 설명했다. 민의련이 가장 어려운 사람들의 편에 서서 활동한다는 점을 선언하고 실천적으로 보여주는 것이다. 우리들은 총회에서 결정한 이 방침을 객관적, 제도적 조건이 근본적으로 변하지 않는 한 고수해야 한다."고 서술했다. 이것은 상급병실료 문제의 최종적인 정식화를 표현한 방침이다.

그리고 중견의사 퇴직문제의 이유 중 하나인 '전문가로서 자신의 전망과 해당 지역 민의련운동의 전망을 결합하는 것이 가능하지 않다.'에 천착해 다시 한번 어떤 전문성이 필요한가에 대한 논의를 심화시켜가고, 그 전문성을 환자에게 살려나가는 과정에서 '의료활동의 조직적인 과정'을 중시하는 것이 중요하다고 지적했다.

(4) 제32회 총회방침의 특징

1990년대 후반의 중점과제를 바탕으로 다음과 같이 중점방침을 제기했다.

1. 환자의 인권을 지킨다.

먼저 환자의 인권을 지키는 활동으로 지역에 있는 '치료받지 못하는 환자'를 발굴하고, 일상진료 중의 '민감성', 간호의 '눈과 자세', '관심과 배우기', 사회복지의 1천 자 리포트, 여러 직종에 걸친 사례검토를 강조했다. 또한 환자에 대한 설명과 동의가 향상되어야 함을 확인하고, 환자의 '의료정보 제공' 요구에 대해 적절하게 대응하는 것을 기본으로 하며, 정보개시를 법률로 의무화한 내용이라면 정보개시를 가능하게 하는 한도까지 의사의 증원과 진료수가의 보장이 필요하다고 주장했다.

2. 고령자의 의료

1995년 의료활동조사에 의하면 병원외래의 27%, 진료소의 37%가 70세 이상의 환자였다. 방침은 민의련의 방문간호소가 일본 전체의 약 9%에 달하는 등 증가하는 과정에서 '노인의료에 대해서는 인재육성과 민주적 집단의료의 새로운 발전[주1]을 개척하는 입장으로 의학, 간호학, 약학, 사회복지학 등을 종합한 활동의 구체화를 검토하자.'고 제기했다.

3. 진료소와 병원외래

진료소 각 지역의 계획(1995년 조사)은 20세기 중에 499개소였지만, 1990년대 전반의 달성률이 80%에 머물렀다. 원인은 의사문제였다. 대책으로 우선적인 진료소 배치를 제기했다.[주2] 병원외래는 전기에 정리한 '민의련병원외래의 현상과 전망'이라는 방침의 구체화를 강조했다.

4. 병원의 역할

입원기간 단축, 중증화, 주휴 2일제 등 노동조건의 변화, 직원의 변화 등 병원상황이 변한 점을 주목하면서, '진료위원회나 운영위원회 등 일상적인 의료조직'이 연락조정기구에만 머무르지 않고 '관리조직'으로 발전해야 한다고 제기했다. 또한 여기에서 '민의련 각각의 병원이 민의련 운동뿐만 아니라 지역속에서 어떤 역할을 해야 할 것인가에 대해 선명하게 밝히지 않으면 안 된다.'고 뒤의 의료선언으로 연결되는 제기가 있었다.

5. 개선된 경영과 민의련 경영의 장점

1994년 흑자법인의 비율은 79.4%, 1995년에는 73.3%가 되어 경영상황은 획기적으로 개선되었다. 방침은 이것을 '진료소, 노인의료, 보험약국

주1) 방문간호소의 책임자는 간호사이고, 노인병원이나 개호시설에서는 간호나 개호의 역할이 급성기 의료보다 당연히 높게 마련이다. 이 분야에서 민주적 집단의료의 내용에 대해 재검토가 요구되는 과제이다.

주2) 이것은 1996년 1월의 진료소위원회의 '90년대 전반의 신설진료소의 교훈'을 근거로 한 것이다. 49개 신규 진료소 설치 후 41개소에 대해 설문조사를 하였다. 신설의 내용을 본다면, 병상이 없는 진료소가 36곳, 병상이 있는 진료소가 5곳으로 내역은 위성진료소 18곳, 문전진료소 1곳, 인수 2곳, 나머지 20곳이 독립형 진료소가 신설되었다.

등 다각적인 의료경영구조, 요구에 따른 시설체계를 추구해 온 성과'라고 평가했다. 그리고 민의련 경영의 장점을 '현재 시점에서 정리한다면'이라고 전제하고 네 가지를 제시했다. 즉 ① 노동과 자본의 대립이 없고, 대중적으로 민주적인 운영을 보장한, 문자 그대로 전직원의 경영이라는 점, 이 조건하에서 노동조합과의 대등·평등, 협력·공동의 관계를 추구했다는 점, ② 자주적인 의료주민운동 조직인 공동조직이 민의련의 구성요소로 존재했고, 그것과 함께 사회보장 등 다양한 운동을 추진하며, 나아가 지역민주세력으로부터 지지받는 등 지역에 깊이 뿌리박은 경영이라는 점, ③ 자비양성으로 의사를 비롯한 인적 조직과 의료전문성의 축적이 있으며, 우리들의 의료에 대한 주민·환자의 공감이 있는 점, ④ 강령으로 전국적인 단결이 있고, 전국의 지혜를 모아 경영 등의 방침을 축적했으며, 상호점검, 지원, 현지조사 등 조직적인 강점을 발휘할 수 있다는 점' 등이다. 이것을 1990년 선언과 비교해 보면, 노동조합과의 관계가 '전직원의 경영' 속에 포함되어, '관계를 추구하고 있다.'로 표현되고 있다. 또한 민의련의 '조직적인 강점'을 추가했다.

6. 민의련 조직의 강화

조직방침에서는 지역연합의 최저한의 임무로 여섯 가지 사항을 제시했다.

① 이사회의 정례화, 전국방침의 토론과 구체화. ② 전면적인 민의련운동 실천에 어울리는 기구, 사무국의 확립. ③ 법인에 대한 지도. ④ 전일본민의련의 각종 조사를 지역연합에서 틀어쥐고 실천하는 것. ⑤ 교육제도의 실시 ⑥ 민의련에 대한 공격이나 민의련의 결집을 약하게 하는 경향과 투쟁.

방침에서는 마지막으로 '이번 총회에서 우리들은 민의련운동은 무엇인가를 끝까지 파고들어 생각하며, 발전은 무엇인가를 분명하게 밝혀야 한다.'고 주장하면서, 현재 일본의 의료상황에서 민의련의 존재의미에 대해 '환자를 위한 의료를 무차별·평등으로 추구하는 자세, 생활의 문제를 포함한 환자들이 최후로 기댈 곳, 지역에서 사회보장과 평화운동의 흔들리지 않는 거점'이고, '달성해야 할 목표점의 일부분이 한신·아와지 대지진의 지원활동에서 드러났다.'고 평가했다. 그리고 민의련운동이 21세기에도 빛나기 위해서 "지금부터 5년간 '민의련운동이란 무엇인가'를 5만 명에 달한 전직원에게 다시 확인하자."고 서술해 이 관점을 의료선언으로 연결했다.

제2절 개호보험 투쟁과 의료개악반대 투쟁

(1) 개호보험 투쟁

1. "개호 110번"

제32회 총회방침이 당면 중점과제로 제시한 것은 개호보험 투쟁이었다. 배경에는 개호문제의 절박함이 있었다. 1996년 3월 말에 도쿄샤호쿄(社保協)가 개설한 '개호 110번'은 2일간 61건의 심각한 상담이 있었다. 민의련은 '개호를 공공차원에서 보장해가는 것은 당연한 일이지만 현재 후생성이 시행하려는 개호보험은 사회보장전체의 개악수단이다.'라며 위험성을 지적했다. 나아가 1996년 5월 공동조직연락회와 협력해 개호보험조사를 시행했다. 조사는 지역에서 개호보험 투쟁의 큰 힘이 되었다. 8월 평의원회 시점에서 '다미 씨 팸플릿'은 16만 부가 보급되었고, 백지 철회를 위한 서명은 130만 명(중앙샤호쿄에서 400만)에 달했다.

6월 6일 개호보험 요강이 발표되었고, 전일본민의련은 10일 '인간의 존엄을 존중하지 않는 개호보험 요강'이라는 회장성명을 발표했다. 보험료의 기업부담을 분명히 했고 정액제보험료는 소득단계별로 책정했지만, 10% 정률 본인부담, 영리기업의 참여인정, 서비스는 '현실적으로 가능한 서비스'라는 명분으로 '보험은 있으나 개호는 없는' 상황이 예상되었다. 자치단체가 독자적으로 시행하던 개호수당과 서비스가 중단되는 곳이 나타나는 등 결함도 드러났다.

6월 17일 자민·사회·사키가케 등 세 여당은 개호보험제도 여당합의사항을 결정해 법안을 국회에 제출한다는 방침을 분명히 했다.

2. 방침의 수정

제32기 제1회 평의원회에서는 개호보험에 대한 투쟁방침을 일부 수정했다. '반대'에서 '보험이면 최저한 이 정도여야 한다. 그렇지 않으면 반대'라는 방향으로 수정했다. 제32회 총회 사무국장 제안설명에서는 '우리들은 후생성의 개호보험 구상에는 반대하며, 절박한 개호문제를 해결하기 위해 정부와 기업에 책임을 부여하고, 공공개호 보장을 실현하기 위한 구체적 요구를 밝히며, ……예를 들면, 재가케어도 포함해 의료를 공급할 수 있는 제도를 수립해야 한다는 점, 노인들로부터 보험료를 받으면 기업부담을 70%로 하고 정액 보험료나 정률 부담은 안 된다. 등등. 향후 샤호쿄 등 민주운동전체와 통일된 요구를 밝혀나가야 한다.'고 서술했다.

이것은 보험제도를 전제한 요구였으나 이사 중에서도 '개호에 보험은 익숙하지 않다.'는 의견도 있었다.

평의원회에서는 다음과 같이 정리했다. '① 병원에서도, 시설에서도, 자택에서도, 누구라도 인간으로서 존엄을 유지하면서 개호보험을 실현(보험은 있으나 개호는 없는 상황을 피하기 위해 필요하다고 판단되는 서비스 확보가 가능할 때까지 보험료를 징수하지 마라. 불충분한 단계에서 도입하는 것이라면 과도기적으로 현금지급을 인정해야 한다. 저소득자의 보험료를 면제하고, 조치제도와 결합해야 한다. 가사지원을 지급범위에서 제외할 수 없다. 의사 등의 증명만으로 이용할 수 있게 해야 한다. 영리기업의 참여를 인정할 수 없다.), ② 사회보장으로 인정할 수 있는 개호보험제도의 확립(정액제 보험료를 중단하고 정률로 할 것. 사용자부담을 70%로. 국가의 재정부담을 분명히 한다. 개호보험과 의료보험의 병행지급을 인정한다.), 이러한 근본적인 수정이 가능하지 않다면 폐지해야 한다.'

방침은 개호와 관련있는 사람들에게 새로운 인식을 가능하게 해 환영받았고, 평의원회 방침으로 결정되었다.

그 후 민의련은 민주단체 등과 협력해 각 지역에서 '개호문제 심포지움'을 적극적으로 개최했다. 10월 일본경영자단체연맹은 '개호보험료의 기업부담은 인정할 수 없다. 노인환자 20% 부담, 건강보험 본인 20%, 약값 지급률 5~7할, 성과급 수정'이라는 견해를 제기했다. 샤호쿄의 논의는 난항을 겪었지만, 11월 '개호보험법안은 근본적으로 수정하고 그렇지 않다면 폐기해야 한다.'라는 합의점에 도달했고, 통일 서명운동을 시작했다.

법안은 여당과의 조정으로 실시시기를 2000년 4월로 하고, 자치단체 부담의 조정을 거쳐 1996년 12월 국회에 제출되었다. 특별양호 노인홈에 입소한 사람이 퇴소하는 등 개호보험의 구체적 내용이 알려짐에 따라 여론도 변화했다. 1997년 6월 24일 닛케이(日經)신문의 여론조사에서는 약 90%가 비판적이었다. 개호보험법안을 계속 심의했고, 저소득자대책(헬퍼 서비스의 10% 부담을 경감) 등 수정을 거쳐 참의원에서 중의원에 회부되어 1997년 12월에 통과되었다. 개호보험투쟁은 후생성의 당초방침을 크게 변화시켰다. 사용자부담이 도입되었고, 가사지원서비스도 지급 대상에 포함되었다. 실시시기는 대폭 지연되었으며, 고령자 보험료는 소득단계별로 구분한 '정액제'였다. 일정한 저소득자 대책이나 현재 시설에 입소한 사람에 대한 경과조치도 시행되어, 개호보험과 의료보험의 병행급여도 인정했다.

개호보험은 불충분한 문제를 갖고 있으면서도 출발점에서 '개호의 사회화'가 되었다는 한 가지 점만은 평가받았다. 또한 관계자나 국민적인 운동으로 개호보험이 사회보장의 틀 속에 자리 잡은 성과를 쟁취했다. 그러나 의료와는 달리 현금이 지급되었다는 점, 영리기업의 참여를 가능하게 했다는 점, 고액의 이용료[주3] 등의 문제는 남았고, 의료나 보육 등 사회보장 전체의 개악의도를 도모했다는 지적이 타당했다는 점은 그 후의 사태추이에서 드러나고 있다.

(2) 의료보험 전면개악 반대를 위한 '사상최대의 투쟁'

1. 의료보험심의회의 건의

1996년 11월 의료보험심의회[주4]는 '향후 의료보험제도의 내용과 1997

주3) 개호보험도입 후의 실태로 개호도에 관련 없는 이용료 1만 엔 정도 수준으로 이용을 기피하는 사람이 대다수였다.

주4) 이 심의회는 1992년, 직장의료보험의 사업운영에 대한 문제를 취급하는 사회보험심의회를 개편한 것이다. 사회보험심의회는 정부·노조·사용자라는 3자 구성이었으나, 의료보험심의회는 지역의료보험도 포함했기 때문에 의료보험전반을 취급한다는 점에서 학자만으로 구성되었다.

년 개정에 대해'라는 건의서를 정리했다. 이것은 향후 검토과제로 '혼합진료*'의 해금, 고령자의 독립보험, 단순진료·식사·약대 같은 지급제외 등을 제시하고, 1997년 개정사항으로 '보험료 인상, 환자부담은 20%, 노인은 10~20%, 약값은 지급제외 혹은 30~50% 부담'을 제안했다. 개호보험의 사용자부담 대체에 '니케이렌(日經連)의 견해'를 통째로 포함시키려 했다.

당연히 국민적 비난이 쏟아졌고, 후생성은 여당과 절충 끝에 1997년 2월 다음과 같은 내용으로 국회에 제출했다. 본인부담 2할, 노인정액부담을 입원 1일 710엔부터 1,000엔, 외래 월 1,020엔에서 통원마다 500엔(4회 2,000엔까지), 약값은 1일 1종류에 대해서 15엔 별도부담(약값의 이중부담) 등 환자부담의 대폭인상, 1995년에 물가연동으로 도입한 부담상향제를 노인의료비의 증가와 연동한다 등 보험요율을 인상하는 것이었다.[주5] 이러한 개정의 이유로 제시되었던 것은 겐포(健保)재정의 적자였고, 적자의 원인으로서 장기간 계속된 불황으로 인해 노동자의 임금이 감소하거나, 구조조정으로 겐포조합원이 줄어들었던 점에 있었다. 정부는 1993년부터 법률로 정해진 정부관장 겐포(健保, 현재의 협회겐포)의 특례감액이라는 명분으로 국고부담을 인하한 상태였다. 금액은 1996년의 적자액보다 훨씬 컸다. 12월, 후생성의 오카미츠(岡光) 차관이 뇌물혐의로 체포되었다. "국민부담을 요구하기에 앞서 후생성 자신의 몸이나 바르게하라!"는 소리가 나온 것은 당연했다.

* 역자주: 일본은 보험진료와 보험외진료(통상 자유진료라고 한다)의 두 영역이 있다. 보험외진료는 의료기관에서 환자에게 진료해도 보험기관에게 청구할 수 없는 내용이며, 보험기관으로서는 지불의무가 없는 진료를 말한다. 한국의 비급여와 비슷하다. 혼합진료라는 것은 바로 보험진료와 보험외진료가 혼합되어 있다는 의미이며, 주로 보험외진료를 지칭한다. 일본 후생성은 혼합진료를 3개의 영역으로 규정했다. 1) 미승인 약제의 사용, 2) 고도첨단의료, 3) 종양 마커(종양 마커, 파일로리균 제거 등)

2. '1만 명 중앙집회'

전일본민의련은 즉시 아베 회장을 본부장으로 하는 투쟁본부를 조직하고, '기존의 틀을 뛰어넘는 투쟁'을 추진해야 한다고 강조했다. 그리고 중앙

주5) 1000분의 82에서 86으로 인상하고, 후생성 장관은 국회 동의절차 없이 인상할 수 있게 한다는 내용이었다.

샤호쿄나 일본생협의료부회와의 협의를 진행하고, 1997년 1월에는 간부 학습총궐기집회를 개최했다. 나아가 1997년 2월 14일 처음으로 민의련과 일본생협의료부회가 공동으로 메이지공원에서 '일만 명 중앙집회'를 개최 했는데, 참가자가 1만 명을 크게 넘어 운동의 기폭제가 된 집회였다.

제2회 평의원회는 '전후의 역사에 획을 긋는 중대한 정세 속에 민의련 의 진가를 발휘하는 장대한 투쟁을 전개하고, 민의련운동의 전망을 열자.' 는 결정을 해 총력을 다하는 투쟁방침을 수립했다. 구체적으로는 12월 이 사회에서 제기한 '세개의 파도' 운동에 의한 민의련의 통일행동, 개악저지 1,000만 명 서명운동, 법인기관 차원의 투쟁본부체제 확립, '현장에서 얼 굴을 확인하는 투쟁'으로 진행하고, '한 기관당 한 종의 유인물 발행', 대형 현수막, 신문의견 광고 등이었다. 또한 다미 씨 팸플릿(번호 4) 등 압도적 선전, 의사회, 노인단체, 노동조합을 향한 활동참여 등을 제기했다. 공동조 직 연락회는 '전력을 다해 의료보험제도 개악을 저지합시다.'를 발표했다.

의사회는 의료보험심의회의 건의서발표 후 즉각 서명운동을 시작하고, 불과 2주간에 293만 명의 서명을 받았다. 아카하타(赤旗)신문에 각 지역 의사회장이 등장해 의료개악반대를 호소했다.

직원의 학습회 참가는 2만 7000명을 넘어섰다. '세개의 파도'라는 민의 련전국통일 행동, 4·17의 대집회, 5~6월 파상적인 국회청원행동, 민의련 에서 576만 명, 전체적으로 1,800만 명의 서명, 서명자명부가 포함된 유인 물, 직종별모임, 회원기관별 전단지 등 '민의련 사회보장투쟁의 새로운 도 달점을 구축했다.'고 평가한 활동이었다. 활동 중에 제작된 뉴스페이퍼의 비디오 '웃으면서 목을 베는 의료대개악'은 1천 개 이상 보급되었다.

의료보험개악법안은 투쟁의 영향을 받아 미세한 수정을 반복했고, 1997년 6월 빠듯하게 국회의 회기 기한을 다 채우고 통과해 9월 1일부터 시행했다. 민의련은 '의료 110번', '걱정되는 환자방문' 등을 수행하고 악법 으로 비참한 사태가 발생하지 않도록 일상활동을 강화했다. 또한 약가 이 중부담으로 자치단체와 교섭했고 영유아, 장해자 등을 자치단체의 독자적 인 의료비 예산의 조성을 통해 환자부담이 없도록 교섭해 38개 현에서 관 철했다. 의료개악은 하시모토(橋本) 정권이 내건 '6대 개혁(행정·경제·재정·금융·사회보장·교육)'의 하나였다. 1997년 4월에는 소비세가 5% 인상되었다. 국민부담은 연간 9조 엔 증가했다. 호전될 것으로 전망했던 경제는 다시 침체해 야마이치(山一)증권, 홋카이도 다쿠쇼쿠(拓殖)은행 등이 도산했다. 민의련은 '하시모토 6대 개혁'은 미국정부와 다국적기업의 요구에 굴복해 국가개조를 달성하는 위험한 책동이라고 규정하고, 장기적인 시야에서 끈질기고 강력한 투쟁을 제기했다.

실제 의료개악의 음모는 이것으로 끝나지 않고, 1997년 8월 후생성은 '21세기 의료보험제도(후생성안)'를 발표했다. 그것은 300병상 이상의 병원 외래는 소개제, 병상삭감, 일본판 참조 약가제도,[주6] 정액제진료수가의 확대, 고령자에게 적용하는 독자적인 의료보험, 환자부담 30%로 통일, 대형병원의 외래부담은 50%라는 것이 주요 내용이었다. 민의련은 '투쟁은 역 앞에서(駅伝型), 9월부터는 제2구간'이라고 규정했다.

국민의 반격이 높아지는 와중에 1996년 9월 8일 민의련의 치과의사인 요시다 만조(吉田万三) 씨가 인구 64만 명의 도쿄도·아다치구(足立区) 구청장에 당선되었다. 또한 1998년 참의원선거에서는 전일본민의련이사인 고이케 아키라(小池晃) 씨가 참의원의원에 당선되었다.

제3절 민의련의료의 실천과 창조

(1) 인권관점의 정착

1. 일상진료 중에서

'일상적인 진료 중에 인권의 관점에서 활동할 것'이라는 제32회 총회의 제기는 적극적으로 받아들여졌다. 외래진료 종료 후에 전직원이 컨퍼런스 실시(기부: 岐阜), 외래진료 중에 환자들이 힘들어한 '역 계단이 너무 높다.'라는 한마디로 역 엘리베이터 설치를 주민운동으로 발전시킨 활동(나가노·마쓰모토), 전일본민의련의료활동부를 중심으로 시작한 '고독사'조

주6) 지급기준금액 제도라고 불린다. 약값은 자유롭게 하면서 보험에서는 결정한 기준 금액만 지불한다.

사, '요관찰환자'방문이나 '독거노인'조사 등 현장 실태를 밝혀가는 활동에 참여했다. 또한 병동에서 '전자진료기록개시', 진료내용을 환자용으로 별도 기재한 '나의 진료기록' 등 '공동운영'에 걸맞은 의료활동을 추진하고, 1996년 의료활동조사에서는 병원의 70%·103병원, 진료소는 50%·178개소에 기관이용위원회를 설치했다.

제33회 총회방침에서는 1995년 의료활동조사에서 밝혀진 성과를 정리했다. 또한 총회에서는 장기이식법이 1997년 10월부터 시행된 것을 근거로 윤리위원회를 중시하고, 민의련다운 것(외부전문가나 공동조직에서의 참가를 보장하는 것)을 만들어가자고 주장했다.

2. 약제분야의 문제

약해에이즈 문제는 앞에서 서술했지만, 호단렌·신이쿄(新医協)·일본생협의료부회와 공동주최로 제1회 의료와 사회를 생각하는 심포지움 '약해에이즈 의사·의료종사자의 책임과 역할 – 구조적 약해를 반복하지 않기 위해 –'를 개최했다.

1996년 3월 이사회에서 보험약국정책을 승인하고, 전국적인 토론에 회부했다. 이것은 1965년 히로시마의 후쿠시마의료생협이 개설한 보험약국을 시작으로 민의련 약국의 역사적인 발전을 정리하고, 안전하고 유효한 약의 공급, 의료기관과 연대한 민주적 집단의료, 공동의 운영, 지역네트워크, 공동조직과의 관계에 대한 검토, 민주적 관리운영, 인재육성 등 6가지 과제를 제시하고 방침화했다. 1997년에 보험약국정책을 개정했다.

3. 의료안전문제와 민주적 집단의료

1996년 여름 O-157에 의한 식중독이 오사카·사카이시(堺市) 등에서 집단 발생했다. 미미하라(耳原)종합병원 등 민의련 기관은 대응의 선두에 서서 힘을 발휘했다. 자치단체 등에 대한 안전대책의 요구도 제안했다. 1997년 6월에 통과한 뇌사·장기이식법에 대한 '견해와 대응'을 발표했다.

약물 부작용 모니터링(1997년 7월 제3회 부작용모니터 회의, 신약 모니터 실시)이나 약국에서 의사에게 '닥터레터'를 통해 부작용을 알리는 등 안전문제에 대한 활동도 추진했다. 그러나 중대한 의료사고나 의료분쟁이 되는 경우도 계속해서 발생해 민의련 독자적인 의료사고보상보험이 1997년 5월에 출범했다.

1997년 12월 '민주적 집단의료의 도달과 향후 과제(안)'를 이사회에서 정리했다. 이것은 의료활동부가 제32회 총회기간 전체에 걸쳐 검토해온 민주적 집단의료의 문제에 대해 목표점을 제시한 것이다. 민의련은 1970년대에 '민주적 집단의료' 개념을 제기했는데, 그것을 어떻게 발전시켜 왔는가를 분석하고 향후 과제를 제시한 것이다. 향후 과제에서는 민주적 집단의료와 민주적 관리운영의 연관성을 취급했다. 중요한 논문이기 때문에 다음과 같이 요약해 정리한다.

의사를 중심으로 한 민주적 집단의료는 1970년대에 민의련 의료활동을 특징짓는 장점으로 정식화되어, 풍부한 실천을 창조해 왔다. 그러나 1980~1990년대 민의련의 병원이 대규모화되고 전문분화가 추진되는 과정에서 중심이 되어야 할 의사들 중에 직원집단의 단결을 발전시킬 팀리더로서 성장해 가는 것에 어려움이 발생했다. 중견의사의 퇴직 증가는 관리문제로 중시되지 않을 수 없었다. 나아가 1990년대 이후 경영의 불안정이 의사노동의 고밀도화를 초래하고, 이것도 민주적 집단의료에 부정적인 영향을 주었다. 즉 솔직하게 의사문제와의 연관성을 지적한 것이다.

민의련의 다종다양한 직종별 그룹이나 진료위원회 등에서 적극적으로 목표를 확인하는 한편, 민의련 이외에서도 기존의 과별 분할과 직능별 관리만으로는 어려움에 봉착했고, 의사·의료스태프의 협력이나 환자를 포함한 환자를 위한 의료를 추구해 온 점을 제기했다.

1997년에 실시한 직원 설문조사에 기초해 민주적 집단의료를 실감할 수 없는 상황이 나타났으며, 의사에 대한 타직종의 기대가 컸지만 그것만큼 의사의 역할을 수행할 수 없는 경우에 대한 실망이 크다는 점, 의사에게는 관리운영에 대한 불만이 많다는 점 등이 드러나 개별 의사나 의국에 위임할 수 있는 것이 아니라 원장-부장(과장)-의국장 라인이 본래의 지도적 지휘책임을 발휘할 수 있도록 진료에 편중되어 있는 간부의사의 현 상황을 개선해야 한다고 지적했다. 원장을 비롯한 간부의사의 의료관리와 의사에 대한 지도·지원이 중요하고, 각 직종과의 대등·평등한 민주적 관계와 함께 의사의 조직운영에서 리더십이 향상될 수 있는 것을 중시하는 방침을 제기 했다. 민주적 집단의료는 일상진료의 장에서 지속성을 실천적으로 노력해야 할 내용이며, 이론적 해명이 아직 끝나지 않았다는 점을 지적한 것은 중요하다.

(2) 진료소와 외래, 만성질환의료

병원외래와 진료소의 문제에서는 이 시기부터 '근접진료소'[주7]를 구축하기 시작했다. 1997년 7월 진료소문제 책임자회의를 개최했다. 초미의 과제는 의사문제였다. '의사의 피로감'을 문제로 삼고, 진료소의 신설 등 의사배치를 확대해 가는 장기계획의 적정성에 대한 문제가 제기되었다.

외래의료의 문제에서는 학술위원회가 각 연구회의 상황을 조사해, 1997년 10월 '민의련 만성질환의료의 현상과 향후과제(안)'를 발표했다. 그중에서 '만성질환의료의 활동경과'는 1960년대 이후 이 분야를 정리한 것으로 1970년대에는 질환별 그룹활동으로 추진하여 전직종 참가형태로 큰 역할을 담당해 왔다고 서술했다. 그러나 1980년대에 들어오면서 업무로서 라인에 편중된 경향이 강해지기 시작했다. 컴퓨터의 도입과도 맞물려 만성질환의료가 변하였기 때문에 공동운영과 민주적 집단의료를 실감하게 하는 활동이 되어야 할 것을 과제로 제기했다.

또한 1996년 말 공중위생심의회가 '성인병'을 '생활습관병'으로 바꿔 부르자고 제창해, 다음 해 후생백서에는 '생활습관병'을 특집으로 다루었다.

(3) 고령자 의료·복지

제32회 총회는 '간호·노인의료부' 아래 '노인의료복지위원회'를 두고 '방문간호소', '특별양호 노인홈과 케어하우스', '로켄(老健)시설과 노인병

주7) 병원의 외래를 병원에 근접한 지역에서 구축해, 진료수가 등 제도상의 대응과 함께 환자의 이용편의성을 향상시키자는 취지에서 나온 개념

원', '재가개호지원센터'의 교류회가 각각 시행되었다. 제33회 총회는 특히 재가개호지원센터에 대해 '개호정보 네트워크의 필요성'으로 중시했다. 방문간호소의 교류회(1997년 1월)는 188명이 모인 큰 집회였으며, 일본전체의 9%를 점유하는 민의련의 방문간호소 활동이 전체를 리드했다. 또한 민의련 이외의 의료기관과 새로운 연대가 구축되기 시작했다.

(4) 노동자 건강문제

1989년 소효(總評 ; 일본노동조합총평의회)해체에 수반해 '노동자안전센터'도 해산했다. 젠로렌과 민의련은 노동자 건강을 지키는 활동에서 협력해 잡지 〔노동자의 건강〕을 발행하는 등 연대해 왔지만, 1996년에 들어서면서 새로운 센터를 만들자는 의견이 높아졌다. 1997년 11월 이사회는 '일하는 사람들의 생명과 건강을 지키는 전국·지방센터를 만드는 운동에 민의련의 역할을 선명하게 부각하고, 전 의료기관에서 일상진료의 강화를 달성하자.'는 방침을 결정해, 활동 강화를 주장함과 동시에 센터 준비회(1997년 12월 발족)에 사람을 파견하는 것도 포함해서 적극적으로 참여했다.

1997년 8월 이사회는 개정된 노동안전위생법[주8)]에 대응해 '산업의·산업간호활동을 시급하게 강화하자.'라는 방침을 결정했다. 1998년 1월에 '건강활동교류집회'를 개최했다.

(5) 환경·공해

1995년부터 시작한 산성비조사가 1996년 12월까지 중간조사를 발표한 것에 의하면 일본해 쪽의 대리석 부식이 가장 현저했고, 도호쿠지방의 태평양 쪽은 영향이 적었으며, 대도시 지역은 그 중간이었다. 특히 겨울에 일본해 쪽에 산성비(눈)의 영향이 있었다.

1997년 1월 러시아의 탄카, 나호나카 호에서 중유유출사고가 발생해,

주8) 1996년 10월에 산업의 등의 조건으로 연수종료자 등으로 한정했다.

전국에서 많은 자원봉사자가 참여했다. 후쿠이(福井)민의련은 주민건강을 지키기 위해 연일 중유제거라는 중노동에 참가했다. 또한 세토나이카이(瀬戸内海) 데시마(豊島)의 산업폐기물 불법투기에 의한 다이옥신 등이 주민건강 불안의 원인으로 부상하자 가가와민의련을 중심으로 주민건강조사를 시행했다.

1995년 정치적 합의를 받지 않고 계속해서 투쟁한 미나마타병 간사이 소송에서 2001년 오사카고등법원은 국가와 기업의 책임을 인정하는 초기의 판결을 인정했다. 이에 대해 간사이소송단은 국가, 현에 대해 상고를 단념하는 의사를 표명했으나, 국가와 현은 대법원에 상고했다.

(6) 치과

제32회 총회기에 치과는 큰 전진이 있었다. 첫째, 경영이 호전되었다. 1994년 34.2%에 불과했던 흑자회원기관이 1995년부터 환자·수익이 증가했고, 1996년에는 60%의 기관에서 흑자를 달성했다. 다만, 15개소의 치과시설은 적자였다. 둘째, 사회보장운동의 전진 중에서 '민의련치과는 어떤 곳인가?'라는 질문을 다시 제기해, 직원의 확신을 얻었다. 치과부는 재가치과의료의 강화나 치과분야를 담당하는 사무간부 육성 등 운동을 포함한 종합적인 방침으로 전국에서 지도가 강화되었다. 경영개선은 이러한 활동 전체의 결과였다.

제4절 민의련강령의 실현을 지향하는 인재육성

제33회 총회는 이전 총회 이후 2년간 '인재육성' 문제에 대해 의료경영 구조의 변화를 반영한 재활이나 개호직 등 새로운 기술직종의 증가, 간호사·약사의 증가 등 일정 부분 진보했다고 평가했다. 또한 "의료개악반대나 선거 등의 투쟁, 의료선언 제기에 수반한 강령학습운동, 교육제도의 향상 등을 통해서 민의련 직원의 자각이 높아져 왔다. '학습을 통한 이해와 납득, 특히 자발적인 업무나 체험을 통해 확신을 갖는' 상황이다."라고 서술했다.

(1) 의사

제32기 제1회 평의원회는 전기와 마찬가지로 '의학생 대책 활동의 전환을 달성하기 위해'라는 장을 마련하고, '업무·인사관리 측면의 의학생 대책에서 의학생 운동을 담당하는 활동가 증원으로 방향을 전환하고, 의료변혁의 뜻을 같이하는 200명 이상의 영입을 실현하는 변화된 의학생 대책'을 강조했다.

의학생 운동은 의료개악이나 보험의 인턴반대 투쟁, 의료세미나 성공 등으로 진행해 왔다. 그러나 이러한 진행에 대해 민의련 측이 대응하지 않는 상황이 일부에서 발생했다. 의학생을 접하는 전임자나 젊은 의사 중에 학생운동의 경험이 있는 사람이 적었기 때문이었다. 배치를 수정하고 대학정책에 기초한 조직적인 활동을 추진하는 것 외에는 별다른 내용이 없었다. 그 결과 1996년 졸업생의 영입은 112명에 불과했다. 취직거부와 장학생에서 사퇴된 사람이 1996년에는 55명, 1997년에는 29명, 새롭게 민의련에 취직을 결정하거나 또는 장학생이 된 학생은 1996년 123명, 1997년 104명이었다. 장학생을 육성할 필요성을 통감하는 상황이 된 것이다.

1996년 여름 야마가타(山形)대학을 시작으로 전일본민의련 간부도 참가해 '민의련 토크&토크'(민의련의료와 연수설명회)를 시행했다. 또한 1995년 여름부터 의학생에 대한 민의련의 홍보지 [Medi-Wing]을 발행했고, 의학생의 반응도 상당히 좋았다. [Medi-Wing]은 연 3회, 대개 전의학생에게 필적하는 5만 부를 발행해 의학생에게 제공했다.

의사들의 근무상황을 보면 절대 수는 증가하면서도 의사노동의 고도화, 과밀화와 의학생 대책의 어려움이나 의사의 퇴직 등으로 점점 악화되었다. 1996년 11월 상근의사 실태조사에서는 의사 총수가 2,961명으로 5.8% 증가했지만, 225명이 민의련이 아닌 기관으로 퇴직했고 10년 이상 경험이 있는 의사의 퇴직이 현저해졌다. 제33회 총회는 '이 추세가 진행된다면, 여건이 상당히 안 좋아지는 사태가 초래될 수 있다.'고 경고하고, 방침으로 '법인소관 관리부가 의사노동의 상황을 잘 파악해, 회원기관 전체의 힘을 지탱하고, 영입과 양성 활동에 전력을 기울여야만 한다.'고 서술했다. 이때부터 의사의 '과중노동'을 문제삼았다.

(2) 간호

제32기는 간호·노인의료부가 되어 이해 9월에 센다이에서 개최된 간호활동연구교류집회의 주제도 '고령자의 의료와 간호'에 초점을 두었다. 이집회에 프랑스 CGT[주9]의 간호사 조합원을 초대했다.

간호학생 대책은 발전을 지속해 1997년 졸업자 영입은 사상최고인 1,312명에 달했다. 1996년 12월에는 제1회 DANS(Dear Active Nursing Students)(전일본민의련 간호학생 세미나)가 성공했다. 1996년 영입대책회의에서는 증가해온 4년제 간호대학에도 적극적으로 활동해야 한다고 강조했다.

1995년부터 검토해온 '21세기를 전망한 민의련 간호관리의 과제'가 1997년 2월에 정리되어 전국적인 토론에 들어갔다. 이것은 민의련의 간호활동을 역사적으로 되돌아보고, 민의련간호를 창조적으로 탐구해 간호실천을 이론화해 가는 것을 제시한 노작이다.('민의련자료'의 발표는 1998년 6월이다.)

1996년까지 3회 개최된 간호관리자강좌를 111명이 졸업했다. 1997년 간호위원장회의에서는 1997년 중점과제로 현장에서의 투쟁, 민의련간호의 창조, 인재확보와 양성을 제시했다. 또한 간호진단·간호과정이라는 간호교육의 장에서 추진한 관점과 방법에 대해 검토했다. 1997년 10월에는 준간호사제도 문제에 대해 즉시폐지, 전원교체라는 이로렌의 입장과 같은 견해를 주장했다.

주9) 프랑스 노동총동맹, 프랑스의 노동조합 전국센터이다.

(3) 사무

1994년 전일본민의련사무정책을 작성해, 전국적인 토론과 지역연합사무정책의 입안을 제기했다. 1995년 11월 사무책임자교류회를 개최해 '21세기의 민의련사무'를 주제로 토론해 '사무가 공부하지 않으면 업무가 불가능하다'라는 구조를 만들지 않겠는가'라는 의견이 제기되었다. 1997년 6월에 사무위원장회의를 열고 사무정책지침의 구체화에 대해 교류했다. 사무위원회는 35개의 지역연합에서 조직되었고, 사무정책은 38개 지역연합에서 결정 혹은 검토 중인 상태였다. 1996~97년에 16개 지역연합에서 사무교류집회를 개최했다.

(4) 교육

헌법과 민의련강령을 가치관으로 입장을 제시했던 '신교육방침'(1993년)과 '지침'(1995년)의 구체화를 많은 지역연합에서 추진하기 시작했다. 제32회 총회가 지역연합의 최소한의 내용으로 제시한 신입직원교육은 전년 18개 지역연합에서 29개 지역연합으로(제33회 총회 시에는 34개 지역연합), 책임자교육은 16개 지역연합에서 26개 지역연합으로 증가했다. 1997년 민의련강령 팸플릿을 개정해 7월까지 2만 6천 부를 보급했다.

제5절 경영과 공동조직

(1) 경영상황

민의련 경영을 보면 1995년에 흑자법인율 73.3%였다. 같은 해 공사립병원연맹의 조사에서는 70%가 적자였다. 또한 이 조사에서 본다면 민의련 이외의 병원에서는 상급병실차액 매출이 12% 증가했고, 준간호사의 변칙근무도 확산되었다.

1996년에는 법인의 80%가 흑자였고, 병원·진료소가 함께 개선되는 양상을 나타냈다. 그러나 1997년에는 크게 악화되었다. 4월부터 소비세가 5% 증가하고 건강보험 20% 본인부담(1997년 9월) 등 국민부담증가가 9조 엔이나 되었다. 이것이 상승추세에 있던 경제상황을 강타해 일본 경제는 디플레의 악순환에 빠졌고, 은행은 대출을 주저하고 부실대출이 문제가 되었다. 민의련을 비롯한 일본 의료기관 내에서 환자가 감소하는 사태가 발생했다. 국가의 진료억제정책이 큰 영향을 주었다.

1997년 11월 경영위원장회의는 1990년과 비교해 1996년은 자기자본이 3.9배(1990년에 전체적으로 135억 엔이었던 자기자본이 1996년에는 522억 엔)가 된 점 등 현재의 상태를 밝혔다. 민의련 전체의 경영상황에 대해 1990년과 1996년을 비교해보면 의료수익은 137.8% 증가해 연평균 6% 이상의 증가를 나타냈다. 반면 비용 항목의 구성비 변화를 보면 인건비 54%→56.4%, 재료비 27.5%→24.9%, 경비 11.2%→11.6%, 리스료 1.2%→0.9%, 감가상각비 4.5%→3.9%, 의료외 비용 4.9%→2.1%로 설비투자의 안정감과 보험약국 등 재료비대책, 저금리가 민의련 경영개선의 요인이었음을 알 수 있었다. 실제로 1990년에는 전체적으로 29억 7500만엔 적자였으나, 1996년에는 72억 엔가량의 흑자였다.

(2) 공동조직

1997년 2월 평의원회는 공동조직을 '함께 투쟁하는 파트너'로 자리 잡게 했다. 공동조직위원장 회의에서는 '공동조직과 민의련운동'의 팸플릿을 소개했다. 팸플릿에서는 공동조직의 5개 과제를 정리했다. '① 공동운영의 보건·의료를 함께 구축하고, ② 우리와 국민의 재산으로서 민의련 경영을 지키며, ③ 사회보장운동·민주적인 지역의료 구축·마을 만들기, ④ 민의련운동의 후계자를 함께 육성해 간다, ⑤ 연대·조직강화' 등이었다.

제6절 의료선언과 민의련 조직의 내용을 둘러싼 논의

(1) 민의련의 의료선언

1. 최초의 제기

1997년 2월 제32기 제2회 평의원회는 '지금 변모한 민의련은 ~', '민의련의 의료선언 작성의 필요성 ~'을 발표했다.

'현재 일본의 의료는 가장 중대한 역사적 전환기에 있다. 그것은 인권인가, 영리인가라는 의료의 본질을 둘러싼 문제와 관련이 있다. 우리들이 무엇을 잃을 수 없는가를 분명히 하고 지키기 위해 노력하지 않는다면 어느새 현실주의에 함몰되고 민의련운동 자체를 상실할지 모른다. 무엇보다도 환자의 생존권을 지키고 의료보장을 실현하기 위해 민의련은 일본사회와 의료에서 활동해야 한다. 또한 환자의 인권과 일본의 의료를 지키는 방향으로 일본정치를 변화시켜 갈수있는 조건도 확대해야 한다.'

이러한 시대인식에 기초해 지금 민의련에서 해결해야 할 문제로 의사의 퇴직문제나 직원들의 민의련운동에 대한 불확신이 있다는 인식을 근거로 모든 직원의 의견이 일치한 것은 "환자를 위해 좋은 의료를 하고 싶다."였다. 그렇다면 '좋은 의료라는 것은 무엇인가?'를 확실히 해둘 필요는 없는가? 이것을 선명하게 하고 민의련에 대한 확신을 모든 직원에게 갖게 하는 것이 의사문제 등 다양한 어려움을 극복하고 전진하는 과정에서 결정적으로 중요하며, 다시한번 강령을 만드는 과정처럼, 매일매일의 업무나 활동과의 연관 속에서 민의련을 생각할 수 있는 참여가 필요한 것은 아닌가? 이것을 위해 '민의련의 의료선언'을 만드는 것이 어떤가라는 제기가 있었다.

이사회가 '의료선언'을 제기하기에 이른 가장 큰 동기는 의사문제와 후계자 양성문제였다. 의사의 퇴직은 '이유는 개별적으로 다양하지만, 크게 생각하면 민의련운동과 우리들의 활동관점에 대한 불일치가 제기된다.'고 서술했다.

이사회 내부에서는 '강령을 개정해야 할 것'이라는 논의가 있었다. 민의련이 이미 의료만이 아니라 복지 분야에서도 활동했기 때문에, 당연한 방향이었다. 그러나 이제까지 '강령의 발전(해석에 의한)'이라는 관점에서 여러 방침을 제기해 왔기 때문에 '왜 개정하는가?'에 대한 논의를 피할 수 없었다. 그것보다는 '강령에 준하는 중요한 문서'로 별도로 제기하는 것이 낫지 않은가 판단했다.

2. 두 가지의 원점과 문제의식

평의원회 방침은 의료선언을 만들어 가는 과정에서 담보해야 할 관점, 문제의식을 제기했다. 첫째, 민의련의 활동(제3회 대회까지)으로부터 '민의련에서 의료와 정치(민의련이라는 대중적인 조직의 운동 차원에서)'라는 두 개의 원점'을 확인한다. 둘째, 민의련 의료활동의 발전으로부터 1970년대 이후 '민의련의료의 총론이 별로 논의되지 않는 상황'에 이르렀다고 지적하고, 한편 1980~1990년대에 총회방침 등으로 '공동운영', '인권·환자의 권리', '종합적 의료활동', '노인분야와 진료소의 전진', '민의련 간호의 명예' 같은 중요한 발전이 있었으며, 이것과 강령결정 이후의 이론적 달성을 정리하는 것은 가능하며, 무언가 다른 장점이나 특징을 구체적으로 명시해야 할 것이다. 셋째, '의료선언'이 밖을 향한 선언으로서 민의련은 '무엇을 했는가, 무엇을 지향하는가'를 밝히고, 환자의 권리법 운동이나 의료생협의 환자권리장전에 걸맞게 해 가는 방법도 있다. 그리고 강령·총회방침을 근거로 전국적으로 민의련의료에 대해 논의할 수 있게 하는 것, '민의련의료' 300호 기념논문에서 전일본민의련의 청년이사를 중심으로 각 분야의 이론적 성과를 정리하면서, 공모활용('나와 민의련'의 형식으로 수기를 모집), 공동조직, 민주단체와 민의련에 대한 대담 등 서로간에 논의한 내용 등을 제기하고 기초위원회를 만들었다. 이사회는 일정하게 많은 직원이 선언작성에 포함될 것인가가 가장 중요하다고 생각했다.

3. 각 사업소의 의료선언을 향해

의료선언의 제기는 대개 적극적으로 수용되었으며, 강령팸플릿(1997년 3월에 개정판 발행) 학습이나 '나와 민의련'을 이야기하는 활동이 확산되었다.

1997년 8월 평의원회의 전날 전일본민의련은 '민의련의 의료선언을 만드는 간담회'를 개최했다. 여기에 모인 의료, 노동, 민주단체, 연구자 등으로부터 '민의련이 수행해온 활동, 강령에 나타난 지향점이 일본 전체 의료기관의 지향점은 아닌가'라는 의견이나, '이런 정세하에서 민의련에 좀 더 큰 역할을 기대한다.' 등이 서술되었다. 이러한 간담회는 오사카, 교토 등 각 지역에서도 적극적으로 개최되었다.

전일본민의련이사회는 전국적인 논의에서 진전된 내용을 받아 각 기관과 시설, 법인의 '의료선언'을 만들자고 제3회 평의원회에서 제기했다. 무엇보다 의료선언은 의료활동에 중심축을 놓고 내용을 구성하는 것이라고 생각해왔지만, 21세기를 눈앞에 두고 강령에 준하는 강령적 문서로 민의련의 대외적인 '선언'에 무게를 둔 것으로 선언작성을 추진했다.

평의원회 방침은 "의료선언 활동은 민의련 전직원의 '확신'과 공동조직을 비롯한 지역사람들의 '신뢰'를 넓히고, 명문화된 원칙으로 확립해 가는 활동이다."라고 서술했다. 1997년 9월 이사회는 '의료선언' 활동방향에 대한 소식방침을 제기했다. ① 민의련강령의 학습, 특히 강령팸플릿의 '민의련운동의 도달점' 중에 '의료활동에 대하여' 부분은 읽고 토의한다. ② '나와 민의련' 등에 대해 논의하는 기획을 추진한다. ③ 지역연합·회원기관에서 '간담회' 등 대화활동을 추진한다. ④ 회원기관의 의료활동을 역사적으로 정리하고, 지역 중에 회원기관이 담당해야 할 역할을 분명히 한다. ⑤ 제기된 의료활동과 투쟁 속에서 '지역을 알고, 생활형편을 알고, 우리들에 대한 요구를 알자' 활동을 추진한다.

이러한 실천을 추진하고 지역의 민주단체 등과의 간담회를 진행해 그 지역의 의료와 복지, 살기 좋은 지역 만들기를 어떻게 하는가가 문제가 되었다. 제33회 총회방침에서는 '살기 좋은 지역 만들기' 등을 추진하고 협동 정책 만들기(지역의 의료선언)로 발전시킬 것, 각 회원기관의 선언을 표명하도록 확인했다.

전일본민의련의 의료선언은 1999년 2월에 '전일본민의련의 의료·복지선언(제1차안)'이 평의원회에서 발표되었다. 2002년 제35회 총회에서 '직장·회원기관에서 의료·복지선언 만들기를 더욱 확산시킨다는 입장에서'

제34기 이사회를 인계하고, '전일본민의련의 의료·복지선언 – 언제든, 어디에서든, 누구라도 안심할 수 있는 좋은 의료와 복지를 –'을 채택했다.

(2) '비영리·협동'론의 제기

1. 열린 민의련을 향해

의료선언 활동에 약간 뒤늦은 시기에 이사회 내에서 '비영리·협동'론을 향한 접근을 시작했다. 하나는 전술한 노사관계 문제에서부터 민주경영론과는 다른 각도에서 보다 일반성을 갖는 민의련을 세워보자는 관점이 있었다. 1997년 민의련 경영위원장 회의에서 강연한 호세(法政)대학의 가쿠라이 야스오(角瀨保雄) 교수로부터 프랑스 등 유럽에서 '사회적 경제활동' (economic sociale)으로 영리기업도 아니면서 공공기업도 아닌 협동조합이나 공제조직이 독자적인 의미에서 활동한 점을 소개받았다.

'비영리·협동'론은 민의련운동을 세계적인 보편성을 갖는 것으로 의미부여할 수 있는 이론으로 받아들여졌다. 말하자면 '일본의 정치를 변화시켜 가는 조건도 확대할 수 있다.'는 인식하에서 민의련이 보다 열린 조직으로 날개를 확장하려는 생각도 밑바탕엔 담겨 있었다. '비영리·협동'론은 제33회 총회방침에서 민의련의 자기인식의 하나로 '비영리·협동의 의료기관인 민의련 회원기관이 '환자가 최후로 기댈 곳'이라는 점'을 표명하고, 의료는 공공적 목적을 갖고 있고 '영리시장이 되어서는 안 된다.'는 점, '시장원리나 규제완화만으로는 국민이 행복해질 수 없다는 점(시장의 실패)'으로 서술했다. 구소련의 경우처럼 비민주적인 관료통제(국가의 상실)를 부정하고, 경제민주주의의 입장에서 국가기관도 아니고 영리기관도 아닌 비영리·협동의 경제조직이 주목받는데 민의련도 큰 틀로 봐서 이 '비영리·협동' 속에 포함된다.'고 서술해 '민의련의료'에 게재된 가쿠라이 야스오 호세대학교수의 논문을 참조했다.

2. 지역에서 운동의 노선으로

제33회 총회방침은 "지역에서 '인권과 비영리'를 지향하는 협동의 축을

- 평화·인권·복지의 새로운 일본을'으로 제기하고, 의료전면 개악공격에
대한 국민차원의 수준에서 투쟁함과 동시에, '의료개악에 대한 대안은(언
제나, 어디에서나, 누구라도) 좋은 의료를 주민과 의료기관의 협력으로 지
역에 구축해가는 운동에 있다."고 했다. 즉 '비영리·협동'론은 지역에서 공
격에(정부나 보수진영의) 대한 '반대'의 운동만이 아니라 요구를 실현하기
위한 현실적인 대안을 제시하고, 경우에 따라서는 '비영리·협동에 입각하
여 일을 제기하고 그 힘으로 요구를 실현하려는' 의미도 포함한 것이며, 이
것은 민의련이 실천하고 지향해 온 것이기도 했다. 또한 이것은 생협조합원
이나 친구모임과의 공동사업(특히 개호 분야)을 중시하는 방향으로 연결
되었다.

　이러한 제기는 큰 반향을 일으켰다. 비영리·협동은 민의련의 실천에서
는 상식적인 생각이었다. 제33회 총회에서는 '정책활동에 외부의 연구자
등과의 협력을 얻는 것에 대해, 연구소 설립도 포함해서 검토해 간다.'고 결
정했다.

(3) 조직의 확대

　1996년 7월 이바라키(茨城)민의련이 발족했다. 1997년 4월 30일 야마
나시긴이쿄는 계획보다 1년 빨리 모든 화의채무를 상환했고, 고후(甲府)공
립병원의 리뉴얼을 포함해 장기계획의 실천에 착수했다. 1997년 11월 민
의련 가맹조직이 1,001개가 되어 천 개소를 넘어섰다.

제7절 오사카·도진카이(同仁会)의 경영위기

　1997년 가을부터 1998년 초에 걸쳐 도진카이(同仁会)의 경영위기가 표
면화되었다. 소위 '도산직전' 상태였다. 제33회 총회에 올라온 사건이었지
만 여기에 포함시킨다.

(1) 자금조달의 위기

법인으로부터 오사카 민의련 이사회에 보고된 것은 1997년 12월 '도진카이의 자금조달이 위태롭다.'는 것이었다. 곧바로 전일본민의련에도 보고되었다. 12월 오사카 민의련이 주도한 전일본민의련의 고문공인회계사 감사를 시행했다. 전일본민의련은 1998년 1월 초부터 실정조사 등의 조직적 대응을 시작했고, 제34회 총회를 앞두고 있었지만 다카야나기 아라타(高柳新) 부회장을 책임자로 하는 대책본부를 설치해 오사카민의련과 함께 2월 16일부터 18일까지 34명의 조사단을 파견했다. 그리고 이사회·관리부, 직원, 의사집단, 노조, 친구모임, 지역의 민주단체 등과 적극적으로 간담회를 개최했다. 조사에서 정리된 내용을 근거로 재건을 위한 문제제기를 발표했다. 다카야나기 본부장은 조사에 임하면서 직원에 대해 재건이념으로 '첫째, 지역의 의료, 환자를 지키는 것, 둘째, 채권자를 지키는 것, 셋째, 직원과 가족을 지키는 것'을 제기하고, 직원의 분발과 전일본민의련의 연대를 제창했다. 도진카이의 장기자금 상환기간은 거의 3년, 5년이었다. 근본적으로 기한이 도래하면 상환하겠다는 전망이 없고, 기한이 되면 다시 다른 채무로 바꿔서 상환기간을 연장하면 된다는 극히 편의적인 태도를 갖고 있었다.

그러나 대출기관인 은행이 금융빅뱅을 겪으면서 상황이 심각해졌고, 도진카이의 채무변경을 중단해 단순간에 자금 루트가 막혀버렸다. 원래 도진카이의 경영은 1990년대에 들어서서도 적자가 지속되었다. 다만, 민의련 통일회계 기준에 맞는 회계보고가 되지 않았기 때문에, 누적적자가 공식적으로 표면화한 것은 아니었다. 그러나 공인회계사의 조사에서 퇴직수당이나 감가상각비가 크게 부족하고, 실제로 27억 엔 적자로 밝혀졌다.[주10] 이것은 연간 매출의 약 4분의 1에 해당하는 액수였다.

지역신문 '센슈(泉州) 일일신문'은 1면에서 '사카이(堺) 최대의 민간의료기관, 도진카이 경영위기!'로 보도했다.

주10) 문제를 분명하게 밝히면서 공인회계사 조사에서 공식적으로 판명한 금액이다. 1996년 전일본민의련에 대한 보고에서는 누적적자가 2억 5800만 엔이었다.

(2) 도산시키지 않고 재건하는 방침을 내걸다

전일본민의련은 사태를 이대로 방치한다면 도산이 불가피한 '도산직전 상태'로 규정하고, 파산이나 화의와 같은 사태는 피하면서 경영을 재건한다는 기본방침을 세웠다. 이유는 '① 채무초과액이 야마나시긴이쿄처럼 연간 매출을 훨씬 넘는 수준이 아니라 4분의 1 정도에 불과하다는 점, ② 미미하라(耳原)종합병원의 경우 오랜 기간 축적된 지역의 신뢰가 있으며, 노동조합을 포함해 직원들 스스로가 자신을 희생하면서 경영을 재건하겠다는 결의가 확고하다는 점, ③ 3년, 5년이라는 '장기'대출도 은행과 협의해, 보통 15년, 20년 일정재조정(은행에 대한 자금상환기간연장)을 할 수 있다면 민의련의 여타 법인과 같은 수준의 경영을 추진할 수 있다는 점' 등으로 판단했기 때문이었다.

2월 현지조사 이후 즉각 전일본민의련에서 이시야마 겐지(石山健治) 사무국차장(3개월간 상주), 모리구치 마사요시(森口眞良) 이사(고베의료생협전무이사, 6월에 이적해 도진카이 부이사장으로 취임함), 오사카민의련에서 나가세후미오(長瀬文雄) 사무국장(3월에 도진카이 전무에 취임함) 등이 지원에 들어갔다.

전일본민의련 대책본부회의와 노동조합, 도진카이 이사회는 연일 협의를 계속해 경영재건방침을 가다듬었다. 전일본민의련 대책본부는 '도진카이가 수행해온 사회적 사명과 지역의 신뢰가 있다. 여기에 근거해 힘을 다해 재건을 추진해 간다. 이를 위해선 공통의 이념과 일하는 사람의 의료기관이며 인권의 보루로 존재하는 것을 잊어서는 안 된다.'고 강조했다. 이러한 방침 아래 거래은행에 대해 상환일정재조정을 요구했다. 전일본민의련은 일정협의 기간중의 자금으로 2월, 3월까지 6억 엔의 자금을 몇 곳의 법인에서 융자로 조달하자고 제기했다. 3월 7일 573명의 직원집회가 개최되었으며, 재건을 위한 기본 관점을 제시했다.

(3) 단기결전의 승리

법인·지역연합 등에서 융자요청에 응해 3월 하순까지 예정된 6억 엔이 넘는 82억 엔을 조달했다.[주11] 연일 차례로 은행의 도진카이 구좌에 입금되는 자금에 대해 은행간부들이 크게 놀랐다고 한다.

대책본부의 재건방침(안)은 다음과 같이 결정했다. 3개년간 27억 엔의 누적적자를 해소하는 것, 당면한 자금대책으로 법인이나 지역연합 융자 실시와 나아가 전국과 오사카에서 '도진카이기금'(이자가 있는 대중채권)을 모집하는 것, 첫해 12억 엔 이상 이익을 달성하기 위해 인건비구조의 전환(인원 10% 삭감, 오사카나 타지역의 법인으로 사람을 파견하며, 당면 일시금을 포함한 임금 삭감, 상근이사 등 임원수당의 반환), 월 2회 휴무였던 토요일 진료재개, 지역방문을 실시하고 병원에 대한 환자들의 요구를 듣고, 근접진료소의 건설을 중단하는 설비투자 억제 등을 시행하고, 이를 배경으로 은행과 금융교섭을 성공시킨다는 내용이었다. 그러나 이러한 내용은 직원 개개인에게는 대단히 가혹한 제안이었고, 노동조합의 합의를 필요로 했다. 기간은 짧아도 대책본부와 노동조합은 모든 직장에서 방침을 설명했다. 이와 같은 긴장된 논의를 거쳐 3월 20일 조합대회는 압도적 다수의 찬성으로 기본방침을 결정했다.

동시에 3월 22일 전일본민의련이사회는 다시 한번 전국, 오사카, 지역의 동료들에 대해 1구좌당 10만 엔을 3년 거치하는 '도진카이기금'에 대한 협력을 호소했다. 기금은 급속하게 확산되어 갔다. 4월 24일 기준으로 4억 4천만 엔에 달했고, 6월 말에는 14억 엔을 넘어섰다. 상대적으로 많은 직원을 감원하기 위해 의사 10명을 포함한 45명이 타법인으로 이직하거나 지원을 위해 떠나갔다. 이러한 노력으로 도진카이는 1998년 2~3월에 1억 엔, 4월 단월기준으로 1억 엔의 이익을 낼 수 있었다. 이러한 점을 배경으로 금융기관과 장기상환계획에 합의했다.

주11) 법인융자에 대해서는 여러 의견이 있었다. 야마나시 문제가 발생했을 때, '향후에는 법인융자라는 방식은 더 이상 실행하지 않는다.'고 결정하지 않았는가라는 질문도 있었다. 그러나 법인형태에 따라서 법인이 융자를 하기 어려운 곳이 있었기 때문에, 도진카이 문제는 이후 전일본민의련 차원에서 만일에 대비하는 기금조성과 같은 제도를 검토하는 계기가 되었다.

전일본민의련은 5월 15일 오사카·사카이(堺) 시에서 전일본민의련이 사회를 개최해 직원을 격려하고, '도산의 위기상황을 극복했다.'는 것을 확인했다. 단 한 사람도 할로워크(공공직업안정소)에 가지 않았고, 이해 도진카이는 12.5억 엔의 경상이익을 달성했다. 다음 해에도 약 8억 엔의 경상이익을 내고, 근접진료소 공사를 재개했다. 같은 시기에 경영위기에 빠져 '비용절감' 차원에서 노동자를 해고하며 구조조정을 한 닛산의 재건과는 대조적이었다.

도진카이의 재건은 단기결전이었다. 야마나시 도산 당시와는 금융상황이 완전히 달랐으며, 은행에 여유가 전혀 없었다. 그러나 전국의 힘, 지역의 힘이 결집했고 상황이 개선되어 가는 도진카이의 실상을 목도하면서 5월 말까지 모든 은행이 상환일정 재조정에 합의했다. 첫해에 은행에 상환해야 하는 금액은 기존 연간 금액의 6분의 1 정도 수준으로 감소했다.

민의련은 여기에서도 새로운 경험을 했다고 볼 수 있다. 도진카이의 경영위기는 과잉설비투자가 주요한 원인은 아니었다. 말하자면 '장기에 걸친 만성질환의 급격한 악화'라고 묘사할 수 있었다.

(4) 도진카이 문제의 교훈

도진카이 문제는 민의련의 관리운영이나 경영활동에 크게 영향을 주었다. 앞에서도 서술한 바와 같이 재건 활동의 기본이념은 '첫째, 환자, 의료를 지키는 것이었고, 둘째, 채권자를 지키는 것이며, 셋째, 직원과 가족을 지키는 것'이었다. 위기관리에 들어갈 때는 이러한 순서가 중요했다. 환자·지역을 우선시하는 관점이 직원을 지키는 것도 가능하게 했다. 이러한 제기는 '무엇을 위해', '누구를 위해', '누구와 함께', '누구에 의해서' 재건을 추진하는가를 나타낸 것으로 재건운동의 기치가 되었다.

도진카이의 경영재건을 지원한 힘으로는 '① 재건이념의 명확한 표명, ② 방침의 정확성과 속도, ③ 정보와 목표 공유에 의한 직원, 노동조합, 친구모임, 지역의 주체적 결집, ④ 노동조합과 하나가 되어 진행한 재건운동, ⑤ 전일본민의련 및 오사카민의련에 대한 적극적 결집과 지도, 후원, 연대의 힘' 등을 열거할 수 있다.

도진카이는 그 후 '도산직전에 이르는 요인과 개선을 향한 자기점검·재건안(도진카이이사회)'을 정리했다. 그 가운데 도산직전의 직접적 요인으로는 금융기관에 의한 대출억제, 대출상환이었지만 본질적으로는 장기간에 걸친 적자구조였다는 점, '의료와 경영', '사업소와 지역', '관리와 직장'이라는 세 영역이 각각 분리되어 있었다는 점, 민주적 관리운영의 약점 특히 부서운영에서 민주주의 결여 등을 지적했다. 그리고 자금관리나 이익관리에 대한 사무간부의 역량, 민의련통일회계기준의 이해와 준수, 법인의 자발적인 지역연합이나 민의련운동을 향한 결집과 지역연합 기능 등의 문제점을 정리했다.

도진카이에서 나타난 경영위기는 말하자면 만성적인 적자상태, 수공업적 자금관리가 금융기관에 의한 대출상환이라는 금융상황으로 표면화된 것이었다. 이것은 도진카이의 문제만이 아니었다. 1990년대 후반의 금융상황, 의료비억제정책으로 회계상 대변이 증가하는 경영은 바람직하지 않은 문제로 받아들였다. 따라서 경영방침상에서는 필요이익의 확보와 현금유동성의 중시, 통일회계기준의 철저화가 중요하다고 판단했다.

전일본민의련이사회는 이러한 내용을 근거로 자금관리의 중요성, 통일회계기준에 기초한 정보공개, 목표공유의 문제나 세 영역의 분리극복, 경영역량을 넘어서는 인건비구조의 개선(당시 68%) 등의 점검을 요구했다.

동시에 도진카이와 같은 긴급대응이 필요할 경우 전국적인 지원 활동이 법인형태의 차이로부터 직접융자가 정관 등에 저촉될 가능성도 있고 새로운 지원활동이 필요할 수도 있어, 뒤에 전일본민의련 '경영곤란지원규정'이나 '전국연대기금'의 신설로 연결되었다.

제8절 1990년대 마지막 제33회 총회

1998년 2월 제33회 총회는 화의가 종료한 야마나시긴이쿄(山梨勤医協)가 있는 지역에서 개최되었다. 1990년대 마지막 총회는 '헌법을 의료와 복지로 살리고, 격변의 시대에 지역에 깊이 뿌리박는 '민의련의료선언'을 주제로 내걸었다.

(1) 총괄 – 개선된 측면과 두 가지 약점

총회는 제1장에서 '1990년대 후반의 과제'에 어떻게 활동했는가에 대해 네 가지의 관점으로 총괄했다. 우선, 개호보험과 의료개악반대 투쟁에서 민의련이 전국민적인 운동의 견인차 역할을 수행했다는 점, 투쟁을 통한 공동연대의 확산을 첫 번째 개선된 측면으로 평가했다. 둘째, 투쟁과 의료선언 활동 중에서 '민의련이 직원 개개인의 마음속에 자리 잡아 왔다.'고 직원을 평가했다. 그러나 의사문제는 다양하게 개선된 측면도 있지만 퇴직문제 등 어려움을 포함한 상태이며, 사무간부 부족 등 '인재육성'의 달성은 충분하지 않았다고 평가했으며 향후에도 계속해서 강화해야만 하는 과제로 제시했다. 셋째, 인권을 지키며 공동 운영하는 의료활동의 발전, 넷째, 민의련 조직의 단결을 통한 전진을 열거했다.

총괄은 전체적으로 운동의 발전을 반영한 확신으로 가득 차 있었지만, 1997년 이후 소비세증세, 본인 20% 부담 등에 의한 경영상황의 급격한 악화를 지적했다. 그리고 의사문제와 경영문제가 민의련의 '약점으로 선명하게 자리 잡았다.'고 서술했다.

(2) 정세평가 – 의료보장의 위기

1997년 4월 이후 경기는 다시 급격하게 악화되었다. 방침은 하시모토 내각의 구조개혁노선에 의해 국민이 이제까지와 같은 자조형이나 기업복지로 무언가 되겠지라는 상황을 상실하고 사회보장에 대한 요구가 강해질 수밖에 없다는 점을 지적하고, '현재 많은 국민이 지금까지의 생활 유지가 어렵게 되었고, 연대하고 투쟁하지 않으면 생명조차 위험할 수 있는 상황으로 변했다.'고 강조했다. 또한 자민당의 구조개혁노선은 자신들의 지지기반을 붕괴시키는 결과를 초래했다고 서술했다.

의료분야에서는 국민건강보험증의 채택으로 개호보험 제도가 위태롭게 되었고, 혼합진료 확대로 인해 의료보장의 공동화가 진행되었으며, 정액제 진료수가의 확대와 병상삭감 등으로 일본의료가 위기 상황으로 변했다고 서술했다. 또한 이런 현상에 대한 투쟁은 정치 전체의 전환을 필요로 한다고 주장했다. 국민의 비판과 반대운동의 고양을 강조하고 '중의원 선거, 총선거의 승리를 지향하며 분투해야 할 때를 맞이했다.'고 주장했다.

(3) 방침 – 지역 속에서 함께 살아가는 민의련

방침의 핵심은 '첫째, 1997년을 상회하는 투쟁을 일으키고, 의료전면개악을 허용하지 않으며, 참의원 선거에서 승리하는 것, 둘째, 의료와 경영을 지키면서 '민의련의 의료선언' 활동 추진'을 제기했다. 민의련이 많은 사람에게 필요한 조직이기에 지켜내야만 하고, 그러기 위해서 '생명은 평등하다는 깃발을 내걸고, 실천을 계속하는 것에 민의련의 존립의미가 있다.'고 강조했으며, 경영노선은 장기적으로 '의료와 개호·복지와 관련된 종합적인 운동조직으로서 확대한다.'는 방향에서 당면한 일정기간은 객관정세 등 기타 전체적으로 의사노동을 더 이상 강화하기 어렵다는 주체적 상황 등으로부터 '저성장', '특히 지금으로부터 2년간은 대단히 어려운 상황으로 지출억제형의 경영을 채택해야만 한다.'고 서술했다. 그리고 민의련 회원기관이 '환자의 최후보루'가 되어야 한다는 점을 제기하고, 경영문제와 관련해서 '경영지도부가 민주적 관리운영으로 지도책임을 완수해야 한다.'고 강조했다. 나아가 전직원의 경영개선 노력, 공동조직과 함께하는 활동, 민의련 의료의 강점을 살리며 조직적인 강점을 살리는 활동 등을 제기했다. 또한 총회에서는 지역에 '인권과 비영리를 지향하는 협동의 수레바퀴'를 확산시키고, '과학적인 관점과 휴머니즘의 감각을 살리는 민주적인 의료인의 필요성'을 주장했다.

이 총회에서 사무국장이 핫타 후사유키(八田英之)에서 마에다 다케히코(前田武彦)로 교체되었다.

제5편 민의련운동의 현재와
새로운 전진을 지향하며

제5편은 1990년대 후반부터 49년 만에 민의련강령을 개정한 제39회 총회(2010년)까지 약 10년에 걸친 민의련운동을 돌아본다. 특별히 1990년대 후반부터 강제 시행한 '구조개혁'이 국민생활이나 의료, 사회보장 분야에 어떤 악영향을 주었는지 분석하고, 민의련이 어떻게 내응했는지 기술한다.

신임의사 환영식·오리엔테이션(2010년 4월)

제1장 1990년대 후반부터 21세기 초두의 민의련운동

　이 장에서는 1990년대 후반부터 2000년대 초반의 정세와 민의련운동의 총괄을 서술한다.

　특별히 2001년에 등장한 고이즈미(小泉) 내각에서 급속한 '구조개혁'이 강행되었다. '9·11' 이후 미국이 아프가니스탄이나 이라크에 대한 보복전쟁을 시작하는 과정 중에 일본에서는 헌법 9조를 개정하려 하고, 미군과 하나 되어 '전쟁수행이 가능한 나라'로 바꾸려는 시도가 급속하게 강화되었다. 의료·사회보장 분야에도 전면적인 공격이 가해져 이후 전국 각지에서 의료붕괴, 개호붕괴라고 하는 심각한 사회모순이 표출되었다.

　전일본민의련은 이러한 움직임에 대해 헌법과 민의련강령의 입장에서 전면적으로 투쟁하면서 평화와 국민의 권리를 지키기 위해 노력해왔다.

제1절 급격한 '구조개혁' 추진

(1) 가속화하는 의료비억제정책

　정부의 '의료비억제'정책은 1980년대부터 지속해 온 것이지만, 특별히 미국과 재계의 강력한 요구로 더욱 강해졌다. 일본정부는 1994년 이후, 미국정부로부터 무역적자에 대한 대가로 '연차별 개혁요망서' 시행 압력을 받았다. 또한 재계의 강한 압력으로 노동자파견법 '개정', 금융빅뱅, 우체국민영화, 민간의료보험도입 등 국민생활의 모든 분야에 걸쳐 규제완화를 추진했다.

　1990년대 후반 의료비억제정책을 추진하려는 강력한 의도로 재무성 간부가 이야기한 인터뷰가 있다. 대장성(현재의 재무성)의 슈케-고쿠(主計

局: 기획예산국) 의료담당 사무관(主査)은 '1996년을 의료비억제 플레루드(전주곡)의 해로 삼았다. 의료비를 억제하기 위해서는 첫째, 환자에게 비용의식을 환기시킬 수 있는 의료보험제도의 프리어세스를 수정해야 한다. 둘째, 의사양성의 감축과 함께 의료기관, 병상감축을 추진한다. 셋째, 진료수가라는 공적 가격을 준수하는 의료기관에 경쟁원리를 도입한다. 넷째, 모든 의료행위를 공공보험만으로 시행하는 것을 중단하고, 공공보험은 최소필요 내용으로 국한하며, 소위 '우와노세'(금액제한 철폐)*, 소위 '요코다시'(횟수제한철폐)**를 자기부담 혹은 민간에 이양한다. 다섯째, 고령자는 약자라는 이미지를 수정하고, 상응하는 부담을 부과해 간다.'(1996년 4월 29일자 주간 '사회보장' 인터뷰)라고 노골적으로 의도를 밝혔다.

이러한 철학에 기초해 의료비억제정책은 국민적 반격으로 계획대로 진행되지는 않았으나, 차차 시행되었다.

2001년부터 실시된 매년 2,200억 엔의 사회보장비 삭감은 2009년까지 합계 8.3조 엔을 넘었다. 구체적으로는 2년에 한 번 개정할 진료수가는 2002년 개정 이후 4회 연속 합계 마이너스 7.73% 삭감, 개호보험은 2회 연속 6.4% 인하를 시행했다. 또한 국민건강보험료 등 인상, 건강보험 본인 부담을 20%에서 30%로 인상, 보험으로 이용할 수 없는 의료영역 확대, 병원에서 환자 강제퇴원 정책 등을 추진했다.

국민의 약 절반 가까이 가입한 국민건강보험은 보험료를 대폭 인상했다. 그 결과 2008년에 보험료체납자가 20.9%나 되었고, 34만 세대에 단기보험증, 자격증명서가 발생되었다. 오사카·네야가와(寝屋川) 시에서는 연간 소득이 200만 엔이고 40세 부부와 아이가 둘 포함된 가구의 연간 보험료가 50만 3,900엔에 달하는 고액으로 책정되어 시의 국보료 체납률은 3할을 넘어섰다.

또한 처음부터 가입수속을 이해하지 못한 '무보험'자가 증가했다.

* 역자주: '우와노세'(금액제한 철폐)는 주로 개호보험에서 법적으로 적용할 수 있는 상한액을 설정하고 있는 것을 자치단체의 조례로 상한금액 제한을 해제하고 서비스를 이용할 수 있도록 허용하는 것이다. 다만 상한금액을 넘어서는 비용은 전액본인부담 해야 한다.

** 역자주: 지방자치단체에서 조례제정을 통해 개호보험의 규제를 허용하는 의미에서는 '상한제한 철폐'와 같다. 다만 요코다시는 '횟수제한'을 대상으로 하는 것이다. '횟수제한'을 풀어 정해진 횟수 이상의 서비스

(의사 간호사 증원! 스톱 의료붕괴!)라는 주제의 집회에서 행진하는 오키나와민의련(2008년 10월 19일)

가 가능한 것이지만, 여기서도 추가되는 횟수에 대한 비용은 전액본인부담이다.

(2) 개호보험제도의 모순

2000년에 시작한 개호보험제도에 대한 '투쟁과 대응'에 대해서는 제4편에서 서술했다. 현물급여제도에서 현금급여제도로 변경*, 민간기업 참여를 허용한 개호보험은 '개호의 사회화'라는 문구와는 완전 다르게 억제에 또 억제 정책과 영리화로 개호현장에서는 모순이 분출했다. 처음에는 야단법석하면서 참여한 '콤슨'은(복지개호를 위한 민간회사) 자신들의 불상사로 '개호사업은 돈벌이가 아니다.'라면서 황급히 철수했다.

개호자의 부담은 자연 과중했고, 개호보험제도 실시 전보다 실시 후가 개호자살·개호살인이 증가했다. 또한 특별양호노인홈 대기자는 계속 증가했으며, 전국에서 42만 명을 넘어섰다.

* 역자주: 일본에서는 통상적인 진료과정, 즉 환자가 의료기관에서 진료를 받고 본인부담금을 지불하고, 의료기관은 보험기관에 청구해 진료비를 받는 과정이 발생했을 때 진료기관이 환자에게 진료를 했다는 의미에서 현물급여라고 부른다. 즉 의료기관이 의료서비스를 제공하는 것을 의미한다. 현금급여는 원래 보험기관이 환자에게 지급하는 출산장려금이나 장의비 등 현금으로 지급하는 것을 말한다. 이것 외에 보험료를 체납해 환자가 보험증을 뺏기고 단기보험증이나 자격증명서 등을 받는 경우 환자는 일단 진료비 전액을 의료기관에 지불하고 나중에 보험기관으로부터 돈을 지급받을 수 있다. 이것도 현금급여라고 한다.

(3) 공공병원의 민영화

의료기관에서는 의사·간호사 수의 억제, 병원·병상규제와 억제, 진료수가의 대폭삭감 등이 실시되었으며, 의료기관의 폐지, 통합, 축소가 이어졌다. 이를 나타내는 상징으로 10년간에 걸친 산부인과의 축소 결과 분만실이 40% 감소하였다. 가장 가까운 분만실까지 2시간이 걸리는 지역도 많았으며, 사망사고도 발생했다. 도쿄도는 구급차를 불러 병원에 접수하기까지 걸리는 시간이 전국 최하위였다. 언론에서는 '접수거부'라든가 의사부족이나 의사노동의 초과밀·진료인원 과다로 '접수불능'이라는 사태도 보도했다.

국립병원이나 지방자치단체병원 등 공공병원의 민영화도 추진했다. '지방공공단체건전화법', '공립병원가이드라인' 등으로 공공병원도 독립채산제를 도입했고 통폐합, 민간위탁이 추진되었으며 살아남아도 민간병원과의 경쟁관계가 조성되었다. '7:1'간호기준*의 인상을 둘러싼 대학병원, 공공병원, 민간병원의 혼란으로 간호사쟁탈전이 발생했다.

이러한 사태에 대해 의료관계자나 국민은 침묵하지 않았다. '의료를 지키고, 사회보장을 지키자'는 운동이 전국에서 일어났고, 정부와 정면 대립

민의련이 이단렌(医団連), 중앙샤호쿄(社保協) 등 많은 단체와 공동으로 참여했던 〔10.18 중앙집회〕
(2007년 10월 18일)

했다. 중앙샤호쿄(社保協: 사회보장협의회)나 이단렌, 젠노렌 등 민주적 조직과 노동조합은 물론이고, 일본의사회를 비롯한 의료관계 단체, 복지 계열 단체 등 많은 단체가 연대해 투쟁했다.

* 역자주: 기본적으로 24시간 환자7명당 간호사 1명이 있어야 한다. 즉 병상수가 100병상이라면 필요한 인원은 100/7=14.3명이며, 3교대라 할 경우 43명이 필요하다. 여기에 휴가 등을 고려하면 실제 재직하고 있는 간호사의 수는 훨씬 늘어난다. 우리나라의 간호기준으로 100병상당 1등급수준이 되기 위해 필요한 인원은(휴가를 고려하지 않고) 100/2.49=40.2명이라는 점을 감안할 때 일본의 7:1간호를 충족하기 위해서는 우리나라 1등급보다 훨씬 더 많은 간호사가 필요하다는 점을 알 수 있다.

(4) 빈곤과 격차의 확대

2008년 가을 미국에서 발생한 경제위기 '리먼쇼크'는 순식간에 세계경제를 뒤흔들었다. 일본에서도 도요타, 캐논 같은 대기업이 파견노동자 해고 등을 시행하고 많은 노동자가 거리로 내쫓기는 사태가 발생했다. 배경에는 2003년 노동자파견법 개악이 있었다. 워킹푸어, 빈곤과 격차 확대가 큰 사회문제가 되었다. '구조개혁'의 본질과 일본사회의 모순을 단적으로 나타낸 것이었다.

정규고용에서 비정규고용으로 의도적·정책적 전환을 시행한 결과 일을 해도 수입이 생활보호기준에 도달하지 못하는, 소위 '워킹푸어'라고 불리는 계층이 5년 연속 1천만 명을 넘어섰다. 비정규고용 노동자의 64%가 연간 수입 200만 엔 이하의 생활을 강요받았다.

지방이 황폐해지고 전국에 소위 '셔터거리'(몰락한 상점가)가 출현했다. 생활보호세대는 145만 가구 200만 명을 넘어섰다.

제2절 '구조개혁'노선에 대항하다

(1) 진료받을 권리를 지키고, 인권을 지킨다

전일본민의련은 '구조개혁'노선, 개헌책동에 대해 정면에서 대항했다.

그리고 국민적인 공동의 힘으로 타파하기 위해 무엇보다도 연대나 공동행동을 중시했다. 이라크전쟁 반대, 미군재편반대, 헌법 9조 지키기 운동, 닥터웨이브·너스웨이브·개호웨이브·치과웨이브 운동, 나아가 장해자 자립지원법이나 후기고령자의료제도반대, 고갈된 연금문제에 대한 투쟁 등 당사자가 주체자로, 운동의 선두에서 활동한 것이 큰 특징이었다.

2010년 이러한 운동의 힘으로 작지만 진료수가나 개호수가의 인상을 실현시켰으며, 개호직원 처우개선교부금 등도 관철시켰다. 또한 4반세기마다 의학부 정원 증가를 실현시켰다. 미나마타병소송, 원폭증집단소송, 약해간염소송 등에서는 국가나 기업의 책임을 밝혀 승리화해를 얻어냈다.

전일본민의련은 2008년 제38회 총회에서 '정확한 인권의식을 갖자', ''인권의 안테나감도'를 높이고 진료받을 권리를 지켜내자'고 주장했으며, 전국적인 투쟁에 도전하면서 동시에 눈앞의 환자, 이용자에 대한 돌봄, 인권을 지키기 위한 일상 실천을 중시했다. 공동조직의 협력으로 건진이나 건강 만들기를 왕성하게 추진했다. 그리고 환자, 이용자의 진료받은 권리를 지키기 위해 무료저액진료사업*에 도전했다.

또한 원폭증 집단인정소송, 미나마타병 환자 발굴 등 사회의학적 과제에도 적극적으로 참여했다. 나아가 2008년 가을부터 계속해서 시행한 파견중단, 고용중단 등에 대해 '히비야(日比谷)파견촌'**에 참가해 건강상담이나 생활지원 등을 수행하고, 그 후에도 전국 각지에서 공동조직 동료, 외부 단체 등과 공동으로 활동했다.

* 역자주: 제5편 제3장 주)17참조

** 역자주: 히비야파견촌은 여러 시민단체와 노동조합으로 조직된 실행위원회가 2008년 12월 31일 도쿄 히비야 공원에 개설한 실업자, 극빈자, 노숙자 등을 위한 임시 숙박촌이다.

(2) 새로운 의사임상수련제도

이 시기 민의련은 가맹병원에서 의료사고를 이유로 전례 없는 공격을 받아 엄중한 시련에 직면했다. 민의련은 문제를 정면으로 직시하고 의연하게 대처하면서 개선해야 할 문제를 진솔하게 받아들여 의료의 안정성을 인권보장의 중요한 문제로 자리 잡게 활동했다.

또한 민의련의 '의료와 경영'을 지키기 위해 지금까지의 의료와 경영구조를 전면적으로 수정할 것을 제기하고, 각 법인과 사업소의 '의료·경영구조 전환'을 추진했다.

2004년부터 개시된 새로운 의사임상수련제도에 대해 임상수련병원 지정에 참여해 58개 병원이 자격을 획득했고, 초기수련에서 민의련을 선택하는 수련의가 대폭 증가했다. 동시에 2년간의 초기수련 종료 후, 민의련을 담당할 의사를 어떻게 양성할 것인가에 대한 새로운 과제에 직면했다.

(3) 직원, 공동조직의 증가

민의련의 직원 수는 1999년부터 2009년까지 11년간 1.42배 증가했다.(상근으로 환산하면 1999년 4만 7,943.3명, 2009년 6만 8,152.5명) 민의련에서 근무하는 직원은 비상근직원을 포함해 8만 명이 넘는다. 특히 개호나 재활관련 직원이 크게 증가했다.

개호사업소는 개호보험이 시작된 1999년 12월 당시 449개소였지만,

후쿠시마현민집회에서 성명서를 낭독하는 후쿠시마민의련의 청년직원(2009년 2월 22일)

2009년 4월에는 2,106개소로 4.7배가 되었다.^{주1)}

또한 공동조직의 조직원 수는 274만 명(2000년)에서 345만 명(2010년)으로 약 70만 명 증가했고, 보건예방활동이나 건강 만들기 운동 등 '안심하고 계속해서 살 수 있는 마을 만들기'를 지향하며 각 지역에서 왕성한 활동을 전개했다.

한편 민의련의 사업소에서는 1995년을 정점으로 입원환자 수, 외래환자 수가 감소했다. 이것은 민의련에 국한된 것이 아니라, 전국적인 의료기관의 경향이었다. 10년간 전국의 병원 외래환자 수는 1일당 50만 명이 감소했고, 병원 수는 약 6% 감소했다. 소위 아파도 진료를 받지 않고 버티는 '인내율'의 증가였다.

(4) '의료·개호재생플랜'을 발표

제38회 총회(2008년)에서는 의료·개호붕괴에 대항하기 위해 '전일본민의련 의료·개호재생플랜'을 발표하고, 의료·개호의 내용에 대한 국민적인 공동행동·연대를 호소했다. 재생플랜안은 일본의 의료·개호의 모순을 분석하고, 재생을 위한 재원확보 방법도 제시해 구체적인 시행대책을 제안했다는 점이 특징이었다. 학자 등도 참석한 공개 심포지움을 개최하고, 전국의 모든 병원이나 단체 등에도 알려 의견을 받았다. 일본의 의료·개호붕괴의 재생을 위해서는 GDP대비 8.0%의 의료비를 적어도 G7 평균인 9.1%로 인상해야 한다는 주장과 함께 소비세에 의존하지 않는 구체적인 재원론의 제시는 민의련의 직원이나 공동조직 회원들에게 확신을 주었고, 각계로부터 공감과 뜨거운 반응을 얻었다.

또한 의료붕괴가 진행되는 과정 중에 민의련은 350만 명에 가까운 공동조직 회원과 함께 전국 각지에서 자치단체 관계자, 지역주민, 의사회나 기타 의료기관 등과 연대해 지역의료를 지키는 집회, 심포지움을 거행했다.

주1) 민의련의 가맹단위는 사업소이지만, 행정과의 관계로 각각의 신고사업소라 하더라도 동일한 시설 내에서 동일한 관리운영하에 시행되는 사업소는 하나의 사업소로 본다는 규정에 의해 가맹사업소 수가 일치하지는 않는다.

각 지역에서는 자치단체와 교섭하거나 구체적으로 어려움에 빠져 있는 자치단체 병원에 대한 당직지원 등도 시행하고, 주민조직을 만드는 지역도 있었다. 이러한 활동을 통해 각 지역에서 의사회 임원에 취임한다든가 일상적인 연대, 교류가 강화되었다.

더불어 일본의사회장이나 일본치과의사회와 간담회를 개최하고 자치단체 병원협의회, 전일본병원협회 등 의료관련 단체 등과의 관계도 강화했다. 개호분야도 마찬가지였다. 이러한 움직임은 지금까지는 없었던 새로운 수준의 운동확대가 시작했음을 의미했다.

(5) 강령개정을 향해

전일본민의련이사회는 2004년 제36회 총회에서 새로운 시대에 걸맞은 민의련강령 개정을 제기했다. 그리고 역사를 배우고 민의련은 무엇인가, 어떤 운동인가 등을 열심히 토론하는 과정을 거쳐 2010년 2월 27일 제39회 정기총회에서 49년 만에 민의련강령을 개정했다.

2000년 제34회 총회(오사카)에서는 회장이 아베 쇼이치(阿部昭一)에서 다카야나기 아라타(高柳新)로 교체되었다. 2002년 2월 제35회 총회(기타큐슈)에서 회장 다카야나기 아라타(高柳新)는 히다 유타카(肥田泰)로, 사무국장은 마에다 다케히코(前田武彦)에서 나가세 후미오(長瀨文雄)로 교체되었다. 2008년 제38회 총회(요코하마)에서 스즈키 아쓰시(鈴木篤) 회장, 2010년 제39회 총회(교토)에서 후지스에 마모루(藤末衛) 회장이 선출되었다.

2006년 6월 미야기 현 민의련, 2008년 7월 도치기케(栃木) 현 민의련이 각각 독립했고 지역연합을 결성했다. 이로써 46개 지역연합이 되었다. 후쿠오카·사가(佐賀) 현 민의련은 합동해 지역연합을 구성했다.

제2장 인권과 비영리를 관철

2000년 제34회 총회에서는 21세기 초기의 과제를 제시했다. 키워드는 '첫째, '개호보험시대에 대응한 의료와 복지 속에서 인권과 비영리를 관철하는 활동'을 추진하는 것, 둘째, '보다 열린 민의련'으로 의료선언 등 지역속에서 존재의의를 다시 묻는 것, 셋째, '일의 보람과 사업소의 발전을 통일'하기 위한 사회적 사명을 자각하고 주체성을 확립하는 것, 넷째, '안심하고 계속해서 살 수 있는 마을 만들기'를 지향하는 것' 등이었다.

신입의사 증원을 주장하면서 무료건강상담을 하고 있는 의사들(사이타마 민의련)

제1절 새로운 경영구조전환의 제기

(1) '97의료개악'의 영향

1997년 9월에 실시된 건강보험 본인부담 20%, 고령자의 자기부담증가는 수진억제를 유발했고, 의료기관경영 악화에 직격탄을 날렸다. 민의련의 경영도 1997년 흑자법인율이 전년 80%에서 62%로 급락했다. 또한 '금융개혁'이라는 명분하에 버블기의 불량채권을 정리하는 구실로 재무력이 약한 은행퇴출을 통한 은행재편을 추진했다. 이 결과 많은 은행이 살아남기 위해 '대출중단이나 대출상환'을 시도했다. 도진카이의 도산직전상태도 이러한 상황의 영향을 강하게 받았기 때문이었다.

제33기 제1회 평의원회(1998년 8월)는 이러한 상황을 근거로 민의련 경영은 '과거 어떠한 시대에도 경험하지 못했던 가혹한 환경'에 처해 있고 '일정기간 지속'할 것이라고 인식하면서, '고수입·고지출형' 수익구조와 '병원의 적자를 진료소군 등에서 충당하는' 구조의 전환을 주장했다. 즉 이제까지는 환자증가와 진료내용의 충실도를 강화해 수입증가를 실현하고, 직원의 임금도 수입수준보다 올려왔으나 경영전환의 내용은 객관적인 면(진료수가 인하, 정액제 확대, 수진억제 확산)에서도 주체적인 측면에서도(의사체제의 어려움) 난관에 봉착했다.'고 현상을 인식했다. 그리하여 '① 지출억제, 고인건비 대책,[주1] ② 의사의 노동실태를 확인하면서 수입계획을 입안, ③ 개호보험을 직시한 종합적 경영방침의 확립'이라는 구조전환방침을 제기했다.

(2) 새로운 과제를 향해

1999년 8월 제3회 평의원회에서는 의료·경영구조전환의 진행상황을

주1) 이미 1980년대에 민의련의 임금은 지역 민간의료기관 중에서는 상당히 높은 수준이었다. 또한 상여금도 연간 5개월 분이 보통이었다. 그러나 1998년 이후 상여금은 차츰 하락했고, 21세기 초기에는 많은 곳이 3개월 분으로 전후 수준으로 되돌아갔다. 임금인상도 호봉승급 수준밖에 없었다.

점검하고 '① 고령자의료, 요양형 병상, 재원일수 단축, 병상관리 수준인상, 급성기·응급의료, 의사부족대책, ② 외래에서는 만성질환관리 충실, 재가의료 강화, 병원근접진료소, 지역활동 추진강화'를 열거했다. 그리고 대책뿐만 아니라 투쟁하는 입장을 강조하고 의사집단과 전 직원의 과제로 삼고 공동조직의 이해를 얻어야 한다고 강조했다. 도진카이(同仁会)문제가 결코 타법인 만의 문제는 아니며, 우리 자신의 문제로 받아들이는 가운데 특히 인건비대책을 추진해 1998년에는 76.6%의 법인이 흑자를 달성했다.

2000년 2월 제34회 총회는 의료·경영구조 전환을 추진하는 가운데 급성기 의료나 기술과제의 겸비, 의국을 비롯한 직원집단의 합의형성, 의료구조전환의 경영적 영향, 리뉴얼의 어려움, 병동관리나 간호관리 등 새로운 과제가 대두되었기 때문에 네 가지 유의점을 열거했다. 첫째, '의료공격에 대한 대응'만으로는 불충분하며, 자신들의 사무소·시설의 사회적 사명은 무엇인가라는 면에서 검토를 더욱 진행해야 한다는 점, 둘째, 의료와 경영을 하나로 이해하는 것, 지역과의 결합을 재점검하고 '복지분야는 성녕자원에서 힘들기 때문에 손을 대지 않는다.'는 등 경영주의 출현에 대한 경계, 셋째, 직원의 보람과 지역연합·법인·회원기관의 발전계획을 결합시키고 지속적으로 일을 할 수 있는 조건을 확보하고 보람 있는 직장을 만들어 간다는 것, 넷째, 지도부가 변화하는 정세에 기민하게 대처해 결단하는 것 등이었다.

2000년 법인전무회의는 개호보험대응, 의료정비·조직정비[주2], 공동조직강화, 의사확보와 전문기술문제에 대해 제기했다. 또한 제34기 제1회 평의원회의 방침에 기초해 지역협동기금[주3]의 내용과 기준을 제시하고, 전국연대기금(2억 엔) 창설을 제시했다.

주2) 2000년 봄에 어떤 법인의 세무조사에서 지역연합과 전일본민의련의 회비에 대해 타법인 만의 문제는 의문을 갖는다는 질문을 받았다.

주3) 의료생협에서는 조합원출자금이 자본에 해당된다. 의료법인 등에서도 같은 형태로 가능한 것이 아닌가라는 판단에 대해 '출자기금' 등의 명칭으로 '① 친구모임 회원으로부터 ② 무이자로 ③ 상환기간을 정하지 않는 자금모집'을 추진했다. 그 후 전일본민의련의 방침도 나왔기 때문에 '지역협동기금'은 크게 증가되어 갔다. 법적으로는 차입금이지만 실질적으로는 자본에 준하는 것이고, 민의련에서는 자기자본비율과 함께 자기자본플러스 지역협동기금비율을 평가하는 것으로 했다.

2000년 12월 경영위원장회의에서는 지금까지 대응 내용으로 개호보험에 대한 적극적 활동, 보험약국 신설, 공동구입연락회의 활동강화 등에 의한 진료재료비대책, 인건비 구조 개선 등이 진행된 점을 지적했다. 한편 수년간 의사의 충원 어려움과 의사 노동문제로부터 외래단위 증가는 어렵고, 나아가 수진억제가 진행되는 상황에서 진료진에게 편리한 방식으로만 추진하는 것은 환자증가를 사실상 포기하는 것이라는 등 엄정한 상황인식을 분명히 밝혔다. 또한 대규모 병원의 관리상 어려움, 위기관리의 미숙함을 지적하고 관리수준 향상과 지역연합 경영위원회 기능의 근본적 강화를 강조했다.

제2절 (신) 통일회계기준 철저

(1) 민의련 통일회계기준 개정

제4편에서 서술한 도진카이(同仁会) 문제를 계기로 전일본민의련 이사회는 경영위기에 빠진 법인에 대한 지도후원 내용과 조기발견 구조에 대한 검토에 착수했다.

1998년 4월 처음으로 법인감사·경리 교류집회를 개최하고 경영위기를 미연에 방지하기 위한 감사·경리 역할에 대해 교류했다. 같은 해 6월 의과법인 전무회의를 개최하고 도진카이 문제의 교훈을 철저하게 수렴했다. 1999년 경영위원장 회의에서는 '도진카이 이후에도 경영불안이 표면화한 법인이 있고, 실제 부적절한 경영상태 공개가 그 이후 경영개선을 향한 직원의 의사통일에 방해가 된다.'[주4]고 밝히고, 아류를 배제하고 민의련통일회계 기준 준수를 강조했다. 나아가 전일본민의련은 도진카이 문제를 사전에 파악할 수 없었던 점을 근거로 자금관리에서 현금유동성 장악의 중요성을 강조하고, 필요대책 항목의 수정을 포함한 (신) 민의련통일회계기준

주4) 현지조사에서 밝혀진 사례에는 통일회계기준으로 바꾸면 누적적자 합계가 발표된 것보다 4배 증가하는 곳도 있었다.

을 2000년에 개정했다.

(2) 대책필요 법인 점검 항목 수정

2000년부터 민의련은 '통일회계기준 추진가 양성강좌'를 개강하고 '경영을 아는 사무간부'의 육성을 개시했다. 2000년에 125명이 수강해 115명이 합격했다. 양성강좌는 전국에서 2010년까지 합격자를 946명 배출했다.

2000년 경영위원장 회의에서는 신통일회계기준을 철저히 수용하고 경영위기를 미연에 방지하는 관점에서 필요대책법인 점검항목을 수정했다. 내용은 3% 이상 적자에서 적자로, 3년 연속 적자에서 2년 연속으로, 인건비+재료비율 85% 이상에서 80% 이상으로, 유동비율 90%에서 100%로, 현금유동성 2년 연속 마이너스 신설 등이었다. 대개 이 내용도 그 후 경영부 등에서 지속적으로 검토해 현재는 '긴급지표(단기) 2개 항목'과 '중기지표 13개 항목'[주5]을 경영진단용으로 사용한다. 또한 현장의 실무능력을 높이기 위해 2010년에 개정한 [민의련 부기의 달인], [회계의 달인], [세무의 달인] 시리즈를 발행하고, 전문성 강화를 강조했다.

이러한 활동결과 2000년 결산에서 흑자법인은 81.8%로 증가했다. 2001년에는 부문별 손익관리 교류회를 개최했다. 흑자법인 비중은 2004년 결산 시 79.4%까지 지속되다가 2005년 73%, 2006년 71.2%로 감소했다. 2001년 경영위원장 회의는 개호수익에 대해 일본전체적인 비율로 본다면 민의련의 현재 8.4%인 개호수익은 빠른 시기 내에 20% 수준의 규모가 필요하다고 제기했다. 2010년 전국경영통계에서는 사업매출에서 차지하는 개호수익 비중이 14%였다.

주5) [긴급(단기)지표] ① 현금과 예금잔고: 월 매출액의 70% 이하, ② '업무상 현금유동성 - 장기차입금 상한지출 + 리스지불액 = 마이너스 2억 엔 이하 혹은 사업매출과 비교해 마이너스 10% 이하. [중기지표] ① 경상이익 마이너스, ② 당기순이익 2년 연속 적자, ③ 외래환자 수 전년비 마이너스, ④ 사업매출 전년비 마이너스, ⑤ (인건비 + 재료비 + 위탁비 = 사업매출의 84% 이상, ⑥ 감가상각비 + 리스료 + 지불이자 = 사업매출의 10% 이상, ⑦ 차입금 ÷ (업무상 현금유동성 - 리스료) = 10배 이상, ⑧ 업무상 현금유동성 - (설비투자 + 리스료)가 2년 연속 마이너스, ⑨ 총자본회전율(사업매출 ÷ 총자산) = 0.8회전 이하, ⑩ (자기자본 + 지역협동기금) ÷ 총자산 = 10% 이하, ⑪ 이익잉여금 대 사업매출비 마이너스 10%, ⑫ 의사 수 2년 연속 전년비 마이너스, ⑬ 생협출자금 또는 지역협동기금 2년 연속 마이너스.

제3절 전환을 향한 모색

(1) 홋카이도 민의련에서 의사지원요청

1997년 전일본민의련병원위원회는 민의련의 대규모 병원이 안고 있는 문제점을 분석했다. '첫째, 민의련 병원의 대다수가 적자이나 의사는 과밀노동상태이며, 특히 내과의 부족이 두드러진다. 둘째, 규모에 비해 관리운영의 수준이 불충분한 곳이 많고, 크게 변화한 의료·사회보장의 상황변화에 대한 분석과 대책이 불명확하다.'는 내용이었다.

이해 6월 전일본민의련 이사회에 홋카이도 민의련에서 의사지원요청을 했다. 홋카이도민의련은 1980년대와 1990년대 전반을 통해 민의련의 선진지역으로 자리 잡았고, 전국 각지에서 의사지원을 받았기 때문에 '아니, 홋카이도 민의련에서……'라는 탄식이 있었다. 전일본민의련은 즉각 의사지원 구체화를 계획하면서 동시에 현지조사단(단장 미토베(水戶部) 부회장, 2000년 7월)을 파견했으며, 이러한 상태에 처하게 된 원인과 개선방향을 함께 고민했다.

홋카이도민의련의 문제는 대규모 병원·법인의 의료·경영구조의 본질, 의사양성의 본질과 관리운영상의 문제를 포함하는 것이었으며, 전국적인 전환·개선의 상징으로 말해도 좋을 만했다. 현지조사보고서는 민의련운동 전체가 직면한 의사양성과 의료구상을 하나로 이해해야 했고, 의사의 주체적인 참가를 어떻게 추진할 것인가를 밝혀야 했다. 전국적인 토론을 거쳐 2000년 10월부터 1년 반 동안 의사 두 명을 지원했다.

(2) 병상전환의 동향

의사부족은 진료소 분야에도 영향을 미쳐, 진료소에 대한 의사배치는 점점 어려워졌다. 그리하여 지역요구에 응답한다는 본래의 의미와 함께 구조적 측면에서도 요양병상으로 전환할 수밖에 없다는 결론에 이르렀다. 그러나 요양병상으로 전환을 제기하는 것은 급성기 의료의 부정으로 이해하는 경향이 많았기 때문에 각 지역에서 진지한 논의가 계속되었다. 1995년에 1,106병상이었던 요양병상은 1999년에는 3,950병상으로 증가했다. 같은 시기에 대규모병원, 중소병원의 원장회의가 계속해서 열렸으며 구조전환에 대한 논의를 지속했다.

2000년 11월 제4차 의료법 '개정'안이 통과되었다. 병원병상은 일반병상과 요양병상으로 구분하고 2001년 3월부터 2003년 8월까지 어떤 것을 선택할지 결정해야만 했다. 2003년 8월 이후에는 일정 기간 변경이 불가능하다고 선전했기 때문에 병상전환의 움직임이 강화되었다.

제4절 개호보험시대의 활동

(1) '개호의 사회화'를 추구하며

전일본민의련은 1998년 10~11월 약 3만 명의 개호 대상자 및 가족에 대한 면접조사를 시행했다. 조사에 기초해 전일본민의련이사회는 1998년 12월 2000년부터 실시하기로 한 개호보험제도에 대해 '개호보험을 둘러싼 당면 투쟁과 대응의 기본내용'이라는 방침을 결정했다. 이것은 '개호대상노인 실태조사'를 근거로 조치제도에서 보험제도로, 또한 급여제한의 가능성을 갖고 있는 점 등을 문제점으로 지적하고 개선운동을 강화했다는 점, 동시에 개호보험제도를 복지가 있는 마을 만들기와 결합해 진행하는 재가종합사업(헬퍼* 양성, 24시간 대응할 수 있는 재가사업을 향한 도전, 모든 사업소에서 케어플랜 만들기 등)으로 의료와 개호를 포함한 종합적 시설구조 만들기를 제기했다. 개호보험에 대응하는 사업은 급속하게 확대해 갔다.

1993년 나라(奈良)의 노인보건시설 '약속의 마을'이나 니시가와의 특별양호노인홈 '편안한 집'에서 시작한 개호사업소는 1999년에 25개소가 되었다. 개호보험제도 전야였던 1999년 9월 당시 특별양호노인홈 4곳, 케어하우스 1곳, 데이케어 183곳, 방문간호스테이션 258곳, 개호지원센터

39곳이 되었다. 1999년에는 처음으로 민의련의 노인시설의 전국교류집회를 개최했다.

많은 간호사나 사회복지사가 개호보험제도의 핵심을 담당하는 케어매니저** 자격을 획득하고, 사업을 담당했다. 민의련의 케어매니저 유자격자는 2000년 제34회 당시 4,000명을 넘어섰다. 개호인정 심사회에는 많은 민의련 직원이 위원으로 참가했다. 또한 각 지역 차원에서 헬퍼양성강좌 등을 개최했다.

* 역자주: 헬퍼는 개호보험법에 규정된 방문개호원을 의미한다. 우리나라는 '요양보호사'로 통칭되고 있다.

** 역자주: 케어매니저는 일본의 개호보험법에서 규정하는 전문가로, 개호가 필요한 환자와 상담해 개호서비스 대상유무를 판단하고, 상담환자에게 맞는 개호서비스 계획을 수립해, 관련기관과의 협의를 통해 환자를 적절한 개호복지기관에 의뢰한다. 이후에도 적절한 서비스가 제공되는지 확인 점검하기도 한다. 케어매니저가 되기 위해선 시험에 합격하고, 일정한 연수도 받아야 한다. 한국의 경우 노인장기요양보험에 대한 모든 내용을 '장기요양보험 등급판정위원회'가 하는 것과 비교한다면 상당히 선진적인 제도라고 할 수 있다.

(2) 2000년 개호실태조사

제34회 총회(2000년)방침에서는 개호분야를 '안심하고 지속적으로 거주할 수 있는 마을 만들기'의 과제로 이해하고, 공동조직과 하나 되는 활동추진을 강조했다.

전일본민의련은 개호보험 실시 후의 실태파악을 위해 '2000년 개호실태조사'를 실시했다. 조사에는 모든 지역연합이 참여했고, 2만 2,000건이 넘는 재가서비스 이용자의 실태를 집약했다. 조사에 따르면 이용자의 75%가 개호보험 실시로 부담이 증가했으며, 개호서비스 이용은 이용할 수 있는 금액의 약 40%에 머물렀고, 12%가 서비스이용을 줄이는 등 특히 소득이 낮은 사람들에게 개호보험은 이용하기 힘든 것임이 밝혀졌다. 민의련은 조사에 기초해 각 지역에서 개호보험료, 이용료의 감면제도를 확대하는 운동을 시작했다. 또한 각 지역에서 '개호110번' 등의 상담활동을 벌이기도 했다.

(3) 확산되는 개호사업

2001년에는 재가사업·활동교류집회, 민의련 케어매니저 교류집회를 열고, 각지의 활동을 교류했다. 교류집회에서는 '개호보험은 순조롭게 진행된다.'는 정부의 선전에도 불구하고 현실적으로 모순이나 문제가 발생하고 있고, 이것을 개선해 가는 운동과 실천에 대해 의사를 통일하고 있다. 또한 이해 제2회 노인시설교류집회를 개최했다. 여기에서는 개호보험 실시에 수반해 예상되는 것이었지만 개호수요는 급증했고 특별양호노인홈의 대기자가 대폭 증가해 노인보건시설의 특별양호화가 진행된다는 점을 지적했다.

2001년 11월 전일본민의련의 노인의료·복지부는 '민의련에서 홈헬퍼(방문개호)사업의 가속화된 전진을 위해(안)'라는 방침을 발표했다. 민의련의 홈헬퍼사업은 1998년 당시 20개 법인에서 참여했지만, 이 시점에 민의련 사업소가 있는 곳에서는 거의 전부가 헬퍼사업을 실시해 헬퍼가 약 1만 명 수준이었으며 개호의 전문성을 높여가는 것이 중요하다고 서술했다.

2008년에는 개호관계사업소가 특별양호노인홈 19개소, 노인보건시설 33개소, 방문간호스테이션 415개소, 헬퍼스테이션 137개소를 비롯 재가관련사업소, 케어하우스, 재가개호 지원센터, 그룹홈 등 합계 2,039개소에 달했으며, 의료법인의 사업수익 대비 13.7%를 차지했다.

제5절 보건예방 분야의 향상

노인보건법 시행, 건강증진 제창 등 다양한 입장에서 1990년대에는 보건예방 분야가 주목받았다. 1998년 7년 만에 열린 건진활동교류집회에서는 암검진무용론 등과 투쟁, 민의련으로서 산업의를 적극적으로 취득해 가는 방침확인(산업의는 14개 지역연합 39개 회원기관에 87명, 산업전문간호사는 14개 지역연합에 40명이 있었지만, 모든 지역연합에서 취득을 강조한 것임), 주민건진, 조합원, 친구모임 회원 등에 대한 건강관리, 건진

활동을 강조해 온 결과 5년간에 2배(1994년 당시 89만 명)가 된 실적 등을 보고했다. 보건예방 활동은 공동조직의 건강증진, 건진활동 강화와 자치단체에 의한 건진 결합으로 착실하게 향상되었다.

2000년 4월 후생성은 '건강일본 21'이라는 국민건강증진운동을 출범시켰다. 2001년 11월 의료활동부는 이것에 대한 견해를 밝혔다. '건강일본 21'은 1986년의 WHO오타와 선언을 반영해 '일차예방을 중시'하는 등 적극적인 면을 포함했으나, 의료비억제를 중심명제로 해 국민의 건강권을 보장하는 관점이 결여되어 있었다. 전일본민의련 이사회는 보건예방의 영리화·상품화에 반대하고 주민참여, 직장·주거환경 조성 과정에서 건강증진을 자리 잡게 하자고 제기했다.

제6절 미미하라(耳原)종합병원의 세라티아균 원내감염 대책 활동

(1) 의료의 안정성과 의료정비

1999년 1월 요코하마시립대학병원에서 '수술환자가 바뀌는 사고'가 발생했다. 2월에는 도립 히로(広尾)병원에서 '소독제의 정맥 내 주사 오류 사고'가 발생했다. 의료의 안전성에 대한 국민의 혹독한 시선이 쏟아졌다. 민의련의 병원에서도 좌우가 바뀐 수술이나 거즈 등을 체내에 둔 채 봉합한 사례, 원내 결핵감염 같은 사고가 발생했다. 사고는 언론에도 보도되었다. 같은 해 1월 후생성이 전자의무기록 시행의 법제화를 검토하는 상황 속에서[6] 이사회는 '공동운영' 입장에서 '전자의무기록 시행을 향한 협의와 활동을 추진하자.'는 방침을 제기했다. 후생성이 생각하는 법제화에는 여러 문제가 있어 '졸속처리 법제화'가 되어서는 안 된다는 입장을 채택했으며,

주6) 1998년 5월 7일 '병원신문'이 후생성은 전자의무기록 등의 시행 법제화 방침을 보도하고, 그 후 전일본민의련이사회는 도쿄도 의사회장이나 아사히신문 논설위원을 초청해 전자의무기록 시행 문제에 대한 학습회를 개최했다.

각 지역에서 직원·공동조직과 함께 정보의 공개, 공유의 구체적 내용을 배우는 학습회 등을 왕성하게 시행했다.

1999년 11월 의료활동위원장 회의에서는 전술한 의료·경영구조전환과 함께 '의료의 안전성'에 대해 경종을 울렸다. 그리고 '의료 안전 모니터 제도'를 수립할 방침을 제안하고 2000년 8월에 출범시켰다.

2000년 제34회 총회는 의료의 안정성과 의료정비에 대해 다음과 같이 제기했다.

'첫째, 의료는 신체에 대한 침습을 포함하고, 한번 잘못하면 생명이나 인권에 중대한 위해를 가한다는 인식을 모든 의료종사자가 갖고 있어야 하며, 환자의 안전과 인권에 겸허한 자세로 임해야 한다는 점, 둘째, 충분한 설명과 환자의 동의(informed consent)를 철저히 관철하고, 셋째, 민주적 집단의료를 일상적으로 실천하며, 오류나 오류에 준하는 사고로 연결되지 않도록 안전시스템을 구축할 것, 넷째, 업무기준이나 매뉴얼의 철저화와 필요한 경우 신속한 수정, 다섯째, 회원기관 위기관리체제의 개선' 등이다. 구체적으로는 의료기관이용위원회, 의료정비위원회, 안전위원회, 감염대책위원회 등을 가동하고 관리부가 전체적으로 철저하게 점검하도록 했다.

(2) 원내감염 발생

2000년 6월 말 경영재건 중이던 오사카·미미하라(耳原)종합병원에서 환자 세 명의 혈액배양에서 세라티아균이 검출되고 패혈증으로 사망하는 원내감염사고가 발생했다. 세라티아균은 당시 보건소에 신고할 필요가 없는 균이었으나, 분명하게 원내감염이 의심되었기 때문에 미미하라 종합병원은 더 이상 새로운 감염자가 나오지 않도록 보건소나 국립감염증 센터 등에 협력을 요청했다. 그리고 '환자에게 사죄하고 치료에 전력을 다하며 외부 전문가의 협력을 얻어 철저하게 원인규명을 시행하고 재발 방치책을 수립하며 필요한 정보를 공개해 두 번 다시 이러한 사고가 일본의 의료기관에서 발생하지 않도록 교훈으로 삼아야 한다.'라는 방침에 기초해 자주적으로 공표하고, 전국에 경험을 전달하기 위해 노력했다.

최초의 기자회견에 대해 어떤 신문기자로부터 다음과 같은 이메일을 받았다. '기자회견에서 원장님께서 말씀하신 내용은 훌륭하다고 생각했습니다. 오랜 기간 의료를 담당하고 의료사고를 취재해왔지만, 선생님과 같이 진심을 담아 진실을 밝히는 발언은 처음 봤습니다. 의료라는 행위가 오류를 없애는 것이 가능하지 않은 이상 발생한 것을 신속하게 공표하고, 계속해서 대책을 세우는 것이 중요합니다. 묘하게도 같은 시기에 발생한 유키지루시(雪印)사건*과 대조적입니다. 솔직하게 말씀드리면 대단히 좋은 감정을 느꼈습니다.'

그러나 초기의 언론보도는 극히 선정적이었다. 이러한 영향을 받아 환자감소는 현저했으며, 미미하라 종합병원은 다시 큰 시련에 부딪혔다.

미미하라 종합병원 전문조사반장을 맡은 오사카대학 미생물연구소의 혼다 다케시(本田武司) 교수는 언론의 과잉보도에 대해 '원내감염을 포함해 감염사고를 공개한 병원에 무차별 비난을 퍼붓는 식의 보도를 할 뿐 다른 의료기관에 재발방지를 위해 도움을 주려는 병원의 선의가 보도되지 않고 있다. 아마도 이제부터는 어느 곳에서 원내감염이 발생하더라도 공개하지 않거나 혹은 검사조차 회피하려 할 것이며, 실태파악조차 불가능하게 되어 의료의 질 저하를 초래할 것이다.'라고 언론 보도에 대해 이례적으로 언급했다.

* 역자주: 유키지루시 사건은 2000년 6월부터 7월에 걸쳐 긴키지방을 중심으로 발생한 유키유업 유제품이 원인이 되어 발생한 집단 식중독사건이다. 식중독에 걸린 사람이 총 14,780명에 이를 만큼 전후 최대 집단식중독 사건이라 할 수 있다.

(3) 의료활동의 전면적인 수정

세라티아균에 의한 원내감염사례는 일본 내에서 두 번째 발생했으나, 첫 번째 사례의 교훈은 거의 현장에 전달되지 않았기 때문에 지금까지 결핵이나 MRSA 등에 대한 대책만으로 예방하는 것이 불가능했다. 사카이(堺)보건소, 국립감염증연구소, 미미하라 종합병원 합동으로 조사한 바에 의하면, 국립감염증연구소에 있는 20년 전의 세라티아균은 알코올 농도 40%에 소멸했지만 미미하라 종합병원에서 검출된 세라티아균은 50%에서도 죽지 않는 것으로 판명되어 멸균을 위해 사용하는 알코올 솜(酒精綿)의 알코올 농도를 70%로 변경했다. 이러한 내용이 언론을 통해 전달되어 순식간에 전국의 의료기관에서 동일하게 교체 작업이 시행되었다.

감염방지를 위한 표준적인 예방책은 철저하게 '손 씻기에서 시작해 손 씻기로 끝난다.'는 말처럼 손 씻기가 기본이다. 미미하라 종합병원의 상수도사용량은 원내 감염 발생 전이었던 1년 전과 비교해 약 1만 리터가 증가했다. 이것은 철저한 손 씻기를 장려한 결과이다.

또한 의사단을 중심으로 모든 전자의무기록을 점검해 감염실태나 항생제사용 시의 감수성 테스트 시행상황 등을 분석했다. 나아가 직원들은 각 직종별 의료활동의 전면적인 수정을 추진했고, 표준예방책 학습과 철저화를 시도했다. 이와 같은 미미하라 종합병원의 진정한 자세는 당초 흥미위주의 관점에서 병원을 비판적으로 바라봤던 언론의 태도를 변화시켰다. 미미하라 종합병원에서 세라티아균 원내감염 활동이나 교훈은 NHK의 '클로즈업 현대'에서도 보도되었으며, 전국적으로 전파되었다.

(4) 원내감염대책을 강화하다

전일본민의련은 같은 해 8월 1일 '전 회원기관에서 원내감염대책을 강화하자 – 의료기관 내의 점검 매뉴얼 등의 정비'이라는 미토베(水戸部) 의료활동부장의 담화를 '민의련신문'에 발표했다.

그렇지만 쇼킹한 사건이라는 초기 언론의 보도영향은 대단히 컸다. 거기에 자민당이나 공명당의 악의에 찬 선전도 있어서 산부인과 예약 취소 등 환자 감소현상이 발생했다. 이에 따라 2000년 도진카이의 경영은 경상이익 마이너스 5억 엔으로, 전년의 7.5억 엔 이익에서 크게 하락해 다시 위기에 직면했다.

그러나 도산직전의 경험은 살아 있었다. 직원, 공동조직, 환자·가족, 인근 자치회나 의사회 등에 신속하게 정보를 공개했다. 의사단은 분담해 인근 의료기관을 방문하고 활동을 전달했다. 이와 같은 진솔한 활동은 행정이나 언론도 움직이게 했고, 지역주민의 신뢰를 회복할 수 있었다. 또한 현행 진료수가로는 원내감염대책을 시행하기가 어렵다는 점을 지적하고 철저한 표준예방대책을 마련할 경우, 연간 수천만 엔의 비용이 증가하는 계산을 발표해 하루 일인당 100점의 원내감염대책으로 진료수가를 인상해야 한다고 후생노동장관에게 요청했다.

2000년 가을에는 미야기의 사카(坂)종합병원에서 MRSA의 신생아감염이 발생했다. 여기에서도 교훈이 있었고, 병원의 성실하고 진지한 대응이 평가를 받았다.

전일본민의련은 2000년 12월 의료안전대책을 위해 긴급 전국병원장회의를 개최했다. 여기에서는 언론인 야나기타 구니오(柳田邦男) 씨가 강연해, 민의련의 의료안전이나 감염대책 활동을 평가하고 기대를 표명했다.

(5) 교훈을 전달하다

제34기 제2회 평의원회(2001년 2월)는 미미하라 종합병원의 교훈으로부터 '사고 발생 방지'를 위해 전력을 다하는 것에 역점을 두었지만, 그럼에도 불구하고 사고는 일어날 가능성이 있으며 사고를 줄이고 중대 사고 발생 예방과 같은 안전대책을 종합적으로 추진할 것을 강조했다. 나아가 사고가 일단 발생한 경우 '누가 일으켰는가'가 아니라 '왜 발생했는가'의 입장에서 분석하고 개선활동을 해야 하며 '정보 공개', '철저한 원인분석', '교훈 공유', '환자참가 의료'라는 안전문제에 대한 원칙적 입장을 밝혀 안전문제를 과학으로, 운동으로 자리 잡게 해 전력을 다해 활동할 것을 제기했다.

또한 전일본민의련은 사건의 교훈을 바탕으로 2001년 6월 [모두가 시작하는 감염예방]이라는 팸플릿을 작성했다. 이것은 민의련 내외에 6만 5천 부가 보급되었다. 그 후에도 실태조사와 연구에 기초해 '낙상사고방지', '주사사고방지' 등에 대해서도 대규모 조사를 시행했고, 외부 전문가의 협력을 얻어 팸플릿을 작성했다. 전자는 3만 4천 부(낙상사고 방지매뉴얼: 2003년 3월 발행), 후자는 4만 6천 부(2003년 11월 발행)를 보급했다. 민의련 내외에서 많은 주문이 있었다. 민의련은 의료사고의 교훈을 빠짐없이 전달하는 선구적인 역할을 수행했다.

제7절 전환기 민의련의 의료활동

　2001년 11월에 개최한 의료활동위원장 회의의 문제제기는 개호보험시대에 돌입하는 과정에서 민의련 의료활동의 의미를 다시 한 번 정리하고, '보건예방, 의료, 개호복지를 향한 종합적 발전'을 지향하는 과제를 제기했다. 이 시점에 민의련의 시설체계는 일반급성기 대응을 중심으로 발전했고, 동 규모 병원과 비교해 인력구조나 의료설비는 전국 평균을 웃돌았다. 또한 보건·예방활동에서 복지에 이르기까지 종합적인 사업, 운동을 추진하는 조직이라는 점을 확인했다.

　1997년에 제기한 '민주적 집단의료의 성과와 향후 과제'는 공감을 많이 받았지만, 새로운 보건, 의료, 개호의 전개 중에 의사의 역할 및 각 직종의 역할은 어떠해야 하는가가 새로운 과제로 대두되었다. 구조전환에 대해서는 '① 국민요구에 근거한 시대적 요청이라는 점, ② 민의련운동의 발전에 수반해 발생해온 극복해야 할 문제 해결과 결합, ③ 투쟁과 대응, ④ 연대와 협력, ⑤ 지역, 회원기관의 특성을 근거로 하는 중요성'을 제기했다.

　의료안전문제에서는 의료사고 피해자 구제를 위한 공정중립 제3자 기관의 설치를 검토해야 한다고 제기했다. 크리티컬 패스는 산업계의 공정관리 수단을 의료에 도입한 것이지만, 공동운영의 입장에서 민주적 집단의료를 실천하고 원활한 진료를 진행하기 위해 활용하도록 했다. 그리고 고령자의료의 실천과 의학적 탐구, 지속 가능한 경영과 의료활동을 위한 의사노동의 경감, 민주적 관리운영의 추진, 열린 민의련으로서 전망을 제시해 가는 것 등을 제기했다.

　이러한 문제제기는 중요한 문제로 받아들여졌다. 말하자면 구조전환에 수반해 소프트한 면의 문제에 도전한 것이지만, 실천과 이론의 심화가 과제가 되었다.

제8절 기타 의료활동

(1) '생명과 건강을 지키는 전국센터' 발족

1998년 12월 15일 전일본민의련과 젠로렌을 중심으로 학자·연구자도 포함해 '일하는 사람의 생명과 건강을 지키는 전국센터'를 정식으로 발족했다.

1960년대 이후 진행되어 온 산재·직업병 활동은 이를 계기로 노동운동의 전국센터와 민의련이 직접 손을 잡고, 조직적으로 참여하는 단계가 되었다. 민의련의 활동은 상당수의 진동병, 진폐환자가 민의련 사업소의 환자인 것에서 알 수 있듯이 큰 역할을 수행했다. 또한 과로사·과로자살문제, 멘탈헬스, 석면피해에 대한 활동을 추진해 왔다. 전일본민의련은 '생명과 건강을 지키는 전국센터'의 부이사장을 담당하고, 상근 사무국장을 파견했다. 센터는 2008년에 10주년을 맞았으며, 2010년에 27개 현에 지방센터를 설치했다.

(2) '한센병문제'와 민의련의 입장

1998년 7월 구마모토 지방법원에서 제소한 한센병 국가배상소송은 2001년 5월에 원고가 승소했다. 민의련은 구마모토(熊本), 시즈오카(静岡) 등 몇 지역에서 예전 한센병 환자의 치료를 담당해 협력해 왔다. 더구나 전일본민의련의 조직차원에서 오랜 기간 예전 한센병 환자들에 대한 인권침해가 계속되는 점에 문제의식을 갖고 대처해 왔음은 말할 필요도 없다.

전일본민의련 이사회는 제34기 제3회 평의원회에서 '90년에 걸친 환자의 고통에 대해 강제격리는 의학적으로 필요하지도 않고, 인권침해에 해당하는 것이라는 점을 알리는 입장에서 문제의식을 갖고 활동하지 못한 점에 대해 깊이 반성하고 환자의 인권회복을 위해 지원한다.'는 결의를 표명했다. 그 후 예전 한센병 환자의 인권, 사회복귀, 고향에서 환영하는 운동 등에 참여했다. 나아가 피해의 실상, 인권을 배우는 장으로서 직원이나 의학계 학생 등이 교류를 계속하고 있다.

(3) 도카이무라(東海村) JCO* 임계사고 및 원전문제

1999년 9월 30일 핵연료가공 중에 우라늄용액이 임계상태에 도달해 핵분열연쇄반응이 발생했고, 지근거리에서 중성자선에 피폭된 작업원 두 명 사망, 한 명 중태, 기타 667명의 피폭자를 발생시킨 대형사고가 발생했다. 국제원자력사고등급 수준 4에 해당했다. 전일본민의련은 2000년 전일본민의련 원전·핵연료사이클 문제 교류집회를 개최했다. 이바라키(茨城)민의련은 주변지역의 공동조직 구성원에 대해 청문조사를 시행했다. 똑같은 원전가동설치지역인 후쿠이(福井)민의련은 피폭사고에 대한 요오드보급운동을 추진해 주목을 받았다. 사고를 계기로 전일본민의련은 피폭의료위원회 및 원전설치지역을 중심으로 전국의 원전실태조사나 학습운동을 진행해 갔다. 또한 피폭위원회는 도카이무라에서 사망한 환자의 치료를 담당한 도쿄대학의 마에가와(前川) 교수를 초청해 학습을 진행했다. 나아가 2000년 초부터 핵실험 피해가 있었던 폴리네시아 주민 대상 검진에 시즈오카민의련을 중심으로 참여했다.

* 역자주: 스미토모(住友)금속광산의 자회사로 핵연료가공시설을 보유한 주식회사의 명칭이다.

(4) 약제 분야

정부의 의약분업정책하에서 민의련 내의 의료·경영구조전환의 일부였던 보험약국의 개설을 추진했다. 민의련 보험약국이 급속하게 증가한 것을 근거로 1999년 11월 제1회 약국법인대표자회의를 열어 마을 만들기와 약국, 민주적 집단소유와 민주적 관리운영의 철저화에 대한 문제를 제기했다. 또한 '약국법인 개설 매뉴얼'을 작성했다.

나아가 '21세기를 향한 인권을 지키는 약사집단의 확립 – 지역연합약사정책 작성을 위해'의 방침을 만들었다. 2001년 가을 약사 교류집회, 약제부문 지역연합 대표자회의를 개최했다.

2010년 현재 327개소의 보험약국이 민의련에 가입하고 있다. 주식회사인 법인형태가 많지만, 스스로 배당을 금지하고 운영의 민주화를 위해 노력한다. 법인제도개혁의 하나로 사회일반법인을 취득하는 곳도 생겨나고 있다.

(5) 상급병실료 받지 않기

2001년 1월 31일 아사히신문은 민의련의 '상급병실료 안 받기' 의료를 소개하는 기사를 크게 게재했다. 내용은 나라·가타기리(片桐)민주병원 간호부장의 '우리들의 병원 그룹은 돈의 유무로 의료에 차별을 두지 않는 이념에 기초해 전국의 병원에서 모두 상급병실료 징수를 하지 않습니다.' 라는 독자투고를 받고 민의련을 철저하게 취재해 작성한 기사였다.

기사는 전국에서 큰 반향을 일으켜 게재 당일 전일본민의련 사무국의 전화는 아침부터 계속해서 울렸다. '아니, 그런 병원이 있었습니까? 만일 근처에 있다면 어머니를 입원시키고 싶은데, 소개해주세요.', '약국에서 약을 사기 위해 얼굴색이 안 좋은 사람이 들어왔다. 한번 병원에서 진찰을 받아보라고 권유했지만, 돈이 없어서 진료받지 못했다. 이 지역의 민의련 병원을 알려 달라.' 등 민의련이 지향하는 의료가 국민이 원하는 본래의 의료 내용이라는 반응이었다.

그 후에도 문의가 계속되었으며, 2002년에는 히다유타카(肥田泰) 회장이 TBS라디오의 생방송에 출연해 '왜 민의련이 상급병실료를 받지 않는 가'를 설명했다.

(6) 재활, 사회복지사의 역할 확대

고령화가 진행되거나 병동구조가 만성기, 회복기 재활 등으로 기능이 분화되어 가는 중에, 재활치료사들의 역할이 증가했다. 2001년 재활치료사 대표자회의를 개최했다.

2001년 1월 31일자 아사히신문

　　MSW(의료사회복지사)는 개호보험도입과 함께 케어매니저 자격을 취득하는 경향이 강화되었다. 민의련의 MSW가 있는 곳에서는 지역의 의료와 복지의 모순을 나타내는 사례도 가장 풍부하게 수집했다. '인권의 전문직'이라는 자각과 집단 만들기를 추진해 지역연합·지역협의회에서 교류하고, MSW정책에 대한 논의를 진행했다. 그 후 2008년에는 생활보호노령가산연금 폐지에 의한 영향조사 등과 전문직으로서 역할을 더욱 발휘해 갔다. 생활보호가산 폐지 반대운동에 적극적으로 참가하고, 재판에서 조사에 기초해 증언하는 등 활동영역을 넓혀갔다.

　　2002년 1월에 영양 부문 기초조사를 정리한 내용을 발표했다. 조사에 의하면 245개의 시설 중 215개 기관이 답변했고, 기념일 식사는 모든 시설,

특별식 관리가산 176개 시설, 선택 메뉴 시행이 62개 시설, 병상에 의한 개별대응은 204개 시설에서 시행했다. 한편 급식의 전면위탁이나 일부위탁 등 외부화 시도나 지역 공동사업으로 급식센터화(도쿄, 가나가와, 미야기, 효고)를 추진하는 지역연합도 나타났다.

(7) 재해대책 특별기금 신설

2000년 홋카이도의 우쓰산(有珠山)이 폭발했다. 홋카이도 민의련을 비롯해 전국에서 의료지원대가 파견되었다. 전일본민의련은 이를 계기로 민의련에 기탁한 재해의연금의 일부를 기본으로 해 전국재해대책특별기금을 설치했다. 나아가 미야코시마(宮古島) 태풍피해 등에 기금에서 위문금 등을 보냈다. 또한 후술하는 니가타 주에쓰(中越) 지진, 노토한토(能登半島) 지진, 미야기·이와테 지진 등 국내의 재해지원 외에 파키스탄, 스리랑카, 수마트라, 중국, 아이티 등 각국의 재해에도 기금을 적극적으로 활용했다. 2009년 말 2천만 엔을 넘는 기금을 확보해 활용했다.

제9절 의사 등 후계자 확보와 양성

(1) 임상수련의무화와 민의련의 역할

1998년 3월 민의련은 '일본의사들의 졸업 후 수련 개선을 위한 민의련의 제안'을 발표했다. 제안은 '① 보험의 자격을 확보하고, 모든 의사가 종합적인 진료능력을 습득할 수 있는 수련 시행, ② 수련병원 선택 확대, 특히 지역의 중소병원 등에서 수련의 우위성을 살리는 지정제도의 확립, ③ 임상수련지정병원의 기준을 수정하고, 수련현장의 확대, ④ 지도의 확보, ⑤ 국가의 책임으로 수련의의 경제보장 시행과 의료보험재원에서 충당 반대'라는 내용이었다. 이 같은 내용은 2000년 11월에 임상수련의무화 법인이 통과될 때 거의 전부가 도입되었다.

후생성은 1999년 여름 보험의 인턴을 중단했다. 수련제도 의무화는 임상수련병원을 300병상 이상의 병원에 한정시키지 않고 중소병원에도 문호를 개방해, 국민의 기대에 걸맞은 종합진료능력이 있는 의사를 배출해 간다는 점에서 획기적이었다. 한편 대학병원에서도 저임금, 과중노동에 시달리는 수련의에게 의존하는 체질이 붕괴되었다. 이것은 또 한편으로는 공공병원에서 그동안 대학의 파견의사에게만 의존하고 독자적인 의사대책이 전혀 없었으나, 의사의 충원대책을 마련하게 하는 한 원인이 되었다. 그러나 사태의 본질은 4반세기에 걸친 의학부 정원 감축이 지속되면서 절대적 의사부족을 초래한 일본의 의사양성정책에 연유했던 것은 분명했다.

임상수련제도와 관련해 의도했던 보험의 인턴과 전문의 인턴을 저지하고, 신임 의사가 일정한 국가 보장하에 수련이 가능하도록 제도가 정착하는 것에 민의련이 큰 역할을 담당했다.

(2) 의사구조의 변화

민의련의 의사구조는 계속해서 어려운 상태였으며, 의사 수는 증가 속도가 느렸다. 2년마다 시행한 상근의사실태조사에 의하면 1990년대에 의사 수는 다음 표와 같은 증가추이를 나타냈다.

연도	90-92	92-94	94-96	96-98	98-2000	2000~02
의사 증감(명)	206	80	156	33	50	104

이 결과 민의련 상근의사 수는 1990년 2,514명에서 2000년 3,039명으로 20.9% 증가에 그쳤다. 한편 이 기간 신임의사 영입 수는 1,335명이었기 때문에 퇴직도 상당수 있었음을 알 수 있다. 신임의사 영입의 상당 부분은 민의련의 독자적인 장학생활동의 결과였다. 전일본민의련 이사회는 1998년 8월 '민의련의 의사·의사집단은 무엇을 지향해야 하는가'라는 방침을 결정하고, 의사퇴직에는 민의련의 장래전망이 불투명하기 때문이라는 이유가 반영되어 있다는 점, 병원의 의사노동이 고밀도화하고, 질병의 생물

적 추구를 우선하여 노동과 생활의 관점에서 파악하는 것이나 민주적 집단의료를 추구하는 힘이 약화된 점 등을 지적했다. 또 의사노동을 개선하고, '과학과 휴머니즘'에 기초한 종합적 역량을 갖는 의사집단을 형성해야 하는 점을 제기했다. 의사노동 완화 등 각 지역에서 제기에 따르는 노력이 이어졌지만, 현실의 의사구조가 즉각적으로 크게 진척되지는 못했다.

(3) 의사확보와 양성과제

1998년 11월 의학생위원장 회의에서는 신임의사 영입이 증가하지 않는 가운데 방침전환을 모색했다. 의학생 대책이 중대한 벽에 막혀 있다는 인식에서 그때까지 4년간에 걸쳐 시행해온 방침의 수정이 필요하다고 의학생위원회가 제시한 내용에 대해 결론적으로는 '90년대형 의학생 대책'('민주적 의학생 운동을 향한 조직적인 지원'과 '민의련에 공감해 입사하는 의사를 확보한다.'라는 두 가지 역할)의 부정은 아니지만 더욱 철저화할 필요가 있다고 서술했다. 그리고 당면 졸업생 대책 등의 활동을 강화하면서 동시에 장기방침을 갖고 특히 졸업 후의 연수를 중시하도록 제기해, '의학생 모임이나 장학생활동 영역 밖에 있는 새로운 계층을 향한 대책'을 강조했다.

1999년 4월 '민의련 기초연수의 과제와 전망'이라는 방침을 발표했다. 방침은 제일선 의료의 담당자를 육성한다는 것, 일차의료에서 민의련 연수의 우위성을 밝히는 것을 연수의 목적으로 하고, 연수의 기본적 입장으로 '① 환자의 목소리에 귀 기울이는 겸허하고 성실한 자세를 배양한다. ② 의료의 안전성을 중시하고, 의료기술의 성과를 몸에 익혀 환자에게 도움이 되는 자세를 관철한다. ③ 외부와도 협력해 외부에서도 평가받을 수 있는 보편성 있는 연수를 지향한다.'는 점을 열거했다. 그리고 연수목표나 커리큘럼 제작, 의료의 사회성을 배우고 진료소 연수 등을 구체적으로 제기했다.

1999년 8월 제33기 제3회 평의원회는 '의사의 확보와 양성과제로 민의련 조직의 힘을 집중하자.'라고 주장했다. 그리고 즉각 착수해야 할 과제로 '① 목적을 분명하게 하는 의사노동의 경감, ② 의국의 연대형성'을 제시하고 '의사로서 사회적 사명과 사는 보람을 새롭게 느끼게 해야 한다.'고 강조했다. 같은 해 9~10월의 '의학생 대책에서의 비약을 지향하는 대운동'을 제기했다. 대운동은 장학생 100명 이상 확대를 목표로 해 105명을 증원했다.

의학생의 장학생 추이를 보면, 1996년 419명, 2000년 417명을 정점으로 감소경향에 브레이크를 걸지 못했으며, 2004년 4월 이후 장기간에 걸쳐 320~350명 전후를 나타냈다. 그 후 많은 노력으로 2011년 8월에 400명대를 돌파했다.

(4) 의학생 대책·의사문제에 대한 제기

2000년 제34회 총회는 '의사문제의 타개는 계속되는 최대의 과제'로 규정하고, '① 의학생 대책의 목표를 2년간 300명의 신임의사 영입, 장학생 200명 증원, ② 의사연수의 충실화 도모, ③ 퇴사하지 않는 의사집단 마득기에 전력을 다하고, 의사노동의 경감과 여유 있는 근무, ④ 민의련운동의 차세대 의사리더를 양성해 간다.' 등으로 제기했다.

2000년 새로운 의사(신임과 기졸업자의 의사국가시험합격자)의 영입은 116명이었다. 6월에 개최한 전일본민의련의사·의학생위원회는 '민의련의 의사문제 타개를 지향하고 여름까지 모든 지역협의회·지역연합에서 의학생 대책의 파도를 만들어갑시다.'라는 호소문을 발표하고 2001년 졸업자에 대해서는 어떻게 해서든 150명을 돌파하기 위한 활동강화를 주장했다.

같은 해 7월 의사위원장회의는 1980년대 이후 의사집단의 경과를 총괄하고, '최대의 조직적 과제'인 의사문제의 기본인식과 방침을 제기한 것으로 중요하다. 즉 의사문제는 의사의 확대재생산이 어려움에 봉착해온 것도 있고, 마을 만들기의 거점이 되어야 할 의원급 진료소의 건설이 증가하지 않았으며, 민의련을 향한 지역이나 공동조직 동료들의 기대에 조직적인 대응을 못하게 만드는 점도 있어서 지역연합·법인 등 민의련 조직 전체가 전력을 다해 해결해야 할 문제라고 인식했다. 1980년대부터 1990년대에 걸쳐 민의련의 의사집단은 전문의 법제화나 보험의 인턴을 저지하는 등 일본의료의 본질에 큰 영향을 주는 투쟁에 참여해 성과를 올렸다. 그럼에도 불구하고 신임의사 영입이 후퇴한 것에 대해 1990년대 후반 의학생운동이 약해졌고, 민의련에 입사하면서 처음부터 의료와 사회의 문제를 생각할 수밖에 없는 청년의사가 증가했다는 것, 이들을 지도해야 할 사람도 확신을 갖고 회원기관이나 지역연합의 활동내용과 결합하면서 민의련을 이야기하는 점에서 취약점이 있었다는 것, 의국이 의사집단의 집결점이 되지 못했다는 점, 나아가 회원기관의 지역 내 역할 등에 대한 의사집단의 토론이 약했다는 점을 지적하고, 여기에서 탈피할 수 있는 키워드는 '의사의 사회적 사명'이고, 단순하게 전문기술의 문제가 아니라 인간이나 사회에 대한 생생한 이해라는 차원에서의 '종합성'을 사회상황이나 사는 보람의 관점에서 심화시킬 필요가 있다는 점을 지적했다.

그리고 실천적 방침으로 민의련의 임상수련병원을 최대한 확대하고 의사노동의 경감은 의사가 진료로 인해 의사위원회에도 참석하지 못하는 상황을 없애기 위해 시행한 것이라고 목적을 명확하게 밝히고, '① 사회적 사명과 종합성을 주제로 의사집단이 논의하는 장을 의사위원회가 만들어 간다. ② 회원기관·법인·지역연합을 다시 한 번 주시하고, 이들 조직과의 결합을 통해 의학생 대책에서 그간의 활동을 전달하고, ③ 청년의사의 성장, ④ 사직하지 않는 의사집단 만들기를 추진하기 위해 지역협의회 등에서 교류를 강화한다.'는 내용을 제기했다.

이해 11월 신임의사 임상수련필수화 법안이 통과되어, 2004년부터 실시하게 되었다. 법안은 지금까지 대학중심, 전문의양성에 역점을 두었던 의사배출제도에서 모든 의사가 초기단계부터 종합적 진료능력을 배양하고, 제일선 의료를 담당하는 과정에서 병상규모에 상관없이 지역에 밀착하는 병원에서 수련의 중요성을 인정받은 것으로 많은 의료관계자, 민의련의 운동과 주장이 크게 반영된 것이었다.

2000년 상근의사실태조사에서 민의련의 상근의사가 처음으로 3,000명을 넘어섰다. 그러나 증가율은 아직도 더디기만 했다.

2001년 8월 간사이 의대의 수련의가 과로사(1998년 8월)한 사건으로 오사카지방법원의 사카이 지부법원은 수련의가 '과로사 한 것'으로 인정하고, 과로사에 대한 손해배상청구를 인정했다. 뒤에 산재로도 인정받았다. 산재 인정에 민의련 의사가 적극적으로 관여했다. 이것은 수련의의 근무조건이 얼마나 열악한지를 분명하게 드러낸 판결이었다.

2002년 제35회 총회방침은 민의련 사업소가 지역에서 수행해야 할 역할을 점검하고 전파해 가는 것이 의학생 대책과 의사양성을 진전시키는 기본이라는 점을 확인하고, 의학생 대책 활동에서 관리부가 책임을 갖고 추진구조를 확립하도록 강조했다. 또한 '의사 개개인이 소중한 의국운영이나 의사노동 개선을 추진하고, 의료·복지구상 논의에 의사집단이 적극적으로 관여해 갈 것'을 제기했다.

이처럼 1990년대 후반의 민의련운동의 약점은 의사문제와 경영문제라고 인식해 왔다. 경영문제는 다양한 문제를 남겼지만, 2000년 결산에서 1990년대 이후 최고인 81%의 법인이 흑자라는 점에서 알 수 있듯이 일정하게 개선되었다. 그러나 의사문제는 용이하지 않았다. 또한 2000년 이후 진료수가 인하 등 의료비억제정책으로 인해 경영문제도 새로운 난관에 빠져들었다.

(5) 21세기 간호를 지향하며

당시 민의련의 신규간호사 영입 수는 1998년 1,168명, 1999년 1,207명, 2000년 1,193명, 2001년 1,051명으로 대개 순조롭게 진행되었다. 이렇게 된 주요원인으로 제33회 총회방침에서 '민의련 간호에 대한 확신이 직원만이 아니라, 제32기 처음 참여했던 DANS(전일본민의련간호학생세미나: Dear Active Nursing Students) 같은 간호학생 대책활동을 통해 학생들에게 확산되었다는 점, 고등학생부터 조직적인 참여에 의한 장학생 증가, 일정한 수준의 노동조건 개선'을 열거했다. 그와 동시에 당시 국공립병원 등이 채용을 하지 않은 상황도 반영됐다고 생각할 수 있다. DANS는 전국차원에서 시행하던 것을 각 지역협의회 단위에서 수정해 보다 친근하게 교류할 수 있게 했다.

이처럼 새로운 인재확보를 디딤돌로 해 2000년 개호보험실시에 따른

민의련의 활동은 순조롭게 진행되었다. 경력간호사가 재가분야, 케어매니저, 노인보건시설, 요양병상 등 새로운 분야를 담당해 싱싱하게 활동해 왔다. 그렇지만 병동 등 다른 한편에서 간호의 경험축적, 계승이라는 관점에서 본다면 취약성을 동반했다.

간호사는 보건사, 조산사, 준간호사 합계 인원으로 1990년에 상근환산 1만 5,022.5명에서 2001년에는 2만 1,171.6명으로 40.9% 증가했다. 간호사는 의료활동의 향상이나 개호사업에 대한 적극적 대응을 수행할 때 큰 역할을 담당했다.

1997년부터 간호교육 커리큘럼개정[주7], 전문학교의 4년제 대학화 등의 영향이 점차 나타나기 시작했으며, 경영상황에서 간호학생 대책 구조를 약화시킨 경향이 드러났다고 제34회 총회는 지적했다.

전일본민의련 간호부는 민의련간호가 축적해온 내용 중에 21세기에도 계속해서 계승해야 하는 내용은 무엇인가라는 관점에서 민의련 간호의 수정을 검토했다.

2년마다 열리는 '간호개호연구교류집회'는 제4회는 1998년 9월 '국민이 요구하는 간호는'을 주제로 아오모리(青森)에서, 제5회는 2000년 9월 '21세기에 풍부하게 발전시키자, 인권을 지키는 민의련간호 ~ 안심하고 계속해서 살 수 있는 마을 만들기의 추진바퀴로 ~'를 주제로 오사카에서 개최했다. 2010년에 제10회 교류집회를 니시가와에서 개최했다. 2002년 3월부터 간호부라는 명칭을 폐지하고 간호사라는 명칭으로 변경했다.

주7) 실습시간의 감소, 간호과정·간호진단론 등 1990년에 도입된 커리큘럼이 일정하게 자리 잡은 가운데, 1997년 개정에서는 20%의 스페셜과 80%의 제너럴리스트로 간호사를 구분해 가는 방향을 포함해 임상실습을 대폭 감소하는 내용이었다. 이것은 뒤에 졸업 후 임상현장에서 필요한 지식이나 기술의 습득이 크게 모자라는 상황이 되었으며, 특히 급성기 현장에서 간호사의 퇴직이 급상승하는 사태로 연결되는 원인이 되었다. 전일본민의련은 1993년에 '간호사양성(졸업 후 초기연수)에 요구되는 관점과 과제'라는 방침을 제시했고, 2002년 6월 이것을 다시 한 번 강조했다. 즉 신규 간호사를 있는 그대로 받아들이고 간호사 육성 배경을 잘 이해하게 하며 환자로부터 인간의 존엄성을 배우고 기술연수를 중시해 납득한 다음 실천하게 하는 과정의 중요성을 강조하는 등 영입하는 측에서 프리젠테이션을 높일 수밖에 없다는 내용이다.

(6) 교육활동

1990년 이후 전일본민의련은 일관되게 부서단위교육 정착을 위해 역점을 두었으며, 육성면접 제도화 등을 추진했다. 또한 학자·연구자의 협력을 받아 소책자를 제작해 2000년대 청년을 향한 소책자 〔내일로 이어지는 – 주시하는 나, 열린 미래〕, 〔과학적 사고능력을 기르자〕(안자이 이쿠로(安斎郁郎) 저)를 발행했다.

청년 잼보리는 2001년부터 전국 잼보리를 격년 단위로 개최하고, 잼보리 운동의 일상화를 중시해 전국 잼보리가 없는 해를 중심으로 지역협의회나 지역연합 차원에서 실시했다. 청년직원의 자주적 성장을 후원하기 위해 지역연합 청년위원회를 설치하는 곳이 나타났고, 각 지역연합에서 민의련 운동을 담당할 차세대 직원육성을 중시하는 활동이 시작되었다. 또한 차기 간부 양성이 시급하다고 판단하고, 2004년 1월부터 연 1회 의사, 간호사, 사무 등을 대상으로 하는 고위관리자 연수회를 개최하다

제10절 평화·사회보장을 둘러싼 투쟁

(1) '구조개혁' 노선과의 투쟁

2000년 가을에는 임시국회에 노인환자 1할 정률부담 법안이 제출되었다. 자민당과 공명당이 연대해(1999년 10월부터) 법안은 많은 국민, 고령자의 반대를 억누르고 통과되었다. 또 의료법의 제4차 개정(일반병상과 요양병상의 선택을 2003년 8월까지 결정)도 결정했다. 부속결의로 고령자 의료제도의 창설이 제기되었으며, 일본공산당 이외의 정당은 모두 찬성했다.(공명당은 1998년 참의원선거에서 '의료비의 새로운 부담증가에 단호히 반대'(공명신문 1998년 6월 6일)한다고 공약함) 일련의 개악조치로 노인환자는 원칙적으로 10% 부담하게 되었다. 다만 진료소는 신고하면 1회 800엔의 정액부담도 인정했고, 월 부담 상한액(정률의 경우 월 3,000엔,

정액의 경우는 4회 3,200엔)도 정했다.

개악조치는 2001년 1월부터 실시했다.

2001년 4월에 탄생한 고이즈미 정권은 9월 '겐포(健保) 본인 3할, 노인 1~2할의 환자부담 증액', '노인보건제도 대상을 75세 이상으로 한다.', '보험료의 대폭인상', '고령자의 의료비 총액관리제도', '진료수가의 대폭 삭감, 특정요양비 제도*의 확대' 등 중대한 개악안을 제기했다. 그러나 재계는 이에 만족하지 않고 고령자만이 아니라 '의료급여비용 전체를 억제·총액관리를 도입'할 것, 나아가 '혼합진료해제', '보험면책제도 도입'**, 'DRG/PPS(진단군별 포괄지불방식) 도입', '병상수의 근본적 삭감'을 경제재정자문회의에서 주장했다.

2001년 8월 제34기 제3회 평의원회는 '의료 대개악 저지, 공동조직 강화발전을 지향하는 대운동'을 제기했다. 그리고 이단렌(医団連), 중앙샤호쿄(社保協)와 함께 '생명을 죽이는 고이즈미 개혁반대'의 슬로건을 결정하고 10·24집회, 2·14 대집회(2002년 2월 이단렌·중앙샤호쿄·국민춘투공동투쟁의 공동주최) 등을 벌였다. 나아가 150만 매의 선전지, 50만 매의 포스터, 의료개악반대 라디오 광고, 노면전차의 전면광고 등 각 지역에서 창의적인 선전활동을 벌여나갔다. 또한 직원, 공동조직을 중심으로 학습회를 왕성하게 개최했다. 전일본민의련은 이러한 활동을 위해 특별모금활동을 제창하고, 전국에서 1억 7000만 엔을 모금했다. 서명은 350만 명에 달했다.

민의련의 견인차 역할은 운동전체를 고양시키고, 여론을 변화시켜 나갔다. 의료개악반대서명은 2002년 7월에 2700만 명을 받았다.

일본의사회는 좀 더 일찍 서명운동을 추진했다. 6월 일본의사회, 일본치과의사회, 일본약사회는 연명으로 '건강보험법 등 일부 개정안의 신중한 처리를 요구하는 성명'을 발표했다. 전일본민의련은 일본의사회를 비롯 일본치과의사회 같은 단체와도 적극적으로 간담회를 갖고 공동행동을 확대했다.

이러한 국민적인 투쟁 결과, 의료비의 '총액관리제도' 등은 국회제출 전에 취소되었고, 재계의 의도는 실현되지 못했다. 그러나 개악법안은 2002

년 7월에 통과되었다.(노인환자 완전 정률부담이나 6개월 초과하는 입원의 입원기본료 특정요양비 등의 실시는 10월, 겐포(健保) 본인 3할 부담은 2003년 4월에 실시) 그것에 앞서 4월 실시하는 진료수가개정은 사상 처음으로 기술료 자체의 인하를 단행했다. 2002년 개악으로 당초 목표를 달성할 수 없었던 정부·재계는 더욱더 전면개악을 지향했다.

* 역자주: 특정요양비 제도는 의료보험의 피보험자가 보험 적용범위 밖의 진료를 받는 경우, 해당 병원에서 소요된 비용의 전부를 자기가 부담해야 하지만, 고도선진의료를 시행하는 특정승인보험의료기관(대학병원 등의 상급종합병원)에서 진료를 받는 경우, 또는 선택진료를 받는 경우에 통상 기본진료 부분비용에 대해 의료보험을 적용한다.(본인부담 30%) 말하자면 앞에서 언급한 '혼합진료'의 예외적용이라 할 수 있다. 이 제도는 2006년 9월 30일 폐지되었다.

** 역자주: 보험면책은 의료비의 일정금액을 의료보험 대상에서 제외해 환자부담으로 하는 제도이다. 1회의 진료에 소요된 의료비 중 예를 들면 500엔이나 1천 엔이라는 일정금액을 환자부담으로 하고, 의료보험은 이 금액을 초과하는 부분에 적용한다. 많은 돈이 들어가는 중증질병에는 보험을 적용하고 감기 등 경미한 질병은 보험비용이 지출되지 않는다는 것이 이 제도의 명분이라고 할 수 있다. 환자 본인부담이 증가하기 때문에 가벼운 질병에 대해서는 의료기관 이용을 억제하는 효과가 있다. 이 제도는 결국 채택되지 못했다.

(2) 진료받을 권리를 지킨다

2001년 4월부터 자격증명서 발행이 의무화되었다. 2000년 6월에 고쿠호(国保) 보험료 체납자는 370만 명, 자격증명서·단기보험증의 발행이 급증했다. 민의련은 전국 각지에서 고쿠호(国保)보험료의 집단감면신청이나 단기보험증, 자격증명서를 발행하는 등 투쟁을 추진했다. 수진이 늦어져, 불행한 상황에 처한 사례를 고발하고, 여론에 호소해 가는 활동을 추진했다. 또한 의료비부담이 어려운 환자가 진료받을 권리를 지킬 수 있도록 각 자치단체에 대해 고쿠호(国保) 44조*의 적용을 요구하는 운동이나 진료받을 권리를 지키기 위한 교섭을 진행했다.

이러한 활동은 그때마다 전국적으로 교류도 하고, 경험이나 교훈을 보급했다. 또한 중앙사회보장추진협의회의 일원으로 기타큐슈·후쿠오카 시에서 국민의료보험 현지조사를 시행하고, 문제를 고발했다.

* 역자주: 일본의 국민건강보험법 제44조는 다음과 같다.
제44조 보험자는 특별한 이유가 있는 피보험자가 보험의료기관 등에서 제42조 또는 제43조의 규정에 의

한 일부부담금을 지불하기 어렵다고 인정되는 경우, 다음 각호의 조치를 채택할 수 있다.

　①일부부담금을 감액하는 것

　②일부부담금의 지불을 면제하는 것

　③보험의료기관 등에 대한 지불에 대신해 일부부담금을 직접 징수하거나, 징수를 유예하는 것

2. 전항의 조치를 받은 피보험자는 제42조 제1항 및 제43조 제2항의 규정에도 불구하고, 전항 제1호의 조치를 받은 피보험자의 경우 감액된 일부부담금을 보험의료기관 등에 지불하고, 동항 제2호 또는 제3호의 조치를 받은 피보험자에게는 일부부담금을 보험의료기관 등에 지불하지 않는다.

3. 제42조의 2의 규정은(참고: 5엔 미만 절사) 전항의 경우에 일부부담금 지불에 대해 준용한다.

(3) 9·11테러와 자위대의 해외파병

　2001년 9월 11일 미국 뉴욕에서 동시다발 테러가 발생했다. 부시 대통령은 '테러소탕작전'을 선포하고 11월에는 아프가니스탄에 숨어 있던 알카에다 간부에 대한 보복전쟁을 개시했다. 많은 나라가 보복전쟁에 반대하는 가운데 고이즈미 정권은 신속하게 미국 부시 정권의 방침을 지지하며 테러특별조치법(2001년 11월 2일 시행)을 제정하고 해상자위대의 해외파병을 강행했다. '고이즈미 정권은 미국의 개'라고 국내외에서 조롱받는 상황이었다.

　9월 22일 전일본민의련은 '자위대의 해외파병 반대, 폭력과 보복의 연쇄사슬을 끊고 법과 도리에 입각한 테러근절을'이라는 회장 담화를 발표하고 '폭력적 보복으로는 평화를 지킬 수 없다.'면서 전국각지에서 테러보복전쟁반대, 자위대의 해외파병 반대운동을 강화해 갔다. 한편 테러 이후 헌

이라크전쟁반대! 대집회
(2003년 3월 15일, 이와테)

법 개악, 특히 헌법 9조를 개정하고 전쟁 수행이 가능한 나라로 만들려는 움직임이 두드러지게 강해져 갔다. 헌법 9조가 모든 무력행사를 금지하기 때문에 해외파병의 이유를 '후방지원'으로 한정할 수밖에 없는 제약을 탈피하고자 한 것이다. 개헌론자들은 9조를 개정해 유엔군 지원이든 미군 지원이든 '집단적 자위권'이라는 명분하에 일상적인 전쟁수행이 가능한 국가를 지향하고자 했다.

이러한 동향에 대해 민의련은 '생명을 지킨다.', '전쟁반대'를 내걸고 활동을 강화했다.

제11절 공동조직의 확대강화와 민의련 조직

(1) 공동조직의 종합적 발전

공동조직구성원은 2000년 총회 당시 247만 7천 명, [이쓰데모 겡키(언제나 건강)]은 4만 246부였다. 민의련은 총회에서 '비영리·협동'을 제기했으나, 실제 운동으로 추진해 가는 과정이 공동조직의 발전에 결정적이라고 생각하고 '공동조직이 민의련 이외의 의료기관에도 활동해 자치단체와 교섭하는 등 민주적인 지역의료 만들기, 마을 만들기 활동에서 진정한 주역으로 활동해야 한다.'는 점을 제기했다.

각 지역의 공동조직은 보건대학이나 헬퍼 양성강좌를 민의련과 함께 열고 NPO법인을(역자주: 비정부조직) 설립해 개호사업이나 통원수단 확보 등 다양한 '협력'활동을 적극적으로 추진했다. 2003년 12월에는 공동조직 회원이 301만 5천 명이 되었고, [이쓰데모 겡키]는 5만 부를 돌파했다. 또한 공동조직 지역연합 연락회가 전국 각 지역 현에서 만들어졌다.

2년에 1회 개최하는 전국공동조직활동교류집회는 매번 내용을 풍부하게 구성했다.

2004년 제36회 총회에서는 향후 10년간 400만의 공동조직과 10만의 [이쓰데모 겡키] 구독을 실현해 지역에 뿌리내린 '안심하고 계속해서 살 수 있는 마을 만들기'를 추진하자고 호소했다. '안심하고 계속해서 살 수 있는 마을 만들기' 슬로건은 1999년에 도야코(洞爺湖)에서 개최된 제5회 전국 공동조직활동교류집회에서 제기된 것으로 '모든 활동을 공동조직과 함께'라는 슬로건과 함께 지금도 공동조직활동의 중심적인 슬로건이다.

(2) 민의련 조직의 강화

1. 지방협의회 설치

제33회 총회에서 규약을 개정해 8조 7항에 '이사회는 연합회를 강화하고 연합회 간의 연대를 추진하기 위해 지방별 연합회의 협의회를 설치하고, 이사회가 필요한 회의를 소집하는 등 지도에 임한다.'고 규정했다. 이후 지역협의회(지협)의 활동은 점차 강화되었다. 각 지역연합·법인의 문제에 대해 구체적으로 검토하고 특히 의학생 대책에서 지협에 반전임자를 두고 인건비를 각 지역연합에서 담당하는 등 힘을 발휘했다.

평화와 노동센터

이와 같이 지협차원에서 직종 간의 교류나 연대가 강화되었다. 전일본민의련은 제34회 총회 이후 이 활동을 지원하기 위해 조직강화, 예산증액 같은 조치를 실시했다.

그리고 제35기에는 전일본민의련의 이사회 기능의 하나로 전일본민의련이 사회와 각 지협에서 선발된 운영위원으로 지협운영위원회를 구성해 정례화했다. 이것으로 '법인·사업소의 벽은 지역연합에서, 지역연합의 벽은 지협에서, 지협의 벽은 전국에서'라고 지금까지의 교류나 연대의 틀을 넘어 전일본민의련의 활동을 현장에서 지도·후원을 강화하게 되면서 커다란 역할을 수행할 수 있게 되었다. 현재 홋카이도, 도호쿠, 기타칸토(北關東)·고신에쓰(甲信越), 간토, 도카이(東海)·호쿠리쿠(北陸), 긴키(近畿), 주고쿠(中国)·시고쿠(四国), 규슈·오키나와에 7개 지협이 설치되었다.

2. 국제활동

1999년 기후(岐阜)민의련이 탄생했다.

2001년 5월 전일본민의련의 사무국은 신주쿠농협회관에서 오차노미즈(お茶の水)에 신축한 평화와 노동센터(젠노렌회관)로 이전했다.

2000년 이사회 내에 국제부를 설치했다. 프랑스 FMF(공제조합)나 한국의 원진재단·녹색병원 등 아시아 여러 국가와 교류했다. 2000년 총회에 참가한 FMF대표단은 각 지역의 민의련 사업소를 방문하고 교류했다. 그 후 타조직에 합류하였기 때문에 현재는 교류하지 않는다.

2000년에 아이치(愛知)에서 개최한 제7회 학술운동교류집회에 한국의 원진재단·녹색병원의 이사장, 원장을 초대했다. 또한 총회에도 초대하는 등 교류를 추진해, 2006년 제37회 총회(센다이)에서 상호교류협정을 체결했다. 원진재단·녹색병원은 한국민주화투쟁 과정에서 노동자·시민의 힘으로 태어난 재단·병원이다. 민의련에서도 적극적으로 녹색병원이나 한국인도주의실천의사협의회(인의협), 한국보건의료단체연합을 방문한다. 또한 핵무기금지세계대회를 비롯해 한일간의 평화와 인권을 지키는 운동에서 교류를 확대해 나간다. 2010년에는 한국의 낙도에서 실시한 의학생 실습에 민의련의 장학생이 참가하기도 했다.

또한 교토 등 간사이를 중심으로 하반신결합 쌍둥이나 미군에 의한 고엽제 피해자 지원활동을 지속하며, 2000년에는 간사이에서 하반신결합 쌍둥이를 초청해 평화교류를 시행했다.

2003년 전일본민의련 창설 50주년을 기념하고 중국, 한국으로 평화와 의료를 생각하는 여행을 가기도 했다.

2005년에는 의료·복지의 선진국 스웨덴을 견학했다. 또한 2009년 이후 의료비·교육비가 전액 무료인 쿠바를 견학한다. 견학에 즈음해 쿠바정부, 대사관과 간담회를 열고 있다. 페르난데스 주일 쿠바 대사는 민의련에서 강연하고 '쿠바는 미국의 경제봉쇄 등으로 대단히 가난한 국가이다. 그러나 우리나라는 자부심이 있다. 바로 인간의 행복을 추구하는 사회라는 점이다. 가난해도 의료와 교육은 무료로 시행한다.'고 했다. 세 번에 걸친 견학을 통해서 '경제성장 = 인간의 행복'이 아니라는 점을 실감했다. 제1회 견학보고는 '의사들이 본 쿠바의료의 비밀'이라는 제목의 DVD로 발행했다.

(3) 의료·복지선언 만들기

2002년 제35회 총회에서 전국적인 토론을 거쳐 '전일본민의련의 의료·복지선언'을 결정했다. 또한 각 사업소, 직장의 의료·복지선언 만들기도 추진해 전국 각지의 사업소, 직장에서 자발적으로 직장의 의료·복지선언을 작성했다. 그 내용은 CD에 모아 발행했다.

'전일본민의련의 의료·복지선언'은 비영리·협동을 강조하는 것이 특징이다. 사나타 나오시(真田是) 씨(리치메이칸(立命館)대학 명예교수)가 비영리·협동론에 대해 '비영리·협동은 노동운동으로 집약되어온 것과는 달리 계급·계층에 다양한 주제가 나타나고 있어, 새로운 가능성을 갖고 확산되는 운동'이라고 지적한 바와 같이, 강령의 입장에 근거해 민의련이 '보다 열린' 조직으로 나아갈 방향을 나타낸 것이다.

제3장 '생명과 생활'을 둘러싼 대항의 시대

2002년 제35회 총회는 의료·사회보장에 대한 전면적인 공격을 정확하게 바라보고 신자유주의에 기초한 구조개혁이 국민생활의 어려움을 증가시켜 '생명과 생활을 둘러싼 격렬한 대항의 시대'가 될 것으로 예측하고, 이전 총회의 인권과 비영리를 지향하며 '보다 열린 민의련', '사회적 사명과 주체성·민주성', '연대와 공감'이라는 키워드를 실천적으로 발전시켜가는 방향을 도출했으며 '의료개악저지 대운동'을 주장했다.

제1절 '안전·안심'의 의료와 평화를 지키는 운동

(1) 가와사키(川崎)협동병원 사건

총회 직후에 드러난 것이지만, 가와사키협동병원에서 '기관지튜브제거·근이완제 투여사건'이 발생했다. 같은 해 9월에는 교토민의련 주오(中央)병원의 '검사허위보고·부정청구'사건이 드러났다. 그 외에도 민의련 병원의 의료사고가 신문 등에 보도되었다. 전일본민의련은 의료안전문제, 민의련의 조직을 지키는 것에 크게 역점을 두지 않을 수 없는 상황이었다.

이러한 사건은 민의련의 의료활동 자체와 관련된 것이고, 사회적 신뢰와 관계된 문제였다. 공명·자민의 집권여당은 이들 사건을 파악하고 본격적으로 민의련을 겨냥해 공격해왔다. 2002년부터 4년간은 우선 이러한 공격을 의료의 질을 개선하면서 '안전·안심·신뢰·공동운영'의 의료활동을 재구축해 가는 과정으로 극복해가며, '의료·경영구조의 전환'에 도전하고 나아가 광범위한 환자·주민과의 신뢰관계를 향상시켜야 했던 시기로 특징지을 수 있다. 또한 엄중한 상황 속에서 '구조개혁'이라는 발본적 개악에 대한 투쟁에 전력을 다해 환자, 이용자의 의료·개호 받을 권리를 지키기 위해 헌신적으로 분투했다.

(2) '9조 모임' 운동

이라크 전쟁이 시작되고, 개헌의도가 급속하게 강해졌다. 2004년 6월 오에 겐자부로(大江健三郎: 작가), 우메하라 다케시(梅原猛: 철학자), 오다 마코토(小田実: 작가), 이노우에 히사시(井上 ひさし: 작가), 사와치 히사에(澤地久枝: 작가), 가토 슈이치(加藤周一: 평론가), 쓰루미 슌스케(鶴見俊輔: 철학자), 오쿠다이라 야쓰히로(奥平康弘: 헌법연구자), 미키 무쓰코(三木睦子: 유엔여성회) 등 9명이 일본헌법을 지켜야 한다는 점에서 헌법 수호선언을 발표하고, '9조 모임' 운동을 주장했다. 이것을 계기로 '9조를 지키자'는 풀뿌리 운동이 급속하게 확산되어 갔다. 현재 전국에 8천 개 가까운 9조 모임이 조직되었다. 이러한 풀뿌리 운동을 반영해, 2009년 헌법기념일에 요미우리신문이 실시한 여론조사에서는 '9조를 개정할 수 없다.'가 63%에 달했다.

[헌법 9조 선언]기자회견

2004년 전일본민의련 이사회는 전국의 사업소, 직장에서 헌법문제에 대한 학습운동을 기초로 선전행동이나 다양한 평화수호 활동을 강화해 갔으며, 모든 사업소, 직장에 '9조 모임'을 수립하도록 제기했다. 또한 매월 9일과 25일을 헌법 9조와 25조를 주제로 하는 '민의련 행동일'로 명명했다. 이 제기에 따라 많은 사업소, 직장에 '9조 모임'이 발족했고, 평화자전거 릴레이나 마라톤, 평화풍선 날리기(매년 9월 9일), 콘서트, 9일·25일 선전 등 다채로운 활동을 지속하고 있다. 현재 민의련의 사업소·직장에 1,500개 이상의 '9조 모임'이 설립되었다.

(3) 헤노코(辺野古) 지원연대행동

2004년 8월 오키나와 국제대학에 거대한 전투용 헬리콥터가 추락하는 사건이 발생했다. 불행 중 다행으로 인명피해는 없었으나, 까딱 잘못했다면 대참사가 일어날 뻔한 사건이었다.

기지문제에 대해선 세계 제일의 위험한 기지로 불리는 후텐마(普天間) 비행장의 상설화를 용인하고, 후텐마기지의 이전지로 미일 정부간에 합의

아오모리·아케보노 약국의 9조를 지키는 [행동하는 날](2007년 1월 9일)

제1차 헤노코지원연대행동(2004년)

한 나고(名護) 시의 헤노코 지구에 신기지 건설을 추진하자 기지반대운동이 크게 일어났다. 전일본민의련은 오키나와 현민의 분노와 운동에 호응해 2004년 10월에 제1차 헤노코지원 연대행동을 개시했다.

행동에는 특히 청년직원이 많이 참가해 참가한 직원을 중심으로 각 지역에서 보고집회 등을 개최했으며, 운동은 더욱 확산되어 갔다. 민의련은 2010년 총회 시까지 20차에 걸쳐 헤노코지원 연대행동을 계속적으로 수행했으며, 참가자는 2천 명을 넘어섰다. 2008년 봄 제16차 행동에서는 환경조사 중이던 쓰카하라 쓰쓰무(束原進) 전일본민의련 부회장(단장·나가노 중앙병원 원장)이 물에 빠져 사망하는 슬픔도 겪었다. 쓰카하라 부회장의 의지를 이어받아 교훈을 되새기면서 연대행동을 재개했다.

현민과 전국의 다양한 운동을 반영해 2010년 1월에 시행한 나고 시장 선거에서는 기지이전반대를 주장한 시장이 당선되는 등 이전 계획자체를 단념할 수밖에 없는 상황을 조성했다.

(4) '전쟁과 의료의 윤리'를 검증하는 모임

민의련은 호단렌(保団連)과 함께 '9조 모임·의료인의 모임' 결성에 적극적으로 관여해, 사무국단체로 헌법을 지키는 투쟁을 추진했다. 의료인의 모임에서 히노하라 시게아키(日野原重明) 씨를 비롯해 일본 의료계의 저명 인사가 참여했으며, 2005년 9월 25일자 아사히 신문에 전면광고를 시작으로 2005년 이후 매년 기념강연회를 개최한다. 현재 전국에 약 5천 명 가까운 동조회원이 있으며, 그 외 10여개 현에 '9조 모임·의료인의 모임'이 결성되었다.

또한 2007년에 오사카에서 개최한 일본의학회 총회에서는 제1편 끝 부분에서 언급한 '731부대' 문제를 비롯해 일본의료계가 진실로 전쟁책임을 총괄하지 않고 있다는 점을 근거로 의학회 총회에서 이 문제를 거론해 "전쟁과 의료의 윤리' 검증을 추진하는 모임'을 조직했다. 그러나 의학회 총회의 정식 주제로 채택되지는 않았다. 실행위원회는 독자적으로 미국, 중국 등에서 주요인사를 초청해 심포지움을 개최하거나 자체 제작한 판넬을 전시했다. 헌법 9조를 변경하려는 움직임에 대해 양심적인 의사, 의학자, 의료관계자가 이러한 문제의식을 갖게 된 의미는 크다. 모임은 지금도 계속 활동한다.

제2절 야마나시(山梨)·겐와(健和)의 새로운 역사

제35회 총회는 의료개악에 대한 전면적인 투쟁과 함께 현장에서 지원하는 활동을 중시할 것, 경영곤란지원규정(전국연대기금을 포함)을 신설하고, '종합연구소(가칭)' 발족 등을 제기했다.

2002년 5월 야마나시긴이쿄(山梨勤医協)가 고후(甲府)공립병원의 신병원을 완성하고, 도산 때 재건에 관여한 지역이나 전국의 동료들이 참여하는 축하회를 열었다. 도산으로부터 17년째 되는 해의 일이었다. 야마나시 근로자의료협회는 여기에서 새로운 역사를 썼던 것이다.

후쿠오카 겐와카이(健和会)는 2002년까지 4년간 33.5억 엔의 이익을 올렸다. 2003년 6월 리소나 은행에서 공공자금을 도입하던 상황 중에 각서를 변경하고 원금상환·보류이자 감축을 신청해 2003년 말에 보류이자

5.5%를 지불하고 나머지 94.5%는 면제한다는 회답을 받았다. 후쿠오카 겐와카이의 비정상적인 재무구조는 기본적으로 해소되었으며, 1985년에 부도수표를 낸 이후 시작된 민의련의 재건을 사실상 완성했다.

2002년 6월 전일본민의련 공제조합 총회에서 민의련연금을 존속시키기 위해 급여내용을 개정했다.

제3절 '비영리·협동종합연구소 생명과 생활'의 창설

2002년 10월 전일본민의련과 모든 지역연합, 많은 법인, 개인과 연구자, 전문가가 참석해 특정비영리활동법인 '비영리·협동종합연구소 생명과 생활'(이사장 가쿠라이 야쓰오(角瀬保雄))을 발족했다. 민의련운동의 싱크 탱크이면서 동시에 시장주의도 아니고 국가주의도 아닌 시민이 주체로서 '참가·협동·연대'를 중심기조로 하는 '비영리·협동'의 본질을 탐구하는 등 폭넓은 활동을 기대했다.

연구소는 그 후 기관지 [생명과 생활] 발행, 연구사업, 강연회, 비영리· 협동의 취지에 따르는 연구활동을 위한 기금조성, 민의련과 공동으로 해외견학 등 활발한 활동을 추진했다. 연구소에는 민의련 직원과 함께 많은 학자·연구자가 참가하며, 향후 새로운 공동작업을 만들어 갈 것으로 기대한다.

제4절 지역연합 기능강화를 둘러싸고

2003년 2월 제2회 평의원회에서는 지역연합기능에 대해 다음과 같은 '7개의 기능요구'를 제기했다. '① 전일본민의련 방침의 토의와 구체화, ② 지역연합장기계획의 책정과 구체화, ③ 현 단위의 운동조직, ④ 공동조직 확대와 교류, [이쓰데모 겡키] 보급, ⑤ 직원육성과 후계자양성, ⑥ 의사·의학생의 확보와 양성, ⑦ 내외로부터의 민의련 공격에 대한 민의련 조직 수호' 등이었다. 제36회 총회는 몇 곳에서 시작한 사업협동조합에 주목하고, 의약품의 공동구입, 공동급식센터 등 지역연합 차원에서 공동사업에 대한 검토를 요구했다.

제5절 전일본민의련 50주년

2003년 전일본민의련은 50주년을 맞이했다. 기념사업은 리셉션, '나와 민의련' 수기모집, '사진으로 본 민의련 50년', '의료복지선언 비디오' 등 제 작, '붉은수염' 센신자(前進座) 극단의 공연운동, 아시아의 평화와 의료를 생각하는 투어, 기념퀴즈 작성 등 다채롭게 진행됐다. 2003년 제6회 학술 운동교류집회에서는 국제부를 중심으로 '아시아의 의료'라는 제목으로 한 국의 의사가 강연했고, 아시아를 중심으로 하는 국제교류 심포지움을 개 최했다. 또한 각 지역에서 청년잼보리를 중심으로 자신득의 법인, 사업소 의 재발견 여행, '민의련의 뿌리를 찾는다'는 활동을 추진했다. 피폭자의 증 언 듣기 모임, 한센병 요양소 방문, 오쿠노시마(大久野島)독가스·필드워 크 등 창의적인 활동을 추진했다. 히로시마 공립병원에서는 고령화로 인해 피폭자 스스로 출판할 수 없었던 피폭자체험기록집(비카니 아라타카레테 (ピカに灼かれて))* 을 2년째 직원연수과제로 부여해 직원의 손으로 발행 하고 있다.

제30기 잼보리 총괄에서는 전국실행위원회나 각 지역의 활동 중에 '평 화·인권 등 사회에 관심을 갖자', '민의련에서 분발하자' 등의 감상이 나 왔으며 '청년직원이 민의련 직원으로서 일하는 보람, 사는 보람을 느끼면 서 빛을 내고 싶다.'고 했다. 또한 의학생 실습 등에도 사용하는 두 갈래 청 진기(二股聽診器, 참조: 맥박을 잴 때 두 사람이 동시에 들을 수 있는 청진 기)를 도네(利根)보건생협의 반모임 중에서 제작하는 등 새로운 발견도 있었다.

[이쓰데모 겡키]는 '민의련의 반세기'를 연재하고, 뒤에 팸플릿으로 발 간했다.

50주년을 기념하는 강연회와 리셉션은 2003년 8월 도쿄·친잔소(椿山莊)에서 개최되었다. 히노 슈이쓰(日野秀逸) 도호쿠(東北)대학 대학원 교수가 '오늘 일본사회에서 담당하는 민의련의 역할과 향후의 기대'라는 제목으로 기념강연을 했다. 히노 교수는 '전후 일본의 의료가 빈곤 속에서 저소득층이나 일하는 사람들이 이용하기 쉬운 의료기관이 어떻게 해서든 필요하다는 바닥의 흐름 속에서, 그것을 자각하고 담당한 의료종사자와 결합해 발전해온 것이 민의련운동이다.', '일찍이 1970년대부터 의사·환자관계에 대해 대등·평등하게 설정하고, 의료는 이 토대 위에서 상호의 신뢰관계로 성립할 수 있고 이를 실제 실천하는 선구적 역할을 수행해 왔다.'고 평가하고, 향후 '법인형태를 불문하고 의료이용자와 의료전문가의 복합형 협동조합운동이 민의련운동이고, 공동으로 연대해 마을 만들기나 건강 만들기 운동을 담당해 지금부터 복지국가의 중심적인 담당자가 될 것을 기대한다.'고 했다.

* 역자주: 해석하면 '불빛이 번쩍거리며'라는 뜻으로 원자폭탄이 터질 때의 상황묘사이다.

제6절 '안전·안심의 의료'를 향해

(1) 가와사키협동병원의 '기관지 튜부 제거·근이완제 투여사건'

2002년 4월 가나가와(神奈川)민의련의 가와사키협동병원에서 중증 천식발작으로 저산소성 뇌손상에 빠진 환자의 인공호흡기를 제거하고, 근이완제를 투여해 환자를 사망케 한 사건이 드러났다. 사건은 1988년 11월에 발생했지만, 선례가 있는 도카이(東海)대학병원 사건*에서 대법원이 판결한 안락사의 네 가지 요건을 충족한 경우는 아니었다. 또한 환자에 대한 판단은 주치의만 했다. 당시 관리부는 사건 직후에 사실을 알았지만, 사건의 중대성에 대해 적절한 조직적 인식을 결여해 구체적인 대처를 하지 못했다.

2001년 10월경 사건에 대한 내부 고발이 병원관리부에서 있었고, 문제를 중시한 병원관리부가 사태를 조사했다. 병원은 환자의 인권을 침해한

'범죄'라는 점에 근거
해 주치의에게 자수
할 것을 촉구했다. 그
러나 주치의는 태도
를 바꾸어 자수를 거
부했다. 이런 과정에
서 병원이 자발적으
로 사건을 공표했다.
사건 자체의 경과는

심포지움(종말기 의료를 생각한다)(가와사키협동병원, 2004년)

2002년 12월 주치의 체포, 기소되었으나, 같은 달 말에 보석으로 풀려났
다. 2005년 3월 요코하마 지방법원은 징역 3년, 집행유예 5년의 유죄판결
을 선고했다. 피고는 항소했으나, 2007년 2월 도쿄 고등법원은 징역 1년 6
월 집행유예 3년을 판결하고[주1] 2010년 대법원에서 유죄판결을 확정했다.

언론은 대대적으로 사건을 보도했다.

공빙빙은 이 불상사를 대대적으로 거론하면서 민의련 공격을 확대했다.
중의원 후생노동위원회는 도쿄여자의대 사건(뒤 페이지 참조)과 가와사키
협동병원 문제를 집중적으로 논의했다.

전일본민의련은 가와사키협동병원에서 상담을 받은 이후 고문변호사
등의 도움을 받아 사회적·법적으로 허용되지 않는 중대사건이라는 점에
서 사실을 조사하고, 공표할 것을 지도했다. 그리고 4월 20일 미토베 히데
토시(水戸部秀利) 의료활동부장(부회장)의 담화를 발표했다. 요지는 다
음과 같다.

"환자의 인권수호를 의료활동의 핵심으로 하는 우리 민의련의 병원에
서 이처럼 대단히 비정상적인 사건이 발생했다는 점에 대해 깊이 우려하면
서 돌아가신 환자분의 명복을 빌며 동시에 유족분들에게도 심심한 사과
를 드리겠습니다. 소위 '안락사'에 대해서는 다양한 논의가 있으나, 국민적

주1) 1심과 차이는 가족의 요청이 있었느냐에 대한 인정 때문으로, 1심에서는 '가족으로부터 적극적인 이
의제기가 없었다는 점을 양해한 것으로 오해했다.'고 했지만, 2심은 가족의 요청을 인정하고, '그러나 가족
을 단념시키는 방향으로 유도한 혐의가 있다.'고 판결했다.

인 합의는 아직 이루어지지 않았습니다. 이번 사건은 도카이 대학병원 사건의 요건에 비추어봐도 환자의 의사를 명시한 것이 아니었으며, 저산소뇌손상의 예후도 2주간으로는 판정할 수 없다는 점 등 중요한 요건을 결여하고 있습니다. 또한 이번 사례는 치료방침이 집단적으로 논의되지 않았으며, 주치의의 독단으로 시행되었습니다. 나아가 당시의 병원관리자가 허용될 수 없는 '안락사'라는 사실을 알고 있었으나, 중요하게 판단하지 않고 애매한 태도를 취했던 점도 큰 문제입니다. 의료윤리문제에 대해서는 '환자의 인권'을 근간으로 놓으면서도 '한 사람이 결정할 수 없다. 한 번에 결정할 수 없다.'라는 원칙을 확실하게 준수해야 할 필요가 있습니다. 전일본민의련은 의료윤리에 대해 다시 한번 각 회원기관에서 진지한 논의가 필요하다고 주장하면서, 동시에 향후 병원관리부나 의국과 협력해 사실경과를 철저하게 조사·분석·공개해, 교훈을 새기고 두 번 다시 이러한 사건이 발생하지 않도록 활동을 강화하겠습니다."[주2]

* 역자주: 도카이대학병원 사건은 1991년 다발성골수종으로 입원한 59세의 남성환자에 대해, 환자의 처와 장남의 부탁으로 담당 주치의가 염화칼륨을 주사해 환자를 안락사 시킨 사건이다.

(2) 사건의 배경

가와사키협동병원은 내부조사위원회를 발족시키고 사실관계와 진상규명, 원인규명, 재발방지대책에 대해 정리했다. 더불어 이와사키 사카에(岩崎栄) 씨 등 외부의 전문가도 참여시켜 외부평가위원회를 발족해, 사건이 발생한 원인을 객관적으로 밝힐 수 있도록 활동했다. 외부평가위원회는 관련사건을 방지할 수 없었던 조직적인 결함에 대해 분명한 평가를 해 환자의 권리장전이나 민주적 집단의료 등의 조직이념이 사문화된 점, '이념과 실천의 괴리'를 지적하고, '조직이념에 기초해 활동하는 것을 부활시켜야

주2) 의료윤리와 관련해 '한 사람이 결정하지 않고, 한 번으로 결정하지 않는다.', '본인가족의 승인'이라는 이 담화에서 제시된 원칙은 당연한 것이라서 일반적인 원칙으로 되어 있다. 2005년 5월 홋카이도도립병원에서 의사가 인공호흡기 스위치를 꺼서 살인죄로 기소되었다. 이유로는 다른 사람과 상담하지 않았고, 본인가족의 의사확인을 하지 않았다는 점을 거론했다.

한다.'고 지적했다.[주3] 내부조사위원회와 외부평가위원회의 문서를 전국의 민의련에 보내고(2002년 7월 31일), 각 지역에서 자기점검을 진행했다.

전일본민의련에서는 7월에 의료·경영구조전환 병원 검토회를 개최하고, 미토베 부회장이 '가와사키에서 무엇을 배워야만 하는가'라는 제목으로 강연했다. 요지는 '첫째, 가와사키에서는 예를 들면 컨퍼런스에 의사가 참여하는 경우가 거의 없었다는 점(의사가 출석한 경우에도 일방적인 방침의 전달, 환자의 질병 증세 설명으로 끝남), 의사의 권위주의가 방치되는 등 민주적 집단의료가 붕괴했다. 둘째, 사건의 중대성에 대한 인식을 결여해 3년 반 동안이나 방치된 관리운영의 문제' 등이었다.

사건의 영향은 커서 가와사키협동병원에서는 간호사의 퇴직이 줄을 이었고, 경영불안도 증가했다. 나아가 의도적으로 병원을 겨냥한 서명운동까지 전개되었다.[주4] 전일본민의련은 '가와사키재생 종합대책본부'를 설치하고 의사, 간호사 지원(2003년 3월부터 전국지원), 경영간부 파견, 공인회계사 파견 등 재생활동을 지원했다. 그 후 가와사키에서는 공동조직과 함께 지역주민을 대상으로 '말기의료를 생각한다'는 등의 주제로 학습회를 진행하고, '공동운영'이나 팀의료를 중시하는 의료활동을 추진했다.

8월 전일본민의련이사회는 '의료사고발생 시의 기본적인 관점'을 확인하고, 의료사고 대응 안전문제 프로젝트를 설치했다. '기본적인 관점'에서는 중대성에 대한 인식, 조직적 대응, 사실조사, 환자가족에 대한 대응, 공개 관점 등을 정리했다.

같은 해 7월에 니가타·가쓰에(下越)병원에서 KCL(염화칼륨) 주사사고로 환자가 사망하는 사건이 발생했고, 전일본민의련은 긴급조사를 시행해 통지문 '주사사고예방의 관점'을 발행했다. 통지문에는 그때까지 안전모니터에서 집약한 사례의 20%를 주사과실이 점유해 추진한 검토결과

주3) 같은 시기 도쿄여자의과대학에서 인공심폐사고로 수술을 받던 소녀가 사망했던 사건의 경우 내부조사위원회의 보고서에 허위사실이 있고, 전자의무기록을 수정하는 등 외부기관에서 '조직적인 은폐기도'가 지적되었던 것과는 대조적이었다.

주4) '안심할 수 있는 의료조직을 요구하는 시민의 모임'이라는 단체가 '가와사키협동병원의 체질개선을 촉구하는 요청서'라는 서명을 '병원을 없애기 위한 서명'으로 설명하면서 진행했다.

를 반영했다. 또한 40%를 점유한 낙상사고의 전국조사 활동도 포함했다. 이후 전일본민의련은 의료의 안전이나 의료체계정비 대한 구체적인 '제기'와, 현지와 협력해 필요한 지원을 조직적으로 수행했다.

(3) 교토민의련 주오병원의 '검사허위보고·부정청구사건'

이러한 활동을 추진하던 와중에 2002년 9월 교토민의련 주오병원에서 실제로 시행하지 않은 검사를 한 것으로 보고하고, 보험청구까지 한 사건이 밝혀졌다. 1998년경부터 미생물검사실이 객담, 뇨검사 등 세균배양검사를 실제로는 하지 않은 상태에서 육안으로 판단해 보고한 사건이었다. 검사를 한 환자 중에 90명이 사망했지만, 나중에 공식적인 조사에서 검사를 하지 않은 것과 사망은 인과관계가 없다고 판명되었다. 그러나 부정청구 건수는 2,400건, 보험청구 금액은 120만 엔이 넘었다.

2003년 5월 교토부·교토시 합동 조사결과 '원인규명위원회보고서'와 '의료감시결과보고서'가 작성되었다. 보고서에서는 의료관리에서 원장책임, 병원의 관리운영 구조, 의사의 역할 등이 호되게 질타를 받았다. 전일본민의련은 '교토민의련 주오병원대책위원회'를 설치하고 지도지원에 임했다. 교토민의련은 의료활동, 관리활동의 전면적인 수정을 추진하고, 지역의 신뢰회복, 재발방지를 위해 노력했다.

(4) '제3자 기관' 설치 제창, 의료안전 중시

2003년 1월 전일본민의련 이사회는 가와사키, 교토 사건이나 일련의 의료사고를 근거로 '의료사고에 대응한 위기관리의 내용, 관점'을 전국에 제기했다. 먼저 기본자세로 '환자의 인권을 최우선으로 하는 자세 확립, 공동운영 의료 확립(환자 참가 중시), 사실에 임하는 겸허한 자세 확립' 등 세 가지를 열거하고, '중대성에 대한 인식, 조직적 대응, 정확한 사실조사, 환자·가족에 대한 신속하고 의식 있는 대응, 제출과 공표의 관점'이라는 다섯 가지 대응원칙[주5]과 13개 항목의 정비 과제를 제기했다. 그리고 2월 이사회에서 의료사고에 대응하는 '제3자 기관설치' 요청문을 확인하고, 후생성이나 의료단체 등에 의뢰했다. 일본의사회로부터 제3자 기관설치에 찬성하는 문서를 받았다.

이후에 전일본민의련은 제3자 기관의 설치에 대해 각 방면에 적극적으로 협조를 요청했다. 의료사고 방지와 환자의 권리를 지킨다는 입장에서 '공정하고 중립적인 의료사고방지를 위한 제3자 기관' 설치에 대해서는 전일본민의련이 가장 빨리 수립한 내용 중 하나였다.[주6]

2003년 12월에는 제3자 기관의 내용에 대해 '① 실효성 있는 의료사고 상담창구, ② 피해가 있는 환자·가족의 구제, ③ 재판을 거치지 않는 의료사고의 분쟁처리, ④ 실제 발생한 의료사고를 조사하고 재발방지 구축' 등을 핵심으로 다시 한 번 요청서를 제출했다.

제35기 제2회 평의원회 방침은 제2장을 '안전·안심·신뢰하는 의료향상과 민주적 관리운영의 강화를 위해'로 설정하고, 우선 가와사키, 교토 문제로부터 교훈을 정리했으며 민의련 각 회원기관의 자기점검을 주장했다. 나아가 '야마나시 문제 이후 전일본민의련은 민주적 관리운영 강화에 노력해왔지만, 관리운영의 강화라는 점에서는 약점을 갖고 있다.'고 지적했다. 또 '관리부에 제기해도 모두 반영되지 않는다.', '결정한 내용이 관철되지 않는다.', "'민주적'이라는 말에서 책임이 애매해지는 경향이 있다.' 같은 사례를 열거하면서 고위간부의 자세나 역량, 위기관리의 경우 고위관리자의 힘을 끌어올려야 한다고 제기하고, 관리문제의 새로운 방침화와 의료평가 기구 등 외부의 힘을 활용하도록 제안했다. 그리고 법적인 정비점검, 관리운영기구 등의 점검, 의료윤리위원회·의료이용위원회 확립, 환자동의 철저, 민주적 집단의료 점검, 의료안전위원회의 충실과 리스크 매니저 배치 등을 제기했다. 이해 2월에 의료윤리위원회에 대한 설문조사를 실시했다.

주5) 2004년 2월 제36회 총회에서 이 원칙에 '⑥ 직원을 지킨다.'는 내용을 추가했다. 이것은 의료사고에 대해 우선 경찰에서 개입하는 경향이 강했고, 개별 직원의 형사책임이나 민사책임을 감당하는 사태가 발생한 것이 배경이었다.

주6) 제3자 기관에 대한 주장은 일본외과학회가 2001년, 일본의학회 산하의 19개 학회의 공동성명이 2004년에 있었다. 전일본민의련은 전술한 바와 같이, 이미 2001년 의료활동위원장 회의에서 제3자 기관을 설치할 필요를 확인했지만, 정부에 대해 정식으로 요청한 것은 이때였다.

조사에 따르면 윤리위원회는 20%의 병원에 설치되었고, 규모가 클수록 설치율이 높으며, 준비 중이거나 검토중인 곳이 56.8%였다.

이사회는 4월에 '다시 한 번 윤리위원회 설치를 촉구한다'는 성명서를 발표했다. 윤리위원회는 2004년 12월에는 48.3%의 병원에 설치되었고, 2009년 1월에는 75%에 이르렀다. 민의련이 조직을 걸고 얼마나 의료안전, 의료윤리 등 의료의 질 향상에 활동해 왔는지가 드러났다.

(5) 민의련을 겨냥한 정부여당의 대대적인 공세

교토민의련 주오병원의 검사허위보고는 병원이 자주적으로 보건소에 제출해 공표했지만, 교토 시 의회는 자민·공명 양당을 중심으로 주오병원을 비난하는 특별결의를 하는 등 대대적인 민의련 공격에 이용했다. 공명당은 민의련의 일련의 사건·사고를 거론하면서 [불상사가 속출하는 민의련병원!]이라는 팸플릿을 만들어 대대적으로 선전했다. '공명신문'은 연일 대대적으로 민의련을 공격했고, '사람을 죽이는 병원' 등으로 전국 각지에서 공격했다. 또한 그 후에도 '공명신문'이 보도하는 의료사고문제는 민의련의 의료기관 사고만을 다루었으며, 극히 의도적인 행태를 보였다. 나아가 '자유신보'(자민당 기관지)나 민의련을 중상비방하는 주체불명의 유인물이 심야에 수천 장씩 살포되었다. 자민당·공명당 국회의원은 국회를 이용해 민의련에 대한 공격을 시도했다. 2002년 10월 전일본민의련 이사회는 '민의련에 대한 일련의 공격에 대한 대응'을 논의하고, '의료사고·사건과 우리 민의련의 입장'이라는 사무국장 명의의 견해를 밝혔으며, '민의련신문' 호외와 팸플릿으로 선전해 간다는 방침을 결정했다. 12월 20일자 '민의련신문' 호외('안전·안심 의료는 국민의 바람 ~우리들의 사명입니다~')는 2003년 4월 이사회까지 380만 매를 보급했고, 최종적으로는 팸플릿과 합쳐 약 700만 매를 보급했다. 또한 신문아카하타, 전국상공신문, 신여성신문 등에서는 비정상적인 집권여당의 민의련 공격에 대해 민의련의 입장을 적극적으로 보도했으며, 민의련 활동을 지원했다.

이와 같이 비정상적으로 이루어진 민의련에 대한 공격은 2003년 지방

일제선거와 중의원 선거에서 대대적으로 활용되었다. 쓰미다 공립진료소에서는 너무나 큰 음향으로 인해 진료를 할 수 없는 정도가 되자, 공동조직 회원들이 구두로 음량을 줄이라고 항의하는 과정에서 경찰이 수십 명 출동해 강제 연행하려는 사건도 발생했다. 직원, 공동조직, 지역주민이 일체가 되어 반격하자 경찰의 의도는 좌절했다. 전일본민의련은 의료사고·사건의 경우에 환자의 인권을 지킨다는 점을 우선으로 한다는 민의련의 입장을 널리 알리면서 민의련에 대한 공격은 자민·공명의 의료개악과 투쟁하였기 때문이며, 이런 점이야말로 민의련의 본모습이라고 직원들을 격려했다.

2003년 8월 이사회에서는 '정치·선거활동과 참여과정의 유의점'을 정리해 발표했다.

(6) 의료안전 활동의 발전

2002년 9월 제6회 간호활동연구교류집회는 낙상방지를 통일주제로 선정해 진행했다. 의료나 개호현상에서 가장 많은 것은 낙상사고이고, 발생 시간대나 원인 행위 등을 상세히 분석해 방지대책을 제기했다. 그 후 〔낙상을 방지하기 위해〕라는 팸플릿을 제작했고, 민의련 내외에 널리 보급한 것은 이미 전술한 바 있다.

2003년 3월 전일본민의련은 '제1회 의료안전교류집회'를 아이치 현 나고야 시에서 개최했다. 집회에는 전국에서 423명이 참가했고, 민의련의 의료안전문제에서 획기적인 활동을 달성한 집회였다. 의료안전모니터 위원회의 정리와 각 사업소의 안전활동 교류를 목적으로 한 기조보고 이외에 낙상, 주사사고, 의료사고 심포지움, 의료사고에 대응한 위기관리의 관점 등의 세션이 열렸으며, 타기관의 사례를 자신들이 근무하는 곳에 적용하기 위한 자기분석과 점검을 해보는 분위기가 전국적으로 확산되었다. 그 후 각 지역협의회에서 의료안전의 상호점검이나 현지조사에 의한 상호 확인 등의 활동이 강화되었고, 제38기까지 의료안전집회가 네 번이나 개최되었다. 6월 전일본민의련 이사회에서 교토 주오병원의 현지조사에 대한 정리와 제언을 제기했고, 현지 직원이 다 함께 지역에 들어가 다시 한

번 신뢰를 회복하기 위한 의료활동을 강화했으며 관리운영 상의 개선도 철저하게 추진했다.

2002년 3월에는 약해야콥병 재판에서도 정부와 제약회사가 책임을 지게 되었고, 원고 승리의 화해 판결이 나왔다. 민의련은 이 투쟁에도 협력했다. 7월 의료안전모니터 제도 활동 중에 '경종을 울리는 사례'를 묶어 집약했다.^{주7)} 이사회는 9월에 피브리노겐 소송의 원고·변호인단으로부터 요청을 받아 조사에 협력하기로 결정했다. 2004년에 들어와 피브리노겐 문제*에 대해 사용한 병원명이 아직 공표되지 않고 있는 가운데, 적극적으로 환자에게 알리도록 대응한 민의련 회원기관의 활동에 대해 언론의 주목을 받았고, 5월에 TV에도 방영되었다.

제3회 고령자 시설교류회(2003년 7월), 제4회 약제 부문 지역연합 대표자회의(2003년 10월)^{주8)}, 제9회 검사부문전국교류집회(2003년 12월)^{주9)}, 재활치료사 지역연합 대표자회의(2003년 10월)에서도 안전문제를 중시해 토론했다.

2003년 11월 의료사고대응에 대한 실정파악을 위해 히다 유타카(肥田泰) 회장과 고구치(小口) 고문변호사를 독일과 스웨덴으로 파견하고, 12월 이사회는 전자의무기록 개시를 요구해간다는 입장으로 민의련의 견해를 정리했다.^{주10)} 또한 2006년부터 2007년에 걸쳐 고니시 교우지(小西恭司) 부회장 등을 영국에, 오야마 요시히로(大山美宏) 부회장 등을 호주에 파

주7) 집약방법은 민의련 조직 간의 신뢰를 나타낸 것이다. 경종을 울리는 사례는 2005년 7월까지 61건을 수집했다.

주8) 회의에서는 안전문제와 관련해 다음 다섯 가지 점을 확인했다. ① 의약품 전문가로서 직능의 책임을 다시 한 번 묻고, 의료기관 내에서 약사의 역할을 높인다. ② 약사에 대한 민주적 집단의료로서 약사위원회의 기능을 강화한다. ③ 약사의 처방점검 향상과 이를 보장하는 구조를 만든다. ④ 신약평가를 정착시킨다. ⑤ 부작용모니터 활동을 강화하면서, 부작용을 회피할 수 있는 대책을 강구한다.

주9) 집회에서는 교토중앙병원의 문제가 특별히 보고되었고, 업무상의 내부견제, 검사업무위원회 설치 등 대책이 제기되었다.

주10) '환자의 권리로서 전자의무기록 시행에 대해'는 '환자의 권리를 지키는 최저기준으로서 전자의무기록부의 시행을 직원에게 의무로 해야 할 것'이라고 규정했다. 이것은 1999년의 '법제화를 졸속 처리해서는 안 된다.'는 입장에서 발전한 것이지만, 시간적인 경과이상으로 이 기간 중 민의련의 안전문제로 인한 활동이 반영되어 있다.

견해, 현지견학을 시켰다. 이때의 견학보고는 [의료관련사망을 과학적으로 밝힌다]라는 제목으로 출판했다.

* 역자주: 피브리노겐은 출산과정에서 대량출혈이 있을 때 지혈을 위해 투입되는 혈액제재였으나, 미국 FDA 등에서 C형간염 바이러스에 취약하다는 점을 이유로 승인 취소된 약제이다. 일본에서는 미국에서 수입한 혈액제재를 사용했기 때문에 나중에 피브리노겐에 의해 C형간염이 발생했다는 것이 과학적으로 입증되었다.

제7절 의료안전과 질 향상을 지향하며

(1) 가와사키·교토 사건의 교훈

2004년 2월 제36회 총회는 다시 한 번 가와사키·교토 사건의 교훈을 다음과 같이 정리했다. 첫째, 조직과 관리운영의 문제로 '현장에 맡겨버리는 의료, 다른 곳에서 배우지 않는 우리만의 관리운영 관리조직 미정비', 둘째, 환자의 권리장전, 민주적 집단의료 같은 '이념'도 일상적으로 부단하게 의식적인 활동 점검이 없다면 '형해화'될 수 있다는 점, 셋째, 의사양성, 각 직종의 윤리성이나 전문성, '민주주의 능력'이 의문시되었다는 점.

그리고 다음과 같은 방침을 제기했다. 먼저 '의료안전과 질 향상을 지향하며'에서는 '① 사건·사고의 보고와 분석구조, 리스크 매니저 배치 등 안전을 위한 조직적 정비, '안전문화'를 직장에 양성한다. ② 환자에 대한 설명과 동의를 기본으로 의료의 질 향상을 위해서도 제3자 평가(의료평가기구나 ISO 등)를 적극적으로 수용한다. ③ 환자의 권리와 민주적 집단의료를 향상시킨다. ④ 의료사고 문제를 개선하기 위해, 피해자 구제, 제3자 기관 의 설치를 위한 활동

나아가 경영에서는 수익감소, 퇴직금 등의 채무증가, 진료보수인하 같은 경영상황을 정확하게 평가하고, 임금·노동조건 등의 개선에 필요한 결단을 회피하지 않으며, 허심탄회한 대화를 추진하고, 리더십을 발휘할 것을 제기했다. 그리고 '민의련의 조직운영과 관리개선을 위해'에 입각해 '민주적인 관리운영'을 '과학적인 관리'와 '민주운영'이라는 두 개의 개념으로

이해하고, '① 관리자는 조직목표의 관철에 책임을 지고, 이것을 위해 직원·공동조직의 참가를 조직한다. ② 관리자의 책임과 권한을 명확하게 한다. ③ 관리기능을 적절하게 분화해 원장 등의 의료관리를 시간상으로도 보장한다. ④ 다른 기관(의사회나 일반적인 관리연수 등을 포함)에서 배위 관리자의 역량을 증가시킨다. 전일본민의련의 최고관리자연수 등 필요한 연수를 시행한다.' 등을 제기했다.

총회는 가와사키·교토의 '두 번 다시 발생해서는 안 되는' 사건과 그 후의 민의련을 향한 공격에 대해, 의료계의 일반적인 평가수준을 고려해 민의련 의료의 내용을 재구축하려 했다. 전일본민의련은 여타 의료기관이나 환자단체에 요청해 2004년 6월 5일 도쿄·아사히호텔에서 '없애자 의료사고, 높이자 환자권리'를 주제로 심포지움을 개최했다. 잡지〔환자를 위한 의료〕는 '입장이 다른 사람들이 대동단결해 의료사고방지와 재발방지를 위해 손을 맞잡은 심포지움'으로 평가했다. 이 활동은 민의련 밖에서의 참가자도 많아 주목을 받았으며, 그 후의 참여를 이루는 계기가 되었다.

(2) 제36회 총회 이후의 의료안전 활동

총회 이후 신문에 보도된 사건은 또 있었다. 2004년 3월 민의련의 병원에서 간호사가 펜타진 주사약을 다량으로 훔치는 사건이 발생한 것을 계기로, 전일본민의련은 4월 5일 '회원기관의 마약, 독약, 향정신성 의약품에 대한 관리강화에 대해'를 긴급 통지했다. 되풀이될 가능성이 있던 문제이며, 따라서 내부관리를 다시 한 번 중시해야 한다는 인식을 바탕으로 대응했다. 자발적 점검은 945개 사업소 중 794개 시설에서(84%) 시행했다.

9월 이사회는 9월 중순부터 2005년 1월 중순을 '주사업무에 대한 상호점검, 학습기간'으로 제기했다. 또한 각 지역협의회나 지역연합에서 의료안전에 대한 상호점검활동을 중시하고, 실시했다. 2004년 6월 교토민의련 주오병원 대책위원회는 행정대응을 한 단계 낮추면서 역할을 마무리했다.

7월 이사회에서는 민의련 회원기관은 아니지만 진료소와 보험약국에 대해 재가진료를 받으면서 보험약국에 가기 어려운 환자의 편의를 위해 처방전을 의료기관에서 직접 약국에 보내는 것을 이유로 보험의와 보험약국의 지정취소 처분이 내려졌다고 보고를 받았다. 이전에도 비슷한 사례가 있었지만 취소되는 경우는 없었기 때문에 고이즈미 정권이 의료전면개악을 지향하는 흐름 속에 행정 대응을 대단히 엄격하게 적용하는 것으로 판단했다. 전일본민의련 이사회는 10월 이사회에서 '재가의료 시 처방전 발행에 대한 지침'이라는 문서를 발행했다.

전일본민의련은 의료사고가 커다란 사회문제가 된 2000년대 전반기에 민의련 내에서도 예외 없이 적지 않은 사례가 언론 등을 통해 보도되어 의료사고에 대한 불안증대나 의료기관에 대한 국민의 신뢰손상을 초래한 상황을 근거로, 의료사고문제를 의료기관의 관리운영의 문제로 보고 의료안전은 환자·국민의 중요한 인권의 일부라는 입장에서 대응내용을 중시하고 2004년 12월에 제1회 민의련 고문변호사 교류회를 개최했다. 이것은 처음 시도한 것으로 고문변호사의 역할이나 민의련의 입장, 방침을 상호 확인하는 장으로서 큰 역할을 수행했다. 그 후에 고문변호사·관리자 교류집회가 4회 개최되었다. 의료안전·질을 높이는 과정에서 전일본민의련 고문변호사의 역할이 대단히 강화되었다.

같은 달, '리스크 매니저(의료안전관리자)연수 교류회'를 열고, '칼륨제제, 키시로카인주사 사고 제로, 위튜브 오삽관 제로'를 지향하는 계기로 삼았다. 의료 활동부는 '의료정비 체크리스트'를 작성해 자발적 점검과 정비를 요구했다.

(3) 사고수습에서 예방으로의 전환

2005년 2월 제36기 제2회 평의원회는 총회 이후의 안전문제 활동을 통해서 '① 일본의 의료안전 활동의 향상 중에 전국조직으로서 적극적인 주도권을 발휘해 왔다. ② 의료안전에 참여하는 전일본민의련의 원칙, 자세를 확산시켜 직원이나 공동조직 중에 확신을 갖게 하고 있다.'고 평가했다. 2005년 1월까지 33개 병원이 일본의료기능평가기구의 인정을 받았다. 대규모병원에서는 DPC[주11]대응을 중심으로 활동하는 방향도 평의원회에서 제기되었다. 또한 '민주적 집단의료를 오늘에 구축한다.'는 것의 필요성을 강조하고 의사관리에 대한 원장기능의 강화, 과장을 중심으로 의사관리 라인을 구체적으로 작동할 수 있도록 정비해 가는 것을 강조했다.

2005년 3월 12일 제2회 의료안전교류집회는 43개 지역연합에서 371명이 참가해 민의련의 안전문제를 주제로 프로그램을 진행했다. 사고발생 후 수습에 급급하기보다는 '예방'을 하는 것이 진일보한 일임을 확인하는 집회였다.

같은 달 이사회는 '데이서비스, 데이케어 이용 시의 보험의료기관 수진과 원외처방전에 대해', '신장투석 환자에 대한 원외처방전 발행에 대해'라는 의료구조상의 방침을 결정했다.

4월에는 처음으로 '제1회 의료윤리위원회 활동교류집회'가 열렸다. 윤리위원회는 상당히 확산되었으나, 아직도 100병상 미만의 병원에서는 과반수 이상이 설치하지 못했다.

7월 이사회는 '의료안전관리자의 올바른 위상과 역할에 대해(안)'라는 방침을 확인하고, 일본병원기능평가기구에서 제시한 '안전지침'과 결합해 활용하도록 했다. 민의련의 112개 병원에 리스크 매니저(안전관리자)를 배치했다. 의료기능평가기구 인정병원보다도 높은 수준의 배치였다.

11월 이사회에서는 모 대학에서 '의료안전에 대한 환자참가프로그램'을 구성하는 과정에 협력요청을 받아 공동작업을 할 수 있도록 확인해주었다.

이와 같이 2002년 4월 가와사키협동병원 사건으로 시작한 의료안전문제상의 여러 불안 문제를 극복하는 활동을 통해 민의련의 의료안전 활동은 새로운 수준에 도달했다.

(4) 제37회 총회 이후의 의료안전·의료의 질 향상과 의료정비

2006년 2월 제37회 총회는 제36기에 '의료 안전·질 향상에 힘을 집중한다.'는 점을 확인하고, 계속해서 '통한의 경험이나 교훈으로부터 배워나

주11) DPC: Diagnosis procedure combination의 약자. 1일당 입원비용을 질병에 의해 기본적으로 결정하는 방식으로 2003년 진료수가개정으로 특정기능병원에서 시작했다.

갈 것'을 강조하고 37기의 중점과제로 다음과 같은 내용을 제시했다.

(1) 제3자 기관과 피해자구제제도 설치, 환자의 권리옴부즈맨이나 피해자 모임 등과 연대, 의료안전을 보장하는 진료수가요구, 의료사고를 경찰대응이 아닌 제3자 기관에 의한 공정한 대응으로 진행하는 등 의료안전의 운동을 추진하는 것 (2) 지역연합·지역협의회 차원에서 상호점검 (3) 전일본민의련의 '의료정비 체크리스트'에 의한 의료의 적법성을 확보하는 것 (4) 사고를 조직적 사고로 이해하고, 안전문화를 형성해 가는 것

나아가 의료의 질 향상을 위해서 임상지표 활용, TQM(Total Quality Management, 안전, 감염, 크리티컬패스, 의료윤리 등 종합적인 의료의 품질관리) 등 의료계 일반의 수준으로 분명하게 적용할 것을 방침으로 삼았다. 의료윤리에 대해서는 공동운영의 관점에서 강화할 것을 제기했다.

전일본민의련은 2008년 1월 다시 한 번 의료사고문제를 다루는 공정중립한 제3자 기관의 설치를 촉구하는 공개 심포지움을 개최했다.

제8절 의료·경영구조 전환의 탐구

(1) 전환의 방향

2002년 의료개악과 함께 4월 진료수가개정은 2.7% 마이너스였다. 2002년 4월부터 약 처방기간에 대한 제한이 일부 의약품을 제외하게 되어 민의련에서도 고혈압, 당뇨병 등의 증상이 안정화된 환자에 대해 40일이나 60일 등 장기처방을 발행하게 되었으며, 외래환자 수 감소의 원인이 되었다. 그로 인해 10개 항목이던 특정요양비가 6개월 이상의 입원기본료 등 16개 항목으로 확대되었다.

이러한 상황을 토대로 전일본민의련 이사회는 '2002년 진료수가개정을 향한 대응에 대해'라는 성명서를 발표하고, '환자를 증가시키는 활동, 약·재료 구입가격 인하를 위해 노력하고, 개호·보험 예방사업으로 수익증대, 경비의 개선' 등을 제기했으며, 긴급하게 진료수가대책 교류회를 개최했다.

또한 200병상 이상의 병원에서 재진료와 6개월을 넘는 입원의 입원기본료가 특정요양비화된 것에 대한 대응으로 재진료는 받지 않고, 6개월 초과 입원의 기본료에 대해서는 계속 검토하게 했다. 그리고 8월 이사회에서 '모든 노력을 기울여 최대한 받지 않도록 노력하지만, 실정을 감안해 일률적인 대응을 의무화하는 것은 아니다.'라고 결정했다.

진료재료 구입가격 인하노력으로 전일본민의련 공동구입 연락회의 가입이 증가했고, 5월에는 34개 지역연합이 참여했다. 2010년 현재 45개 지역연합이 가입해 의약품 및 재료비와 관련해 활발한 교류와 연대를 추진하고 있다.

(2) 의료·경영 구조전환을 위한 전국회의

의료·경영 구조전환을 추진하기 위해 전일본민의련은 2002년 병원(7월), 진료소(6월)의 '의료·경영 구조전환 전국회의'를 열었다.

전국회의에서는 전환의 기본적 관점을 다음 다섯 가지로 정리했다.

① 전환은 지역의 요구에 근거한 시대적 요청이다.

② 지배층의 공격에 대해 자신의 법인·사업소와 지역 의료 복지를 지키는 '투쟁과 대응'이다.

③ 민의련의 발전과정 중에서 발생한 여러 과제를 극복하는 계기로 삼는다.

④ 적극적인 지역연대 속에서 '열린 민의련'을 추진한다.

⑤ 회원기관의 역사와 지역에서의 역할, 개별성을 감안한다. 전환은 의사집단을 중심으로 직원·공동조직의 주체적·능동적인 힘으로 추진한다.

진료소 회의의 정리로 '의료·개호의 종합적 전개가 진료소의 표준적인 발전방향'이라는 점을 확인했고, 개호수익의 30%(사업수익대비)의 목표를 내걸고 개호를 향한 추진력이 살아나지 않는 것은 왜 그런가를 해명하고, 구체적인 지원 내용, 건진 활동을 더욱 강조해야 한다는 점, 가정의·의사문제에 대한 논의가 불충분하며, 지역연합 차원에서 검토해 가야 하는 점을 서술했다.

병원회의의 결론에서는 '2003년 8월 대응'[주12]이 병상선택 등 하드웨어적 측면에서 일정하게 향상했으나, 소프트웨어적 측면 즉 보험·의료·복지의 종합적 전개, 질 개선과 향상, 지역네트워크 조성,

'의료경영구조전환'을 위한 병원경영자 교류회

의사를 비롯한 직원 삶의 보람과의 결합 등은 계속 진행과제로 한다는 점, 향후 논의의 출발점으로 민의련의 관점과 방향을 근거로하면서 '① 정세·지역분석을 시행하고 포지셔닝화 등에 대한 인식을 일치하는 것, ② 전환방침의 구체적 적용과 프로세스를 중시하고, 직원·공동조직의 주체적인 짐여를 유도하는 것' 등을 열거했다. 그리고 2003년 8월 의료법대응, 2004년부터 임상수련 필수화 등 '기다리지 않는 전환'을 강조했다.

이러한 회의 등을 근거로 예를 들면 민의련에서 처음으로 히가시 고베병원에서 완화케어병동을 개설(1998년)했고, 각 지역에서 지역분석과 요구를 근거로 병원 등의 기능수정이나 의료·개호활동의 점검과 전환, 연대를 추진했다.

2003년 2월 제35기 제2회 평의원회는 '신속하게' 추진한 전환과정에서 발생한 문제를 검토했으며, 다시 한 번 다음과 같이 제기했다.

① 민의련을 '보험·의료·복지의 복합체'로서 기능강화를 추진해 가는 입장에 선다.

② 특히 복지·개호분야 활동을 강화한다. 민의련에서 개호사업은 의료분야보다 비중이 낮고, 사업내용도 불균등한 면이 있다. 제2기 개호보험사업계획과 함께 특별양호, 로켄(老健)시설, 그룹홈, 고령자의 주거지 만들기

주12) 지방단위의 개호보험사업계획은 '3년마다 5년을 한 주기로 해 수정했다. 그런 이유로 2003년은 수정하는 해였다.'

등 시설체계를 정비하는 것에 적극적으로 활동한다. 사무간부의 배치 검토를 진행한다.(2002년 8월 평의원회에서 제기함)

③ 치과는 전년 12월에 제출된 '새로운 시대의 문을 열자 – 21세기 초반 민의련치과의 역할과 과제'를 구체화해 간다.

④ 점점 어려워지는 경영상황에서 민의련 경영을 지키는 근본대책 필요

⑤ 경영을 지키는 과정에서 인건비대책을 피할 수 없지만, 노동조합과의 새로운 수준에서 대화와 공동운영을 추진한다.

⑥ 180일을 넘는 입원기본료의 특정요양비에 대해 8월 이사회의 결정으로 다시 한 번 제36회 총회까지 징수하지 않는다.

'의료·경영구조전환'에 대한 총론적 인식은 이때까지 전국적으로 통일되었다.

(3) 처음으로 사업수익이 전년대비 마이너스가 되다

전일본민의련의 사업수익은 2002년 결산에서 사상 처음으로 전년을 밑돌았다. 하반기의 분투 속에 흑자법인 비율은 79.3%가 되었으나, 일시금 인하, 퇴직금제도 수정 등에 의한 것이었고 경상이익은 35억 엔 감소했다. 경영상황이 이렇게 어려워지자 2003년 제3회 평의원회는 '의료·개호·경영체질 개선·강화를 추진하자.'고 제기했다. 첫째, 환자진료건수를 확보하면서 진료받을 권리를 지키는 운동이나 건강 만들기 운동 등 경영개선과 의료·사회보장운동을 통일해 가는 활동, 둘째, 인건비 억제를 추진할 수밖에 없지만, 직원이나 노동조합에 충분한 정보를 제공하고 조직적 끈끈함을 강화하는 활동·제너릭 약의 대체 등으로 비용절감을 위해 노력한다. 셋째, 의사노동의 적정화를 의식한 활동이 필요하다. 넷째, 지역협동기금, 출자금 증자를 운동화한다.

또한 '경영곤란조직지원규정(안)'을 제안했다. 1년 이내에 자금이 부족할 우려가 있는 경우에는 '경영곤란규정'에 기초해 기본적으로 자력개선을 후원하고, 지역연합·전국에서 인적·정책적 지원을 시행하며, 필요한 경우 '전국연대기금'과 연결해 자금을 대출하거나 인력지원을 주요 내용

으로 한다.

2003년 경영상황은 상반기에 모니터한 법인의 60%가 적자상태로 한층 악화되었다. '전환'은 이런 엄중한 상황 속에서 존립이 걸린 과제로 추구할 수밖에 없었다.

(4) 다시 한 번 경영문제를 중시하다

2004년 제36회 총회는 의료·경영구조의 전환에 대해 다음과 같이 지적했다. 진료소는 '건강 만들기, 의료, 복지 종합센터로서 기능한다.'는 점이 큰 특징이다. 병원은 대부분 하드웨어적 측면에서 대응을 일단락 짓고, '향후에는 병상선택 후의 의료기능이나 기술구축, 그에 상응하는 의사정책 수립, 질 개선과 향상, 개호복지 분야의 보다 적극적인 전개, 인재육성, 경영기반 강화, 지역네트워크 만들기, 직원·공동조직의 주체적 참가, 법인이나 사업소의 목표와 직원 개개인의 보람으로 연결 등 시대의 요청에 따른다.'는 것. 그리고 '보건, 의료, 복지의 복합체를 향해, 본격적인 소프트웨어적 측면에서 전환을 위해 정면 대응하는 활동이 요구된다.'고 평가하고, '어떠한 사태에도 견딜 수 있는 안정된 민의련의 경영기반, 경영체질 구축'을 제기했다.

즉, ① 경영개선과 진료받을 권리를 지키는 활동을 통일적으로 추진하고, ② 보건예방활동을 과감하고 다채롭게 전개하고, 전략적인 사업으로 확립한다. ③ 진료소에서 병원의 적자를 보완하는 것은 곤란해졌다. 병원 자체를 흑자화한다. ④ 관리수준을 높이고 전직원의 경영을 추구한다.(특히 퇴직금제도, 노동시간, 기타 근로조건 수정을 피할 수 없음) ⑤ 지역협동기금 등을 지역연합 차원의 사업과 투자계획으로 균형 있게 결집한다. 지금까지의 내용으로 진행할 수 없는 상황이 된 것은 일하는 사람도 지금과 같이 해서는 안 된다는 지점에 다다랐기 때문이다. 간호사의 2교대 근무 등도 시작했다.

이해 7월에는 병원장회의를 열고 의료관리의 중심인 원장의 '현 상태와 향후 과제'에 대해 논의하고 교류했다. 특히 이 시기에는 관리운영 강화, 특히 원장기능 강화를 강조한 시기였다.

2005년 10월 진료소활동교류집회는 2002년 '전환회의' 이후의 활동을 정리하고 안전과 질 향상에 대해 교류했으며, 지역을 향한 활동을 더욱 심화했다. 의료와 개호, 보건예방중시, 공동조직과의 공동운영, 진료소기능을 담당할 의사양성 과제 등이 주요 주제로 제기되었다.

11월 지역연합 의료활동위원장 회의는 4년간의 전환 상태를 확인하는 회의가 되었다. 민의련의 '대규모' 병원은 거의가 병원평가기구의 인정과 관리형 임상연수지정병원이 되었고, 급성기 가산도 많이 산정되었으며, 전자의무기록은 18개 병원에서 도입(예정기관 포함)했고, 근접진료소는 21개소로 병원과의 합산으로 병원의 적자를 크게 완화시켜주었다. 혼합케어도 추진해 A법인의 80%에 요양형이 도입되었다.

향후 과제로 제37기에 설정한 '지역을 향한' 관점이 강조되었다. 즉, '철저하게 지역에 근거해 지역을 분석하고, 포지셔닝을 수립해 인권을 지키는 지역의 보건·예방·의료·개호·복지활동의 거점으로서 역할을 수행할 것', '진료소, 병원과 함께 일상진료능력을 높이고, 단절 없는 복합적, 총체적인 지역활동'을 추진하고, '지역연대를 추진해 지역과 결합을 심화하고, 공동조직과 함께 마을 만들기, 지역의 재생, 지역의 발전을 스스로의 과제로 하는 것'이다.

이 시기 오카야마의 구라시키(倉敷)의료생협에서는 의료경영구조 전환의 방법으로 병원외부에 조산소를 개설했다. 제36회 총회가 제기했던 '하드웨어에서 소프트웨어로'의 전환내용을 '지역'이라는 관점에서 조명한 것이라고 말할 수 있다. 그러나 소프트웨어적 측면에서 전환하는 경우 공공성의 인정이라는 차원을 넘어서 인권을 지키고 지역·환자 요구에 충실한다는 입장에 서게 되면 그것은 이미 '전환'이 아니라 새로운 수준의 민의련 의료·복지활동을 창조해 가는 것이라고 봐야 했다. 그래서 2006년 3월 제37회 총회방침에서는 '전환'이라는 말로 방침을 만들지 않았다. 대신 등장한 것은 예를 들면 '제3장 제2절 보건예방활동, 의료안전과 일상진료 강화를 위해 노력하고, 석면 문제 등에서 민의련다운 의료·복지활동을 강화하자.', '제3절 민의련의 병원·진료소의 본질과 지역연대, 지역분석을 근거로 해, 부속기관·사업소가 지역에서 제대로 자리 잡자.', '제8절 과학적인 관리와 민주운영의 강화를 통일한다.' 등 새로운 단계로 접어든 것임을 표현했다.

제9절 개호분야 활동

(1) 개호수가 마이너스 개정과 대응

2003년 개호보험사업 계획에 대해서는 지역요구에 기초해 운동을 추진했다. 그러나 2003년 4월 개호수가 개정은 2.3% 마이너스였다. 민의련의 활동조건은 더욱 어려워졌으며, 4.2% 마이너스 실적을 달성했다. 케어매니저 월 1회 이용자방문, 담당자회의 조직 등 케어매니저 부담은 증가했으며, 요건을 충족하지 못한 케어플랜은 수가의 30%가 삭감되는 벌칙이 부과되었다.

전일본민의련 이사회는 2003년 7월 '향후 기대하는 민의련 개호사업의 종합적인 발전에 대하여'라는 방침을 제기했다. 2003년 6월 조사에서 민의련의 개호 분야는 요양형 병상을 제외하고 방문간호스테이션 415곳, 헬퍼스테이션 137곳, 데이서비스 25곳, 재가개호지원센타 90곳, 재가종합센터 16곳, 특별양로홈 9곳, 로켄(老健) 33곳, 케어하우스 7곳, 그룹홈 9곳이었다. 방침은 개호의 내용에 대해 무차별성, 과학성, 개별성을 중시하고 민의련 개호를 창조적으로 이끌어가야 한다는 점을 강조했으며 케어매니저는 '① 케어팀의 리더, ② 고령자 존엄을 지역 속에서 지키는 지원자, ③ 개호 네트워크의 핵심, ④ 개호보험의 핵심인물'로 규정했다. 헬퍼 노동에 대해서는 전문성을 확립하고, 신분보장을 요구하는 운동을 추진하기 위해 지역 사업소 연대를 조직해 가며, 샤호쿄(社保協)·노조의 헬퍼 조직과 협력해 가기로 했다.

2003년 9월에는 회복기 재활병동·요양형 병상교류집회가 열렸다. 집회의 보고에 의하면 2003년 8월 말의 민의련 병상은 일반병상 72.7%, 요양

손으로 만든 'STOP!
개호붕괴!'를 내걸고(지바)

병상(회복기 재활 포함) 27.7%였다. 회복기 재활병상이 제3의 선택지로 각광을 받았다.

2008년 의료활동조사에서는 병원군별로는 급성기 일반 71.3%, 요양형 21.4%, 정신 6.8%였으며, 진료소병상에서는 요양형이 24%를 차지했다. 병동구조 전환이나 개호분야 사업, 시설확장이 활발하게 시행되었다.

2004년 1월 MSW(의료사회복지) 지역연합 대표자 회의 보고에서는 케어매니저 활동이 증가했다. 또한 MSW의 80%가 국가자격증소유자였다. 2004년 10월 재활치료사 지역연합대표자 회의에서는 통원재활 담당치료사의 상근직화, 방문재활 확대 등 전환과 함께 활동영역의 확대를 시도했고, 인력부족경향이 있다고 보고했다. 회의는 다음 해에도 개최해 '헌법을 지키고, 재활치료를 풍부하게 확대하자.'고 결의했다.

(2) 개호보험 '개악'과의 투쟁

2004년에 들어서 정부의 '5년 주기 수정' 의도가 구체적으로 나타났다. 전일본민의련 이사회는 7월에 이에 대한 '투쟁과 대응' 방침을 제기했다. 주요내용은 등급이 낮은 자(輕度者)에 대한 개호수가의 제한이 강하게 예상되었기 때문에 이에 대한 투쟁을 강화하자는 것이었다. 이를 위해 9월 이사회는 전국에 요개호자 실태조사를 시행하기로 결정했다.

11월에는 개호복지사업책임자회의를 개최했다. 보고에 의하면 2004년

4월 조사에서 민의련의 개호보험이용건수는 전체적으로 1년간 약 30% 증가, 그룹홈은 40% 증가, 복지용구대여는 35% 증가했다. 의료법인의 사업 수익에서 개호수익이 차지하는 비율은 평균적으로 12.6%였다. 민의련의 요지원과 개호 1등급의 구성비율은 50%(전국평균 54.1%)였으며, 요지원 등의 사람들에 대한 수급제한은 중대한 영향이 있다고 판단되었다.

이사회가 제기한 요개호자 실태조사는 예정을 크게 넘는 6,063명의 사례를 수집해, 12월 14일에 후생노동성 교섭을 진행했다. 지역의 개호 사업자와 공동 활동도 추진했다. 후생노동성은 '경도자'에 대한 가사지원 등은 오히려 폐용증후군(廢用症候群)을 발생시켜, 요개호자를 증가시킨다는 논리를 전개하면서 개호보험 수정의 중심에 '개호예방'이라는 개념을 제시했다.[주13] 또한 '호텔비용 이용자부담'이라는 명분으로 개호시설 입소자의 식사대, 숙박료를 보험적용에서 제외하고 이용자부담으로 관철했다.

전일본민의련은 2005년 2월 이사회에서 '고령자가 살아갈 권리를 박탈하는 개호보험 개악반대!', '학습을 강화하고 공동조직과 함께 전력을 다해 개호보험개악법 철회 운동을 확대하자'라는 방침을 제기하고, 개호보험반 모임·소집회 1만 회를 제기했다. 이것은 장애인의 자립을 실제로는 방해하는 '장애인 자립지원법'[주14] 반대 투쟁과 결합해 추진하고, 개호보험개악반대 서명은 80만 명 이상 모았으나, 결국 개호보험 수정은 우려한 대로 여론의 주목을 받지 못하고 2005년 6월에 법개정이 통과되어 2005년 10월부터 '호텔비용 이용자부담' 등이 실행되었다. 7월 이사회는 '시설 등의 거주비·식비의 자기부담화에 대한 기본적 입장과 과제'라는 방침을 결정했다. 내용은 부담경감을 지향하는 운동, 사회자원활용, 부담을 낮추는 요금설정, 설명과 동의, 시설독자적인 감면제도 등 경제적 이유로 서비스이용을 중단하는 사태를 만들지 않게 하는 것이었다.

전일본민의련은 9월에 개호시설대표자회의를 열고 '개정'으로 인해 부

주13) 이것은 극히 일부 자료에 기초한 주장으로, 후생노동성은 그 후 다양하게 드러난 바 있는 구체적인 사례와 차이가 있었으나 완전히 무시했다.

주14) 장애인자립지원법은 국회가 해산되었기 때문에 폐기되었으나, 우체국민영화는 선거 후 국회에서 통과되었다.

담이 증가해서 '이용포기'가 발생하지 않도록 활동을 추진하자고 의견을 통일하고 자치단체에 대해서 부담감면제도를 요구해 가기로 했다. 자치단체의 독자적인 감면은 도쿄·지요다(千代田)구나 아라카와(荒川)구 등 적지 않은 자치단체에서 실현했다. 그 외 개호예방에 대해서는 적극적인 참여를 제기하고, 개호예방지도원의 양성강좌(30시간)를 업자와 유대해 시행했다. 또한 개호예방사업 중심이 된 지역포괄지원 센터에는 적극적으로 응모하고, 교류회를 2006년 2월에 개최했다.

전국보험의단체연합회의 조사에서는 '호텔비용부담'을 실시한 직후 수개월 동안 전국적으로 519명이 경제적 부담으로 개호시설에서 퇴소한 것으로 드러났다. 부담을 감면받지 못한 소득계층이 많았다. 민의련은 개호보험개악이 실시된 후에도 피해를 최소한으로 막기 위해 활동을 지속했다.

제10절 종합적인 활동의 전개

(1) 보건예방활동의 강화

이 시기 전일본민의련은 일관되게 보건예방활동 강화를 요구했다. 2001년에는 전회 조사와 비교해 건진건수로는 50% 가까이 급증했다. 기업검진은 685개 사업소(+226), 산업의는 481명(+250)이었다. 건진센터 조성도 추진했다. 공동조직의 건강 만들기 운동을 추진해 자치단체 검진과 독자검진 등을 적극적으로 활용했고, 건진활동을 공동조직의 회원증가에도 활용했다. 헬스쿱 오사카*에서는 7년 연속 1만 명 이상의 대장암을 검진했고, 기간 중에 한 사람도 대장암으로 사망하지 않았다. 이 활동이 제7회 공동조직전국교류집회(도쿄)에서 보고되어 '버리는 대변으로 구하는 생명'이라는 캐치플레이즈로 순식간에 전국적으로 확산되었다.

2003년 5월 '건강증진법'을 시행해 '건강일본 21'의 법적 지원이 조성되었다. 2004년 1월 제5회 건진활동교류집회(이후에는 보건예방활동교류집회로 명칭 변경)는 2차 예방만이 아니라 일차예방에도 참여해 필요에 따라

'사람과 물자'를 배치했다. 수진자에게 요구되는 건진을 향해 안전과 설명, 동의에 유념하는 의사집단이 적극적으로 관여해 필요한 조사연구활동 수행 등을 제기했다.

2006년 1월 보건예방활동교류집회는 보건예방사업분야의 상황이 '격변'한다고 지적했다. 즉, 후생노동성의 '생활습관병 건진·보건지도의 내용에 대한 검토회'는 '건강일본 21'의 중간 총괄을 했다. 뇌졸중과 심장병의 사망률을 개선한 것 외에 뚜렷한 성과가 없었고, 생활습관병 예방은 개선되지 않았다. 향후 방향으로 대사증후군의 개념을 도입해야 하며, 생활습관병 예비군에 대한 보건지도 철저화, 행동변화를 지향하는 서비스로서의 체계화를 달성해야 할 것으로 지적했다. '성인병'을 '생활습관병'으로 변경한 것에 대해서도 사실상 '질병의 자기책임론'의 경향을 반영한 것이 농후하다고 지적했다.

2006년 의료개혁으로 제기되었던 '특정건진'의 방향도 제시된 바 있다. 그러나 내용도 조잡했고 75세 이상이 고령자 건진은 누력규정만 되어 있다는 점에 의거 큰 문제점을 포함하고 있었다. 그래도 민의련은 보건예방활동으로서 건진을 중시했다. 또한 공동조직과 함께 거리에서 '야외건강 상담

무료건강상담회(도쿄·오타병원)

회' 등으로 적극적으로 활동했다.

2008년 의료활동조사에 의하면 2003년에 민의련에서 시행한 건진건수는 47만 5942건이었지만, 2008년에는 58만 9153건으로(23.8% 증가) 늘어났다.

* 역자주: Health coop 大阪 – 소비생활협동조합법에 의해 설립된 생협법인으로 의료·개호 등의 복지사업을 중심으로 활동한다.

(2) 석면피해에 대한 활동

본래 석면문제는 소위 '구보타 쇼크'에서 출발했다. 2005년 6월 29일 농기구 제조회사인 구보타는 사원(퇴직자도 포함) 79명이 석면에 의한 중피종 등으로 사망했다고 발표하고, 다음 날 효고 현 아마가사키(尼崎) 시의 간자키(神崎)공장 주변 주민 3인에게 위로금을 지불했다. 건강피해가 대단히 클 것으로 전망되자, 같은 해 12월 말에 정부는 '석면종합대책'을 발표했다. 다음 해 3월에는 석면신법(석면에 의한 건강피해 구제에 관한 법률)을 시행했다.

그러나 법률에는 많은 문제점이 있었다. 전일본민의련은 석면관련기업이 있는 아마가사키시나 오사카·센난(泉南) 지역 등을 중심으로 피해자 발굴이나 구제활동을 적극적으로 추진했다.

2005년 7월 '진동장해·진폐의료추진책임자회의'를 개최했다. 이것은 2003년 11월 '진동병관계 회원기관 대표자회의'의 후속이었다. 진동장해에 대해서는 2001년 대부분 직업력 사칭에 의한 산재부정수급이 분명해졌고, 그 후에 산재신청 감소, 불인정 등의 사태가 발생했다. 또한 동료환자들이나 지역에서 '부정수급'고발 움직임도 있고, 국가·기업 측의 학자가 '진동장해가 있어도 치료할 필요는 없다.' 같은 발언이 이어져, 진동병 환자의 3할 가까운 비중을 진료하는 민의련은 노동조합과 함께 대처할 필요가 있었다.

한편 2004년 4월 대법원이 지쿠호(筑豊)진폐소송에서 국가의 책임을 인정했고, 이로 인해 전국의 터널진폐소송에 영향을 줄 것으로 예상되었

'석면산재상담'에서 상담전화를 받는 규슈사회의학연구소 소장 의사 다무라(2005년 7월)

다. 또 7월 이사회에서 석면문제가 급부상했기 때문에 이 회의에서도 석면
문제에 대한 보고가 있었다.

7월 15일 전일본민의련 이사회는 '석면피해자 발굴과 구제활동, 환경에
대한 획기빙지의 예방조치 하층을 요구하는 투쟁'이라는 성명서를 채택했
다. 석면은 1970년대부터 1990년대에 걸쳐 많은 해에는 30만 톤을 수입
했다. 향후 5년간 건설해체현장에서 4000만 톤이 배출될 것이라는 예상
도 있었다. 2002년 4월 산업위생학회에서 '석면에 의한 악성중피종 사망자
수 추정연구'를 발표해 EU에서는 35만 명, 일본에서는 8만 명으로 예상했
다. 석면은 EU 등에서는 1970년대 후반부터 사용을 금지해 왔지만, 일본
정부는 '관리해서 사용하면 안전'하다는 입장을 취해왔다. 이런 정책을 변
화시켜 사용제한 쪽으로 방향을 잡은 것은 2002년 6월이었지만, 다음 해
노동안전위생법시행령 개정에서 금지한 것은 10종류의 석면제품에 한정
되었다.[주15] 1995년 이후 중피종 사망은 6,060명, 그중 산재인정은 284명
(4.7%)에 불과했다. 오사카 시 센난 지역의 석면사용공장 종사자의 55%,
주변주민의 33%에서 석면폐 소견이 보인다는 충격적인 보고도 있었다. 전

주15) 세계각국에서 석면을 금지하고 있었음에도 불구하고, 일본정부가 전면금지에 착수한 것은 2006년
9월이었기 때문에 석면에 의한 잠재적 암환자는 수십만 명으로 추정된다. 현재, 센난석면소송 등이 각지에
서 진행되고 있다. 센난석면소송은 일심에서 승리했다.(그러나 놀랍게도 오사카 고등법원이 2011년, 국가
의 책임을 인정하지 않는 지극히 부당한 역전판결을 선고했다.)

일본민의련은 이사회에서 대책본부를 설치하고, 진단매뉴얼, 학습회, 전자의무기록에 의한 점검, 상담창구 설치, 정부에 구제제도 요구를 방침으로 결정했다. 또한 수십 년에 걸쳐 발증하는 질병이기 때문에 문진이나 직업력 등 일상진료 속에서 확실한 관점을 중시하는 것이라든가, 과거의 폐암 사망사례의 재검토(판독운동)를 주장했다.

2005년 11월 이사회는 '석면대책기본법' 제정, 모든 피해자에 대한 보장을 요구하는 청원서명을 2006년 1월까지 민의련 30만 명을 목표로 참여할 것을 결정했다. 12월 이사회는 당시 1개소뿐이었던 '석면건강관리수첩 소지자에 대한 건강진단 실시와 관련한 의료기관'에 적극적으로 참여해줄 것을 요청했다. 2006년 1월 이사회는 석면 '통일분진표, 자기간이조사표'를 전국에 배포하기로 결정했다.

민의련은 도켄(土建)조합 등과 협력해 흉부CT검진이나 산재신청 등 석면건강피해구제 활동을 추진해 왔다. 그리고 2008년 이후 오사카나 아마사키에서 석면피해자 재판투쟁 지원을 본격적으로 강화했고, 전국의 많은 민의련 시설에서 폐암 사망사례의 'CT재판독'운동을 제기하고 참여했다. 집약하고 검토한 끝에 재판독한 사례의 12.8%가 석면폐인 것을 비롯해 석면관련 소견이 나타나 학회에도 보고했다. 학회의 충격은 컸다. 전일본민의련은 제38, 39회 총회방침 중에서 다시 한 번 석면피해자 발굴을 위한 검진을 중시하는 것이라든가 '일상진료에서 '생활력과 직업력' 등을 확실하게 하는 관점'을 강화하자고 요청했다.

(3) 21세기 초반의 치과

2002년 제3회 치과회원기관 대표자회의는 '21세기 초반의 치과를 전망하고, 의료경영구조 전환을 추진하자.'는 주제로 개최했다. 회의에서 치과부로 부터 '새로운 시대의 문을 열자 – 21세기 초반 민의련 치과의 역할과 과제'라는 방침안을 제안했고, 회의의 논의를 거쳐 같은 해 12월 결정했다. 2000년 10월 민의련의 치과는 1990년대 목표였던 100개의 시설을 달성했으며, 2002년 9월 단계에서 111개 시설을 운영했다. 4월에는 돗토리에 새로운 치과를 개설해 치과공백 지역을 하나 줄였다.

전환과제는 '① 지역에서 존재의의를 분명하게 하고, ② 장기 발전을 보장하는 '흑자체질 구축'을 추진하며, ③ 지역협의회에서 학습을 통해 상호점검해 '지혜의 공유'를 달성하고, ④ 치과의사의 확보·양성과 전환의 결합' 등이었다. '반짝반짝 빛나는' 인권과 비영리·협동의 민의련 치과를 지향해 전 지역연합에 치과를, 지역에 열린 민의련치과의 보건·의료·복지의 네트워크 구축, 고령자치과를 향한 도전 등을 정리했다. 그리고 치과 분야의 '3개의 전환'을 제기했다. 내용은 '① 진료받을 권리를 지키며 '8020운동(80세에 자신의 치아 20개 이상 남기기 운동)' 등의 예방중시와 치주병관리 등을 향한 의료구조전환, ② 관리운영의 개선, ③ 높은 인건비 체질의 전환' 등이었다.

2003년 지역연합 치과위원장회의는 안전·안심·신뢰의 치과의료 만들기를 향해 체크리스트를 제기했다. 내용은 '① 치료계획을 공유하는 실천을 어디까지 추진힐 것인가 (설명과 동의), ② 한가의 안전은 지키는 치과의료는 어떻게 실천할 수 있는가('오류보고', '사고우려보고' 등), ③ 환자로부터 신뢰받는 치과의료 실천은 어떤 것인가(의료정비, 감염예방 등), ④ 민주적 관리운영(민주적 집단의료·부서 만들기·방침의 철저화, 공동조직)' 등이다. 2004년 4월에는 후생노동성의 '치과임상수련필수화를 향한 체제정비에 대한 검토회'의 최종보고를 제출했다. 치과부는 이것에 대한 견해를 발표하고 현장 중시 등 개선된 내용이 있다고 평가했으며, 수련시설 부담은 큰 문제라서 이에 대한 보장이 필요하다는 점을 밝혔다. 그리고 민의련에서 적극적으로 도입할 시설로 지향할 필요가 있다고 밝혔다. 같은 달에 일본치과의사회 회장이 진료수가를 둘러싸고 뇌물사건으로 체포되는 사건이 발생했다. 치과부는 주이쿄(中医協)의 심의과정 공개 등을 요구하는 견해를 표명했다.

2004년 11월 9년 만에 열린 치과진료기관장, 사무장회의, 2005년 치과학술운동교류집회 심포지움, 2005년 지역협의회가 있는 지역 의료기관장·사무장회의 등에서 '3개의 전환'에 대한 논의와 실천을 교류하기로 했다. 그러나 치과 사업소의 흑자비율은 2004년도에도 49.5%에 불과했다.

1년간 치과의사 임상수련 필수화는 2006년부터 시행했다. 민의련은 21개소의 시설이 임상수련시설로 인정받았고, 모든 지역협의회에 분포되었다. 전국의 치과임상수련기관의 약 60%를 민의련 치과사업소가 담당한 셈이다.

2006년에 개최된 제37회 총회방침은 '① 공백극복 성과에 확신을 갖고 모든 지역연합에 치과를 건설할 것(36기에 이시가와(石川), 나가노(長野), 오이타(大分)에 치과를 개설함), ② 3개의 전환, ③ 안전·안심·신뢰 의료의 추진, ④ 임상수련 필수화를 향한 적극적 대응, ⑤ 치과학생대책의 강화, ⑥ 지역협의회를 축으로 하는 활동중시' 등을 제기했다. 이러한 과정에서 치과에서 독립 분리해 치과법인을 설립한 홋카이도의 경험 등이 축적되어, 지금까지 법인의 중심과제로 상당히 추진하기 어려웠던 치과문제가 해결되면서 적극적으로 참여해 성과를 올리는 등 경험도 나타났다.

치과는 빈곤과 격차의 문제로부터 크게 영향을 받는 영역이어서, 노숙자 검진 등에 치과의사나 직원이 적극적으로 참여했다. 또한 2009년 전일본민의련 치과부는 치과의 실태를 분명히 밝힌 [치과실태보고서]를 제작했다. 보고서에 수록된 사례는 섬뜩해 관계자에게 큰 충격을 주었다. 그리고 빈곤에 대한 민의련 치과의료를 전개해야 한다고 제기해 활동을 추진했다. 이러한 활동을 일본치과신문은 일면에서 '빈곤과 격차가 확대되는 과정은 구강에도 큰 영향을 준다. 이러한 사회적 문제를 해결하기 위해 구강에서 생활을 향해, 지역을 향해 나가는 치과의사들이 있다. 일본 치과의사들이 갖춰야 할 자세라고 생각한다.'고 평가했다.

이러한 활동과 전국적인 경험 교류나 지도원조 등을 통해서 2010년도 치과경영은 전체적으로 아직 적자인 상황에서 64개 사업소가 흑자, 46개 사업소가 적자를 기록해 흑자비율은 58.2%였다.

(4) 기타 의료활동

1. 피폭자 의료

2003년 6월 1996년 이후 제8회 피폭문제 교류회를 개최했다. 나가사키의 마쓰야소송(松谷訴訟)을 비롯해 교토·도쿄 등 개별 원폭소송은 승리했지만, 후생노동성은 DS86*(원인확률론)을 고집하며 입시피폭**이나 내부피폭***, 저선량 피폭을 부정하고 많은 피해자가 신청해도 인정하지 않는 상황이 지속되었다. 이러한 상황이나 피폭자가 고령화하는 점에서 전국피폭자단체협의회(히단쿄, 被団協)의 요구를 받아, 전국에서 원폭증인정 집단소송을 시작했다. 2003년 5월 전일본민의련은 제1회 집단소송지원 의사단회의를 열고, DS86에 대한 비판을 강화하고 집단적인 노작이라 할 수 있는 '원폭증 인정에 대한 의사단 의견서'를 재판부에 제출하는 등 집단소송을 전면적으로 지원해 갔고. 민의련 의사단이 집단작업과 협의를 거듭해 작성한 의사단 의견서는 '폭심지로부터 일률적으로 1.5킬로미터 이내의 사람만 인정'한 기준을 '피폭 당시에 나타난 증상, 행위(입시피폭) 등 모든 것을 고려해 일률적인 기준적용은 바람직하지 않다.'(요점)는 판결을 끌어냈고, 급성기 피폭과 함께 저선량 피폭·내부피폭에 대해서도 피폭관계를 인정하는 판결을 쟁취해 냈다. 이것은 이토시마, 나가사키 나아가 비키니지역의 피폭자 등의 진료를 오랜 기간 해왔고, 내부피폭의 문제를 고발해온 민의련의 의사단이기에 가능한 활동이었다.

2006년 오사카지방법원에서 최초로 집단소송판결이 있었다. 이후 전국에서 제소한 원폭증 집단소송은 모두 원고측이 승리(27 연속 승리)했으며, 정부는 2008년 항소를 포기하고 피폭자와 화해협의에 들어갈 수밖에 없는 상황이 되었다. 판결은 히로시마·나가사키에서 피폭된 피해자들의 마지막 '인간존엄'을 건 투쟁이었고, 전일본민의련은 전면적으로 소송을 지원했다. 그중에서도 피폭자 발굴이나 신청지원 등에 관여한 민의련의사들이나 관계자는 재판승리·정부의 화해대응 과정에서 큰 역할을 수행했다. 전일본민의련은 운동 중에 [피폭자의료의 개선을 위해 – 의료활동의 길잡이]를 개정했고 '긴급피폭사고대책매뉴얼'을 작성했다. 또한 원전피해에 주목하고, 6개소의 마을이나 가리와(刈羽)·가시와자키(柏崎)원전의 조사 등도 시행해왔다.

* 역자주: 1986년에 확립된 선량추정방식

** 역자주: 入市被爆: 원폭투하 후에 시에 들어가 구조활동이나 가족을 찾았던 사람들의 피폭

*** 역자주 : 잔류방사선에 의한 피폭. 소위 '부라부라병'등이 내부피폭에 의한 것으로 알려져 있다.

2. 영양 부문

제35기 영양 부문 지역연합대표자회의는 2003년 10월에 개최했다. 확산된 외주화 흐름 속에서(병원의 60%) 영리화에 반대하는 입장을 확인하고 논의를 심화했다. NST(영양지원팀)를 구성한 병원도 나타나는 등 새로운 활동이나 당뇨병 지도 등 팀 의료의 중요한 담당자로서 역할을 수행했다. 병원경영이 악화되는 상황에서 병원급식의 위탁운영, 지역연합사업으로 중앙급식센터화 같은 흐름 속에서 역할을 담당해 왔다. 그런 과정에서 지역연합 등의 협동사업으로 활동하는 곳도 나타났다.

3. 직원의 건강관리

2003년 3월 공제조합과 전일본민의련 직원육성부의 공동주최로 '직원의 건강을 지키는 활동교류집회'를 개최했다. 전일본민의련은 '민의련 직원이 건강하게 지속적으로 일하기 위한 지침(안)'(건강관리지침)을 만들고, 보급의 철저화와 촉진을 위해 전국회의를 개최했다(2004년 9월). 민의련 공제에 휴업신청을 가장 많이 한 이유는 정신건강문제였다. 전일본민의련 공제의 2004년 질병위로금 362건 중 정신건강 문제가 205건으로 처음으로 50%를 넘었다. 또한 개호직원 등을 중심으로 요통 등도 증가했다.

이러한 상황을 근거로 시가(滋賀)의과대학 위생학교실과 공동으로 개호노동자를 대상으로 앙케트 조사를 실시해, 구체적인 대책을 제안했다. '지침안'은 그 후 실천이 반복해 쌓여가면서 현장에서 보다 대응하기 쉬운 내용으로 개정되었다. 또한 직원의 건강유지를 위한 교류회도 계속해서 개최해 각지의 구체적인 경험을 보급한다.

4. 재해지원

2004년 2월 이사회는 '전일본민의련의 재해지원활동 매뉴얼(안)'을 제기하고, 2005년 8월에 확정했다. 2004년 10월 23일 니가타 현 나카고시(中越)에서 지진이 발생하자, 진원지에서 가까운 나가오카(長岡)의료생협을 거점으로 지원활동을 벌였다. 전일본민의련의 지원자는 연인원 1,500명을 넘어섰다. 이러한 교훈에 의해 니가타·가쓰에(下越)병원, 미야기·사카종합병원, 후쿠오카·오테마치병원 등 적지 않은 민의련 병원이

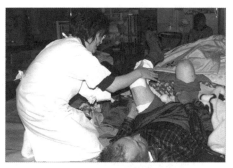

니가타 현 나카코시지진에 대한 의료지원활동

재해거점병원이 되었고, DMAT(재해파견의료팀) 등에도 참가했다. 또한 나카고시 지진 등을 반영해 전일본민의련은 재해대책 매뉴얼을 개정했다.

2005년 1월 전일본민의련이사회는 전년 12월 26일에 발생한 수마트라 해저지진과 쓰나미(22만 6천 명의 사망과 행방불명)의 피해자 지원을 위해 2월이 니세큐(日生協; 일본생활협동조합) 의료부 제2차 지원단(스리랑카)[주16]에 하라 가즈토(原和人) 부회장, 시미즈 히로시(淸水洋) 사무국 차장을 참가시키기로 결정했다. 6월까지 지원금 모금은 1,230만 엔이었다. 전일본민의련은 한신·아와지 대지진 후에 민주세력의 센터로 활동해 온 전국재해대책연락회(전국사이다이렌: 災對連)에서 중심적인 역할을 담당하고, 정부나 자치단체에 대해 개별보상제도의 확충 등을 요구하며 운동한다.

민의련의 이러한 활동은 2011년 3월 11일에 발생한 동일본대지진·원전 사고에 대해 신속하게 피해자를 지원한 대규모 전국지원을 결성하는 결과로 나타났다.

5. 환경·공해문제

제35기, 제36기에는 의료폐기물처리 문제 등으로 스스로가 공해의 발생원인이 되지 않도록 ISO14001(환경관리)을 취득하는(사이타마) 활동

주16) 스리랑카에 의료생협이 있는데, 일본생협 의료부와 교류가 있었다.

도쿄 대기오염공해재판의 전면해결 보고집회(2007년 11월 17일)

이나 '마을 만들기·환경·공해문제위원회'를 설치해 다양한 활동을 추진
했다.

　2004년 10월 23일 미나마타 간사이 소송 대법원 판결에서 정부와 구마
모토 현의 책임을 인정했다. 11월 5일 전일본민의련은 히다(肥田) 회장 담
화를 발표하고, 정부와 구마모토 현이 피해자 의료지원 등 필요한 정책을
시행해야 하며 지원을 요구하는 신규 피해자를 신속하게 수용할 수 있는
대책을 촉구했다. 구마모토민의련은 착실하게 피해자 발굴을 위한 검진활
동에 참여했다. 나아가 이러한 활동은 규슈나 오키나와민의련 등의 협력
으로 실시했다.

　검진은 2005년 12월에 종료했으며, 비교를 위해 통제검진을 실시했다.
그리고 새로운 신청을 시작했다. 특히 구마모토민의련 및 시라누이(不知
火)환자모임 등에서 제기한 '미나마타병 발굴검진'의 요구를 수용해 2009
년 9월 20~21일에는 전국에서 의사를 포함 700명 이상이 구마모토, 가고
시마에 집결해 지금까지 한 번도 검진을 받지 않은 지역을 포함 27개소의
지역에서 1,000명이 넘는 인원을 검진했다. 이것은 재판이나 여론에 크게
영향을 미쳐, 수많은 잠재적 미나마타병 환자가 존재함을 확인하는 계기가

되었다.

그 후 긴키(近畿), 간토(關東), 홋카이도(北海道), 아이치(愛知), 미야기(宮城), 야마구치(山口), 오카야마(岡山), 후쿠오카 등에서도 계속해서 발굴검진을 시행했다.

2009년 현지에서 700명의 스태프로 집단검진이 가능한 이유는 '민의련이기 때문에', 미나마타병 문제의 전문가이기 때문이었다는 평가를 받았으며, 민의련 역사 속에 획기적인 사건으로 남았다. 이런 결과가 나온 데는 구마모토민의련이나 규슈·오키나와 지역협의회의 끈끈한 참여가 토대를 이루었다. 이러한 활동은 〔미나마타는 끝나지 않았다 ~ 2009-2010〕(전일본민의련편집·가모가와 출판사 발행)에 수록했다.

그 후 원고변호인단과 환자모임, 정부, 칫소사를 당사자로 하는 화해가 이루어졌다. 그러나 아직 잠재환자가 많다는 점이 입증되어 투쟁은 계속되고 있다.

또한 아가노(阿賀野) 강 유역 니가타 미나마타병 검진을 실시했다.

도쿄의 대기오염공해재판에서는 도쿄민의련을 중심으로 운동에 대한 전면적인 지원과 임상·의학적 측면도 지원했다. 2007년 도쿄도와 자동차기업 등은 화해교섭을 시작했으며, 2008년 8월부터 도쿄도 안에 사는 전 주민을 대상으로 기관지천식환자에 대한 의료비전액을 부담하게 하는 획기적인 성과를 올렸다. 도쿄 대기오염 재판지원과 관련해 '대기오염고령자 인정환자의 요양생활실태에 대한 청취조사(도쿄·가나가와·아이치·오사카·오카야마)'에 참여했다. 아동 천식환자는 확실하게 증가하던 중에 새로운 미세입자물질 PM2.5의 환경기준을 만들고, 오사카 등에서 측정운동 등이 시작되어 도쿄에서 실현한 제도를 지향하는 운동이 추진되었다.

6. 구일본군 독가스 잔류폭탄에 의한 피해자지원

2003년 8월 중국 동북부 하얼빈 시내에 남아 있던 구일본군의 독가스(마스터드가스)에 의한 피해가 발생했다. 2005년 8월에 피해자가 방일해 민의련에 건강진단의뢰를 했으며, 요요기 병원에서 8명이 검진을 받았다. 2005년 12월에는 중국을 방문해 검진해달라는 협조의뢰가 있었으며, 도쿄 민의련에서 수락했다. 2008년 3월에는 흑룡강성에서 검진을 시행하고 51명을 진료했다. 그 후 오사카, 교토, 도쿄 민의련을 중심으로 4차(2010년 3월)에 걸쳐 현지에서 검진활동에 참여했다. 또한 구일본군이 국내에 유기한 독가스로 이바라키(茨城) 현·가미스(神栖), 가나가와 현·사무카와(寒川)에서 피해자가 나타났고, 동일 의료진이 중심이 되어 지원활동을 지속했다. 전쟁의 여파가 아직 끝나지 않았다는 점을 통감한 사건이었다.

7. 약제 분야·약해 근절을 위한 투쟁

2005년 12월 제5회 약제 부문 지역연합 대표자회의·확보담당자회의를 개최했다. 2005년 2월 당시 일본 전체의 원외처방전 발행비율은 57.4%에 달했다. 민의련은 약사가 계속해서 부족했다. 그러나 약학생 대책을 꾸준히 추진해 실습 현장을 제공하는 등 참신한 경험이 나타났다. 27개 지역연합에 담당자가 배치되었다. 2005년 9월 30일 약사는 2,389명(전회조사 2001년 대비 +11%)이었으며, 3분의 2가 보험약국에서 근무했다. 장학생이 52명(2001년)에서 95명으로 크게 증가했고, 퇴직률이 8.8%에서 7.5%로 감소하는 등 대책활동의 성과가 나타났다. 2006년 4월부터 약학과가 6년제가 되었다.

일본에서는 생명보다도 기업활동을 우선시하는 제약기업과 국가의 태만으로 수차례 약해 문제가 발생했고, 발생한 문제의 상당수에서 피해자가 발생했다. 1995년 약해에이즈 투쟁은 약해 문제를 운동으로 입증한 사례였다. 그 후에도 약해 문제는 계속해서 발생했다. 전일본민의련은 끊임없이 피해자를 지원하고, 약해야콥병, 약해간염(C형, B형), 이레사 약해* 등 약해 근절을 요구하고, 다양한 운동을 펼쳤다. 또한 약사집단은 부작용 모니터제도를 강화하고, 국민을 향해 '투약 Q&A'를 발행해 호평을 받았다.

* 역자주: 이레사 약해는 간암에 대한 항암제로 사용되던 게피티니브(Gefitinib)제재 '이레사정250'의 부작용을 말한다. 이레사정은 당초에는 부작용이 거의 없는 것으로 알려졌으나 시판 후에 간질성 폐렴과 급성 폐장해 부작용이 계속해서 보고되었다. 2002년부터 2006년까지 6년 동안 643명이 부작용으로 사망했다. 사망한 환자의 유족들은 국가와 제약회사(아스트랄제네카)를 상대로 소송을 제기했다.

(5) 전환 중에 발생한 경영위기

제37기도 포함했지만, 미야기후생협회, 홋카이도긴이쿄, 도쿠시마보건생협, 가와사키의료생협 등이 2005년부터 2008년에 걸쳐 경영위기를 겪었다. 2006년에는 경영위기에 빠져 있던 도쿠시마(德島)건강생협에 대해 전일본민의련 대책위원회를 설치하고, 당시 구라시키(倉敷)의료생협 전무였던 구보다 시게루(久保田滋) 씨를 전무로 파견했다. 또한 '사건' 이후 경영상 어려움을 겪던 가와사키협동병원에 대해서도 대책위원회를 설치하고, 가나가와민의련 내의 사무간부지원에 이어 전일본민의련의 오야마 요시히로(大山美宏) 부회장, 시미즈 히로시(淸水洋) 부회장의 현지 파견을 비롯 수도권을 중심으로 전국의 의사를 포함해 지원했다.

양 법인의 경우도 의료계획이나 경영과의 불일치, 자금관리, 관리운영문제나 노동조합과의 관계, 직원교육 문제 등 공통사항이 적지 않았다. 가와사키에서는 자금부족 위기를 회피하기 위해 처음으로 '민코연데기금'을 발동했다. 그러나 실제 야마나시와 같은 사태에 빠지는 상황은 피할 수 있어, 현재 재활계획을 작성하고 새로운 활동을 추진 중에 있다. 홋카이도긴이쿄도 지금까지의 의료·경영구조의 전환을 요구받는 상황이다. 전일본민의련과의 관계에서도 위기방지 대책으로 대중자금모집(홋카이도긴이쿄, 도내민의련법인과 전국을 합해 18억 엔)을 시행하고, 개선기조로 변하고 있다.

제11절 사회보장구조개혁을 저지하기 위한 투쟁

(1) 의료개악법 철회운동

'겐포(健保) 본인 3할 부담'을 결정한 의료개악은 2002년 7월에 통과되었다. 8월 제35기 제1회 평의원회는 의료개악저지, 유사법제반대를 위한 투쟁의 총괄과 가을부터의 운동과제를 제기했다. 유사법안은 폐지되었고, 의료개악 반대서명은 2,700만 명에 달했는데, 그중 중앙샤호쿄가 1천만 명, 민의련이 350만 명을 달성했다. 650개의 자치단체에서 반대결의가 있었고, 여론조사에서는 60%가 반대했다.

12월 일본의사회, 일본치과의사회, 일본약사회, 일본간호협회는 통과된 의료개악법이 국민개보험제도를 위협해, 법률의 실시동결·철회를 요구하는 국민운동을 전개한다고 공동성명을 통해 발표했다.(4개 단체 성명) 전일본민의련은 2003년 1월 18일과 20일 아사히신문에 4개 단체 성명을 지지하는 의견광고를 게재했다. 젠로렌, 렝고(連合)도 3할 부담의 철회를 요구했다. 2월 야 3당은 건강보험 본인 3할 부담 철회법안을 국회에 제출했다. 법안이 통과된 후에 철회운동이 확산된 것이 특징이다.

2003년 4월부터 건보 본인 부담은 3할로 되었고, 그 후 전국의 의료기관에서 수진율이 대폭 감소했다.

(2) '전면개악'을 향한 시도와 이를 막기 위한 투쟁

고이즈미 정권은 2003년 3월 말, '의료보험제도 체계와 진료수가 체계에 대한 기본방침'을 국무회의에서 결정했다. 이것은 고령자의료제도 창설, 보험자를 현 단위로 재편하고 통합하며, 포괄·정액지불 제도 확대와 특정 요양비제도 확대 등을 내용으로 하는 2006년 의료전면개악 내용을 밝힌 것이었다.

후생노동성은 '의료구조개혁'안을 계속해서 제안하고, 강행하고자 했다. 이것은 2003년 '기본방침'에 의료비가 일정액 이하일 경우 보험급여를 인정하지 않는 '보험면책제도'를 추가한 것이었다. 전일본민의련은 10월 20일 사무국장 명의로 '국민에게 큰 부담을 떠넘기고 개보험제도를 붕괴시키는 후생노동성의 '개혁시안'에 항의하고, 보험으로 안전·안심할 수 있는 의료를 확산시키기 위해 투쟁하자'라는 담화를 발표했다. 또 의료계의 대동단결로 의료구조개혁노선에 정면으로 맞서 싸우는 자세를 굳건히 하고, 의료관계단체 등과 폭넓은 공동행동을 제기했다.

민의련은 이단렌(医団連)이 주최한 '2006년 의료대개악을 허용하지 않는 10·27대집회'를 시작으로 2006년 전면개악반대운동을 주도해 가는 역할을 수행했다. 집회에는 전국에서 5천 명 이상의 의사, 간호사를 비롯한 의료관계자들이 모였으며 큰 성공을 거두었다. 그 후에도 의료단체 연락회(이단렌)는 매년 5천 명 규모의 국민대집회를 개최했다. 의사회는 후생노동성의 '의료구조개혁'은 '재정만을 중시한 정책이며, 의료의 안전확보나 질 향상에 대해서는 아무 내용도 없는 것'이며, 국민개보험제도를 지키는 국민운동, 서명운동에 참여한다고 성명서를 발표했다.

(3) 헌법을 지키고, 국민의료를 지킨다

2005년 11월 자민당은 창당 50주년 당대회에서 신헌법초안을 결정했다. 12월 전일본민의련 이사회는 '헌법을 살리고, 평화와 국민의료를 지키는 대운동'을 제기했다. 일본의 정치가 전후 최대의 갈림길에 있다는 인식 하에 제37기를 통해 대운동을 펼쳐가기로 한 것이다. 즉 ① 헌법 9조, 25조의 존재의미를 확신시킨다. ② 국민개보험은 지키는 방향으로 정책전환을 시도한다. ③ 간호를 사회문제로 제기하고, 개선을 위해 노력한다. ④ 다른 조직이나 개인과 공동대응 확대 ⑤ 직원, 공동조직의 성장' 등 다섯 가지를 획득목표로 삼고 헌법, 간호, 의료의 공공성·국민개보험이라는 투쟁본부를 세 개 설치했다. 또한 전일본민의련 회계에 투쟁비, 교육자료비를 계상하고, 실시간으로 선전물 등을 제작할 수 있도록 조치했다. 이런 조치로 DVD 발행이나 시의적절한 전단지 게시물 등을 작성하게 되었다.

2006년 1월 8일 긴급지역연합 회장·사무국장 회의를 개최하고, 간부가 선두에 서서 투쟁하기로 의견을 모았다. 이것을 계기로 '허용할 수 없는 의료대개악 2·9 국민대집회'를 비롯해 각종 집회, 서명, 선전행동, 국회행동 등을 대대적으로 진행했다. 의료개악법에 앞서 2006년 진료수가개정의 시행으로 드러난 것은 사상최대 마이너스 3.16%라는 파괴적 변경이었다. 내용적으로도 재활치료에 대해 질환마다 일정한 치료일수제한을 두고, 요양병동 입원환자에 대한 의료구분을 도입해 수가의 대폭인하를 시행하고, 투석시행에서 빈혈방지제의 보험제외라는 엄청난 변화였다.

2006년 3월 전일본민의련 제37회 총회는 '평화와 헌법, 사회보장 개선

운동을 민의련의 '정신'으로, 제일차적인 과제로 활동한다.'고 제기했다.

의료구조개혁법 관련안은 보험면책제도만 제외한 상태에서 국회에 제출되었다. 법안에는 요양병상의 대폭삭감이나 후기고령자의료제도 창설, 특정검진 등 의료 '구조개혁'의 총결산이라고 할 수 있을 만큼 주요 내용이 포함되었다. 내용이 분명해짐에 따라 국민의 분노를 샀고, 그 후 정권을 전복시켜야 한다는 상황으로 연결되었다.

전일본민의련은 정책 분석을 진행하면서 9월에 [고이즈미 내각의 사회보장구조개혁을 분석한다]는 학습자료집을 발행하고, 운동을 확산시켰다.

2004년 12월 후생노동성 장관과 규제개혁 담당 장관 사이에 특정요양비 제도를 '보험도입의료와 환자선택·동의의료'로 재편성하는 합의가 이루어진 것에 대해 '혼합진료의 부분적 해금인 특정요양비 제도의 '제약없는' 확대에 반대한다'라는 회장성명을 발표했다.

(4) 이라크 전쟁 반대운동

2003년 3월 19일 미국의 부시 정권은 이라크의 후세인 정권이 대량살상무기를 보유하고 있다면서 이라크를 침공했다. 후세인 정권은 붕괴되었지만, 대량살상무기는 없었으며, 이라크 전쟁은 수렁에 빠져들었다. 미국과 함께 참전한 많은 나라가 철수하는 과정에서 일본정부는 공수부대 파견 등 이라크 전쟁에 가담했으며, 국제적 비판을 받았다.

전일본민의련은 개전 전부터 미국의 이라크 공격 반대 전단지, 휘장으로 선전하는 등 반전활동을 추진했다. 나아가 2003년 12월 '자위대의 이라크파병반대 의료인 모임'을 조직하고, 신문에 의견광고를 게재했다. 또한 여타 민주단체와 함께 '생명과 의료를 지키는 이라크 인도지원모금'에 참여해 2천만 엔 이상을 모집하고, 하라 가즈토(原和人) 부회장, 오오가와라(大河原) 차장을 요르단에 파견해 현지에서 의약품 등을 조달했고, 현지 바스라 교육병동 등에 의약품, 의료자재 등의 지원을 시행했다.

또한 2007년에 히로시마에서 개최된 전일본민의련 학술운동교류집회에 현지에서 분투하던 이라크 의사를 초청하는 등 교류와 지원을 했다.

2004년 봄에 일본인 세 명이 이라크에서 피랍되었다. 세 사람은 이라크 전쟁의 실상을 고발하거나 이라크에 대한 지원활동, 열화우라늄탄 피해를 선전하는 활동을 했다. 자민당이나 공명당은 언론을 이용해 '전쟁지역에 멋대로 들어간 사람들이 나쁘다.'고 자기책임론을 주장하며 왜곡된 여론을 조성했지만, 세 사람의 노력과 국제여론으로 석방되었다.

전일본민의련은 사건의 원인에 자위대 파병이 있다는 점을 지적하고, 즉각 철수하고 일본정부가 구조를 위해 전력을 다해 줄 것을 요청했으며, 가족의 건강관리 등을 위해 지원했다. 또한 2010년에는 이라크 의사 부부의 산부인과, 소아과 연수를 가와사키협동병원에서 3개월간 지원했다.

(5) 진료받을 권리(수진권)를 지키는 활동

2000년 4월부터 1년 이상 고쿠호(国保)를 체납한 사람을 '악질체납자'로 분류했다. 고쿠호(国保) 자격증명서 반행을 자치단체의 의무사항으로 했기 때문에 자격증명서를 발급받지 못한 실제상의 무보험자가 급증했으며, 진료를 받을 수 없는 경우가 계속해서 발생했다.

민의련은 고쿠호(国保) 중단환자 방문 등을 실시하고, 고쿠호(国保)에 대한 국가의 부담비율을 1974년의 57%나 적어도 1983년 수준인 45%로 되돌릴 것, 자치단체가 주민의 생명을 지킨다는 입장에서 자격증명서를 발행하지 않고 해결할 수 있는 개선조치를 마련하도록 요구하는 투쟁을 추진했다.

전일본민의련은 2003년 2월과 8월 평의원회에서 진료를 하고 싶어도 할 수 없는 병원이 급증하는 상황에서 '수진권'을 지키는 운동을 강조했다. 특히 8월 제3회 평의원회는 '차기 총회까지 모든 사업소·직장이 수진권을 지키는 구체적인 실천에 참여할 것'을 선언했다. 인권의 안테나 감도를 높이고, 의식적으로 지역으로 나가 '조사하고, 학습하고, 연대하고, 행동한다'는 슬로건으로 간부가 선두에 서서 추진할 것을 제기했다. 그리고 '수진권을 지키는 자치단체 운동교류집회'를 열고, 각 지역에서 치료중단환자가 나오지 않도록 활동을 전개했다.

노숙자를 위한 '밤하늘 검진'(오사카, 2005년 10월)

또한 현실 사례로부터 자치단체의 전향적인 자세를 촉구하는 주민단체와 함께 공동투쟁을 추진하고, '① 보험증을 확인하지 않는다. ② 국민의료보험료 인하, ③ 일부 부담금 감면을 실현하기 위한 활동'에 착수했다. 각 지역에서 국민의료보험료 문제로 현지조사나 자치단체 방문을 시행했다.

나아가 중단환자를 빠뜨리지 않기 위해 후쿠오카 · 지요(千代)진료소가 참여한 '신속 출동대' 등 주의해야 할 환자방문, 중단환자 방문 등을 추진하고, 재가산소요법 환자의 실태조사를 거쳐 현 당국과 교섭하는(나가노) 등 '환자에 대한 관점'을 변화시킨 활동을 샤호쿄(社保協) 등과 함께 시행했다. 이러한 활동 결과, 국민의료보험 인하를 실현하는 자치단체도 나왔다.

2005년 12월 말 교도(共同)통신은 민의련의 취재에 근거해, '국민의료보험 '정지'로 11명 사망'이라는 기사를 게재했다. 그 후에도 매년 전일본민의련은 국민의료보험 수진불가로 사망한 사례조사를 시행하고, 2010년에는 언론 33개사가 실태를 고발했다.

또한 생활보호노령가산폐지에 따른 어려움사례조사, 열중증조사, 노숙자검진, 한랭지 고령자 생활실태조사, 개호보험 1천 건의 어려움사례조사,

고령자생활실태조사, 치과실태조사 등 현장의 실태를 파악하는 문제제기를 계속해서 시행했다. 텔레비전, 신문, 주간지 등에서 거의 매일 민의련 사업소의 활동을 보도하는 등 언론을 비롯해 사회적으로 큰 주목을 받았다.

이러한 과정 중에 전일본민의련이 제기한 '1부서 1사례'운동은 전국 각지의 사업소, 현장에서 '환자나 이용자를 보는 눈', '지역을 보는 눈'을 기르는 기회로 삼아 정착시켜 갔다. 또한 아직도 상당히 높은 창구부담의 완화를 요구하는 국민건강보험법 제44조에 의한 창구부담 감면을 요구하는 운동이나 사회복지법 제2조 3항에 주목해 제38회 총회방침에서 전국 민의련 사업소에서 '무료저액진료사업'[주17]을 시행하도록 강조했다. 이러한 제기는 적극적으로 수용되어 2011년 1월 현재, 215개소의 의료기관과 13개소의 노인보건시설에서 시행된다. 실시 기관 수는 대개 전국에서 시행하는 의료기관의 반수이상을 점유하는 것으로, 빈곤으로 어려움을 겪는 많은 주민이나 노숙자가 '처음으로 의지하는 곳'으로 기능한다.

사지단체나 학교교직모임, 민생위인 등에서 소개도 많았고, 고이치(高知)·우시오에(潮江)진료소와 같이 현 내에서 유일한 실시 의료기관으로 본래 원외처방의 경우 약값은 대상이 되지 않지만, 시의 단독사업으로 우시오에 진료소에서 발생한 무료저액진료대상환자의 약값을 보전해 주기 시작했다. 또한 행정에서 참여를 높게 평가해, 2010년 자살방지 캠페인 명목으로 조성한 기금도 받았다. 우시오에 진료소는 기금을 활용해 텔레비전, 라디오에서 무료저액진료 사업의 활용을 선전하는 광고를 내보냈다.

그러나 자치단체 중에서는 "이 사업의 필요성은 희박하다."고 주장하면서 신청을 거부한 곳도 많았다. 또한 이 사업이 의약분업 추진정책 이전에 가능했던 곳도 있어서, 보험약국에서 창구부담 대상이 되지 않았기 때문에 많은 부담을 강요받는 경우도 많아, 전일본민의련은 보험약국에서도 적용해줄 것을 요구했다.

주17) 무료저액진료사업: 생활빈곤자나 저소득자에 대해 사회복지법 제2조 3항 규정에 의거, 현 또는 정부지정도시, 쥬가쿠시(中核市 ; 법정인구 30만명이상의 대도시) 또는 도도부현이 일정한 조건을 충족한다면 의료기관으로부터 신청을 받아, 의료기관의 규정에 의해 무료 또는 저액진료를 시행할 수 있게 하는 제도.

어쨌든 국민의료보험이나 개호 등의 구체적인 곤란사례를 근거로 자치단체 교섭 등을 추진해 적지 않은 성과를 올렸다.

(6) 헌법을 지키는 운동

2004년은 연금 개악의 해였다. 보험료는 매년 인상으로 1.35배 올랐으나, 연금액은 2할 가까이 감소하는 사상최악의 개악방침이 정기국회에 제안되어 통과되었다.

2004년 2월 제36회 총회는 '평화와 헌법을 지키는 활동'을 전면에 내걸고, 사회보장 분야에서는 '공동연대의 틀을 넓히고, 의료·사회보장·인권을 지키는 투쟁을 지역에서 일으키자.'며 연금개악이나 의료제도개악과의 투쟁 방침을 제시했다. 민의련은 헌법문제와 사회보장문제를 하나로 묶어 투쟁을 추진했다.

3월 고이즈미 내각은 국민보호법 등 유사법안 7건을 국무회의에서 결정하고, 국회에 제출했다.

5월 전일본민의련 이사회는 '연금개악법안의 폐지, 이라크 자위대 철수운동을 간부를 선두로 철저하게 강화하자.'는 방침을 결정했다.

8월 핵무기금지대회에서는 민의련에서 공동조직을 포함해 1,331명이 참가했다. 90년대 전반에는 대회참가자의 10%가 민의련이었으나, 2004년에는 20% 이상이었다.

2004년에는 헌법을 지키는 운동을 전면에 내세우고, 사회보장 분야는 주로 개호보험의 개악에 반대하는 운동을 추진했다. 가을 '월간운동'에서도 '헌법을 투쟁의 중심으로'라는 슬로건을 내걸고, '요주의 환자방문, 진료중단환자 방문, 의료 110번 상담, 야외건강상담, 개호보험개악 반대운동'을 전개했다.

2005년 2월 평의원회는 평화·헌법을 지키는 운동을 '잡다한 과제 중의 하나가 아니다.'라고 평가하며, 전후 60년·피폭 60년인 2005년을 특별 연도로 규정하고 '평화액션플랜'을 제기했다. 또한 같은 해 전일본민의련은 이라크전쟁반대, 헤노코(辺野古)지원, NPT재검토회의를 위한 요청단파견(단장·히다 회장) 등 '평화의 발신자'로서 운동을 확대했다.

2005년 국회에서는 고이즈미 정권이 강력하게 추진한 우체국민영화 법안을 둘러싸고 자민당 내에서 분열이 발생했다. 결국 중의원에서 법안은 부결되었고, 고이즈미 수상은 국회를 해산했으며, 2005년 9월 11일 총선거가 시행되었다. 결과는 '우체국민영화'를 언론을 통해 쟁점화시키는 데 성공한 고이즈미 자민당의 압승이었고, 자민·공명 양 당은 중의원에서 3분의 2 이상의 의석을 차지했다.[18] 이것을 계기로 헌법 9조를 개정하려는 개헌책동이 강화되었다.

주18) 2003년 10월 자민당이 민주당에 합류해 자민당과 민주당의 보수 양당체제가 탄생했다.

제4장 후계자를 육성하다

제1절 의사양성·의학생 대책

(1) 새로운 임상수련제도

2004년부터 졸업 후 수련의무화를 시행하기 전인 2002년 8월 전일본 민의련 이사회는 '2004년 졸업 후 수련 필수화를 향한 새로운 동향을 확인하고, 지역협의회에서 수련체제를 확립해야 한다.'는 방침을 결정했다. 이것은 임상수련지정병원에 대한 인정 조건의 완화, 지정병원 확대를 요구했기 때문에 조건이 충족될 수 있는 병원을 지역협의회 차원에서 확립해 지역연합을 넘어서 민의련의 의사를 양성해 가는 시스템을 조성하기 위해서

'의사 간호사 증원' 중앙집회에서 호소하는 민의련청년의사(2006년 10월)

였다. 내용적으로는 공적 수련임과 동시에 민의련운동을 담당할 후계자 육성이라는 관점을 선명하게 내세우고, 대학 등의 협조를 얻어 열린 수련을 지향하며, 지역협의회마다 임상수련병원을 중심으로 민의련의 특색에 맞는 수련을 추진해서 의료구조가 전환되는 상황 속에서 의사양성을 주요 과제로 자리 잡게 하기 위함이었다.

2002년 9월 27일 후생노동성은 '새로운 의사임상수련제도의 내용에 대해(안)'라는 방침을 발표했다. 발표내용은 임상수련 지정병원이 현재는 2차 의료권마다 1개소만 지향하지만, 향후에는 모든 병원을 지정병원으로 인정한다는 수련지정병원의 확대의사를 분명히 드러냈다. 전일본민의련은 10월 이사회에서 이에 대한 '견해'를 정리하고 후생노동성의 방침이 민의련 등이 지금까지 요구해 온 것과 합치한다는 점, 민의련 병원도 임상수련지정병원이 될 수 있도록 조건을 구축해가야 한다는 점, 3~4년 차의 후기수련*을 매력적인 내용으로 채워간다는 점 등을 제기했다.

2003년 신임의사 영입은 99명에 머물렀다. 같은 해 8월 민의련의 임상수련지정병원은 22개소, 수련 영입 정원은 191명이었다. 다음 해에는 9개 병원이 추가될 예정이었다. 2004년 신임의사 영입은 새로운 임상수련제도 중에서 민의련 병원을 선택하는 학생이 증가해(매칭시스템에 의한 전국공모) 169명이었다. 이들이 반드시 민의련운동에 참가하겠다고 결의한 것은 아니었지만 감소경향을 보였던 수련의 영입이 전환되기 시작한 것으로, 새로운 제도에 대한 대응노력이 착실한 성과를 올린 것으로 볼 수 있었다.

2004년 9월 의학생위원장 회의는 '매칭 시대에 맞는 의학생 대책을!'이라는 슬로건을 내세우고, 장학생 증가 등을 제기했다. 2004년 중에 민의련의 관리형 수련병원**은 50개소(최고 58개소)가 되었다. 2005년 신임의사 영입은 매칭시스템으로 214명이었고, 실제 합격해 취업한 수련의는 195명이었다. 2004년 이후 초기 수련의의 만족도는 늘 80%를 넘었으며, 안팎에서 높은 평가를 받았다. 그러나 후기수련을 계속 민의련에서 하겠다는 사람은 65% 전후에 머물렀다. 이러한 상황은 민의련에 국한된 것이 아니라, 많은 임상수련 병원에서도 같은 경향이 나타났다.

특필할 점은 오키나와의 7개 병원이 '지역의료를 담당할 의사'를 공동으로 육성하자면서 시작한 '무리부시'***나 홋카이도에서 대학 등과 함께 공동으로 '종합의·가정의' 양성을 목적으로 시작한 '니포포'**** 등 여타 의료기관과 함께 활동을 추진한 것이다. 또한 지역 차원에서는 공동조직의 협력을 얻어 다른 의료기관 등과 연대해 의사를 육성하는 활동을 왕성하게 추진했다.

* 역자주: 2004년 임상수련제도는 의과대학 졸업 후 2년간 수련과정을 의무화했다. 후생성은 의무수련에 대해 '일반적으로 장래 전문과목과는 무관하게 기본적인 진료능력을 습득하기 위한 과정'이라고 규정했다. 의대졸업 후 2년간 의무수련과정을 일반적으로 '초기수련'이라고 지칭한다. 2년의 의무수련이 끝난 후에는 자신의 장래 전문분야를 고려하면서 각 병원에서 수련을 받는 데, 이것을 일반적으로 '후기수련'이라고 부른다.

** 역자주: 일본의 임상수련병원은 단독형 수련병원, 관리형 수련병원, 협력형 수련병원이 있다. 단독형은 해당 병원이 단독으로 혹은 수련협력시설과 연계하면서 수련을 시행하는 병원이다. 여기에서 수련협력시설은 보건소, 진료소, 사회복지시설, 개호노인보건시설 등이 있다. 단독형은 기본적으로 내과, 외과, 소아과, 산부인과, 정신과의 진료과목이 있어야 하며, 주로 급성기 환자 진료를 시행하는 병원이며, 일차의료의 기본적인 내용을 습득할 수 있는 진료실적이나 지도체제가 구축된 병원을 의미한다. 관리형은 단독형의 조건을 충족하면서 협력형과 연계해 수련을 시행하는 병원이다.

*** 역자주: 무리부시(群星)는 빛나는 별무리라는 뜻의 오키나와 사투리

**** 역자주: 니포포는 홋카이도의 아이누 족 언어로 '작은 나무의 아이들'이라는 뜻이며, 아이누 족의 토속 장난감 명칭

(2) '모두 민의련'으로 육성한다

민의련의 임상수련병원을 비롯한 각 병원에서는 지역 의료를 지키기 위해 시민병원 등과 함께 합동증례 검토회를 개최한다든지, 대학에서 의사 확보에 어려움을 겪는 자치단체 병원을 지원한다든지 다양한 대책활동을 해왔다.

2001년 3월 이후 임상수련 교류회를 일본생활협동조합 의료부회(현 일본의료복지생협연합회)와 공동으로 주최했으며, 지금도 매년 개최한다. 또한 2010년부터는 전일본민의련의 병원에서 수련을 시작하는 모든 수련의가 함께 교류하는 전일본민의련 통일오리엔테이션을 실시한다. 후기수련을 위해 수련의를 대상으로 하는 세컨드미팅 '모두 민의련'에서 의사를 영입하기 위한 육성을 목적으로 전일본민의련 임상수련 센터 '이콜리스'*를

2001년 봄 설립하는 등 활동을 시작했다.

(3) 장학생을 증가시키는 활동

제39회 총회는 민의련운동을 담당할 의사를 양성하기 위해서는 졸업생 대책만으로는 한계가 있고, 모든 학년에 90명 이상의 민의련 장학생을 확보한다는 장학생 육성을 강하게 추진했다. 특히 '저학년장학생을 증

의학생, 직원, 공동조직 사람들이 매년 400명 이상 모여 시행하는 '민의련의 의료와 연수를 생각하는 의학생 모임'

가시키는 대운동'을 중시해, 지금까지 400명 미만 수준에 머물렀던 민의련 장학생이 400명을 넘어섰다. 특히 저학년 증가가 두드러졌다. 이것은 고등학생 대책의 본격화나 저학년에서부터 민의련과의 접촉기회를 늘린 점, 일상적인 의료활동이나 공동조직 활동을 통해 민의련에 대한 공감을 확산시킨 점, 장학생 활동을 활성화한 점, 의학생의 민주적인 운동을 후원한 점 등에 의한 효과로 평가된다.

'민의련의 의료와 연수를 생각하는 의학생 모임'은 연간 자주적으로 실행위원회를 조직해 2010년에 제31회를 맞이했다. 선배 의사, 직원, 공동조직의 동료 등이 조언자로 참가하고, 상호 교류를 심화시키는 현장이 되고 있다. 또한 실행위원회도 사회동향이나 민의련에 대해 스스로 학습하는 조직으로 기능한다.

(4) '민의련다운 초기수련'의 충실화

정부는 2004년에 시작한 새로운 의사임상수련에서 대학으로 의사가

되돌아갈 수 없는 것 등을 이유로 연간 신규 입원환자 수가 3천 건에 미달하는 임상수련병원을 관리형에서 제외하려고 시도했다. 민의련은 수련의 이념으로 내세운 '종합적인 임상역량의 보유'를 의사양성이라는 원점에서 평가할 때 '개악'으로 규정할 수밖에 없다고 철회운동을 추진했다.

실제로 후생노동성의 연구반 조사에서는 적어도 민의련의 임상수련병원과 수련의 활동에 대해서 '대학에서 결코 경험할 수 없는 수련을 시행한다.', '오히려 중소병원이 높은 수준에서 수련이 가능할 수 있다.'고 높게 평가했다. 전일본민의련은 어떻게든 중소병원 제외 시도를 중단시키기 위해 다른 의료관련 단체와 공동으로 철회와 개선을 요구하는 운동을 추진했다.

2000년 이후 신임의사/초기수련 영입자 수는 아래 표와 같다. 의학생운동의 정체와 함께 감소하던 초기수련의 영입은 2004년부터 시작한 새로운 의사임상수련제도로 민의련 병원을 선택하는 초기 수련의가 대폭 증가했다. 그러나 반드시 민의련 의료나 운동에 공감해서 수련을 시작하는 것은 아니며, 수련조건이나 프로그램, 의국 분위기 등을 통해 선택한 경우도 적지 않았다. 의사로서의 인생을 민의련에서 출발하겠다는 선택은 아니지만, 의사수련, 의사양성이 새로운 시대로 접어들었다는 점을 의미했다. 민의련다운 초기수련의 충실과 후기수련, 나아가 민의련을 담당할 후계자를 어떻게 양성할 것인가가 향후 중요한 과제로 대두했다.

	2000	2001	2002	2003	2004
인원	96/114	102/122	110/118	92/98	155/164
연도	2005	2006	2007	2008	2009
인원	183/197	143/161	133/146	118/135	127/143

2003년까지는 왼쪽 = 입직자 수, 오른쪽 = 결정자 수
2004년 이후는 왼쪽 = 입직자 수, 오른쪽 = 매칭* 수

* 역자주: '매칭'은 대학을 졸업한 신임의사가 의무수련를 시작할 때 전국의 수련병원 중에서 본인이 원하는 병원을 여러 개 선택하고, 해당 수련병원이 이를 수락하는 매칭제도를 의미한다. 매칭제도는 기본적으로 신임상수련제도의 특징이다. 이러한 매칭제도로 수련의가 도시지역으로 몰리는 문제점을 드러냈다.

제2절 새로운 간호사 증원 투쟁

(1) 신규영입의 관점과 과제

개호보험제도 개시 이후 방문간호스테이션이나 노인시설, 케어매니저 등으로 민의련의 베테랑 간호사[주1)]가 새로운 활동의 장을 얻어 진출했다. 한편에서는 병동의 지도체제 약화 등 간호사양성에 새로운 힘을 쏟아야만 하는 상황이 지속되었다.

2002년 간호위원장·간호학생위원장 회의에서 '신규 영입의 다섯 가지 관점과 과제[주2)]'를 제기했다. 1990년대 후반에는 간호교육에서 '간호진단 ·과정'에 의한 교육을 전체적으로 침투시키고 질환별 교육에서 급성·만성 ·계속·임종기로 구분한 교육실습을 시행해, 신규간호사가 현장에 들어가 종래와 같은 적응력 훈련 등의 기회가 없어졌다. 이로 인해 신규 간호사가 '기능하지 않다.'는 것을 전제로 '귀찮은 존재'로 볼 것이 아니라 '크게 변화 하는 사람'으로 이해하고, 프리셉터를 향상시키는 것을 과제로 제기했다.

2002년 2월에 개최한 제5회 간호활동연구교류집회(2000년 9월 개최) 의 내용을 '생명을 돌보는 2002'라는 제목으로 세 종류의 책으로 발행했다.

준간호사에서 간호사로 이행하는 교육을 둘러싸고, 일본이로렌·전국 간호를 잘하는 모임·전국준간호연구회·지지로렌·전일본민의련은 '준간호 사에서 간호사로 이행하는 교육의 조기실현을 지향하는 중앙정보센터'를 결성하고(2002년 6월) 다채로운 활동을 벌였으며, 후생노동성으로부터 '2004년에 개시'한다는 답변을 얻어내고 '통신제 2년과정'을 수립했다.

2003년 신규간호사 영입은 1,091명이었지만, 2004년 943명, 2005년 975명, 2006년 900명이라는 어려운 상황이 지속되었으며, 2008년 영입은

주1) 2002년 3월부터 법률명칭이 '보건사조산사간호사법'으로 개정되면서 남녀불문하고 '간호사' 또는 '준간호사'로 규정했기 때문에 명칭을 변경했다.

주2) 다섯 가지 관점은 '① 장기적 시점에서 영입목표의 설정, ② 고등학생부터 육성하는 교류활동의 중시, 계속, 발전, ③ 의료변혁의 파트너로서 간호학생의 성장을 보장하고, ④ 입사 후에도 계속해서 관계해 간호 집단을 구성하며, ⑤ 간호대학생을 적극적으로 영입한다.' 등이다.

776명으로 감소했다. 민의련은 간호사증원운동을 추진함과 동시에 고등학생 대책 실습영입 등과 함께 공동조직의 협력을 얻어 활동하지 않는 간호사의 직장복귀 운동 등 다양하고 창의적인 활동을 발휘했다.

(2) 빛나는 간호를 위해

2004년 12월 간호위원장회의에서는 의료구조개혁, 재원일수단축이라는 상황에서 간호노동이 종래와는 다르게 변하는 점을 근거로 사례를 철저하게 분석하고, 간호실천을 통해서 민의련 간호에 대한 확신 심화를 지향하면서 동시에 눈을 내부로 돌리는 것이 아니라 국가나 자치단체를 상대로 대폭적인 간호사증원 요구를 주장했다. 그 후 간호사 증원운동은 일본 이로렌 등과 함께 공동행동이나 일본간호협회와의 연대 등을 강화해 예전에 없던 운동의 확산을 이루었다.

2005년 2월 제37기 제2회 평의원회는 '간호분야에서 빛을 내고, 간호분야의 발전을 지향합시다.'라면서 간호·개호직원의 증원, 노동조건개선을 내걸며 '너스웨이브(간호의 물결)'를 시작할 것, 간호간부가 적극적으로

간호사증원을 촉구하는 너스웨이브(히로시마민의련)

직능분야 등 외부와의 연대를 중시하고 병원관리부는 간호문제를 병원전체의 관리문제로 이해하며 의사를 포함해 이해를 확산시킬 것, 각 진료단위에서 발생하는 사례에 주목하고 의사를 포함하는 컨퍼런스를 충실하게 진행하며 간호현장에서의 정보·문제를 적극적으로 개진할 것, 간호책임자 연수, 간호학생대책을 담당자에게 떠맡기지 말고 강화할 것을 제기했다.

4월 이사회는 평의원회 방침에 더해 "빛나는' 간호를 위해'라는 방침을 제기했다. 이것은 예를 들면 의사가 '오더 내는' 시간 지키기, 환자운송의 타직종 시행 등 '간호가 많이 변하기 때문이 아니라, 안전·안심·신뢰의 의료를 위해 무엇보다 환자를 위해' 전직종이 협력하는 간호 지원을 제기한 것이다. 6월에는 간호 부서장 관리자 연수회를 개최했다.

(3) 다채로운 간호사 증원운동

간호사 부족은 전국적인 무제여기 때문에 2005년 7월에는 '간호개선 대운동추진본부'를 설치해, 이로렌·지지노렌과 정기적으로 정보를 교환하고 공동 활동을 추진했다. 또한 '간호를 잘하는 모임'의 강화·재건을 제기했다. 공동조직에서 간호사 소개 등도 강화되었다. 현마다 간호사 수급계획에 대한 교섭, 후생노동성 교섭, '간호포럼 2005' 등 다채로운 행동을 시작했고, 결국에는 후생노동성도 부족을 인정하고 '대책을 검토하겠다.'는 답변을 내놓았다.

11월 이사회에서는 모든 지역연합에 '간호개선운동추진본부'를 설치하고, 개선서명 50만 명을 2006년 3월까지 받기로 제기해, 각 지역에서 간호협회나 간호를 잘하는 모임 등과 연대를 강화했다. 전일본민의련은 이 기간 중에 일본간호협회의 히사쓰네(久恒) 회장과 두 번에 걸쳐 의견을 교환하고, 협력할 수 있는 부분은 적극적으로 협력할 수 있도록 성원하기로 했다.

또한 노동과학연구소에 '간호의 질 향상과 의료사고방지를 위한 조사연구', 국민의료연구소에 '민의련 간호노동 실태조사(만 천 명 이상)'을 위탁했다.(12월) 조사결과에서 민의련에서 활기 있고 지속적인 일을 하기 위해서는 '보람', '인간관계', '노동조건의 개선'이 중요하다는 답변이 상위를 차지했다. 조사결과에 기초해 각 병원에서 구체적인 개선을 추진했다. 주요 경향으로 신규, 경력자 모두 퇴직률이 감소하는 경향이고, 간호협회 등의 조사보다도 낮았다. 또한 육아 등의 문제로 간호현장을 한번 떠난 사람이 재취업할 수 있도록 각지의 민의련 사업소에서 적극적으로 재취업세미나 등을 시행해 왔다.

(4) 자신들의 보물을 찾는다

2006년 3월 제37회 총회는 계속해서 간호 개선 대운동본부를 중심으로 증원운동을 추진할 것, 사업소관리부가 간호문제를 전체의 관리문제로 중시할 것, 젊은 간호사들의 연수를 충실히 시행할 것, 증례·사례를 꼼꼼하게 살펴보는 활동을 추진할 것 등을 강조하고 전형적인 사례를 모아 〔민의련의 반짝반짝 빛나는 보물〕(5만 7000부 보급)을 발행했다. 각 지역에서도 이와 같이 자신들의 보물찾기 활동을 벌였고, DVD나 팸플릿 등을 제작했다.

이러한 활동 중에 포기하지 않고 간호노동환경개선을 향해 많은 간호직원들이 나서서 노력했으며, 환자에 대한 돌봄활동, '살아가기'를 지원하는 민의련의 간호에 확신을 강화시켰다. 그 결과 신규간호사 영입이 2010년에는 크게 증가했으며, 2011년 영입은 약간 후퇴한 967명까지 회복했다. 또한 간호학생의 민의련 장학생 수는 역대 최고 수준이 되었다.

제3절 민의련 직원의 육성

직원 육성에 대해서는 총회마다 비상근직원이나 공동조직중심 멤버들도 시야에 넣고 총회방침을 학습하는 운동을 제기했으며, 최근에는 영상도 사용하는 다양한 학습운동을 지속해왔다.

민의련의 교육목표로 '과학성·사회성·윤리성을 갖고, 인권감각을 높이며, 지역에서 배우고 성장하는 전문직'(의료선언), '환자·공동조직 사람들로부터 배우고, 과학과 휴머니즘이 넘치는 민주적 의료·복지의 담당자로서 함께 성장한다.'(제35회 총회)를 확인하고, 나아가 각각의 사업소에서 의료·복지선언에 대응하는 교육목표를 확립해가는 것을 제기했다. 교육목표는 제36회 총회에서도 재차 확인했다. 총회에서는 민의련의 회원기관 각 부서에서 '① 지역공동조직과 함께 걷는 부서, ② 민주적 집단의료를 추진하는 부서, ③ 민주적인 부서'라는 '세 가지 교육의 힘'[주3]이 있다는 점을 다시 한 번 확인하고 부서교육을 중시했다.

2004년 이후 월간학습에서는 헌법학습이나 민의련 자신에 대한 학습을 중시했으며, 헌법팸플릿, 헌법수첩(일본국 헌법·새로운 헌법이야기·민의련강령), 민의련 학습팸플릿 등을 차례로 발행했다. 또한 헌법교류집회 등 다채로운 활동을 진행했고, 각지의 활동교류도 추진했다. 이해 직원 육성부는 각 지역에서 추진한 경험을 간담회 등을 통해 배우고, 2004년 10월에 '청년육성을 추진하는 전국교류집회'를 개최했다.

2005년 청년잼보리(9월 홋카이도)는 헌법과 공동조직을 주제로 정했다. 1,130명이 참가했으며 처음으로 한국 녹색병원에서 청년직원 7명이 참가했고, 이후에도 매번 교류를 지속해왔다. 또한 격년마다 모든 지역협의회에서 잼보리를 진행하며, 전국 청년잼보리는 그 후에 2007년 오사카(제32회), 2009년 후쿠오카(제33회)에서 개최해 크게 성공했다. 전국잼보리 실행위원회는 2년에 걸쳐 전국에서 수십 명의 실행위원들이 모여 학습과 교류를 통해서 배우고 성장하는 계기가 되었다.

2006년 제37회 총회방침은 '(민의련의) 새로운 역사를 만들어가는 것은 우리들이라는 결의를 확고하게 다짐'하는 것이야말로 원래의 교육내용이라고 제기하고, 월간교육 중에서 민의련의 역사, 이념, 헌법이나 사회보장을 배우는 것, 청년잼보리를 성공시키는 것, 사무직원의 역할을 높이는 것,[주4] 파트직원을 포함해 모든 직원에게 민의련의 활동을 이야기하는 것,

---

주3) '세 가지 교육의 힘'은 1999년 교육위원장회의에서 제기되었다.

주4) 특히 사무직원 간부양성은 규모나 보건·개호 등 사업분야를 확대하는 과정에서 부족한 인력상황을 감안해, 몇 개의 영역에서는 정년 후에도 간부로 계속 근무할 수 있도록 책임지는 임무를 맡길 수밖에 없는 상황이 발생했다.

건강하게 일할 수 있는 직장 만들기를 추진하는 것, 모든 직원에게 월간지 [이쓰데모 겡키] 보급 등을 제기했다.

또한 2003년부터 의사, 간호사, 기술직, 사무 등 고위간부양성을 시행하는 것을 목적으로 전일본민의련 고위간부연수회를 연간 1회, 4박 5일간 개최한다. 나아가 2009년부터 5개년 계획으로 차세대 사무간부를 매년 50명, 5년간 250명 이상 양성하기로 결정해 실시한다. 이제까지 참가자의 평균연령은 40세였다. 비슷한 양성계획이 지역협의회나 지역연합 단위에서도 시행되어 왔다.

직종마다 실시하는 현황을 보면 매년 간호관리자·교무주임 등을 대상으로 간호고위관리자 연수회나 약사관리자연수회를 전국차원에서 개최한다. 세대교체기를 맞이한 민의련에서 의사, 간호사, 사무를 비롯한 민의련운동을 담당할 고위간부 양성은 시급한 과제이다.

제4절 모든 활동을 공동조직과 함께

제35회 총회에서는 공동조직의 활동에 대해 특징과 역할을 정리했다. '첫째, 거리건강상담, 건진 등 건강증진활동의 추진, 둘째, 고령자, 장애자, 육아 등 지역과 상호 협조하는 운동, 네트워크 만들기, 셋째, 정부나 지방자치단체에 대한 요구실현을 지향하는 운동, 넷째, 환경·평화를 지키는 운동, 다섯째, 민의련 사업소를 발전시키는 운동' 등이다. 운동의 기반을 이루는 것은 '안심하고 지속적으로 거주할 수 있는 마을 만들기'이다. 의료생협 조합원이나 친구모임회원의 안부확인, 건강체조 등 건강 만들기나 급식서비스, 통원수단을 확보하기 위해 시작한 '다리되어주기 모임'(기후: 岐阜)이나 '편리한 사람'(이시가와: 石川), '서로 돕는 NPO법인*'(지바: 千葉) 등의 사업은 전국적으로 크게 확산되었고, 지역에 없어서는 안 될 조직으로 발전해왔다. 거리건강상담이나 가두검진 등에도 왕성하게 참여했다. 새롭게 NPO법인이나 사업공동조합 등을 만들고, 거주지사업이나 개호사업 등에 참여하는 곳도 적지 않다.

제10회 공동조직활동교류 전국집회
(2009년 나가사키)

또한 의학생을 향한 후원이나 연수의와 지역 간의 상호교류를 적극적으로 만들어가는 등 의학생·의사, 의학생 육성 현장으로서 적극적인 역할을 수행한다. 회원을 늘리기 위해서도 지부나 반모임 활동을 왕성하게 전개한다. '사업소이용위원회'나 '병원구석탐험대' 등 사업소 운영에도 적극적으로 관여한다. 이처럼 공동조직은 민의련운동에서 없어서는 안 될 존재이다.

2006년 제36회 총회는 향후 10년간 400만 명의 조직·10만 명 구독의 〔이쓰데모 겡키〕를 지향하면서 세 가지 중점과제를 제기했다. ① 건강 만들기, 마을 만들기를 발전시킨다. 공동조직의 활동가를 증원한다. ② 직원이 적극적으로 참여해 모든 활동에 '공동조직과 함께'라는 자세를 관철하고, ③ 모든 지역연합에 공동조직위원회와 공동조직연락회를 만든다. 전국연락회는 전 지역연합에서 대표자 참가를 요청한다. 또한 공동조직은 민의련운동에 필수불가결한 존재이고 최대 장점으로 '모든 활동을 공동조직과 함께'라는 슬로건을 강하게 내세운다.

2005년 오카야마(岡山) 제8회 공동조직활동교류 전국집회는 참가자 1,500명, 토론주제는 전회의 약 2배인 239개였다. 36개 지역연합에서 전국연락회에 대표가 참석했고, 집회를 2년마다 개최하는 방향으로 준비하고 일상적인 교류를 시행했다.

2009년에 나가사키에서 개최된 제10회 집회에는 평화의 발신지에 어울리는 히다 슌타로(肥田舜太郎) 선생이 '피폭자와 함께 살아가는 평화로운 세계 ~ 민의련의 의사가 되어'를 주제로 기념강연을 하는 등 회를 거듭할수록 내용이 충실해져 갔다.

또한 각 현이나 지역협의에서도 법인형태의 차이를 넘어서 공동조직의 활동교류가 활발하게 확산되어간 것이 특징이다.

2010년 제39회 총회시점에서 민의련의 공동조직구성원 수는 345만 명을 넘어섰고, [이쓰데모 겡키] 구독자 수는 5만 6,000명 이상이었다. 2008년 6월호에서 [이쓰데모 겡키]는 200호를 맞이해 기념리셉션을 개최했다.

* 역자주: NPO법인은 특정비영리활동법인이라고 한다. Nonprofit Organization의 약자이다. 일본의 특정비영리활동촉진법에 의해 설립된 법인으로 협동조합이나 주식회사와 같이 사업체를 운영할 수 있으나, 반면 소속 구성원에게 수익을 배분하지 않는다. 민법에 의한 비영리법인은 행정기관의 승인과 감독을 받는 것에 반해, 특정비영리법인은 일반시민들이 자발적으로 만드는 법인이라 할 수 있다. 이런 면에서는 한국의 사단법인과 유사하다. 행정기관의 간섭을 최대한 줄이면서 자발적 활동에 의해 불특정다수의 이익을 위한 활동, 즉 비영리공익을 추구하는 조직이라고 할 수 있다.

제5절 전일본민의련 공제조합의 조직재편성

2005년 4월에 설립해 2006년 4월 시행한 보험업법 개정으로 무인가였던 보험, 자주공제사업이 허가를 얻었다. 개정 자체가 미국과 보험업계의 요구에 의한 지극히 부당한 것이었기 때문에, 전일본민의련 공제조합도 투쟁과 대응이 필요해 호단렌(保団連), 근로자 산악회 등과 함께 보험업법 개정을 반대했다. 그러면서도 한편으로 전일본민의련 차원에서는 전일본민의련 후생사업공제조합, 전일본퇴직자위로회를 설립하는 등 조직정비를 단행했다.

마무리

새로운 시대를 열자

전일본민의련은 보건·의료·개호의 종합적인 활동을 시행하는 조직으로 성장해왔다.

연간 수입 200만 엔 미만의 고용노동자는 5년 연속 1천만 명을 넘어섰고, 연간 자살자 수는 13년 연속 3만 명을 넘었다. 정치가 초래한 빈곤과 격차 확대가 끝날 줄을 몰랐다. 현 시점은 '생명의 평등'을 내건 민의련이 중요한 갈림길에 놓여있는 시기이다.

2004년 제36회 총회는 민의련운동이 의료의 범주에 담아낼 수 없는 사업과 운동을 전개하는 점, 공동조직의 위상, 환자권리에 대한 강령상의 의미부여, 활동 범위를 좀 더 확장할 필요성, 법인과의 관계 등에서 21세기의 민의련운동의 강력한 지도지침이 될 수 있는 강령개정과 규약 수정을 제기해 일대학습·토론운동을 진행했다.

제20차 해노코지원연대행동. 오키나와 현청 앞에서 평화를 호소하다.(2009년)

제1절 평화를 지키고, 평화를 만든다

평화를 지키는 것은 '생명'과 '건강'을 지키는 의료·복지인의 사회적 사명이다. 전일본민의련은 평화문제를 일관되게 제1차적 과제로 설정했고, 전술한 바와 같이 후텐마(普天間) 기지의 무조건 철수, 나고(名護) 시의 헤노코(辺野古) 기지이전 반대를 비롯해 미군기지의 완전철수와 헌법 9조를 지키는 운동으로 투쟁해왔다. 이러한 활동이 2010년 1월에 시행된 오키나와·나고 시장 선거에서는 이전반대를 주장하는 새로운 시장을 탄생시켰으며, 오키나와 현민의 뜻으로 후텐마 즉시 폐쇄·헤노코 이전반대를 가능하게 했다. 2011년 4월 1일 나고 시에 '얀바루(やんばる) 협동클리닉'*을 설립했다. 인권과 평화, 민주주의를 지키는 보루로 민주진료소의 탄생이며, 운동의 귀중한 성과였다.

전쟁은 인권과 상극을 이루는 것이다. 민의련은 향후에도 평화, 핵무기 철폐를 요구하는 끈끈한 운동을 지속해갈 것이다. 2010년 5월에는 NPT 재검토회의를 개최해 일본원자력협회는 700만 명 이상의 서명을 모아 1,500명 이상의 대표단을 뉴욕·유엔에 파견했다. 전일본민의련은 그중 230명의 대표단을 파견했고, 100만 명 이상의 서명을 받았다. '핵무기철폐' 운동은 국제적 여론이 확산되어 가며, 세계와 일본의 평화운동은 지금 핵무기도 모든 핵도 없는 사회를 향해 움직인다.

* 역자주: 얀바루(やんばる)는 오키나와 말이다. 한문은 山原. 오키나와 북쪽 산이나 숲이 우거진 지역을 의미한다.

제2절 '권리로서의 사회보장'을 실현하기 위해

(1) 무료저액진료사업을 향한 기대

2008년 제38회 총회에서 제기한 무료저액진료사업은 급속하게 확산되어, '사정이 어렵다면 민의련 병원, 민의련 진료소로'라는 큰 기대를 받았으며, 사업소의 사회적 인지도가 높아져 직원이나 공동조직 구성원들에게 큰 확신을 갖게 했다. 동시에 의료비는 선진국 수준에서는 거의 무료이거나 무료에 가까운 창구부담을 하지만, 일본의 경우 본인 부담 30%, 고령자의 본인부담도 10%나 되고, 보험으로 보장이 안 되는 분야를 확대했다. 국민건강보험료도 계속해서 인상한다. 공공백신사업이나 보건예방활동도 지체되는 상황이다. 전일본민의련은 누구든지 돈 걱정 없이 의료나 개호를 이용할 수 있어야 한다는 차원에서 모든 제도의 활용과 함께, 모든 본인부담 제로를 요구하는 운동을 지속하고 있다. 진실로 '권리로서의 사회보장' 실현을 지향하는 운동이다.

(2) '상급병실요금'을 받지 않는 노력

한편 2008년 4월부터 민의련의 사업소가 신축할 때 '상급병실요금' 징수를 시작하는 곳도 발생했다. 전일본민의련은 민의련의 '강령', '총회결정' 입장에서 원칙적인 관점을 제시하기 위해 '상급병실요금에 대한 민의련의 입장'이라는 팸플릿을 발행하고, 전국적인 검토를 요구했다. 제38회 총회에서는 '혼합진료를 인정하지 않고, 계속해서 상급병실요금을 받지

초당파적인 의사증원운동의 기자회견. 민의련은 실질적으로 사무국의 역할을 담당했다.

않도록 노력할 것'을 민의련의 기본방침으로 결정하는 안건을 압도적 다수로 찬성했고, 상급병실요금을 받은 해당 법인에 대해 재검토를 지속적으로 요구했다.

(3) 국민의 건강권을 지킨다

한편 '병원·시설에서 가정으로'라는 흐름이 강해져 민간영리기업이 운영하는 개호시설이나 악덕업자가 운영하는 고령자시설 등이 발생했다. 이러한 과정 중에 고령자의 인권을 지키는 '거주지' 만들기나 병원·시설·가정을 연결하는 연대가 중요한 과제로 대두했다. 민의련은 '사람다움'을 지원하는 사업진행과 아무래도 빈약한 개호제도, 예를 들면 경도 요개호자의 배제, 이용부담한도액의 저하, 특별양로 대기자 42만 명이라는 시설부족, 개호직원의 열악한 환경개선을 요구해 왔으며, 다른 단체와 공동으로 개선을 추진해왔다.

전일본민의련은 2010년에 개최한 제39회 총회에서 초고령·저출산 사회에서 WHO가 제기하는 건강을 저해하는 요인(The Solid Facts)을 받아들여 '언제나·어디에서나·누구든지' 안심하고 좋은 의료와 복지·개호를 받을 수 있도록 여덟 가지 의료과제를 제시하고, 국민의 건강권을 지키자고 선언했다. 또한 재차 '공동 운영', '노동과 생활 현장에서 이해하는 의료관'과 '안심하고 계속해서 거주할 수 있는 마을 만들기'를 제기했다.

민의련의 강점은 현장을 알고 환자, 이용자, 지역주민의 눈높이에서 사업과 운동을 통일해 추진하는 것이며, 전국의 힘을 모아 집중하는 것에 있다. 향후에도 현장에서 환자, 이용자의 실태를 고발하고, 사람들의 생활과 건강권을 지키기 위해 다른 의료기관이나 의사회, 관련단체, 자치단체 등과 공동협력을 더한층 강화하자고 결의했다.

'의료나 개호 현장의 어려움을 알려면 민의련에 가야 한다.'고 언론은 매일같이 전일본민의련이나 각 지역 사업소를 방문하고 보도했다. 이후에도 적극적인 역할을 수행해가야 할 것이다.

(4) 변하는 것은 우리들 자신이다

2008년부터 실시된 후기고령자의료제도는 지금까지 부양가족이었던 고령자를 분리해 보험료를 징수했다는 점, 70~74세까지의 본인부담을 20%로, 나아가 75세 이상의 경우에도 10%의 본인부담을 징수했고, 의료 내용까지 제한을 가했다는 점 등 세계에서 유례를 볼 수 없는 열악한 제도였다. 전일본민의련은 처음부터 단호하게 철회를 요구해왔다. 시행 초기에는 아직 불충분하게 알고 있던 제도의 내용을 분명하게 파악함에 따라 많은 단체, 일본의사회, 렌고(連合) 등에서도 철회 요구 운동을 전개했다. 각 지역의 자치단체가 반대결의를 했다. 연일 대규모 국회청원행동, 연좌농성 등을 실천했다. 국민의 분노는 정점에 도달했다.

전일본민의련은 빈곤과 격차 실태, 후기고령자의료제도나 국민의료보험의 문제 등 4년간 12종류 2,000만 매 넘는 유인물을 연속적으로 발행했으며, 대량으로 배포해 국민에게 신상을 알렸다. 유인물을 활용해 반별모임 등에서 학습회도 시행했다. 모두가 일어섰다. 그리고 8,000명이 넘는 심사불복청구가 공동조직, 고령자운동연락회, 연금자조합 등에서 발생했다.

후기고령자의료제도는 2007년에 시행된 참의원선거의 최대 쟁점이었으며, 결국 자민당·공명당이 참패하고 과반수를 상실했다. 그리고 일본공산당을 포함하는 야당이 공동으로 제안한 후기고령자의료제도 폐지법안이 참의원을 통과하는 사태가 발생했다. 또한 '구조개혁'노선의 시비를 최대 쟁점으로 내걸었던 2009년 8월 30일 중의원선거에서 자민·공명 양당은 정권을 잃었다. 헌정사상 처음으로 국민의 의사로 정권교체를 실현한 역사적 사건이었으며, 새로운 일본을 향해 제1보를 내딛는 것이었다. 무엇보다도 많은 국민에게 '투쟁할 수 있다면, 변할 수 있다.', '변할 수 있는 것은 지금부터, 변하는 것은 우리들 자신'이라는 확신을 퍼뜨렸다.

(5) 헌법이 빛나는 복지사회를 향해

민의련 단독으로 시행한 간호사증원 요구 청원은 세 번에 걸쳐 만장일치로 채택되었다. 전국에서 간호사증원, 의사증원을 요구하는 텔레비전 광고나 라디오 광고가 방송되었다. 일본의사회나 각 지역의 의사회, 지역 병원 등 많은 의료관련 단체와 공동으로 운동을 추진한 '의사증원을 요구하는 운동(닥터스 웨이브)'은 전국각지에서 의료붕괴가 발생하던 상황으로 인해 대규모 운동으로 확산되었고, 2009년부터 1학년 약 1,300명의 정원을 증가시켰다. 25년간 계속된 의사억제 정책의 근본적 전환을 달성한 획기적 성과였다. 민의련은 '의사증원운동'의 사무국을 담당했고, 적극적인 역할을 수행했다.

국민의 기대를 모아 등장한 민주당정권은 미국이나 재계의 요구에 굴복해 자민당 시대와 별반 차이가 없는 정치로 역행했다. 당연히 빈곤과 격차가 확대되었고, 의료·개호의 붕괴도 멈추지 않았다. 헌법이 빛나는 복지사회를 향한 전환을 위해 국민적인 모색이 지속되고 있다.

제3절 인권을 지키고, 사업소를 지키며, 미래를 활짝 열자

제38회 총회에서는 '올바른 인권의식'으로 환자, 이용자, 국민의 권리를 지키기 위한 투쟁을 강하게 주장했다. 2008년 텔레비전에 방영되어 큰 반응을 일으키고, 그 후 책에도 실린 '웃으며 죽는 병원'(이시가와·조호쿠병원)의 활동은 민의련이 지향하는 의료 자체를 담백하게 보여주었다. 민의련 직원이나 공동조직에 커다란 감동을 주었고, 많은 국민이 공감했다. 민의련이 지향하는 의료나 개호활동에는 보편성이 있다는 점을 나타내었다.

오늘날 일본 병원의 과반수 이상이 적자에 허덕인다. 특히 지역에서 사람들과 가장 가까이에 있는 중소병원이나 진료소는 존폐의 위기에 놓여 있다. 민의련 사업소는 고군분투하면서도 전국의 경험이나 연대의 힘이 있어, 2009년은 의과법인 합계로 상급병실요금을 받지 않고서도 1.6% 경상이익을 달성했다. 나아가 2010년에는 2.2%로 증가했다. 그러나 내부노력만으로는 한계가 있다. 의료나 개호 시설, 사업은 지역의 공공재산이다. 일본의 의료기관이나 개호사업, 복지를 지키는 것은 지진에도 강한 마을 만들기로 연결된다.

이러한 입장에서 제39회 총회에서는 초고령·저출산 사회를 맞이해 모든 사람의 '인권'과 '건강권'을 지키는 운동을 제기하고, 건강권을 약화시키는 요인에 대한 전면적인 대항, 급성기 병원에서 중소병원, 진료소, 개호의 연대와 지역 내 다른 기관이나 행정기관의 공동연대를 강화하자고 주장했다. 또한 향후 민의련운동이 발전해가는 과정에서 극복해야만 하는 과제는 의사문제, 경영문제, 간부나 민의련운동을 담당할 직원확보와 양성, 지역연합기능의 강화이며, 이런 과제를 연대와 단결의 힘으로 극복하자고 강하게 호소했다.

2010년은 무산자진료소가 도쿄·오자키(大崎)에서 탄생한 지 80주년이 되는 해이다. 80년 전 노동자·농민은 완전히 무권리 상태였으며, 일본이 본격적으로 중국 침략을 개시한 시대였다. '전쟁반대'를 주장할 뿐이었는데도 체포·투옥된 시대이기도 했다. 여성에게는 선거권도 결혼의 자유도 없었고, 도호쿠(東北)에서는 빈궁한 여성이 인신매매가 횡행했던 시대 사망진단서를 받기 위해 처음으로 '의료기관을 방문하는' 시대에 모든 사람에게 차별 없이 진료를 시작한 것이 무산자진료소였다. 마지막 무산자진료소가 천황제 권력의 탄압으로(1941년 4월) 폐쇄된 지 반년 만에 일본은 진주만 공격으로 전면전을 시작했다. 그 결과 2,310만 명의 희생자가 발생했다.

히로시마와 나가사키에 원자폭탄이 투하된 지 65년이 되었다. 이러한 역사의 반성에 입각해 일본헌법이 탄생했다. 민주진료소도 탄생했다. 2010년은 미일안보조약개정, 아사히소송, 포리오긴급수입운동, 사와나이무라(沢内村)에서의 노인·유아의료비 무료화 실현, 국민개보험 실시 반세기에 도달한 해이기도 하다. 투쟁으로 인권의 역사를 쟁취해왔다. 지금 새롭게 일본의 공중위생 향상을 위해 민의련도 참가하는 폴리오 비활성 백신 등의 백신공공접종을 확대하는 운동을 강화하고 있다.

현재 민의련은 상근직원 약 5만 명, 비상근직원을 환산해 포함할 경우 6.5만 명(실제인원은 8만 명 이상), 공동조직 345만 명의 대규모 조직으로 성장했다. 입사한 지 10년 미만인 직원이 절반 가까이 차지한 상황에서 간부 교체 시기를 맞이했다. 2004년 제36회 총회에서 수정을 제기한 강령은 제37기와 제38기를 통해서 대대적인 학습·토의를 거쳐 탄생했다. 이 과정에는 직원이나 공동조직의 회원 등 5만 명 이상이 참여했다. 그리고 2010년에 개최된 제39회 총회에서는 각 지역의 토론을 근거로 적극적인 논의를 통해 49년 만에 새로운 민의련강령을 압도적 다수의 대의원들이 승인해 확정했다. 새롭게 개호사업이나 공동조직, 권리로서의 사회보장, 안심하고 지속적으로 거주할 수 있는 마을 만들기, 인권, 핵무기철폐, 환경에 대한 내용을 추가했다.

새로운 민의련강령은 다음 세대를 담당할 사람들을 향해 민의련운동의 바통을 넘겨주는 작업이며, 빈곤과 격차사회에서 헌법을 중심축으로 삼아 헌법 9조, 25조가 빛나는 일본을 향한 이정표가 될 것이다.

민의련강령

우리들 민의련은 무차별·평등 의료와 복지 실현을 지향하는 조직입니다.

전후의 폐허 속에서 무산자진료소의 역사를 이어받아 의료종사자와 노동자·농민·지역사람들이 각 지역에서 '민주진료소'를 만들었습니다. 그리고 1953년 '일하는 사람들의 의료기관'으로서 전일본민주의료기관연합회를 결성했습니다.

우리들은 생명의 평등을 내걸고 지역주민들의 절실한 요구에 따라 의료를 실천하며, 개호와 복지사업에 대한 활동을 확대해 왔습니다. 환자의 입장에서 친절하고 좋은 의료를 발전시켰으며, 생활과 노동의 관점에서 질병을 파악하고 생명이나 건강과 관련된 그 시대의 사회문제 해결을 위해서도 활동해 왔습니다. 또한 공동조직과 함께 생활향상과 사회보장의 확충, 평화와 민주주의 실현을 위해 운동해 왔습니다. 우리들은 영리를 목적으로 하지 않고 사업소의 집단소유를 하림해, 민주적 운영을 지향하며 활동합니다.

일본 헌법은 국민주권과 평화적 생존권을 강조하며, 기본 인권에 대해 인류가 여러 해에 걸쳐 획득한 성과물이며, 영원히 침해할 수 없는 보편적 권리로 규정합니다. 우리들은 헌법의 이념을 높이 내걸고, 지금까지 걸어온 길을 더욱 발전시켜 모든 사람이 평등하게 존중받는 사회를 지향합니다.

-. 인권을 존중하고, 공동 운영하는 의료와 개호·복지를 발전시키며, 사람들의 생명과 건강을 지키겠습니다.
-. 지역·직종의 여러 사람과 함께 의료기관, 복지시설 등과 연대를 강화하고, 안심하고 지속해 살 수 있는 지역을 만들도록 노력하겠습니다.
-. 학문의 자유를 존중하고, 학술·문화의 발전을 위해 노력하며, 지역과 함께 가는 인간성 풍부한 전문직을 육성하겠습니다.
-. 과학적이며 민주적인 관리와 운영을 관철해 사업소를 지키고, 의료, 개호·복지

종사자의 생활향상과 권리확립을 지향하겠습니다.

-. 나라와 기업의 책임을 분명히 하고, 권리로서 사회보장 실현을 위해 투쟁하겠습니다.

-. 인류의 생명과 건강을 파괴하는 모든 전쟁정책에 반대하고, 핵무기를 없애며, 평화와 환경을 지키겠습니다.

우리들은 이 목표를 실현하기 위해 수많은 개인·단체와 손을 잡고 국제교류를 도모해, 공동조직과 힘을 합해 활동하겠습니다.

2010년 2월 27일

전일본민주의료기관연합회 제39회 정기총회

후기

1953년 6월 7일에 설립한 전일본민의련은 2003년에 50주년을 맞이했고, 2004년 6월 제36회 총회에서 선출된 이사회 산하에 '민의련 50년사 편찬위원회'를 조직했다. 당초 편찬위원회는 지바 가네노부(千葉周伸) 부회장이 책임자였고, 오야마 요시히로(大山美宏) 부회장, 이토 준(伊藤淳)·나가사와 기요미쓰(長沢清光) 차장 네 명과 사무국 담당 미야기(宮崎) 사무국직원으로 발족했다. 2005년 4월부터는 시미즈 히로시(清水洋)·엔도 다가시(遠藤隆)·나가타 가쓰미(永田勝美) 차장이 위원에 추가되었고, 합숙형식으로 집중토론을 포함해 통산 일곱 차례 위원회를 개최했으며, 편찬의 기본방침에 대한 논의를 계속했다.

위원회에서 마련한 편찬방침은 2005년 12월에 개최된 명예위원·고문 회의에 보고했고, 간담회를 통해서 보강·수정되었다. 회의에는 아자미 쇼조(薊 昭三)·다카야나기 아라타(高柳新) 명예회장, 히다 슌타로(肥田舜太郎)·세소자와 요시로(芹沢芳郎)·사이토 요시토(斉藤義人)·에비스 히로노부(戎博信)·이시하라 고지로(石原慶二郎)·오노 조이치(大野穰一) 고문이 참가했으며, 편집위원 기타 당시 이사회에서 히다 유타카(肥田泰) 회장, 스즈키 아쓰시(鈴木篤) 부회장, 나가세 후미오(長瀬文雄) 사무국장 등이 참석했다.

2006년 봄부터 보강·수정된 편찬방침에 기초해 시대구분마다 집필담당자를 배정했다. 직접 집필을 담당한 이는 지바 가네노부(千葉周伸) 부회장, 이토 준(伊藤淳) 차장, 핫타 후사유키(八田英之) 고문, 나가세 후미오(長瀬文雄) 사무국장 등 네 명이었다. 총회나 이사회의 회의록, 사무국에 보존되어 있는 역사자료 검색과 같이 부분적인 작업에 대해서는 전일본민의련 사무국 직원의 협조를 얻었으며, 집필에 필요한 자료수집이나 분석은 모두 집필담당자에게 맡겼다. 무산자진료소나 초기 민주진료소 등 남아 있는 기록이 적거나 없는 경우도 있었다. 집필자가 역사가 있는 지역연합을 방문하거나 직접 관계한 인물을 수소문해 정보를 얻기도 했다.

이때부터 집필자회의가 편찬위원회의 기능을 겸했으며, 회의에는 민의련 사업소의 간행물을 포함해 다양한 출판·편집실무 경험을 갖춘 시가 유미(志賀由美) 씨에게도 참석을 요청했다.

집필담당자가 작성한 원고를 검토해 의견을 교환했고, 불확실한 사정에 대해서는 역대 임원에게 확인하는 등 약 2년에 걸쳐 작업을 지속해 2007년 말에는 초고가 거의 완성되었다. 본래 예정대로라면 이때부터 속도를 올려 발행을 향한 작업에 착수해야 했지만, 2008년 2월 제38회 총회에서 편찬책임자인 지바 가네노부(千葉周伸) 부회장이 전국임원을 사임했고, 발행책임자인 회장도 히다 유타카(肥田 泰)에서 스즈키 아쓰시(鈴木 篤)로 교체되는 상황이 발생했다.

총회 후 50년사 발행임무는 스즈키 아쓰시(鈴木 篤) 회장, 나가세 후미오(長瀬文雄) 사무국장과 이와모토(岩本) 등 세 사람이 담당하게 되었다. 하지만 제38회 총회에서 민의련의 역사 자체와 관계가 있고 전 조직적 검증이라고 해야 할 '강령개정안'이 제안된 상태였고 이에 대한 논의를 우선해야 한다는 판단에서 초고는 약 2년간 숙성을 기다릴 수밖에 없었다.

2010년 제39회 총회에서 반세기 만에 강령개정이 이루어져, 발행을 향한 작업에 착수하게 되었다. 하지만 최초의 편찬위원회가 조직된 때로부터 6년이 경과한 상태였기 때문에 초고에 대한 가필이 필요해졌다. 또한 분담 집필의 필연적인 귀결이지만, 전체적으로 50만 매가 넘는 방대한 원고는 같은 내용의 중복, 시대구분 간 문자 수의 편차가 커서 이를 조정해야 했다. 이 점에 대해서는 편집의 달인인 시가(志賀) 씨의 협력이 크게 도움이 되었다.

한편 집필자는 모두 각각의 시대에 민의련운동을 직접 추진해온 사람들이었기 때문에 당연히 역사적 사건에 대한 개인적 생각이나 평가에 큰 차이가 있었다. 아울러 몇 가지 역사적 사건에 대해서는 집필자나 역대 간부들 사이에도 이견이 많았다. 이런 내용에 대한 조정은 나가세 후미오(長瀬文雄) 사무국장과 이와모토(岩本)가 담당했다. 그러나 판단하기 어려운 내용이 많았기 때문에 최종적으로는 1961년과 2010년 두 번의 강령개정에 대해서는 민의련 역사의 증인이신 아자미 쇼조(莇 昭三) 명예회장의 지도와 조언을 받을 수밖에 없었다. 그리고 가능한 한 평론적 기술은 피하고 사실을 기록한다는 입장에서 서술했다. 이로 인해 많은 시간을 들이고 심혈을 기울여 집필한 모든 분의 뜻에 누가 되는 내용도 있을 것 같아 죄송할 뿐이다.

본서는 '① 메이지유신으로부터 태평양전쟁 패전까지의 무산자진료소 활동을 포함하는 전전, ② 전후 민의련의 창설기까지 1960년대 후반, ③ 1970년대부터 1980년대 초반, ④ 1980년대부터 20세기 말, ⑤ 21세기 초반'으로 시대를 구분하고 각각 1편에서 5편으로 나누어 서술했다. 초대 편집책임자였던 지바(千葉) 전 부회장은 "의료·복지를 주요한 사업분야로 하고, 민의련이 지역주민과 함께해 오면서 각 시대에 어떤 사건이 있었고, 어떻게 약점을 극복하면서 시야를 확대했으며, 새로운 과제에 도전했는가에 대해 가능한 한 정확하게 기록하고, 향후 과제를 보다 선명하게 부각한다는 입장에서 서술한다면 역사편찬의 의도는 실현된 것으로 생각한다."고 언급했다.

제39회 총회에서 개정된 강령은 민의련이란 어떤 조직인가에 대해 내용을 알기 쉬운 말로 표현하는 것에 머무르지 않고, 진실로 민의련이 약점을 극복하고 시야를 확대해 새로운 과제에 도전하고 획득해온 역사적 성과의 집대성이라고 할 수 있다. 민의련에서 일하는 임직원 모든 분, 공동조직의 모든 분이 본서를 통해서 민의련의 역사를 공유하고, 강령에 포함된 단어 하나하나에 깃들어 있는 중요한 의미를 더한층 많이 느끼면서, 창조적 실천으로 결합해 준다면 더할 나위 없는 보람이 될 것이다.

2011년 12월
전일본민주의료기관연합회 역사편찬위원회
이와모토 데쓰야(岩本 鉄矢)

* 직책은 모두 당시의 직책이다.